Herausgeber
Otto Brümmer
Johannes Heydenreich
Karl Heinz Krebs
Helmut Günther Schneider

Handbuch
Festkörperanalyse mit Elektronen, Ionen und Röntgenstrahlen

Herausgeber
Otto Brümmer
Johannes Heydenreich
Karl Heinz Krebs
Helmut Günther Schneider

Handbuch Festkörperanalyse mit Elektronen, Ionen und Röntgenstrahlen

Friedr. Vieweg & Sohn Braunschweig/Wiesbaden

CIP-Kurztitelaufnahme der Deutschen Bibliothek

Handbuch Festkörperanalyse mit Elektronen, Ionen und Röntgenstrahlen / Hrsg. Otto Brümmer ··· — Braunschweig, Wiesbaden: Vieweg, 1980.

ISBN-13: 978-3-528-08398-4 e-ISBN-13: 978-3-322-83622-9
DOI: 10.1007/978-3-322-83622-9

NE: Brümmer, Otto [Hrsg.]

1980

Softcover reprint of the hardcover 1st edition 1979
Lizenzausgabe für Friedr. Vieweg & Sohn Verlagsgesellschaft mbH, Braunschweig, mit Genehmigung des VEB Deutscher Verlag der Wissenschaften, Berlin/DDR

Vorwort

Es ist das Ziel aller Festkörperanalyseverfahren, durch Beiträge zur Aufklärung der stofflichen Zusammensetzung und des strukturellen Aufbaus, insbesondere in Mikrobereichen von Festkörpern, Zusammenhänge mit entsprechenden makroskopischen Festkörpereigenschaften aufzudecken und so Voraussetzungen für deren gezielte Beeinflussung zu schaffen.

Im vorliegenden Buch werden Methoden der Festkörperanalyse mit Elektronen, Ionen und Röntgenstrahlen insoweit beschrieben, als — abgesehen von einem Kapitel über Feldemissionsmikroskopie — sowohl zur Anregung des die Analyse ermöglichenden physikalischen Prozesses wie auch zum Nachweis desselben jeweils eine der drei genannten Teilchen- bzw. Strahlungsarten genutzt wird. Aus der Fülle der Analysenprinzipien, die auf der Basis der Wechselwirkung von Teilchenstrahlung bzw. elektromagnetischer Strahlung mit dem Festkörper arbeiten, werden — dem Buchtitel entsprechend — seitens der Teilchenstrahlung nur Elektronen und Ionen (nicht aber Neutronen) und aus dem breiten Spektrum der elektromagnetischen Strahlung nur die Röntgenstrahlen — im Teilchenbild die Röntgenquanten — ausgewählt. Die eng begrenzte Auswahl war einerseits wegen des notwendigerweise beschränkten Umfangs des Buches erforderlich, andererseits bot sich eine Zusammenfassung dieser Methodengruppe wegen der engen Berührungspunkte hinsichtlich der Anregung der zur Analyse benutzten Strahlung (Elektronenquellen, Ionenquellen, Röntgenstrahlquellen), des Nachweises der durch die Wechselwirkung mit dem Festkörper erzeugten bzw. modifizierten Elektronen-, Ionen- oder Röntgenstrahlung und der gerätetechnischen Grundlagen (Hochspannungsanlagen für die Strahlungserzeugung, Einsatz der Vakuumtechnik) an.

Besonders betont werden soll, daß die hier beschriebenen Verfahren der Festkörperanalyse mit Elektronen, Ionen und Röntgenstrahlen in engem Zusammenhang mit der hier nicht behandelten optischen Spektroskopie anderer Wellenlängenbereiche — als besonders aktuell sei hier die Laser-Mikrospektralanalyse genannt — zu sehen sind. Während von den atomspektroskopischen Analysenprinzipien auf Grund von deren Zuordnung zur ausgewählten, für die Analyse benutzten Strahlung, insbesondere der Elektronen und der Röntgenstrahlung, einige beschrieben werden, sind molekülspektroskopische Analysenprinzipien (neben optischer Spektroskopie vor allem Resonanzverfahren — NMR, EPR) nicht erfaßt worden; das gleiche betrifft kernphysikalische Analysenverfahren.

Im vorliegenden Buch wird die Festkörperanalyse mit Elektronen, Ionen und

Röntgenstrahlen sowohl in ihrer Anwendung auf mögliche Volumenuntersuchungen wie auch auf die Oberflächenanalyse dargestellt. (Zu letzterer Thematik hat es wegen der besonderen Aktualität dieser Untersuchungsrichtung in den letzten Jahren mehrere Übersichtsdarstellungen gegeben.) Die Festkörperanalyse wird dabei im weitesten Sinne aufgefaßt, so daß nicht nur spektroskopische und Beugungsverfahren, sondern auch abbildende Methoden (Elektronenmikroskopie, Röntgentopographie) behandelt werden. Die im wesentlichen mit Röntgenstrahlen und mit Elektronen betriebene Strukturanalyse hat sich zu einem Gebiet von solcher Breite entwickelt, daß eine kurze Darstellung innerhalb der „Festkörperanalyse" nicht möglich ist. Es wurde deswegen bei der Gestaltung des Buches bewußt darauf verzichtet, die Strukturanalyse mit zu behandeln, und es soll diesbezüglich auf die einschlägige Literatur dieses Fachgebietes verwiesen werden. Auf die vielseitigen Berührungspunkte der hier behandelten Verfahren der Festkörperanalyse mit der Strukturanalyse im engerem Sinne soll an dieser Stelle besonders hingewiesen werden.

Anliegen des Buches ist es, dem in der Forschung tätigen Wissenschaftler Anregungen zur Auswahl von Analysenmethoden für die Lösung einer bestimmten Forschungsproblematik zu geben, dem auf einem Einzelgebiet der Analysentechnik tätigen Spezialisten einen Überblick über Möglichkeiten und Grenzen benachbarter Methoden zu bieten und dem Lernenden im weitesten Sinne einen Einblick in den Stand der physikalischen Analysentechnik mit Elektronen, Ionen und Röntgenstrahlen zu ermöglichen. Die Kapitel wurden in ihrer Einteilung so aufeinander abgestimmt, daß jeweils nach der Angabe des Grundprinzips des Verfahrens die theoretischen Grundlagen, die experimentelle Technik und die Anwendung des Verfahrens behandelt werden. Eine kurze Zusammenfassung am Schluß jedes Kapitels soll noch einmal die Möglichkeiten und Grenzen des besprochenen Verfahrens und den künftigen Entwicklungstrend herausstellen. Besonderer Wert wurde auf die ausreichende Angabe von Originalliteratur und auch von Übersichtsliteratur gelegt, die dem stärker interessierten Leser eine rationelle Einarbeitung in das entsprechende Spezialgebiet erlaubt. Eine völlige Normierung der verwendeten Formelgrößen durch das gesamte Buch hindurch wurde nicht angestrebt, da sich sonst bei der großen Breite des behandelten Gebietes Diskrepanzen zwischen Größenbezeichnungen in den verschiedenen Gebieten (Elektronen, Ionen, Röntgenstrahlen) ergeben hätten.

Wir bedanken uns bei den Autoren der einzelnen Kapitel für ihre fruchtbare Arbeit. In einigen Fällen wurden Bildmaterialien weiterer Autoren beigesteuert, die in den entsprechenden Bildunterschriften genannt sind; auch hierfür sei Dank gesagt. Von Herrn Prof. Dr. Bethge, Halle, sind wir mit vielen wertvollen Ratschlägen, die inhaltliche Gestaltung des Buches betreffend, unterstützt worden, wofür besonders gedankt wird. Schließlich bedanken wir uns beim VEB Deutscher Verlag der Wissenschaften für die gute Ausstattung des Buches, das bereitwillige Eingehen auf besondere Wünsche und — insbesondere bei der Verlagslektorin, Frau Dipl.-Phys. Hammig — für die gute Zusammenarbeit sowie bei der Druckerei für die sorgfältige Ausführung des Satzes.

Halle/Saale, Berlin
und Karl-Marx-Stadt,
im Mai 1978

Die Herausgeber

Inhaltsverzeichnis

Einführung

(O. Brümmer, Halle; J. Heydenreich, Halle; K. H. Krebs, Berlin;
H. G. Schneider, Karl-Marx-Stadt)

Eine differenzierte und zugleich umfassende Analyse fester Stoffe ist unverzichtbarer Bestandteil vieler naturwissenschaftlicher und technischer Disziplinen, insbesondere der Werkstoffwissenschaft. Durch die Gewinnung grundlegender festkörperphysikalischer und -chemischer Kenntnisse, insbesondere hinsichtlich des Aufbaus fester Körper im Mikro- und Makrobereich, gestattet sie die Erklärung von Stoffeigenschaften und — in vielen Fällen — deren gezielte Beeinflussung. Das gilt gleichermaßen für die Entwicklung eines Stahles wie eines Halbleitermaterials, um nur zwei Beispiele mit offensichtlich unterschiedlichen qualitativen und quantitativen Anforderungen an chemische Reinheit, Legierungs- und Dotierungsgenauigkeit, gezielt hergestellte Gefüge bei polykristallinen Materialien bzw. hohe oder gezielt gestörte Strukturperfektion bei monokristallinen Werkstoffen zu nennen. In jedem Fall kommt man heute ohne die Einhaltung strenger Regeln bezüglich der chemischen Zweckreinheit bzw. realstruktureller Besonderheiten zur Erzielung gewünschter stofflicher Eigenschaften, optimiert auf Technologie und Anwendungsfall, nicht mehr aus.

Die große Anwendungsbreite der festkörperanalytischen Verfahren erlaubt je nach Spezialfall die Untersuchung von Festkörpern sehr unterschiedlichen strukturellen Aufbaus. Kristalline Festkörper, die durch eine definierte strukturelle Fernordnung im Verband der Gitterbausteine (Atome, Ionen, Moleküle) gekennzeichnet sind, haben in diesem Zusammenhang eine besondere Bedeutung, wobei die durchzuführenden Analysen nicht nur auf deren Idealstruktur, sondern vor allem auch auf die durch spezifische Gitterstörungen gegebene Realstruktur gerichtet sind. Weiterhin sind die lediglich durch eine entsprechende Nahordnung der Atome, Ionen bzw. Moleküle gekennzeichneten amorphen Festkörper, wie z. B. Gläser, amorphe Halbleiter und amorphe Metalle, zu nennen, die im Prinzip die Strukturen unterkühlter Flüssigkeiten besitzen. Die zwischen den kristallinen und den amorphen Festkörpern einzuordnenden teilkristallinen Substanzen, z. B. bestimmte Polymerentypen, sind ebenfalls wichtige Untersuchungsobjekte der Festkörperanalyse. Im Hinblick darauf, daß viele physikalische bzw. chemische Eigenschaften von Festkörpern durch deren Oberflächen (Geometrie, Elektronenstruktur, Adsorptionsverhalten) gegeben sind, hat die Analyse reiner wie auch bedeckter Oberflächen ein besonderes Gewicht und wird häufig als separates Analysengebiet ausgewiesen. Im vorliegenden Buch werden Volumen- und Oberflächenanalyse fester Körper gleichermaßen behandelt, wobei das Gebiet in weitestem Sinne bis hin zu den submikroskopischen Abbildungsverfahren erfaßt wird.

Die große Einsatzbreite der Festkörperanalyse in bezug auf die Aufklärung von Struktur-Eigenschafts-Beziehungen soll im folgenden an Beispielen zu mechanischen Eigenschaften, zu elektrischen Eigenschaften und zu Oberflächeneigenschaften (Korrosion, Katalyse, Wandproblem in Anlagen für die thermonukleare Fusion) veranschaulicht werden.

Die Kenntnis der *mechanischen Eigenschaften* fester Stoffe in ihrer Abhängigkeit von deren Realstruktur ist die Voraussetzung für die Entwicklung hochwertiger Konstruktionswerkstoffe. Eine gezielte Beeinflussung des Festigkeits- und Bruchverhaltens steht dabei im Vordergrund. Die Beherrschung der Realstruktur kristalliner Werkstoffe — insbesondere von Metallen — ist Grundbedingung dafür, daß sie frei von Empirie wissenschaftlich begründeten Be- und Verarbeitungsprozessen (z. B. Kalt- und/oder Warmumformung) unterzogen werden können, um die erforderlichen mechanischen Eigenschaften zu gewährleisten. Man kann generell sagen, daß die mechanischen Eigenschaften von Werkstoffen im wesentlichen strukturfehlerbestimmte Eigenschaften sind. Plastische Deformation erfolgt in kristallographisch definierter Weise durch die Betätigung von Gleitsystemen (= Gleitebene + Gleitrichtung). Sie ist vor allem aus dem Verhalten von Versetzungen und Punktdefekten und ihrer Wechselwirkung zu interpretieren. Es handelt sich um Vorgänge, deren Geschwindigkeit durch Verfestigung und Erholung bestimmt sind. — Die Verfestigung erfolgt auf Grund definierter grundsätzlicher Mechanismen, wie der Wechselwirkung paralleler Versetzungen, sich schneidender Versetzungen, der Wechselwirkung von Versetzungen mit Fremdatomen, insbesondere interstitiellen, mit Grenzflächen (wie Korngrenzen und Zwillingsgrenzen) und mit Ausscheidungen bzw. Einschlüssen, sowie durch die Erhöhung der Versetzungskrümmung, die entweder einzeln oder in bestimmter Weise kollektiv wirksam werden. — Erholung ist eine Folge der Abnahme der Anzahl von Defekten, die die Versetzungsbewegung behindern, und der Erhöhung der Anzahl beweglicher Versetzungen, wobei wiederum kollektive Effekte zu beachten sind. Sie ist verbunden mit dem Klettern von Stufenversetzungen im Fall der thermischen und mit dem Quergleiten von Schraubenversetzungen im Fall der dynamischen Erholung. — Kommt es infolge des Einflusses von Spannungen zur Ausbildung von Mikro- und Submikrorissen, zu deren Ausbreitung und Wachstum in makroskopischen Bereichen, so resultiert daraus die makroskopische Trennung, der Bruch, d. h. die Überwindung der Kohäsionskräfte im Strukturverband. Aufgabe der Mikrofraktographie ist es, sich der vielfältigen Phänomene und möglichen Mechanismen der Bruchbildung anzunehmen. Dazu ist eine detaillierte Defektstrukturanalyse notwendig, in die die Submikro- und Mikrorisse als den Versetzungen und Leerstellen ähnliche Elemente dieser Defektstruktur einzubeziehen sind.

Die Festkörperanalyse von Werkstoffen und Bauelementen der Halbleitertechnik, von denen definierte *elektrische Eigenschaften* gefordert werden, hat in bezug auf die besonderen physikalischen Wirkprinzipien und die sich fortsetzende Tendenz zur weiteren Steigerung der Integrationsgrade und Packungsdichten in der Mikroelektronik besonders hohe Ansprüche an Empfindlichkeit, Auflösung und Reproduzierbarkeit zu erfüllen. Über Funktionsparameter, Zuverlässigkeit und Lebensdauer von Bauelementen und Schaltkreisen wird bereits im Stadium der Gewinnung und Herstellung der Ausgangssubstanz bis hin zur Einkristallzüchtung und Abscheidung epitaktischer Schichten entschieden. Weiterhin bedarf die kontinuierliche

Kontrolle der Werkstoffbeeinflussung im Verlauf technologischer Prozesse zur Erzeugnisfertigung ausgewählter, unter Umständen automatisierungsfreundlicher festkörperphysikalischer Untersuchungsmethoden. Insbesondere müssen in allen Phasen dieses Prozesses analytische Aussagen vielfältiger Art möglich sein. Hierher gehören z. B. der Nachweis von Restverunreinigungen in der Größenordnung kleiner 10^{14} ionisierbarer Störstellen pro cm^3 Siliciumvolumen und der Konzentration von Dotierungselementen im Bereich ihrer Löslichkeit in der halbleitenden Matrix. Weiterhin erscheinen strukturanalytische Aussagen zur Realstruktur im Kristallvolumen und in Grenzflächenbereichen (Versetzungen, Korngrenzen, Leerstellenagglomerate, Überstrukturen) notwendig, desgleichen auch Aussagen zu Bindungsverhältnissen, zu Stöchiometriefragen, zu Adsorptionsprozessen auf Oberflächen, um nur einige Beispiele zu nennen.

Auf dem Gebiete der *Korrosion*, die ja einen Werkstoffangriff durch chemische bzw. elektrochemische Reaktionen von der Oberfläche her darstellt, sind die Forschungsarbeiten im wesentlichen auf die Aufklärung der damit verbundenen irreversiblen reaktiven, schädlichen Umsetzung eines festen Stoffes mit seinen Nachbarphasen gerichtet. Sie verfolgen das Ziel, durch Erkennen der Ursachen des Korrosionsprozesses zuverlässige Maßnahmen für den Korrosionsschutz abzuleiten, insbesondere durch Aufbringung anorganischer oder organischer Schutzschichten, durch die Wirkung von Passivatoren bzw. Inhibitoren und durch Methoden der elektrochemischen Korrosionshemmung. Korrosionsprozesse sind durchweg topochemische, heterogene Reaktionen höherer Ordnung. Entscheidend ist dabei die Ausbildung von Lokalelementen durch die örtlich begrenzte Anreicherung von Substanzen mit niedrigerer Wasserstoffüberspannung in der Matrixsubstanz in Form von Ausscheidungen, meist räumlich und ursächlich gekoppelt mit Gitterdefekten, wie Korngrenzen und Leerstellenagglomeraten. Im Zusammenhang mit der elektrochemischen Korrosion spielt die spezifische Adsorption von Ionen und Molekülen an Metalloberflächen (elektrochemische Doppelschicht) eine wesentliche Rolle. Reaktive Schichtwachstumsprozesse, die zu vorwiegend in die Matrix einwachsenden Schichten führen, sind durch außerordentlich komplizierte Diffusions- und Reaktionsmechanismen ausgezeichnet und weisen eine Vielzahl unterschiedlicher, z. T. nebeneinander existierender Reaktionsprodukte aus. Zur chemischen Substanzdifferenzierung in Mikrobereichen und zum Nachweis extrem geringer Oberflächenbelegungen geeignete festkörperanalytische Verfahren sind aus den genannten Gründen in der Korrosionsforschung von besonderer Bedeutung.

Beim Prozeß der *Katalyse*, durch welchen die Geschwindigkeit des Ablaufes von chemischen Reaktionen (durch in der Reaktionsgleichung nicht enthaltene Stoffe) verändert wird, geht es hinsichtlich der durchzuführenden Forschungsarbeiten um die Erfassung heterogener chemischer Reaktionen höherer Ordnung in Gestalt von Phasengrenzreaktionen, die das Wirkprinzip der heterogenen Katalyse mit festem Katalysator darstellen. Bei dieser u. a. durch Elektronenkonfiguration und Elektronenstruktur gesteuerten Kontakt- oder Oberflächenkatalyse, die an möglichst großen und unregelmäßigen Oberflächen der Katalysatorsubstanz stattfindet, werden Reaktionen zwischen verschiedenen Gasen oder Flüssigkeiten oder zwischen Gasen und Flüssigkeiten gesteuert, meist beschleunigt bzw. auch ihr Ablauf überhaupt erst ermöglicht. In den meisten Fällen werden dabei die Reaktionspartner chemisorptiv an die Oberfläche des Kontaktkörpers gebunden, damit sie miteinander reagieren können. Sorptionsprozesse spielen somit eine entscheidende Rolle bei der heterogenen Katalyse mit festen Katalysatoren. Deshalb sind genaue Kenntnisse über die entscheidenden Oberflächenprozesse, über die chemische Zusammensetzung und die Struktur der chemisorbierten Schichten, wie auch über die Bindungsverhältnisse im Übergangsbereich Schicht—Unterlage weitere wichtige Voraussetzungen für die Beherrschung der Katalyse mit festen Katalysatoren.

Eine spezielle, sich in der Gegenwart stark entwickelnde Forschungsrichtung, die einen breiten Einsatz von Festkörperanalyseverfahren erfordert, ist die Untersuchung von *Wandproblemen in Anlagen für die thermonukleare Fusion.* In jeder Anlage für thermonukleare Fusion befindet sich zwischen dem reagierenden Plasma und dem Wärme erzeugenden Mantel (blanket) eine materielle Wand, i. allg. „erste Wand" genannt. Die dem Plasma zugewandte Oberfläche dieser Wand ist den verschiedensten Teilchen- und Photonenstrahlungen des erhitzten Plasmas ausgesetzt; diese Tatsache wird als Plasma-Wand-Wechselwirkung bezeichnet. Sie hat zwei wesentliche Aspekte: a) die Strahlungseinwirkung führt zu Veränderungen der Wand, b) die Wechselwirkung führt zur Emission von Sekundärstrahlung von der Wand ins Plasma. Beide Aspekte beeinflussen in entscheidender Weise die Effizienz zukünftiger thermonuklearer Fusionsreaktoren, so daß Kenntnis, Beherrschung und Kontrolle der Effekte der Plasma-Wand-Wechselwirkung für den Betrieb solcher Reaktoren unumgänglich notwendig sind. Messung bzw. Kontrolle der genannten Emissionen geschehen i. allg. so, daß eine saubere Probe an definierten Orten des Plasmagefäßes den Emissionen ausgesetzt wird. Die chemische Zusammensetzung der so aufgestäubten dünnen Schichten kann anschließend mit definierten Oberflächenanalyseverfahren qualitativ und quantitativ bestimmt werden.

Unabhängig von den genannten speziellen Beispielen soll auf die generelle Bedeutung der Untersuchung von Grenzflächen bzw. dünnen Schichten nochmals mit Nachdruck hingewiesen werden. Wegen ihrer besonderen physikalischen und chemischen Eigenschaften werden dünne Schichten in nahezu allen Bereichen von Wissenschaft und Technik eingesetzt. In diesem Zusammenhang sind noch viele grundsätzliche Probleme, vor allem hinsichtlich der Schichtentstehung und des Schichtaufbaus (Keimbildung, Koaleszenz, Bindung) zu klären.

Die angegebenen Beispiele sollten einen Eindruck von der Anwendungsbreite der Festkörperanalyse vermitteln. Die bekannten Analyseprinzipien sind entsprechend zahlreich, so daß ihre Gesamtbehandlung den Rahmen eines einzelnen Buches sprengen würde. Durch die Präzisierung der Themenstellung auf die Festkörperanalyse mit Röntgenstrahlen, Elektronen und Ionen ist von vornherein eine Beschränkung der inhaltlichen Fassung des Buches vorgenommen worden, die das Ziel verfolgt, die Überschaubarkeit des behandelten Gebietes unter Berücksichtigung der kausalen Zusammenhänge zwischen anregender Strahlung und für den Nachweis benutzter Strahlung zu wahren. Die Festkörperanalyse mit Röntgenstrahlen, Elektronen und Ionen vermittelt die Möglichkeit, mit Hilfe von Sonden in Form von Primärteilchen oder Primärstrahlen Festkörperphänomene in interatomaren Bezirken zu erfassen. Durch das inzwischen erreichte hohe Niveau dieser Untersuchungstechnik — im wesentlichen geprägt durch stürmische Fortschritte in der Elektronik und Vakuumtechnik — werden sowohl die die art- und mengenmäßige Erfassung einer Probenzusammensetzung ermöglichende Elementanalytik wie auch die der räumlichen Objektcharakterisierung dienende Verteilungsanalytik (und schließlich auch die im Buch nicht näher behandelte Strukturanalytik) in entscheidendem Maße beeinflußt. Bei den zu besprechenden Festkörperanalyseverfahren, die sämtlich auf der Ausnutzung physikalischer Wechselwirkungsprozesse zwischen anregender Strahlung und Objekt beruhen, werden je nach Spezifik der Wechselwirkung sowohl Aussagen über Festkörpervolumina wie auch über Oberflächenbereiche erhalten.

Die Wechselwirkung von Röntgenstrahlung (elektromagnetische Strahlung) und Elektronen bzw. Ionen (Teilchenstrahlung) mit Materie kann sowohl elastischer wie auch unelastischer Natur sein. Bei der elastischen Wechselwirkung (elastische Streuung, Beugung) kommt es vornehmlich zu Richtungsänderungen der eingeschossenen Teilchen bzw. Röntgenstrahlen. Typische hierauf basierende Analyseverfahren sind Beugungs- und Abbildungsmethoden, die im allgemeinen mit hoher räumlicher Auflösung möglich sind. Der bei unelastischen Wechselwirkungen stattfindende Energieaustausch zwischen elektromagnetischer Strahlung bzw. Teilchenstrahlung und der zu untersuchenden Probe wird durch quantenmechanisch beschreibbare Vorgänge gesteuert. In der Mehrzahl der Fälle führt er über entsprechende Anregungsprozesse zur Auslösung (Emission) von Teilchen bzw. Strahlung aus dem Atomverband der Probe. Die Messung der Energieverteilung der ausgelösten Teilchen bzw. Strahlung (bei Ionen: auch der Massenverteilung), aber auch der erlittenen Energieverluste der Primärteilchen bzw. Primärstrahlung liefert unter Nutzung spektrometrischer Verfahren analytische Aussagen. In der modernen Analysentechnik interessiert dabei vor allem die Zuordnung des durch das Spektrogramm gegebenen Analysenergebnisses zu einem durch die Primärstrahlsonde angesteuerten Probenbereich.

Die Art der mit Röntgenstrahlen, Elektronen und Ionen erzielbaren Analysenergebnisse ist im wesentlichen durch die Intensität der Wechselwirkung zwischen Primärstrahlung bzw. Primärteilchen und dem beschossenen Festkörper gegeben, die von der Röntgenstrahlung über die Elektronen zu den Ionen hin zunimmt. Dementsprechend hat man für Röntgenstrahlen relativ große Eindringtiefen (z. B. ca. 1 mm für CuK_α-Strahlung in Al), für Elektronen mittlere (z. B. ca. 3 µm für 20-keV-Elektronen in Al) und für Ionen extrem geringe Eindringtiefen (z. B. ca. 10 nm für 10-keV-Ar-Ionen in Ge). Der Trend von der Volumenuntersuchung bei Benutzung von Röntgenstrahlung zur Oberflächenuntersuchung bei Benutzung von Ionen ist offensichtlich. Zu beachten ist, daß Eindringtiefe und Informationstiefe — letztere als Tiefenbereich gesehen, aus dem Analyseninformationen erhalten werden können — in einigen Fällen wesentlich unterschiedlich sind. Bei der Auger-Elektronenspektroskopie z. B. stammen die zu analysierenden Auger-Elektronen, die keine weiteren Energieverluste im Probenbereich erlitten haben, nur aus einer relativ geringen Objekttiefe von wenigen Nanometern, die um eine bis zwei Größenordnungen niedriger ist als die Eindringtiefe der Primärelektronen von etwa 3 keV Energie.

Bezüglich der Erfassung von Analysenwerten in Mikrobereichen mit hoher lateraler Auflösung ist zunächst die Möglichkeit der Fokussierung der Primärstrahlbündel ausschlaggebend. Erzielbare Bündeldurchmesser liegen heutzutage bei Elektronen im Bereich von wenigen Ångström, bei Ionen im Bereich von 1 µm und bei Röntgenstrahlung (mit geeigneter Ausblendung) in der Größenordnung von 10 µm. (In diesem Zusammenhang ist zu erwähnen, daß dank der Fortschritte in der Fokussierung von Laser-Strahlen die — hier nicht zu behandelnde — Laser-Mikrospektralanalyse auch in Mikrobereiche mit Ausdehnungen von einigen μm eingedrungen ist.) Andererseits erhält man die zum Analysennachweis benutzten Teilchen oder Strahlen durchaus nicht immer aus einem Bereich, der der Größe des durch die

Tabelle E.1. Übersicht über Festkörperanalyseverfahren, die auf der Grundlage der Anregung bzw. des Nachweises von Röntgenstrahlen, Elektronen und Ionen möglich sind
Die jeweils vor den genannten Verfahren angegebenen Abkürzungen (*B* Beugung, *E* Emission, *A* Absorption, *S* unelastische Streuung, *D* Desorption) deuten auf den als Analyseprinzip ausgenutzten Wechselwirkungsprozeß zwischen Primärstrahlung und Untersuchungsobjekt hin.

Nachweis → Anregung ↓	Röntgenstrahlen	Elektronen	Ionen
Röntgenstrahlen	*B* Röntgendiffraktometrie [Kap. 1.] *B* Röntgentopographie [Kap. 2.] *E* Röntgenfluoreszenzanalyse [Kap. 3.] *E* Hochauflösende ↑ Röntgenspektroskopie [Kap. 5.] *A* Röntgenemissionsspektroskopie, Röntgenabsorptionsspektroskopie (EXAFS)	*E* Photoelektronenspektroskopie (XPS/ESCA) [Kap. 14.]	
Elektronen	*E* Elektronenstrahl-Mikroanalyse (ESMA) [Kap. 4.] *E* Hochauflösende Röntgenspektroskopie [Kap. 5.] Auftrittspotentialspektroskopie (APS)	*B* Beugung schneller Elektronen (HEED, RHEED) [Kap. 7.] *B* Beugung langsamer Elektronen (LEED) [Kap. 8.] *B* Durchstrahlungs-Elektronenmikroskopie [Kap. 9.] *B* Oberflächen- *E* Elektronenmikroskopie [Kap. 10.] *S* Energieverlust-Elektronenspektroskopie (ELS) [Kap. 12.] *E* Auger-Elektronenspektroskopie (AES) [Kap. 13.]	*D* Elektronenstrahlstimulierte Ionendesorption (ESID) [Kap. 19.]

Tabelle E. 1. (Fortsetzung)

Nachweis → Anregung ↓	Röntgenstrahlen	Elektronen	Ionen
Ionen	*E* Ioneninduzierte Röntgenemission (IIX) [Kap. 6.]	*E* Ioneninduzierte Elektronenemission (Ionenneutralisationsspektroskopie INS) [Kap. 15.]	*B* Ionenreflexions-Spektroskopie (ISS) [Kap. 16.] *B* Ionometrie (Rutherford-Rückstreuung — RBD) [Kap. 17.] *B* *E* Ionenmikroskopie *E* Sekundärionen-Massenspektroskopie (SIMS) [Kap. 18.]

Primärsonde erfaßten Bereiches entspricht. Bei der Elektronenstrahl-Mikroanalyse z. B. ist infolge der Streuung bzw. Diffusion der eingeschossenen Primärelektronen im Probenmaterial ein Auslösebereich für die zu analysierende Röntgenstrahlung gegeben, der im allgemeinen in seiner Ausdehnung um den Faktor 10—100 größer ist als der von der Elektronensonde erfaßte.

Den Gepflogenheiten bei der Einordnung von Analysenverfahren entsprechend, ist in Tabelle E. 1 eine Matrix wiedergegeben, in der zeilenweise nach der Art der zur Anregung benutzten Strahlung bzw. Teilchen und spaltenweise nach der zum Nachweis benutzten Teilchen- bzw. Strahlungsart geordnet wurde. Der dem jeweiligen Analysenverfahren zugrunde liegende physikalische Wechselwirkungsprozeß ist jeweils als Abkürzung (B — Beugung, E — Emission, A — Absorption, S — unelastische Streuung, D — Desorption) angegeben. Die Tabelle zeigt, daß die Elemente der links oben beginnenden Hauptdiagonale die meisten Verfahren enthalten. Das ist verständlich, weil jede der hier zugelassenen Anregungen nicht nur zur elastischen (Beugung) und unelastischen Streuung führt, sondern auch zur Auslösung analoger Sekundäremissionen. Während die zeilenweise Betrachtung der Matrix eine Darstellung nach Anregungsquellen unter einheitlichen Gesichtspunkten gestattet, bietet die spaltenweise Betrachtung ein Ordnungsprinzip nach gleichartiger Nachweisstrahlung. Wie die an den einzelnen Verfahren angegebenen Kapitelnummern erkennen lassen, wurde das letztgenannte Ordnungsprinzip beim Aufbau der Kapitelfolge gewählt. Der Hauptgrund für dieses Vorgehen liegt darin, daß das Buch im wesentlichen für Anwender gedacht ist. Sie, die in der Regel nicht die Konstrukteure der verwendeten Apparaturen sind, wollen ihre Informationen aus der nachzuweisenden Strahlung entnehmen, die strahlungs- bzw. teilchenspezifische Nachweismethoden bedingen. Die Reihenfolge der Kapitel, jeweils bezogen auf eine bestimmte, zum Analysennachweis benutzte Strahlung (entsprechende Spalte in der Matrix) wurde so gewählt, daß zunächst jeweils Verfahren behandelt werden, die auf Beugungsprinzipien bzw. daraus ableitbaren Abbildungsprinzipien beruhen, und im Anschluß daran die Beschreibung entsprechender

Tabelle E.2. Angabe erzielbarer Informationen und Leistungsparameter einzelner Verfahren der Festkörperanalyse

Methode	Information	Leistungsparameter
Röntgendiffraktometrie [Kap. 1.]	Gitterstruktur, Präzisionsgitterbestimmung, Phasenanalyse	*Genauigkeit* der Gitterkonstantenbestimmung: $\Delta a/a \approx 10^{-5} \cdots 10^{-6}$, *Laterale Auflösung* bei Feinstrahlbeugung: ca. 50 µm
Röntgentopographie [Kap. 2.]	Abbildung von ein- und mehrdimensionalen Gitterdefekten	*Erfaßbare Defektdichten*: $0 \cdots 10^{5}$ cm^{-2}, *Auflösungsvermögen*: 1 µm
Röntgenfluoreszenzanalyse [Kap. 3.]	chemische Zusammensetzung	*Massennachweisgrenze:* $1 \cdots 10$ µg/g *Genauigkeit*: $0{,}1 \cdots 1\%$
Elektronenstrahl-Mikroanalyse [Kap. 4.]	chemische Zusammensetzung	*Nachweisvermögen:* $10^{-14} \cdots 10^{-15}$ g (Konzentrationen: etwa 1%) *Laterale Auflösung:* 1 µm
Hochauflösende Röntgenspektroskopie [Kap. 5.]	Parameter der Elektronenstruktur, insbes. der Energiebandstruktur	*Genauigkeit* der Energiemessung: einige 10^{-1} bis ca. $0{,}5 \cdot 10^{-1}$ eV
Ioneninduzierte Röntgenemission [Kap. 6.]	chemische Zusammensetzung	*Massennachweisgrenze:* $1 \cdots 10$ µg/g *Laterale Auflösung:* 10 µm
Beugung schneller Elektronen [Kap. 7.]	Gitterstruktur (Substanzdifferenzierung) in Volumenbereichen (HEED) und in Oberflächenbereichen	*Nachweisvermögen:* $10^{-14} \cdots 10^{-17}$ g *Laterale Auflösung:* (in Durchstrahlung) 100 nm (konventionell) 10 nm (Rasterbetrieb)
Beugung langsamer Elektronen [Kap. 8.]	Gitterstruktur der Oberfläche (auch elektronische Struktur und Gitterdynamik)	*Nachweisvermögen:* oberste Atomlagen
Durchstrahlungs-Elektronenmikroskopie [Kap. 9.]	Morphologie, Realstruktur	*Nachweisvermögen:* $10^{-16} \cdots 10^{-22}$ g *Laterale Auflösung:* 0,2 nm
Oberflächen-Elektronenmikroskopie [Kap. 10.]	Oberflächentopographie, auch elektrische und magnetische Feldinhomogenitäten	*Laterale Auflösung:* Raster-EM: $3 \cdots 10$ nm Emissions-EM: $10 \cdots 20$ nm Spiegel-EM: 100 nm
Feldemissionsmikroskopie [Kap. 11.]	Gitterstruktur (auch elektronische Struktur) von spitzenförmigen Oberflächen, APFIM: chemische Natur einzelner Atome	*Laterale Auflösung:* FEM: $2 \cdots 3$ nm FIM: Einzelatome APFIM: do.
Energieverlust-Elektronenspektroskopie [Kap. 12.]	dielektrische Funktion, chemische Zusammensetzung	*Energieauflösung:* 10 meV *Laterale Auflösung:* 10 nm

Tabelle E.2 (Fortsetzung)

Methode	Information	Leistungsparameter
Auger-Elektronen-spektroskopie [Kap. 13.]	chemische Zusammensetzung von Oberflächen (Elemente ab $Z = 3$)	*Nachweisvermögen:* 0,1 At.-%, etwa 10^{-3} Monolagen *Laterale Auflösung:* 0,1 ··· 100 μm *Informationstiefe:* einige nm
Photoelektronen-spektroskopie [Kap. 14.]	Bindungszustände von Elektronen (Elektronenstruktur) in Oberflächenbereichen; ESCA: Elementanalyse	*Nachweisvermögen:* „bulk"-Empfindlichkeit: 0,1 ··· 1 Vol.-% Oberflächenempfindlichkeit: pg-Bereich, *Informationstiefe:* 0,1 ··· 5 nm
Ioneninduzierte Elektronenemission (Ionenneutralisations-spektroskopie) [Kap. 15.]	Übergangsdichten elektronischer Oberflächenzustände	*Nachweisbereich:* erste Atomlage
Ionenreflexions-spektroskopie [Kap. 16.]	chemische Zusammensetzung von Oberflächen bzw. Oberflächenschichten	*Nachweisempfindlichkeit:* 10^{-4} Monolagen
Ionometrie [Kap. 17.]	Fremdatome im Kristallgitter	*Nachweisempfindlichkeit:* 10^{-4} Monolagen
Sekundärionen-Massenspektroskopie [Kap. 18.]	chemische Zusammensetzung der Oberfläche, Ionenabbildung, Tiefenprofile	*Nachweisempfindlichkeit:* 10^{-6} Monolagen, 1 ppb *Laterale Auflösung:* 1 μm *Tiefenauflösung:* 5 nm *Informationstiefe:* oberste Atomlage
Elektronenstrahl-stimulierte Ionen-desorption [Kap. 19.]	chemische Zusammensetzung und Struktur von Oberflächen bzw. Oberflächenschichten	*Nachweisempfindlichkeit:* 10^{-4} Monolagen

spektroskopischer Verfahren erfolgt. Zur Matrix ist zu bemerken, daß die hochauflösende Röntgenspektrometrie nicht nur in der Rubrik „Röntgenstrahlanregung", sondern wegen der spezifischen Möglichkeiten in einigen Fällen auch bei der „Elektronenanregung" mit aufgeführt ist. Die in der Tabelle angegebene, relativ selten betriebene Ionenmikroskopie ist nicht als gesondertes Kapitel ausgewiesen; Hinweise auf diese Untersuchungstechnik sind aber, bezogen auf die Abbildung mit Sekundärionen, bei der Beschreibung von Abbildungsvarianten der Sekundärionen-Massenspektrometrie gegeben. In der gewählten Form der Matrix konnte die Feldemissionsmikroskopie (Kap. 11.), die aber in der vorliegenden „Festkörperanalyse" behandelt werden sollte, nicht erfaßt werden.

Die wichtigsten, durch die einzelnen Analysenverfahren zu erzielenden Informationen sind mit Angaben über die wesentlichsten Leistungsparameter in Tabelle E.2 zusammengestellt. Wie die Tabelle erkennen läßt, reichen die zur Charakterisierung von Festkörpern geeigneten Informationen von der Erfassung der Gitterstruktur (bei kristallinen Objekten), der Realstruktur (Morphologie, Defektstruktur), der chemischen Zusammensetzung (Elementanalyse) bis hin zur Elektronenstruktur und zum Bindungszustand. Je nach eingesetztem Verfahren sind sie auf Volumen- oder Oberflächenbereiche bezogen. Um im Falle von Oberflächenuntersuchungen zu verläßlichen Resultaten zu kommen, müssen die entsprechenden Analysen im Ultrahochvakuum (etwa 10^{-8} Pa) durchgeführt werden. Typisch für die Leistungsparameter in der Tabelle — es konnten hier nur die wesentlichsten zusammengestellt werden — sind die Nachweisempfindlichkeit, die laterale Auflösung (Probenbereichsauflösung) und die Tiefenauflösung für die erfaßten Parameter, z. B. das erfaßbare Konzentrationsminimum bei der Analyse elementspezifischer Verteilungen. Auf die Problematik der quantitativen Aussagefähigkeit der besprochenen Verfahren wird in den einzelnen Kapiteln hingewiesen.

Je nach der zum analytischen Nachweis benutzten Strahlungs- bzw. Teilchenart (Röntgenstrahlen, Elektronen, Ionen) gibt es spezifische Besonderheiten in den einzelnen (in Tabelle E. 1 spaltenmäßig geordneten) Analysenverfahren, auf die im folgenden kurz eingegangen werden soll.

Für die in der ersten Spalte der Tabelle E. 1 angegebenen Röntgenanalyseverfahren ist es charakteristisch, unabhängig davon, ob sie als Diffraktionsverfahren (Kap. 1.), als Topographie-Verfahren (Kap. 2.) oder als spektroskopisches Verfahren bei der Röntgenfluoreszenz (Kap. 3.) gekennzeichnet sind, daß in der Mehrzahl der Fälle die Analysen an Luft durchgeführt werden können. Voraussetzung hierfür ist, daß mit Wellenlängen der Röntgenstrahlung gearbeitet wird, die kleiner als die charakteristischen Wellenlängen der Titanium-K_α-Strahlung sind, bzw. daß zur Röntgenstrahlauslösung nicht Teilchenstrahlen (Elektronen oder Ionen) benutzt werden. Für eine große Reihe festkörperphysikalischer Probleme bedeutet dies eine wesentliche Erleichterung und Vereinfachung der Versuchsführung. Hinzu kommt, daß diese röntgenographischen Verfahren nur eine Probenpräparation erfordern, wie sie in jedem kristallographischen bzw. metallographischen Labor üblich ist. Sie kann mit normalen Hilfsmitteln geleistet werden, obwohl jede der aufgeführten Untersuchungstechniken spezifische Erfahrungen erfordert. So dürfen z. B. bei einer Probenpräparation für die Röntgentopographie nicht zusätzliche Baufehler, z. B. Versetzungen, eingeführt werden. Eine Abbildung einzelner Versetzungen ist mit röntgentopographischen Mitteln ohnehin nur bei Versetzungsdichten $< 10^5$ Versetzungen pro Quadratzentimeter möglich.

Die Röntgendiffraktometrie und Röntgentopographie, die die Beugung der Röntgenstrahlung am Kristallgitter nutzt, erlaubt meist die Auswahl einer Wellenlänge, die eine Untersuchung an Luft gestattet und dabei noch hochempfindliche Aussagen über Gitteränderungen bzw. Gitterstörungen zuläßt. Gitterkonstantenmessungen mit einer Genauigkeit von 10^{-4} nm werden bereits routinemäßig beherrscht. Vielfach werden auch Doppelkristallspektrometer eingesetzt. Aber auch eine quantitative Messung von Phasenanteilen bei gleichbleibender chemischer Zusammensetzung kann über die sich neu einstellenden Modifikationen des Gitters durch die Röntgendiffraktometrie geleistet werden.

In den meisten Fällen ist es für diese Verfahren somit hinreichend, wenn eine günstige charakteristische Röntgenwellenlänge durch Wahl von Röhren mit entsprechendem Anodenmaterial für die Lösung des anstehenden Problems zur Verfügung gestellt wird. Nur in bestimmten Fällen wird man auch die Röntgenstrahlung eines Synchrotrons nutzen, die gewisse Vorteile — wie hohe Parallelität, kontinuierliches Spektrum hoher Intensität — bietet. So ist es z. B. möglich, Kohlenstoff oder Kohlenstoffverbindungen mit der Synchrotronstrahlung zur Fluoreszenz mit der nötigen Effizienz anzuregen, um sie dann in einem vertretbaren Zeitaufwand mit einem Vakuumspektrometer registrieren zu können. Doch wird in diesem Buch nicht näher auf diese Möglichkeit eingegangen.

Die Auslösung von Röntgenstrahlen durch eingeschossene Elektronen ist das Grundprinzip der Elektronenstrahl-Mikroanalyse (Kap. 4.), die unter Benutzung wellenlängendispersiver Spektrometer (verschiedentlich auch als „winkeldispersive" Technik gekennzeichnet) oder energiedispersiver Anordnungen durchgeführt wird. Letztere gestatten eine Vollanalyse in einigen Minuten und kommen so der Forderung nach objektschonender Arbeitsweise sehr entgegen, wenngleich auch das Auflösungsvermögen z. Z. noch schlechter ist als bei Kristallspektrometern. Beide Spektrometer ergänzen sich deshalb auch sehr gut. Insbesondere die Röntgenmikroanalyse mit feingebündelten Teilchenstrahlen nutzt beide Spektrometertypen, die gleichermaßen die Scanningtechnik erlauben.

Mit Hilfe der hochauflösenden Röntgenspektroskopie (Kap. 5.) sind Untersuchungen zur chemischen Bindung, zur Band- und Elektronenstruktur möglich. Bei der Primäranregung mit Elektronen muß besonders darauf geachtet werden, daß das Präparat nicht durch den Beschuß zerstört bzw. die chemische Bindung verändert wird. Bei der Untersuchung von Oberflächenschichten ist unter anderem durch Realisierung geeigneter Vakuumbedingungen dafür Sorge zu tragen, daß Oxid- oder Kontaminationsschichten nicht entstehen können. Dauer und Intensität der einfallenden Primärstrahlung sind aus diesem Grunde für eine chemische Analyse so niedrig wie möglich zu halten.

Die Anregung von Röntgenspektren durch Ionen — insbesondere Protonen — (Kap. 6.) erscheint nur sinnvoll bei hohen Energien der eingeschossenen Ionen ($>$ 100 keV). Da bei der Röntgenstrahlauslösung durch Ionen die entstehende Bremsstrahlung nahezu vernachlässigt werden kann, ist die Erzielung weitestgehend untergrundfreier Spektren für die Analyse möglich.

Die Analysenverfahren auf der Grundlage des Nachweises von Elektronen, die mit dem Untersuchungsobjekt in Wechselwirkung standen, betreffen sowohl die Erfassung der Anzahl der an der Wechselwirkung beteiligten Elektronen (Intensität der zu registrierenden Elektronenstrahlung) wie auch deren räumliche und Energieverteilung. Während für die erstgenannten Fälle zur Registrierung hochauflösende Fotomaterialien bzw. elektronische Bildspeicherelemente (evtl. unter Einbeziehung von Bildverstärkeranordnungen) benutzt werden, wird im Falle der Erfassung der Energieverteilung die Methodik der Elektronenspektroskopie eingesetzt. Naturgemäß basiert die Mehrzahl der Verfahren mit Elektronennachweis auch auf der Anregung durch Elektronen, wobei als Wechselwirkungsprozesse sowohl die elastische Streuung zwischen den eingeschossenen Primärelektronen an den Atomkernen der Untersuchungsprobe wie auch die unelastische Streuung an den Hüllenelektronen zu berücksichtigen sind. Emissionsprozesse auf der Grundlage des Freisetzens von Elektronen aus dem Atomverband des Analysenobjektes mittels hinreichender Energieübertragung durch die anregende Primärstrahlung werden sowohl von eingeschossenen Elektronen (echte Sekundäremission) wie auch von elektromagnetischer Strahlung, insbesondere Röntgenstrahlung (Photoemission), bzw. von Ionen (ioneninduzierte Sekundäremission) hervorgerufen und als Analysenprinzip ausgenutzt. Wegen der Beeinträchtigung der Elektronenstrahlen durch vorhandene Luftmoleküle (Streuung der Elektronen) sind Analysengeräte auf der Basis von Elektronenstrahlen als Vakuumgeräte (zulässiger Druck etwa 10^{-3} Pa, soweit für spezielle Oberflächenuntersuchungen nicht Ultrahochvakuum vorausgesetzt wird) ausgeführt.

Auf der Grundlage der elastischen Elektron-Atomkernstreuung arbeiten im wesentlichen die Beugungsverfahren bzw. — unter Ausnutzung elektronenoptischer Fokussierungselemente — auf dem Beugungsprinzip aufbauende Abbildungsverfahren, die sowohl auf die Erfassung von Mikrobereichen im Volumen fester Körper ausgerichtet sind als auch auf die Oberflächenanalyse. Bei der Beugung schneller Elektronen (Kap. 7.) — besser: mittelschneller Elektronen — wird mit Primärelektronen im Energiebereich von 50 bis 100 keV gearbeitet, die sowohl zur Durchstrahlung dünner Objektfolien (etwa einige Zehntel μm Dicke) bei etwa senkrechtem Einfall auf die zu untersuchende Objektfolie benutzt werden (High Energy Electron Diffraction — HEED) wie auch zur Reflexion an Probenoberflächen bei streifendem Einfall (Reflection High Energy Electron Diffraction — RHEED) eingesetzt werden. In beiden Fällen wird als Analysenergebnis die Gitterstruktur erfaßt, die u. a. als Grundlage für eine Phasenidentifizierung dienen kann. Bei der Durchstrahlungsbeugung (HEED) wird die Erfassung der Gitterstruktur in Volumenbereichen submikroskopischer Ausdehnung (zwischen einigen 10 nm und etwa 1 μm) durchgeführt (Feinbereichsbeugung), während es bei der Reflexions-Elektronenbeugung vor allem auf die Erfassung der Gitterstruktur der Oberfläche ankommt. Bei der Beugung langsamer Elektronen (Kap. 8., Low Energy Electron Diffraction — LEED) wird mit Elektronenenergien von einigen 10 bis zu einigen 100 eV gearbeitet. Diese niederenergetischen Elektronen können nur wenige Atomlagen tief in das zu untersuchende Analysenobjekt eindringen, so daß mit dieser Methode eine Analyse der Gitterstruktur der obersten Atomlagen, also eine echte Oberflächenanalyse bis hin zur Erfassung der Gitterstruktur von Adsorbatschichten, möglich ist. Die im allgemeinen mit mittelschnellen Elektronen (50 bis 100 keV Energie) durchgeführte Durchstrahlungs-Elektronenmikroskopie (Kap. 9.) erlaubt — abgesehen vom Einsatz der Höchstspannungs-Elektronenmikroskopie — die Gewinnung von Morphologieinformationen aus geeignet präparierten Objektfolien von maximal einigen Zehntel μm Dicke mit einer (nur für extrem geringe Objektdicken) möglichen Grenzauflösung von etwa 0,2 nm. Durch Einsatz geeigneter Präparationsverfahren (Abdrucktechnik, Dekorationsverfahren) sind dabei auf indirektem Wege auch Informationen über die Oberflächentopographie zu erzielen. Innerhalb der zur direkten Abbildung von Oberflächen eingesetzten Oberflächen-Elektronenmikroskopie (Kap. 10.), die ebenfalls mit mittelschnellen Primärelektronen betrieben wird, hat neben den nur für Spezialfälle einzusetzenden klassischen Verfahren der Emissionsmikroskopie (Sekundäremission, Photoemission, ioneninduzierte Emission) und der Spiegel-Elektronenmikroskopie (gezielte Reflexion der Elektronen vor der Untersuchungsoberfläche) die Raster-Elektronenmikroskopie die größte Bedeutung, vor allem im Hinblick auf die Vielzahl der für die Bilderzeugung ausnutzbaren physikalischen Wechselwirkungsprozesse zwischen Elektronensonde und Objektoberfläche (Sekundäremission, Elektronenreflexion, Elektronenabsorption, Auslösung von Katodolumineszenzstrahlung usw.). Die beste räumliche Auflösung (routinemäßig kommt man bis etwa 10 nm, in günstig gelagerten Fällen herunter auf einige nm) wird bei Benutzung von Sekundärelektronen bzw. von reflektierten Elektronen geringen Energieverlusts erreicht. Die mit dem Oberflächen-Rasterelektronenmikroskop erzielbare Topographieinformation wird bei Anwendung einer kombinierten Analysentechnik häufig durch die Erfassung der Elementspezifik mittels der Elektronenstrahl-Mikroanalyse ergänzt. Die durch Erzeugung hoher elektrischer Felder (etwa 10^6 V/cm) an Objektspitzen mögliche Feldemissionsmikroskopie (Kap. 11.) wird sowohl mit feldemittierten Elektronen (Feldelektronenmikroskopie — FEM) wie auch durch Benutzung von Ionen für den Abbildungsprozeß (Feldionenmikroskopie — FIM) mit dem Ziel der Erfassung der kristallographischen Struktur (auch der Elektronenstruktur bei FEM) von Festkörpern bis hin zur Abbildung einzelner Atome (FIM) betrieben. Durch Koppelung eines Feldionenmikroskops mit einem Flugzeit-Massenspektrometer (Atomsonden-Feldionenmikroskop — APFIM) ist die Bestimmung der Masse einzelner abgebildeter Atome möglich. Im vorliegenden Buch beschriebene elektronenspektrometrische Analysenverfahren beziehen sich sowohl auf die Energieverlust-Spektroskopie wie auch auf die Auger-Elektronenspektroskopie und die Photoelektronenspektroskopie. Durch die Erfassung der Energieverluste (möglichst monochromatischer) Primärelektronenstrahlung in der Energieverlust-Spektroskopie (Kap. 12., ELS) werden verschiedenartigste Anregungszustände der Probe erfaßt, die Aussagen von der dielektrischen Funktion bis hin zur Materialanalyse (letztere in Objektfeinbereichen von einigen 10 nm Ausdehnung) ermöglichen. Die sowohl zur Volumen- wie auch zur Oberflächenuntersuchung (Reflexionsverfahren) eingesetzte Methode wird im Extremfall mit einer Energieauflösung im Millivoltbereich betrieben. In der Auger-Elektronenspektroskopie (AES, Kap. 13.), bei der Primärelektronen von 1 bis 10 keV verwendet werden, kommt es auf der Grundlage der Deexcitation von in inneren Elektronenschalen ionisierten Atomen zur Emission von Sekundärelektronen mit definierten Energien, die Rückschlüsse auf die Elementspezifik (chemische Zusammensetzung) der obersten Atomschichten einer untersuchten Festkörperoberfläche erlauben, bei Anwendung von Elektronensonden mit einer lateralen Auflösung von etwa 0,1 µm. Die sowohl mit ultraviolettem Licht wie auch mit Röntgenstrahlung als Anregungsquelle mögliche Photoelektronenspektroskopie (PES, Kap. 14.) erlaubt in direkter Weise Aussagen über die Bindungsenergie der emittierten Elektronen (Bindungszustand, Zustandsdichte im Festkörper), die Rückschlüsse auf den Festkörperaufbau in den obersten Atomlagen zulassen. Für den Fall der Verwendung von Röntgenstrahlen als Anregungsquelle ist eine Erfassung der chemischen Zusammensetzung der Festkörperoberfläche (auch hinsichtlich vorhandener chemischer Verbindungen) möglich (Elektronenspektroskopie für die chemische Analyse — ESCA). Bei der ioneninduzierten Elektronenemission (Kap. 15.), die im wesentlichen als Ionenneutralisations-Spektroskopie (INS) zur Festkörperanalyse benutzt wird, werden schließlich Übergangsdichten elektronischer Oberflächenzustände messend erfaßt.

Von den Besonderheiten der Analysenverfahren mit Ionennachweis soll folgendes erwähnt werden: Sieht man von den abbildenden Methoden ab, so werden die Informationen bei den Röntgen- und Elektronenemissionsverfahren durch Energieanalyse der emittierten Strahlung oder Elektronen erhalten. Die Informationen der nichtabbildenden Ionenemissionsverfahren, die in jedem Fall qualitative und quantitative Aussagen über die chemische Zusammensetzung der untersuchten Probe sind, werden aus einer Analyse der m/e-Verhältnisse (Masse/Ladung) der emittierten Ionen gewonnen. — Das gilt indirekt auch für die Verfahren, die auf der elastischen Rückstreuung niederenergetischer (Ionenreflexionsspektrometrie, Kap. 16.) oder hochenergetischer (Rutherford-Weitwinkelstreuung, Kap. 17.) Ionen an Festkörpern beruhen: Hier werden Ionen definierter Energie und Masse aus gerichteten Bündeln an Oberflächen- und Volumenatomen gestreut; aus der Energieanalyse der gestreuten einfach geladenen Ionen wird mit Hilfe einer Energie-Masse-Konversionsformel auf die Masse des Streuatoms geschlossen. — Sekundärionen-Massenspektrometrie (Kap. 18.) und elektronenstimulierte Ionendesorption (Kap. 19.) bedienen sich der massenselektierenden Wirkungen magnetischer bzw. zeitveränderlicher elektrischer Felder auf zerstäubte oder desorbierte Sekundärionen, wobei die Notwendigkeit, aus deren Energieverteilung einen mehr oder weniger breiten homogenen Bereich herauszufiltern, Intensitätsverluste bewirkt. Der entscheidende Vorteil dieser massenspektrometrischen Verfahren besteht in der Möglichkeit, *alle* Elemente einschließlich Wasserstoff, Isotope und Moleküle (Cluster) direkt nachzuweisen.

Die Begrenztheit der mit einem einzigen Analysenverfahren erzielbaren Informationen, verbunden mit der Tatsache, daß nur wenige Verfahren echt quantitative Aussagen gestatten, einerseits und die Notwendigkeit der möglichst umfassenden Charakterisierung von Festkörpereigenschaften andererseits führen zur Konstruktion von Kombinationsgeräten („Analysenmaschinen"), für deren Anwendung oft auch ökonomische Gesichtspunkte eine entscheidende Rolle spielen. Bekannteste Beispiele hierfür sind die Kombinationen von Raster-Elektronenmikroskop und Elektronenstrahl-Mikroanalysator, von Auger- und Photoelektronen-Spektroskopen mit Anlagen für die Beugung mit langsamen Elektronen und mit hochempfindlichen Sekundärionen-Massenspektrometern. Daß solche Anlagen nur in echter „team work" zu betreiben sind, versteht sich von selbst. Dem Trend folgend, dem Anwender vielseitige Möglichkeiten für Gerätekombinationen zu bieten, haben viele Hersteller Gerätesysteme entwickelt, die aus Standardeinheiten aufbaubar sind. Typischstes Beispiel hierfür sind Analysengeräte für elektronen- (bzw. ionen-) optische Untersuchungen von Grenzflächen, die aufbauend auf einem Ultrahochvakuumgrundgerät mit entsprechenden Möglichkeiten der Objektmanipulation (auch der Objektpräparation) die kombinierte Benutzung der wesentlichsten Oberflächenuntersuchungsverfahren (LEED, AES, ESCA, SIMS) gestatten. Bei der Kombination der gemeinsam zu betreibenden Baugruppen (z. B. UHV-System, Elektronen- oder Ionenquellen, Detektoren) ist besonders darauf zu achten, daß diese nicht mit einer Verminderung der Leistungsparameter der Einzelverfahren erkauft wird.

Die Notwendigkeit des rationellen Einsatzes von Analysengeräten, vor allem von kombinierten Großgeräten, und der schnellen und zuverlässigen Auswertung von Meßdaten im Routinebetrieb, erfordert in zunehmendem Maße die Automatisierung der Meßprozesse und die Datenerfassung und -auswertung mit den Mitteln der modernen Computertechnik. In Kapitel 20. wird an Hand von Verfahrensbeispielen aus dem Gebiet der Oberflächenanalyse auf diese Problematik eingegangen. Rechnergestützte Analysengeräte bestimmen in zunehmendem Maße das Leistungsvermögen moderner Labors und schaffen so die Voraussetzung für eine weitestgehend automatische Spektren- und Bildverarbeitung.

Neben der Automatisierung und der Rationalisierung der Analysenprozesse geht der Entwicklungstrend in Richtung auf eine Erweiterung der Einsatzbereiche der angegebenen Festkörperanalyseverfahren durch Verschiebung der gegenwärtigen Einsatzgrenzen, insbesondere im Hinblick auf eine Verbesserung der Nachweisempfindlichkeit bzw. des Nachweisvermögens und bzw. oder der geometrischen Auflösung (laterale Auflösung, Tiefenauflösung). Der Trend zur Mikrobereichsanalyse durch Anwendung von Sondenverfahren bei den verschiedensten Analyseverfahren ist offensichtlich. Die Mehrzahl der Festkörperanalyseverfahren, die unter konventionellen Betriebsbedingungen als „zerstörungsfrei" arbeitend angesehen werden, führt unter extremen Analysenanforderungen (insbesondere beim Arbeiten mit Ionen und Elektronen) infolge der für den hochempfindlichen Analysennachweis notwendigen relativ intensiven Wechselwirkung zwischen anregender Strahlung und Untersuchungsobjekt häufig zu Objektveränderungen (z. B. Aufbrechen von Bindungen, Erzeugung von F-Zentren), die bis zu einer Zerstörung des untersuchten Objektbereiches führen können. Die Möglichkeit einer objektschonenden Arbeitsweise durch Benutzung anregender Strahlung geringer Intensität ist deshalb eine wichtige Forderung für die Weiterentwicklung von Festkörperanalyseverfahren, die entsprechende Verbesserungen in der Erfassung der zum Analysennachweis benutzten Strahlung (hohe elektronische Verstärkung, Unterdrückung des Rauschuntergrundes) voraussetzt. Der Einsatz von Speichertechniken, gekoppelt mit universellen Möglichkeiten der elektronischen Signalverarbeitung, ist in diesem Zusammenhang besonders zu nennen. Ein weiterer Trend in der Festkörperanalyse betrifft die Herabsetzung des Einflusses der Umgebungsatmosphäre des Untersuchungsobjektes auf das Analysenergebnis, z. B. die Vermeidung der Ausbildung störender Kontaminationsschichten, so daß die Realisierung eines Ultrahochvakuums im Objektraum, wie sie ja für viele Oberflächenanalysemethoden üblich ist, auch bei weiteren, mit hoher Analysengenauigkeit einzusetzenden Festkörperanalyseverfahren notwendig erscheint.

Abschließend ist zu erwähnen, daß für die Weiterentwicklung der Verfahren der Festkörperanalyse und damit für die Erhöhung des Niveaus von Festkörperuntersuchungen nicht nur die vornehmlich genannten, durch den Stand der Experimentalmethodik bestimmten Faktoren (Automatisierung, Rationalisierung, Erhöhung der Nachweisempfindlichkeit usw.) wesentlich sind, sondern auch eine verstärkte theoretische Durchdringung der Grundlagen der Analysenprozesse, insbesondere der Wechselwirkung zwischen anregender Strahlung und Objekt, zu gewährleisten ist. Für die sichere Interpretation von Analysenergebnissen ist deshalb der Einsatz von Wissenschaftlern und Technikern mit hohen Spezialkenntnissen notwendig. Eine optimale Auswertung von Analysenergebnissen wird oftmals nur durch die enge Zusammenarbeit von Wissenschaftlern unterschiedlicher Disziplinen (Physiker, Chemiker, Mathematiker) und erfahrener Techniker möglich sein.

Übersichtsliteratur (Auswahl)

- Microprobe Analysis. Ed.: C. A. ANDERSEN, John Wiley & Sons, New York, London, Sidney, Toronto, 1973.
- Modern Physical Techniques in Materials Technology. Eds.: T. MULVEY, R. K. WEBSTER, Harwell Series, Oxford University Press 1974.

– H.-W. Thümmel, Durchgang von Elektronen- und Betastrahlung durch Materieschichten, Akademie-Verlag, Berlin 1974.
– H. H. Brongersma, F. Meijer, H. W. Werner, Oberflächenanalyse – Methoden zur Untersuchung der äußeren Atomschichten von Festkörpern, Philips techn. Rdsch. **34** (1974/75) 362–376.
– Moderne Methoden der Oberflächenanalyse. DECHEMA-Monographien, Bd. 78, Verlag Chemie, Weinheim/Bergstr. 1975.
– Methods of Surface Analysis. Ed. A. W. Czanderna, Elsevier Publ. Comp., Amsterdam/ Oxford/New York 1975.
– Interactions on Metal Surfaces. Ed. R. Gomer, Springer-Verlag, Berlin 1975.
– A. Benninghoven, Characterization of Coatings, Thin Solid Films **39** (1976) 3–23.
– K. Danzer, E. Than, D. Molch, Analytik, Akad. Verlagsges. Geest & Portig, Leipzig 1976.
– R. Holm, S. Storp, D. Briggs, Analysis of Real Surfaces, Eur. Spectr. News **12** (1977) 14.
– A. P. Schulman, S. A. Fridrichov, Sekundäremissionsmethoden der Untersuchung von Festkörpern (russ.), Izd. „Nauka", Moskau 1977.
– N. Treitz, Analysis of Solid Surface Monolayers by Mass and Energy Spectrometry Methods, J. Phys. I: Sci. Instr. **10** (1977) 573–586.
– O. Brümmer, Mikroanalyse mit Elektronen- und Ionensonden, VEB Deutscher Verlag für Grundstoffindustrie, Leipzig 1978.

1. Röntgendiffraktometrie

(P. KLIMANEK, Freiberg)

1.1. Grundprinzip

Unter dem Begriff der Röntgendiffraktometrie werden die Methoden zur Untersuchung der Beugung von Röntgenstrahlen im Wellenlängenbereich von etwa 0,05 bis 0,25 nm zusammengefaßt, die

— auf Intensitätsmessungen mit Hilfe von Quantendetektoren (d. h. mit Zählrohren, Szintillationszählern oder Halbleiterdetektoren) beruhen und

— ein integrales (d. h. im räumlichen Mittel zutreffendes) Bild von der Struktur des beugenden Objektes vermitteln.

Gegenüber den klassischen Beugungsverfahren mit Filmregistrierung (vgl. [1 bis 3]), mit denen sie das Prinzip der integralen Strukturabbildung und folglich auch die theoretischen Grundlagen gemeinsam hat, zeichnet sich die Diffraktometrie durch eine Reihe von Vorzügen (z. B. durch wesentlich gesteigerte Meßgenauigkeit, erhöhte Nachweisempfindlichkeit für intensitätsschwache Beugungsphänomene, Programmierbarkeit der Messungen, günstige Bedingungen für den Einsatz von EDVA usw.) aus, so daß sie heute die wesentliche experimentelle Basis für die Strukturforschung mit Röntgenstrahlen darstellt. Im vorliegenden Beitrag wird sie allerdings nur unter dem Aspekt der Realstrukturanalyse an kristallinen Stoffen behandelt.

Die Ursache der Röntgenstrahlbeugung ist die elastische (d. h. ohne Energieverlust eintretende) Streuung von Strahlungsquanten an den Elektronen der chemischen Stoffbausteine (Atome, Ionen). Der Mechanismus dieses Vorganges kann im Rahmen der Elektrodynamik beschrieben werden (THOMSON 1898, vgl. [4, 5]). Danach werden die Ladungsträger durch das rasch veränderliche elektrische Feld der einfallenden Strahlung (Primärwelle) zu erzwungenen Schwingungen angeregt und wirken als elektrische Oszillatoren, die Sekundärwellen (elementare Streuwellen) abstrahlen. Bei kondensierten Stoffen sind die Sekundärwellen von einer monochromatischen Komponente der Primärstrahlung kohärent: Sie haben alle die gleiche Frequenz und weisen gesetzmäßige Phasenbeziehungen auf, die durch die Art und den Grad des geometrischen Ordnungszustandes des streuenden Objektes bestimmt werden. Ihre Überlagerung führt zur Ausbildung eines räumlichen Interferenzfeldes (d. h. zur Entstehung einer resultierenden Streuwelle mit richtungsabhängiger Amplitude), dessen Intensitätsverteilung die Strukturmerkmale des Streukörpers in charakteristischer Weise widerspiegelt.

1.2. Theoretische Grundlagen

Die quantitative Beschreibung der elastischen Streuung von Röntgenstrahlen an ausgedehnten Objekten bildet den Inhalt der Theorie der Röntgenstrahl-Interferenzen (vgl. etwa [4, 5, 6]). Zu einer Formulierung, welche die Beziehungen zwischen den beobachtbaren Streuphänomenen und der Struktur der Stoffe sehr übersichtlich darzustellen gestattet, gelangt man unter den vereinfachenden Voraussetzungen, daß

— die Strahlung keine nachweisbare Extinktion (d. h. Schwächung durch die elastische Streuung) erfährt,

— die elastische Streuung (Vielfachstreuung) der Elementarwellen an der Elektronendichteverteilung des Probenkörpers nicht ins Gewicht fällt,

— keine Intensitätsverluste durch Absorption (Photo-Effekt) und unelastische Streuung (Compton-Effekt) eintreten und

— der Streuprozeß als Fraunhofer-Beugung (d. h. als Interferenz ebener Wellen) behandelt werden darf.

Die Nichtbeachtung der Absorption und der unelastischen Streuung ist dabei von untergeordneter Bedeutung, da sich beide Prozesse nachträglich durch Korrekturen berücksichtigen lassen. Die Vernachlässigung der Extinktion und der Vielfachstreuung ist dagegen problematisch und bei Kristallen nur dann gerechtfertigt, wenn diese sehr kleine Abmessungen und bzw. oder einen hohen Fehlordnungsgrad aufweisen.

Die räumliche Intensitätsverteilung der Interferenzstrahlung hängt unter den genannten Bedingungen im wesentlichen von den Phasenbeziehungen zwischen den Elementarwellen ab. Es ist deshalb möglich, diese schrittweise zu Streuwellen von bestimmten Struktureinheiten (z. B. von Atomen, Ionen, Molekülen, Gitterzellen) zusammengefaßt zu denken und die resultierende Streuwelle des betrachteten Probenobjektes als Ergebnis der Überlagerung der Streuwellen der Strukturbausteine darzustellen. Als besonders vorteilhaft erweist sich das skizzierte Vorgehen bei der Behandlung der Streuphänomene von kristallinen Körpern. Die weitreichende geometrische Ordnung der Struktur erlaubt es in diesem Falle, die Interferenztheorie in zwei Stufen zu entwickeln, nämlich

a) als geometrische Theorie, die von strahlenoptischen Überlegungen ausgeht und das Erscheinungsbild der Streuung ohne Berücksichtigung der Intensitäten erklärt, und

b) als kinematische Theorie, die sich wellenoptischer Ansätze bedient und die (unter den Bedingungen der Einfachstreuung geltenden) Intensitätsgesetze der Streuung ableitet.

Beide Theorien, die in den folgenden Ausführungen kurz vorgestellt werden, formulieren die Lösung des Interferenzproblems weitgehend unabhängig von der speziellen Strahlungsqualität. Ihre Aussagen gelten daher sinngemäß auch für die Beugung von thermischen Neutronen oder Elektronen an Kristallen.

Die Geometrie der Kristallinterferenzen

Das Modellobjekt der geometrischen Theorie der Kristallinterferenzen ist der ungestörte Kristall, d. h. eine räumlich periodische Konfiguration von Elementarzellen mit den Lagevektoren

$$\boldsymbol{x}_m = m_1\boldsymbol{a}_1 + m_2\boldsymbol{a}_2 + m_3\boldsymbol{a}_3 \qquad (m_i = 0, 1, 2, \ldots, M_i).$$

Jede von ihnen kann als Ursprung einer Streuwelle betrachtet werden. Die bei gegebener Primärstrahlrichtung $\boldsymbol{s}_0$ in einer Streurichtung $\boldsymbol{s}$ auftretenden Phasen-

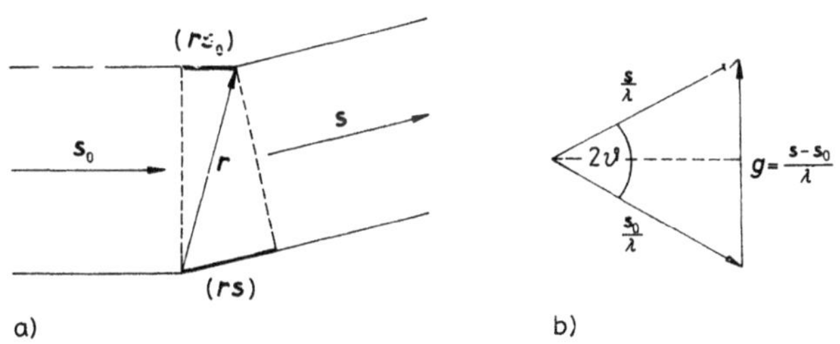

Abb. 1.1. Zur Ableitung der Interferenzbedingung
a) Definition des Gangunterschiedes Δw_r
b) Definition des Beugungsvektors $\boldsymbol{g}$

differenzen zwischen den Streuwellen werden unter den Bedingungen der Fraunhofer-Beugung durch die Abstände $\boldsymbol{r} = \boldsymbol{x}_{m'} - \boldsymbol{x}_m = r_1\boldsymbol{a}_1 + r_2\boldsymbol{a}_2 + r_3\boldsymbol{a}_3$ der Elementarzellen bzw. durch die daraus resultierenden Gangunterschiede (Abb. 1.1)

$$\Delta w_r = (\boldsymbol{rs}) - (\boldsymbol{rs}_0) = (\boldsymbol{r}, \boldsymbol{s} - \boldsymbol{s}_0)$$

bestimmt. Bei Einführung des sog. Beugungsvektors

$$\boldsymbol{g} = \frac{\boldsymbol{s} - \boldsymbol{s}_0}{\lambda}; \quad |\boldsymbol{g}| = \frac{2 \sin \vartheta}{\lambda} \tag{1}$$

folgt dafür die Darstellung

$$\Delta\varphi_r = \frac{2\pi}{\lambda} \Delta w_r = 2\pi \sum_i r_i(\boldsymbol{a}_i\boldsymbol{g}),$$

und man erkennt, daß sie praktisch nur von den Projektionen $\delta_i = (\boldsymbol{a}_i\boldsymbol{g})$ des Vektors $\boldsymbol{g}$ auf die Translationen $\boldsymbol{a}_i$ des Kristallgitters abhängen. Die Überlagerung der Streuwellen führt zu einem Interferenzmaximum, wenn sämtliche Gangunterschiede Δw_r ganzzahlige Vielfache der Wellenlänge λ sind. Die notwendige Voraussetzung dafür ist die gleichzeitige Erfüllung der Laue-Bedingungen (v. LAUE 1912)

$$\delta_i = (\boldsymbol{a}_i\boldsymbol{g}) = h_i \qquad (h_i = 0, \pm 1, \pm 2, \pm 3, \ldots).$$

Der Beugungsvektor $\boldsymbol{g}$ läßt sich in diesem Fall in der Form

$$\frac{\boldsymbol{s} - \boldsymbol{s}_0}{\lambda} = \boldsymbol{h} = h_1\boldsymbol{b}_1 + h_2\boldsymbol{b}_2 + h_3\boldsymbol{b}_3 \tag{2}$$

darstellen, deren Basisvektoren $\boldsymbol{b}_i$ der Beziehung

$$(\boldsymbol{a}_i \boldsymbol{b}_j) = \begin{cases} 1 & \text{für} \quad i = j \\ 0 & \text{für} \quad i \neq j \end{cases} \qquad (i, j = 1, 2, 3) \tag{3}$$

genügen müssen. Dem Raumgitter des Kristalls wird dadurch ein sog. reziprokes Gitter (EWALD 1913) zugeordnet, dessen Parameter (Translationen $\boldsymbol{b}_i$; Achsenwinkel β_i) mit den Parametern (Translationen $\boldsymbol{a}_i$; Achsenwinkel α_i) des Kristallsystems durch die Gleichungen (v_0 — Elementarzellvolumen des Raumgitters)

$$\begin{aligned} \boldsymbol{b}_i &= \frac{1}{v_0} (\boldsymbol{a}_j \times \boldsymbol{a}_k) \\ \cos \beta_i &= \frac{\cos \alpha_j \cdot \cos \alpha_k - \cos \alpha_i}{\sin \alpha_j \cdot \sin \alpha_k} \end{aligned} \qquad (i, j, k = 1, 2, 3) \tag{4}$$

verknüpft sind. Die Bedeutung des reziproken Gitters besteht darin, daß jeder seiner Punkte $\boldsymbol{h}$ der Bildpunkt einer Ebenenschar $(h_1 h_2 h_3)$ der Kristallstruktur ist, die parallel zu einer echten (d. h. mit Atomen oder Ionen besetzten) Netzebenenschar (hkl) liegt. Der Vektor $\boldsymbol{h}$ hat die Richtung der Ebenennormalen. Sein Betrag

$$|\boldsymbol{h}| = d_{h_1 h_2 h_3}^{-1} = n/d_{hkl} \qquad (n = 1, 2, 3, \ldots) \tag{5}$$

ist der Kehrwert des Lotabstandes zweier benachbarter Gitterebenen und seine Koordinaten, die sog. Laue-Indizes, stimmen bis auf den gemeinsamen Faktor n mit den kristallographischen Miller-Indizes überein.

Wegen (2) kann jedes Interferenzmaximum als Abbildung eines Punktes $\boldsymbol{h}$ des reziproken Gitters bzw. auch als Abbildung der zugeordneten Ebenenschar $(h_1 h_2 h_3)$ gedeutet werden. Über die Gesamtheit der Punkte $\boldsymbol{h}$, die dem Experiment bei gegebener Primärstrahlrichtung $\boldsymbol{s}_0$ und -wellenlänge λ prinzipiell zugänglich sind, informiert die Ewald-Konstruktion (EWALD 1913). Ihre Ableitung beruht auf der Überlegung, daß der geometrische Ort der durch (1) definierten Beugungsvektoren $\boldsymbol{g}$ die Oberfläche einer Kugel mit dem Radius $1/\lambda$ ist. Wenn man sich diese sog. Ausbreitungskugel so in das reziproke Gitter gelegt denkt, daß der Vektor $\boldsymbol{s}_0/\lambda$ zum Ursprung $\boldsymbol{h} = 0$ zeigt und $\boldsymbol{g}$ die Bedeutung eines Ortsvektors erhält, dann wird die Interferenzbedingung (2) offensichtlich von allen denjenigen Punkten $\boldsymbol{h} \neq 0$ erfüllt, die sich auf der Kugeloberfläche befinden. Die Anzahl und die Indextripel $(h_1 h_2 h_3)$ solcher Punkte hängen von der Orientierung ab, die der Kristall gegenüber der Richtung $\boldsymbol{s}_0$ aufweist.

Die Ewald-Konstruktion liefert die grundlegenden Gesichtspunkte für die Durchführung von Beugungsexperimenten und für die Interpretation der Geometrie des dabei erzeugten Interferenzbildes. An Hand der Abbildung 1.2 soll das für den Ein- und den Vielkristall verdeutlicht werden. Man erkennt:

— Bei Verwendung eines feststehenden Einkristalls (Abb. 1.2a) entsteht selbst bei gezielter Wahl der Orientierung in der Regel nur ein Interferenzmaximum. Für die röntgenographische Realstrukturanalyse erweist sich dieser Sachverhalt als sehr vorteilhaft, weil er die ungestörte Untersuchung der Streuintensitäten in der Umgebung spezieller Punkte des reziproken Gitters erlaubt. Wenn allerdings mehrere Interferenzmaxima benötigt werden, ist eine Drehung des Kristalls (d. h. des reziproken Gitters) erforderlich, so daß unterschiedliche Punkte $\boldsymbol{h} \neq 0$

nacheinander mit der Oberfläche der Ausbreitungskugel zum Schnitt gebracht werden.

— Die Streuphänomene eines Vielkristalls (Abb. 1.2b) entstehen durch additive Überlagerung der Einkristall-Interferenzen einer Vielzahl unterschiedlich orientierter Kristallite. Der Gesamtheit der möglichen Kristallitorientierungen entspricht eine räumliche Verteilung der Netzebenennormalen bzw. der ihnen entsprechenden Vektoren $\boldsymbol{h}$, die einer allseitigen Rotation des reziproken Gitters

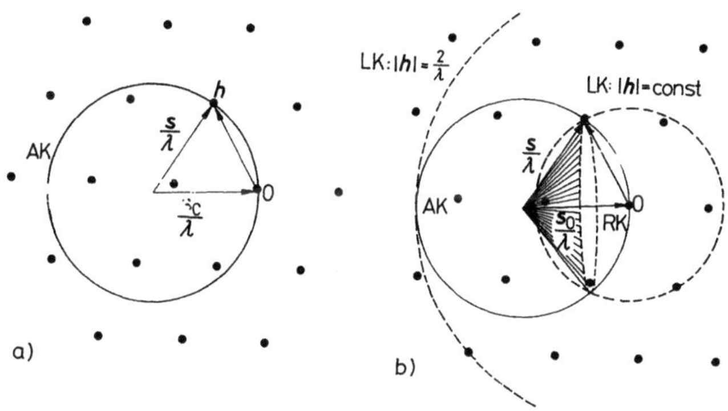

Abb. 1.2. Die Ewald-Konstruktion des feststehenden Einkristalls (a) und des Vielkristalls (b)
AK Ausbreitungskugel, *LK* Lagekugel, *RK* Reflexionskreis

um den Punkt $\boldsymbol{h} = 0$ äquivalent ist. Jedem Kollektiv geometrisch gleichwertiger Punkte $\boldsymbol{h} \neq 0$ bzw. Gitterebenen $(h_1h_2h_3)$ wird auf diese Weise eine sog. Lagekugel $|\boldsymbol{h}| = \text{const}$ zugeordnet. Ihr Schnittkreis mit der Ausbreitungskugel, der sog. Reflexionskreis, kennzeichnet

a) den geometrischen Ort der Kristallorientierungen, bei denen ein Punkt $\boldsymbol{h}$ des eben erwähnten Kollektivs die Interferenzbedingung (2) erfüllt, und

b) den geometrischen Ort der von jenen Kristallitorientierungen herrührenden Interferenzstrahlen maximaler Intensität, einen Kegelmantel mit dem Öffnungswinkel 4ϑ.

Schnittkreise der Lagekugeln $|\boldsymbol{h}| = \text{const}$ mit der Ausbreitungskugel ergeben sich für alle Vektoren $\boldsymbol{h}$ im Intervall $0 \leqq |\boldsymbol{h}| \leqq 2/\lambda$. Ein Kristallithaufwerk liefert deshalb ein für die Struktur der Kristallite charakteristisches System von koaxialen Interferenzstrahlenkegeln mit der Richtung $\boldsymbol{s}_0$ als Achse.

Die Grundlage für die Auswertung von Beugungsdiagrammen ist in der Regel die aus (1) und (4) folgende, als Bragg-Gleichung bekannte skalare Schreibweise (Bragg 1913)

$$2d_{hkl} \sin \vartheta = n\lambda \qquad \text{bzw.} \qquad 2d_{h_1h_2h_3} \sin \vartheta = \lambda \tag{6}$$

der Interferenzbedingung (2) oder ihre sog. quadratische Form

$$\sin^2 \vartheta = \frac{\lambda^2}{4} |\boldsymbol{h}|^2 = \frac{\lambda^2}{4} |h_1\boldsymbol{b}_1 + h_2\boldsymbol{b}_2 + h_3\boldsymbol{b}_3|^2, \tag{7}$$

welche die Interferenzmaxima über die Beziehung (3) mit den Parametern des kristallographischen Achsensystems verknüpft und die Basis für eine systematische

Analyse der Gittergeometrie darstellt. Die Gleichung (6) erlaubt es außerdem, die Gitterbeugung sehr anschaulich als Ergebnis der Interferenz von Teilwellen zu deuten, die von einer ebenen Primärwelle durch sog. Tiefenreflexion (Bragg-Reflexion) an Gitterebenen abgespaltet werden (Abb. 1.3). Wie eine einfache Rechnung zeigt, gibt sie den Gangunterschied der von benachbarten Ebenen gespiegelten Teilwellen an, bei dem ein Interferenzmaximum auftreten kann. Die Zahl n wird

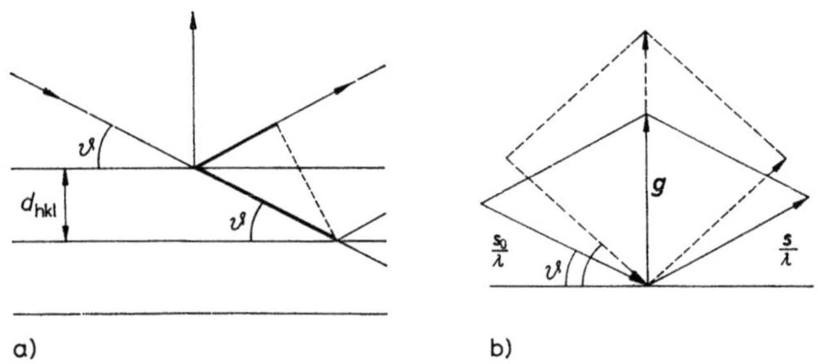

Abb. 1.3. Zum Modell der Bragg-Reflexion
a) Tiefenreflexion an Gitterebenen
b) Lage des Beugungsvektors $\boldsymbol{g}$ bei der Bragg-Reflexion

deshalb auch als Reflexionsordnung des Maximums (Bragg-Reflexes) bezeichnet; der Winkel ϑ heißt wie in der Optik Glanzwinkel. Eine genauere Betrachtung des Reflexionsmodells zeigt:

a) Die Gitterbeugung ist selektiv (d. h., sie führt zur spektralen Zerlegung von polychromatischer Primärstrahlung). Die Gleichung (6) ist daher auch die Grundlage der winkeldispersiven Röntgen-Spektralanalyse (vgl. Kapitel 3., 4., 5.) sowie der Herstellung von streng monochromatischer Röntgenstrahlung.

b) Die Richtungen der einfallenden und der reflektierten Strahlung liegen symmetrisch zum Lot der spiegelnden Ebenenschar (hkl) des Kristalls und mit diesem in der sog. Reflexionsebene (vgl. auch Abb. 1.2). Der zugehörige Beugungsvektor $\boldsymbol{g}$ hat die Richtung des Ebenenlotes und ändert bei einer Variation der Richtung $\mathbf{s}_0$ in der Reflexionsebene lediglich den Betrag (Abb. 1.3b). Die Einhaltung der Reflexionsgeometrie gestattet es folglich, Intensitätsmessungen längs einer vorgegebenen Geraden des reziproken Gitters vorzunehmen.

Abschließend ist noch die folgende Bemerkung erforderlich: Die geometrische Theorie formuliert die notwendigen Bedingungen für die Entstehung von Reflexen und bedarf der Ergänzung durch hinreichende Kriterien für deren Beobachtbarkeit. Ferner ist zu beachten, daß sich ihre Grundgleichungen (2) und (6) auf einen ungestörten Kristall beziehen und außerdem ohne Berücksichtigung der Brechung abgeleitet wurden.

Die Intensität der Kristallinterferenzen

Die wellenoptische Beschreibung der Röntgenstrahlbeugung am Kristallgitter geht von der Vorstellung aus (v. LAUE 1912; vgl. [3, 4, 5]), daß jedem chemischen Stoffbaustein (Atom, Ion) mit der Schwerpunktslage $\boldsymbol{x}_j$ eine diskrete Streuwelle mit der elektrischen Feldstärke

$$\boldsymbol{E}_j(\boldsymbol{g}) = \boldsymbol{E}_e f_j(\boldsymbol{g})\, e^{-2\pi i \boldsymbol{x}_j \boldsymbol{g}} \tag{8}$$

zugeordnet werden kann, die aus der Überlagerung der von den Hüllenelektronen ausgehenden Elementarwellen resultiert. Die Größe $\boldsymbol{E}_e$ repräsentiert dabei die Streuwelle eines einzelnen Elektrons und somit den Mechanismus der elastischen Streuung, während die sog. Atomformamplitude $f_j(\boldsymbol{g})$ den Einfluß der Struktur der Atom- bzw. Ionenhülle auf den Streuprozeß widerspiegelt. Die Funktion $f_j(\boldsymbol{g})$ nimmt an der Stelle $\boldsymbol{g} = 0$ ihren Maximalwert $f_j(0) = Z_j$ an (Z_j = Anzahl der an der Streuung beteiligten Hüllenelektronen) und fällt dann mit wachsendem Betrag des Vektors $\boldsymbol{g}$ ab. Darin kommt zum Ausdruck, daß sich die elementaren Streuwellen der Hüllenelektronen in allen Richtungen $\boldsymbol{s} \neq \boldsymbol{s}_0$ durch Interferenz schwächen. Die numerische Berechnung von Atomformamplituden ist eine Aufgabe der Quantentheorie; tabellierte Werte findet man u. a. in [6, 7].

In der Kristallstruktur ist jedes Atom oder Ion Bestandteil einer Gitterzelle, so daß sich sein Ortsvektor $\boldsymbol{x}_j$ additiv aus einer Zellenposition $\boldsymbol{x}_m$ und einer sog. Atom-

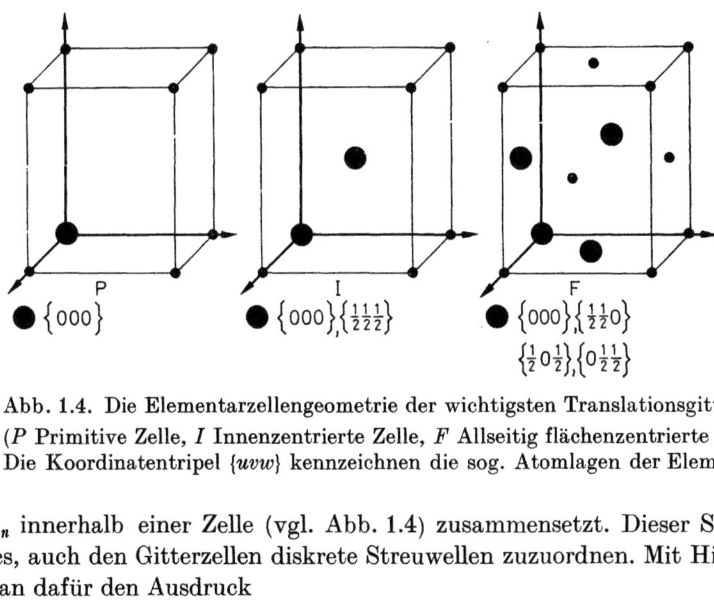

Abb. 1.4. Die Elementarzellengeometrie der wichtigsten Translationsgitter (P Primitive Zelle, I Innenzentrierte Zelle, F Allseitig flächenzentrierte Zelle) Die Koordinatentripel $\{uvw\}$ kennzeichnen die sog. Atomlagen der Elementarzellen.

lage $\boldsymbol{x}_{(m)n}$ innerhalb einer Zelle (vgl. Abb. 1.4) zusammensetzt. Dieser Sachverhalt erlaubt es, auch den Gitterzellen diskrete Streuwellen zuzuordnen. Mit Hilfe von (8) findet man dafür den Ausdruck

$$\boldsymbol{E}_m(\boldsymbol{g}) = \boldsymbol{E}_e F_m(\boldsymbol{g})\, e^{-2\pi i \boldsymbol{x}_m \boldsymbol{g}}\,; \qquad F_m(\boldsymbol{g}) = \sum_n f_{(m)n}\, e^{-2\pi i \boldsymbol{x}_{(m)n} \boldsymbol{g}}\,. \tag{9}$$

Die Funktionen $F_m(\boldsymbol{g})$ werden als Streuamplituden der Gitterzellen bezeichnet; ihr (zeitlicher und räumlicher) Mittelwert $\langle F(\boldsymbol{g})\rangle$, der im Grenzfall des ungestörten Kristalls den für alle Zellen gleichen Wert $F_m(\boldsymbol{g}) = F(\boldsymbol{g})$ annimmt, heißt Strukturamplitude.

Die resultierende Streuwelle des ausgedehnten Kristallgitters ergibt sich durch Summation über die Teilwellen (9) und lautet

$$\boldsymbol{E}_K(\boldsymbol{g}) = \boldsymbol{E}_e S_K(\boldsymbol{g}) = \boldsymbol{E}_e \sum_m F_m(\boldsymbol{g})\, e^{-2\pi i \boldsymbol{x}_m \boldsymbol{g}}\,. \tag{10}$$

Für die räumliche Intensitätsverteilung der Interferenzstrahlung folgt daraus durch Übergang zum Zeitmittel des Betragsquadrates der elektrischen Feldstärke die Gleichung

$$I_K(\boldsymbol{g}) = I_e \overline{|S_K(\boldsymbol{g})|^2} = I_e \sum_m \sum_{m'} \overline{F_m(\boldsymbol{g})\, F^*_{m'}(\boldsymbol{g})\, e^{2\pi i(\boldsymbol{x}_{m'} - \boldsymbol{x}_m, \boldsymbol{g})}}. \tag{11}$$

Hier ist I_e die Streuintensität des einzelnen Elektrons. Ihr Zahlenwert wird durch die Thomsonsche Streuformel (vgl. [4, 5])

$$I_e = r_e^2 \cdot \frac{I_0}{R^2} \cdot P(2\vartheta)$$

bestimmt. Darin bezeichnet $r_e = 2{,}81777 \cdot 10^{-15}$ m den klassischen Elektronenradius, I_0 die Primärstrahlintensität, R den Abstand des Streukörpers vom Beobachtungspunkt der Interferenzstrahlung und $P(2\vartheta)$ den sog. Polarisationsfaktor. Dieser beschreibt den Einfluß des Polarisationszustandes der Primärwelle auf die Strahlungscharakteristik eines Elektrons. Bei Anwendung von unpolarisierter Strahlung lautet er $P(2\vartheta) = \frac{1}{2}\,(1 + \cos^2 2\vartheta)$.

Die wesentlichen Merkmale der Intensitätsverteilung $I_K(\boldsymbol{g})$ werden durch das sog. Streuvermögen $\overline{|S_K(\boldsymbol{g})|^2}$ des Probenkristalls bestimmt. Setzt man diesen als störungsfrei voraus, dann ist seine Streuamplitude $S_K(\boldsymbol{g})$ zeitunabhängig und kann als Produkt aus der Streuamplitude (Strukturamplitude) $F(\boldsymbol{g})$ der Elementarzellen und der sog. Gitteramplitude $G(\boldsymbol{g})$ des streuenden Kristallvolumens dargestellt werden. (11) geht damit in den Ausdruck

$$I_K(\boldsymbol{g}) = I_e\, |F(\boldsymbol{g})|^2\, |G(\boldsymbol{g})|^2 = I_e\, |F(\boldsymbol{g})|^2 \sum_m \sum_{m'} e^{2\pi i(\boldsymbol{x}_{m'} - \boldsymbol{x}_m, \boldsymbol{g})}$$

über. Jeder Summand der Doppelsumme verknüpft die Streuwellen von zwei Elementarzellen mit dem Abstandsvektor $\boldsymbol{r} = \boldsymbol{x}_{m'} - \boldsymbol{x}_m$. Es ist daher zweckmäßig (Wilson 1943), die Summanden gruppenweise nach Abstandsvektoren $\boldsymbol{r}$ = const zusammenzufassen und das Streugesetz des ungestörten Kristalls in der Form (eine andere, gleichwertige Darstellung wird im Kapitel 7. angegeben)

$$I_K(\boldsymbol{g}) = I_e M\, |F(\boldsymbol{g})|^2\, \Gamma(\boldsymbol{g}) = I_e M\, |F(\boldsymbol{g})|^2 \sum_{\boldsymbol{r}} H_{\boldsymbol{r}}\, e^{2\pi i \boldsymbol{r}\boldsymbol{g}} \tag{12}$$

zu schreiben. M ist die Anzahl der Elementarzellen des streuenden Kristallvolumens. Die Faktoren $H_{\boldsymbol{r}}$ kennzeichnen die Häufigkeiten der Abstände $\boldsymbol{r}$ = const (d. h. die geometrische Abstandsstatistik der Elementarzellen) im streuenden Objekt und damit dessen Gestalt und Ausdehnung. Sie genügen den Relationen

$$H_0 = 1; \qquad H_{-\boldsymbol{r}} = H_{+\boldsymbol{r}}; \qquad \sum_{\boldsymbol{r}} H_{\boldsymbol{r}} = M.$$

Eine genauere Betrachtung der Gleichung (12) zeigt:

1. Interferenzmaxima mit der Intensität $I_{max} = I_e M^2\, |F_h|^2$ sind nur an den durch (2) vorausgesagten Stellen $\boldsymbol{g} = \boldsymbol{h}$ möglich. Das hinreichende Kriterium dafür lautet $|F_h|^2 \neq 0$. Zur Verdeutlichung dieser Aussage soll der sog. Strukturfaktor $|F_h|^2$ für die in der Abbildung 1.4 dargestellten Translationsgitter angegeben

werden. Grundlage dafür ist der Ansatz

$$F_h = \sum_n f_n \, e^{-2\pi i(u_n h_1 + v_n h_2 + w_n h_3)} = A_n + iB_n,$$

$$A_h = \sum_n f_n \cos 2\pi \boldsymbol{x}_n \boldsymbol{h}; \qquad B_h = \sum_n f_n \sin 2\pi \boldsymbol{x}_n \boldsymbol{h},$$

der aus (9) und (2) mit Hilfe der Relation $\boldsymbol{x}_n = u_n \boldsymbol{a}_1 + v_n \boldsymbol{a}_2 + w_n \boldsymbol{a}_3$ für die Atomlagen der Elementarzelle folgt. Für ein Gitter, das nur eine Atomsorte enthält, ergeben sich an Hand der Abbildung 1.4 rasch folgende Regeln:

– Gitter P: $|F_h|^2 = f_h^2$ für beliebige Indextripel $(h_1 h_2 h_3)$

– Gitter I: $|F_h|^2 = \begin{cases} 4f_h^2 & \text{für } h_1 + h_2 + h_3 = 2m \\ 0 & \text{für } h_1 + h_2 + h_3 = 2m \pm 1 \end{cases}$

– Gitter F: $|F_h|^2 \begin{cases} 16f_h^2 & \text{für Indextripel mit entweder nur geraden oder nur ungeraden Laue-Indizes} \\ 0 & \text{für Indextripel mit geraden und ungeraden (d. h. gemischten) Laue-Indizes.} \end{cases}$

Bestimmte Interferenzmaxima werden demzufolge unterdrückt, obwohl die Bedingung (2) formal erfüllt ist. Die Ursache solcher Auslöschungen ist die Gittersymmetrie.

2. Jedem Interferenzmaximum des ungestörten Kristalls kann eine diskrete Intensitätsverteilung

$$I_B(\boldsymbol{g} - \boldsymbol{h}) = I_e M \, |F(\boldsymbol{g})|^2 \, \Gamma(\boldsymbol{g} - \boldsymbol{h}) = I_e M \, |F(\boldsymbol{g})|^2 \sum_{\boldsymbol{r}} H_{\boldsymbol{r}} \, e^{2\pi i \boldsymbol{r}(\boldsymbol{g}-\boldsymbol{h})} \tag{13}$$

zugeordnet werden, die bei sehr großen Kristallabmessungen (d. h. beim Übergang zum Idealkristall) wegen

$$\lim_{r \to \infty} \sum_r H_r \, e^{2\pi i \boldsymbol{r}\boldsymbol{g}} = \delta(\boldsymbol{g} - \boldsymbol{h}) = \begin{cases} M \to \infty & \text{für } \boldsymbol{g} = \boldsymbol{h} \\ 0 & \text{für } \boldsymbol{g} \neq \boldsymbol{h} \end{cases}$$

den Charakter einer Diracschen Deltafunktion annimmt [8, 9]. Die Streuung beschränkt sich dann genau auf den Punkt $\boldsymbol{h}$ des reziproken Gitters (Abb. 1.5a) bzw. auf den durch (6) zugeordneten Glanzwinkel (Bragg-Winkel) $\vartheta = \vartheta_h$. Das Ergebnis zeigt an, daß sich die Teilwellen einer genügend großen Zahl periodisch angeordneter Streuzentren praktisch bei allen von ganzzahligen Vielfachen der Wellenlänge abweichenden Gangunterschieden durch Interferenz auslöschen.

Mit sinkender Kristallausdehnung wird die gegenseitige Schwächung der Streuwellen zunehmend unvollständiger, und die Verteilung $I_B(\boldsymbol{g} - \boldsymbol{h})$ erstreckt sich über einen endlichen Bereich $\boldsymbol{g} - \boldsymbol{h}$ des reziproken Gitters (Abb. 1.5b), dessen Form und Ausdehnung von der Kristallgestalt abhängt. Im Experiment beobachtet man dann eine sog. Linienverbreiterung der durch (13) definierten Bragg-Reflexe, die allerdings erst bei Kristalldimensionen $D_K \lessapprox 1\,\mu m$ merklich wird und im Rahmen der Röntgenographie nur bei Untersuchungen an vielkristallinen Objekten mit sehr kleinen Kristalliten echte Bedeutung erlangt. (Der Einfluß der Kristallgröße auf die Elektronenbeugung wird im Kapitel 7. erörtert.)

3. Das geeignete Maß für die Gesamtenergie der Strahlung, die in einen Bragg-Reflex (13) gestreut wird, ist das über den Streubereich des Punktes $\boldsymbol{h}$ erstreckte Integral

$$\int I_{\mathrm{B}}(\boldsymbol{g}-\boldsymbol{h})\,\mathrm{d}(\boldsymbol{g}-\boldsymbol{h}) \approx I_{\mathrm{e}}M\,|F_h|^2 \int \Gamma(\boldsymbol{g}-\boldsymbol{h})\,\mathrm{d}(\boldsymbol{g}-\boldsymbol{h})\,.$$

In der Praxis ermittelt man jedoch eine sog. Integralintensität

$$I_h = \int I_{\mathrm{B}}(2\vartheta)\,\mathrm{d}2\vartheta = \mathscr{L}_h \int I_{\mathrm{B}}(\boldsymbol{g}-\boldsymbol{h})\,\mathrm{d}(\boldsymbol{g}-\boldsymbol{h})\,, \qquad (14)$$

die auch von der Technik des Beugungsexperimentes und den auftretenden Abweichungen von den idelaen Streubedingungen (d. h. von der vollständigen Monochromasie und Parallelität der Primärstrahlung) abhängt. Der davon

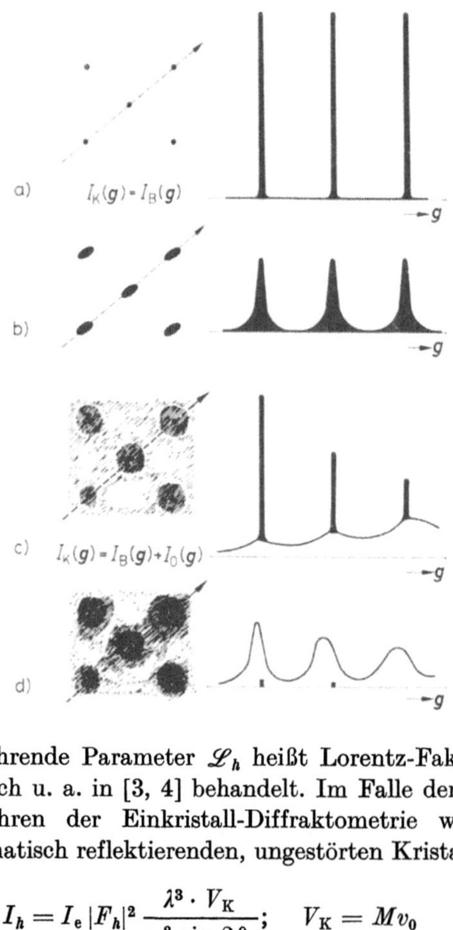

Abb. 1.5. Zur Klassifikation der Streuphänomene von Kristallen (Erklärung im Text)

herrührende Parameter $\mathscr{L}_h$ heißt Lorentz-Faktor. Seine Berechnung wird ausführlich u. a. in [3, 4] behandelt. Im Falle der im Abschnitt 1.3. besprochenen Verfahren der Einkristall-Diffraktometrie wird die Integralintensität eines kinematisch reflektierenden, ungestörten Kristalls durch den Ausdruck

$$I_h = I_{\mathrm{e}}\,|F_h|^2\,\frac{\lambda^3 \cdot V_{\mathrm{K}}}{v_0^2 \sin 2\vartheta_n}\,; \qquad V_{\mathrm{K}} = M v_0 \qquad (15)$$

dargestellt.

Bei den realen Kristallen wird das eben skizzierte Bild der Gitterbeugung in weiten Grenzen modifiziert. Die wesentlichen Ursachen dafür sind bekanntlich (vgl. dazu [10])

— statische und dynamische Verschiebungen der Stoffbausteine aus den Schwerpunktslagen der ungestörten Struktur (geometrische Fehlordnung), die die Phasenbeziehungen zwischen den Streuwellen auflockern, und
— Änderungen der Elementarzellenbesetzung auf Grund von Platzwechselvorgängen, Stöchiometrieabweichungen, Mischkristallbildung usw. (chemische Fehlordnung), die zu Amplitudenschwankungen der Streuwellen führen.

Die Auswirkungen der Fehlordnung haben zur Folge, daß die Intensitätsverteilung $I_K(\boldsymbol{g})$ der Streuung am Realkristall Interferenzmaxima aufweist, die im Vergleich zu denen eines ungestörten Gitters in der Intensität vermindert und meßbar in der Lage verschoben sind. Außerdem erstreckt sie sich, da eine vollständige gegenseitige Auslöschung der Streuwellen durch Interferenz nicht mehr möglich ist, prinzipiell auf den gesamten reziproken Raum. Ihre theoretische Beschreibung (vgl. [8, 9, 11, 12]) kann im Rahmen des vorliegenden Beitrages nicht vorgenommen werden. Es soll daher nur auf zwei Situationen hingewiesen werden (Abb. 1.5c, d), die von besonderem Interesse für die Praxis der Realstrukturanalyse sind:

a) Der in der Abbildung 1.5c dargestellte Fall ist charakteristisch für (hinreichend große) Kristalle, deren Fehlordnung im wesentlichen durch Gitterfehler mit geringer Auswirkung auf die weitreichenden Lagebeziehungen der Kristallbausteine (Beispiele: Punktdefekte und Punktdefektcluster, sehr kleine Versetzungsringe, Nahordnungs- oder Nahentmischungsvorgänge in homogenen Mischkristallen, thermische Gitterschwingungen usw.) bestimmt wird. Die Intensitätsverteilung läßt dann die Komponentenzerlegung $I_K(\boldsymbol{g}) = I_B(\boldsymbol{g}) + I_D(\boldsymbol{g})$ zu, wo der Anteil $I_B(\boldsymbol{g})$ als Bragg-Streuung und der Anteil $I_D(\boldsymbol{g})$ als diffuse Streuung bezeichnet wird. Die Komponente $I_B(\boldsymbol{g})$ zerfällt in Analogie zu (12) in die Intensitätsverteilungen diskreter Reflexe, welche die gleiche Schärfe wie beim ungestörten Kristall haben. Sie repräsentiert den Streueffekt des idealisierten (d. h. periodischen) Gitters, das dem schwach gestörten Kristall im räumlichen und zeitlichen Mittel zugeordnet werden kann. Die diffuse Streuung $I_D(\boldsymbol{g})$, die im gesamten reziproken Raum definiert ist und sich in der Regel nur langsam mit dem Beugungsvektor $\boldsymbol{g}$ ändert, kennzeichnet demgegenüber den Einfluß der Fehlordnung auf die Beugung.
b) Die in der Abbildung 1.5d verdeutlichte Situation tritt bei Kristallen ein, die im wesentlichen Gitterfehler mit starker Auswirkung auf die weitreichenden Lagebeziehungen der Gitterbausteine (Beispiele: Versetzungen, Stapelfehler, spannungsaktive Entmischungszonen oder Ausscheidungen usw.) enthalten. In diesem Falle ist es faktisch nicht mehr möglich (Krivoglaz 1961), eine Bragg-Streuung zu finden, und die Intensitätsverteilung $I_K(\boldsymbol{g}) \approx I_D(\boldsymbol{g})$ ist ihrer Bedeutung nach insgesamt diffuse Streuung. Sie läßt sich aber auch dann wenigstens näherungsweise in die Intensitätsverteilungen diskreter Reflexe zerlegen. Von den Bragg-Interferenzen unterscheiden sich solche sog. diffusen Reflexe dadurch, daß ihnen im reziproken Raum Streubereiche zugeordnet sind, deren Ausdehnung im Gebiet $D_K > 1\,\mu m$ nicht von den Kristallabmessungen abhängt und sich mit wachsendem Betrag des Beugungsvektors $\boldsymbol{g}$ vergrößert.

Zur Information über die speziellen Beziehungen zwischen der Art und dem Grad der Gitterfehlordnung und den Merkmalen der Streuphänomene realer Kristalle muß auf die Literatur verwiesen werden. Hier sei nur bemerkt, daß insbesondere die Analyse der langsam veränderlichen diffusen Streuung von großer Bedeutung für die Erforschung der realen Festkörperstrukturen ist (vgl. dazu [9, 11, 13, 14, 37, 41]).

Abschließend eine Bemerkung zur Intensität der Vielkristallinterferenzen: Man behandelt sie im Rahmen der kinematischen Theorie auf der Basis der Vorstellung, daß die Streuphänomene des Vielkristalls aus der ungestörten Überlagerung der eben behandelten Streuintensitäten $I_K(\boldsymbol{g})$ seiner einkristallinen Bestandteile (Kristallite, Subkristallite) hervorgehen, und zwar in Abhängigkeit von deren Orientierung, Gestalt, Größe und Realstruktur. Ein einfacher Zusammenhang zwischen Ein- und Vielkristallinterferenzen ist deshalb nur dann gewährleistet, wenn die Kristallite

— alle der gleichen Kristallart angehören,
— in der Art und im Grad der Fehlordnung übereinstimmen,
— praktisch die gleiche Form und Größe haben,
— statistisch regellos orientiert sind und
— im Vergleich zum beugungswirksamen Probenvolumen sehr kleine Abmessungen aufweisen.

Das Streugesetz eines solchen idealen Vielkristalls wird erhalten, wenn man die Intensitätsverteilung $I_K(\boldsymbol{g})$ der Einkristallbeugung über alle Orientierungen des Vektors $\boldsymbol{g}$ mittelt (vgl. [3, 8, 9, 11]). Obwohl die daraus resultierende Theorie der Vielkristallinterferenzen die Beugungsphänomene realer Objekte nur in begrenztem Umfange zu erklären vermag, stellt sie gegenwärtig die wesentliche Basis der Vielkristall-Röntgendiffraktometrie dar. Die systematische Darstellung einer Interferenztheorie der realen Kristallithaufwerke gehört deshalb zu den Problemen der Röntgendiffraktometrie, deren Lösung dringend notwendig erscheint (vgl. dazu [15]).

1.3. Experimentelle Technik

Die Abhängigkeit des Streuvermögens eines Probenobjektes vom Beugungsvektor $\boldsymbol{g}$ kann mit Hilfe von Quantendetektoren auf zweierlei Weise untersucht werden, nämlich

a) bei Verwendung von monochromatischer Röntgenstrahlung, indem man die Intensität der Interferenzstrahlung als Funktion des Streuwinkels 2ϑ oder einer damit verknüpften Größe mißt, und
b) bei Verwendung von polychromatischer Röntgenstrahlung (Bremsstrahlung), indem man die Intensität der Streustrahlung als Funktion der Quantenenergie $E_\lambda = hc/\lambda$ aufnimmt.

Auf Grund dieses Sachverhaltes ist es möglich, zunächst zwischen einer winkeldispersiven und einer energiedispersiven Röntgendiffraktometrie zu unterscheiden. Dabei gilt:

1. Die winkeldispersive Diffraktometrie arbeitet i. allg. mit Proportionalzählrohren oder Szintillationszählern und ermittelt die Winkelabhängigkeit der Streuintensität mit Hilfe einer Einkanalmessung in zeitlich aufeinanderfolgenden Schritten. Das Verfahren erfordert eine Bewegung der Probe und/oder des Detektors und stellt hohe Ansprüche an die mechanische Präzision der Beugungs-

apparatur (des sog. Diffraktometers) sowie auch an die Stabilität der Dosisleistung der Strahlenquelle. Ausführliche Darstellungen seiner Probleme findet man z. B. in [2, 17] und [18 bis 21].

2. Die energiedispersive Diffraktometrie beruht auf der Anwendung von Halbleiterzählern (z. Z. ausnahmslos von Si(Li)-Driftdetektoren) und mißt die Intensitäten der von einer feststehenden Probe in einer vorgegebenen Richtung gestreuten Strahlungskomponenten unterschiedlicher Energie mit Hilfe eines Vielkanalanalysators. Das Verfahren hat den Vorteil, daß die Versuchsanordnung keine bewegten Teile enthält, und zeichnet sich außerdem durch geringen zeitlichen Aufwand aus. Die begrenzte Energieauflösung der gegenwärtig verfügbaren Driftdetektoren hat allerdings zur Folge, daß die Leistungsfähigkeit der winkeldispersiven Diffraktometrie noch nicht erreicht wird. Zur Information sei auf die Publikationen [22 bis 30] verwiesen.

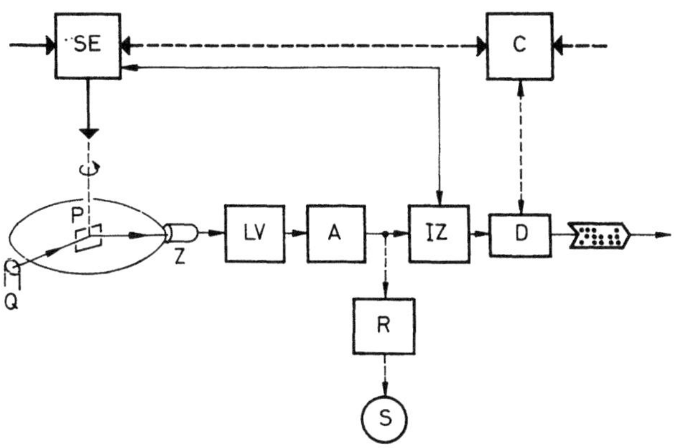

Abb. 1.6. Funktionsschema eines Einkanal-Meßsystems der winkeldispersiven Röntgendiffraktometrie

Q Strahlenquelle, *P* Präparat, *Z* Strahlendetektor, *LV* Linearverstärker, *A* Impulshöhenanalysator, *IZ* Impulszähler mit Zeitmeßstufe, *D* Ergebnisdrucker, *R* Impulsdichtemesser, *S* Kompensationsbandschreiber, *SE* Steuereinheit, *C* Computer

Da sich ein allgemein verbreiteter Einsatz der energiedispersiven Intensitätsmessung vorläufig nicht abzeichnet, gehen die folgenden Ausführungen nur auf die winkeldispersive Diffraktometrie ein. Das Funktionsschema eines Einkanal-Meßsystems, wie es im Rahmen der Realstrukturanalyse benutzt wird, ist in der Abbildung 1.6 dargestellt. Seine Grundbestandteile sind

— ein dosisstabilisierter Röntgenstrahlgenerator hoher Leistung,
— das Diffraktometer mit Antriebssystem für die Proben- und/oder Detektorbewegung,
— ein Strahlungsmeßplatz für i. allg. wahlweise analoge (Bandschreiber) oder digitale (Ziffern- oder Lochstreifendrucker) Meßwertanzeige und
— Elektronik für die Steuerung und Überwachung des Meßbetriebes.

Der Standardausführung des Diffraktometers liegt das Prinzip des Bragg-Spektrometers zugrunde. (Bragg 1913; vgl. Kapitel 3.) Die wesentlichen Elemente

Volumen bzw. die beugungswirksame Massenbelegung bei einem Primärstrahlquerschnitt A_0 den vom Winkel ϑ unabhängigen Wert

$$V_p = \frac{A_0}{2\mu^*\varrho} \quad \text{bzw.} \quad M_p = \frac{\varrho V_p}{A_0} = \frac{1}{2\mu^*} \tag{17}$$

annimmt (vgl. [6, 7]). Bei relativen Intensitätsmessungen (d. h. bei Intensitätsvergleichen innerhalb eines Reflexsystems) ist dann keine Absorptionskorrektur erforderlich.

c) Die Kristallitabmessungen bzw. -massen sollen klein im Vergleich zu den durch (17) definierten Größen sein. Die Bedingungen dafür lauten $\mu D_K \ll 1$ bzw. $\mu^* M_K \ll 1$. Ihre Nichterfüllung hat zur Folge, daß die von der Theorie der Vielkristallinterferenzen geforderte gleichmäßige Verteilung der Kristallitorientierungen im Raum auch bei texturfreien Proben nicht mehr gewährleistet ist und der Schwankungsfehler der Intensitätsmessung mit zunehmender Kristallgröße stark anwächst. Eine ausführliche Behandlung dieser sog. Präparatstatistik findet man in [17]. Ihr Einfluß kann merklich herabgesetzt werden, wenn man das Probenobjekt während der Messung um die Oberflächennormale dreht oder um den Einstrahlwinkel $\omega = \vartheta$ pendelt.

Weitere Ansprüche an die Probenbeschaffenheit und insbesondere an die Materialvorbereitung ergeben sich im Zusammenhang mit den speziellen Einsatzgebieten der Diffraktometrie.

Die grundlegenden experimentellen Aufgaben der Vielkristall-Diffraktometrie sind

— die Bestimmung der Glanzwinkel von Reflexen,
— die Ermittlung der Form und Breite von Bragg-Reflexen oder von diffusen Reflexen und
— die Messung von Integralintensitäten.

Als Maß für den Glanzwinkel ϑ_h benutzt man bei schmalen, nahezu symmetrischen Interferenzen die Lage ϑ_{max} des Maximums, bei asymmetrischen Reflexen bevorzugt man die Schwerpunktslage $\langle\vartheta_s\rangle$ der Intensitätsverteilung. Die Winkelausdehnung eines Reflexes wird üblicherweise durch Angabe der sog. Halbwertsbreite B (d. h. der Breite in halber Höhe des Intensitätsmaximums über dem Streuuntergrund) oder der sog. Integralbreite b (d. h. des Quotienten aus Integral- und Maximalintensität) gekennzeichnet. Eine von speziellen Voraussetzungen freie und zugleich den Ansätzen der Interferenztheorie entsprechende Darstellung der Reflexform ist möglich, indem man die gemessene Intensitätsverteilung mit Hilfe einer Fourier-Reihe beschreibt. Für alle Parameter ist charakteristisch, daß ihre Ableitung aus den experimentellen Daten mit Standardprozeduren der numerischen Mathematik und folglich bei ausreichender Meßgenauigkeit durch Anwendung von EDVA auch im Routinebetrieb rasch und zuverlässig vorgenommen werden kann. Auf Grund der nichtidealen Strahlengeometrie des Diffraktometers, auftretender Abweichungen von der Fokussierungsbedingung und auch physikalischer Einflußfaktoren (z. B. Brechung, Absorption) sind sie jedoch mit Ausnahme sorgfältig gemessener Integralintensitäten nicht unmittelbar mit den nur durch den Probenzustand bestimmten, sog. physikalischen Reflexparametern identisch, sondern mit systematischen Fehlern behaftet. Die speziellen Quellen und Auswirkungen solcher Fehler werden zusammenfassend in [2, 17] sowie [18 bis 20] behandelt. Ihre Ausschaltung bzw. Reduzierung auf ein vertretbares Maß ist ein wesentliches Element der experimentellen Methodik der Röntgendiffraktometrie.

Der Vollständigkeit halber sei darauf hingewiesen, daß es noch eine zweite Variante des Vielkristall-Röntgendiffraktometers gibt, bei der die sog. Seemann-Bohlin-Fokussierung realisiert wird. Ihre Anwendung beschränkt sich jedoch auf spezielle Aufgabenstellungen. Angaben dazu findet man in [21].

1.4. Anwendungen

Röntgenographische Phasenanalyse

Die wichtigste Aufgabenstellung der Röntgendiffraktometrie im Rahmen der Festkörperanalyse ist die Bestimmung der Bestandteile von Kristallgemengen. Der Grundgedanke des Verfahrens ist einfach: Da jeder homogene kristalline Stoff ein für sein spezielles Raumgitter charakteristisches System von Röntgenreflexen liefert und die Streuphänomene eines heterogenen Kristallithaufwerks durch additive Überlagerung der Interferenzen seiner Bestandteile entsteht, ergibt sich die Möglichkeit

- der qualitativen Phasenanalyse (Hull 1919), indem man das Reflexsystem des Gemenges an Hand eines Vergleichs mit den Beugungsdaten homogener vielkristalliner Substanzen in die Reflexsysteme der auftretenden Kristallarten zerlegt, und
- der quantitativen Phasenanalyse (Glocker und Schäfer 1931), indem man den Zusammenhang zwischen Intensität und Kristallvolumen ausnutzt und aus den Integralintensitäten geeignet ausgewählter Reflexe die Volumen- bzw. Massenanteile der interessierenden Phasen ermittelt.

Wesentliche Vorzüge des Verfahrens sind, daß es die Bestimmung der Intensität und der Quantität von kristallinen Stoffen mit gleicher oder ähnlicher chemischer Zusammensetzung erlaubt und daß es auch ohne Kenntnis des Elementarzellenaufbaus der Gemengebestandteile eingesetzt werden kann. Seine Leistungsgrenzen resultieren daraus, daß

- die Unterscheidung isomorpher Strukturen mit nahezu gleichen Gitterparametern nicht möglich ist, weil ihre Reflexsysteme in allen Interferenzmaxima koinzidieren,
- nur solche Phasen erfaßt werden können, deren Volumen- bzw. Massenanteile einen von Struktur, den Versuchsbedingungen und der speziellen Gemengekonstitution abhängigen Mindestwert übersteigt, und bzw. oder
- die praktisch interessierenden Kristallgemenge auf Grund ihres Realbaus den theoretischen Voraussetzungen des Analysenverfahrens nicht in ausreichendem Maße gerecht werden.

Die Methodik der röntgenographischen Gemengeanalyse schließt daher eine Vielzahl von stoff- bzw. problemspezifischen Gesichtspunkten ein. Zur näheren Information sei auf die Publikationen [2, 3, 17 und 44 bis 66] verwiesen.

Das Prinzip der qualitativen Phasenanalyse (Hanawalt, Rinn und Frevel [44]) beruht auf dem Sachverhalt, daß für jeden Reflex eines Interferenzdiagramms der Lotabstand d_h der streuenden Gitterebenen und die Integralintensität I_h bestimmt werden kann. Zwischen den Reflexintensitäten $I^j_{h,0}$ einer homogenen Phase mit dem Massenschwächungskoeffizienten $\mu_j{}^*$ und den Reflexintensitäten $I_h{}^j$, welche die gleiche Phase bei einem Massenanteil m_j als Bestandteil eines Gemenges mit dem Massenschwächungskoeffizienten $\langle\mu^*\rangle$ liefert, besteht dabei wegen (17) die Beziehung [45]

$$I_h{}^j = I^j_{h,0} \cdot \frac{\mu_j{}^*}{\langle\mu^*\rangle} m_j; \qquad \langle\mu^*\rangle = m_j\mu_j{}^* + (\langle\mu^*\rangle - m_j\mu_j{}^*). \tag{18}$$

Sie führt zu den folgenden Aussagen:

a) Wenn die Kristallite einer Phase sowohl im Gemenge als auch in der homogenen Vergleichsprobe keine nennenswerte statische Fehlordnung aufweisen, hinsichtlich ihrer Orientierung und Größe den Merkmalen des idealen Vielkristalls genügen und mit der gleichen Wellenlänge bestrahlt werden, besitzen die Reflexe in beiden Fällen die gleichen Intensitätsverhältnisse. Die (annähernde) Erfüllung der genannten Bedingungen erlaubt es dann, von den intensitätsstärksten Inter-

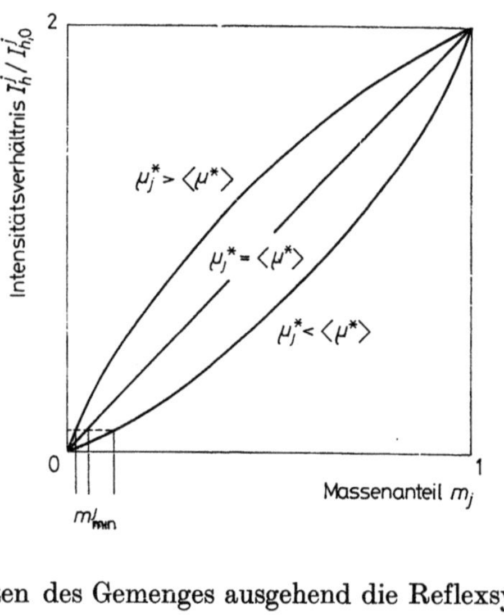

Abb. 1.11. Zum Einfluß der Absorptionsunterschiede in Phasengemengen auf die Reflexintensitäten der Komponenten

(schematische Darstellung; $m^j_{\min}$ kennzeichnet die Nachweisgrenze bei vorgegebenen Analysenbedingungen)

ferenzen des Gemenges ausgehend die Reflexsysteme $\{d_h{}^j, I_h{}^j\}$ der Komponenten mit ausreichenden Anteilen m_j zu identifizieren und sukzessive von den Meßwerten $\{d_h, I_h\}$ abzutrennen. Die klassische Form dieser Prozedur wird z. B. in [2, 3 und 17] beschrieben. Ihrer Leistungsfähigkeit sind allerdings zum Teil recht enge Grenzen gesetzt, so daß sich die Methodik der Phasenidentifizierung in steigendem Maße auf den Einsatz von Rechnern orientiert (vgl. dazu [46 bis 48]).

b) Der Zusammenhang zwischen den Reflexintensitäten $I_h{}^j$ und den Massenanteilen m_j ist in der Regel nicht linear (vgl. Abb. 1.11), so daß die Analysenbedingungen für die einzelnen Gemengebestandteile unterschiedlich und im Falle $\mu_j{}^* > \langle\mu^*\rangle$ generell günstiger als im Falle $\mu_j{}^* < \langle\mu^*\rangle$ sind. Die daraus resultierenden Differenzen in den Nachweisgrenzen können (in Extremfällen) Größenordnungen betragen und die Erkennung bestimmter Phasen selbst bei merklichem Anteil m_j verhindern. Die Analyse von Gemengen, deren Komponenten sich stark in der Absorption und/oder in den Massenanteilen unterscheiden, stellt daher besondere Anforderungen an die Präparation und die Versuchsführung (vgl. [49 bis 52]). Auf die Beziehungen zwischen der Nachweisgrenze und der Wahl der Meßbedingungen wird in [52] eingegangen.

Um die qualitative Analyse von Gemengen mit komplexer und/oder unbekannter Zusammensetzung durchführen zu können, benötigt man systematisch aufgebaute Sammlungen der Struktur- und Beugungsdaten der Kristalle. Die umfangreichsten davon sind der auch als ASTM-Kartei bekannte sog. POWDER DIFFRACTION FILE (ca. 22500 Phasen) und die sog. CRYSTAL DATA (ca. 24000 Phasen), die vom JOINT COMMITEE ON POWDER DIFFRACTION der USA herausgegeben und ständig ergänzt werden (vgl. [2, 3, 17 und 53]).

Die Grundlage der quantitativen Phasenanalyse ist die mit (18) gleichwertige Beziehung

$$I_h^j = \text{const} \cdot G_h^j \cdot \frac{m_j}{\langle \mu^* \rangle}, \tag{19}$$

in der die Konstante alle bei vorgegebenen Versuchsbedingungen unveränderlichen und die Größe G_h^j die mit dem Glanzwinkel bzw. mit der Kristallstruktur veränderlichen Faktoren der Integralintensität zusammenfaßt. Das wesentliche Problem des Verfahrens ist die Ausschaltung des bereits skizzierten Absorptionseinflusses (vgl. Abb. 1.11). Zur Lösung bieten sich die folgenden Wege an:

1. Wenn die Strukturen der Gemengebestandteile bzw. die Faktoren G_h^j genau bekannt sind, die Voraussetzungen des Ansatzes (18) gelten und die Anwesenheit amorpher Komponenten unwahrscheinlich ist, kann eine sog. absolute (d. h. leitprobenfreie) Analyse durchgeführt werden (vgl. [54, 55, 56 und 48]). Dazu ermittelt man die Quotienten der Integralintensitäten von geeignet ausgewählten Reflexen der verschiedenen Phasen und berechnet die Massen- bzw. Volumenanteile aus den Relationen

$$\frac{I_h^j}{I_h^k} = \frac{G_n^j}{G_n^k} \frac{m^j}{m_k} = C_{jk} \frac{m_j}{m_k}; \qquad \sum_i m_i = 1. \tag{20}$$

2. Wenn die Strukturen der Phasen unzureichend bekannt sind und/oder keine vollständige Analyse eines Gemenges erforderlich ist, gelingt die Bestimmung der Mengenanteile mit Hilfe von Leitproben. Dabei sind zwei Verfahren zu unterscheiden, nämlich
   - die Methode des sog. äußeren Standards (v. ENGELHARDT 1955)
   - die Methode des sog. inneren Standards (ALEXANDER und KLUG 1948).

   Die erste Variante geht direkt von der Beziehung (18) aus und erfordert neben der Messung der Reflexintensitäten I_h^j und $I_{h,0}^j$ am Gemenge und an einer homogenen Substanz (Leitprobe) auch die experimentelle Bestimmung des Koeffizienten $\langle \mu^* \rangle$. Bei der zweiten Variante setzt man dem Gemenge einen definierten Anteil einer Standardsubstanz (z. B. Silicium, Korund) zu, die mit Sicherheit nicht als Gemengebestandteil auftritt, und bestimmt die Intensitätsverhältnisse zwischen geeigneten Reflexen der interessierenden Phasen und einem Reflex des Standards.

Wie aus (20) folgt, entspricht diese Maßnahme einer Linearisierung der Beziehung zwischen dem Quotienten I_h^j/I_h^s und dem Mengenanteil m_j. Der auftretende Proportionalitätsfaktor ist unabhängig von der speziellen Gemengekonstitution und kann mit Hilfe einer Eichmischung (Leitprobe) aus der betrachteten Phase und der Standardsubstanz ermittelt werden. Ein gemeinsamer Vorteil der beiden Verfahren besteht darin, daß sie die Mengenanteile m_j unabhängig voneinander bestimmen und damit die Möglichkeit bieten, mit Hilfe der Nebenbedingung $\sum_i m_i = 1$ die Existenz amorpher Gemengebestandteile zu erkennen.

Über spezielle Gesichtspunkte und Techniken der quantitativen Analyse geben die Arbeiten [55] sowie [57 bis 66] Auskunft. Hier sei nur gesagt, daß eine vollständige Bestimmung der Phasenanteile von Mehrstoffgemengen in der Regel nur mit Computer möglich ist (vgl. z. B. [61]). Grundlegende Unterschiede in der Leistungsfähigkeit der verschiedenen Verfahren bestehen offensichtlich nicht (vgl. etwa [60]). Die wichtigsten Fehlerquellen der röntgenographischen Gemengeanalyse sind auf Grund der Bedingungen für die Gültigkeit von (18) bis (20)

— statische Fehlordnung der Kristallite (spezielle Mischkristallbildung), die zu einer merklichen Änderung der Glanzwinkel und/oder der Intensitäten der Reflexe führt,
— eine ungünstige Präparatstatistik und/oder ungleichmäßige Verteilung der Phasen im Gemenge, so daß lokale Absorptionsinhomogenitäten (sog. Mikroabsorption) und Intensitätsschwankungen auftreten, und
— durch die Kristallitgestalt und/oder die Materialvorgeschichte bedingte Vorzugsorientierungen (Texturen) der Gemengebestandteile, die systematische Verfälschungen der Intensitätsverhältnisse der Reflexsysteme bewirken.

Auf Gesichtspunkte und auch Schwierigkeiten, die sich daraus für die Präparationstechnik und im Zusammenhang damit speziell für die Bereitstellung von Standards ergeben, gehen in allgemeiner Form die Arbeiten [62, 63] ein (vgl. auch [57 bis 61]). Das Problem des Textureinflusses, der ganz besondere Bedeutung bei Phasenanalysen an massiven Objekten (z. B. Metallschliffen) besitzt, wird in [64 bis 66] behandelt.

Zur Verdeutlichung der Vielzahl von Anwendungsmöglichkeiten der röntgenographischen Gemengeanalyse können hier nur wenige Beispiele angeführt werden. Zur Ergänzung der chemischen Analyse dient sie u. a. bei der Untersuchung von chemischen Reaktionsprodukten, Mineralgemengen (z. B. Stäuben, Gesteinen, Baustoffen, Erzen usw.). Aufgabenstellungen, bei denen in der Regel der Aspekt der Realstrukturanalyse im Vordergrund steht, sind z. B. Untersuchungen von Korrosionsprodukten, von Ausscheidungen bzw. Fremdphasen in metallischen Werkstoffen, der Konstitution von Mehrstoffsystemen (z. B. metallische Legierungen, Halbleiterwerkstoffe) sowie nicht zuletzt die Analyse der Produkte sowie der Temperatur- und Zeitabhängigkeit von Phasenumwandlungen.

Zur Demonstration des Einsatzes der quantitativen Analyse soll kurz auf Untersuchungen zur $\alpha \rightarrow \gamma$-Umwandlung eines Stahles der Qualität 55SiMn7 eingegangen werden [67]. Das Material liegt bei Temperaturen $T > 850\,°C$ als kfz. Phase (Austenit; γ-Phase) vor. Bei rascher Abkühlung auf Temperaturen $T < T_{MS} = 320\,°C$ wandelt es sich athermisch in eine Phase mit tetragonal verzerrtem krz. Gitter (Martensit; α-Phase) um. Wird die Abkühlung jedoch nicht rasch genug vorgenommen oder oberhalb der Temperatur T_{MS} unterbrochen, bleibt ein Teil der kfz. Modifikation als sog. Restaustenit erhalten. Dieser Sachverhalt, bei vielen Stählen mit erhöhtem Kohlenstoffgehalt beobachtet und in der Regel unerwünscht, kann im vorliegenden Falle zur Erzeugung eines speziellen Gefüges ausgenutzt werden, das sich durch eine gleichmäßige, feindispersive Verteilung des Austenits auszeichnet und dem Werkstoff besonders günstige mechanische Eigenschaften verleiht. Die dazu verwendete Methode der sog. Restaustenitbestimmung (Averbach und Cohen 1948; vgl. etwa [2]) ist ein klassisches Beispiel der leitprobenfreien Analyse. Die verwendete Stahlqualität kann im Rahmen der oben genannten Aufgabenstellung als Zweistoffgemenge behandelt werden, bei dem $\langle\mu^*\rangle = \mu_\alpha^* \approx \mu_\gamma^*$ ist. Genaue Messungen der Integralintensitäten sind an den Reflexen $(211)_\alpha$ und $(311)_\gamma$ möglich. Mit Hilfe der Meßwerte $I_{311}^\gamma / I_{211}^\alpha = q$ und der berechneten Größe $C_{\gamma\alpha} = G_{311}^\gamma / G_{211}^\alpha$ erhält man die Mengenanteile m_γ und m_α nach (20) aus den Beziehungen

$$m_\gamma = \frac{q}{q + C_{\gamma\alpha}};$$

$$m_\alpha = 1 - m_\gamma = \frac{C_{\gamma\alpha}}{q + C_{\gamma\alpha}}.$$

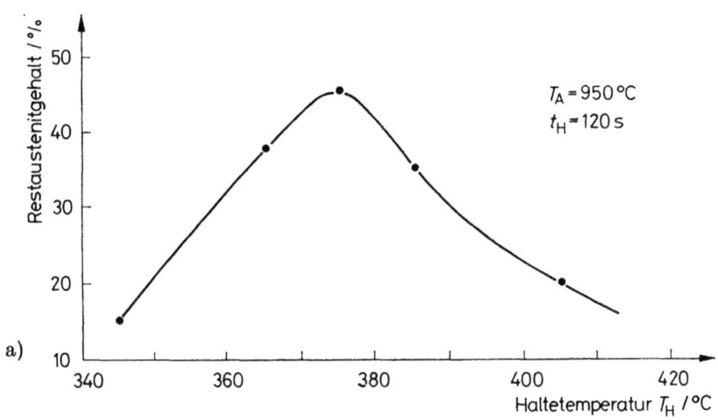

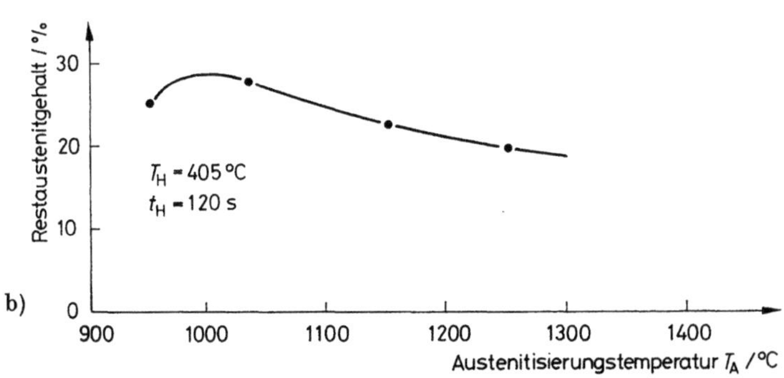

Abb. 1.12. Austenitgehalt im Zweiphasengefüge eines Stahles der Qualität 55SiMn 7 als Funktion

a) der Haltetemperatur T_H im Gebiet der Zwischenstufe bei konstanter Austenitisierungstemperatur $T_A = 950\,°C$ und Haltezeit $t_H = 120$ s, und
b) der Austenitisierungstemperatur T_A bei konstanter Haltetemperatur $T_H = 405\,°C$ und Haltezeit $t_H = 120$ s in der Zwischenstufe

Wie aus der Abbildung 1.12 hervorgeht, lassen sich im Stahl 55SiMn7 durch eine Unterbrechung der Abkühlung in der Zwischenstufe Austenitanteile der Größenordnung 40…50% einstellen. Dabei kommt es in erster Linie auf eine zweckmäßige Wahl der Haltetemperatur $T_H > T_{MS}$ und bzw. oder der Haltezeit t_H in der Zwischenstufe an (vgl. Abb. 1.12a). Der Einfluß der Austenitisierungsbedingungen vor dem Abschrecken ist demgegenüber offensichtlich ziemlich gering (vgl. Abb. 1.12b).

Präzisionsbestimmungen von Gitterparametern

Einen bedeutenden Beitrag zur Festkörperanalyse leistet die Röntgendiffraktometrie auch mit der Präzisionsbestimmung von Gitterparametern. Die Grundlage dafür sind genaue Messungen der Glanzwinkel von Reflexen bzw. der Lotabstände von Gitterebenen mit bekannter Indizierung $(h_1h_2h_3)$, die mit Hilfe der quadratischen Form [7] der Bragg-Gleichung ausgewertet werden (vgl. [2, 7, 17, 68]). Die Leistungsfähigkeit des Verfahrens kann an Hand der aus (6) abgeleiteten Fehlerbeziehung

$$\frac{\Delta d}{d} = \varepsilon_\lambda + \varepsilon_\vartheta = \frac{\Delta\lambda}{\lambda} - \cot\vartheta \cdot \Delta\vartheta \tag{21}$$

erörtert werden. Daraus geht hervor, daß jeder Meßwert d_h auf Grund der Unsicherheit der reflexerzeugenden Wellenlänge mit einem Fehler $\varepsilon_\lambda = \Delta\lambda/\lambda$ behaftet ist, der gegenwärtig in der Größenordnung $\varepsilon_\lambda \approx \pm(1 \ldots 2) \cdot 10^{-5}$ liegt. Dieser kann experimentell nicht beeinflußt werden und kennzeichnet die Grenze, bis zu der (d. h. für $|\varepsilon_\vartheta| \ll |\varepsilon_\lambda|$) Absolutbestimmungen von Netzebenenabständen bzw. Gitterparametern möglich sind. Über die tatsächlich erreichbare Genauigkeit und insbesondere über die Grenzen von Relativmessungen entscheidet die Unsicherheit $\Delta\vartheta$ der Glanzwinkelbestimmung. Der davon herrührende Fehler $\varepsilon_\vartheta = -\cot\vartheta \cdot \Delta\vartheta$ nimmt mit wachsender Annäherung des Glanzwinkels an $\vartheta = \pi/2$ stark ab. Die gezielte Ausnutzung dieses Sachverhaltes erlaubt es in Verbindung mit einer sorgfältigen Führung und Auswertung des Beugungsexperimentes, die Gitterparameter einer Vielzahl praktisch interessierender Strukturen mit Fehlern $\varepsilon_\vartheta \leqq \pm 1 \cdot 10^{-4}$ zu ermitteln. Bei der Untersuchung nahezu ungestörter kubischer, hexagonaler oder tetragonaler Gitter mit einfachen Elementarzellen kann die Ungenauigkeit bei Verwendung einkristalliner Probenobjekte bis auf Werte $\varepsilon_\vartheta \leqq \pm 1 \cdot 10^{-6}$ und bei Verwendung vielkristalliner Proben bis auf Werte $\varepsilon_\vartheta < \pm 1 \cdot 10^{-5}$ gesenkt werden. Diese Zahlen charakterisieren auch die Grenzen, die der Erfassung von Parameteränderungen gesetzt sind.

Für die praktische Realisierung der Parameterbestimmung stehen im wesentlichen drei Verfahren zur Verfügung, nämlich

1. die Auswertung der Glanzwinkel von Einzelreflexen, die sehr nahe bei $\vartheta = \pi/2$ liegen (Straumanis 1940; vgl. [2, 17, 34, 69]).
2. die graphische (Kettmann 1929; vgl. [70 bis 72]) oder analytische (Cohen 1935; vgl. [69, 73 bis 75]) Extrapolation der aus den Glanzwinkeln einer größeren Zahl von Reflexen berechneten Gitterparameter zum Winkel $\vartheta = \pi/2$ oder
3. die Auswertung der Glanzwinkeldifferenzen zwischen eng benachbarten Reflexen des Probenobjektes (Popovic 1971; vgl. [76, 77]) oder des Probenobjektes und eines Standards (vgl. z. B. [2, 78]).

Die erste Methode setzt voraus, daß die Reflexe mit hohen Glanzwinkeln ($\vartheta > 75°$) eindeutig indiziert werden können und experimentell zugänglich sind. Ihr bevorzugtes Einsatzgebiet ist die Gitterkonstantenbestimmung an einfachen kubischen sowie auch tetragonalen oder hexagonalen Einkristallen mit Hilfe der sog. Bond-Technik (Abb. 1.13; vgl. [34 bis 36]). Die Versuchsanordnung ist ein Bragg-Spektrometer, mit dem die Rocking-Kurve des gleichen Reflexes ($h_1h_2h_3$) nacheinander in den beiden in der Abbildung 1.13 eingetragenen, zum Primärstrahl symmetrischen Kristallpositionen gemessen werden kann. Diese Maßnahme erlaubt es, mit der

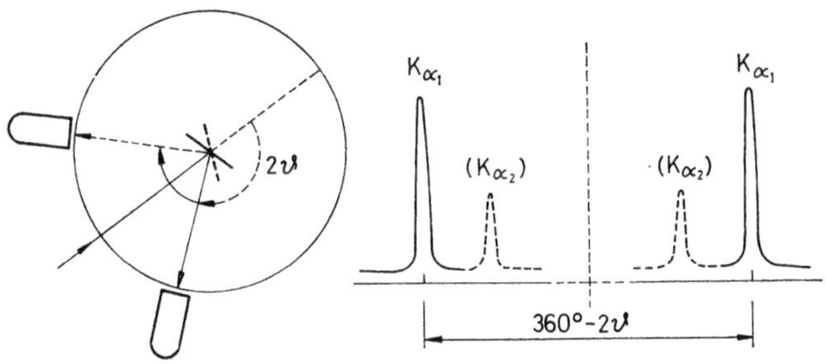

Abb. 1.13. Das Prinzip der Bond-Technik

Nullpunktsunsicherheit der Diffraktometerjustierung einen wesentlichen systematischen Fehler der Glanzwinkelbestimmung zuverlässig auszuschalten. Für die Auswertung benötigt man bei kubischen Kristallen mindestens einen Reflex, bei tetragonalen oder hexagonalen Gittern mindestens zwei Interferenzen. Im ersten Falle, auf den sich die vorliegenden Ausführungen beschränken, folgt dafür aus (3), (7) und (21) der Ansatz

$$a_h = \frac{\lambda}{2\sin\vartheta}\sqrt{h_1^2 + h_2^2 + h_3^2} = a_0 - a_0 \cot\vartheta \cdot \Delta\vartheta. \tag{22}$$

Darin bezeichnet ϑ den Meßwert des Glanzwinkels. Sein Fehler $\Delta\vartheta$ hängt von der mechanischen Präzision des Diffraktometers, der Genauigkeit der Probenjustierung und nicht zuletzt von der Breite der Rocking-Kurve ab. Dabei ist zu beachten, daß diese bereits durch geringe Schwankungen der Probentemperatur während der Messung merklich beeinflußt wird. Parameterbestimmungen, bei denen ein relativer Fehler $\varepsilon_\vartheta \approx \pm 1 \cdot 10^{-6}$ erzielt werden soll, setzen daher eine Temperaturkonstanz $\Delta T < \pm 0{,}1\,°C$ voraus.

Bei der Untersuchung von Vielkristallen ist der Auswertung von Einzelreflexen häufig schon dadurch eine Grenze gesetzt, daß sich die Glanzwinkel $\vartheta > 75°$ auf Grund der Strahlengeometrie des Diffraktometers in der Regel nicht erfassen lassen. Das bevorzugte Verfahren der Parameterbestimmung ist in diesem Falle die Extrapolationsmethode. Die Grundlage dafür ist eine analytische Darstellung des systematischen Fehlers $\Delta\vartheta$ als Funktion des Glanzwinkels ϑ. Bei Verwendung eines Diffraktometers mit Bragg-Brentano-Fokussierung erhält man zum Beispiel für den Fehler des Linienschwerpunktes der Interferenzen einer hinreichend dicken Probe den Ausdruck (vgl. [2, 17, 18])

$$\Delta\vartheta = \Delta\vartheta_0 + \frac{s}{R}\cos\vartheta + \frac{\sin 2\vartheta}{4\mu R} + \left\{\frac{\alpha^2}{3} + q\,\frac{\beta^2}{2}\,(1 - \tan^2\vartheta)\right\}\cot\vartheta. \tag{23}$$

Hier bezeichnen $\Delta\vartheta_0$ die Ungenauigkeit der Nullpunktjustierung, s die Abweichung der Probenebene vom Meßkreismittelpunkt, 2α die Horizontaldivergenz und 2β die Vertikaldivergenz der Strahlung. R ist der Diffraktometerradius, μ der lineare Schwächungskoeffizient des Probenmaterials und $q \leqq 1$ ein Faktor, der von der Geometrie des Blendensystems abhängt. Für den relativen Fehler eines Netzebenenabstandes folgt daraus

$$\frac{\Delta d}{d} = q \cdot \frac{\beta^2}{2} - \left\{\Delta\vartheta_0 + \left(\frac{s}{R} + \frac{\sin\vartheta}{2\mu R} + \frac{2\alpha^2 + 3q\beta^2}{6\sin^2\vartheta}\right)\cos\vartheta\right\}\cot\vartheta\,.$$

Daran wird deutlich, daß der Einfluß der Vertikaldivergenz bei Annäherung an $\vartheta = \pi/2$ nicht verschwindet, sondern gemeinsam mit dem nicht explizit angeführten Brechungs- und Temperatureinfluß von grundlegender Bedeutung für die erreichbare Präzision ist. Ferner erkennt man, daß die Winkelabhängigkeit des Fehlers $\Delta d/d$ im Gebiet hoher Glanzwinkel (d. h. für $\sin\vartheta \approx 1$) in guter Näherung durch

$$\frac{\Delta d}{d} = -\{\Delta\vartheta_0 + \sigma\cos\vartheta\}\cot\vartheta \tag{24}$$

beschrieben wird. Bei zweckmäßiger Wahl der Strahldivergenzen und hinreichend hoher Probenabsorption kann er innerhalb eines relativ großen Winkelbereichs ($\vartheta > 20\cdots30°$; vgl. [70, 71]) verwendet werden. Dieser Umstand erlaubt es, die Gitterparameter von Strukturen mit bekanntem Kristallsystem an Hand des Ansatzes (Cohen 1935)

$$\sin^2\vartheta = \sin^2\vartheta_h + \Delta\sin^2\vartheta = \sin^2\vartheta_h - 2\,\frac{\Delta d}{d}\sin^2\vartheta$$

zu ermitteln, wo der erste Term die quadratische Form (7) der Bragg-Gleichung des interessierenden Gitters angibt. Für eine kubische Struktur folgt daraus mit $A = \lambda^2/4a_0^2$ und $X = h_1^2 + h_2^2 + h_3^2$

$$\sin^2\vartheta = AX + B\sin 2\vartheta + C\sin 2\vartheta\cdot\cos\vartheta\,. \tag{25}$$

Die Bestimmung der Gitterkonstante a_0 erfordert in diesem Falle die Messung der Glanzwinkel von wenigstens 3 Reflexen. Bei nichtkubischen Kristallen mit n voneinander verschiedenen Gitterparametern beträgt die Anzahl der Konstanten im Ansatz (25) und damit die Mindestzahl der benötigten Reflexe $n + 2$. Wenn jedoch nur diese Anzahl von Interferenzen zur Verfügung steht, werden die Auswirkungen zufälliger Fehler der Glanzwinkelbestimmung nicht genügend berücksichtigt. Man ist deshalb bestrebt, möglichst viele Reflexe in die Auswertung einzubeziehen und die Konstanten nach der Methode der kleinsten Quadrate zu berechnen. Über Einzelheiten des Verfahrens gibt die zitierte Literatur Auskunft. Hervorzuheben ist seine besondere Eignung für den Einsatz von Rechnern (vgl. dazu [75, 76, 77]). Der Vollständigkeit halber sei noch darauf hingewiesen, daß die Extrapolation der Gitterkonstanten kubischer Kristalle auch graphisch vorgenommen werden kann. Bei vernachlässigbarem Nullpunktsfehler der Diffraktometerjustierung folgt aus (22) und (24)

$$a_h = a_0 - D\cos\vartheta\cdot\cot\vartheta\,, \tag{26}$$

so daß die Auftragung der aus den Glanzwinkeln verschiedener Reflexe berechneten Werte a_h über $\varphi(\vartheta) = \cos\vartheta \cdot \cot\vartheta$ eine Gerade liefert. Ein Beispiel ist in der Abbildung 1.14 dargestellt. Auf eine Variante der graphischen Extrapolation, die den Nullpunktsfehler berücksichtigt, geht die Arbeit [72] ein.

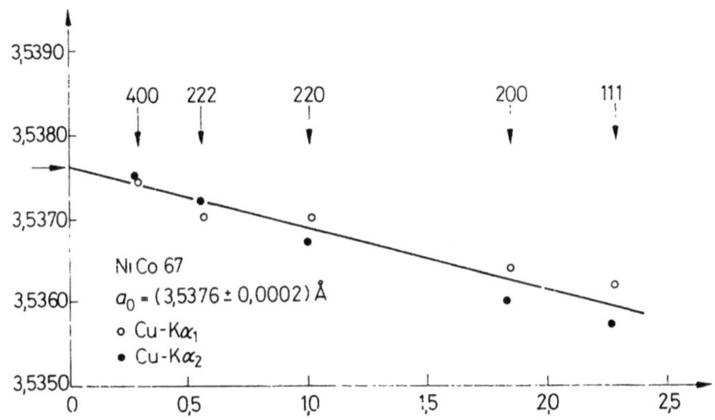

Abb. 1.14. Graphische Extrapolation der Gitterkonstante einer vielkristallinen kfz. Nickel-Kobalt-Legierung mit 67 Ma.-% Co
(Cu-K_α-Strahlung mit Sekundärstrahlmonochromator [84])

Die dritte Methode der Parameterbestimmung geht von der Überlegung aus, daß die Glanzwinkeldifferenz eng benachbarter, unter gleichen Bedingungen registrierter Reflexe nahezu frei von systematischen Fehlern ist. Mit Hilfe der Bragg-Gleichung erhält man daher leicht den Ansatz

$$\sin\vartheta_2 - \sin\vartheta_1 = \cos\vartheta_1 \cdot \Delta\vartheta = \frac{\lambda_2}{2d_2} - \frac{\lambda_1}{2d_1},$$

in dem d_1, d_2 die Lotabstände der streuenden Gitterebenen und λ_1, λ_2 die Wellenlängen (z. B. der K_α- und der K_β-Strahlung des Anodenmaterials der Röntgenröhre) angeben. Wegen $\cos\vartheta_1 = \sqrt{1 - \lambda_1^2/4d_1^2}$ folgt daraus die Beziehung

$$\frac{d_2}{d_1} = \frac{\lambda_2}{\lambda_1}\left(1 + \Delta\vartheta\sqrt{4d_1^2/\lambda_1^2 - 1}\right)^{-1} \approx \frac{\lambda_2}{\lambda_1}\left(1 - \Delta\vartheta\sqrt{4d_1^2/\lambda_1^2 - 1}\right). \qquad (27)$$

Ihr bevorzugtes Anwendungsgebiet ist die Relativmessung von Netzebenenabständen bzw. Gitterparametern. Man ermittelt in diesem Falle die Glanzwinkeldifferenz zwischen einem Reflex des interessierenden Probenmaterials und einem Reflex eines Standards. Die relative Differenz der Netzebenenabstände $d_2 = d$ (Probe) und $d_1 = d_0$ (Standard) lautet bei Verwendung der gleichen Wellenlänge $\lambda_1 = \lambda_2 = \lambda$

$$\frac{d - d_0}{d_0} = -\Delta\vartheta \cdot \sqrt{4d_0^2/\lambda^2 - 1}. \qquad (28)$$

Ihre Genauigkeit wird praktisch nur durch den auswertetechnisch bedingten Fehler der Winkeldifferenz $\Delta\vartheta$ begrenzt. Dadurch ist man in der Lage, Änderungen von d-Werten bzw. Gitterkonstanten auch bei verhältnismäßig niedrigen Glanzwinkeln mit hoher Präzision zu erfassen.

Die wichtigsten Einsatzgebiete der Parameterbestimmung in der Festkörperanalyse sind

— die Untersuchung des Aufbaus von Legierungssystemen (z. B. die Bestimmung der Konzentrationsabhängigkeiten der Gitterkonstanten homogener Mischkristalle, die Ermittlung von Löslichkeitslinien usw.),
— die Analyse von Reaktionen im festen Zustand (Ordnungs-Unordnungs-Vorgänge, Entmischungs- und Ausscheidungsprozesse, Phasenumwandlungen) und
— die Bestimmung von Punktfehlerkonzentrationen (z. B. Stöchiometrieabweichungen bei chemischen Verbindungen, Dotierungselemente in Halbleiterkristallen, Eigenfehlstellen nach Abschrecken oder Bestrahlung usw.).

Außerdem muß darauf hingewiesen werden, daß die genaue Kenntnis von Gitterparametern grundlegende Bedeutung für die Phasenidentifizierung und für die Lösung kristallchemischer Probleme besitzt.

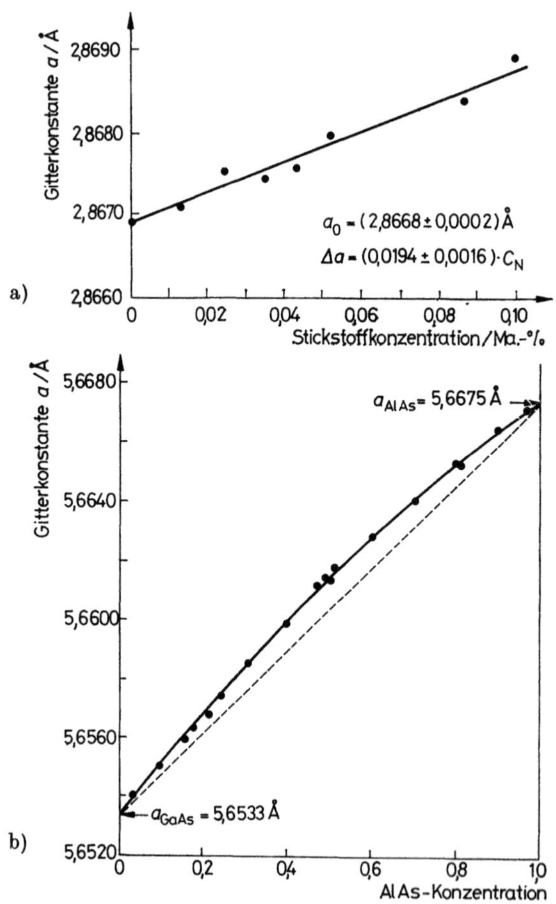

Abb. 1.15. Die Konzentrationsabhängigkeit der Gitterkonstante von
a) homogenen Einlagerungsmischkristallen des Systems Eisen—Stickstoff [83] und
b) homogenen kfz. Substitutionsmischkristallen des pseudobinären Systems GaAs-AlAs [85]

Als Beispiel für die Auswirkungen der Mischkristallbildung auf die Gitterkonstanten seien zuerst Meßergebnisse an homogenen, übersättigten Fe-N-Legierungen genannt [84]. Als Probenmaterial diente vielkristallines Armco-Eisen, das bei 580°C unterschiedlich lange aufgestickt, danach einer Homogenisierungsglühung unterzogen und anschließend in Wasser abgeschreckt wurde. Die Gitterkonstanten wurden mit Hilfe von Cu-K_α-Strahlung aus dem Glanzwinkel der (310)-Interferenz bestimmt. Der Fehler der Einzelmessung lag bei $\Delta a/a \doteq \pm 2 \cdot 10^{-4}$. Die Ergebnisse liegen im Rahmen der experimentellen Fehlergrenzen auf einer Geraden (Abb. 1.15a). Man erkennt, daß die Einlagerung von Stickstoffatomen in das krz. Eisengitter zu einer starken Aufweitung führt.

Über die Konzentrationsabhängigkeit der Gitterkonstanten von Substitutionsmischkristallen großer Löslichkeit gibt die Abb. 1.15b Auskunft. Dargestellt sind Untersuchungen an Einkristallen des pseudobinären Systems GaAs—AlAs, die mit Hilfe von Cu-K_α-Strahlung durchgeführt wurden [85]. Der Meßfehler beträgt $\Delta a/a \approx \pm 2 \cdot 10^{-5}$. Die Ergebnisse liegen in der Nähe der Geraden, die durch die sog. Vegard-Regel vorausgesagt wird. Die maximalen Abweichungen davon betragen ca. 0,02%.

Eine weitere Anwendung der Bond-Technik soll an Hand der Abb. 1.16 demon-

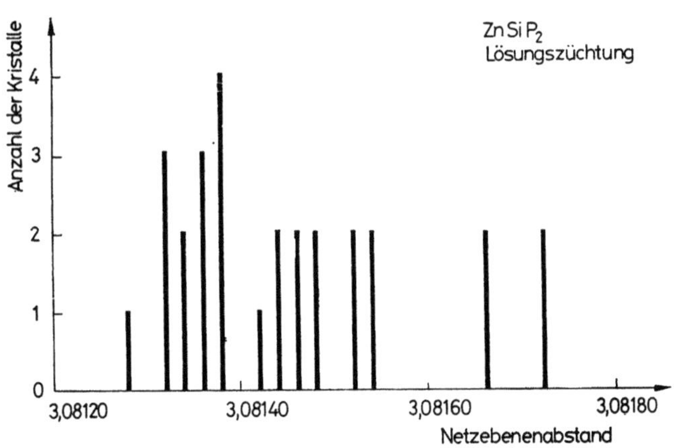

Abb. 1.16. Häufigkeitsverteilung der Werte des Netzebenenabstandes d_{112} (in Å) von lösungsgezüchteten $ZnSiP_2$-Einkristallen [86]

striert werden. Dargestellt ist die Häufigkeitsverteilung der Werte des Netzebenenabstandes d_{112} von 26 lösungsgezüchteten Einkristallen der ternären Halbleiterverbindung $ZnSiP_2$ [86]. Die Messungen wurden mit Cu-K_α-Strahlung durchgeführt; der Fehler des Einzelwertes beträgt $\Delta d/d = \pm 1 \cdot 10^{-5}$. Die Streuung der Ergebnisse ist eine Folge davon, daß die in der tetragonal-innenzentrierten Chalkopyritstruktur kristallisierende Verbindung Silicium im Überschuß zu lösen vermag. Sie lassen die Schlußfolgerung zu, daß die Verbindung $ZnSiP_2$ im quasibinären System $ZnSiP_2$-Si einen Homogenitätsbereich der Größenordnung $\Delta C \approx 1$ At.% Si aufweist.

1.5. Zusammenfassung

Die Rontgendiffraktometrie erfaßt die Festkörperstrukturen integral und indirekt. Als vorteilhaft erweist sich, daß sie

— hohe Meßgenauigkeit mit einer verhältnismäßig einfachen experimentellen Handhabung verbindet,
— die zerstörungsfreie Untersuchung ausgedehnter Objekte erlaubt,
— von Eichmessungen mit anderen Verfahren weitgehend unabhängige quantitative Aussagen über den Realbau fester Stoffe zuläßt,
— günstige Bedingungen für die Untersuchung von Materialzuständen bietet, bei denen eine direkte Realstrukturabbildung nicht möglich oder auch zu aufwendig ist,

und auf Grund der Summe ihrer Eigenschaften besonders geeignet für eine Festkörperanalyse unter den Bedingungen und an Objekten der wissenschaftlich-technischen Praxis ist. Neben traditionellen Anwendungen, wie sie im Abschnitt 1.4. erörtert wurden (vgl. ferner [1, 2, 17]), verdienen dabei ihre Einsatzmöglichkeiten zur Untersuchung der geometrischen Gitterfehlordnung von Ein- und Vielkristallen (vgl. etwa [9, 12, 14, 16, 87, 88]) erhöhte Aufmerksamkeit.

1.6. Literatur

[1] Glocker, R.: Materialprüfung mit Röntgenstrahlen, 4. Auflage, Springer-Verlag, Berlin 1958.
[2] Neff, H.: Grundlagen und Anwendung der Röntgen-Feinstruktur-Analyse, 2. Auflage, R. Oldenbourg, München 1962.
[3] Jost, K.-H.: Röntgenbeugung an Kristallen, Akademie-Verlag, Berlin 1975.
[4] v. Laue, M.: Röntgenstrahl-Interferenzen, 3. Auflage, Akad. Verlagsgesellschaft, Frankfurt/Main 1960.
[5] Dräger, G., in: Dynamische Interferenztheorie (Herausgeber: O. Brümmer und H. Stephanik), Akad. Verlagsgesellschaft Geest & Portig K.-G., Leipzig 1976.
[6] International Tables of X-Ray Crystallography, 3 Bde., The Kynode Press, Birmingham 1952—1962.
[7] Mirkin, L. J.: Spravočnik po rentgenostrukturnomy analizu polikristallov; Fizdat, Moskva 1961.
[8] Hosemann, R., und Bagchi, S. N.: Direct Analysis of Diffraction by Matter, North-Holland Publ. Comp., Amsterdam 1962.
[9] Krivoglaz, M. A.: Teorija rassejanija rentgenovskich lučej i teplovich nejtronov real'nymi kristallami, Izdat. Nauka, Moskva 1967.
[10] Klimanek, P., et al., Neue Hütte **19** (1974) 608.
[11] Guinier, A.: X-Ray Diffraction, W. H. Freeman Comp., San Francisco 1963.
[12] Trinkaus, H., Z. Naturforsch. 28a (1973).
[13] Gerold, V., Ergebn. Exakt. Naturwiss. **XXXIII** (1961) 105.
[14] Dederichs, P. H., J. Phys. F: Metal Phys. **3** (1973) 471.
[15] Klimanek, P., Kristall und Technik, in Vorbereitung.
[16] Warren, B. E., Progress Metal Phys. 8 (1959) 147.
[17] Klug, P. H., und Alexander, L. E.: X-Ray Diffraction Procedures, J. Wiley and Sons, New York 1954.
[18] Wilson, A. J. C.: Mathematical Theory of X-Ray Powder Diffractometry, Philips Technical Library, Eindhoven 1963.
[19] Vassamillet, L. F., und King, H. W., Adv. X-Ray Anal. **6** (1963) 142.
[20] Vassamillet, L. F., und King, H. W., in: Handbook of X-Rays (Editor: E. F. Kaelble) McGraw Hill Comp., New York 1967.
[21] Parrish, W., und Mack, M., Acta Crystall. **23** (1967) 687 und 693.
[22] Chwaszczewska, J., et al., Phys. stat. sol. (a) **4** (1971) 619.

[23] H. COLE, J. Appl. Crystall. **3** (1970) 405.
[24] BANERJEE, P., und CHARBIT, P., Siemens-Z. **45** (1971) 549.
[25] LAINE, E., und LÄHTEENMÄKI, I., Comment. Phys. Math. Soc. Sci. Tenn. **42** (1972) 292.
[26] LAURIAT, J. P., und PERIO, P., J. Appl. Crystall. **5** (1972) 177.
[27] SPARKS, C. J., und REDCKE, D. A., Adv. X-Ray Anal. **15** (1972) 240.
[28] MARTIN, G. W., und KLEIN, A. S., Adv. X-Ray Anal. **15** (1972) 254.
[29] WEN LIN, Adv. X-Ray Anal. **16** (1973) 298.
[30] GERWARD, L., MØRUP, S. and TOPSØE, H., J. Appl. Phys. **47** (1976) 822.
[31] BAKER, T. W., et al., Adv. X-Ray Anal. **11** (1968) 359.
[32] SEGMÜLLER, A., Adv. X-Ray Anal. **13** (1970) 455.
[33] SEGMÜLLER, A., Adv. X-Ray Anal. **15** (1972) 114.
[34] BOND, W. L., Acta Cryst. **13** (1960) 814.
[35] BURKE, J., und TOMKIEFF, M. V., J. Appl. Cryst. **2** (1969) 247.
[36] BARNS, R. L., Adv. X-Ray Anal. **15** (1972) 330.
[37] WARREN, B. E., und AVERBACH, B. L., in: Modern Research Techniques in Physical Metallurgy, Tower Press, Cleveland 1953.
[38] WARREN, B. E., J. Appl. Phys. **25** (1954) 814.
[39] CHIPMAN, D. R., Rev. Sci. Instruments **27** (1956) 164.
[40] PEISL, H., Z. Angew. Phys. **15** (1963) 338.
[41] SPALT, H., Z. Angew. Phys. **24** (1974).
[42] BUBAKOVA, R., in: Dynamische Interferenztheorie (Herausgeber: O. BRÜMMER und H. STEPHANIK), Akadem. Verlagsgesellschaft Geest & Portig K.-G., Leipzig 1976.
[43] LEFELD-SOSNOWSKA, M., in: Dynamische Interferenztheorie, vgl. [42].
[44] HANAWALT, J. D., RINN, H., und FREVEL, L. K., Ind. Eng. Chem. **10** (1938) 457.
[45] ALEXANDER, L. E., und KLUG, H. P., Anal. Chem. **20** (1948) 886.
[46] FREVEL, L. K., Anal. Chem. **37** (1965) 471.
[47] JOHNSON, G. G., und VAND, V., Adv. X-Ray Anal. **11** (1968) 376.
[48] FIALA, J., J. Phys. D: Appl. Phys. **5** (1972) 1874.
[49] HERRMANN, Ch.: Tagungsbericht der VI. Konferenz „Rentgenovska Analiza Strukturalna w Metalurgii i Metaloznawstwie", Gliwice 1972, S. 78.
[50] HERRMANN, Ch., and LIEBICH, G.: Tagungsbericht der VII. Konferenz ,,Rentgenovska Analiza Strukturalna w Metalurgii i Metaloznawstwie", Gliwice 1974, S. 239.
[51] OETTEL, H., und BERG, H.-J., Neue Hütte **21** (1976) 747.
[52] OETTEL, H., und HAASE, I., Kristall u. Technik **12** (1977) 841.
[53] H. F. MCMURDIE, Adv. X-Ray Anal. **17** (1974) 20.
[54] FIALA, J., Kovove Materialy **5** (1967) 559.
[55] FANINGER, G., und HARTMANN, U., Härtereitechn. Mitt. **27** (1972) 233.
[56] CHUNG, F. H., Adv. X-Ray Anal. **17** (1974) 106.
[57] JUMPERTZ, E. A., Freiberger Forschungshefte C 121, Akademie-Verlag, Berlin 1962.
[58] JUMPERTZ, E. A., Fortschr. Mineral. **42** (1965) 87.
[59] LASSNER, E., und BENESOVSKY, F., Allg. prakt. Chemie **17** (1966) 811.
[60] RÖSCH, H., N. Jahrb. Mineral. Abh. **108** (1968) 271.
[61] HARTMANN, U., Härtereitechn. Mitt. **27** (1972) 251 und 271.
[62] JENKINS, R., Adv. X-Ray Anal. **17** (1974) 32.
[63] DOUGLAS, L. A., Adv. X-Ray Anal. **17** (1974) 88.
[64] LOPATA, S. L., und KULA, E. B., Trans. Met. Soc. AIME **233** (1965) 288.
[65] GULLBERG, R., und LAGNEBORG, R., Trans. Met. Soc. AIME **236** (1966) 1482.
[66] WOLFSTIEG, U., Härtereitechn. Mitt. **27** (1972) 245.
[67] BÖHME, D., HENSGER, K.-E., und KLIMANEK, P., Unveröffentlicht.
[68] BEU, K. E., in: Handbook of X-Rays (Editor: E. F. KAELBLE) McGraw Hill Comp., New York 1967.
[69] DELF, B. W., Brit. J. Appl. Phys. **14** (1963) 345.
[70] OTTE, H. M., J. Appl. Phys. **32** (1961) 1536.
[71] ADLER, R. P. J., und WAGNER, C. N. J., J. Appl. Phys. **33** (1962) 3451.
[72] EBEL, H., und EBEL, M., Acta phys. austr. **24** (1966) 169.
[73] EBEL, H., und EBEL, M., Z. Naturforsch. **27a** (1972) 874.

[74] Pierron, E. D., und McNeely, J. B., Adv. X-Ray Anal. **12** (1969) 343.
[75] Cohen, M. U., Rev. Sci. Instr. **6** (1935) 68.
[76] Cohen, M. U., Z. Kristallogr. **94** (1936) 288.
[77] Hess, B. J., Acta Cryst. **4** (1951) 209.
[78] Vogel, R. E., und Kempter, C. P., Acta Cryst. **13** (1960) 828.
[79] Popovic, S., J. Appl. Cryst. **4** (1971) 240.
[80] Kishino, S., Jap. J. Appl. Phys. **10** (1971) 1113.
[81] Kishino, S., Adv. X-Ray Anal. **16** (1973) 367.
[82] Syhre, H., und Schenk, M., Acta Cryst. **23** (1967) 246.
[83] Klimanek, P., et al., unveröffentlicht.
[84] Oettel, H.: Dissertation A, Bergakademie Freiberg 1971.
[85] Bublik, V. T., et. al., in: Tverdye rastvory elementarnych poluprovodnikov i poluprovodnikovych soedinenij, Naučnye trudy MISIS No. 83, Moskva 1974, S. 61.
[86] Oettel, H., Dissertation B, Bergakademie Freiberg 1979.
[87] Krivoglaz, M. A., in: Metally, Ėlektrony, Rešetka, Izdat. Naukova dumka, Kiev 1975.
[88] Wilkens, M., Kristall u. Technik **11** (1976) 1159.

2. Röntgentopographie

(H.-R. Höche, O. Brümmer, Halle)

2.1. Grundprinzip

Die Röntgentopographie ist eine zerstörungsfreie Prüfmethode für einkristalline Festkörper. Das Grundprinzip besteht in einer photographischen Registrierung von ortsabhängigen kristallographischen Größen mit Röntgenstrahlen. Die Röntgen-Schattenmikroskopie, die zur qualitativen Untersuchung der chemischen Homogenität mit einem Auflösungsvermögen von ca. 10 μm auf der Basis des Absorptionskontrastes vielfach zur Anwendung kommt [1, 2], soll hier nicht behandelt werden. Die chemische Inhomogenität der Kristalle wird in der Röntgentopographie über die damit verbundenen Gitterkonstantenänderungen bzw. über Kontraständerungen an Baufehlern sichtbar. Da die Interferenz monochromatischer Röntgenstrahlen an einem Einkristall nur in sehr eng begrenzten Winkelbereichen stattfindet, die durch die Braggsche Gleichung bestimmt sind und — wie die dynamische Theorie der Röntgenstrahlinterferenzen [3 bis 6] zeigt — in der Größenordnung von Winkelsekunden liegen, werden die reflektierten Intensitäten von der lokalen Erfüllung der Bragg-Bedingung abhängen. Als Ursache für eine Intensitätsschwankung kommen lokale Orientierungsunterschiede, Gitterkonstantenabweichungen oder auch Strukturfaktordifferenzen in Frage. Außerdem ist noch ein Intensitätsunterschied zwischen idealen Kristallbereichen (reflektierte Intensität $\sim$ Strukturfaktor F) und relativ stark gestörten Kristallbereichen (reflektierte Intensität $\sim F^2$) zu erwarten. Die von der einkristallinen Probe reflektierte Strahlung ist also integral und auch lokal von der Realstruktur des zu untersuchenden Kristalls abhängig. Wegen des Fehlens effektiver Röntgenstrahllinsen infolge des nur wenig von Eins abweichenden Brechungsindexes aller Festkörper für Röntgenstrahlen ($n = 1 - \delta$, $\delta \leq 10^{-5}$) ist es nicht möglich, die intensitätsmodulierte reflektierte Strahlung zu einer vergrößerten Bildaufzeichnung zu verwenden. Man ist vielmehr gezwungen, zunächst eine 1:1-Abbildung auf hochauflösenden photographischen Schichten anzufertigen und die Aufnahmen dann lichtoptisch zu vergrößern. Ein vergrößertes Quasibild der Baufehler bzw. Gitterkonstantenänderungen ist durch die Überlagerung kohärenter Wellen zu sogenannten ‚Moirébildern' möglich. Das Grundprinzip dieser Möglichkeit ist die vergleichende Darstellung zweier Kristalle bzw. Kristallbereiche. Bisher wurden dazu die additive Mischung im Röntgeninterferometer [7 bis 9] bzw. die multiplikative Mischung in Zweikristallanordnungen [10 bis 13] verwendet. Wegen der sehr begrenzten Anwendbarkeit, des hohen experimentellen Aufwands und der Probleme bei der quantitativen Auswertung wird die Moirétopographie im folgenden nicht weiter verfolgt.

2.2. Theoretische Grundlagen

Zur Interpretation des Orientierungskontrastes, d. h. der Modulation der reflektierten Intensität infolge lokal unterschiedlicher Orientierung der Kristallbereiche (Korn- und Subkornstruktur) reichen in der Regel die Braggsche Gleichung und entsprechende geometrische Überlegungen aus. Je nachdem, ob die Orientierung des einzelnen Korns für die monochromatische, kollimiert einfallende Röntgenstrahlung die Bragg-Bedingung erfüllt oder nicht, erscheint dieses Korn auf der Aufnahme als geschwärztes oder helles Gebiet. Falls die Divergenz der einfallenden Strahlung größer als die Kornverschwenkung ist, reflektieren alle Bereiche, aber die reflektierte Strahlung unterscheidet sich bereichsweise im Austrittswinkel relativ zur ebenen Probenoberfläche, was ebenfalls zu Kontrasten führt [14, 15]. Zur Erklärung der durch einzelne Kristallbaufehler hervorgerufenen Kontraste reicht die geometrische Theorie — wie sie im Kapitel Röntgendiffraktometrie verwendet wurde — nicht mehr aus. Deshalb soll hier ein kurzer Abriß der dynamischen Theorie [16 bis 19] gegeben werden, soweit dies für die qualitative Interpretation der Bildkontraste erforderlich ist.

Die dynamische Theorie entschärft die Ewaldsche Konstruktion insofern, als reflektierte Intensität nicht nur beim festen Bragg-Winkel ϑ_h, sondern in einer gewissen Umgebung vom Braggwinkel auftritt. Dabei regt eine von außen einfallende ebene linear polarisierte Röntgenwelle im Kristallinneren jeweils zwei Wellen mit geringfügig unterschiedlichen Wellenzahlen $k_{1,2}$ an, deren Mittelwert gleich der brechungskorrigierten Wellenzahl $nK_0 = (1 + \chi_0/2)\,K_0$ ist:

$$k_{1,2} = K_0\left(1 + \chi_0/2 \pm \frac{|C|\sqrt{\chi_h\chi_{\bar{h}}}}{2\sqrt{\gamma_0\,|\gamma_h|}}\right). \tag{1}$$

Hierbei bedeuten $K_0 = 1/\lambda$ die Vakuumwellenzahl, $\chi_0 = -R\,\frac{\lambda^2}{\pi}\,\varrho$ die elektrische Suszeptibilität mit R — klassischer Elektronenradius, λ — Vakuumwellenlänge und ϱ — mittlere Elektronendichte. Da die Suszeptibilität eine gitterperiodische Ortsabhängigkeit besitzt, läßt sich χ in eine Fourier-Reihe entwickeln:

$$\chi = \sum_h \chi_h \exp\big(2\pi i(\boldsymbol{h}\cdot\boldsymbol{r})\big) \quad \text{mit} \quad \chi_h = -\frac{R}{\pi}\,\frac{\lambda^2}{V}\cdot F_h, \tag{2}$$

wobei V das Volumen der Elementarzelle, F_h der Strukturfaktor der zum reziproken Gittervektor $\boldsymbol{h}$ gehörenden Reflexion und γ_0 und γ_h die Richtungskosinus des einfallenden bzw. reflektierten Strahls sind. C ist der Polarisationsfaktor. Er ist für senkrechte Polarisation bezogen auf die Beugungsebene gleich Eins und für Parallelpolarisation gleich $\cos 2\vartheta_h$.

Wenn die von außen einfallende Strahlung den Winkelbereich der Bragg-Reflexion durchläuft (einige Winkelsekunden), ändert sich die resultierende Energiestromrichtung im Kristall um $2\vartheta_h$ — also um den Faktor 10^5- bis 10^6mal schneller. Dieser innere Winkelbereich wird durch die Richtungen der Wellenvektoren $\boldsymbol{K}_0$ und $\boldsymbol{K}_h$ (Einfalls- und Reflexionsrichtung) begrenzt und wird als Borrmann-Fächer bezeichnet [20]. In den meisten Experimenten hat man es nicht mit ebenen Röntgenwellen zu tun, sondern die einfallende Strahlung ist so divergent, daß der ganze Winkelbereich der Interferenz ausgefüllt wird. Im Kristall breitet sich dann Energie im gesamten Borrmann-Fächer aus. Da aber jede von außen einfallende Welle im Kristallinneren durch zwei Wellen gleicher Polarisation, aber geringfügig unterschiedlicher Wellenlänge (gemäß Gl. (1)) fortgesetzt wird, kommt es zu Interferenzerscheinungen zwischen den inneren Wellen, den sogenannten Pendellösungserscheinungen [3, 21].

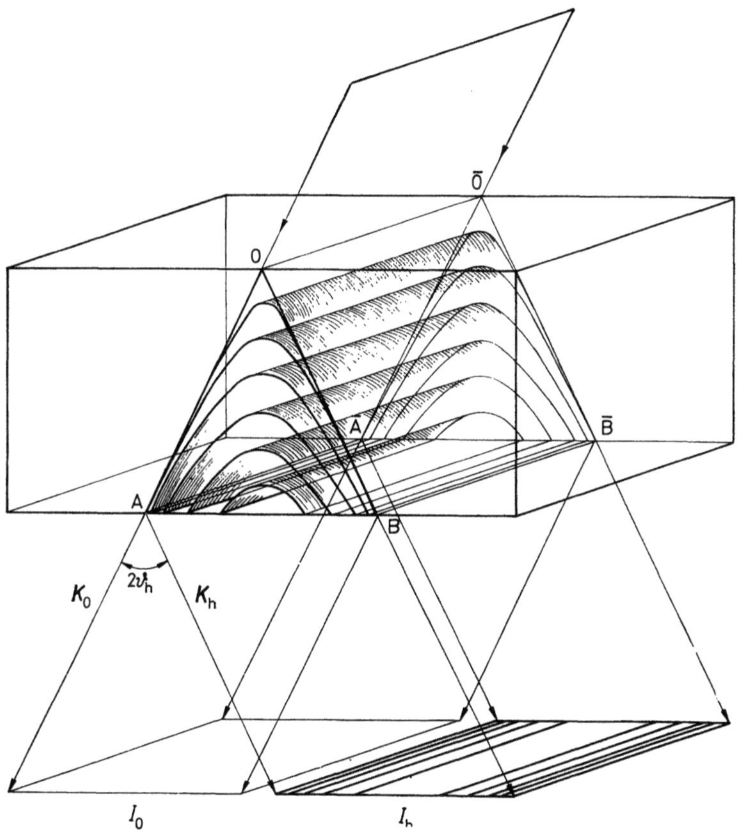

Abb. 2.1. Schematische Darstellung der Röntgenstrahlausbreitung in einer planparallelen perfekten Kristallscheibe. Im I_h-Feld (Intensität der reflektierten Strahlung) ist die zu erwartende Intensitätsmodulation angedeutet.

In Abbildung 2.1 sind die Kurven maximaler Intensität im Borrmann-Fächer für eine planparallele Kristallplatte gezeichnet. Längs der Linie $O\bar{O}$ fällt in Richtung ***OA*** eine Röntgenkugelwelle ein. Die Periode der Intensitätsmodulation längs der Richtung ***OC***, d. h. parallel zu den reflektierenden Netzebenen, ist gleich der sogenannten Pendellösungsperiode oder Extinktionslänge

$$\Lambda_h = \frac{\lambda \sqrt{\gamma_0 \, |\gamma_h|}}{|C| \sqrt{\chi_h \chi_{\bar{h}}}}. \tag{3}$$

Die Pendellösungsperiode ist ca. 10^5mal größer als λ und damit eine gut meßbare Größe. Unter Verwendung von (3) und (2) ergibt sich eine elegante und sehr genaue Meßmethode zur Bestimmung von F_h [22 bis 24], die allerdings perfekte spannungsfreie Kristalle voraussetzt. In Abbildung 2.2a ist eine zu Abbildung 2.1 entsprechende

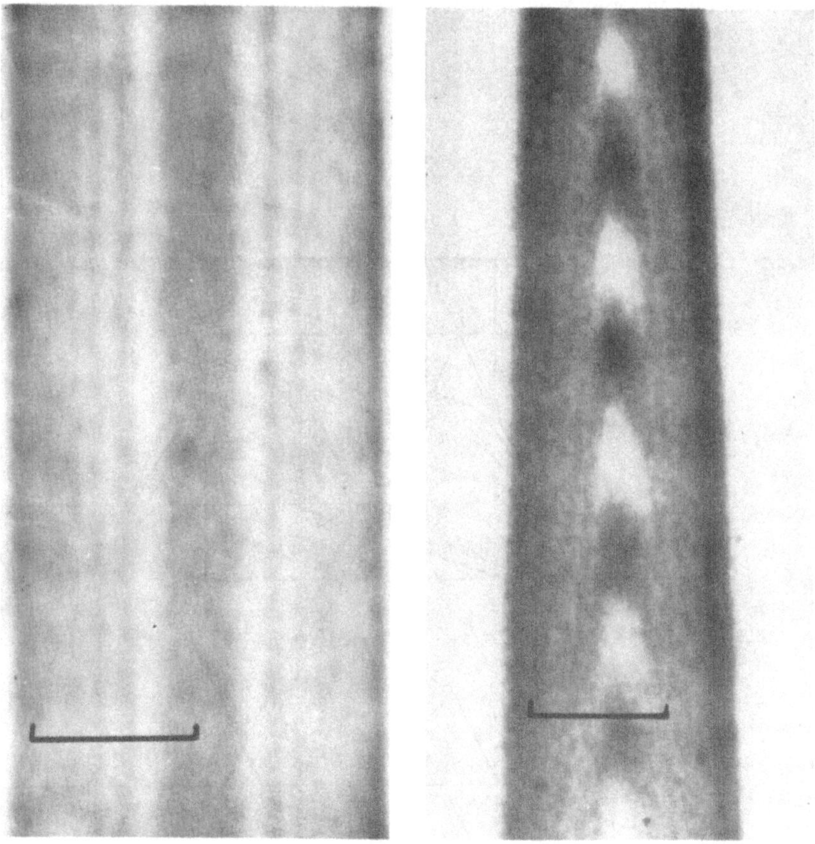

a) b)

Abb. 2.2. Schnitt-Topographien perfekter Si-Einkristallproben (photographisches Negativ)
a) planparalleler Kristall, Mo-K_{α_1}-Strahlung, (220)-Reflex
b) Keilförmiger Kristall, Mo-K_{α_1}-Strahlung, (220)-Reflex
Die eingetragenen Marken entsprechen 100 μm in der Originalaufnahme

photographische Aufnahme wiedergegeben, wie man sie erhält, wenn in die reflektierte Strahlung eine Photoplatte gestellt wird. Man erkennt deutlich die streifenförmige Intensitätsmodulation. Abbildung 2.2b zeigt eine analoge Aufnahme eines keilförmigen Kristalls, d. h., die Strahlenaustrittsfläche des Kristalls schneidet die zylindrische Hyperbelschar nicht mehr parallel zu $O\bar{O}$ wie in Teilbild a, sondern bildet mit $O\bar{O}$ den Keilwinkel.

Während im Inneren eines perfekten Kristalls die Energie, bedingt durch die Kopplung der Wellen untereinander, über das periodische Gitter in jeder Richtung zwischen $\boldsymbol{K}_0$ und $\boldsymbol{K}_h$ strömen kann, kommt es an der Grenzfläche (Austrittsfläche) zu einer Entkopplung der Wellenfelder. Die Energie jeder Richtung im Borrmann-Fächer zerfällt dann in zwei äußere Wellen, die sich in $\boldsymbol{K}_0$- und $\boldsymbol{K}_h$-Richtung ausbreiten. Diese Entkopplung der Wellenfelder tritt auch dann auf, wenn die Periodizität des Gitters stark gestört ist, d. h. bei auf engem Raum stattfindenden Orientierungs- und Gitterkonstantenänderungen [25, 26]. Als eine in diesem Sinn wirksame Störung der Periodizität des Gitters ist das kernnahe Verzerrungsfeld einer Versetzung anzusehen. Dabei ist aber nur die Komponente des Verzerrungsfeldes wirksam, die die reflektierenden Netzebenen — gekennzeichnet durch den zugehörigen reziproken Gittervektor, den Beugungsvektor $\boldsymbol{g}$ — beeinflußt.

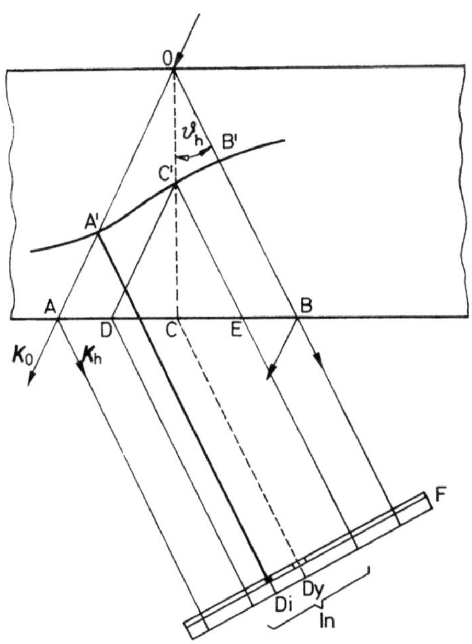

Abb. 2.3. Schematische Darstellung der Kontrastgeometrie einer Versetzung im Borrmann-Fächer. Auf der Photoplatte (*F*) sind die drei Bildtypen gekennzeichnet: *Di* direktes Bild, *Dy* dynamisches Bild, *In* intermediäres Bild.

In Abbildung 2.3 ist der Fall gezeichnet, daß eine Versetzung so im Kristall orientiert ist, daß sie den gesamten Borrmann-Fächer durchsetzt. Die folgende Diskussion der durch die Versetzung hervorgerufenen Änderungen der Energieströmung im Borrmann-Fächer relativ zum perfekten Kristall ist eine qualitativ schematische Darstellung von Ergebnissen, wie sie sich aus den umfangreichen numerischen Berechnungen auf der Basis der Takagischen Gleichungen [19, 27 bis 32] und der anisotropen Elastizitätstheorie ergeben [33, 34].

Die einfallende Strahlung soll — wie in den meisten Experimenten — in ihrer Divergenz den gesamten Interferenzbereich einschließen und außerdem nicht streng monochromatisch sein. Dann reflektiert das die Versetzung umgebende deformierte Kristallvolumen aus der einfallenden Strahlung (in Abb. 2.3 bei A') auch Strahlung, die im perfekten Kristall die Bragg-Bedingung nicht erfüllen würde. Das bedeutet aber, daß von der Stelle A' aus in Richtung $\boldsymbol{K}_h$ erhöhte Intensität reflektiert wird. Dieser erhöhten reflektierten Intensität entspricht bei der Bildaufzeichnung das sogenannte „direkte" Bild der Versetzung. Man spricht in diesem Zusammenhang auch oft vom Extinktionskontrast der Versetzung. Er verschwindet bei streng kollimierter und monochromatischer Einstrahlung.

Im gesamten Borrmann-Fächer wird mit Ausnahme der Kante OA nur die über die Bragg-Gleichung selektierte Strahlung auftreten, die in ihrer Energieausbreitungsrichtung den Winkelbereich OA bis OB, d. h. $2\vartheta_h$, überstreicht. Als Beispiel sei hier die Richtung $\boldsymbol{OC}$ in der Nähe der Mitte des Borrmann-Fächers herausgegriffen. An der Stelle C' treffen die gekoppelten Wellen auf das durch die Versetzung deformierte Volumen. Die Wellen werden entkoppelt und zerfallen ausgehend von C' in zwei Wellen mit Ausbreitungsrichtungen parallel zu $\boldsymbol{K}_0$ und $\boldsymbol{K}_h$. Beim Wiedereintritt dieser Wellen in das in Ausbreitungsrichtung unter der Versetzung liegende perfekte Kristallgitter kommt es zur erneuten Anregung von gekoppelten Wellen, die einen Borrmann-Fächer $DC'E$ aufspannen. Das bewirkt aber, daß die ursprünglich in Richtung $\boldsymbol{OC}$ strömende Energie vom Punkt C' aus auf den Bereich $\overline{DE}$ der Strahlenaustrittsfläche umverteilt wird, und somit hat man an der Stelle C mit einer relativ zum ungestörten Kristall verminderten Intensität zu rechnen. Der so hervorgerufene Kontrast wird als „dynamisches" Bild der Versetzung bezeichnet. Im kernfernen schwachen Deformationsfeld der Versetzungen kommt es zu einer Strahlwegkrümmung [38], was ebenfalls zu einer Verminderung der reflektierten Intensität an der Stelle C führt. In einer noch stärker schematisierten Betrachtungsweise könnte man diesen Bildtyp mit einem Schattenwurf der Versetzung in der jeweiligen Energieausbreitungsrichtung im Borrmann-Fächer vergleichen.

Außer dem direkten und dynamischen Bild einer Versetzung kommt es noch zu einer dritten Kontrasterscheinung, dem ‚intermediären' Bild. Es entsteht im wesentlichen durch die Pendellösungshyperbeln in dem unter der Versetzung ausgebildeten Fächer $DC'E$. Man hat also im gesamten Bereich $\overline{DE}$ mit dem intermediären Bild zu rechnen, was durch die Stelle C' der Versetzung verursacht wird. Das intermediäre Bild äußert sich in Intensitätsschwankungen längs der Strecke $\overline{DE}$. Wenn, wie in Abbildung 2.3, die Versetzung ganz in der Zeichenebene verläuft, entsteht an jedem Punkt der Versetzung zwischen A' und B' ein intermediäres Bild. Diese Vielzahl von intermediären Bildern überlagert sich auf der Austrittsfläche längs $\overline{AB}$, und es kommt zu einem weitgehenden gegenseitigen Ausgleich der Intensitätsschwankungen. So bleibt in diesem Fall im wesentlichen das direkte Bild und das dynamische Bild übrig. Ein Beispiel dafür zeigt Abbildung 2.4.

Wenn die Versetzung in ihrem Linienverlauf in Abb. 2.3 nicht in der Zeichenebene bleibt, sondern in die Tiefe geht und das einfallende Röntgenstrahlbündel senkrecht zur Zeichenebene ausgedehnt ist, kann man das intermediäre Bild sehr deutlich erkennen. Ein Beispiel dafür ist in Abb. 2.5 dargestellt.

Alle bisherigen Betrachtungen galten für schwach absorbierende Kristalle, d. h. $\mu \cdot t \approx 1$, mit $\mu =$ linearer Absorptionskoeffizient, $t =$ Kristalldicke. Bei starker bzw. sehr starker Absorption ($\mu \cdot t \gtrsim 5$) verschwindet das direkte Bild. Das intermediäre Bild gibt es auch nicht mehr, weil die beiden Wellenfelder unterschiedlicher Wellenzahl (1) auch unterschiedlicher Absorption unterliegen [35, 36]. Nur das anomal schwach absorbierte Wellenfeld (entspricht dem oberen Vorzeichen in (1)) erreicht die Austrittsfläche. Besonders wenig wird dieses Wellenfeld in der Mitte des Borrmann-Fächers geschwächt, so daß dort das dynamische Bild auch bei sehr dicken Kristallen noch deutlich registriert werden kann [37]. Der Effekt der anomalen Absorption wurde 1941 von BORRMANN entdeckt, und deshalb werden Topographien sehr dicker Kristalle, wo nur das dynamische Bild der Versetzungen in Erscheinung tritt, oft als „Borrmann-Topographien" bezeichnet.

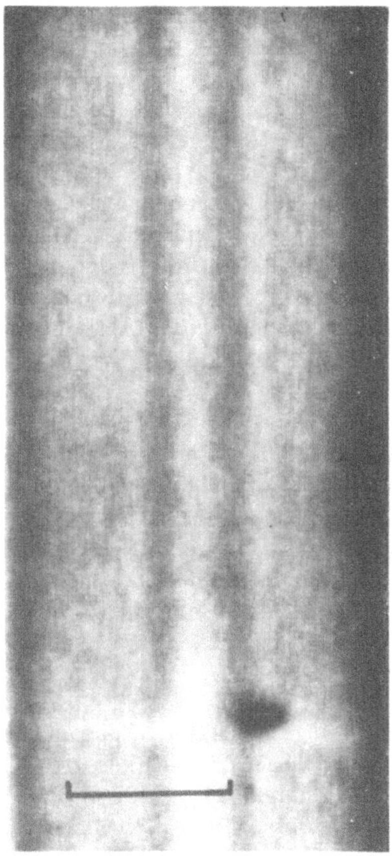

Abb. 2.4. Schnitt-Topographie einer Siliciumscheibe mit einer Versetzung, die in der Strahlenebene liegt (photographisches Negativ). Mo-K_{α_1}-Strahlung, (220)-Reflex, die Marke entspricht 100 μm

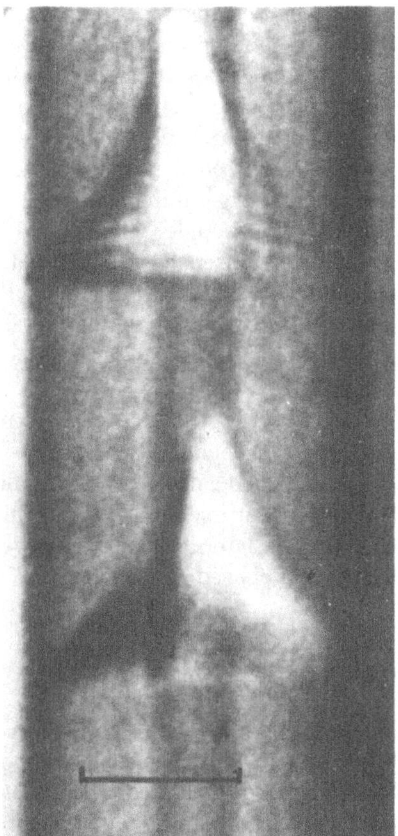

Abb. 2.5. Schnitt-Topographie einer Siliciumscheibe mit Versetzungen, die schräg zur Strahlenebene verlaufen (photographisches Negativ). Mo-K_{α_1}-Strahlung, (220)-Reflex, die Marke entspricht 100 μm

2.3. Experimentelle Technik

Entsprechend der Realisierung der Interferenzbedingungen für die Röntgenstrahlen gibt es zwei prinzipielle experimentelle Anordnungen zur photographischen Aufzeichnung der Realstruktur der Kristalle.

In den Reflexionsanordnungen wird der Bragg-Fall der Interferenz ausgenutzt,

d. h., die interferenzreflektierte Strahlung verläßt den Kristall auf der Seite, wo sie einfällt. Bei diesem Strahlverlauf werden insbesondere die oberflächennahen Bereiche des Kristalls einer Untersuchung zugänglich sein. Die Dicke der untersuchbaren Oberflächenschicht ist abhängig von der verwendeten Röntgenstrahlung, vom Braggschen Winkel bzw. Inzidenzwinkel und vom Absorptionskoeffizienten des Kristalls. Sie liegt im Bereich einiger μm.

Bei den Transmissionsanordnungen wird der Laue-Fall der Interferenz verwendet, d. h., die interferenzreflektierte Strahlung verläßt den Kristall auf der der Einfallsseite gegenüberliegenden Kristallseite. Mit dieser Strahlgeometrie kann man das gesamte durchstrahlte Kristallvolumen hinsichtlich der Kristallbaufehler untersuchen. Die mögliche Kristalldicke der in der Regel planparallelen Proben wird im wesentlichen durch den Absorptionskoeffizienten festgelegt. Typische Werte liegen im Bereich zwischen 100 und 500 μm.

Obwohl die gerätemäßige Ausstattung für Reflexions- und Transmissionstopographien voneinander abweichend ist und im folgenden auch getrennt behandelt werden soll, gelten für beide Verfahren die aus der Lichtoptik für die Planspiegelabbildung bekannten Beziehungen zwischen der Dimension der Strahlungsquelle und der Bildgröße eines Punktes der Spiegelebene und den Abstandsverhältnissen zueinander. Es gilt auch hier

$$Q:D = B:D' \tag{4}$$

mit Q — Quellenausdehnung, D — Abstand Quelle—Reflektor (hier der Kristall), B — Bildgröße eines Reflektorpunktes auf der Aufzeichnungsebene, D' — Abstand Reflektor—Aufzeichnungsebene (hier Photoplatte). Man wird also im Interesse eines hohen lateralen Auflösungsvermögens die Divergenz ($Q:D$) möglichst klein halten und ebenso den Abstand D' auf das Minimum reduzieren.

Reflexionsanordnungen

Die verschiedenen experimentellen Anordnungen zur Herstellung von Reflexionstopographien unterscheiden sich im wesentlichen hinsichtlich der einfallenden Strahlung. Beim einfachen Berg-Barrett-Verfahren [39 bis 43] wird einstrahlseitig mit polychromatischer oder mittels Absorptionsfilter teilmonochromatisierter Röntgenstrahlung gearbeitet, d. h., die Probe ist ihr eigener Monochromator infolge der nur für einen sehr begrenzten, von der Einstrahldivergenz abhängigen Wellenlängenbereich erfüllten Interferenzbedingung. Die Divergenz der einfallenden Strahlung, d. h., der Winkel, unter dem jeder Punkt der Kristalloberfläche die Strahlungsquelle sieht, wird durch die der Untersuchung zugrunde liegende Fragestellung bestimmt. Wenn es um eine Untersuchung der Korn- bzw. Subkornstruktur geht, reicht eine geringere Kollimation als bei der Abbildung von Einzelversetzungen.

Abbildung 2.6 zeigt die schematische Darstellung einer einfachen Berg-Barrett-Anordnung. Die von der Strahlungsquelle Q ausgehende Strahlung wird durch die Spalte S_1 und S_2 in ihrer Breite und Divergenz begrenzt. Die Strahlung trifft unter dem mittleren Glanzwinkel ϑ_i auf die Kristalloberfläche, und die reflektierte Strahlung bildet mit der Oberfläche den mittleren Winkel ϑ_e. Die Photoplatte (F) wird so in der reflektierten Strahlung angeordnet, daß die Emulsion senkrecht durchsetzt wird. Zwischen Kristall und Photoplatte wird oft zur Herabsetzung des Streuuntergrundes auf den Aufnahmen ein Absorptionsfilter A (z. B. für Cu-K_α-Strahlung eine Ni-Folie) angeordnet. Die für die Reflexionstopographie optimalen Werte sind kleine Winkel ϑ_i — sie ermöglichen eine relativ großflächige Abbildung — und $\vartheta_e \approx 90°$ — damit kann der Abstand D' klein gehalten werden, und die Verzerrung der Abbildung (bedingt durch die Forderung einer senkrecht zur Strahlrichtung ange-

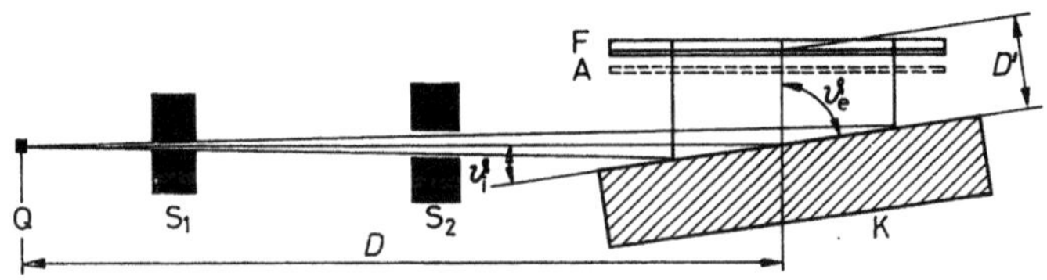

Abb. 2.6. Prinzipskizze der Berg-Barrett-Anordnung

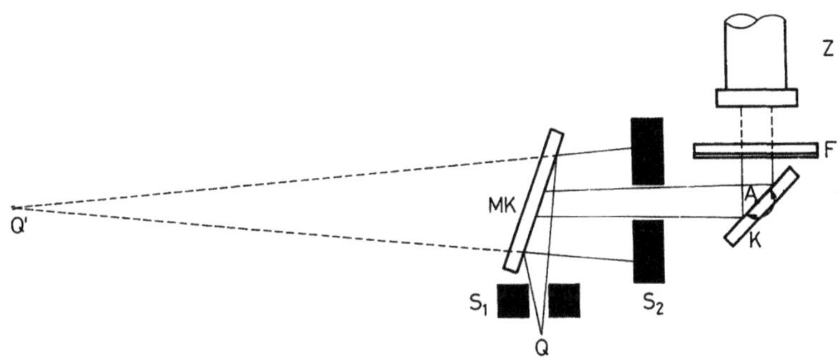

Abb. 2.7. Prinzipskizze der DKS-Anordnung mit asymmetrischer Reflexion am Monochromatorkristall (*MK*)

ordneten Photoschicht) wird minimal. Die untere Grenze von ϑ_i bildet der Grenzwinkel der Totalreflexion. Da aber mit abnehmendem ϑ_i auch die Eindringtiefe der Strahlung (senkrecht zur Oberfläche) abnimmt [42], ist der optimale Winkel ϑ_i auch von der Aufgabenstellung abhängig.

Wenn man zur Versetzungsabbildung das $K_{\alpha 1/2}$-Dublett verwendet, so hat man mit Doppelbildern, zumindest aber mit einer Vergrößerung des Bildes in der Reflexionsebene zu rechnen. Um dadurch bedingten Schwierigkeiten auszuweichen, wird auch gern die $K_{\beta 1}$-Strahlung [44] zur Bildaufzeichnung verwendet. Kommen Röntgenfeinstrukturröhren mit einer Leistung von 1 kW als Strahlungsquellen zum Einsatz, so liegen typische Belichtungszeiten je nach der Empfindlichkeit der photographischen Emulsion im Bereich von 10 min bis 2 h.

Zur Untersuchung von geringen Deformationen in Oberflächennähe muß man die Divergenz der einfallenden Strahlung so klein wie möglich machen. Eine experimentelle Möglichkeit dazu bietet die Anwendung von Kristallmonochromatoren, die einerseits die einfallende Strahlung spektral zerlegen und andererseits mit Hilfe asymmetrischer Reflexionen [45 bis 50] einen virtuellen Quellenabstand in der Größenordnung bis zu einigen Kilometern ermöglichen. Der experimentelle Aufbau ist einem Doppelkristallspektrometer [51, 52] äquivalent, wie es zur Aufnahme von Rockingkurven verwendet wird. Die schematische Anordnung ist in Abbildung 2.7 dargestellt.

Die von der Strahlenquelle Q ausgehende Röntgenstrahlung trifft unter Reflexionsbedingungen auf den Monochromatorkristall MK. Der Probekristall K wird dann von einem breiten, aber nahezu parallelen Röntgenstrahlbündel getroffen. In die vom zweiten Kristall reflektierte Strahlung wird wieder senkrecht zur Strahlrichtung die Photoplatte aufgestellt. Das Zählrohr Z dient zur Justierung und Reflexüberwachung während der Aufnahme. Die ganze Anordnung wird stets unter der Bedingung der Dispersionsfreiheit aufgebaut, d. h., die Kontraste sollen nicht von der Wellenlängenverteilung der primären Strahlung abhängen. Experimentell bedeutet das, die auf den Monochromatorkristall einfallende Strahlung muß in ihrer Richtung mit der vom zweiten Kristall reflektierten Strahlung übereinstimmen.

Da die auf dem Film registrierte Intensität in ihrer lokalen Verteilung von den beiden Kristallen beeinflußt wird, ist man gezwungen, als Monochromator stets sehr gute Kristalle zu verwenden, die eine homogene Intensitätsverteilung in der Spaltebene S_2 erzeugen. Als Monochromatorkristalle werden in der Regel versetzungsfreie Einkristallscheiben mit sorgfältig präparierten Oberflächen eingesetzt.

Die Winkelverstellung des Probekristalls durch Drehung um eine zur Zeichenebene (Abb. 2.7) senkrechte Drehachse A erlaubt es, jeden Punkt auf der dispersionsfreien Reflexionskurve (Rockingkurve) einzustellen. Die Breite dieser Rockingkurven liegt für Idealkristalle in der Größenordnung von Winkelsekunden. Bei Einstellung des Inzidenzwinkels ϑ_i auf die Flanke der Rockingkurve bewirken schon lokale Netzebenenfehlorientierungen von weniger als $1/10''$ merkliche Intensitätsveränderungen. Mit dieser außerordentlich großen Winkelempfindlichkeit war es möglich, das Verzerrungsfeld einzelner Versetzungen bis zu einer Entfernung von 20 μm vom Kern nachzuweisen [53]. Experimentell zieht diese hohe Empfindlichkeit natürlich die ganze Problematik der Stabilität (mechanisch und thermisch) nach sich, da typische Belichtungszeiten solcher DKS-Topographien in der Größenordnung von Stunden liegen. Zur theoretischen Interpretation des Versetzungskontrastes ist die dynamische Theorie heranzuziehen, wie kürzlich sehr überzeugend gezeigt wurde [54, 55].

Transmissionstopographie

Bei der Transmissions-Röntgentopographie unterscheidet man die Verfahren mit ruhendem Kristall und mit bewegtem Kristall. Wenn der Kristall im Röntgenstrahl ortsfest bleibt, wird die Intensitätsverteilung im sich ausbildenden Borrmann-Fächer aufgezeichnet (siehe Abb. 2.2).

Zur Herstellung solcher Schnitt-Topographien wird eine experimentelle Anordnung verwendet, wie sie in Abbildung 2.8 schematisch dargestellt ist. Um für die Schnitt-Topographien ein möglichst gutes lokales Auflösungsvermögen zu erreichen, ist man gezwungen, die Breite des Primärstrahlbündels möglichst gering zu halten. Die Grenzen der Strahleinengung durch den Spalt S_2 sind einmal durch die Intensitätsabnahme und der damit verbundenen Belichtungszeitverlängerung (Probleme der Langzeitstabilität) gegeben, und andererseits tritt mit abnehmender Spaltöffnung die Spaltbeugung merklich hervor [56, 57]. Für den Spalt S_2 gilt eine Breite von

20 μm als günstig. Der Spalt S_1 in Abbildung 2.8 kann entfallen, wenn statt der Feinstrukturröhre eine Mikrofokusröhre mit Fokusdimensionen unter 20 μm verwendet wird. Typische Belichtungszeiten für eine Schnitt-Topographie bei Verwendung von Feinstrukturröhren und Spaltbreiten S_1 und S_2 von $\sim$ 20 μm liegen bei Exposition auf Kernspurplatten in der Größenordnung von 20 bis 40 Stunden. Der Einsatz von Mikrofokusröhren kann eine Reduktion der Belichtungszeit um eine Größenordnung erbringen.

Der unterbrochen eingezeichnete Doppelpfeil in Abbildung 2.8, dem eine Translation des starr gekoppelten Systems Kristall—Film entspricht, kennzeichnet den erforderlichen Freiheitsgrad, der eine Gesamtabbildung des Kristalls gestattet. Im

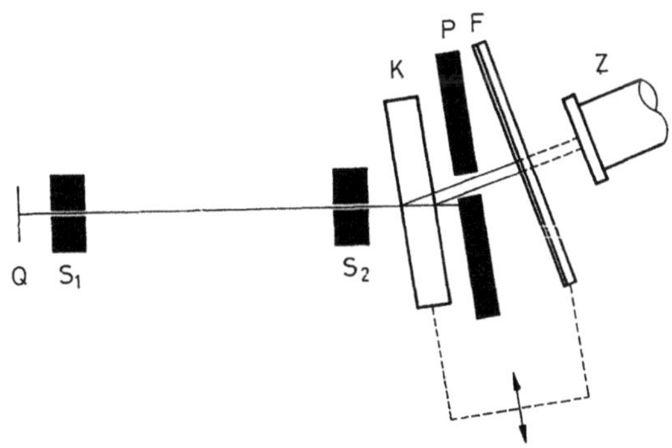

Abb. 2.8. Schematische Darstellung der experimentellen Anordnung zur Herstellung von Schnitt- und Projektionstopographien

raumfesten Strahlengang werden Kristall und Photoplatte simultan unter ständiger Erfüllung der Bragg-Bedingung bewegt, so daß im Prinzip viele Schnitt-Topographien nacheinander auf der gleichen Photoplatte zur Aufzeichnung gelangen. Diese Technik wird als Projektionstopographie oder Lang-Technik bezeichnet. Während man bei der Schnitt-Topographie eventuell auf den Primärstrahlfänger F verzichten kann, ist er bei der Lang-Technik unerläßlich. Die Spalte S_1 und S_2 sind für Standarduntersuchungen in der Regel 100 μm geöffnet. Durch die Translation mitteln sich die Pendellösungsstreifen einer planparallelen Kristallscheibe (z. B. Abb. 2.2a) bei der Bildaufzeichnung weg. Von den drei Bildtypen bleibt bei Kristallen der Dicke $t \approx 1/\mu$ im wesentlichen nur das direkte Bild, lediglich bei flach in der Probe verlaufenden Versetzungen werden gelegentlich Reste des intermediären Bildes (Pfeil in Abb. 2.15) erkennbar sein. Bei dicken Kristallen gibt es keine wesentlichen Änderungen im Erscheinungsbild der Versetzungen gegenüber der Schnitt-Topographie.

Gerätetechnisch bestehen bei der Projektionstopographie die größten Probleme in der Realisierung der Translationsbewegung, denn es muß eine Führung sein, deren Toleranz extrem niedrig ist (in der Größenordnung 10″ auf der ganzen Weglänge). Außerdem müssen Kristall und Film gleichmäßig transportiert werden, da sonst die verschiedenen Bereiche unterschiedlich belichtet werden. Die Instabilitäten der Röntgenstrahlquelle lassen sich dagegen durch mehrfaches Abfahren des Kristalls weitgehend unterdrücken.

Zur Reduktion der Belichtungszeit, die bei Feinstrukturröhren mit S_1 und S_2 gleich 100 µm und Kernspurplatten in der Größenordnung von einer Stunde pro Millimeter Fahrstrecke liegt, kann man S_1 durch ein Sollersystem (Schlitzbreite 100 µm) ersetzen, wie es in Abbildung 2.9 skizziert ist. Damit ist man zwar gezwungen, den Abstand Kristall—Primärstrahlfänger bis zur geometrischen Trennung von reflektierter und durchgehender Strahlung zu vergrößern, was theoretisch eine Verschlechterung des Auflösungsvermögens nach sich zieht. Das ist aber experimentell bis zu einem Abstand Kristall—Film von ca. 10 mm kaum nachweisbar, andererseits reduziert sich die Belichtungszeit um den Faktor 1/8 bis 1/12. Die mögliche Breite von Spalt S_2 wird durch die Forderung Abstand Kristall—Film $\lesssim$ 10 mm und den wirksamen Bragg-Winkel festgelegt, läßt sich aber stets im Bereich von 1,5 bis 3 mm einstellen.

Eine wesentliche Voraussetzung dieser Technik ist die ständige Erfüllung der Bragg-Bedingung während der Translation. Wenn der Kristall aber makroskopisch gekrümmt ist (Krümmungsradius < 40 m), kann der Kristall selbst bei exakter

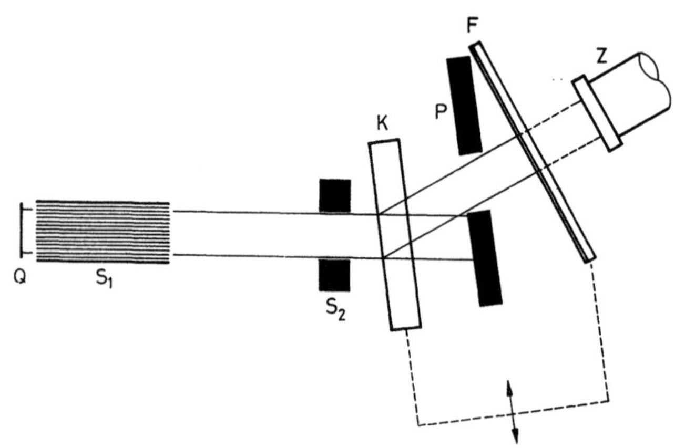

Abb. 2.9. Prinzipskizze zum Lang-Verfahren mit Sollersystem als erstem Spalt

Führung die Bragg-Bedingung nicht ständig erfüllen. Dann wird der Kristall nur bereichsweise abgebildet. Soll auch in einem solchen Fall der ganze Kristall abgebildet werden, so muß während der Translation der Bragg-Winkel durch Rotation um eine zur Zeichenebene senkrechte Achse nachgeführt werden. Ein entsprechendes Blockdiagramm ist in Abbildung 2.10 dargestellt, wobei die Intensität, die durch die Photoplatte hindurchtritt, zur Kontrolle der erfüllten Bragg-Bedingung registriert wird und über eine Nachstelleinheit der Kristall ständig in der Position maximaler reflektierter Intensität gehalten wird [58].

Eine zweite Möglichkeit, die makroskopische Krümmung der abzubildenden Kristallscheibe für die Abbildung unwirksam zu machen, wurde von Kohra [59] vorgeschlagen. Die von der Strahlungsquelle ausgehende Röntgenstrahlung wird mittels eines gekrümmten Kristalls monochromatisiert (siehe Abschnitt Röntgenspektroskopie) und auf dem Rowlandkreis fokussiert. Die Primärstrahlung für die Topographie ist in diesem Fall monochromatisch aber so divergent, daß jeder Teil des gekrümmten Kristalls aus dem konvergenten Bündel einen der jeweiligen

Reflexionskurve entsprechenden Strahlungsanteil reflektieren kann, d. h., der Konvergenzwinkel muß größer sein als die maximalen Orientierungs- bzw. Gitterkonstantenschwankungen im abzubildenden Kristall.

Trotz der Anwendung von Sollersystemen dauert die Herstellung einer Röntgentopographie mehrere Stunden. Dazu kommt noch die relativ langwierige photo-

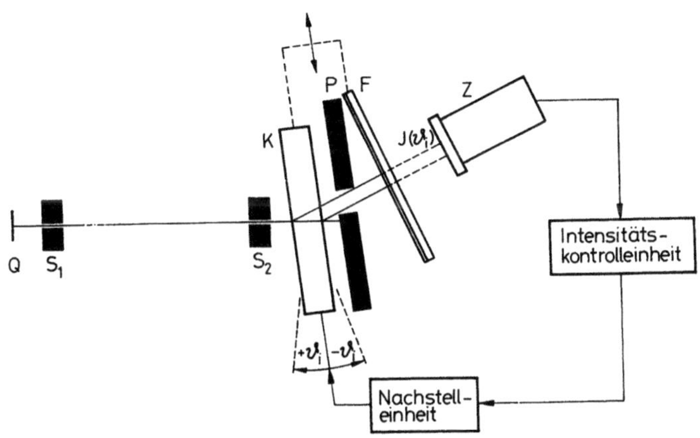

Abb. 2.10. Prinzip des experimentellen Aufbaus einer automatischen Bragg-Winkel-Nachführung zur Herstellung von Projektionstopographien gekrümmter Kristalle

graphische Verarbeitung der Kernspurplatten. Deshalb wurden schon mehrfach Versuche unternommen, die Röntgentopographien direkt sichtbar zu machen. Es gibt dazu grundsätzlich folgende Wege:

1. Die reflektierte Strahlung fällt auf einen Fluoreszenzschirm, und das zunächst sehr schwache Bild wird über mehrstufige Bildverstärker der direkten Beobachtung zugänglich. Das größte Hindernis war die Körnigkeit des Fluoreszenzschirmes. Wesentliche Fortschritte in der Senkung der Korngröße wurden erst in jüngster Zeit erreicht [60, 61], so daß jetzt dieser Weg in Verbindung mit Hochleistungsröntgenröhren beschritten werden kann.
2. Die Röntgenstrahlen gelangen direkt auf eine für Röntgenstrahlen empfindliche Fernsehaufnahmeröhre, und die Darstellung der Topographien kann dann unmittelbar auf dem Fernsehschirm erfolgen [62, 63].
3. Da die Effektivität der Fernsehaufnahmeröhren für Röntgenstrahlen nicht sehr günstig ist, wurde in jüngster Zeit eine weitere Variante vorgeschlagen [64]. Hierbei befindet sich anstelle des Films ein positionsempfindlicher Zähler, dessen Signale ebenfalls zur Hell-Dunkel-Steuerung eines Katodenstrahloszillographen verwendet werden.

Alle drei Varianten erfordern hohe Quantendichten im Reflex. Das ist aber nur mit Hochleistungsdrehanodenröhren bzw. bei Anwendung von Synchrotronstrahlung zu realisieren. Die erforderlichen Belichtungszeiten bewegen sich für derartige Anlagen in der Größenordnung von Sekunden/mm, so daß damit Untersuchungen zur Dynamik der Kristallbaufehler möglich sind [62].

2.4. Anwendungen

Alle röntgentopographischen Methoden sind in ihrer Anwendung auf einkristalline Proben beschränkt. Entsprechend der Strahlausbreitung im Kristall ergeben die Reflexionsmethoden nur Informationen über oberflächennahe Bereiche, während die Volumeneigenschaften in der Transmissionsgeometrie abgebildet werden.

In Abbildung 2.11 ist die Berg-Barrett-Aufnahme eines Mo-Einkristalls wiedergegeben. Man erkennt, daß dieser Kristall aus einer Vielzahl einzelner Subkörner besteht, die entsprechend ihrer Orientierung unterschiedliche Intensitäten reflektieren. Außerdem sind noch zwei Reihen rosettenförmiger Kontraste zu sehen. Sie

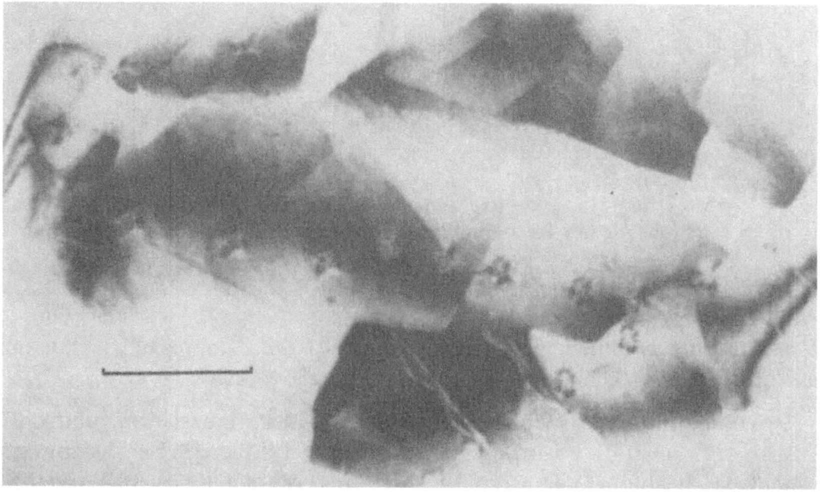

Abb. 2.11. Berg-Barrett-Aufnahme eines Mo-Einkristalls mit Subkornstruktur (photographisches Negativ). Cu-K_{α_1}-Strahlung, (220)-Reflex, die Marke entspricht 1 mm

haben ihre Ursache in Mikrohärteeindrücken mit einer vierseitigen Pyramide. Man erkennt deutlich die Zonen unterschiedlicher Deformation um jeden Eindruck. Um die relative Verschwenkung der Körner bzw. Subkörner genauer zu untersuchen, muß man mehrere Aufnahmen anfertigen. Ein in den Strahlengang eingebrachtes Drahtnetz wird entsprechend der Fehlorientierung der Einzelkörner verzerrt abgebildet, was eine quantitative Bestimmung zuläßt [14].

Das Doppelkristallspektrometer-Verfahren wird wegen der sehr großen Winkelempfindlichkeit gern zur Untersuchung nahezu perfekter Kristalle eingesetzt. In Abbildung 2.12 ist eine DKS-Topographie einer Silicium-Einkristallscheibe abgebildet. Unter den beiden Teilabbildungen, die den gleichen Kristall darstellen, sind die jeweiligen Einstellungen des Probekristalls auf der Rockingkurve schematisch gekennzeichnet. Die punktförmigen Kontraste entsprechen den Durchstoßpunkten von Versetzungen durch die Kristalloberfläche. Außerdem erkennt man noch einen makroskopisch spiralförmigen Kontrastverlauf. Dieser Kontrast hat seine Ursache in ganz geringen Gitterkonstantenschwankungen, die durch wahrscheinlich ungleichförmigen Kohlenstoffeinbau in das Siliciumgitter während der Kristallzüchtung verursacht werden [65]. Als störende Kontraste sieht man in Teilbild b besonders deutlich dunkle Linien. Sie haben ihre Ursache in Kratzern in der Kristalloberfläche und den damit verbundenen Gitterdeformationen. Beim Vergleich zwischen den beiden Teilbildern fällt die Reziprozität der Kontraste auf, die durch die unterschiedlichen Einstellungen auf der Rockingkurve bedingt sind. Eine lokale Deformation, die in der linken Abbildung zu einer erhöhten reflektierten Intensität führt, muß bei Einstellung auf die andere Flanke der Rockingkurve zu einer lokalen

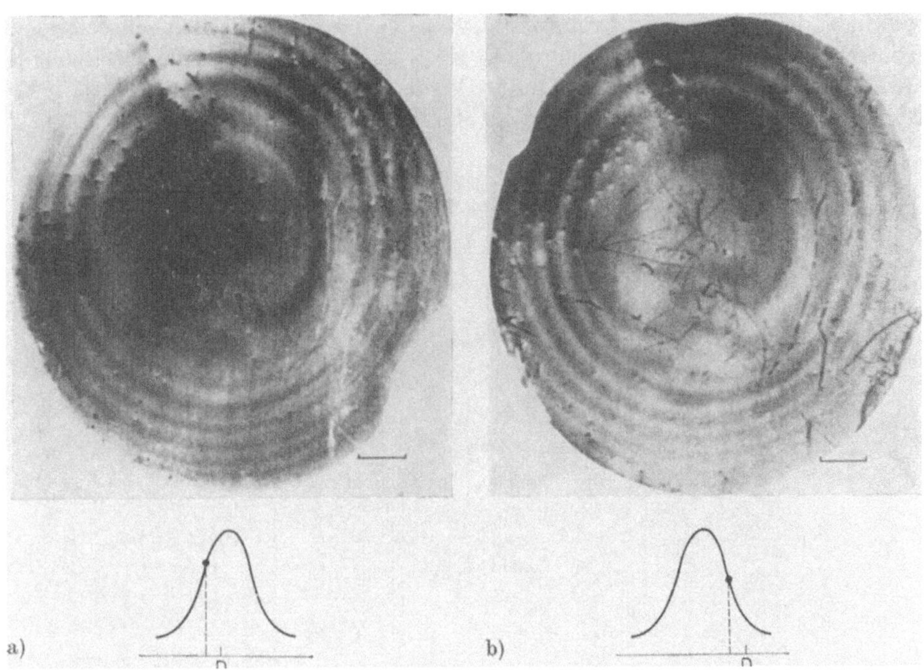

Abb. 2.12. DKS-Topographien einer Siliciumeinkristallscheibe mit unterschiedlicher Einstellung des Arbeitspunktes auf der Rockingkurve (photographisches Negativ). *MK* asymmetrische (511)-Reflexion, *K* symmetrische (333)-Reflexion von Cu-K$_{\alpha_1}$-Strahlung, die Marke entspricht 1 mm

Intensitätsverminderung führen (die lokale Erfüllung der Reflexionsbedingung ist auf den unterlegten schematischen Arbeitspunktangaben auf der Rockingkurve mit D gekennzeichnet).

Eine der Hauptaufgaben der Röntgentopographie ist die Lokalisierung und Identifizierung von Kristallbaufehlern. Dazu wird gern die Transmissionstopographie, speziell die Lang-Technik verwendet. Auf die Auswertung von Schnitt-Topographien, die in der Regel den Vergleich mit aufwendig berechneten Intensitätsbildern erfordert [28, 29, 31, 32], sei hier verzichtet, obwohl damit oft wesentliche Eigenschaften der Baufehler bestimmt werden können. So ist z. B. die Unterscheidung zwischen Stapelfehlern (extrinsic und intrinsic) möglich [28].

Mit Hilfe der Projektionstopographie lassen sich der Burgers-Vektor $\boldsymbol{b}$ und der Fehlervektor von Stapelfehlern $\boldsymbol{b}_s$ bis auf das Vorzeichen bestimmen. Dazu ist es stets nötig, ein und denselben Baufehler unter Verwendung verschiedener Reflexe abzubilden; dem entsprechen verschiedene Schnitte durch sein Verzerrungsfeld. Die Komponente des Verzerrungsfeldes einer geradlinigen Stufenversetzung in Richtung der Versetzungslinie $\boldsymbol{s}$ ist Null, d. h., die Netzebenen senkrecht zu $\boldsymbol{s}$ — sie enthalten im Fall der Stufenversetzung den Burgers-Vektor — sind in ihrem Abstand voneinander unbeeinflußt. Das bedeutet aber, daß die Versetzung bei der Reflexion von Röntgenstrahlen an dieser Netzebenenschar keinen Kontrast liefert. Wenn also $\boldsymbol{g} \cdot \boldsymbol{b} = 0$ gilt ($\boldsymbol{g}$ — Beugungsvektor), ist die zugehörige Stufenversetzung unsichtbar. Für Schraubenversetzungen, bzw. Versetzungen mit Schraubenkomponente, verschwindet der Kontrast nicht vollständig, wenn $\boldsymbol{g} \cdot \boldsymbol{b} = 0$ gilt. Es bleibt ein schwacher Kontrast, der proportional dem Produkt $\boldsymbol{g} \times \boldsymbol{s}$ ist. Im Fall der Stufenversetzung ist auch dieses Produkt gleich Null. Zur Verdeutlichung der Arbeitsweise bei der Burgers-Vektor-Bestimmung dient die Abbildung 2.13.

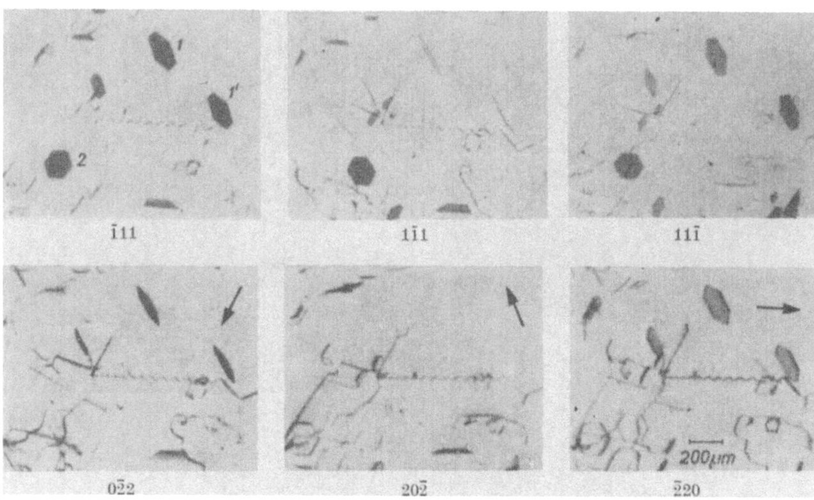

Abb. 2.13. Projektionstopographien einer Siliciumscheibe nach Golddiffusion [66] mit Stapelfehlern und Versetzungen (photographisches Negativ). Die zur Bildaufzeichnung verwendeten Reflexe sind jeweils unter den Teilbildern angegeben. Als Strahlung diente Mo-K_{α_1}. Kristalldicke: ca. 400 µm

In den sechs Teilbildern ist der gleiche Kristallbereich unter Ausnutzung verschiedener Reflexionen abgebildet worden. Die etwas verschiedene relative Anordnung der Kontraste wird durch die unterschiedlichen Projektionswinkel bei der Bildaufzeichnung hervorgerufen.

Die zentral gelegene schraubenförmige Versetzung ist in der $(11\bar{1})$-Aufnahme nicht bzw. nur sehr schwach sichtbar, d. h., $\boldsymbol{b}$ muß die Bedingung $(11\bar{1}) \cdot \boldsymbol{b} = 0$ erfüllen. Da man weiß, daß im Diamantgitter im wesentlichen nur Burgers-Vektoren vom Typ $a/2\,\langle 110\rangle$ auftreten [67], folgt daraus, daß diese Versetzung den Burgers-Vektor $\pm a/2\,[1\bar{1}0]$ besitzt. Eine eindeutige Bestimmung erfordert eigentlich die Suche nach einem zweiten Reflex, in dem die Versetzung ebenfalls unsichtbar ist, denn dann ist $\boldsymbol{b} = \pm \boldsymbol{g}_1 \times \boldsymbol{g}_2$. Anschaulich heißt das, der Burgers-Vektor liegt in der Schnittlinie der beiden reflektierenden Netzebenen. An diesem Beispiel erkennt man, daß in der Praxis die Bedingung $\boldsymbol{g} \cdot \boldsymbol{b} = 0$ entsprechend minimalem Kontrast ausreicht. Die in den Aufnahmen mit 1 und 2 gekennzeichneten Kontraste sind auf Stapelfehler zurückzuführen, die in Silicium auf den Ebenen vom Typ {111} liegen. Als Bedingung verschwindenden Kontrastes tritt bei Stapelfehlern folgende auf:

Die Röntgenwelle muß nach Durchlaufen des Stapelfehlers in den restlichen Kristall phasenrichtig eintreten, d. h., es muß F_g (vor dem Stapelfehler) und $F_g \times \exp(2\pi i \boldsymbol{g} \cdot \boldsymbol{b}_s)$ (nach dem Stapelfehler) gleich sein. Daraus folgt unmittelbar, daß im Fall eines Stapelfehlers für verschwindenden Kontrast die Bedingung $\boldsymbol{g} \cdot \boldsymbol{b}_s = 0, \pm 1, \pm 2, \ldots$ [68, 69] gelten muß. In der Tabelle 2.1 sind für den Stapelfehler 1 in Abbildung 2.13a (er liegt auf der $(\bar{1}11)$-Ebene) die Produkte der möglichen vier Stapelfehlervektoren mit den sechs benutzten Beugungsvektoren zusammengestellt.

Tabelle 2.1

$\frac{\boldsymbol{b}}{a}$ ↓ \ $\boldsymbol{g} \cdot a$ →	$\bar{1}11$	$1\bar{1}1$	$11\bar{1}$	$0\bar{2}2$	$20\bar{2}$	$\bar{2}20$
$\frac{1}{3}[1\bar{1}1]$	$-\frac{1}{3}$	1	$-\frac{1}{3}$	$\frac{4}{3}$	0	$-\frac{4}{3}$
$\frac{1}{6}[21\bar{1}]$	$-\frac{1}{3}$	0	$\frac{2}{3}$	$-\frac{2}{3}$	1	$-\frac{1}{3}$
$\frac{1}{6}[121]$	$\frac{1}{3}$	0	$\frac{1}{3}$	$-\frac{1}{3}$	0	$\frac{1}{3}$
$\frac{1}{6}[\bar{1}12]$	$\frac{2}{3}$	0	$-\frac{1}{3}$	$\frac{1}{3}$	-1	$\frac{2}{3}$

Man sieht, daß die Stapelfehlerkontrastbedingung für alle 4 Fehlervektoren mit $\boldsymbol{g} = [1\bar{1}1]$ und $\boldsymbol{g} = [20\bar{2}]$ erfüllt ist. Eine Festlegung von $\boldsymbol{b}_s$ ist also nicht möglich. Da aber die berandende unvollständige Versetzung eines Stapelfehlers stets den gleichen Burgers-Vektor hat wie der Stapelfehler, ist eine Entscheidung doch möglich, denn die Versetzung verschwindet nur bei $\boldsymbol{g} \cdot \boldsymbol{b} = 0$. Im dargestellten Beispiel läßt sich so $\boldsymbol{b}_s$ auf $\pm a/3\,[1\bar{1}1]$ festlegen, d. h., der Stapelfehler ist vom Frankschen Typ. Zur Unterscheidung der beiden Shockleyschen Stapelfehler mit $\boldsymbol{b}_s = \pm a/6\,[21\bar{1}]$ und $\boldsymbol{b}_s = \pm a/6\,[\bar{1}12]$, die sich auch hinsichtlich des Kontrastes der berandenden Versetzung nicht unterscheiden, wäre noch eine weitere Topographie erforderlich, z. B. mit $\boldsymbol{g} = [13\bar{1}]$. Eine analoge Betrachtung führt für den Stapelfehler 2 in Abbildung 2.14 zu $\boldsymbol{b}_s = \pm a/3\,[111]$.

Die berandende Versetzung eines Frankschen Stapelfehlers hat reinen Stufencharakter. Bei alleiniger Verwendung der $\boldsymbol{g} \cdot \boldsymbol{b} = 0$ Kontrastregel hieße das, diese Versetzung dürfte in den unteren Teilbildern in Abbildung 2.13 nicht sichtbar sein. Tatsächlich sind aber nur die Seiten des Sechsecks unsichtbar, für die außerdem

a)

b)

c)

Abb. 2.14. Projektionstopographien eines Siliciumkristalls nach Kupferdiffusion (photographisches Negativ)

a) (111)-Reflex, b) (111)-Reflex, c) (111)-Reflex; Mo-K_{α_1}-Strahlung. Kristalldicke: ca. 400 μm, abgebildetes Kristallgebiet: 3×3 mm²

$\boldsymbol{g} \times \boldsymbol{s} = 0$ gilt, d. h., die parallel zum in den Abbildungen rechts oben eingezeichneten Beugungsvektor verlaufen.

Die eben diskutierten Kontrastregeln können gestört sein, wenn die Verzerrungsfelder der Baufehler durch Ausscheidungen an den Versetzungen modifiziert werden. Ein Beispiel dafür zeigt die Abbildung 2.14. Die mit B gekennzeichnete Versetzung ist in den drei {111}-Aufnahmen immer sichtbar, obwohl ihr Burgers-Vektor $\pm a/2\,[10\bar{1}]$ ist und sie im undekorierten Zustand in der $(1\bar{1}1)$-Aufnahme unsichtbar sein sollte. Bei A erkennt man eine Gruppe von undekorierten Versetzungen, die erst nach der Cu-Diffusion entstanden ist. Für sie ist die Kontrastregel aussagefähig. Der Burgers-Vektor ist auch für diese Versetzungen, die aus einer gemeinsamen Versetzungsquelle stammen, gleich $\pm a/2\ [10\bar{1}]$.

Neben der Bestimmung der Fehlervektoren ist als zweite charakteristische Größe einer Versetzung der geometrische Verlauf des Baufehlers in der Probe wichtig. Dazu kann man die Aufnahmen mit den Beugungsvektoren $+\boldsymbol{g}$ und $-\boldsymbol{g}$ (Reflexion an der „Vorder-“ und „Rückseite“ der gleichen Netzebenen) mit geeigneten stereoskopischen Einrichtungen betrachten. Die Stereowinkel sind bei dieser Technik gleich $2\vartheta_h$, also durch die verwendete Reflexion vorgegeben. Für kleine Kristalle (bis etwa 5 mm Höhe) ist auch die in der Elektronenmikroskopie übliche Stereotechnik anwendbar. Hierbei wird der Stereowinkel durch Drehung um den Beugungsvektor eingestellt und unterliegt so keiner Einschränkung.

In Lang-Topographien, in denen die Reste des intermediären und auch dynamischen Bildes noch aufgelöst sind, kann aus der Kontrastbreite der Linienverlauf rekonstruiert werden, insbesondere sind die Endpunkte der abgebildeten Versetzung ihren Durchtrittspunkten auf der Strahleneintritts- und Austrittsseite zuzuordnen. Wenn die Versetzung im Borrmann-Fächer in der Nähe der Austrittsfläche verläuft, werden direktes und dynamisches Bild eng beieinander liegen und die Breite des intermediären Bildes ist gering. Andererseits wird das intermediäre Bild einer Versetzung, die in der Nähe der Eintrittsfläche verläuft, fast den ganzen Borrmann-Fächer ausfüllen. In Abbildung 2.15 sind Versetzungsabbildungen zu sehen, wo man neben dem direkten Bild (linke stark geschwärzte Kante des nahezu dreieckigen Kontrastes) auch noch Reste der beiden anderen Bildanteile erkennt. Die unteren Enden der Versetzung 1 und 2 sind den Durchstoßpunkten auf der Eintrittsfläche zugeordnet, während die oberen Hell-Dunkel-Spitzen der Strahlenaustrittsfläche entsprechen.

Neben der Baufehleridentifikation können mit der Röntgentopographie auch Domänenstrukturen zur Abbildung gebracht werden. Der Kontrastmechanismus beruht z. B. im Fall der ferromagnetischen Domänen nicht in der direkten Wechselwirkung der Röntgenstrahlen mit den lokalen Magnetfeldern, sondern hat seine Ursache in den bereichsweise unterschiedlichen Gitterkonstanten infolge der Magnetostriktion [70 bis 72]. In Abbildung 2.16 ist die Domänenstruktur eines Nickeleinkristalls wiedergegeben. Es handelt sich um eine Borrmann-Topographie, d. h., die Dicke des Kristalls ist ca. $4/\mu$. Obwohl der Kristall auch eine Vielzahl von Versetzungen enthielt, wird ihr Kontrast durch den wesentlich stärkeren Domänenkontrast verdeckt.

Die Röntgentopographie hat sich in den letzten Jahren zu einer Standardmethode der Realstrukturuntersuchung entwickelt. Sie ist besonders zum Studium von nahezu perfekten Kristallen geeignet und ist damit für die Kristallzüchtung ein wichtiges

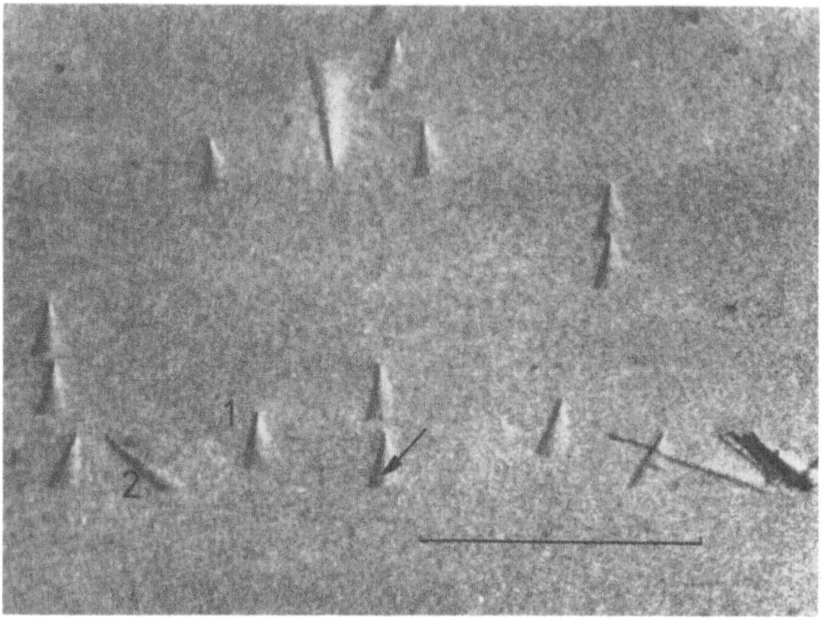

Abb. 2.15. Hochauflösende Projektionstopographie von Silicium (photographisches Negativ). Mo-K_{α_1}-Strahlung, (220)-Reflex, Kristalldicke: 450 µm, die Marke entspricht 1 mm

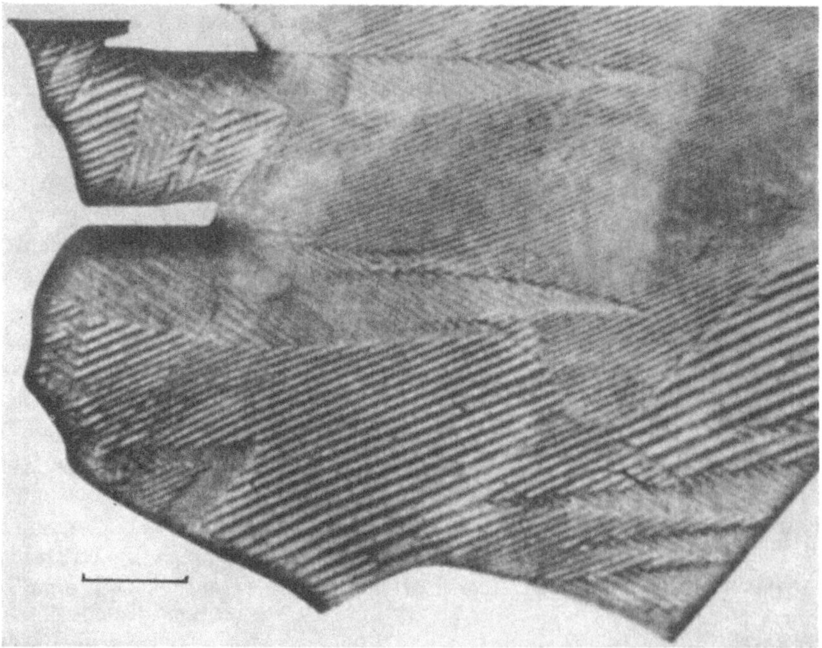

Abb. 2.16. Borrmann-Topographie eines rekristallisierten Nickelkristalls [71] (photographisches Negativ). Cu-K_{α_1}-Strahlung, $(02\bar{2})$-Reflex, Kristalldicke: 80 µm, die Marke entspricht 1 mm

Prüfverfahren. Die wohl größte Bedeutung hat die Röntgentopographie in der Halbleiterindustrie bei der Materialcharakterisierung und bei der Entwicklung technologischer Verfahren [73]. Speziell für die Si-Technologie kann mit der Röntgentopographie die Änderung der Realstruktur nach jedem Behandlungsschritt zerstörungsfrei überprüft werden, da die Kristalldimensionierung in der Fertigung eine röntgentopographische Untersuchung ohne weitere Präparation ermöglicht. Ab-

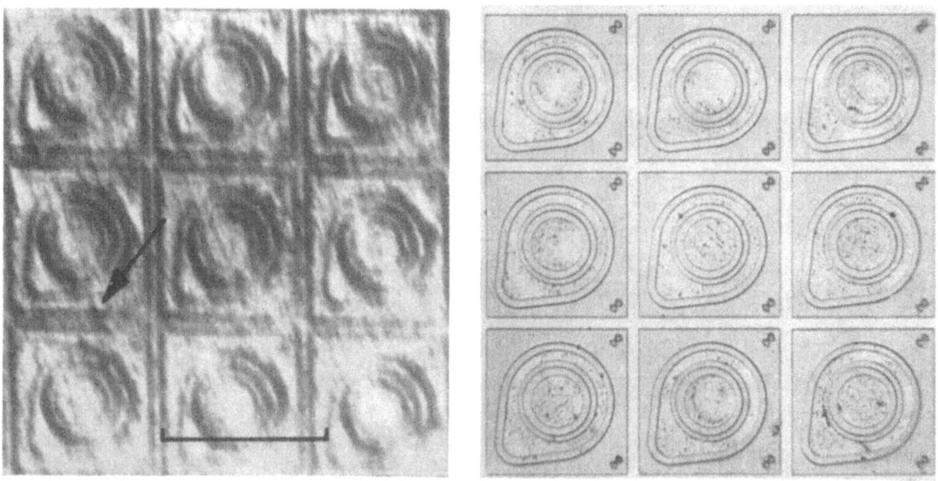

a) b)

Abb. 2.17. Projektionstopographie einer Siliciumscheibe mit lokaler Diffusion.
a) Röntgentopographie Mo-K_{α_1}-Strahlung, (220)-Reflex, Kristalldicke: ca. 150 μm (photographisches Negativ)
b) lichtoptische Oberflächenaufnahme vom gleichen Gebiet wie Teilbild a.
Die Marke entspricht 1 mm

bildung 2.17 zeigt die Lang-Topographie einer Siliciumscheibe mit einer einseitigen lokalen Eindiffusion von Bor. Man erkennt deutlich die Kanten der diffundierten Bereiche und die damit verbundenen Spannungsfelder. Der Kristall war vor der Diffusion versetzungsfrei. Der Pfeil zeigt auf eine bei der Diffusion entstandenen Versetzung. Zum Vergleich ist in Teilbild b das gleiche Kristallgebiet lichtoptisch abgebildet. Der Kontrast entsteht im Lichtmikroskop durch die photolithographisch präparierten Diffusionsfenster.

Auch die bei der Ionenimplantation erzeugten Defekte können in ihrer integralen Gitterdeformation mit röntgentopographischen Mitteln untersucht werden [74, 75].

2.5. Zusammenfassung

Die Röntgentopographie beruht auf der Interferenz der Röntgenstrahlen in einkristallinen Festkörpern und gestattet Aussagen zur Realstruktur der Kristalle. Mit ihr lassen sich mit Ausnahme von nulldimensionalen Gitterdefekten die Kristallbaufehler sehr gut nachweisen und identifizieren. Bedingt durch den relativ breiten Kontrast der Baufehler lassen sich nur relativ perfekte Kristalle bis zu einer Fehlerkonzentration von ca. 10^5 cm^{-2} untersuchen. Für höhere Versetzungsdichten empfiehlt sich der Einsatz der Transmissionselektronenmikroskopie. Die theoretische Basis des Elektronenbeugungskontrastes bildet ebenfalls die dynamische Interferenztheorie mit den für den Elektronenfall üblichen Näherungen.

In Tabelle 2.2 sind einige Daten der wichtigsten röntgentopographischen Methoden gegenübergestellt.

Tabelle 2.2

Technik	Berg-Barrett-Technik	Doppelkristall-anordnung	Projektions-topographie
Apparativer Aufwand	klein	groß	groß
Untersuchbare Kristall-dimensionen	Oberflächennahe Schicht 5 µm	5 µm	Volumen Dicke 2 mm
Beste geom. Auflösung	1 µm	1 µm	1 µm
Versetzungsbildbreite	10 µm	bis 100 µm	2…30 µm
Auflösbare Versetzungsdichte	10^6 cm^{-2}	10^4 cm^{-2}	10^5 cm^{-2}
Belichtungszeiten	1 h	2 h	10 h

Die Entwicklung der Röntgentopographie wird in den nächsten Jahren auf zwei Schwerpunkte konzentriert sein:

— Verkürzung der Belichtungszeit bzw. Steigerung des lokalen Auflösungsvermögens bei der Videotechnik (Verbesserung des Signal-Rausch-Verhältnisses). In diesem Zusammenhang ist die Entwicklung und Anwendung von Hochleistungs-Drehanodenröntgenröhren und Synchrotronstrahlung zu sehen.

— Steigerung des Winkelauflösungsvermögens in Hinblick auf eine Anwendung der Röntgentopographie zur weiteren Charakterisierung von perfekten Einkristallen (Problematik der „swirls" [76, 77]) mit vertretbarem zeitlichem Aufwand. Dabei wird die Anwendung von Kollimatoren mit einer Divergenz der austretenden Strahlung von weniger als 0,1 Winkelsekunden Halbwertsbreite eine wesentliche Rolle spielen.

2.6. Literatur

Übersichtsliteratur

— Lang, A. R.: Recent applications of X-ray topography. In: Modern Diffraction and Imaging Techniques in Material Science, Ed.: S. Amelinckx et al. — North-Holland Publ. Comp. Amsterdam 1970, S. 407.

— Authier, A.: Contrast of images in X-ray topography. In: ebenda, S. 481.

— Microstructural analysis tools and techniques. Ed. J. L. McCall — Plenum Press, New York 1973.

— Hildebrandt, G.: Röntgentopographie, Fortschr. Miner. **53** (1975) 19.

— Lang, A. R.: The properties and observation of dislocations. In: Crystal growth: an introduction. Ed.: P. Hartmann — North-Holland Publ. Comp., Amsterdam 1973.

— Dynamische Interferenztheorie. Hrsg.: O. Brümmer, H. Stephanik — Akad. Verlagsgesellschaft Geest & Portig, Leipzig 1976.

— Tanner, B.: X-ray diffraction topography. — Pergamon Press, Oxford 1977.

— Wattenberg, U.: Vergleichende Untersuchung über die röntgentopographischen Verfahren der Abbildung von Kristalldefekten. J. appl. Cryst. **5** (1972) 169.

Originalliteratur

[1] X-ray microscopy and microradiography. Ed.: V. E. COSSLETT et al. — Academic press, New York 1957.
[2] BRÜMMER, O., Freiberger Forschungshefte **B 101** (1964) 69.
[3] DARWIN, C., Phil. Mag. **27** (1914) 315, 675.
[4] EWALD, P. P., Ann. Physik **54** (1917) 519.
[5] VON LAUE, M.: Röntgenstrahlinterferenzen. — Akadem. Verlagsgesellschaft, Frankfurt/M. 1960.
[6] JAMES, R. W., Solid State Physics **15** (1963) 53.
[7] BONSE, U., HART, M., Appl. Phys. Lett. **6** (1965) 155.
[8] BONSE, U., HART, M., Z. Physik **188** (1965) 154.
[9] HART, M., BONSE, U., Physics Today 1970, 26.
[10] LANG, A. R., MIUSKOV, V. F., Appl. Phys. Lett. **7** (1965) 214.
[11] CHIKAWA, J.-I., Appl. Phys. Lett. **7** (1965) 193.
[12] LANG, A. R., Nature **220** (1968) 652.
[13] HASHIZUME, H., et al., Phys. stat. sol. (a) **12** (1972) 453.
[14] BERGER, H., et al., Kristall u. Technik **2** (1967) 129.
[15] REITZENSTEIN, E., in: Dynamische Interferenztheorie. Hrsg.: O. BRÜMMER, H. STEPHANIK. — Akademische Verlagsgesellschaft Geest & Portig, Leipzig 1976, S. 248.
[16] X-ray diffraction. Ed.: L. V. AZAROFF et al. — McGraw Hill, New York 1974.
[17] AUTHIER, A.: Ewald waves in theory and experiment. In: Fortschr. d. Strukturforschung mit Beugungsmethoden, Vol. 3. Hrsg.: R. BRILL, R. MASON. — Pergamon Press; Friedr. Vieweg, Oxford, London; Braunschweig 1970.
[18] TAKAGI, S., Acta cryst. **15** (1962) 1311.
[19] TAKAGI, S., J. phys. Soc. Japan **26** (1969) 1239.
[20] BORRMANN, G., et al., Z. Physik **142** (1955) 406.
[21] KATO, N., Acta cryst. **14** (1961) 526, 627.
[22] HART, M., LANG, A. R., Phys. Rev. Letters **7** (1961) 120.
[23] HATTORI, A., et al., J. phys. Soc. Japan **20** (1965) 988, 1047.
[24] HART, M., MILNE, D., Acta cryst. **A 25** (1969) 134.
[25] AUTHIER, A., et al., Phys. stat. sol. **41** (1970) 225.
[26] AUTHIER, A., BALIBAR, F., Acta cryst. **A 26** (1970) 647.
[27] AUTHIER, A., SIMON, D., Acta cryst. **A 24** (1968) 517.
[28] WONSIEWICZ, B. C., PATEL, J. R., J. appl. Cryst. **8** (1975) 67.
[29] AUTHIER, A., et al., Acta cryst. **A 24** (1968) 126.
[30] TAUPIN, D., Acta cryst. **23** (1967) 25.
[31] EPELBOIN, Y., J. appl. Cryst. **7** (1974) 372.
[32] AUTHIER, A., Adv. X-ray analysis **10** (1967) 9.
[33] ESHELBY, J. D., et al., Acta met. **1** (1953) 251.
[34] HIRTH, J. P., LOTHE, J.: Theory of dislocations. — John Wiley, New York 1966.
[35] VON LAUE, M., Acta cryst. **2** (1949) 106.
[36] BORRMANN, G., WAGNER, H., Naturwiss. **42** (1955) 68.
[37] BORRMANN, G., Phys. Blätter **15** (1959) 508.
[38] KATO, N., J. phys. Soc. Japan **18** (1963) 1785; **19** (1964) 67, 971.
[39] BERG, W. F., Naturwiss. **19** (1931) 391.
[40] BARRETT, C. S., Trans. AIME **161** (1945) 15.
[41] TURNER, A. P., et al., Acta cryst. **A 24** (1968) 452.
[42] JULEFF, E. M., LAPIERRE, A. G., Int. J. Electronics **20** (1966) 273.
[43] WEBB, W. W., in: Direct observations of imperfections in crystals. Ed.: J. B. NEWKIRK, J. H. WERNICK — Interscience Publ., New York 1962.
[44] DIONNE, G., J. appl. Phys. **38** (1967) 4094.
[45] RENNINGER, M., Z. Naturforsch. **16a** (1961) 1110.
[46] KOHRA, K., J. phys. Soc. Japan **17** (1962) 589.
[47] KOHRA, K., KIKUTA, S., Acta cryst. **A 24** (1968) 200.
[48] KIKUTA, S., J. phys. Soc. Japan **30** (1971) 222.

[49] Kikuta, S., Kohra, K., J. phys. Soc. Japan **29** (1970) 1322.
[50] Boettinger, W., et al., Rev. Sci. Instrum. **47** (1976) 906.
[51] Renninger, M., Z. angew. Physik **19** (1965) 20.
[52] Bonse, U., Kappler, E., Z. Naturforsch. **13a** (1958) 348.
[53] Bonse, U., et al., Z. Naturforsch. **14a** (1959) 1079.
[54] Bubakova, R., Šourek, Z., Phys. stat. sol. (a) **35** (1976) 55.
[55] Bedynska, T., et al., Phys. stat. sol. (a) **36** (1976) 509.
[56] Suvorov, E. V., et al., Fiz. tverd. tela **13** (1971) 2692.
[57] Authier, A., et al., Acta cryst. **A 24** (1968) 126.
[58] Schwuttke, G. H., IBM Scientic Report No. 1 (1970), ARCRL-70-0110.
[59] Kohra, K., Takano, Y., Jap. J. appl. Phys. **10** (1971) 476.
[60] Hartmann, W., et al., Appl. Phys. Lett. **27** (1975) 308.
[61] Hartmann, W., Diss. Stuttgart 1975.
[62] Chikawa, J.-I., et al., Appl. Phys. Lett. **21** (1972) 295.
[63] Kozaki, S., et al., Jap. J. appl. Phys. **11** (1972) 1514.
[64] Hashizume, H., et al., Jap. J. appl. Phys. **15** (1976) 211.
[65] Chikawa, J.-I., et al., Proceedings IUCr-Congress, Kyoto 1972.
[66] Brümmer, O., Hofmann, M., Phys. stat. sol. (a) **5** (1971) 199.
[67] Hornstra, J., J. Phys. Chem. Solids **5** (1958) 129.
[68] Yoshimatsu, M., Jap. J. appl. Phys. **3** (1964) 94.
[69] Kohra, K., Yoshimatsu, M., J. phys. Soc. Japan **17** (1962) 1041.
[70] Polcarova, M., Kaczer, J., Phys. stat. sol. **21** (1967) 635.
[71] Alex, V., et al., Kristall u. Technik **9** (1974) 643.
[72] Galinski, H., Mende, H. H., Phys. stat. sol. (a) **27** (1975) 35.
[73] Meieran, E. S.: The application of X-ray topographical techniques to the study of semiconductor crystals and devices, Siemens-Rev. **37** (1970) 1.
[74] Bonse, U., et al., Phys. stat. sol. **33** (1969) 361.
[75] Lefeld-Sosnowska, M., Zielinska-Rohozinska, E., Phys. stat. sol. (a) **35** (1976) K1.
[76] Bernewitz, L. I., et al., Appl. Phys. Lett. **25** (1974) 277.
[77] Chikawa, J.-I., et al., J. appl. Phys. **41** (1970) 1922.

3. Röntgenfluoreszenzanalyse

(G. Försterling, Dresden)

3.1. Grundprinzip

Die Röntgenfluoreszenzanalyse (RFA) nimmt seit etwa drei Jahrzehnten einen festen Platz unter den spektroskopischen Verfahren zur qualitativen und quantitativen Elementanalyse makroskopischer Probenbereiche (1 mm² bis 20 cm²) ein [5, 6, 7]. Das Grundprinzip dieser Analysenmethode ist in Abbildung 3.1 schematisch dargestellt. Bei der RFA werden die Atome oder Ionen der Substanz durch die primäre Strahlung einer Röntgenröhre oder radioaktiven Quelle angeregt. Die Energieanalyse (spektrale Zerlegung) der entstehenden sekundären, charakteristischen Eigenstrahlung (Fluoreszenzstrahlung) ermöglicht Aussagen über die in der Substanz enthaltenen Sorten der Atome oder Ionen, und die Messung der Intensität der von einer Elementsorte emittierten Fluoreszenzstrahlung enthält Informationen über deren Gewichtsanteil.

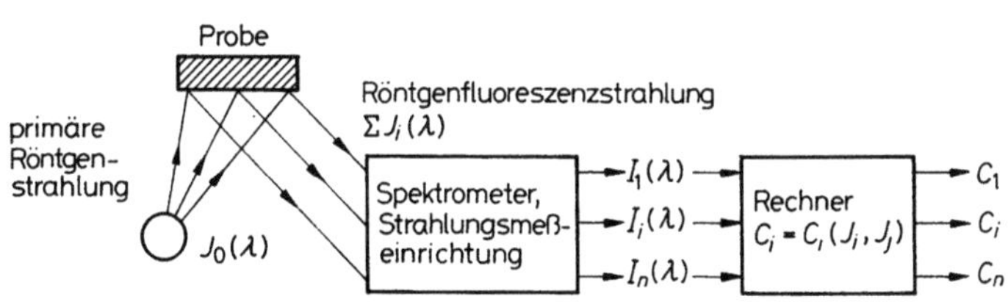

Abb. 3.1. Funktionsprinzip der Röntgenfluoreszenzanalyse

Die in den Geräten zur RFA eingesetzten Strahlenquellen sind charakterisiert durch hohe Dosisleistungen und einen breiten Spektralbereich, um eine effektive Anregung der Probenbestandteile in einem großen Ordnungszahlbereich zu gewährleisten. Die nach der Anregung bei dem Übergang in den Grundzustand freiwerdende Energie geben die Probenatome in Form eines Photons oder sekundären Photoelektrons (Auger-Elektron) ab. Die emittierten Photonen bilden die Röntgenfluoreszenzstrahlung, die mit dem charakteristischen Linienspektrum der Atomsorte identisch ist. Das Verhältnis der Zahl der Atome, die eine Sekundärstrahlung der q-ten Serie emittieren, zur Zahl der angeregten Atome wird als Fluoreszenzausbeute bezeichnet und stellt, wie Abbildung 3.2 zeigt, eine stark von der Ordnungszahl abhängige Größe dar. Die im Ordnungszahlbereich unter $Z = 20$ (Calcium) sehr kleine Fluoreszenzausbeute und technische Probleme bei der Erzeugung hochintensiver, für die effektive Anregung in diesem Elementebereich erforderliche langwellige Primärstrahlung begrenzen derzeit den erfaßbaren Ordnungszahlbereich auf Elemente mit $Z \geqq 9$ (Fluor).

Die spektrale Zerlegung und der Nachweis der von der Probe ausgehenden Fluoreszenzstrahlung erfolgen bei der Anregung mit Röntgenröhren in der Regel in Kristall-Spektrometern mit Proportional- oder Szintillationsdetektoren oder bei Anregung mit der Strahlung radioaktiver Quellen mit Halbleiterdetektoren.

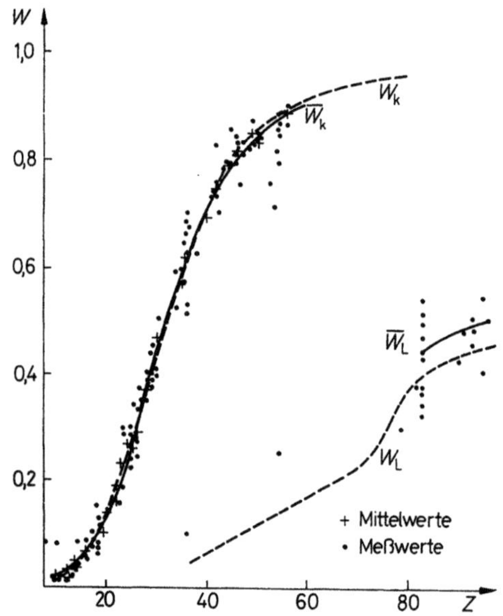

Abb. 3.2. Die Fluoreszenzausbeute der K- und L-Serie als Funktion der Ordnungszahl

Alle Modelle zur Berechnung der Intensität der Fluoreszenzstrahlung setzen die Probe als Kontinuum voraus, obwohl diese Näherung vor allem durch den Einfluß makroskopischer Effekte (wie z. B. Körnigkeit von Pulvern, Schleifrillen auf Metalloberflächen) nur bedingt von der realen Probe erfüllt wird. Es wird berücksichtigt, daß jedes Probenatom nicht nur der primären Röntgenstrahlung ausgesetzt ist, sondern daß auch Wechselwirkungen mit der in der Probe gestreuten Primärstrahlung bzw. der in der Probe entstehenden Fluoreszenzstrahlung anderer Atomsorten stattfinden können (Anregung höherer Ordnung). Die Schwächung durch Streuung und Absorption der in die Probe eindringenden Primärstrahlung und der aus dem Probeninneren heraustretenden Fluoreszenzstrahlung ist ein Wechselwirkungsprozeß, an dem alle Atomsorten der Probe beteiligt sind. So kommt es, daß die Intensität der Fluoreszenzstrahlung einer Atomsorte nicht nur eine Funktion des Gehaltes dieser Atome in der Probe, sondern der Probenzusammensetzung überhaupt ist (Matrixeffekt). Diese Tatsache und die Kompliziertheit des mathematischen Formalismus des theoretischen Modells haben dazu geführt, daß heute die quantitative Analyse in der Praxis nahezu ausschließlich mit Hilfe äußerer Standards (Eichproben) erfolgt, die sich auf Grund der erfaßten Probengröße mit hinreichender Genauigkeit herstellen lassen. Die Interpolation zwischen den Eichproben erfolgt mit empirischen Funktionen, die oft nur wenig von einem linearen Zusammenhang abweichen. Die Energie der bei der RFA verwendeten Röntgenstrahlung liegt im

Bereich von 1 keV bis 100 keV mit einem Durchdringungsvermögen der Größenordnung 1 µm bis 1 cm. Bei dünnen Probenschichten, die diesen Dickenbereich unterschreiten, ist die Fluoreszenzintensität zusätzlich eine Funktion der Schichtdicke. Diese Tatsache ermöglicht in Spezialfällen den Einsatz der Methode zur Analyse von Schichtdicken oder Massenbelegungen, stellt aber andererseits vor allem bei der Analyse leichter Elemente hohe Anforderungen an die Oberflächengüte und Homogenität kompakter Proben.

3.2. Theoretische Grundlagen

Die theoretischen Grundlagen der Methode der Röntgenfluoreszenzanalyse bestehen im wesentlichen im Formalismus der Intensitäts-Konzentrations-Beziehungen. Dabei wird im allgemeinen Fall die Intensität der Fluoreszenzstrahlung einer Komponente i einer Probe mit der Dicke d unter dem Einfluß der Komponenten j der Restsubstanz untersucht. Die Intensität der anregenden Röntgenstrahlung $I_0(\lambda)$ wird beim Eindringen in das Probenvolumen (vgl. Abb. 3.3) im Wellenlängen-

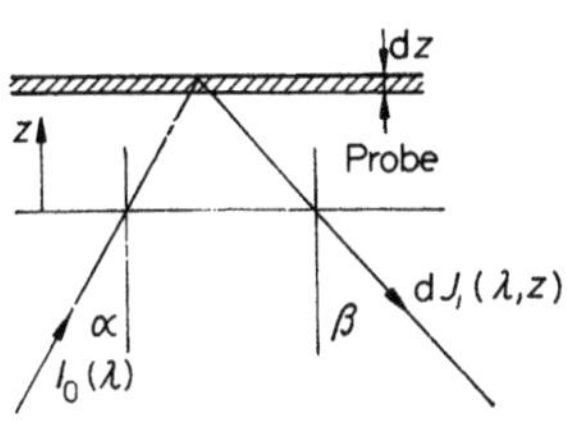

Abb. 3.3. Schematischer Strahlengang in der Probe zur Berechnung der Intensität der Fluoreszenzstrahlung

intervall $\lambda \ldots \lambda + d\lambda$ um den Faktor $\exp\left(-\mu_P(\lambda)\, z/\cos\alpha\right)$ geschwächt. Der lineare Schwächungskoeffizient μ_P der Probe, der die Intensitätsänderung der Strahlung in der Substanz durch Streuung σ nud Absorption (Fotoeffekt) τ beschreibt, setzt sich aus der Summe der Schwächungskoeffizienten aller n Komponenten der Probe, gewichtet mit deren Gewichtsanteilen c_j, zusammen.

Zur Fluoreszenzintensität tragen nur die Atome bei, die sich durch Fotoeffekt im angeregten Zustand befinden. Dieser Anteil entspricht dem der absorbierten Primärintensität. In der Schicht dz der Probe wird durch die Atome der Komponente i der Strahlungsanteil $c_i \cdot \tau_i\, dz/\cos\alpha$ absorbiert (τ_i — linearer Absorptionskoeffizient der Komponente i der Probe). Die Anzahl der Ionisationen eines Niveaus q bezogen auf die Gesamtzahl der Ionisationen dieser Komponente wird durch die Größe „Absorptionssprung" S_q (mit dem Faktor $(S_q - 1)/S_q$) berechnet. Die Wahrscheinlichkeit, daß die Anzahl der Ionisationen zur Emission einer Spektrallinie dieser Serie führt, ist die Fluoreszenzausbeute w_q. Für das K-Niveau und das L-Niveau ist w_q in Abbildung 3.2 als Funktion der Ordnungszahl dargestellt. Eine einzelne Linie k mit der Wellenlänge λ_k dieser Serie tritt mit dem Anteil $p_{q,k}$ auf, ihre Intensität wird auf dem Weg bis zur Probenoberfläche in Richtung des Spektrometers um den Faktor $\exp\left(-\mu_P(\lambda_k)\, z/\cos\beta\right)$ geschwächt.

$$dI^i_{q,k}(\lambda, z) = I_0(\lambda) \left(\frac{S_q - 1}{S_q}\right)_i p^i_{q,k} \cdot \tau_i(\lambda)\, w_{q,i} c_i \exp\left(-\left(\frac{\mu_P(\lambda)}{\cos\alpha} + \frac{\mu_P(\lambda_k)}{\cos\beta}\right) z\right) dz. \qquad (1)$$

Da in der RFA zur Analyse einer Komponente nur eine Spektrallinie herangezogen wird, kann $dI^i_{q,k}$ durch dI^i ersetzt werden, und es läßt sich ein elementspezifischer, von der Wellenlänge der anregenden Strahlung abhängiger Faktor $f_i(\lambda)$ abspalten:

$$f_i(\lambda) = \left(\frac{S_q - 1}{S_q}\right)_i \cdot p^i_{q,k} \cdot \tau_i(\lambda) \cdot w_{q,i}.$$

Zur Abkürzung des Formalismus wird ein Absorptionsfaktor

$$A(\lambda, \lambda_k) = \sum_{j=1}^{n} c_j a_j(\lambda, \lambda_k) = \sum_{j=1}^{n} \left(\frac{\mu_j(\lambda)}{\cos\alpha} + \frac{\mu_j(\lambda_k)}{\cos\beta}\right) c_j$$

eingeführt. Damit ist schließlich

$$dI^i(\lambda, z) = I_0(\lambda)\, f_i(\lambda) \cdot c_i \cdot \exp\big(-A(\lambda, \lambda_k) \cdot z\big)\, dz.$$

Die Integration über alle Schichtelemente der Probe von $z = 0$ bis $z = d$ ergibt

$$I^i(\lambda, d) = I_0(\lambda) \cdot f_i(\lambda) \cdot \frac{c_i}{\sum c_j \cdot a_j} \cdot \big(1 - \exp(-A(\lambda, \lambda_k)\, d)\big). \tag{2}$$

Für

$$d \geqq \frac{7}{A(\lambda, \lambda_k)}$$

ist der Anteil der Exponentialfunktion in Gl. (2) vernachlässigbar und die Probe als „unendlich dick" zu betrachten. Für diesen, in der Praxis in der Regel vorliegenden Fall ist

$$I^i(\lambda) = I_0(\lambda) \cdot f_i(\lambda) \cdot \frac{c_i}{\sum c_j \cdot a_j}. \tag{3}$$

Bereits dieser Ausdruck charakterisiert die wesentlichen Eigenschaften der Intensitäts-Konzentrations-Beziehungen:

- die Intensität der Röntgenfluoreszenzstrahlung einer Komponente ist in erster Näherung proportional zu ihrem Gewichtsanteil an der Probe und
- die Abweichung von der Linearität ergibt sich durch den Faktor $\big(c_i a_i + \sum_{j \neq i} c_j a_j\big)^{-1}$, der von den Konzentrationen aller Probenkomponenten und deren Schwächungskoeffizienten abhängig ist.

Die Berücksichtigung der Spektralverteilung der anregenden Strahlung erfolgt durch Integration der wellenlängenabhängigen Faktoren im Wellenlängenbereich von λ_0 (kurzwellige Grenze) bis λ_q (Absorptionskante der angeregten Spektralserie q), wobei man die charakteristischen Linien m bei Verwendung der Strahlung einer Röntgenröhre als zusätzliche Summanden behandeln kann:

$$I^i = \int_{\lambda_0}^{\lambda_q^i} I_0(\lambda) \cdot f_i(\lambda) \cdot \frac{c_i}{A(\lambda, \lambda_k)}\, d\lambda + \sum_m I_0^m(\lambda_m) \cdot f_i(\lambda_m) \cdot \frac{c_i}{A(\lambda, \lambda_m)}. \tag{4}$$

In der Näherung kann diese Integration durch Anwendung des Mittelwertsatzes mit dem Übergang von λ zu einer „mittleren" oder „effektiven" Wellenlänge $\bar{\lambda}$ ersetzt werden, und damit wird Gl. (3) allgemein anwendbar.

Schwieriger ist die Berücksichtigung der Anregung höherer Ordnung durch die in der Probe gestreute Primärstrahlung oder durch in der Probe angeregte Fluoreszenzstrahlung anderer Komponenten s, wenn $\lambda_s < \lambda_q^i$ ist. Der zusätzliche Anteil durch die sekundäre und tertiäre Anregung durch in der Probe entstehende Fluoreszenzstrahlung ist besonders groß, wenn der Quotient λ_s/λ_q^i nur geringfügig kleiner als 1 ist. Dies ist z. B. bei dem ternären System, bestehend aus den Probenkomponenten Nickel, Eisen und Chromium, der Fall (in der Praxis treten solche oder ähnliche Systeme bei Edelstählen auf). Die nach einem Modell von SHERMAN [1] berechneten Anteile der verschiedenen Anregungsstufen an der Intensität der Cr-K_α-Strahlung sind in Tabelle 3.1 für eine Probe mit $c_{Ni} = 10$ Gew.-%, $c_{Fe} = 80$ Gew.-% und $c_{Cr} = 10$

Tabelle 3.1. Relative Beiträge zur Anregung der Cr-K_α-*Strahlung in einer* Ni-Fe-Cr-*Probe* ($c_{Ni} = 10$ Gew.-%, $c_{Fe} = 80$ Gew.-%, $c_{Cr} = 10$ Gew.-%)

Anregung	Anteil/%
$I^0_{Cr-K\alpha}$	61,2
$I^{Ni-K\alpha}_{Cr-K\alpha}$	1,6
$I^{Ni-K\beta}_{Cr-K\alpha}$	0,3
$I^{Fe-K\alpha}_{Cr-K\alpha}$	31,2
$I^{Fe-K\beta}_{Cr-K\alpha}$	5,0
$I^{Fe-K\alpha/Ni-K\alpha}_{Cr-K\alpha}$	0,7

Gew.-% bei monochromatischer Anregung ($\lambda = 1{,}44$ Å) dargestellt. Der durch die primäre Strahlung der Röntgenröhre angeregte Anteil der Cr-K_α-Fluoreszenzstrahlung $I^0_{Cr-K_\alpha}$ beträgt 61,2%. Bemerkenswert ist, daß der Anteil der Anregung der Cr-K_α-Strahlung $I^{Fe-K_\alpha}_{Cr-K_\alpha}$ etwa 31,2% ausmacht und damit merklich zur gesamten Fluoreszenzintensität des Chromiums in dieser Probenqualität beiträgt. Auch die tertiäre Anregung (Anregung durch Fe-K_α-Strahlung, die ihrerseits durch in der Probe angeregte Ni-Fluoreszenzstrahlung erzeugt wurde) ist mit einem Anteil von 0,7% noch nicht vernachlässigbar. Die Beiträge der Sekundäranregung können damit von der gleichen Größenordnung sein wie die der mit Gl. (3) gegebenen Primäranregung. In Abbildung 3.4 sind für das gleiche System die berechneten Intensitäts-

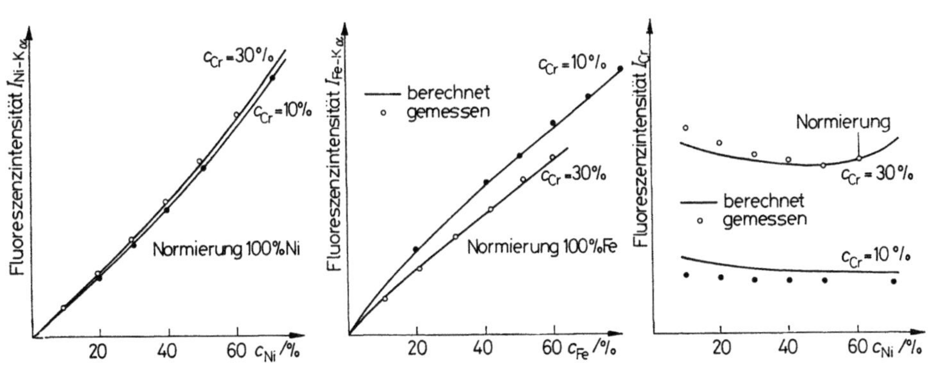

Abb. 3.4. Berechnete und gemessene Intensitäten der Fluoreszenzstrahlung im System Ni-Fe-Cr (aus [4])

Konzentrations-Abhängigkeiten bei monochromatischer Anregung unter Berücksichtigung der sekundären und tertiären Anregungen in der Probe und die experimentell ermittelten Intensitäten (bei Normierung der Proben der reinen Metalle) dargestellt. Die Übereinstimmung zwischen Experiment und theoretischem Modell ist überraschend gut.

Die konsequente Anwendung des theoretischen Modells in der Praxis scheitert vor allem daran, daß

- in der Regel nicht über alle Komponenten der Probe Informationen vorliegen (auch nicht alle von der RFA erfaßbar sind, z. B. wegen der Forderung $Z \geqq 9$),
- die zur Berechnung der Intensität der Röntgenfluoreszenzstrahlung benötigten Konstanten in $f_i(\lambda)$ bzw. die spektrale Verteilung der Intensität der anregenden Strahlung nicht mit hinreichender Genauigkeit bekannt sind und
- der reale Probenzustand (z. B. Korngröße bei Pulvern) nur näherungsweise erfaßt wird.

In der Praxis der Röntgenfluoreszenzanalyse hat sich heute vor allem die Anwendung der „äußeren" Standards durchgesetzt, die Eichung einer Intensitäts-Konzentrations-Funktion an einem bekannten Probensatz mit verschiedenen Gehalten im Bereich der erwarteten Analysenwerte. Dabei wird der reale Probenzustand (Vorgabe einer Präparationsvorschrift) mit geeicht.

Für die Interpolation der Meßergebnisse zwischen diesen Eichpunkten gibt es derzeit vor allem zwei Modelle. Das erste geht von Gl. (3) aus, wobei die Intensität der Fluoreszenzstrahlung der Komponente der Probe bezogen wird auf die Intensität der gleichen reinen Komponente oder in einer Vergleichsprobe – R_i. Daraus ergibt sich nach entsprechender Umformung für jede Komponente i [8] als einfachste Form

$$c_i = R_i(1 + \sum d_{ik} \cdot c_k), \tag{5}$$

woraus sich ein homogenes Gleichungssystem aus n Gleichungen mit n Unbekannten entwickeln läßt. In stärkerem Umfang bietet sich heute dabei die Berechnung der Koeffizienten aus den physikalischen Konstanten an. Der zweite Weg beruht auf der Überlegung, die z. B. in Abbildung 3.4 dargestellten komplizierten Intensitäts-Konzentrations-Funktionen durch eine Reihenentwicklung zu nähern. Dabei werden Schwächungseffekte mit negativen und Sekundäranregungseffekte mit positiven Intensitätsbeiträgen berücksichtigt. In der Umkehrung für c_i ergibt sich dabei der allgemeine Ansatz

$$c_i = b_i^0 + I^i\left(b_i^1 + \sum_{j=1}^{n} b_{ij}^2 I^j + \sum_{j=1}^{n}\sum_{k=1}^{n} b_{ijk}^3 I^j I^k + \cdots\right). \tag{6}$$

Die Bestimmung der Koeffizienten erfolgt nach der Messung der Intensitäten I_i und I_j des Eichprobensatzes mit den Konzentrationen c_i und c_j durch die Forderung des Minimums der Fehlerquadratsumme aus vorgegebenen und nach Gl. (6) angepaßten Konzentrationen. Im allgemeinen ist nur die Berücksichtigung der Koeffizienten b_i^0 und b_i^1 und einiger b_{ij}^2 erforderlich. Diese Festlegungen können bereits vor der mathematischen Operation aus physikalischen Überlegungen über die bei einem Probensystem zu erwartenden Matrixeffekte erfolgen. Moderne RFA-Anlagen verfügen heute in der Regel über einen im Gerät integrierten Rechner mit einem auf Gl. (5) oder Gl. (6) basierenden „soft-ware"-Paket.

3.3. Experimentelle Technik

Das der Röntgenfluoreszenzanalyse zugrunde liegende physikalische Prinzip ermöglicht die schnelle, zerstörungsfreie qualitative und quantitative Elementanalyse großer Probenbereiche mit hoher Reproduzierbarkeit. Diese Tatsache führte nach der Lösung grundlegender experimenteller Probleme für diese Methode (hochempfindliche Strahlungsdetektoren, „lichtstarke" Spektrometer und hochintensive Strahlungsquellen) zu ihrer breiten Anwendung in der Betriebskontrolle und Prozeßsteuerung. Im Ergebnis dieser vor etwa 30 Jahren einsetzenden Geräteentwicklung steht heute ein nahezu lückenloses Spektrum von RFA-Geräten zur Verfügung. Die Anlagen lassen sich unterteilen in

- Großgeräte für die Prozeßkontrolle zur automatischen, kontinuierlichen oder diskontinuierlichen Analyse („on-stream" oder „off-stream") mit in der Regel festem Analysenprogramm,
- Universalgeräte zum Einsatz in Großlaboratorien mit frei (universell) wählbarem Analysenprogramm bei unterschiedlichem Automatisierungsgrad und
- Spezialgeräte zur Realisierung sehr eng begrenzter Analysenaufgaben.

Das in Abbildung 3.5 dargestellte Schema charakterisiert die Baugruppen eines RFA-Gerätes. Im Bildteil a ist das RFA-Gerät mit Kristallspektrometer und Röntgenröhre als primäre Strahlenquelle und im Bildteil b das sich in letzter Zeit

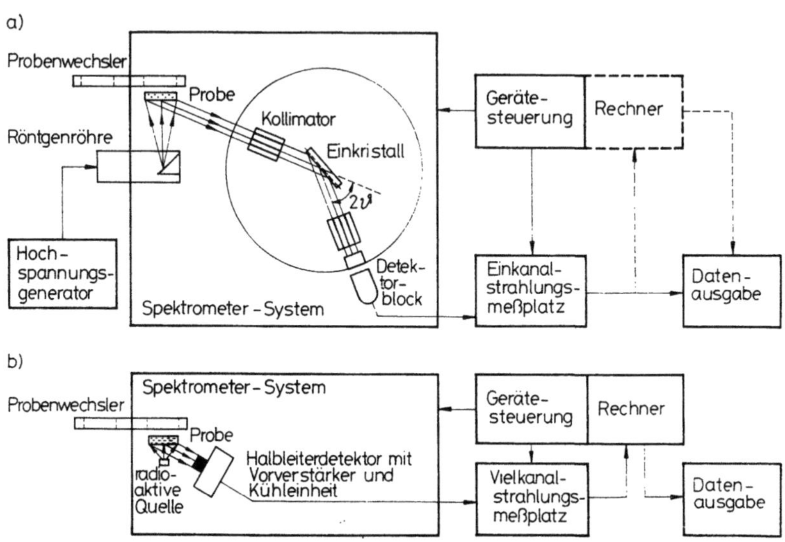

Abb. 3.5. Schematischer Aufbau von RFA-Geräten mit kristalldispersivem (Bildteil a) und energiedispersivem (Bildteil b) Spektrometersystem

immer mehr durchsetzende Gerät mit Halbleiterdetektor als dispersives System und einem radioaktiven Präparat als Quelle der anregenden Strahlung dargestellt. Das Spektrometersystem zur Trennung der Fluoreszenzstrahlung der einzelnen Komponenten der Probe und die primäre Strahlenquelle werden komplettiert mit einem Einkanal- bzw. Vielkanal-Strahlungsmeßplatz zur separaten Ermittlung der Fluoreszenzintensitäten I^i. Zur Gerätesteuerung (Meßablauf-Steuerung) und Datenverarbeitung (Konzentrationsberechnung) werden Prozeßrechnersysteme eingesetzt.

Die Strahlenquelle

Hochintensive Strahlenquellen zur Anregung der Fluoreszenzstrahlung in der Probe sind Röntgenröhren, die bei der RFA mit Anodenspannungen im Bereich von 10 kV bis 100 kV bei einer elektrischen Leistung bis zu 5 kW betrieben werden. Zur Durchführung von quantitativen Analysen muß (nach Gl. (2)) die Intensität der primären Röntgenstrahlung $I_0(\lambda)$ konstant sein. Dies wird gerätetechnisch dadurch realisiert, daß Anodenspannung und -strom der Röntgenröhre mit Hilfe des Hochspannungs-Generators auf 0,1% bis 0,01% stabilisiert werden. Seltener werden Monitorsysteme zur Korrektur von Schwankungen der Primärintensität eingesetzt. Durch Wahl des Anodenmaterials kann die spektrale Verteilung der Primärstrahlung verändert werden. Bei Universalgeräten oder bei der Analyse von Elementen mit hohen Ordnungszahlen ($Z > 20$) haben sich Röntgenröhren mit Wolfram-Anoden bewährt, die ein intensives Bremsspektrum emittieren (erster Summand in Gl. (4)). Zur Analyse „leichter" Elemente ($Z < 20$) werden in der Regel Röntgenröhren mit Chromium-Anoden eingesetzt, wobei zur Anregung zum größeren Teil die intensive charakteristische Strahlung beiträgt (zweiter Summand in Gl. (4)). Als weitere Anodenmaterialien werden derzeit Mo und Au sowie Mischanoden (z. B. Pt-Rh) verwendet.

Das Spektrometersystem

Die spektrale Zerlegung der Fluoreszenzstrahlung erfolgt in Kristallspektrometern. Bei Universalgeräten werden in der Regel Spektrometer mit parallelem Strahlengang und ebenem Kristall (Bragg-Spektrometer) eingesetzt. Zur Einstellung optimaler Bedingungen für jeden Spektralbereich (Elementebereich) und jede Spektralverteilung (Probenzusammensetzung) sind Auflösungsvermögen des Spektrometers (durch Wechsel der Kollimation), Monochromatorkristalle (durch Wechsel der Kristalle) und Detektoren (Einschaltung von Proportional- bzw. Szintillationsdetektor des Detektorblocks) einstellbar. Die Messung der Intensität einer Spektrallinie (eines Elementes) erfolgt durch definierte Einstellung des Reflexionswinkels auf das Interferenz-Maximum und gegebenenfalls (bei von der Probenzusammensetzung abhängigem Meßuntergrund) einer repräsentativen Stelle im Untergrund des Spektrogramms. Zur Messung von Übersichtsspektrogrammen (wie z. B. in Abb. 3.8) kann der Reflexionswinkel kontinuierlich verändert werden.

Die Geräte zur Prozeßkontrolle und Spezialgeräte haben durch das einmal vorgegebene Analysenprogramm fest eingestellte Spektrometer. Müssen mehrere Elemente analysiert werden, so werden zur Messung der Fluoreszenzstrahlung einer Probe mehrere Spektrometer gleichzeitig eingesetzt (Mehrkanalspektrometer). Da jedes Spektrometer nur für die Messung einer Spektrallinie eingestellt werden muß, ist auch die Anwendung von Spektrometer-Verfahren möglich, die sich für

Universalgeräte weniger eignen. Durch die gleichzeitige Messung mehrerer (bis zu 20) Spektrallinien wird der Zeitaufwand der Analyse einer mehrkomponentigen Probe gegenüber dem Universalgerät erheblich verringert, bei dem die Messung einzelner Spektrallinien im zeitlichen Nacheinander erfolgt. Zur Ausschaltung der Schwächung der Fluoreszenzstrahlung durch die Luft werden Spektrometerraum und Probenkammer der RFA-Geräte evakuiert (etwa 10 Pa). Die Positionierung der Probe im Spektrometersystem erfolgt mit einem Probenwechsler. Bei Universalgeräten werden in der Regel Probenmagazine (Probenteller) verwendet, die eine größere Zahl von Proben gleichzeitig aufnehmen, welche automatisch nacheinander in Meßposition gebracht werden. Bei Prozeßkontrollgeräten erfolgt die Eingabe von Einzelproben, wobei z. B. die Kopplung mit automatischen Präparationseinrichtungen erfolgen kann. Bei flüssigen Proben (auch Suspensionen) ist die Messung am fließenden Materialstrom („on-stream"-Geräte) durch den Einsatz von Durchfluß-Küvetten, die das Probenmaterial kontinuierlich über die Meßstelle im Spektrometer leiten, anstelle eines Probenwechslers möglich.

Strahlungsnachweis

In Geräten zur Fluoreszenzanalyse werden zur Messung energiereicher Strahlung ($\lambda < 1{,}5$ Å) Szintillations-Detektoren und im Gebiet der weichen Strahlung Gas-Durchfluß-Proportionalzählrohre eingesetzt. Der Einsatz der Detektoren wird wesentlich von ihrer energieabhängigen Effektivität (Verhältnis von gemessener zur auf die Fensterfläche des Detektors einfallenden Intensität) bestimmt, die von der Absorption der Strahlung im empfindlichen Detektor-Volumen (Gasraum des Proportionalzählrohrs bzw. Szintillator-Volumen) und von der Schwächung im Fenstermaterial abhängt.

Bei Universalgeräten befinden sich beide Detektoren in Tandem-Anordnung im Spektrometer (Detektorblock). Die energiereichere Röntgenstrahlung durchdringt dabei den mit dünnen Folien abgeschlossenen Gasraum des Proportional-Zählrohrs nahezu ohne Schwächung und kann in dem dahinter angeordneten Szintillationsdetektor gemessen werden. Im Übergangsbereich ist die Messung mit beiden Detektoren gleichzeitig möglich. Bei beiden Detektor-Systemen ist die Größe des infolge eines Ionisations- bzw. Szintillations-Prozesses entstehenden Ladungsstromes proportional zur Energie der in den Detektor einfallenden Strahlung, wobei durch die statistischen Verhältnisse bei der Ladungsträger-Vervielfachung die relative Halbwertsbreite der Verteilung dieser entstehenden, in Spannungen umgewandelten Impulse recht groß (20% bis 100%) ist im Vergleich zur Energieauflösung des Kristallspektrometers ($< 1\%$). Die Anpassung der unterschiedlichen Impulsamplituden an die Einkanal-Strahlungsmeßplätze erfolgt durch entsprechende Vorwiderstände. Bei Universalgeräten werden zusätzlich mit der Spektrometer-Achse gekoppelte Potentiometer mit sinusförmiger Charakteristik eingesetzt, die für eine vom Reflexionswinkel (Energie der Strahlung) unabhängige Impulsamplitude sorgen. Der Strahlungsmeßplatz enthält die Hochspannungsquelle für die Detektoren (etwa 2 kV), den Verstärker und einen Einkanalanalysator, der den unteren und oberen Bereich der zur Registrierung gelangenden Spannungsimpulse begrenzt. Bei Mehrkanal-Spektrometern sind entsprechend der Anzahl der Spektrometerkanäle mehrere Strahlungsmeßplätze erforderlich. Bei Universalgeräten erfolgt die Messung mit einem Strahlungsmeßplatz, wobei eine Mischung der Impulse des (jeweils von einer Hochspannungsquelle versorgten) Gas-Durchfluß- und Szintillationszählrohrs möglich ist. Die Messung der Strahlungsintensität erfolgt durch Registrierung der pro Zeiteinheit am Ausgang des Strahlungsmeßplatzes (Einkanalanalysators) ankommenden Spannungsimpulse. Die Modifizierung der Größe „Intensität" (Energie pro Fläche und Zeit) durch die Detektoreffektivität und die Energie der Strahlung ist für die Konzentrationsbestimmung, z. B. nach Gl. (4) oder Gl. (5), unerheblich, da für jede Probenkomponente die gemessene Intensität auf die Intensität eines „äußeren Standards" bezogen wird. Andererseits ist jedoch eine Korrektur der Zählverluste durch die endliche Totzeit der Detektionseinrichtung (nach $I_{\text{korr.}} = I_{\text{gem.}}/(1 - \tau \cdot I_{\text{gem.}})$ bei Zählverlusten $< 10\%$) erforderlich. Größere Zählverluste sind durch Änderung der „Lichtstärke" des Spektrometers zu vermeiden.

Energiedispersive Spektrometer

Die rasche Entwicklung der Halbleiterdetektoren mit den entsprechenden elektronischen Baugruppen (Vorverstärker, Vielkanalanalysator usw.) für den Nachweis von Röntgenstrahlung in den letzten Jahren hat dazu geführt, daß eine neue Kategorie von RFA-Geräten zur Verfügung steht. An die Stelle des Kristallspektrometers tritt dabei der HL-Detektor, der für Strahlungen höherer Energie ($\lambda < 0{,}8$ Å) ein gleiches oder besseres spektrales Auflösungsvermögen erreicht. Der erfaßte große Raumwinkel der Fluoreszenzstrahlung, der geringe Abstand Probe—Detektor und die Umgehung des Analysatorkristalls (geringes Reflexionsvermögen) ermöglichen den Einsatz radioaktiver Quellen zur Erzeugung der anregenden Röntgenstrahlung trotz ihrer um etwa 5 Größenordnungen geringeren Dosisleistung als Röntgenröhren. Der große Vorteil dieser Anlagen besteht vor allem

— in der hohen Konstanz der Primärintensität, die prinzipiell hohe Genauigkeiten der quantitativen Analyse zuläßt, und

— in der Kompaktheit des Spektrometersystems mit Strahlenquelle.

Die vom HL-Detektor erzeugte Impulshöhenverteilung wird in einem Vielkanalanalysator für den gesamten Spektralbereich simultan gespeichert, so daß am Ende einer Messung das gesamte Spektrogramm zur Auswertung zur Verfügung steht. Im allgemeinen Falle liegen erst nach Durchführung der Entfaltung der Linien die Fluoreszenzintensitäten der einzelnen Komponenten vor.

Das derzeit noch geringere Auflösungsvermögen der Halbleiter-Detektor-Spektrometer für die Analyse „leichter" Elemente steht dem universellen Einsatz dieser Gerätekategorie derzeit noch entgegen. Die Anwendung leistungsfähiger Entfaltungsprozeduren zur Spektrenauswertung verschiebt das Einsatzgebiet dieser Anlagen stetig weiter in den Bereich der leichteren Elemente. Bisher fehlen Universal- und große Prozeßgeräte, und die Anwendung beschränkt sich noch auf spezielle Analysenaufgaben, bzw. sie werden in Ergänzung zu Mehrkanalgeräten eingesetzt.

Gerätesteuerung und Datenauswertung

Die Gerätesteuerung umfaßt die Kontrolle der Betriebsparameter und die Ablaufsteuerung der Analyse, wobei deren Programm aus Voruntersuchungen resultiert. Diese Aufgaben werden in RFA-Geräten derzeit in der Regel vollautomatisch durchgeführt. Die Datenausgabe enthält in der einfachsten Form die Intensitäten der gemessenen Spektrallinien bzw. Untergrund-Meßstellen oder das Spektrogramm in Form eines Schreiberdiagramms (analog Abb. 3.8).

Die ständig zunehmende Rechner-Integration ermöglicht darüber hinaus die automatische Korrektur der Totzeit und der Gerätedrift und die Nacheichung mit Hilfe „äußerer Standards". Die so korrigierten Intensitäten sind die Ausgangswerte zur Berechnung der Konzentrationen bzw. zur Bestimmung von Konzentrationen aus graphischen Darstellungen.

Probenvorbereitung

Voraussetzung zur Durchführung quantitativer Analysen mit Hilfe der RFA ist die Herstellung von ebenen Proben zur Einhaltung gleicher geometrischer Bedingungen im Spektrometer. Man kann heute einschätzen, daß die Probenvorbereitung etwa 50% des Gesamtaufwandes der Durchführung der Röntgenfluoreszenzanalyse ausmacht. Das geringe Durchdringungsvermögen der Röntgenstrahlung in der Probe (die Dicke der zur Analyse beitragenden Schicht schwankt je nach Anwendungsbeispiel zwischen einigen μm (bei Metallen) bis einigen mm bei Flüssigkeiten) erfordert darüber hinaus

- große Homogenität der Probe zur Sicherung der Repräsentanz der Messung und
- gleichbleibende Oberflächenbeschaffenheit (Rauhigkeit).

Als Präparationsverfahren haben sich vor allem bewährt:

- für metallische Proben das Schleifen von Flächen (Rauhtiefe $< 50\,\mu m$) an gegossenen oder gedrehten Probenstücken,
- für Pulver mit Korngrößen von etwa $95\% < 60\,\mu m$ das Pressen von tablettenförmigen Proben mit oder ohne Bindemittel,
- der Borax-Aufschluß bei stark inhomogenen silicatischen Substanzen (danach Gießen oder Pressen in Tablettenform) und
- die Herstellung wäßriger Lösungen.

Die beiden letzten Verfahren haben den Nachteil des größeren Zeitaufwandes, sie bieten aber den oft wesentlichen Vorteil der synthetischen Herstellung von Eichproben, und die entstehenden Proben zeigen auf Grund der „Verdünnung" der ursprünglichen Substanz geringere Matrix- und Probenzustandseinflüsse.

Kriterien für die Anwendbarkeit von speziellen Präparationsverfahren für jede Probenqualität sind die Parameter „Reproduzierbarkeit" und „Matrixeinfluß" (vor allem der Einfluß von unterschiedlicher kristallographischer Phasenzusammensetzung („mineralogische Effekte")) der gemessenen Intensität der Fluoreszenzstrahlung.

3.4. Anwendungen

Die Haupteinsatzgebiete der RFA sind Betriebs- und Forschungslaboratorien der

- Schwarz- und Buntmetallurgie,
- Silicatindustrie und
- Chemie.

Die Probleme der Anwendung der Analysenmethode sind dabei in erster Linie von dem Ordnungszahl- und Konzentrationsbereich und dem Probenzustand abhängig. Die Grafik in Abbildung 3.6 kennzeichnet diese vor allem apparativ bedingten Applikationsgrenzen der RFA. Typische Anwendungsfälle sind dabei Konzentrationsbestimmungen in Legierungen, silicatischen Pulvern und wäßrigen Lösungen.

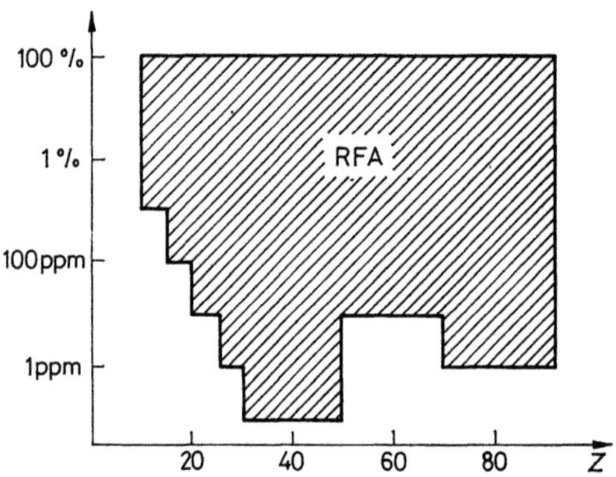

Abb. 3.6. Erfaßbarer Konzentrations-Ordnungszahl-Bereich der RFA

Bestimmung der Gehalte von Ni und Cu in wäßriger Lösung

Analysen von wäßrigen Lösungen sind für die RFA besonders deshalb ein Sonderfall, weil die für genaue Analysenergebnisse erforderliche Homogenität der Proben leicht realisierbar ist und solche Probensysteme in der Regel auch einfach synthetisch nachzubilden sind. Es vereinfacht sich die Eichung der Konstanten der Konzentrations-Intensitäts-Beziehungen (z. B. nach Gl. (4) oder (5)), die sonst notwendige naßchemische Analyse kann umgangen werden. Bei kleinen Probenserien ist so die RFA auch unter ökonomischen Aspekten vorteilhaft einsetzbar. Entsprechende Präparationsverfahren überführen die zu untersuchenden Proben z. B. durch Auflösung in speziellen Säuregemischen in wäßrige Lösungen. Die Messung erfolgt in Flüssigkeitsküvetten, die zur Standardausrüstung eines RFA-Gerätes gehören. Die typischen Anwendungsbedingungen liegen bei der Bestimmung der Gehalte von Cu und Ni im umlaufenden Elektrolyten einer Cu-Elektrolyse vor. Der Elektrolyt hat eine mittlere Zusammensetzung von

$$c_{Ni} = 15 \text{ g/l}$$

$$c_{Cu} = 30 \text{ g/l}$$

$$c_{H_2SO_4} = 140 \text{ g/l (Rest } H_2O).$$

Aufgabe der röntgenfluoreszenzanalytischen Messung ist die Bestimmung der

Gehalte von Cu und Ni. Die Zusammensetzung des Elektrolyten weist beträchtliche Schwankungen auf, so daß mit erheblichen Effekten der gegenseitigen Beeinflussung der Komponenten gerechnet werden muß. Die Größe der gegenseitigen Beeinflussung kann mit Gl. (3) abgeschätzt werden. So erhält man für die Intensität der Cu-K_α-Strahlung näherungsweise

$$I_{Cu-K_\alpha} = K \cdot \frac{c_{Cu}}{205 \cdot c_{Cu} + 201 \cdot c_{Ni} + 21 \cdot c_{H_2SO_4} + 9100}.$$

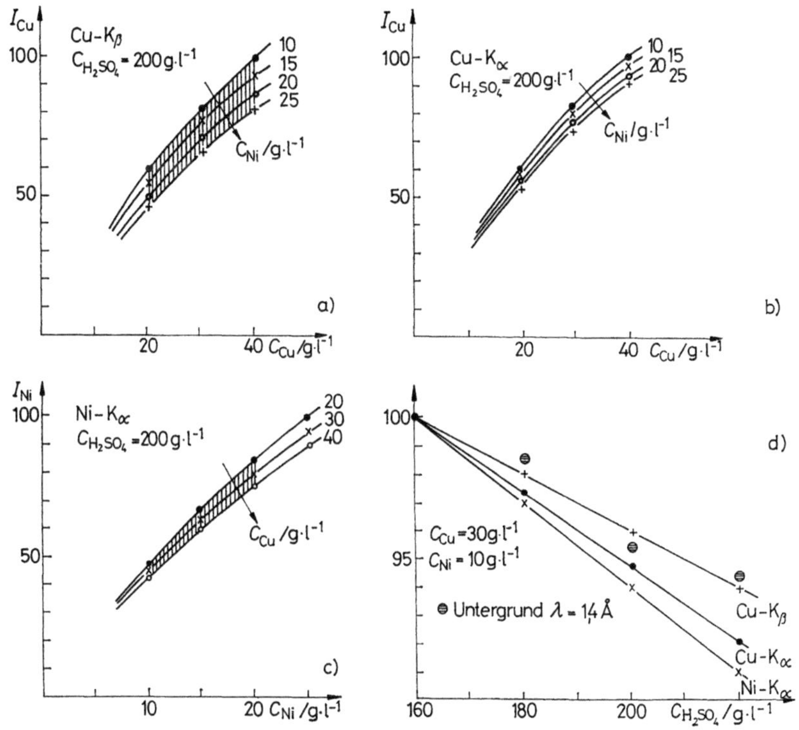

Abb. 3.7. Charakterisierung des „Matrix-Effektes" auf die Intensitäten der Fluoreszenzstrahlung des Cu und Ni im Elektrolyten der Cu-Analyse

Die experimentellen Ergebnisse der Untersuchung dieser Abhängigkeit sind in Abbildung 3.7 für die Linien Cu-K_α, Cu-K_β und Ni-K_α dargestellt und stimmen in guter Näherung mit diesen Abschätzungen überein. Der schraffierte Bereich in Abbildung 3.7a charakterisiert die Schwankungsbereiche der Komponenten Cu und Ni, Abbildung 3.7d den für H_2SO_4. Würde man zur Bestimmung der Cu-Konzentration nur die Cu-K_α-Linie heranziehen, so muß man nach Abbildung 3.7a durch den Einfluß des Ni-Gehaltes mit einem relativen Analysenfehler von 30% und durch H_2SO_4 nach Abbildung 3.7d zusätzlich von 3% rechnen. Die gegenseitige Korrektur zwischen Cu und Ni (z. B. nach Gl. (6)) ist damit für die Durchführung einer quantitativen Analyse unbedingt erforderlich. Die weitere Verbesserung der Analysengenauigkeit erfordert zusätzlich Aussagen über den Gehalt an H_2SO_4. Da bei wäßrigen Lösungen die Messung der langwelligen S-K_α-Strahlung experimentelle Schwierigkeiten bereitet, müssen dazu in der Regel andere Analysenverfahren eingesetzt werden. Wie Abbildung 3.7d zeigt, ist in dem speziellen Anwendungsfall eine Korrelation zwischen der Untergrund-Intensität bei $\lambda = 1{,}4$ Å und dem H_2SO_4-Gehalt vorhanden, die zur Korrektur in erster Näherung verwendet werden kann. So ist also zur Bestimmung der Gehalte von Cu und Ni im Elektrolyten die Messung der Intensitäten I_{Cu}, I_{Ni} und I_U erforderlich. Unter Beachtung der leichten Krümmung der Eichkurven in Abbildung 3.7 kann die Berechnung des Cu-Gehaltes aus der Gleichung (nach Gl. (6))

$$c_{Cu} = b^0_{Cu} + I_{Cu} \cdot \left(b^1_{Cu} + b^2_{Cu} \cdot I_{Cu} + b^2_{Cu\,Ni} \cdot I_{Ni} + b^2_{Cu\,H_2SO_4} \cdot (I_U{}^0 - I_U)\right)$$

erfolgen. Die Anpassung der Konstanten b^i_{jk} mit 48 synthetischen Eichproben aus dem in Abbildung 3.7 charakterisierten Konzentrationsbereich ergab eine mittlere Abweichung der Konzentrationen der synthetischen Proben von den nach dieser Gleichung berechneten von etwa 1,4%. Diese Streuung enthält den Fehler dieses Ansatzes gegenüber den tatsächlichen Intensitäts-Konzentrations-Beziehungen, den Fehler der Herstellung der synthetischen Eichproben und den Fehler der Messung selbst (die Messung erfolgte mit dem RFA-Gerät VRA-2 des VEB Carl Zeiss Jena).

Bestimmung der Konzentrationen leichter Elemente in silicatischen Materialien

Silicatische Materialien werden vor allem durch die Oxide der Elemente Ca, Si, Al und Mg bestimmt, wie es z. B. das in Abbildung 3.8 dargestellte Spektrogramm von Glas zeigt. Die Besonderheit der RFA dieser „leichten" Elemente resultiert aus dem geringen Durchdringungsvermögen ihrer Fluoreszenzstrahlung und der in der Regel

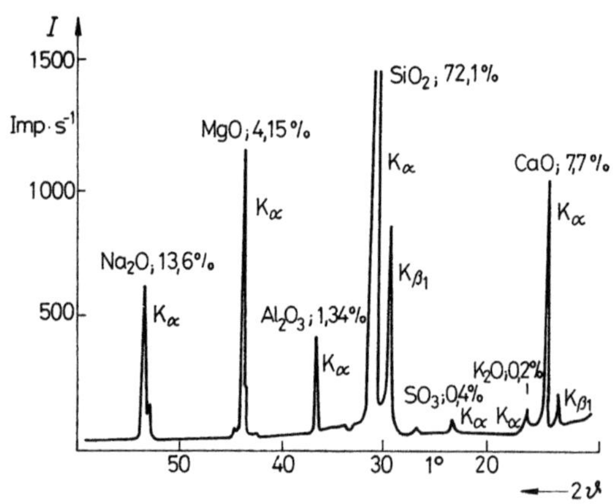

Abb. 3.8. Übersichtsspektrogramm von Glas

starken Heterogenität der Probensubstanzen. Die Genauigkeit der Röntgenfluoreszenzanalyse wird deshalb wesentlich von dem Präparationsverfahren bestimmt, das den hohen Forderungen einer repräsentativen, homogenen Oberflächenschicht gerecht werden muß. Die Analyse leichter Elemente wird am Beispiel der Klinker-Analyse (Zwischenprodukt der Zementherstellung) dargestellt [3].

Klinker, der aus der Sicht der RFA hauptsächlich aus den Komponenten CaO,

SiO_2, Al_2O_3, Fe_2O_3 und MgO besteht, liegt in stückiger, stark inhomogener Form vor. Wenn man von dem zeitaufwendigen Borax-Aufschluß absieht, kommt als Verfahren zur Präparation nur das Mahlen der Ausgangssubstanz und das anschließende Pressen des Pulvers zu Tabletten in Frage.

Die Herstellung der Tabletten aus dem Pulver ist bei der Anwendung eines Preßdruckes von etwa 1500 kp/cm^2 und einer Haltezeit des Druckes von einigen Sekunden leicht möglich. Zur Verbesserung der Stabilität der Proben kann ein Pressen in Ringe (z. B. aus PVC) erfolgen. Bei einer Korngrößenverteilung von 95% kleiner 50 µm ist mit diesem Verfahren eine Reproduzierbarkeit der Probenherstellung (Streuung der gemessenen Intensität der Fluoreszenzstrahlung bei der Herstellung von 20 Proben aus einer als homogen angenommenen Ausgangssubstanz) von besser 0,2% erreichbar. Der Einfluß geringer Schwankungen von Preßdruck und Haltezeit ist dabei vernachlässigbar. Merklich sind jedoch Effekte, die aus der Pulverisierung des stückigen Materials folgen. Beim Mahlvorgang mineralogischer Substanzen erhält man ein Korngrößenspektrum mit einem Maximum bei einer Korngröße, die von der Probenart, der Mahldauer und dem verwendeten Mühlentyp abhängt. Wegen des inhomogenen Aufbaus der Körner erfahren diese beim Mahlvorgang einen ungleichmäßigen Abrieb. Körner unterschiedlicher Fraktionen weisen deshalb unterschiedliche chemische (und mineralogische) Zusammensetzung auf. Bei der

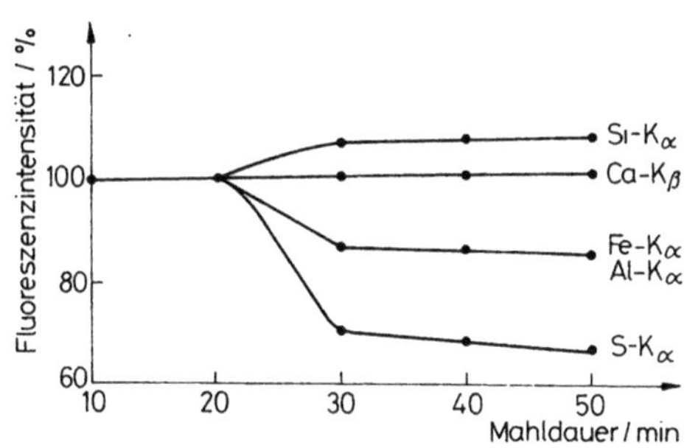

Abb. 3.9. Abhängigkeit der Fluoreszenzintensität der Klinker-Komponenten von der Mahldauer

Analyse der heterogen aufgebauten Probe und der einzelnen Körner tritt eine Abhängigkeit des Meßergebnisses vom Kornaufbau und von der Mahlfeinheit auf. Beide Effekte (Mikroinhomogenitäts- und Teilchengrößeneffekt) lassen sich experimentell nicht trennen. Die Größe dieser Effekte ist in Abbildung 3.9 charakterisiert, in der die relativen Intensitäten der „leichten" Elemente als Funktion der Mahldauer dargestellt sind (100% willkürlich bei einer Mahldauer von 10 Minuten). Bei der Vorbereitung der nicht als Pulver vorliegenden Proben kommt damit dem Parameter Mahldauer bei der Probenvorbereitung eine besondere Bedeutung zu.

Eine Eichung der Konzentrations-Intensitäts-Beziehungen an synthetischen Proben ist vor allem wegen des großen Einflusses des mineralogischen Aufbaus der silicatischen Substanzen nicht möglich. Die Eichung kann nur an naßchemisch analysierten Proben erfolgen. Der Fehler der naßchemischen Analyse und vor allem die aus ökonomischen Gründen nur verfügbare geringe Anzahl von Eichproben erschweren die umfassende Analyse der Verhältnisse der gegenseitigen Beeinflussung der Komponenten, so daß in der Regel lineare Eichfunktionen in Form

$$c_i = b_i^0 + b_i^1 \cdot I_i \cdot (1 + b_{ij}^2 \cdot I_j)$$

angewendet werden, wobei b_{ij}^2 (bis auf die Störungen CaO—SiO_2) im allgemeinen gleich Null gesetzt wird. Bei einem mittleren Meßzeitaufwand von 100 Sekunden je Komponente erreicht man eine relative Analysengenauigkeit von etwa 0,5% bis 5% (Abweichungen von der naßchemischen Analyse).

Bestimmung der Konzentration von Komponenten mittlerer Ordnungszahlen in Legierungen

Die effektive Anregung und das gute Durchdringungsvermögen der Fluoreszenzstrahlung von Elementen mit mittleren Ordnungszahlen haben in der Regel nur geringe Probleme für die Messung und Präparation zur Folge. Die Probekörper werden in kleinen, zylindrischen Kokillen gegossen und die zur Messung notwendigen Flächen durch Schleifen hergestellt, wobei eine Rauhtiefe kleiner 50 µm angestrebt wird. Die Analysenmethodik wird wesentlich durch die Matrixeinflüsse (Absorption und Sekundäranregung in der Probe) bestimmt. Da eine synthetische Probenherstellung in der Regel nicht möglich ist, müssen naßchemisch analysierte Proben herangezogen werden. Bei mehrkomponentigen Proben kann eine Vielzahl von wechselseitigen Beeinflussungen auftreten, die die Diskrepanz zwischen Eichprobenzahl und anzupassenden Konstanten noch vergrößert. Mit steigenden Genauigkeitsforderungen werden höhere Forderungen an die Sicherheit der Wechselwirkungsparameter gestellt, die in zunehmendem Maße aus theoretischen Modellen abgeleitet

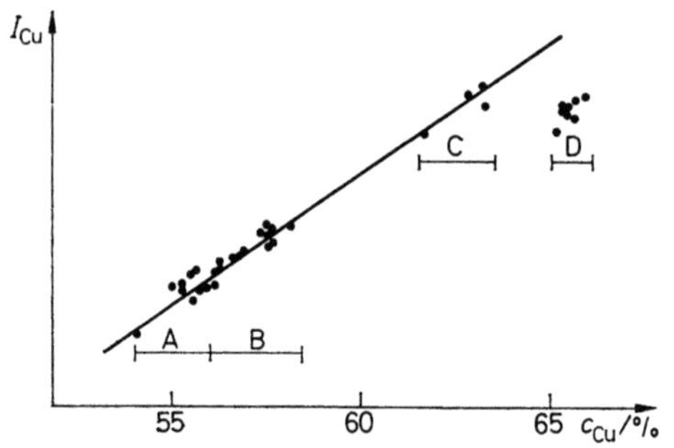

Abb. 3.10. Intensität der Fluoreszenzstrahlung des Kupfers in verschiedenen Legierungen des Systems Cu-Ni-Zn

werden. Abbildung 3.10 stellt die an Cu-Ni-Zn-Legierungen gemessenen Intensitätskonzentrationsbeziehungen für Cu dar. Die Streuung der Meßpunkte um die gemittelte Gerade in den Bereichen der einzelnen Probenqualitäten A bis D charakterisiert typische Streubreiten, hervorgerufen durch Meßfehler, Fehler der naßchemischen Analyse und Matrixeinflüsse. Die Probenqualitäten A, B und C enthalten Zn etwa in einer Konzentration von 20%, die Qualität D von 30% (Rest im wesentlichen Ni). Trotz geringer Unterschiede im Schwächungskoeffizienten der Komponenten Ni und Zn für Cu-K_α-Strahlung weichen die Meßpunkte der Qualitäten C und D weit voneinander ab. Die Korrektur der Einflüsse entspricht Gl. (6).

Bestimmung der Dicke und Zusammensetzung dünner Schichten

Die Untersuchung „dünner" Schichten stellt einen Sonderfall der Anwendung der Röntgenfluoreszenzanalyse dar. Unter der Bedingung $d < 7/A(\lambda, \lambda_j)$ ist die Intensität der Fluoreszenzstrahlung einer Probe nach Gl. (2) eine Funktion der Konzen-

tration c_j ihrer Komponenten und der Schichtdicke d. Unter Beachtung der Bedingung $\sum c_j = 1$ ist dieses Gleichungssystem grundsätzlich lösbar. Praktisch anwendbar ist diese Methode aber nur bei ein- oder zweikomponentigen Schichten. Unter der Bedingung

$$d \leqq \frac{0{,}1}{A(\lambda, \lambda_j)}$$

läßt sich der zweikomponentige Fall aus Gl. (2) nähern zu

$$\begin{aligned} I_1 &= K_1 \cdot c_1 \cdot d \\ I_2 &= K_2 \cdot c_2 \cdot d. \end{aligned} \tag{10}$$

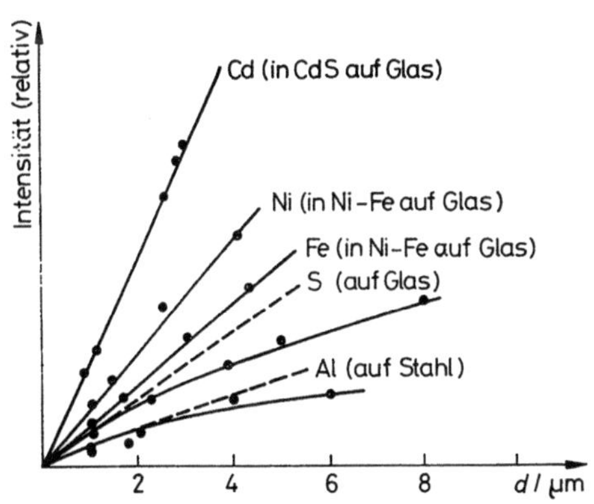

Abb. 3.11. Fluoreszenzintensitäten „dünner Schichten" als Funktion der Schichtdicke

Abbildung 3.11 zeigt einige Anwendungsbeispiele [4] und dabei auch die engen Grenzen der Anwendbarkeit dieser Gleichungen. Als untere Grenze wurden bei Ni-Schichten auf Glas quantitative Schichtdickenbestimmungen bis 20 Å (Fläche etwa 7 cm^2) durchgeführt.

Eine Erweiterung des Definitionsbereiches des Verfahrens der röntgenspektroskopischen Schichtdickenbestimmung ist bei Schichten auf Substraten aus Materialien mit Elementen höherer Ordnungszahl ($Z > 20$) möglich. In diesem Fall kann die Fluoreszenzstrahlung einer Komponente konstanter Konzentration des Schichtträgers I_S als Informationsquelle verwendet werden, die durch die Schicht geschwächt wird.

$$I_S = I_S(d = 0) \cdot \exp\left(-A(\lambda, \lambda_S) \cdot d\right). \tag{11}$$

Im Gegensatz zur Emissionsmethode (Gl. (10)) ist der Definitionsbereich der Absorptionsmethode (Gl. (11)) bei kleinen Schichtdicken begrenzt. Im Übergangsbereich bietet sich als Kombinationsverfahren der Quotient aus Emissions- und Absorptions-Verfahren an. Bei Meßzeiten von einigen Minuten sind Genauigkeiten für c_1, c_2 und d von einigen Prozent erreichbar, die jedoch wesentlich durch die Homogenität der Schicht (Konzentration der Komponenten und Schichtdicke) und die Genauigkeit der Eichproben beeinflußt werden. Durch Ausblenden der Primärstrahlung bis auf einen Durchmesser von einigen mm^2 lassen sich grundsätzlich auch „Verteilungsanalysen" durchführen. Sie sind jedoch, wenn man auf spezielle Spektrometer verzichtet, auf einfache Anwendungsfälle begrenzt, da die Empfindlichkeit der Methode dabei nur etwa 2 bis 3 Größenordnungen geringer ist als bei der Makroanalyse.

3.5. Zusammenfassung

Die RFA hat sich als Methode zur Elementanalyse (Durchschnittsanalyse von etwa 10 cm^2 großen Probenflächen) im Ordnungszahlbereich $9 \leqq Z \leqq 92$ bei Konzentrationen von einigen ppm bis praktisch 100% bewährt. Auf Grund der geringen zum Meßeffekt beitragenden Schichtdicke (Größenordnung 100 μm) sind an die Vorbereitung der Proben zur Messung erhöhte Anforderungen zu stellen. Andererseits besteht (in beschränktem Umfang) die Möglichkeit der Analyse dünner Schichten.

Abhängig vom Konzentrations- und Ordnungsbereich und von der Qualität der zur Verfügung stehenden äußeren Standardproben (Eichproben) sind Analysengenauigkeiten bis zu 0,2% (relative Standardabweichung) bei einer Analysendauer von der Größenordnung einer Minute erreichbar. Die Analysenmethode ist auf Grund des relativ großen gerätetechnischen Aufwandes und der notwendigen Eichung an Standardproben vorteilhaft einsetzbar bei der Untersuchung von großen Serien einer Probenqualität (Prozeßkontrolle, Betriebsanalytik). Bei der Untersuchung geringer Probenzahlen können durch Einsatz aufwendigerer Präparationsverfahren bedingt auch synthetische Eichproben verwendet werden. In einigen Fällen ist die Konzentrationsberechnung einer Komponente aus der Messung einer Intensität durch die starke Beeinflussung von Begleitkomponenten nur mit begrenzter Genauigkeit möglich. Zur Korrektur dieses Einflusses stehen empirische und auf theoretischen Berechnungen basierende Verfahren zur Verfügung. Die Gerätetechnik ist gekennzeichnet durch den Einsatz elektrisch stabilisierter Hochspannungsquellen zum Betrieb der Röntgenröhren mit hoher Dosisleistung und großer Stabilität der emittierten Intensität, vollautomatisierter Spektrometersysteme und Einrichtungen zum Strahlungsnachweis und gekoppelter Rechner zur Konzentrationsermittlung. Der Halbleiterdetektor als energiedispersives System ermöglicht den Aufbau kompakterer RFA-Geräte, mit denen bereits jetzt auf speziellen Applikationsgebieten gleiche oder bessere Analysenergebnisse erzielt werden als mit der kristalldispersiven RFA. Durch die weitere Entwicklung der Halbleiterdetektor-Spektrometer und entsprechender Spektrum-Entfaltungsprozeduren ist mit der ständigen Erweiterung des Einsatzgebietes dieser neuen Gerätekategorie zu rechnen, ohne daß derzeit dabei eine vollständige Ablösung der kristalldispersiven Geräte angestrebt wird.

3.6. Literatur

[1] SHERMAN, J., Spectroch. Acta **7** (1955) 353.
[2] WEHNER, B., Dissertation 1979, TU Dresden, Sektion Physik.
[3] KLEINSTÜCK, K., FÖRSTERLING, G., VOGEL, E., WEHNER, B., Silicat-Technik **19** (1968) 228.
[4] FÖRSTERLING, G., Dissertation 1969, TU Dresden, Sektion Physik.
[5] MÜLLER, R.: Spektrochemische Analysen mit Röntgenfluoreszenz. R. Oldenburg, München/Wien 1967.
[6] LOSSEV, N. F.: Quantitative Röntgenfluoreszenzanalyse (russ.). Verlag „Nauka", Moskau 1969.
[7] BERTIN, E. P.: Principles and practice of X-ray spectrometric analysis. Heyden and Son, London/Plenum Press, New York 1970.
[8] HEINRICH, K. F. J., Adv. in X-ray analysis **19** (1976) 75.

4. Elektronenstrahl-Mikroanalyse

(W. Beier, A. Röder, O. Brümmer, Halle)

4.1. Grundprinzip

Unter der unmittelbaren Einwirkung energiereicher elektrisch geladener Teilchen werden von jeder Materie Röntgenstrahlen emittiert. Diese Strahlungsemission entsteht einerseits durch das Abbremsen der Teilchen im Coulomb-Feld der Atome, wobei eine elementunspezifische kontinuierliche Strahlung, die Röntgenbremsstrahlung, auftritt. Die unelastische Wechselwirkung energiereicher Teilchen mit den Atomen führt andererseits zur Ionisation kernnaher Elektronenschalen, wodurch die Atome ein Linienspektrum — die sogenannte charakteristische Röntgenstrahlung — aussenden, deren Wellenlängen in einer festen Beziehung zur Ordnungszahl der angeregten bzw. ionisierten Atome stehen.

Auf der Grundlage dieser Beziehung ist mit der charakteristischen Strahlung eine Elementanalyse des mit Teilchen beschossenen Bereichs eines Körpers möglich. Die qualitative Elementanalyse erfordert die Bestimmung der Wellenlängen der Röntgenlinien bzw. ihrer Quantenenergien. Dazu ist eine spektrale Zerlegung der Röntgenstrahlung vorzunehmen. Für eine spektrale Zerlegung von Röntgenstrahlung kann sowohl die Beugung der Röntgenstrahlen an Einkristallen (wellenlängendispersive Methode) als auch die direkte Energiemessung der Röntgenquanten (energiedispersive Methode) genutzt werden. Bei den Kristallspektrometern werden die Linien eines Röntgenspektrums zeitlich nacheinander registriert, wobei eine hohe spektrale Auflösung erreicht wird. Neben der chemischen Analyse sind damit aus der Linienverschiebung und Bandenform auch Aussagen zur Bandstruktur von Festkörpern und zum Bindungszustand der Atome zu gewinnen (siehe dazu auch Kapitel 5.).

Mit Energiespektrometern kann gleichzeitig das gesamte Spektrum registriert werden, jedoch ist die spektrale Auflösung infolge der begrenzten Energieauflösung des Detektors geringer. Der gegenwärtig mittels Röntgenstrahlen analysierbare Elementumfang reicht bei den Kristallspektrometern vom Beryllium bis zum Uranium; bei den Energiespektrometern vom Kohlenstoff bis zum Uranium.

Die quantitative chemische Analyse mittels primär angeregter Röntgenspektren wird über die Intensitätsmessung der Röntgenlinien vorgenommen. Der Masseanteil eines Elementes kann direkt aus einem Vergleich der Linienintensität beim untersuchten Stoff und bei einem geeigneten Standard erhalten werden. Stehen Standards mit einer der untersuchten Probe ähnlichen chemischen Zusammensetzung nicht zur Verfügung, so werden Reinelementstandards oder chemische Verbindungen verwendet. In diesem Fall ist das unterschiedliche Eindringverhalten der geladenen

Teilchen im Stoff, die verschiedene Rückstreuung von Teilchen als auch die veränderte Absorption der Röntgenstrahlung in Probe und Standard mathematisch zu korrigieren, wozu verschiedene Methoden entwickelt wurden. Unter optimalen Bedingungen betragen die noch nachweisbaren Konzentrationen einige 10 ppm.

Ein bedeutender Vorteil der Spektralanalyse primär angeregter Röntgenspektren besteht neben der im Vergleich zu anderen Anregungsarten weit größeren Ausbeute vor allem in der Möglichkeit, durch Fokussierung der anregenden Primärteilchen den analysierten Bereich einer Substanz stark zu verkleinern.

Bei Elektronenanregung kann der Bereich auf einen Durchmesser in der Größenordnung von 1 μm begrenzt werden, so daß Mikroanalysen mit einer lateralen Auflösung dieser Größenordnung möglich sind (Elektronenstrahl-Mikroanalyse). Da wegen der begrenzten Eindringtiefe der Elektronen das angeregte Volumen größenordnungsmäßig ebenfalls nur μm^3 beträgt, können noch Massen chemischer Elemente von 10^{-18} nachgewiesen werden.

Auch bei der Protonenanregung sind Strahldurchmesser von etwa 4 μm erreicht worden.

Neben der Punktanalyse können durch eine mechanische Verschiebung der Probe oder durch eine linien- oder flächenhafte Auslenkung des anregenden Primärstrahles sowohl Elementprofile als auch flächenhafte Elementverteilungen bestimmt werden. Die Kombination der Röntgenanalyse mit anderen Wechselwirkungsphänomenen zwischen Primärteilchen und Probenatomen erlaubt sehr komplexe Aussagen über die untersuchte Substanz, so daß diese Methode wachsende Anwendung in Wissenschaft und Technik findet.

Die Behandlung der Elektronenstrahl-Mikroanalyse beschränkt sich auf die Anregung primärer Röntgenspektren mittels Elektronen. Die Anregung durch Ionen wird unter „Festkörperanalyse mittels ioneninduzierter Röntgenstrahlung" (Kap. 6) ausführlich behandelt.

4.2. Theoretische Grundlagen

Treffen Elektronen auf einen festen Körper, so können sie entsprechend ihrer Energie mehr oder weniger tief in den Körper eindringen, wobei sie durch Wechselwirkung mit den atomaren elektrischen Feldern einerseits ihre Bewegungsrichtung und ihre Energie mit der Tiefe ändern. Andererseits führt die Coulomb-Wechselwirkung zur Anregung und Ionisation der Atome des Körpers. Insgesamt verursacht die Wechselwirkung folgende wesentlichen Phänomene:

1. Strahlauffächerung und Rückstreuung von Elektronen
2. Auslösung von Sekundär- und Auger-Elektronen
3. Strom absorbierter Elektronen
4. Röntgenbremsstrahlung
5. Charakteristische Röntgenstrahlung
6. Katodolumineszenz
7. Temperaturerhöhung
8. Beugungs- und Interferenzeffekte der Elektronen und erzeugten Röntgenstrahlen (bei kristallinen Festkörpern).

Jedes der einzelnen Phänomene kann zu analytischen Aussagen über eine Probe herangezogen werden. Für die Spektralanalyse primär angeregter Röntgenspektren und im besonderen für die Elektronenstrahlmikrosonde sind das Verhalten der Primärelektronen in der Probe sowie die Gesetzmäßigkeiten der Röntgenstrahlen und der Auger-Effekt von besonderer Bedeutung, so daß sich dieses Kapitel darauf beschränkt. Die Verwendung der anderen Effekte zu analytischen Aussagen wird im Zusammenhang mit dem Elektronenrastermikroskop im Kapitel 10. dieses Buches behandelt.

Die Änderung von Bewegungsrichtung und Energie der Elektronen in der Probe erfolgt im wesentlichen durch die elastische Kernstreuung und durch unelastische Wechselwirkung mit den gebundenen Elektronen. Infolge der mit Richtungsänderungen verbundenen beschleunigten Bewegung strahlen die Elektronen Energie ab, die als Röntgenbremsstrahlung emittiert wird.

Bei der unelastischen Wechselwirkung der primären Elektronen mit den Hüllenelektronen der Atome wird Energie an die gesamte Elektronenhülle oder an ein einzelnes Elektron übertragen, wobei die Atome angeregt oder ionisiert werden.

Die mathematische Beschreibung der Streuvorgänge wird mit Hilfe des Streuquerschnittes vorgenommen, welcher der Querschnittsfläche entspricht, innerhalb der ein bewegtes Elektron ein Atom für das Eintreten eines Streuvorganges treffen muß. Zur Erfassung der Winkelabhängigkeit der Streuung wird der differentielle Streuquerschnitt $\frac{d\sigma}{d\Omega}$ betrachtet (siehe Abb. 4.1).

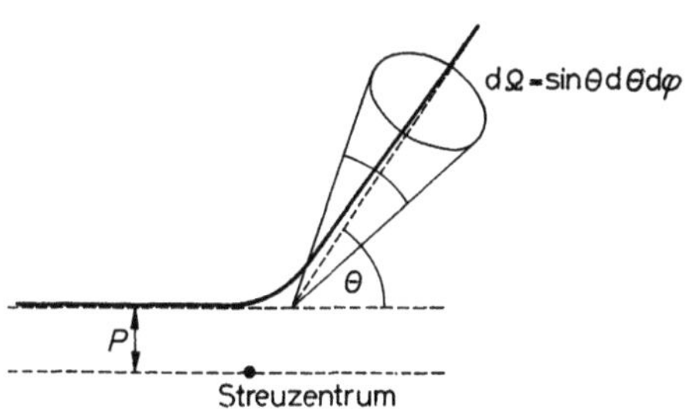

Abb. 4.1. Schematische Darstellung der Teilchenstreuung an einem Streuzentrum (θ Streuwinkel, P Stoßparameter)

Nach der Anzahl der erfolgten Streuakte kann der Streuprozeß in Einfach-, Mehrfach- und Vielfachstreuung sowie Elektronendiffusion unterteilt werden.

Eine erste theoretische Behandlung der Einfachstreuung elektrisch geladener Teilchen am Atomkern wurde von Rutherford [1] vorgenommen. Der differentielle Streuquerschnitt für die Streuung von Elektronen ist danach in Abhängigkeit von der Ordnungszahl Z, der Primärenergie E_0 und dem Streuwinkel θ gegeben durch

$$\frac{d\sigma}{d\Omega} = \frac{e^4 Z^2}{16 E_0^2} \cdot \frac{1}{\sin^4 \frac{\theta}{2}}. \qquad (1)$$

Diese Formel beschreibt die Streuung an dünnen Schichten in qualitativer Übereinstimmung mit den Experimenten. Die Streuwahrscheinlichkeit nimmt mit wachsender Ordnungszahl zu und mit wachsendem Streuwinkel stark ab. Für genauere Betrachtungen ist die Rutherfordsche Streuformel aber zu modifizieren (Molière [2], Mott [3]).

Mit wachsender Schichtdicke nimmt die Wahrscheinlichkeit für die Aufeinanderfolge mehrerer elastischer Streuakte zu, so daß ein Parallelstrahl zunehmend aufgefächert wird, und über Mehrfach- und Vielfachstreuung wird in dicken Schichten und kompaktem Material schließlich ein Zustand erreicht, bei welchem keine Vorzugsrichtung der Elektronenbewegung mehr existiert.

Diese Elektronendiffusion wurde u. a. von Bothe [4], Bethe, Rose u. Smith [5] sowie Spencer [6] und Archard [7] theoretisch behandelt.

In Substanzen mit hoher Ordnungszahl wird wegen der größeren Streuquerschnitte der Zustand der Diffusion der Elektronen bereits in geringer Tiefe erreicht, so daß sich ein etwa halbkugelförmiges Streuvolumen mit einer großen Zahl rückgestreuter Elektronen ausbildet. Bei niedriger Ordnungszahl der streuenden Atome dringen die Elektronen wegen des kleineren Streuquerschnittes ohne wesentliche Richtungsänderung tiefer in die Probe ein, und die Elektronendiffusion tritt erst in größerer Tiefe auf. In diesem Fall wird das Streuvolumen birnenförmig, siehe Abbildung 4.2.

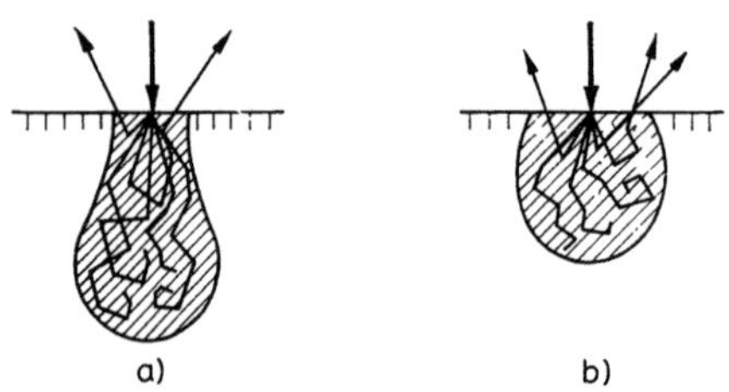

Abb. 4.2. Unterschiedliche Form des Streuvolumens in Proben mit niedriger (a) und hoher Ordnungszahl (b)

Durch die Streuprozesse wird der Durchmesser des angeregten Volumens über das Ausmaß des Elektronenstrahls vergrößert und damit die laterale Auflösung der Elektronenstrahl-Mikroanalyse reduziert. Sie wird allgemein durch die Summe von Strahldurchmesser und Eindringtiefe der Elektronen bestimmt.

Die Eindringtiefe der Elektronen in eine Substanz hängt von der Anfangsenergie und vom Energieverlust infolge unelastischer Wechselwirkung hauptsächlich mit den Hüllenelektronen der Atome ab.

Die Energieabsorption in Materie ist ein komplizierter Prozeß. Unter Vernachlässigung des statistischen Charakters des Energieverlustes wird näherungsweise eine kontinuierliche Energieabgabe der Elektronen betrachtet, die durch das Massenbremsvermögen S bzw. durch die mittlere oder die wahrscheinlichste Energie der Elektronen nach Durchdringen einer Schicht der Massendicke z beschrieben wird. Nach Bethe [5] kann das Bremsvermögen durch folgenden Ausdruck berechnet werden:

$$S = -\frac{1}{\varrho}\frac{\mathrm{d}E}{\mathrm{d}x} = \frac{2\pi N_{\mathrm{L}} \cdot e^4 \cdot Z}{E_0 \cdot A^*} \ln \frac{2E_0}{J} \tag{2}$$

ϱ = Dichte
N_{L} = Avogadrosche Zahl
e = Elementarladung
A^* = Atommasse
J = mittleres Ionisationspotential

Für die wahrscheinlichste Energie E_w transmittierter Elektronen gilt nach THOMSON-WHIDDINGTON [8] die halbempirische Beziehung

$$E_0^2 - E_w^2 = bz, \tag{3}$$

und nach einem ähnlichen quadratischen Gesetz läßt sich nach COSSLETT u. THOMAS [9] die mittlere Energie E_m berechnen:

$$E_0^2 - E_m^2 = b'z. \tag{4}$$

Die Konstanten b und b' hängen sowohl von der Anfangsenergie als auch von den Materialeigenschaften ab.

Nach dem Absorptionsverhalten läßt sich die Reichweite der Elektronen R durch eine allgemeine Beziehung der Form

$$R = kE_0^n \tag{5}$$

berechnen, wobei n zwischen 1,2 und 1,7 variiert und k sich mit der Elementzusammensetzung ändert.

Zur Berechnung der Eindringtiefe von Elektronen bei einer bestimmten Energieabnahme bis auf E_c leitete CASTAING [10] den Ausdruck

$$R = 0{,}033\,(E_0^{1,7} - E_c^{1,7})\,\frac{A^*}{\varrho Z} \tag{6}$$

ab (R in µm; E_0, E_c in keV).
Ähnliche Beziehungen wurden u. a. von DUNCUMB [11] und COLBY [12] angegeben (s. auch „Übersichtsliteratur" unter 4.6.).

Aus dem gesamten Bereich, in welchem die Elektronen ihre kinetische Energie verlieren, wird beim Abbremsen Röntgenstrahlung mit einer kontinuierlichen Wellenlängenverteilung oberhalb einer bestimmten Grenzwellenlänge emittiert. Die kurzwellige Grenze des Bremsspektrums λ_{min}, die dem vollständigen Energieverlust eines Elektrons bei einer einzigen Wechselwirkung entspricht, hängt nach dem Duane-Huntschen Gesetz lediglich von der Anfangsenergie der Elektronen ab und läßt sich durch die folgende Beziehung berechnen:

$$\frac{\lambda_{min}}{\text{nm}} = \frac{1{,}2398}{\dfrac{U_0}{\text{kV}}}. \tag{7}$$

Die Gesamtintensität der Bremsstrahlung wächst etwa quadratisch mit der Primärspannung U_0 und steigt proportional zur Ordnungszahl Z an.

Die Bremsstrahlung weist für die verschiedenen Elemente und bei unterschiedlichen Spannungen eine ähnliche spektrale Intensitätsverteilung auf, die bei einer Wellenlänge von etwa $3/2\lambda_{min}$ ein Intensitätsmaximum besitzt. Nach KRAMERS [13] genügt die spektrale Intensität folgendem Verteilungsgesetz:

$$I_\nu = \text{const}\,Z(\nu_0 - \nu), \tag{8}$$

wobei zwischen den einzelnen Größen folgender Zusammenhang besteht:

$$h\nu_0 = E_0 = eU_0 = h\,\frac{c}{\lambda_{min}} \tag{9}$$

(h Plancksche Konstante, c Lichtgeschwindigkeit).

Abbildung 4.3 zeigt die auf Frequenzeinheiten bezogene spektrale Intensitätsverteilung des kontinuierlichen Spektrums in Abhängigkeit von der Frequenz.

Die Röntgenbremsstrahlung, die prinzipiell bei jedem Beschuß einer Substanz mit elektrisch geladenen Teilchen auftritt, jedoch mit zunehmender Masse der Teilchen

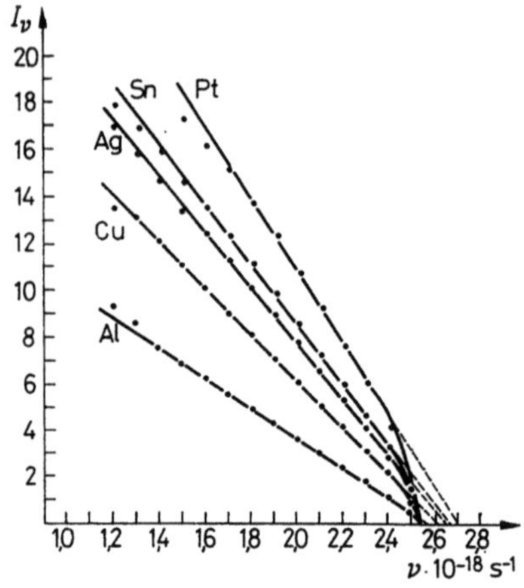

Abb. 4.3. Intensitätsverteilung des l tinuierlichen Spektrums verschieder Elemente in Abhängigkeit von der F quenz
(Intensität auf Frequenzeinheiten bezogen)

geringere Intensität besitzt, bewirkt bei der Spektralanalyse einen störenden Intensitätsuntergrund und beeinträchtigt bzw. begrenzt damit die Nachweisempfindlichkeit der Analysenmethode. Außerdem kann die Bremsstrahlung durch Fluoreszenz das Analysenergebnis verfälschen, so daß die Anwendung mathematischer Korrekturen notwendig wird (siehe Fluoreszenzkorrektur).

Für eine chemische Analyse wird die charakteristische Röntgenstrahlung verwendet, die dem Bremsspektrum überlagert in Form diskreter Röntgenlinien auftreten kann. Voraussetzung dafür ist, daß die einfallenden Elektronen durch unelastische Stöße innere Elektronenschalen der Atome ionisieren können, wozu ihre Energie größer als eine elementspezifische kritische Anregungsenergie E_c sein muß.

Die Wahrscheinlichkeit für eine solche Ionisation wird durch den Ionisationsquerschnitt Q bestimmt, der für die einzelnen Elektronenschalen verschieden und eine Funktion der Energie der einfallenden Elektronen sowie der Ordnungszahl des Atoms ist. Die Anzahl von Ionisationen etwa der K-Schale, die ein Elektron auf dem Weg dx durch eine Substanz der Ordnungszahl Z bewirken kann, ist dann bestimmt durch die Beziehung

$$\mathrm{d}n = n_0 Q_\mathrm{K}(E_0, Z)\,\mathrm{d}x. \tag{10}$$

Die Anzahl vonAtomen pro Volumeneinheit n_0 läßt sich für ein reines Element durch N_L, A^* und ϱ ausdrücken, so daß man für dn erhält:

$$\mathrm{d}n = \frac{\varrho \cdot N_\mathrm{L}}{A^*}\, Q_\mathrm{K}(E_0, Z)\,\mathrm{d}x. \tag{10'}$$

Nach Bethe [14] kann der Ionisationsquerschnitt aus der kritischen Anregungsspannung und dem Überspannungsverhältnis U_0/U_c berechnet werden und liegt in der Größenordnung von 10^{-24} m².

Die Elektronen können die Atome nur in dem Streubereich ionisieren, in welchem das Überspannungsverhältnis größer eins, d. h. $U > U_c$ ist.

Durch die Ionisation innerer Elektronenniveaus wird das Atom in einen energiereicheren Zustand versetzt. Durch Elektronenübergänge von äußeren Niveaus werden die Lücken in den inneren Schalen aufgefüllt, wobei das Atom in energieärmere Zustände übergeht. Bei einem solchen Übergang wird gemäß der Bohrschen Theorie eine elektromagnetische Strahlung der Frequenz ν emittiert, die durch die Beziehung

$$\nu = \frac{E_1 - E_2}{h} \tag{11}$$

gegeben ist und die einer diskreten Röntgenlinie mit im allgemeinen hoher Intensität entspricht.

Die einzelnen Vorgänge lassen sich im einfach ionisierten Atom übersichtlich in einem Energieniveauschema darstellen, in welchem dem neutralen Atom die Nullinie und dem Atom mit einer Elektronenlücke in der innersten, der K-Schale, eine Linie mit der höchsten Energie entspricht (siehe Abb. 4.4). Wird die Lücke in der K-Schale

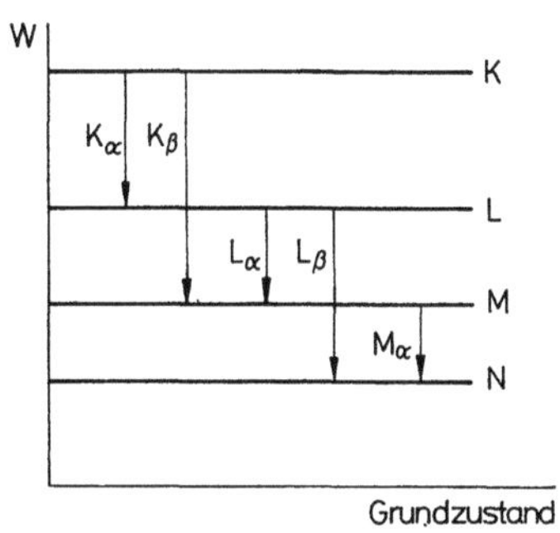

Abb. 4.4. Entstehung der charakteristischen Röntgenstrahlung im vereinfachten Energieniveauschema des Atoms

durch ein Elektron der L-Schale aufgefüllt, so geht das Atom in den energieärmeren L-Zustand über, und dabei wird die Energiedifferenz als K_α-Strahlung abgestrahlt. Ebenso kann die Auffüllung durch einen Elektronenübergang aus der M-Schale erfolgen, wobei das Atom den M-Zustand unter Emission der energiereicheren K_β-Strahlung annimmt. Durch diese Bezeichnungsweise werden alle Linien, die vom K-Zustand ausgehen, zu einer Serie zusammengefaßt. Die energiereichste Linie einer Serie wird durch Übergänge aus dem Valenzband erzeugt. Durch einen Elektronenübergang aus der L-Schale entsteht eine Elektronenlücke in dieser Schale, so daß unter Auffüllung dieser Lücke nun ebenfalls die langwelligere L-Serie emittiert wird usw.

Da Atome mit einem fehlenden Elektron in einer voll besetzten Schale sich wasserstoffähnlich verhalten, läßt sich das charakteristische Röntgenspektrum prinzipiell durch das Seriengesetz für Einelektronensysteme in der Form

$$\nu = RZ^2 \left(\frac{1}{{n_1}^2} - \frac{1}{{n_2}^2}\right) \tag{12}$$

($n_{1,2} = 1, 2, 3, \ldots$ Hauptquantenzahl mit $n_1 < n_2$; R Rydberg-Konstante) beschreiben.

Wegen der teilweisen Abschirmung der Elektronenlücke durch die übrigen Elektronen einer Schale wird das Coulomb-Feld des Kerns aber nicht voll wirksam, so daß die Abhängigkeit der Frequenz von der Ordnungszahl durch eine Abschirmkonstante modifiziert werden muß. Diese Konstante beträgt für die K-Serie 1, für die L-Serie z. B. 7,4.

Für die Frequenz der K_α-Linie der Atome erhält man so mit $n_1 = 1$ und $n_2 = 2$ das von MOSELEY [15] gefundene Gesetz

$$\nu_{K_\alpha} = \frac{3}{4} R(Z - 1)^2, \tag{13}$$

das experimentell in guter Näherung erfüllt wird.

Dieses Gesetz, das die eindeutige Beziehung zwischen der Ordnungszahl des Atoms und der Frequenz und damit der Wellenlänge bzw. der Energie der charakteristischen Röntgenlinien unabhängig vom Bindungszustand des Atoms festlegt (Abb. 4.5), bildet die Grundlage der chemischen Analyse mit Röntgenstrahlen.

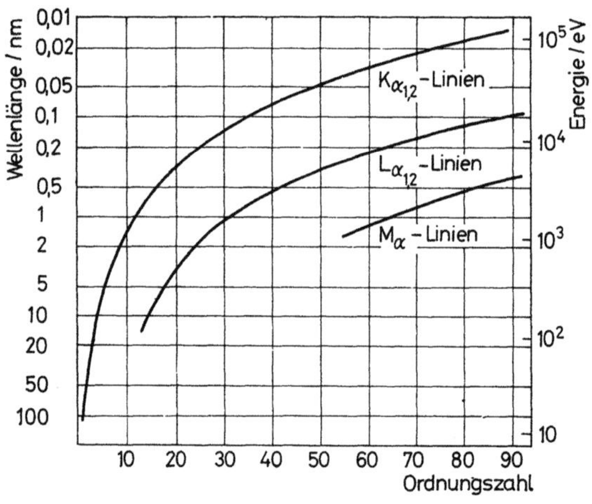

Abb. 4.5. Wellenlängen bzw. Energien der intensitätsstärksten Linien der Röntgenserien in Abhängigkeit von der Ordnungszahl nach dem Moseleyschen Gesetz

Die Unabhängigkeit des charakteristischen Röntgenspektrums von der chemischen Bindung gilt jedoch nur, sofern Energieverschiebungen in der Größenordnung von eV vernachlässigt werden. Mit hochauflösenden Kristallspektrometern sind solche Energieänderungen durch den Bindungseinfluß aber an Valenzbandspektren durchaus nachzuweisen (s. Kap. 5.).

Zur Erfassung der Feinstruktur und Intensität der charakteristischen Strahlung ist die feinere Unterteilung der Energieniveaus zu berücksichtigen, welche durch die Nebenquantenzahl l und die Gesamtdrehimpulsquantenzahl j beschrieben wird.

Da jedem Wert von $l > 0$ zwei Werte von j zuzuordnen sind, denen unterschiedliche Energiewerte des Atoms entsprechen, spaltet ein durch die Hauptquantenzahl n charakterisiertes Energieniveau wegen der Bedingung $l = 0, 1, 2, \ldots, n - 1$ in $2n - 1$ Unterniveaus auf. Das Energieniveau der L-Schale in Abbildung 4.4 ist daher durch drei Energieniveaus mit den Energiezuständen L_I: $l = 0$, $j = 1/2$; L_{II}: $l = 1$, $j = 1/2$; L_{III}: $l = 1$, $j = 3/2$ zu ersetzen.

Unter Berücksichtigung der Unterteilung der Energieniveaus ergibt sich das in Abbildung 4.6 wiedergegebene Energieniveauschema. Zwischen den einzelnen Niveaus sind nicht alle Übergänge erlaubt. Die möglichen Übergänge werden durch die quantenmechanischen Auswahlregeln festgelegt und führen zu Linien, die im Energieniveauschema in Abbildung 4.6 mit den üblichen Bezeichnungen eingetragen sind.

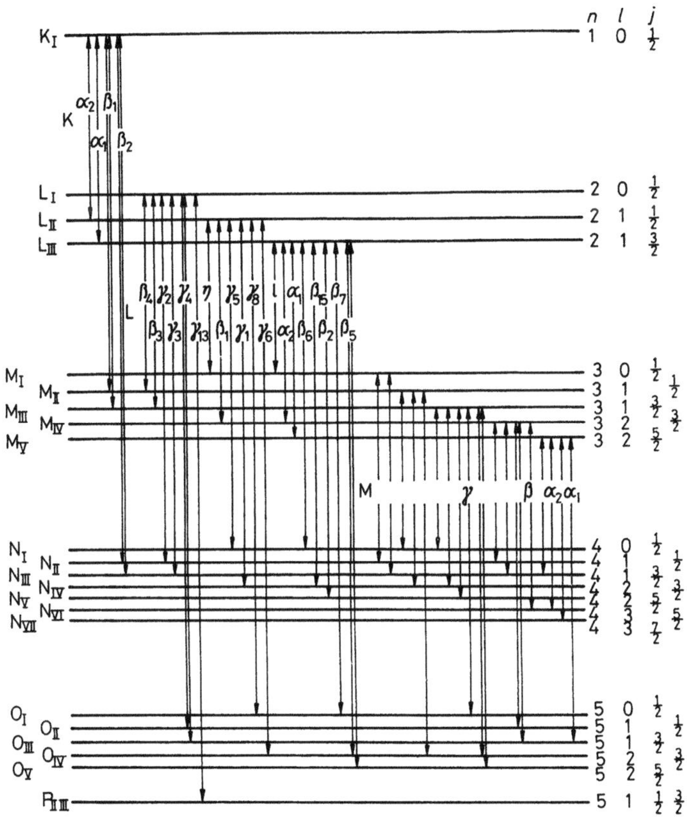

Abb. 4.6. Vollständiges Energieniveauschema mit Bezeichnung der Röntgenübergänge

Die für die Röntgenspektralanalyse im allgemeinen verwendeten intensitätsreichsten Linien entstehen bei den Dipolübergängen mit

$$\Delta l = \pm 1 \qquad \Delta j = 0 \text{ oder } \pm 1, \tag{14}$$

schwächere Linien werden beim Quadrupolübergang mit $|\Delta l| = 0; 2$ emittiert.

Die Gültigkeit dieser Auswahlregeln bewirkt einen einfachen Bau des charakteristischen Spektrums mit relativ wenig Linien. Außer den regulären Röntgenlinien sind aber noch sogenannte Nichtdiagrammlinien zu beobachten, welche als Satelliten die Diagrammlinien auf der kurzwelligen oder langwelligen Seite begleiten und nur geringe Intensität besitzen.

Nach der Theorie von Wentzel [16] entstehen die kurzwelligen Satelliten bei der

Mehrfachionisation der Atome, während die langwelligen Begleiter von Röntgendiagrammlinien, die bei chemischen Verbindungen auftreten, nach der Theorie der Molekülorbitale zu erklären sind (URCH [17]).

Die Intensität einer regulären Röntgenlinie innerhalb der Probe wird zunächst durch die Anzahl der Ionisationen innerer Niveaus bestimmt, sie hängt dann von der Wahrscheinlichkeit für den entsprechenden Elektronenübergang und der Besetzung der äußeren Niveaus mit Elektronen ab und wird außerdem von der Wahrscheinlichkeit beeinflußt, mit der Elektronenübergänge überhaupt zur Strahlungsemission führen.

Die Linien einer Serie stehen in einem festen Intensitätsverhältnis, das mit der Ordnungszahl der Atome schwach variiert. Es beträgt für die K-Serie der Elemente mittlerer Ordnungszahl im Durchschnitt

$$\alpha_1 : \alpha_2 : \beta_1 : \beta_2 = 100 : 53 : 18 : 5$$

und für die Linien der L-Serie

$$\alpha_1 : \alpha_2 : \beta_1 : \beta_2 : \beta_3 : \beta_4 : \gamma_1 = 100 : 11 : 52 : 20 : 10 : 6 : 10.$$

Aus den Intensitätsverhältnissen läßt sich der Anteil $\mathscr{L}$ angeben, mit dem ein bestimmter Elektronenübergang zur Auffüllung eines ionisierten inneren Niveaus beiträgt.

Nicht jeder Elektronenübergang führt jedoch zur Emission von Strahlung, vielmehr dient bei einem Teil der Übergänge die frei werdende Energie entsprechend dem Auger-Effekt zur Auslösung von Elektronen, den Auger-Elektronen. Außerdem sind strahlungslose Übergänge auch zwischen Unterschalen möglich. Der Anteil strahlender Übergänge wird durch die Fluoreszenzausbeute ω beschrieben, die, wie Abbildung 4.7 zeigt, mit der Ordnungszahl stark anwächst.

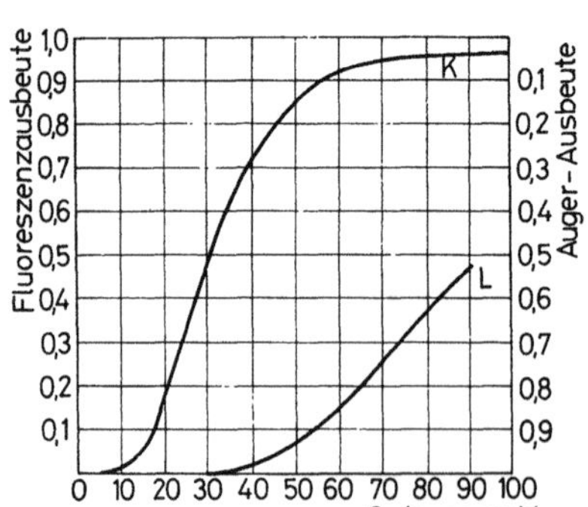

Abb. 4.7. Fluoreszenzausbeute ω der K- und L-Linien und Wahrscheinlichkeit für den Auger-Effekt in Abhängigkeit von der Ordnungszahl

Unter Berücksichtigung dieser Faktoren erhält man für die in einem reinen Element primär erzeugte Intensität einer Röntgenlinie, etwa von K_α, aus Gleichung (10') unter Verwendung des Massenbremsvermögens S die Beziehung

$$J_{p,K_\alpha} = \omega_K \cdot \mathscr{L}_{K_\alpha} \cdot R_S \cdot \frac{N_L}{A^*} \int_{E_c}^{E_0} \frac{Q}{S} \, dE. \tag{14'}$$

Der Faktor R_S berücksichtigt in dieser Gleichung die verminderte Ionisation infolge Elektronenrückstreuung.

In Richtung wachsender Tiefe ergibt sich eine charakteristische Verteilung der primär erzeugten Röntgenintensität, die durch ein Maximum bei geringer Tiefe und einem anschließenden exponentiellen Abfall gekennzeichnet ist, siehe Abbildung 4.8.

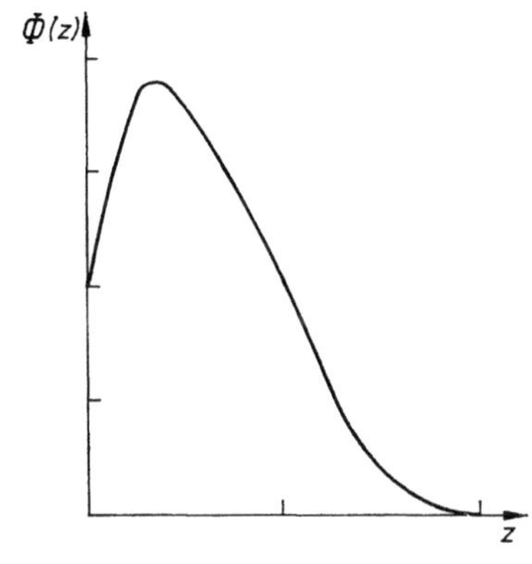

Abb. 4.8. Tiefenverteilungsfunktion der Röntgenanregung (schematisch)

Die Tiefenverteilungsfunktion $\Phi(z)$, die sich experimentell mit Hilfe der Sandwich-Methode von CASTAING und DESCAMPS [18] bestimmen läßt, hängt sowohl von der Ordnungszahl als auch von der Anregungsspannung ab.

Ebenfalls mit der Anregungsspannung erhöht sich die außerhalb der Probe gemessene Linienintensität. Nach JÖNSSON [19] gilt bis zum etwa 6fachen Wert der kritischen Anregungsspannung die folgende Proportionalität:

$$J \sim (U_0 - U_c)^2. \tag{15}$$

Für den Zusammenhang zwischen primär erzeugter und außerhalb gemessener Linienintensität ist die Strahlschwächung innerhalb der Probe in Rechnung zu stellen.

Beim Durchgang durch Materie wird jede Röntgenstrahlung unter 1 MeV allein durch Absorption und Streuung geschwächt. Dabei gilt das Schwächungsgesetz

$$J = J_0 \, e^{-\mu x}, \tag{16}$$

wobei sich der Schwächungskoeffizient μ aus dem Absorptionskoeffizienten τ und dem Streukoeffizienten σ zusammensetzt. Diese Koeffizienten werden, um unabhängig von der speziellen räumlichen Verteilung der Atome zu sein, auf die Dichte bezogen und als Massenschwächungskoeffizient $\frac{\mu}{\varrho}$, Massenabsorptionskoeffizient $\frac{\tau}{\varrho}$ und Massenstreukoeffizient $\frac{\sigma}{\varrho}$ in Abhängigkeit von der Wellenlänge und Ordnungszahl angegeben.

Die echte Absorption der Röntgenstrahlen durch fotoelektrischen Effekt wird allgemein mit abnehmender Wellenlänge geringer. Bei bestimmten Wellenlängen steigt sie jedoch sprunghaft an, so daß sich der in Abbildung 4.9 dargestellte Verlauf des Massenabsorptionskoeffizienten ergibt.

Zwischen den Sprungstellen der Absorption, den Absorptionskanten, besteht für

$\frac{\tau}{\varrho}$ folgende Abhängigkeit von der Wellenlänge und Ordnungszahl:

$$\frac{\tau}{\varrho} \sim \lambda^3 \cdot Z^3. \tag{17}$$

Die gleiche Proportionalität ist bei Wellenlängen $\lambda > 0{,}01$ nm auch für die gesamte Schwächung der Röntgenstrahlen gültig, da für diesen Wellenlängenbereich die Streuung gegenüber der Absorption zurücktritt.

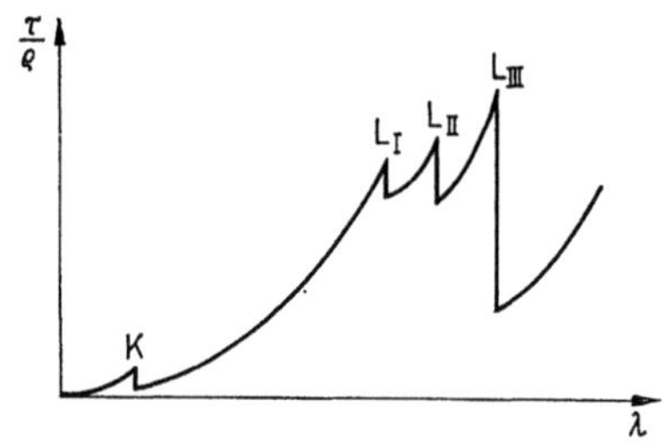

Abb. 4.9. Abhängigkeit des Massenabsorptionskoeffizienten von der Wellenlänge (schematisch)

Der sprunghafte Anstieg der Absorption erfolgt bei für den Absorber spezifischen Wellenlängen. Der verstärkten Absorption unterliegen diejenigen Röntgenquanten, deren Energie jeweils der Ionisierungsenergie einer inneren Elektronenschale entspricht. Damit werden aber durch Röntgenstrahlen mit Wellenlängen $\lambda < \lambda_{\text{Kante}}$ die Atome des Absorbers auch zur Emission der entsprechenden Linienserie angeregt. Dieser Fluoreszenzeffekt tritt besonders stark bei Substanzen auf, die von der charakteristischen Strahlung solcher Atome getroffen werden, deren Ordnungszahl um 2 bis 3 höher liegt.

Ist diese Bedingung in einer zusammengesetzten Probe erfüllt, so tritt zur primär erzeugten Intensität der einen Atomsorte ein Beitrag durch Fluoreszenz hinzu, der bei quantitativen Analysen durch eine Fluoreszenzkorrektur zu berücksichtigen ist. Andererseits wird die Linienintensität der anderen Atomsorte besonders stark geschwächt.

Die außerhalb einer Probe registrierbare geschwächte Intensität J_a einer Röntgenlinie ist durch Integration der mit dem Schwächungsfaktor multiplizierten Verteilungsfunktion über die Tiefe zu erhalten!

$$J_a = \int_0^\infty \Phi(z)\, e^{-(\chi \cdot z)}\, dz. \tag{18}$$

Dieses Integral läßt sich mit Hilfe experimentell bestimmter Verteilungsfunktionen $\Phi(z)$ direkt berechnen. (Brown [20]). Die in Gleichung (18) eingeführte Größe χ berücksichtigt den verlängerten Strahlweg durch die Probe bei einem Austrittswinkel θ und ist wie folgt definiert:

$$\chi = \frac{\mu}{\varrho} \cdot \frac{1}{\sin \theta}, \tag{19}$$

Um die eintretende Intensitätsschwächung einer Röntgenlinie auf dem Weg durch die Probe zu korrigieren, wird aus dem Intensitätsverhältnis von in der Probe erzeugter (J_e) und austretender Linienintensität (J_a) ein Korrekturfaktor $f(\chi)$ gebildet:

$$f(\chi) = \frac{J_a}{J_e} = \frac{\int\limits_0^\infty \Phi(z) \exp(-\chi z)\, dz}{\int\limits_0^\infty \Phi(z)\, dz}. \tag{20}$$

Mit dieser Größe, für deren Bestimmung erstmals von PHILIBERT [21] ein allgemeiner Ausdruck angegeben wurde, läßt sich somit die ungeschwächte Linienintensität nach Gl. (21) berechnen:

$$J_e = \frac{J_a}{f(\chi)} = J_a \cdot F_a.$$

F_a wird als Absorptionskorrekturfaktor bezeichnet.

In analoger Weise wird ein Korrekturfaktor F_f zur Berücksichtigung der Intensitätserhöhung J_f durch charakteristische Fluoreszenz gebildet:

$$F_f = \frac{J_p}{J_p + J_f} = \frac{1}{1 + \gamma}. \tag{22}$$

J_p bedeutet in Gl. (22) die vom Elektronenstrahl erzeugte Primärintensität. Zur Berechnung von γ wurde von REED [22] eine allgemein gültige Beziehung abgeleitet.

Schließlich hat man auch den Intensitätsbeitrag J_{cf} zu berücksichtigen, der von der Fluoreszenz durch die Bremsstrahlung herrührt. Das Intensitätsverhältnis $\frac{J_{cf}}{J_p}$ kann nach einer Formel von SPRINGER [22] berechnet werden, ist jedoch bei quantitativen Analysen im allgemeinen zu vernachlässigen.

Durch Anwendung dieser Korrekturen ist es damit prinzipiell möglich, aus der registrierten Linienintensität einer Probe die primär erzeugte Intensität I_p zu berechnen, die andererseits durch Gleichung (14) bestimmt ist. (Der Faktor zur Erfassung der Spektrometereffizienz ist für die weitere Betrachtung ohne Bedeutung.)

Diese primär erzeugte Intensität erlaubt nun wegen ihrer proportionalen Beziehung zur Massenkonzentration c der die Röntgenlinie emittierenden Atomsorte in einer Probe die quantitative chemische Analyse mittels Röntgenstrahlen. Durch eine ganz analoge Betrachtung, wie sie zur Herleitung von Gl. (14) angestellt wurde, wird nämlich für die primär erzeugte Linienintensität eines Elementes A mit der Massenkonzentration c_A in einer Probe die folgende Beziehung erhalten:

$$J'_{p,K_\alpha} = c_A \cdot \omega_K \cdot \mathscr{X}_{K_\alpha} \cdot R_S' \frac{N_L}{A^+} \int\limits_{E_c}^{E_0} \frac{Q}{S'}\, dE. \tag{23}$$

Setzt man diese Intensität ins Verhältnis zur Intensität einer Reinelement-Standardprobe ($c_A = 100\%$), die unter gleichen experimentellen Bedingungen gemessen wird, so ergibt sich Gleichung (24), in welcher die atomspezifischen Größen ω_K, $\mathscr{L}_{K_\alpha}$, A^+ nicht mehr auftreten:

$$\frac{J_p'}{J_p} = c_A \cdot \frac{R_S'}{R_S} \frac{\int\limits_{E_c}^{E_0} \frac{Q}{S'} \mathrm{d}E}{\int\limits_{E_c}^{E_0} \frac{Q}{S'} \mathrm{d}E}. \tag{24}$$

Danach ist das Verhältnis der primär erzeugten Intensitäten bis auf den Einfluß der unterschiedlichen Rückstreuung und des verschiedenen Eindringverhaltens der Elektronen bei Probe und Standard gleich der Massenkonzentration. Dieser Einfluß, der um so mehr ins Gewicht fällt, je stärker die Ordnungszahlen von Probe und Standard differieren, läßt sich durch eine weitere Korrektur, die Ordnungszahlkorrektur F_Z, eliminieren, wofür auf der Grundlage von Modellvorstellungen zum Eindringverhalten der Elektronen Korrekturformeln abgeleitet wurden (s. Wolf u. Macres [23]).

Für Proben, die aus benachbarten Elementen im Periodensystem zusammengesetzt sind (z. B. Ni—Cu) ist die Ordnungszahlkorrektur vernachlässigbar, und es gilt in sog. erster Castaingscher Näherung

$$c_A = \frac{J_p'}{J_p}. \tag{25}$$

Geht man vom Verhältnis der registrierten Intensitäten von Probe und Standard aus, die man zunächst bezüglich Untergrundintensität und Totzeit zu korrigieren hat, so ist unter Berücksichtigung der oben behandelten Einflüsse die wahre Konzentration c_A eines Elementes A durch die folgende allgemeine Beziehung bestimmbar:

$$c_A = \frac{J'}{J} \cdot \frac{F_Z' \cdot F_a' \cdot F_f'}{F_Z \cdot F_a \cdot F_f}. \tag{26}$$

Faßt man die einzelnen Korrekturfaktoren für Probe und Standard zusammen, so erhält man den allgemein gebräuchlichen Korrekturausdruck

$$c_A = \frac{J'}{J} \cdot Z \cdot A \cdot F. \tag{27}$$

Diese Gleichung bildet die Grundlage der quantitativen Elektronenstrahl-Mikroanalyse.

Da zur Berechnung der einzelnen Korrekturfaktoren die Konzentrationen bereits benötigt werden, die aber durch die Analyse erst bestimmt werden sollen, kann man entweder (bei einfachen Legierungen) Korrekturkurven für die wahre Konzentration in Abhängigkeit vom gemessenen Intensitätsverhältnis berechnen oder bei Mehrkomponentensystemen ein iteratives Verfahren anwenden. Dazu wurden von verschiedenen Autoren Rechnerprogramme veröffentlicht (s. Beaman und Isasi, in „Übersichtsliteratur").

Wegen der Unsicherheiten in den benutzten Modellen, welche der Ableitung der

Korrekturformeln zugrunde liegen, und der Ungenauigkeit der benötigten Materialkonstanten sind auch die korrigierten Konzentrationen fehlerbehaftet. Die zuverlässigsten Ergebnisse werden erzielt, wenn Standards mit einer der Probe sehr ähnlichen Zusammensetzung verwendet werden können.

Die Elektronenstrahlmikroanalyse erfordert sowohl für die quantitative als auch für die qualitative chemische Analyse eine selektive Intensitätsmessung der von der Probe ausgehenden Röntgenstrahlung, die durch zwei unterschiedliche Methoden ermöglicht wird.

Bei der wellenlängendispersiven Methode wird die spektrale Zerlegung durch kohärente Streuung der Röntgenstrahlen an Kristallen erreicht, die in Abhängigkeit von der Gitterkonstante und der Wellenlänge Interferenzen in bestimmten Raumrichtungen erzeugt. Diese Interferenzen lassen sich als selektive Reflexion des einfallenden Röntgenstrahls an den Netzebenen des Kristalls deuten, wobei der Zusammenhang zwischen Glanzwinkel θ, Wellenlänge λ und Netzebenenabstand d durch das Braggsche Gesetz festgelegt wird:

$$2d \sin \theta = n\lambda \quad (n \text{ Reflexionsordnung}). \tag{28}$$

Durch Drehen des Kristalls gegenüber dem einfallenden Parallelstrahl ist nach dieser Gleichung eine spektrale Zerlegung innerhalb eines Wellenlängenbereiches $\lambda < 2d$ möglich. Um die charakteristischen Linien aller Elemente des Periodensystems zu erfassen, sind daher Kristalle mit unterschiedlichen Gitterkonstanten bzw. Netzebenenabständen erforderlich. Besondere Schwierigkeiten bereitet die spektrale Zerlegung und Registrierung sehr langwelliger Röntgenstrahlen, so daß heute die Mikroanalyse auch bei Verwendung sogenannter Pseudo-Kristalle aus Fettsäuren nur ab Element Be möglich ist.

Spektrometeranordnungen mit ebenen Kristallen sind wegen des erforderlichen Parallelstrahls für die Mikroanalyse ungünstig. Man verwendet daher voll- oder zumindest semifokussierende Spektrometer mit gekrümmten Kristallen, mit welchen die Strahlung in einem größeren Raumwinkel erfaßt werden kann.

Beim vollfokussierenden Spektrometer, das bei hoher Energieauflösung den größten Intensitätsgewinn aufweist, liegen die punktförmige Röntgenquelle, der gekrümmte Spektrometerkristall und der Detektorspalt auf dem Umfang eines Kreises, des Rowland-Kreises, und der Krümmungsradius des Kristalls ist gleich dem Durchmesser des Rowland-Kreises. Damit sich der Kristall dem Rowland-Kreis exakt anschmiegt, ist er zusätzlich auf den Radius R angeschliffen, wie es Abbildung 4.10 zeigt. Daneben verdeutlicht diese Abbildung die Anordnung semifokussierender Spektrometer, die eine feste Drehachse für den Kristall und einen Spektrometerarm unveränderlicher Länge besitzen. Eine exakte Fokussierung wird damit nur noch für eine einzige Wellenlänge erreicht, jedoch können sie mit ausreichender Auflösung in einem begrenzten Wellenlängenbereich eingesetzt werden.

Für die Mikroanalyse wird vorwiegend eine spezielle Art vollfokussierender Spektrometer verwendet, das Linearspektrometer.

Als Detektoren für die spektral zerlegte Röntgenstrahlung werden Geiger-Müller-Zählrohre, Proportional- oder Szintillationszähler verwendet. Am gebräuchlichsten sind Proportionalzählrohre, die es in Verbindung mit einem Impulshöhenanalysator gestatten, durch Unterdrückung höherer Reflexionsordnungen den Untergrund zu reduzieren.

Die Identifizierung der Elemente für die qualitative Analyse erfolgt über die gemessenen Wellenlängen der Röntgenlinien durch entsprechende Spektrometertabellen.

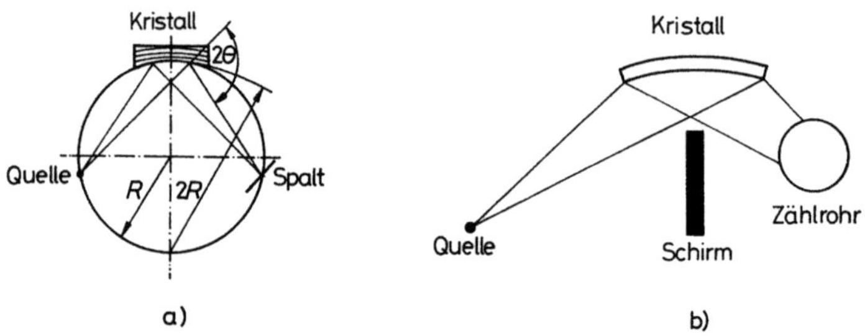

Abb. 4.10. Rowland-Kreisbedingung für vollfokussierende Röntgenspektrometer (a) und schematische Anordnung semifokussierender Spektrometer (b)

Die andere Methode selektiver Intensitätsmessung, das energiedispersive Verfahren, verwendet Detektoren, die eine strenge Proportionalität zwischen der Höhe des erzeugten Spannungsimpulses und der Energie eines einfallenden Röntgenquants besitzen. Diese Eigenschaft einer für die Röntgenspektralanalyse ausreichenden Energieauflösung besitzen heute die Halbleiterdetektoren auf Silicium- und Germaniumbasis, deren Wirkungsprinzip noch ausführlich behandelt wird.

Die Energieauflösung als entscheidende Größe für die mögliche Trennung von Röntgenlinien wird für eine Energie von 5,9 keV (Mangan-K_α-Linie) angegeben und besitzt für Si(Li)-Detektoren einen theoretischen Wert von 79 eV, der sich aus der Beziehung für die Linienhalbwertsbreite berechnen läßt:

$$\text{FWHM} = 2{,}35\sqrt{\varepsilon \cdot F \cdot E}. \tag{29}$$

(ε durchschnittliche Energie eines Elektronen-Loch-Paares, E Energie der eingestrahlten Photonen. Der Fano-Faktor F berücksichtigt den Energieverlust durch Gitterschwingungen.)

Praktisch wird allerdings nur ein Wert von etwa 150 eV erreicht, so daß bis herab zum Element Kohlenstoff die K_α-Linien benachbarter Elemente aufgelöst werden.

Infolge von Absorptionsverlusten im Eintrittsfenster des Detektors sind jedoch erst die K_α-Linien der Elemente ab Ordnungszahl 11 (Na) nachzuweisen.

Trotz dieses Nachteils besitzen die energiedispersiven Spektrometer gegenüber den Kristallspektrometern aber den Vorteil einer größeren Empfindlichkeit und der gleichzeitigen Erfassung des gesamten Spektralbereiches (ab 1 keV), so daß bei kleinen Strahlströmen schnelle Analysen möglich werden.

Die Linienidentifizierung erfolgt bei den Energiespektrometern mit Hilfe von Energietabellen der Röntgenlinien oder gespeicherter Röntgenspektren der Elemente („Marker"), wobei die Möglichkeit für das Auftreten von Zusatzlinien durch Quantenverluste im Detektor (ESCAPE-Linien) oder durch Impulsüberlagerung (PILE-UP-Effekt) besonders zu beachten ist, um Fehldeutungen zu vermeiden. Die quantitative Analyse erfordert ebenfalls die Anwendung der ZAF-Korrektur.

4.3. Experimentelle Technik

Von den mikroanalytischen Analysenprinzipien, der vergrößerten Abbildung von Mikrobereichen mit Analyse des Bildinhaltes, wie z. B. bei der Emissionsmikroskopie angewandt, und dem Prinzip der Mikrosondenabtastung der Probe ist bei der Röntgenmikroanalyse (RMA) nur das letztere realisierbar, da Röntgenstrahlen nicht fokussiert werden können.

Von der Anregung der Röntgenstrahlen mit α-Teilchen, Elektronen, Protonen oder Ionen sollen hier nur die gerätetechnischen Voraussetzungen der Röntgenmikroanalyse mit Elektronenstrahlmikrosonden behandelt werden, deren erste Anfänge vor etwa 30 Jahren liegen [24, 25]. Seit dieser Zeit fand eine stürmische Entwicklung der Röntgenmikroanalysentechnik neben der Rasterelektronenmikroskopie (REM) statt. Heute vereinen moderne kommerzielle Geräte beide Analysenverfahren ohne allzu große Abstriche an der einen oder anderen Methode und gestatten so, eine komplexe Elektronenstrahlmikroanalyse (ESMA) durchzuführen. Nicht in jedem Fall ist jedoch die Ausschöpfung aller Analysenmöglichkeiten der ESMA für eine analytische Aussage notwendig, so daß letztlich die Entscheidung über den Ausstattungsgrad einer Elektronenstrahlmikrosonde vom speziellen Anwendungsbereich des Gerätes abhängt.

Der prinzipielle Aufbau von Elektronenstrahlmikrosonden wird durch die Baugruppen — elektronenstrahlerzeugendes System, Linsensystem zur Fokussierung des Elektronenstrahles, Probenkammer und Probenhalterung, Detektoren zur Registrierung der verschiedensten Wechselwirkungssignale, Rastereinheit und Signalverarbeitungssystem sowie durch das Vakuumaggregat — bestimmt, siehe Abbildung 4.11.

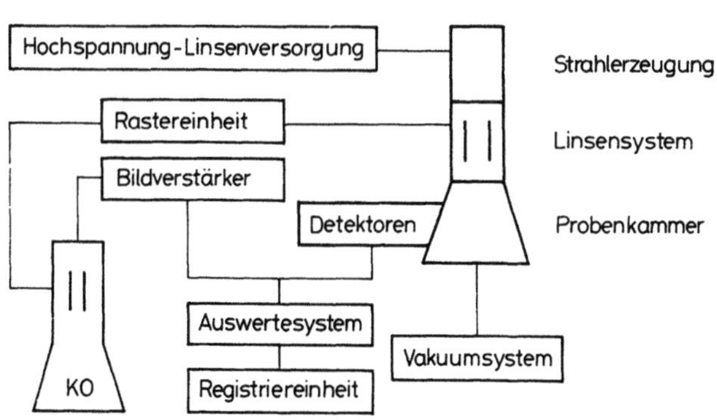

Abb. 4.11. Geräteprinzip der Elektronenstrahlmikrosonde

Der kleinste vom strahlerzeugenden System gebildete Elektronenstrahlquerschnitt wird durch eine im allgemeinen ein- bis dreistufige Verkleinerung in der Ebene der Probenoberfläche mit einem Durchmesser $d \geqq 100$ Å abgebildet. Hohe Nachweisempfindlichkeiten für die Röntgenmikroanalyse fordern möglichst großen Strahlstrom. Hierfür ist die für alle elektronenoptischen Systeme maßgebliche Verknüpfung des Strahlstromes I mit dem Sondendurchmesser d

$$I = \frac{Hd^{8/3}}{C_s^{2/3}} \tag{30}$$

von Interesse, wobei C_s die sphärische Abberation des abbildenden Linsensystems und H die „Helligkeit" des elektronenstrahlerzeugenden Systems bedeuten. Diese ist eine Funktion der Katodentemperatur T, der Elektronenaustrittsarbeit A aus dem Katodenmaterial des Elektronenstrahlers, gemäß der Richardson-Gleichung und der Beschleunigungsspannung der Elektronen (Potentialdifferenz zwischen Katode und Anode, i. allg. frei wählbar zwischen 2 bis 30, teils bis 50 kV). Wesentliche Variable zur Erzeugung hoher Strahlströme bei kleinen Sondendurchmessern ist die Helligkeit, diese wiederum hängt außer von den genannten Größen auch von der Katodenart ab. In den meisten Geräten werden Haarnadelkatoden (0,15 mm Wolframdraht) verwendet, mit denen bei Sondendurchmessern von 1—0,1 µm und einer Beschleunigungsspannung von 30 kV maximale Strahlströme von 10^{-6} bis 10^{-9} A erreicht werden. Bei Brennfleckdurchmessern von 100 Å sind unter gleichen Bedingungen mit der Haarnadelkatode nur Strahlströme $< 10^{-11}$ A zu erzielen. Eine Steigerung um mehrere Größenordnungen ist durch die Verwendung von Lanthanhexaborid- und Feldemissionskatoden zu erreichen, wobei letztere jedoch nur unter UHV-Bedingungen (10^{-8} Pa) stabil arbeiten. Nur diese Strahler unter Verwendung hochempfindlicher Detektoren zur Signalerfassung ermöglichen es jedoch, in das Gebiet der heute erreichbaren minimalen Sondendurchmesser für die Röntgenmikroanalyse von $\geqq$ 100 Å vorzudringen.

Sämtliche Röntgenmikroanalysatoren verfügen über ein aus der Rasterelektronenmikroskopie übernommenes System der zeilenweisen Abtastung der Probenoberfläche durch den Elektronenstrahl (Rastereinheit), wobei die charakteristische flächenhafte Röntgenemissionsverteilung auf einem synchron laufenden Katodenstrahloszillographen im Hell-Dunkel-Kontrast dargestellt wird.

Der Vergrößerungsmaßstab ist durch das Verhältnis der Kantenlänge des abgerasterten Probenbereiches zu der des Katodenstrahloszillographen gegeben.

Hohe Meßgenauigkeit fordert entsprechende Konstanz der Anregungsbedingungen für die Röntgenstrahlung. Hierzu gehört besonders die Strom- und Spannungsstabilität des strahlerzeugenden und abbildenden Systems sowie Konstanz des Betriebsvakuums und die Ebenheit der Probenoberfläche. Für die Beschleunigungsspannung und den Strahlstrom werden i. allg. Schwankungen von $< 10^{-5}$ über einige Minuten gefordert. Für eine bildgetreue Wiedergabe der Probenoberflächen im Rasterbetrieb ist eine konzentrische Form des Elektronenstrahles nötig, die durch Linsenfehler, insbesondere durch den Astigmatismus, gestört sein kann.

Zur Korrektur dieses häufigen Fehlers sind die Geräte mit einem zusätzlichen Stigmator versehen.

Die Probenkammer zur Aufnahme der Proben ist i. allg. so konzipiert, daß die Untersuchung mehrerer Meß- sowie auch Standardproben gewährleistet ist. Problematisch ist auf jeden Fall immer das System zur Probenjustierung mit Genauigkeiten in der Größenordnung des Sondendurchmessers, um reproduzierbare Meßpunkte bzw. Meßstrecken auszuwählen. Der bei der quantitativen Analyse notwendige mehrfache Wechsel zwischen Meß- und Standardprobe bringt deshalb gerade durch die meist nicht völlig reproduzierbare Einstellung der Sonde auf einen ausgewählten Probenpunkt Ungenauigkeiten für die genaue Zuordnung von nacheinander registrierten Signalen eines Meßpunktes.

Da die Einstellgenauigkeit bei Sondendurchmessern kleiner 0,5 µm theoretisch nicht mehr durch das an der Probenkammer befindliche Lichtmikroskop ($V \sim 300$-

fach) beobachtet werden kann, muß man für die praktische wiederholte Einstellung des ausgewählten Probenbereiches im Falle kleinerer Sondendurchmesser die Rastertechnik zu Hilfe nehmen und jeweils deckungsgleiche Rasterbilder bei der Justierung anfertigen.

Das Probenhaltesystem hat neben der reproduzierbaren Probenpositionierung der Bedingung einer stets konstanten Inzidenz des Elektronenstrahles auf die Probe gerecht zu werden, da hiervon die Anregungsbedingungen zur Röntgenstrahlerzeugung wesentlich abhängen. Senkrechte Inzidenz ist die übliche Meßart, für spezielle Fälle, wie z. B. der Untersuchung dünner Schichten, ist meist auch eine definierte Kippung der Probe vorgesehen bzw. kann als Zusatz eingebaut werden. Darüber hinaus sind für spezielle Untersuchungen, wie z. B. die Bestimmung von Diffusionskoeffizienten, Aktivierungsenergie und Phasenneubildungen, Heizsysteme (bis 1250 °C) [26] entwickelt worden.

In der Probenkammer befinden sich weiterhin die Antikontaminationssysteme zur Vermeidung von Oberflächenveränderungen durch Ablagerung von Reaktionsprodukten des Elektronenstrahles mit adsorbierten Restgasmolekülen des Pumpenöles, falls Öldiffusionspumpen für das Vakuumsystem verwendet werden. Weiterhin können Sputterquellen in die Probenkammer zur Reinigung der Oberfläche bei oberflächenempfindlichen Untersuchungen installiert werden.

Elektrische Probenkontakte zur kombinierten Untersuchung besonders von Halbleitern sind im Probenhalter üblich.

Große Probenkammern sind an Röntgenmikroanalysatoren vorteilhaft, sie gestatten die Registrierung einer Vielzahl von Wechselwirkungsgrößen durch entsprechende Detektorsysteme in Reflexion als auch in Transmission.

Den größten Teil des Detektorraumes nehmen die heute in hoher Stückzahl (bis zu 12) möglichen wellenlängendispersiven Röntgenspektrometer (WDS) ein. Zusatzflansche für weitere Detektoren, insbesondere für das energiedispersive System (EDS), ergänzen diese Einheit.

Der „ESMA-Betrieb" ist bei Hochvakuum (10^{-3} Pa) im Probenkammerbereich möglich, bei Einsatz von Feldemissionsstrahlern ist oft nur durch eine Druckstufe abgesichert das Strahlersystem im UHV-Bereich (10^{-8} Pa). Zur Erzielung des Betriebsvakuums werden meist Öldiffusionspumpen und nur in Einzelfällen Getterpumpen verwendet, die über ein Sicherheitssystem das Gerät abpumpen und bei Probenwechsel durch ein Schleusensystem nach einigen Minuten Wartezeit den Betriebszustand gewährleisten.

Das Grundprinzip der Röntgenmikroanalyse — Analyse der charakteristischen elementspezifischen Röntgenintensität bezüglich ihrer energetischen bzw. Wellenlängenverteilung — wird durch Röntgenspektrometer realisiert. Je nachdem, ob nun die Röntgenintensität als Funktion der Wellenlänge oder der Energie gemessen wird, werden die Systeme wellenlängendispersiv (WDS) bzw. energiedispersiv (EDS) genannt.

Das wellenlängendispersive Spektrometer (WDS) nutzt die Dispersion der Röntgenstrahlung an Einkristallen mit Netzebenenabständen, die der Wellenlänge der Röntgenstrahlung angepaßt sind. Die von der Probe emittierte Strahlung wird gebeugt, wenn die Braggsche Reflexionsbedingung (Gl. (28)) erfüllt ist.

Die reflektierten Röntgenquanten werden mit einem Proportionszählrohr registriert. Infolge Photoeffekt und Stoßionisation werden im Zählrohr (90% Argon,

10% Methan) Ladungsträgerpaare erzeugt. Deren Anzahl ist proportional der Energie des einfallenden Röntgenquantes. Der durch den Photoeffekt und Stoßionisation erzielte Multiplikationsfaktor zwischen einfallendem Röntgenquant und der Zahl der Ausgangsimpulse des Detektors beträgt bis zu 10^4. Nach Impulsformung und Verstärkung können mit einem nachfolgenden Einkanal-Impulshöhenanalysator niedrige Impulshöhen wie das Rauschen bzw. Impulse, hervorgerufen durch höherenergetische Röntgenquanten, die in höherer Ordnung, jedoch unter gleichem Winkel θ am Kristall gebeugt werden, im Meßsignal unterdrückt werden. Die gemessene Anzahl von Impulsen mit entsprechender Höhe, die durch elektronische Zähler zur Darstellung kommt, ist der Ausgangspunkt für den vorn beschriebenen Gang einer qualitativen oder quantitativen Analyse.

Wie aus Gleichung (28) ersichtlich, ist der erfaßbare Wellenlängenbereich durch $\lambda = 2d$ gegeben, wobei nach unten konstruktive Gegebenheiten des Spektrometers eine Grenze bilden. Um jedoch den für die Röntgenmikroanalyse interessanten Wellenlängenbereich von $1\,\text{Å} \leqq \lambda \leqq 100\,\text{Å}$ zu messen, ist es notwendig, die Spektrometer mit verschiedenen Kristallen auszurüsten. Da in kommerziellen Geräten mindestens 3 Spektrometer installiert sind und jedes Spektrometer mit 2 verschiedenen Kristallen bestückt werden kann, ist es somit möglich, gleichzeitig den gesamten Elementebereich $4 \leqq Z \leqq 92$ zu erfassen. Als häufigste Analysatorkristalle werden folgende verwendet: Lithiumfluorid (LiF), 0,8—3,6 Å ($2d = 4{,}027$); Ammoniumdihydrogenphosphat (ADP), 1,8—9,5 Å ($2d = 10{,}642$ Å); Rubidiumphthalat (RAP), 5—24 Å ($2d = 26{,}121$ Å); Kaliumphthalat (KAP), 5—24 Å ($2d = 26{,}632$ Å); Bleistearat, 20—90 Å ($2d = 100$ Å). Zur Erzielung eines hohen spektralen Auflösungsvermögens (einige eV) bei hoher Intensität (Impulse pro Zeiteinheit) der Röntgenstrahlung haben sich ähnlich wie in der Lichtspektroskopie Rowland-Spektrometer bewährt.

Die Anordnung nach Johann, bei der die reflektierenden Netzebenen einen Krümmungsradius vom Rowland-Kreis durchmessen haben, ermöglicht eine Fokussierung der auf den Kristall auftreffenden Röntgenstrahlung im Detektoreintrittsspalt. Da die Fokussierungsbedingung jedoch nur für den Teil des Kristalles, welcher den Rowland-Kreis tangiert, voll erfüllt ist, wird der Kristall noch zusätzlich auf den Rowland-Kreisradius angeschliffen. Diese sog. Johansson-Anordnung ist, von sphärisch gekrümmten Kristallen abgesehen, die intensitätsstärkste und im Röntgenmikroanalysator übliche Spektrometeraufstellung, siehe Abbildung 4.10a.

Zur Gewährleistung eines stets konstanten Abnahmewinkels der Röntgenstrahlung von der Quelle, eine Voraussetzung, die für eine exakte quantitative Analyse notwendig ist, wird der modifizierte Typ der sog. linearen vollfokussierenden Johansson-Spektrometer verwendet. Abnahmewinkel von etwa 50° sind üblich und in verschiedener Hinsicht vorteilhafter als Spektrometer mit niedrigem Abnahmewinkel (Absorptionseffekte, Probenunebenheiten).

Sonderausführungen dieser Spektrometer sind für die Registrierung langwelliger Röntgenstrahlen ($\lambda > 10$ Å) und damit zum Nachweis leichter Elemente $4 \leqq Z \leqq 10$ erforderlich. Dies bezieht sich auf die Zählrohre, die als Durchflußzähler mit extrem dünnen Detektorfenstern ausgerüstet sein müssen und deshalb einer ständigen Zählgaserneuerung bedürfen. Darüber hinaus werden auch in einigen Geräten Strichgitter oder besondere Schichtkristalle wie OAO und OHM verwendet.

Das energiedispersive Röntgenspektrometer (EDS) analysiert die gesamte emittierte Röntgenstrahlung ohne dispergierendes Medium direkt im Detektor. Als Detektoren können Proportionszählrohre oder Szintillationsdetektoren verwendet werden, wenn durch einen nachgeschalteten Vielkanalimpulshöhenanalysator eine Sortierung der einfallenden Röntgenquanten entsprechend ihrer Energie und der damit proportional verbundenen Impulshöhe gewährleistet ist. Gasproportionalzählrohre bzw. Szintillationsdetektoren haben jedoch für eine komplette Röntgenmikroanalyse ein zu geringes energetisches Auflösungsvermögen, so daß nur energetisch weit voneinander getrennte Röntgenlinien, d. h. nicht benachbarte Elemente, getrennt nachgewiesen werden können.

Einen entscheidenden Schritt nach vorn für die energiedispersive Analyse haben die seit einigen Jahren eingeführten Halbleiterdetektoren geleistet, mit denen bei genügender energetischer Auflösung von ~ 150 eV benachbarte Elemente einzeln registriert werden können bei einer für die Standardausführungen z. Z. üblichen unteren Grenze der erfaßbaren Elemente von $Z = 9$ [27].

Das Wirkungsprinzip dieser Halbleiterdetektoren, in der Praxis wird für den hier interessierenden Energiebereich der Röntgenstrahlung mit Lithium gedriftetes Silicium verwendet, ist ähnlich dem der Proportionalzählrohre. Die im Detektor durch Röntgenquanten erzeugte Ladungsmenge wird an einem speziell angeordneten p-n-Übergang als Ladungsimpuls registriert. Die Höhe des jeweils durch ein einzelnes Röntgenquant ausgelösten Impulses ist dessen Energie proportional. Der Impuls wird durch einen ladungsempfindlichen Vorverstärker verstärkt, über weitere Verstärkung und Impulsformung einem Vielkanalimpulshöhenanalysator (MCA) zugeführt, der mit Analog-Digital-Wandler (ADC), Speicher und Bildschirmdarstellung ausgerüstet ist. Die vom ADC sortierte Impulshöhe wird gespeichert, und der Speicherinhalt, i. allg. bezogen auf 1024 Energiekanäle, wird auf dem Display dargestellt. Das Prinzip mit einem aufgenommenen Spektrum des Detektorsystems zeigt Abbildung 4.12.

Die Besonderheit dieses Detektorsystems liegt in der schnellen gleichzeitigen Erfassung sämtlicher charakteristischer Röntgenlinien, die zur Identifizierung aller Elemente $Z \geqq 9$ notwendig sind. In Minutenschnelle kann das Röntgenspektrum des beobachteten Mikrobereiches dargestellt und mit entsprechenden elektronischen Hilfsmitteln einfach und schnell analysiert werden. Der Detektor, der mit der Eingangsstufe des Vorverstärkers im Betriebszustand stets auf der Temperatur von flüssigem Stickstoff gehalten werden muß, kann mit seiner aktiven Fläche von mehreren 100 mm^2 sehr nahe an der Röntgenquelle installiert werden und erfaßt damit einen wesentlich größeren Raumwinkel als der wellenlängendispersive Detektor. Daraus resultiert die um etwa eine Größenordnung höhere Nachweisempfindlichkeit. Da jedoch der Detektor einschließlich Verstärkersystem mit einer Totzeit im μs-Bereich arbeitet und die Gesamtzählrate aller einfallenden Röntgenquanten hierfür maßgeblich ist, wird die Nachweisempfindlichkeit von Spurenelementen durch die Signale der Hauptelemente vermindert. Absorberfolien vor dem Detektor erhöhen die selektive Empfindlichkeit für Spurenelemente auf einfache Weise auf ein Vielfaches [28].

Bei der Interpretation der EDS-Spektren ist das Auftreten sogenannter Escape- und Pile-up-Linien zu berücksichtigen.

Werden bei der photoelektrischen Absorption der primär einfallenden Röntgenquanten im Detektor sekundär SiK-Röntgenquanten erzeugt, die im weiteren nicht mehr in der aktiven Zone des Detektors Ladungsträgerpaare erzeugen, wird der am Detektorausgang auftretende Ladungsimpuls um den Betrag der SiK-Ionisation vermindert. Im Ergebnis hiervon treten im registrierten Röntgenspektrum schwache Escape-Linien auf, deren Energie sich aus der Differenz einer primären charak-

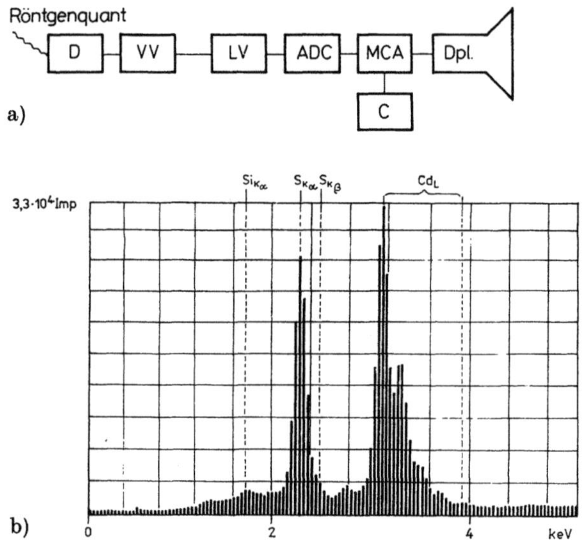

Abb. 4.12. a) Energiedispersives Röntgenspektrometer (EDS) mit elektronischen Baugruppen
D Detektor, *VV* Vorverstärker, *LV* Linearverstärker, *ADC* Analog-Digital-Wandler, *MCA* Vielkanalimpulshöhenanalysator, *Dpl* Display zur Spektrenanzeige, *C* Kleinrechner und Speicher zur Spektrenauswertung
b) Röntgenspektrum einer CdS-Probe

teristischen Röntgenlinie und der SiK-Linie (1740 eV) ergibt. Fehlinterpretationen können besonders dann auftreten, wenn die Escape-Linie mit einer charakteristischen Röntgenlinie zusammenfällt. Röntgenfluoreszenz der SiK-Strahlung in der Si-Totschicht des Detektors kann mit geringer Wahrscheinlichkeit zur Vortäuschung von Silicium führen.

Pile-up-Linien sind Summenlinien, die durch die gleichzeitige Registrierung zweier Röntgenquanten entstehen können. So können z. B. als Pile-up-Linien die Summen der K_α, K_α; K_α, K_β; K_β, K_β-Energien eines Elementes auftreten.

Weitere „falsche Linien“ können darüber hinaus durch Röntgenquanten entstehen, die nicht unmittelbar im bestrahlten Mikrobereich der Probe angeregt werden, sondern auf dem Umweg über Rückstreuelektronen z. B. auf dem Probenhalterrand, an Probenkammerteilen u. a. m. Die Gesamtheit der „falschen Linien“ zu erkennen, bedarf der Erfahrung des Operators.

Die Datenausgabesysteme für das WDS und EDS sind im wesentlichen identisch. Spektrometerzählraten des WDS bzw. ausgewählte Kanalinhalte des EDS können am einfachsten digital mit elektronischen Zählern erfaßt und abgelesen werden. Impulsdichtemesser gestatten den Anschluß von Linienschreibern und somit eine analoge Darstellung der Röntgenspektren z. B. in Verbindung mit dem mechanischen

Vortrieb des Röntgenspektrometers des WDS oder bei elektronischer Abtastung aller Kanäle des EDS. Ein digitaler Ausdruck der Röntgenspektren des WDS unter Verwendung von Schrittschaltwerken für die Spektrometer bzw. die Abfragung aller Kanäle des EDS ist ebenfalls möglich. Die Speicherung dieser Werte auf Lochstreifen oder Magnetband gestattet eine weitere quantitative Auswertung der Ergebnisse durch Computer. Moderne Röntgenmikroanalysatoren, die für einen großen Probendurchsatz vorgesehen und deshalb auch mit mehreren wellenlängendispersiven Spektrometern und einem energiedispersiven Spektrometer ausgerüstet sind, werden einerseits zur Datenerfassung und -verarbeitung sowie andererseits auch zur Analysensteuerung mit einem Computer ergänzt. Der Computer übernimmt für die Analysensteuerung die Positionierung der WDS nach Vorgabe (d. h. also die Einstellung der Spektrometer auf das Maximum einer gewünschten Röntgenlinie) sowie die Positionierung ausgewählter Probenbereiche unter dem Elektronenstrahl. Die Ausgabe der korrigierten Elementkonzentrationen je Spektrometer und pro Meßpunkt auf der Probe erfolgt über einen Ausdrucker.

Röntgenmikroanalytische Untersuchungen stellen an die Probenoberfläche gewisse Voraussetzungen, die als notwendig für eine quantitative Analyse erfüllt sein müssen.

Die Proben müssen hochvakuumbeständig sein, sie dürfen in der Probenkammer nicht ihre Gestalt sowie chemische Zusammensetzung verändern.

Sie dürfen unter der Belastung des Elektronenstrahles keine derartigen Veränderungen erfahren, die Einfluß auf das Analysenergebnis haben, d. h., die Oberfläche darf nicht abgetragen werden, sie dürfen nicht lokal verdampfen oder schrumpfen, und es dürfen durch den Elektronenbeschuß keine störenden Aufladungserscheinungen eintreten, die z. B. zu einer Veränderung des Sondendurchmessers und der Anregungsspannung führen.

Die Proben müssen eine optisch ebene Oberfläche besitzen, um die Anregungsbedingungen, d. h. die Inzidenz des Elektronenstrahles, über alle Meßpunkte und im Vergleich mit der Standardprobe konstant zu halten. Liegen Rauhigkeiten der Oberfläche vor, die nicht beseitigt werden können, so muß das Meßsignal über eine größere Fläche integriert werden, und eine quantitative Punktanalyse ist nicht möglich.

Nicht zuletzt muß bei der Probenauswahl z. B. von großen Werkstücken darauf geachtet werden, daß der analysierte Mikrobereich für die Gesamtprobe repräsentativ ist.

Hinsichtlich der Probenvorbereitung muß als erstes auf die elektrische Leitfähigkeit der Probe geachtet werden. Sind Isolatoren, wie z. B. Keramiken, Gläser und auch biologisch-medizinische Proben, zu untersuchen, muß für die Ableitung der eingeschossenen Ladung durch Oberflächenbedampfung mit dünnen (einige 100 Å) Kohlenstoff-, Gold-, Kupfer- oder Aluminiumschichten gesorgt werden.

Optisch ebene Oberflächen (d. h., für die Röntgenmikroanalyse dürfen die Oberflächenstrukturen nicht größer als der Sondendurchmesser sein) werden durch die aus der Metallographie und Kristallbearbeitung bekannten Methoden [29] erzeugt. Hier wiederum sind die Bearbeitungsstufen wie Schneiden, Läppen, Polieren die am häufigsten angewandten. Bei den mechanischen Arbeitsgängen muß jedoch immer darauf geachtet werden, daß in den Läpp- und Poliermitteln nicht die analytisch interessierenden Elemente enthalten sind. So muß z. B. bei der Analyse von Aluminium die Verwendung von Korund und Tonerde für die Oberflächenbearbeitung vermieden werden. In diesem Fall bietet sich Diamantpaste als Poliermittel an. Die chemische Oberflächenpräparation ist stets mit Vorsicht anzuwenden, um nicht gerade lokal interessierende Inhomogenitäten abzuätzen.

Sind die Proben vorbereitet, ist die Montage auf dem Probenhalter in der Probenkammer sehr einfach. Sie werden in Vorrichtungen eingeklemmt, festgeschraubt oder mit Leitsilber angeklebt. Bei den meisten Geräten ist hierbei auf senkrechte Inzidenz des Elektronenstrahles zu achten, d. h. auch, daß alle Oberflächen bei der Analyse mehrerer Proben und die Standards in einer Ebene liegen müssen.

Zur Untersuchung von Tiefenprofilen empfiehlt sich die Anfertigung von Schrägschliffen. Die Schliffebene muß dann aber bei der Analyse ebenfalls senkrecht zum Elektronenstrahl justiert werden.

Eine typische Probenveränderung, die bei Geräten mit Öldiffusionspumpen und Gummidichtungen nicht vermeidbar ist, ist das Auftreten von Kontaminationen auf dem beschossenen Probenbereich. Restkohlenwasserstoffe des Vakuums, die auf der Probenoberfläche adsorbiert sind, werden durch Elektronenbeschuß aufgebrochen. Dies führt zu einer Aufwachsrate von Kohlenstoffschichten, die proportional dem Partialdruck der Kohlenwasserstoffe, der Beschußdauer und dem Strahlstrom ist. Das Aufwachsen der Kontaminationsschicht kann durch die CK_α-Linie verfolgt werden. Optisch kann diese Schicht als dunkler Fleck am Bestrahlungspunkt durch das Lichtmikroskop beobachtet werden und somit zur Justierung des Elektronenstrahls gegenüber der Lichtoptik dienen. Eine Verminderung der Kontaminationsrate erfolgt durch Kühlflächen in Probennähe.

4.4. Anwendungen

Mit der RMA lassen sich Punkt-, Linien- und Flächenanalysen durchführen. Bei zusätzlicher schichtweiser Abtragung der Oberfläche in der Probenkammer durch Sputterprozesse können auch räumliche Elementverteilungen bestimmt werden. Letzteres ist jedoch kein Routineverfahren.

Bei der Punktanalyse werden Elementverteilungen eines Probenpunktes qualitativ oder quantitativ mit der EDS oder WDS aufgenommen.

Linienanalysen ergeben Profile der Elementverteilungen entlang einer beliebigen Meßstrecke über der Probe, deren Darstellung auf Linienschreibern oder auf dem Beobachtungsleuchtschirm der Rastereinheit abgebildet wird. Hierbei kann entweder der Elektronenstrahl über die feststehende Probe oder die Probe unter dem feststehenden Elektronenstrahl bewegt werden. Linienanalysen können auch durch aneinandergereihte Punktanalysen (step scan) aufgenommen werden.

Flächenanalysen geben Elementverteilungen über eine ausgewählte Fläche (bei WDS nicht größer als $500 \times 500\ \mu m^2$ wegen der Einhaltung der Rowland-Bedingung, bei EDS je nach Kantenlänge der Rasterfläche des Gerätes bis zu einigen mm^2) auf dem Beobachtungsleuchtschirm, die photographisch festgehalten werden können. Bei der Aufnahme einer Flächenanalyse rastert der Elektronenstrahl die Probenoberfläche teilweise ab. Die Elementverteilung wird auf einem synchron gesteuerten Katodenstrahloszillographen durch Hell-Dunkel-Tastung dargestellt.

Flächenanalysen können mit einer sog. Phasenintegration in ihrer Aussage erweitert werden, die eine Verteilung bestimmter Legierungsphasen der Probe darstellt, durch Verknüpfung der Signale mehrerer Spektrometer [30].

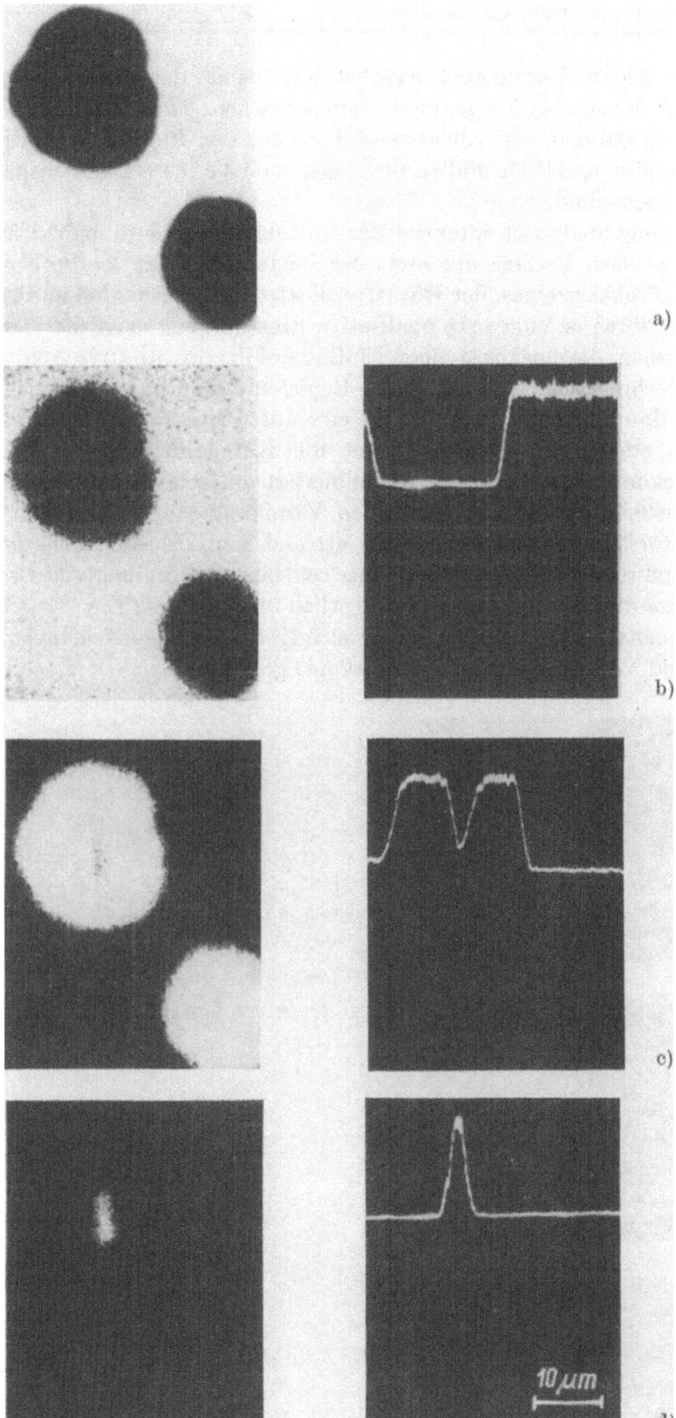

a)

b)

c)

d)

Abb. 4.13. Gußeisen mit Kugelgraphit
a) Sekundärelektronen, b) Eisen K_α, c) Kohlenstoff K_α, d) Magnesium K_α
10 kV, $5 \cdot 10^{-8}$ A

Für eine gesicherte Röntgenmikroanalyse sind neben der Röntgenstrahlung eine Reihe anderer Wechselwirkungssignale heranzuziehen. Diese sind im allgemeinen die Sekundärelektronen, die Rückstreuelektronen, der Probenstrom, die Katodolumineszenz und in speziellen Fällen die Auger- und Verlustelektronenspektroskopie oder auch Kosseltechnik.

Zur Auffindung analytisch interessanter Probenbereiche wird man sich neben der lichtmikroskopischen Betrachtung stets der Rasterabbildung der Probenoberfläche mit Hilfe des Probenstromes, der Rückstreuelektronen oder der Sekundärelektronen bedienen. Hierdurch ist eine erste qualitative Einschätzung möglicher Topographiekontraste gegeben, die einen störenden Einfluß auf die quantitative Analyse nehmen können. Weiterhin stellen sich mit diesen Signalen qualitative Elementverteilungen durch den Ordnungszahlkontrast dar, die eine anschließende quantitative Röntgenmikroanalyse erleichtern. Gleiches bietet die Katodolumineszenz. Dieses durch strahlende Rekombinationsprozesse an Halbleitern auftretende Probensignal reagiert bezüglich seiner Intensität und spektralen Verteilung sehr empfindlich auf Änderungen der Störstellenkonzentration und -art und kann deshalb in speziellen Fällen die Röntgenmikroanalyse hinsichtlich einer schnellen Auffindung und Lokalisierung geringer Konzentrationsunterschiede wesentlich unterstützen. Eine Erweiterung der Röntgenmikroanalyse für den Elementebereich $Z < 4$ ist in speziellen Geräten durch die Auger- und Verlustelektronenspektroskopie gegeben.

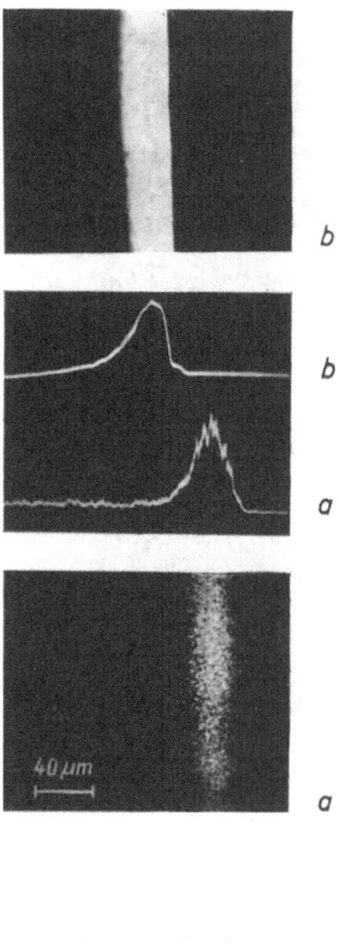

Abb. 4.14. Silicium-Diode, p-n-Übergang.
a) Phosphor K_α, b) EBIC-Signal,
10 kV, $5 \cdot 10^{-9}$ A

Typische Anwendungsbereiche der RMA sind dort, wo das mikroskopische Verhalten eines Festkörpers entscheidenden Einfluß auf dessen makroskopisches Verhalten hat.

Ein Beispiel hierfür sind Gußwerkstoffe, deren Mikrostruktur, wie die Ausbildung von Kugelgraphit, die Bildung von umgekehrter Weißeinstrahlung und das Auftreten von Carbiden, Einfluß auf die Schlagzähigkeit, Dehnung und Dauerfestigkeit hat. Die Linien- und Flächenanalyse von Gußeisen mit Kugelgraphit, in welchem Mg als Keimbildner wirkt, ist in Abb. 4.13 (S. 123) zu sehen, siehe auch [31]. Weitere interessante Einsatzgebiete der RMA an metallischen Werkstoffen ist neben der allgemeinen Gefügeanalyse und Phasenbestimmung die Untersuchung von Diffusions- und Korrosionsprozessen, Grenzflächenreaktionen, Oberflächenuntersuchungen an Brüchen und Abdrücken.

In stark zunehmendem Maße gewinnt das mikroskopische Verhalten von Halbleitern an Bedeutung, so z. B. für die Herstellung von mikro- und optoelektronischen Bauelementen [32]. Die RMA wird hier besonders zur Analyse von Kontaktierungsproblemen und Heterostrukturen [33], zur Kompositionsbestimmung an Verbindungshalbleitern [34, 35], zum Nachweis von Läpp- und Poliermittelresten bei verschiedenen Bearbeitungsschritten und an Dünnschichten angewandt. Leider ist die Nachweisgrenze der RMA in den meisten Fällen nicht ausreichend, elektrisch wirksame Störstellenkonzentrationen an aktiven Zonen des Halbleiters wie z. B.

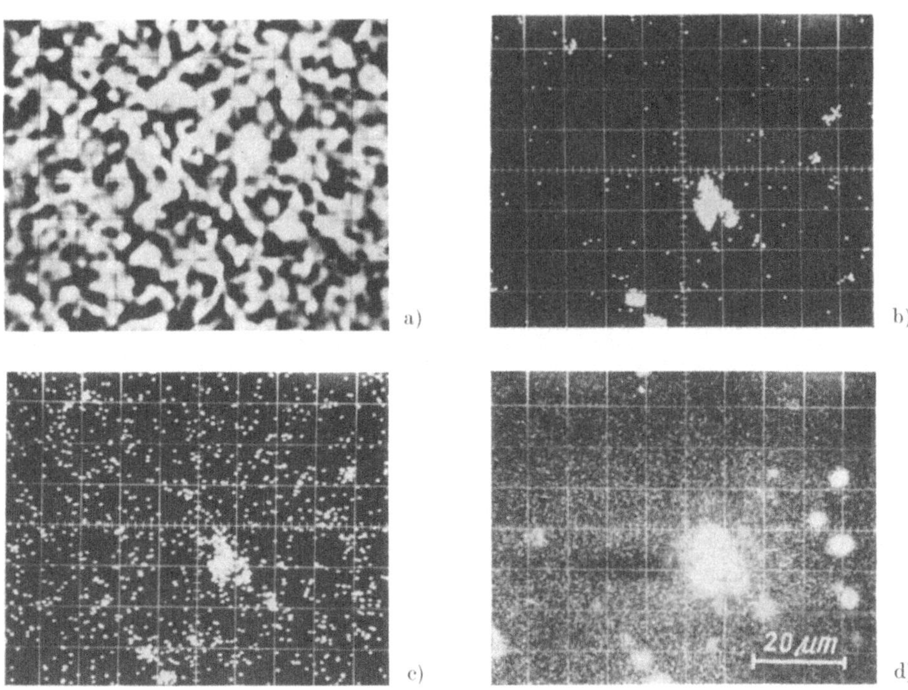

Abb. 4.15. Nachweis von Läppmittelrückständen (Korund-Al_2O_3) auf einer Silicium-Scheibe durch kombinierte Signale

a) Probenstrom, b) Aluminium K_α, c) Sauerstoff K_α, d) Katodolumineszenz
20 kV, $5 \cdot 10^{-7}$ A

p-n-Übergängen nachzuweisen. In Kombination mit anderen Signalen der ESMA wie EBIC, Katodolumineszenz (KL) und Sekundärelektronen-Potentialkontrast gestattet die RMA jedoch zusätzliche Aussagen. In Abb. 4.14 (S. 124) ist ein durch Diffusion aus einer Oberflächen-Phosphorquelle gebildeter p-n-Übergang in Silicium dargestellt. Das EBIC-Signal (siehe hierzu Kap. 10.) gibt die Lage des p-n-Überganges an, das Phosphormaximum bildet die Diffusionsquelle ab.

Läppmittelreste auf einer Siliciumoberfläche sind wegen ihrer Kleinheit allein mit der RMA sehr schwierig zu finden. Teilweise durchschießt der Elektronenstrahl die Rückstände, so daß das Signal sehr gering ist und eine Darstellung in der Flächenanalyse erschwert wird. Hier gestattet die Kombination mit dem wesentlich empfindlicheren KL-Signal eine schnelle Auffindung. In Abbildung 4.15 wird ein Beispiel hierfür gegeben. Abbildung 4.16 zeigt den Ausschnitt eines integrierten Schaltkreises im Probenstrombild und die Aluminium- und Siliciumverteilung in der Oberfläche durch die Röntgenmikroanalyse.

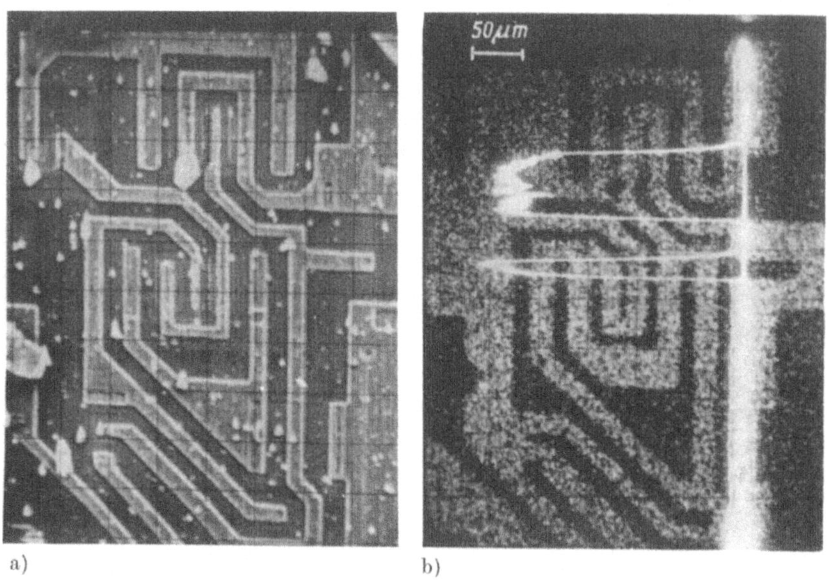

Abb. 4.16. Integrierter Schaltkreis
a) Probenstrom, b) Si-Verteilung, Al-Profil

Neben diesen aufgeführten Anwendungsbeispielen wird die RMA mit Erfolg in der Mineralogie zur Gesteinsanalyse, bei Gläsern und Keramiken in der Glasstrukturforschung, der Glasfehlerkunde, der Zementanalytik, an Porzellanen u. a. m. eingesetzt. In Abbildung 4.17 ist z. B. die Kalium- und Natriumverteilung in Rohhüttenschlacke zu sehen. Es werden weiterhin Staubteilchen, Plaste, Gummi, chemische Katalysatoren untersucht. Weitere interessante Anwendungsgebiete sind biologisch-medizinische Präparate, dünne Schichten sowie Oberflächenbelegungen auf Festkörpern, siehe auch [36].

Eine Übersicht über die wichtigsten Analysenmöglichkeiten der ESMA wird in der Übersichtsliteratur gegeben.

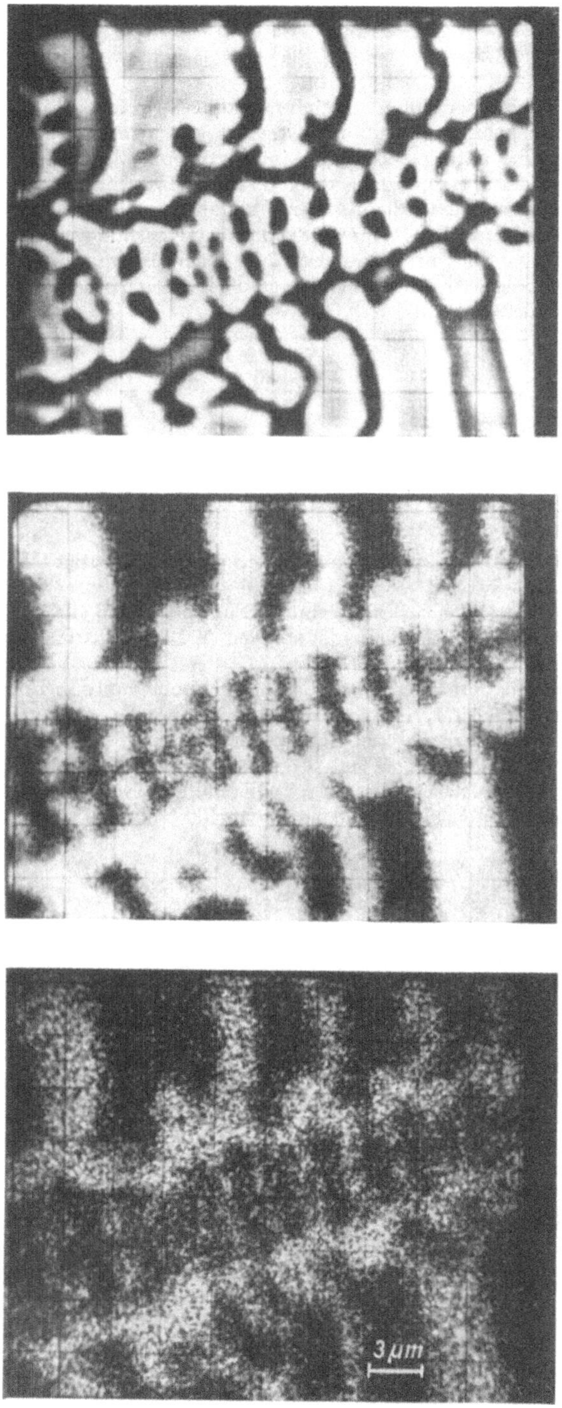

a)

b)

c)

Abb. 4.17. Elementverteilung in Rohhüttenschlacke
a) Probenstrom, b) Kalium, c) Natrium

4.5. Zusammenfassung

Die RMA hat ihren festen Platz unter den Mikroanalysenmethoden gefunden auf Grund ihres im Prinzip einfachen und übersichtlichen Verfahrens. Sie ist eine zerstörungsfreie Methode in dem Sinne, daß die Probe, die natürlich oft von einem größeren Werkstück entnommen werden muß, sich während der Analysenprozedur nicht verändert. Der hohe Automatisierungsgrad macht sie zu einer Routinemethode, die in enger Verknüpfung mit werkstofftechnischen Fragestellungen effektive Ergebnisse liefert, die sehr schnell „praxiswirksam" werden.

Vergleichbare Methoden sind die mit Photonen- und Ionensonden arbeitenden Mikrosondenverfahren wie Lasermikrospektralanalyse (LMA) und die Sekundärionenmassenspektroskopie (SIMS), siehe hierzu auch Kap. 18.

4.6. Literatur

Übersichtsliteratur

— Brümmer, O: Mikroanalyse mit Elektronen- und Ionensonden. — Leipzig: VEB Deutscher Verlag für Grundstoffindustrie 1978.
— Beaman, D. R., Isasi, I. A.: ASTM Special Technical Publication 506 (1972).
— Malissa, H.: Handbuch der mikrochemischen Methoden, 4. Bd.: Elektronenstrahl-Mikroanalyse. — Wien/New York: Springer-Verlag 1966.
— Reed, S. I. B.: Electron Microprobe Analysis, Cambridge Monographs on Physics, Cambridge, Cambridge Univ. Press 1975.
— Birks, L. S.: Electron Probe Microanalysis. — New York: J. Wiley & Sons, Inc. 1971.
— Grasserbauer, M., Microchimica Acta (Wien) 1975, S. 145—163 u. ff.
— Dräger, G., Beier, W., Brümmer, O., Krönert, P., Kristall u. Technik **9**, 11 (1974) 1297.
— Tagungsbände „Mikrosonde" 1973, 1975, 1978, hrsg. von der Physikalischen Gesellschaft der DDR, Berlin.

Originalliteratur

[1] Rutherford, E., Phil. Mag. **21** (1911) 669.
[2] Moliere, G., Z. Naturf. **2a** (1907) 133.
[3] Mott, N. F., Proc. royal Soc. Lond. S. A. **129** (1924) 425.
[4] Bothe, W., in: Handbuch der Physik. Berlin 1927. 24, 18.
[5] Bethe, H. A., Rose, M. E., Smith, L. D., Proc. amer. phil. Soc. **78** (1938) 573.
[6] Spencer, L. V., Phys. Rev. **98** (1958) 1597.
[7] Archard, G. D., J. appl. Phys. **32** (1961) 1505.
[8] Whiddington, R., Proc. royal Soc. (London) Ser. A **86** (1912) 360.
[9] Cosslett, V. E., Thomas, R. N., Brit. J. appl. Phys. **15** (1964) 1283.
[10] Castaing, R.: Electron Probe Microanalysis. Advances in Electronics and Electron Physics (1960).
[11] Duncumb, P., Proc. sec. Int. Symp. on X-Ray Microsc. and X-Ray Microanalysis, Stockholm 1959, S. 365.
[12] Colby, J. W., Advances in X-Ray-Analysis, Vol. **11** (1968) 287.
[13] Kramers, H. A., Phil. Mag. **46** (1923) 836.
[14] Bethe, H. A., Ann. Physik Leipzig **5** (1930) 325.
[15] Moseley, G. J., Phil. Mag. **26** (1913) 1024.
[16] Wentzel, G., Ann. Physik **66** (1921) 437; **73** (1934) 647.
[17] Urch, D. S., Solid State Phys. **3** (1970) 1275.

[18] Castaing, R., Descamps, J., J. Phys. Radium **16** (1955) 304.
[19] Jönsson, A., Z. Physik **43** (1927) 845.
[20] Brown, J. D.: Electron Probe Microanalysis. Herausgeb.: A. J. Tousimis u. L. Marton. New York, London: Academic Press 1969, S. 45–69.
[21] Philibert, J.: A Method for Calculating the Absorption Correction in Electron-Probe Microanalysis. Stanford, S. 379.
[22] Springer, G.: Neues Jahrbuch für Mineralogische Abhandlungen, Vol. **106** (1967) 241.
[23] Wolf, R. C., Macres, V. G.: in [20] S. 73.
[24] Castaing, R., Guinier, A., Proc. of the First International Conference on Electron Microscopy, Delft **1949**, S. 60.
[25] Borovski, I. B., Iljin, N. P., Dokl. Akad. Nauk SSSR **106** (1956) 655; Exper. Technik Physik **5** (1957) 36.
[26] Däbritz, S., Ullrich, H. J., Tagungsband 2. Arbeitstagung Mikrosonde, Berlin 1973, S. 353.
[27] Woldseth, R.: X-ray Energy Spectrometry. Kevex Corporation, Burlingam (USA) 1973.
[28] Krajewski, Th., u. a., Tagungsband 3. Arbeitstagung Mikrosonde. Berlin 1975, S. 225.
[29] Schumann, H.: Metallographie. — Leipzig: VEB Deutscher Verlag für Grundstoffindustrie 1975.
[30] Matthé, P., u. a., wie [28], S. 33.
[31] Thielemann, Th., Röder, A., Gießereitechnik **16** (1970) 259, 329.
[32] Röder, A., Richter, C.-E.: Probleme der Festkörperelektronik, Bd. VII. Berlin: VEB Verlag Technik 1975, S. 7.
[33] Reenstra, A. L., Thomson, H. W., J. appl. Phys. **38** (1967) 3798.
[34] Röder, A., Böhm, R., wie [26], S. 337.
[35] Alfjorow, Z. J., u. a., wie [26], S. 400f.
[36] Brümmer, O., in: Grundlagen passiver elektronischer Bauelemente. — Leipzig: VEB Deutscher Verlag für Grundstoffindustrie 1973. S. 356–373.

5. Hochauflösende Röntgenspektroskopie

(G. DRÄGER, Halle)

5.1. Grundprinzip

Ihre wichtigste Anwendung für festkörperanalytische Zwecke findet die Röntgenspektroskopie in verschiedenen Methoden der Spektralanalyse, wie z. B. in der Röntgenmikro- und -fluoreszenzanalyse. Diese Methoden gestatten den qualitativen und quantitativen Elementnachweis aus der Lage und Intensität von primär oder sekundär angeregten Röntgenspektren des untersuchten Festkörpers. Die Spektren werden dabei als charakteristisch für die erzeugenden Atome und weitgehend unabhängig von deren Bindungszustand angesehen. Diese Annahme stellt für die genannten Analysenzwecke eine ausreichende Näherung dar und erfordert hinsichtlich Auflösung der Spektren und Wellenlängenbestimmung keinen speziellen meßtechnischen Aufwand. Die in diesem Kapitel behandelten Präzisionsmessungen von Röntgenspektren mit hoher Auflösung zeigen jedoch eine Reihe von z. T. starken Bindungseffekten, d. h. von Abhängigkeiten der Spektrenparameter vom Bindungszustand des Materials. Ihre Messung und Interpretation liefert daher zusätzliche Informationen über den Festkörper und erweitert das Spektrum seiner untersuchbaren Eigenschaften.

Neben dem Studium von Bindungsabhängigkeiten der vorwiegend für Elementanalysen genutzten Emissionsspektren werden weitere Bindungseffekte in Spektren beobachtet und untersucht, die mit anderen, dazu speziell entwickelten oder vervollkommneten röntgenspektroskopischen Methoden gewonnen werden. Hierzu zählen die Röntgenabsorptionsspektroskopie sowie die Methoden der Bremsstrahlungs- und charakteristischen Isochromaten. Ihre Spektren geben Informationen über unbesetzte Elektronenzustände des Festkörpers und vervollständigen das Bild seiner Elektronenstruktur. Diese spielt für die analytische Nutzung der hochauflösenden Röntgenspektroskopie eine zentrale Rolle. Die Elektronenstruktur bildet das Bindeglied zwischen elementaren Stoffgrößen, zu untersuchenden physikalischen und chemischen Festkörpereigenschaften und den für die Analyse benutzten Röntgenspektren und ist selbst Untersuchungsgegenstand der Festkörperanalyse.

Wie in der Übersicht von Abbildung 5.1 gezeigt, bestimmen chemische Zusammensetzung und struktureller Aufbau eines Materials seine Elektronenstruktur. Darunter sind dessen fundamentelle elektronische Eigenschaften zu verstehen, insbesondere das Verhalten der Valenzelektronen und die Verteilung der unbesetzten Elektronenzustände oberhalb des Valenzbandes. Aus der Elektronenstruktur leiten sich die wissenschaftlich und technisch interessanten Festkörpereigenschaften und Charakteristika des chemischen Bindungszustandes ab. Andererseits werden Größen und Parameter der Elektronenstruktur in den Röntgenspektren abgebildet und damit der Messung zugänglich. Physikalische, chemische und strukturelle Festkörpereigenschaften und Stoffgrößen können daher auf empirischem Wege direkt oder aber über die Elektronenstruktur, z. B. mit Hilfe experimenteller Röntgenspektren, untersucht werden. Darin und in der Aufklärung der Elektronenstruktur selbst bestehen die Anwendungen der hochauflösenden Röntgenspektroskopie in der Festkörperanalyse.

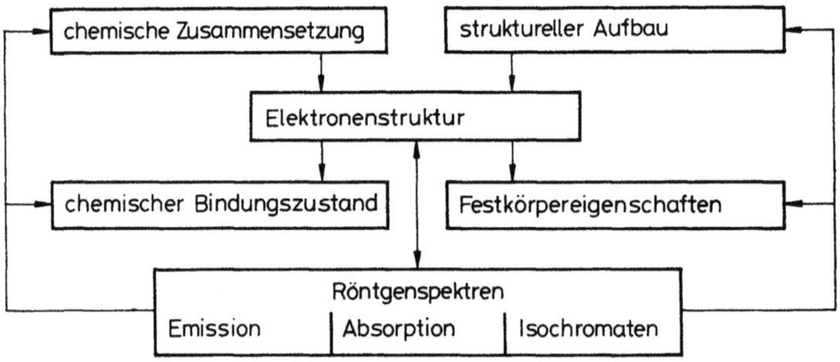

Abb. 5.1. Übersicht zur Festkörperanalyse mit Hilfe der hochauflösenden Röntgenspektroskopie

5.2. Theoretische Grundlagen

In diesem Abschnitt werden die röntgenspektroskopischen Methoden beschrieben und Zusammenhänge zwischen Spektrenparametern und Elektronenstruktur dargestellt. Zum besseren Verständnis sollen daher einleitend einige Ausführungen zur Elektronenstruktur des Festkörpers gemacht und wichtige Begriffe derselben erläutert werden. Die Betrachtungen bleiben hierbei auf die Näherung des Einelektronenmodells beschränkt, die zur Interpretation der Röntgenspektren weitgehend ausreicht.

Der kristalline Festkörper besteht aus einer räumlich periodischen Anordnung von Atomrümpfen (Kern und Rumpfelektronen) und den über das Kristallvolumen periodisch und kontinuierlich verteilten Valenzelektronen. Durch den Zusammentritt der Atome zum Kristall und das Eingehen der Bindung miteinander haben die Valenzelektronen ihren atomaren Charakter mit scharf definierten Symmetrien und Quantenzahlen sowie diskreten Energieniveaus weitgehend verloren. Letztere sind stark verbreitert und bilden Bänder mit einer quasikontinuierlichen Folge erlaubter Energiezustände. Diese Energiebänder können überlappen oder sind durch verbotene Bänder getrennt. Die Elektronenzustände in den erlaubten Bändern werden durch die $\boldsymbol{k}$- und $\boldsymbol{r}$-abhängige Wellenfunktion $\psi(\boldsymbol{k}, \boldsymbol{r})$ beschrieben, in der der Wellenvektor $\boldsymbol{k}$ an die Stelle einer Quantenzahl für die Bandelektronen tritt und $\boldsymbol{r}$ den Ortsvektor bedeutet. Der eindeutigen Charakterisierung des Elektronenzustandes dient zusätzlich der Bandindex, über den bei der Berechnung von Zustandsdichten und Spektren entsprechend zu summieren ist. Die Wellenfunktion $\psi(\boldsymbol{k}, \boldsymbol{r})$ und der Energieeigenwert $E(\boldsymbol{k})$ eines Elektronenzustandes im Band ergeben sich durch Lösung der Schrödinger-Gleichung im periodischen Potential der Atomrümpfe und übrigen Valenzelektronen. Integrationen über die durch $E(\boldsymbol{k}) = \text{const}$ definierten isoenergetischen Flächen $S(E)$ im $\boldsymbol{k}$-Raum führen auf die Zustandsdichte

$$N(E) \sim \int\limits_{S(E)} \frac{\mathrm{d}S}{|\mathrm{grad}_{\boldsymbol{k}}\, E(\boldsymbol{k})|} \tag{1}$$

welche die Zahl der Bandelektronenzustände pro Einheitsintervall der Energie angibt. Die Zustandsdichte stellt eine wichtige Größe zur Charakterisierung der Elektronenstruktur des Festkörpers dar und ist röntgenspektroskopisch meßbar.

Die Valenzelektronen besetzen die energetisch tiefsten Zustände der Bänder und füllen sie bei den Metallen bis zur Fermi-Energie E_F auf, welche im Energieniveauschema von Abbildung 5.2 den Nullpunkt der Energieskala bildet. Über den besetzten

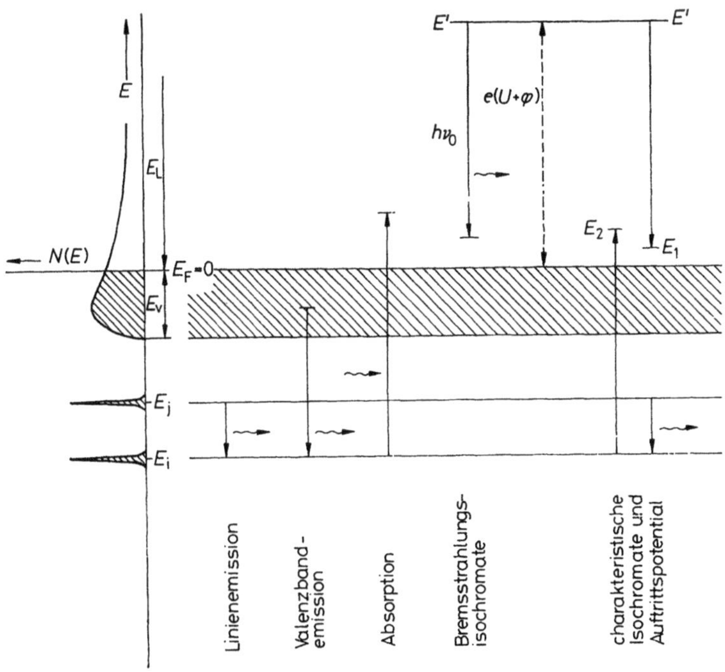

Abb. 5.2 Schematische Darstellung der Energieniveaus eines metallischen Festkörpers und der den röntgenspektroskopischen Methoden zugrunde liegenden Elektronenübergänge

Valenzbändern mit Elektronenenergien $E_V(\boldsymbol{k}) < 0$ bilden die erlaubten, jedoch unbesetzten Zustände weitere Bänder, die im folgenden als Leitungsbänder bezeichnet werden. In ihnen ist die Energie $E_L(\boldsymbol{k})$ möglicher Elektronenzustände positiv. Bei Halbleitern und Isolatoren liegt zwischen dem oberen, vollständig gefüllten Valenzband und der unteren Kante des Leitungsbandes eine Bandlücke, in der $N(E) = 0$ ist. In Metallen überlappen sich diese Bänder.

Für die Auswertung von Röntgenspektren erweist sich in vielen Fällen die Molekülorbital(MO)-Theorie als vorteilhaft. Sie beschreibt die Elektronenstruktur von Molekülen durch Molekülorbitale, die aus atomaren Orbitalen der bindenden Atome kombiniert sind. Mit Hilfe dieser Theorie können die Röntgenspektren von Festkörpern interpretiert werden, die aus deutlich begrenzten, relativ selbständigen Atomgruppen, wie Molekülen, Molekülionen oder Komplexmolekülen, aufgebaut sind. Modifizierte Formen der MO-Theorie unterliegen dieser Einschränkung nicht und sind auf kristalline Festkörper verschiedensten Struktur- und Bindungstyps und ihre Spektren anwendbar. Sie beinhalten Rechnungen an geeignet gewählten Atomgruppen (Clustern), deren atomistische Struktur die des Kristalls repräsentiert und seine Elektronenstruktur in guter Näherung wiedergibt [1]. Die Zustandsdichte der Valenz- und Leitungsbänder wird hierbei durch eine Folge besetzter bzw. unbesetzter diskreter MO-Niveaus approximiert.

Der atomare Charakter der Rumpfelektronen in den inneren Orbitalen der Atome bleibt bei der Bindung weitgehend erhalten, die Elektronenzustände werden durch die Quantenzahlen n, l, j des freien Atoms beschrieben. Jedoch verändern sich im Ergebnis der Bindung die Energien E_i, E_j, ... der diskreten Rumpfniveaus, was zu meßbaren Verschiebungen der Röntgenlinien führt.

Wichtige Größen und Parameter der Elektronenstruktur können mit hochauflösenden Methoden der Röntgenspektroskopie direkt oder indirekt gemessen und für die Analyse des Festkörpers verwendet werden. Zu den aussagekräftigsten und meistgenutzten Methoden gehören die Emissionsspektroskopie von Linien und Banden, die Absorptionsspektroskopie sowie die Bremsstrahlungs- und charakteristische Isochromatenspektroskopie, letztere gewöhnlich in der Form der Auftrittspotentialspektroskopie (engl.: appearence potential spectroscopy) angewendet.

In der Emissionsspektroskopie wird die Röntgenstrahlung analysiert, die beim Übergang von Elektronen aus energetisch höheren besetzten Zuständen im Festkörper in energetisch tiefere Zustände entsteht. Das experimentelle Spektrum stellt die Intensitätsverteilung der Strahlung in Abhängigkeit von der Wellenlänge oder Photonenenergie dar, wobei unter Intensität i. allg. die pro Zeiteinheit registrierte Zahl von Röntgenphotonen verstanden wird. Voraussetzung für den Emissionsprozeß ist die Ionisierung von Rumpfniveaus durch Elektronen- oder Fluoreszenzanregung. Springen dann Elektronen aus energetisch höheren Rumpfniveaus in die Elektronenleerstellen der ionisierten Niveaus, so werden nahezu monoenergetische Photonen emittiert, die ein Linienspektrum bilden. Bei einem speziellen Übergang vom Rumpfzustand j der Energie E_j zum Zustand i der Energie E_i wird entsprechend dem Niveauschema von Abbildung 5.2 die Photonenenergie

$$\varepsilon_{j,i} = h\nu_{j,i} = E_j - E_i \qquad (2)$$

freigesetzt (h = Plancksches Wirkungsquantum, ν = Frequenz der Strahlung). Die für Analysenzwecke genutzten Parameter der Linienspektren sind die Linienlage bzw. -verschiebung in der Wellenlängen-, meist jedoch Energieskala sowie Halbwertsbreite und Asymmetrie der Linienprofile, die sich aus Breite und Feinaufspaltung der kombinierenden Rumpfniveaus ergeben.

Bei Übergängen von Valenzelektronen in Rumpfzustände i werden Bandspektren emittiert, welche die Energien $E_V(\boldsymbol{k})$ der Elektronenzustände im Valenzband des Festkörpers durch die freigesetzten Photonenenergien

$$\varepsilon = h\nu = E_V(\boldsymbol{k}) - E_i \qquad (3)$$

zu messen gestatten. Für die Intensität der Valenzbandspektren ergibt sich in der

Einelektronen-Dipol-Näherung

$$I(\varepsilon) \sim \int\limits_{S(\varepsilon)} \frac{P(E_V, \boldsymbol{k})}{|\mathrm{grad}_{\boldsymbol{k}}\, E_V(\boldsymbol{k})|}\, \mathrm{d}S, \tag{4}$$

wobei über die durch $\varepsilon = \text{const}$ definierte isoenergetische Fläche $S(\varepsilon)$ im $\boldsymbol{k}$-Raum zu integrieren ist. Die Übergangswahrscheinlichkeit

$$P(E_V, \boldsymbol{k}) \sim \nu^3 \left|\int \psi_R{}^* \boldsymbol{e} \cdot \boldsymbol{r} \psi_V \, \mathrm{d}^3\boldsymbol{r}\right|^2 \tag{5}$$

wird durch ein Raumintegral bestimmt, das die Wellenfunktionen ψ_R und ψ_V des Rumpf- bzw. Valenzelektronenzustandes enthält sowie den Ortsvektor $\boldsymbol{r}$ und den Einheitsvektor $\boldsymbol{e}$ der Polarisation der emittierten Strahlung. Aus (4) und (5) sieht man, daß die Intensität $I(\varepsilon)$ der Bandspektren die durch $P(E_V, \boldsymbol{k})$ modulierte Zustandsdichte des Valenzbandes abbildet. Die Art dieser Modulation folgt aus der räumlichen Begrenzung der Rumpfzustände und ihrer Wellenfunktion ψ_R sowie aus den in (5) enthaltenen Dipol-Auswahlregeln und führt zur Abbildung sog. lokaler partieller Zustandsdichten in den Valenzbandspektren. Speziell für die K- bzw. L-Spektren folgt, daß sie die Zustandsdichten von bezüglich des emittierenden Atoms p- bzw. s- und d-artigen Valenzelektronenzuständen abbilden, welche im Bereich der 1s- bzw. 2p-Rumpfzustände lokalisiert sind. Zusätzliche Aussagen bei Substanzen nicht-kubischer Kristallsymmetrie liefert die in den letzten 10 Jahren entwickelte Methode der Einkristallspektroskopie. Im Gegensatz zur konventionellen Untersuchung polykristalliner Proben werden hierbei polarisierte Komponenten der von Einkristallen emittierten Strahlung analysiert. Dadurch lassen sich auch die in (5) enthaltenen Auswahlregeln für polarisierte Übergänge zur Steigerung des Informationsgehaltes der Spektren nutzen [2].

Die Untersuchung der unbesetzten Leitungsbandzustände des Festkörpers kann mit Hilfe der Röntgenabsorptionsspektroskopie erfolgen. Gemessen wird hier das Verhältnis I/I_0 der durch eine Materialschicht der Dicke d durchgelassenen Intensität I zur Primärintensität I_0 in Abhängigkeit von Wellenlänge oder Photonenenergie ε der absorbierten Strahlung. Aus I/I_0 berechnet sich wegen $I = I_0 \exp(-d\mu)$ der Absorptionskoeffizient zu

$$\mu(\varepsilon) = -\frac{1}{d} \ln \frac{I}{I_0}. \tag{6}$$

Sein theoretischer Zusammenhang mit der Elektronenstruktur ist ähnlich dem für die Intensität $I(\varepsilon)$ der Valenzbandspektren, wobei jedoch im Falle von $\mu(\varepsilon)$ in (4) und (5) jeweils ν^3, ψ_V und E_V durch ν, ψ_L und E_L zu ersetzen ist. Die $\mu(\varepsilon)$-Darstellungen spiegeln daher lokale partielle Zustandsdichten der Leitungsbänder wider, und zwar ebenfalls p-artige oder s- und d-artige Zustandsdichten, wenn die $\mu(\varepsilon)$-Kurven aus K- bzw. L-Absorptionsspektren abgeleitet sind. Im ersten Fall liegt dem Absorptionsprozeß der Übergang eines 1s-Rumpfelektrons, im zweiten der von 2p-Elektronen in die Leitungsbandzustände zugrunde entsprechend den Dipol-Auswahlregeln: s $\to$ p bzw. p $\to$ s, d. Die absorbierte Photonenenergie beträgt nach Abbildung 5.2

$$\varepsilon = E_L(\boldsymbol{k}) - E_i. \tag{7}$$

Die Röntgenabsorptionsspektren der Metalle zeigen bei der Photonenenergie

$\varepsilon = E_F - E_i$ einen sprunghaften Anstieg von $\mu(\varepsilon)$, der aus dem Übergang der Rumpfelektronen in die unbesetzten Zustände über der Fermi-Energie resultiert. Bei Halbleitern und Isolatoren entspricht die gewöhnlich weniger steile Absorptionskante den Übergängen in die untersten Zustände des Leitungsbandes, das durch eine Bandlücke vom Valenzband getrennt ist.

An die Absorptionskante schließt sich die kantennahe oder Kosselsche Feinstruktur an, welche bei ionisch und kovalent gebundenen Festkörpern häufig eine Linienstruktur erkennen läßt und damit die Verteilung unbesetzter atom- bzw. MO-artiger Energieniveaus widerspiegelt. Beschreibt man nämlich die Elektronenstruktur des Festkörpers näherungsweise mit Molekülorbitalen, so sind die Emissions- und Absorptionsspektren theoretisch aus Linien aufgebaut, welche den Übergängen der Elektronen von besetzten bzw. auf unbesetzte diskrete MO-Niveaus entsprechen.

Die auf die kantennahe Feinstruktur folgende kantenferne oder Kronigsche Feinstruktur der Absorptionsspektren erstreckt sich über einen Bereich zwischen etwa 30 und mehreren hundert eV oberhalb der Kante. Sie ist durch kleine Fluktuationen des Absorptionskoeffizienten um einen monoton verlaufenden mittleren Wert desselben charakterisiert. Nach dem gegenwärtigen Stand der Theorie wird die kantenferne Feinstruktur des Absorptionskoeffizienten durch die Streuung des aus dem Rumpfniveau freigesetzten Photoelektrons an den Nachbaratomen des absorbierenden Atoms erklärt [3, 37]. Aus diesem Zusammenhang mit der Nahordnung der Atome ergeben sich u. a. Möglichkeiten der Strukturaufklärung für nichtkristalline Festkörper.

Zu den röntgenspektroskopischen Verfahren, die Leitungsbandzustände des Festkörpers zu untersuchen gestatten, gehört auch die Aufnahme von Bremsstrahlungsisochromaten. Dazu werden in eine als Anode geschaltete Festkörperprobe monoenergetische Elektronen eingeschossen. Eine Spektrometeranordnung filtert Strahlung einer festen Quantenenergie $h\nu_0$ bzw. Wellenlänge λ_0 aus dem kontinuierlichen Spektrum der erzeugten Röntgenbremsstrahlung heraus. Als Bremsstrahlungsisochromate wird bei fester Spektrometereinstellung und konstantem Anodenstrom die Intensität der isochromatischen Bremsstrahlungskomponente in Abhängigkeit von der Energie E' bzw. der Beschleunigungsspannung U der eingeschossenen Elektronen registriert.

Werden die Elektronen von einer Katode mit dem Austrittspotential φ emittiert und durch die Spannung U beschleunigt, so haben sie (siehe Abb. 5.2) beim Einfall in die Festkörperprobe die Energie $E' = e(U + \varphi)$. Diejenigen Elektronen, welche bei einem Bremsakt im Coulomb-Feld der Atome Photonen der Energie $h\nu_0$ emittieren, gelangen dabei in Leitungsbandzustände der Energie

$$E_L(\boldsymbol{k}) = E' - h\nu_0 = e(U + \varphi) - h\nu_0. \tag{8}$$

Diese Zustände können daher durch Veränderung von U schrittweise abgetastet werden. Die Zahl der dabei stattfindenden Bremsstrahlungsübergänge und damit die registrierte Intensität $I(U)$ ist proportional zur Dichte $N(E)$ der Leitungsbandzustände bei der jeweiligen Energie E_L und proportional zur Wahrscheinlichkeit $P(E' \to E_L)$ des Bremsstrahlungsüberganges. Da letztere für die in Betracht kommenden Energiebereiche als konstant angesehen werden kann, ist

$$I(E') = I(U) \sim N(E). \tag{9}$$

Die Isochromaten bilden somit in guter Näherung die Zustandsdichte der Leitungsbänder ab.

Mit der experimentellen Anordnung zur Aufnahme von Bremsstrahlungsisochromaten können bei Einstellung des Spektrometers auf einzelne Röntgenlinien auch sog. charakteristische Isochromaten gemessen werden. Sie stellen die Intensität charakteristischer Linien in Abhängigkeit von der Beschleunigungsspannung der in das Probenmaterial eingeschlossenen Elektronen dar.

Nach dem Niveauschema von Abbildung 5.2 erfolgt bei Registrierung der Photonenenergie $h\nu_{j,i} = E_j - E_i$ der Einsatz der Intensität für

$$E' = e(U_\mathrm{E} + \varphi) = -E_i = E_i^\mathrm{B}. \tag{10}$$

Hier ist die Energie E' der eingeschossenen Elektronen gleich der Bindungsenergie E_i^B der Elektronen im Rumpfniveau i, so daß dieses ionisiert wird und Übergänge $j \to i$ möglich werden. Bei der Einsatzspannung U_E gehen anregendes Elektron und angeregtes Rumpfelektron in den untersten Leitungsbandzustand bei der Fermi-Energie $E_\mathrm{F} = 0$ über. Mit steigender Beschleunigungsspannung U erfolgen die Übergänge in alle Zustände der Energie E_1, $E_2 > 0$, für die wegen der Energieerhaltung gilt

$$E' - E_1 = E_2 - E_i = E_2 + E_i^\mathrm{B}. \tag{11}$$

Die Zahl der Elektronenübergänge nach E_1 und E_2 ist bei Vernachlässigung des Einflusses von Übergangswahrscheinlichkeiten proportional zum Produkt $N(E_1) \times N(E_2)$ der Zustandsdichten im Leitungsband. Während die Zustandsenergie E_1 von 0 bis $(E' - E_i^\mathrm{B})$ läuft, nimmt E_2 nach (11) den jeweils zugehörigen Wert $E_2 = E' - E_i^\mathrm{B} - E_1$ an. Für die Gesamtzahl der für E' bzw. U möglichen Übergänge und ionisierten Rumpfniveaus i und damit für die registrierte Linienintensität gilt daher

$$I(E') = I(U) \sim \int_0^{E' - E_i^\mathrm{B}} N(E_1)\, N(E' - E_i^\mathrm{B} - E_1)\, \mathrm{d}E_1. \tag{12}$$

Der Integralausdruck stellt eine Selbstfaltung der Zustandsdichte des Leitungsbandes dar, die in dieser verschlüsselten Form durch die charakteristische Isochromate abgebildet wird. Mit der zum Einsatzpunkt ihrer Intensität gehörigen Einsatzspannung U_E kann nach Gleichung (10) ferner die Bindungsenergie der angeregten Rumpfelektronen bestimmt werden.

Bei der Auftrittspotentialspektroskopie (APS) wird die Gesamtintensität der spektral nicht zerlegten Strahlung gemessen und nach der Energie E', d. h. praktisch auf elektronischem Wege nach der Beschleunigungsspannung U, der eingeschossenen Elektronen differenziert. Dazu wird der hochlaufenden Spannung eine kleine Wechselkomponente überlagert und die periodische Änderung der Strahlungsintensität in Abhängigkeit von E' bzw. U aufgezeichnet. Die gemessene Gesamtintensität ergibt sich aus der mit U monoton wachsenden Bremsstrahlung und den nacheinander angeregten Röntgenlinien, d. h. aus charakteristischen Isochromaten. Das AP-Spektrum $\frac{\mathrm{d}I(E')}{\mathrm{d}E'}$ bzw. $\frac{\mathrm{d}I(U)}{\mathrm{d}U}$ stellt daher im wesentlichen die Ableitung von charakteristischen Isochromatenkurven dar, die in den durchfahrenen Spannungsbereichen liegen.

Eine Illustration dieser Zusammenhänge gibt Abbildung 5.3. Sie zeigt in Teilbild a schematisch den $N(E)$-Verlauf für ein 3d-Übergangsmetall, der aus der Überlagerung eines breiten 4s- und eines schmalen 3d-Bandes resultiert. Die Dichte der unbesetzten Zustände oberhalb E_F wird durch die Bremsstrahlungsisochromate abgebildet, für

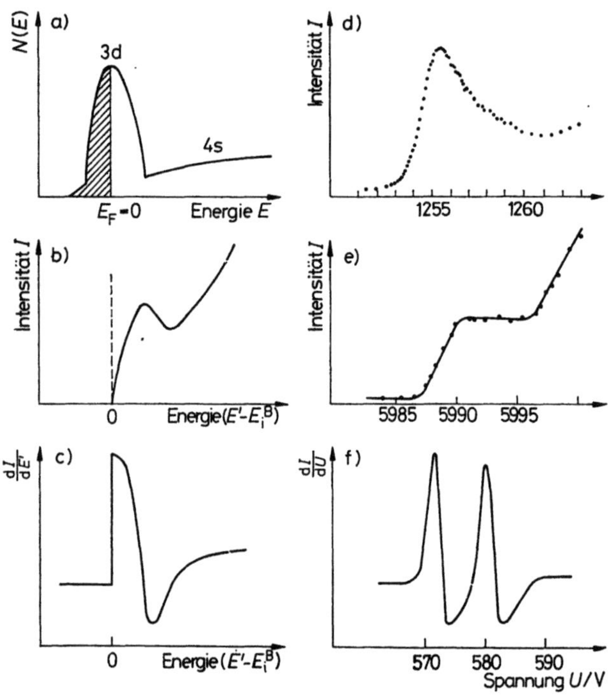

Abb. 5.3. Übersicht zur Isochromatenspektroskopie. *Schematische Darstellung* a) der Zustandsdichte $N(E)$ für ein 3d-Übergangsmetall, b) der charakteristischen Isochromate, c) des Auftrittspotentialspektrums. *Experimentelle Spektren von metallischem Chromium:* d) Bremsstrahlungsisochromate für $\lambda_0 \approx 10$ Å (nach [4]), e) charakteristische K_{α_1}-Isochromate mit Anregung des K-Niveaus (nach [5]), f) APS-Spektren im Bereich der Anregung des L_2- und L_3-Niveaus (nach [6])

die Teilbild d ein experimentelles Beispiel zeigt. Abbildung 5.3b gibt den aus $N(E)$ abgeleiteten Verlauf der charakteristischen Isochromate schematisch wieder, der in der speziellen Darstellung $I = I(E' - E_i^B)$ mit dem von $N(E)$ direkt verglichen werden kann. Durch die Ableitung dI/dE' wird das zu erwartende Auftrittspotentialspektrum charakterisiert (siehe Abb. 5.3c). Die Doppelstruktur im AP-Spektrum des metallischen Cr in Teilbild f resultiert aus der Anregung der energetisch benachbarten L_2- und L_3-Niveaus.

5.3. Experimentelle Technik

Die experimentelle Technik der hochauflösenden Röntgenspektroskopie umfaßt die Erzeugung der Röntgenspektren, die spektrale Zerlegung und den Nachweis der Strahlung sowie spezielle Probleme der Registrierung und Korrektur der Spektren.

Ein großer Teil der damit verbundenen Problematik ist in den Kapiteln 3. und 4. bereits behandelt worden, weshalb an dieser Stelle nur auf Besonderheiten eingegangen werden soll, die sich aus den speziellen Aufgaben der hochauflösenden Röntgenspektroskopie ergeben.

Die Emissionsspektren werden meist mit Elektronen, bei empfindlichen Proben bevorzugt mit Röntgenstrahlung angeregt, da das Probenmaterial hierbei am wenigsten angegriffen, insbesondere nicht thermisch belastet wird. Mit geeignet gewählter charakteristischer Primärstrahlung dicht über der Ionisierungsenergie der Rumpfniveaus können dabei optimale Anregungsbedingungen geschaffen werden. In den letzten Jahren wird auch die Strahlung von Elektronensynchrotrons und Speicherringen zur Fluoreszenzanregung verwendet [7]. — Als Primärstrahlung für die Messung von Absorptionsspektren dient die Röntgenbremsstrahlung und ebenfalls die kontinuierliche Strahlung von Elektronensynchrotrons und Speicherringen, welche sehr intensiv und polarisiert ist [7]. Die zu untersuchenden Substanzen werden in Form von dünnen, homogenen Folien ($\approx 10^{-2} - 10^{2}$ µm Dicke) durchstrahlt. Auch aus der Selbstabsorption der Emissionsspektren im Probenmaterial können Absorptionsspektren desselben gewonnen werden [8].

Die spektrale Zerlegung der Strahlung erfolgt in der hochauflösenden Röntgenspektroskopie ausschließlich wellenlängendispersiv durch Beugung an Kristallen oder Strichgittern. Die Dispersion stellt in diesem Zusammenhang die pro Wellenlängeneinheit erzielte Richtungsänderung der gebeugten Strahlung dar, die zu ihrer spektralen Zerlegung führt. Wichtiger noch für die hier betrachteten Methoden ist das Auslösungsvermögen, das die Güte der Trennung benachbarter Strukturdetails in den Spektren charakterisiert. Beide Größen bestimmen die Präzision von Wellenlängen- oder Energiemessungen sowie die Erkennbarkeit von Spektrenstrukturen und hängen von der Geometrie der Spektrometeranordnung sowie von der Qualität der beugenden Kristall- bzw. Strichgitter ab.

Das Arbeitsprinzip der Kristallspektrometer beruht auf der Braggschen Gleichung

$$2d \sin \theta = n\lambda \tag{13}$$

(d = Netzebenenabstand, θ = Braggwinkel, n = Ordnung der Interferenz, λ = Wellenlänge). Da einfallender und gebeugter Strahl den gleichen Bragg-Winkel θ mit den Netzebenen bilden, erscheint die Beugung als wellenlängenselektive Reflexion. Sie wird in Spektrometern mit ebenem (ungebogenem) Kristall entsprechend der Anordnung in Abbildung 3.5 zur Strahlzerlegung benutzt. Für hochauflösende Messungen werden diese einfachen Spektrometer im Wellenlängenbereich von etwa 10 bis 100 Å eingesetzt, jedoch ist ihr Auflösungsvermögen durch die Divergenz der einfallenden Strahlung auch dort sehr begrenzt.

Höchste Auflösungen erzielt man mit ebenen Kristallen in einer Zweikristall-Anordnung nach Abbildung 5.4a. Der erste Kristall (Monochromator) reflektiert die Strahlung unterschiedlicher Wellenlänge entsprechend Gleichung (13) bei verschiedenen Winkeln, unter denen sie der drehbare zweite Kristall (Analysator) nacheinander nochmals reflektiert und zum Nachweis bringt. Der mit Zweikristall-Spektrometern untersuchbare Wellenlängenbereich ergibt sich wie auch für andere Kristallspektrometer aus den Netzebenenabständen der Spektrometerkristalle und dem Einstellbereich des Bragg-Winkels θ.

Gute Auflösung bei hoher Lichtstärke kann mit gebogenen und dadurch fokussierenden Spektrometerkristallen erzielt werden. Neben den häufig benutzten Johann- und Johannson-Anordnungen (siehe S. 118) kommt für kurzwellige Strahlung unterhalb etwa 1 Å eine fokussierende Methode in Transmission nach CAUCHOIS zur Anwendung [9].

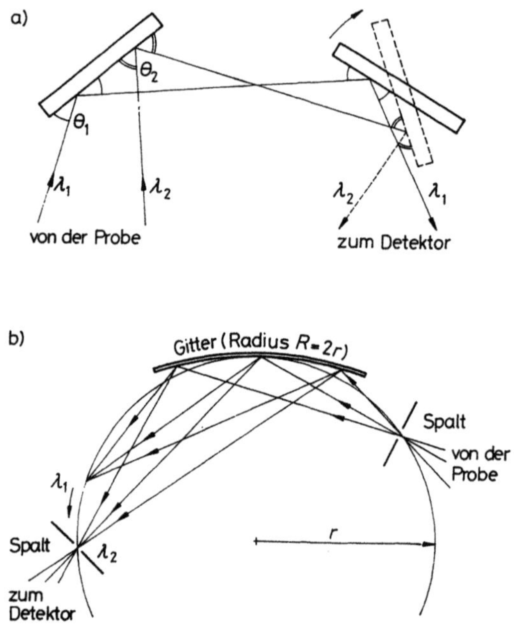

Abb. 5.4 Schematische Darstellung des Aufbaus und der Funktionsweise
a) eines Zweikristall-Spektrometers und b) eines fokussierenden Gitterspektrometers

Spektrometerkristalle sollen neben guter Kristallperfektion (siehe Kap. 2.) Netzebenen mit hohem Reflexionsvermögen und den zum untersuchten Wellenlängenbereich passenden Netzebenenabständen entsprechend Gleichung (13) besitzen. Diese Bedingungen werden für Wellenlängen bis 25 Å u. a. von den Kristallen LiF, SiO_2, Si, ADP (Ammoniumdihydrogenphosphat), Glimmer und KAP (Kaliumhydrogenphthalat) gut erfüllt [9]. Im Bereich bis etwa 150 Å wird häufig mit sogenannten Pseudokristallen (geschichtete Molekülfilme z. B. aus Bleistearat oder -melissat, schlechtes Auflösungsvermögen) [10] oder rein organischen Kristallen, wie OAO (Dioctadecyladipat, $2d = 90{,}55$ Å), gearbeitet. Für größere Wellenlängen sind die Netzebenenabstände der gegenwärtig verfügbaren Kristalle zu klein, weshalb auch schon ab etwa 20 Å optische Strichgitter als dispergierende Elemente eingesetzt werden.

Zur Erläuterung der mit einer Rowland-Anordnung arbeitenden fokussierenden Gitterspektrometer sei angenommen, daß die zu analysierende Strahlung von einer Punktquelle auf dem Umfang eines Kreises mit dem Radius r ausgeht. Durch das in tangierender Lage zum Kreis befindliche konkave Strichgitter vom Radius $R = 2r$ wird die Strahlung gebeugt und spektral zerlegt in Punkte auf dem Rowland-Kreis fokussiert (Abb. 5.4b). Dort erfolgt der Nachweis durch eine längs des Kreisumfanges bewegliche Spalt-Detektor-Anordnung. Wegen des nahezu streifenden Einfalls der

Strahlung relativ zum Gitter und durch spezielle Formgebung und Oberflächenbehandlung der Gitterfurchen wird die Totalreflexion der Röntgenstrahlung zur Erzielung hoher Lichtstärken in den verschiedenen Beugungsordnungen genutzt [11]. In den langwelligen Röntgenspektrometern muß der Strahlengang wegen der Luftabsorption im Vakuum verlaufen. Die Spektrenerzeugung selbst erfolgt dort i. allg. im Ultrahochvakuum, um spektrenverfälschende Probenkontaminationen zu vermeiden.

Dem Nachweis der Röntgenstrahlung dient in speziellen Fällen photographischer Film, gewöhnlich kommen jedoch quantenregistrierende Detektoren zur Anwendung. Es sind dies in erster Linie Szintillationszähler für $\lambda < 2{,}5$ Å, Proportionalzählrohre ($\lambda \approx 1-10$ Å), Durchflußproportionalzählrohre ($\lambda \approx 10-100$ Å) und offene Photoelektronenvervielfacher ($\lambda > 100$ Å). Bei letzteren handelt es sich um fensterlose Detektoren, die aus der bestrahlten Photokatode und einer Dynodenstrecke zur Elektronenvervielfachung bestehen. Moderne Entwicklungen stellen die magnetischen Elektronenvervielfacher und die Channeltrons dar [11].

Die Bestimmung der genauen Lage der Spektren in der Energie- oder Wellenlängenskala wird gewöhnlich mit Hilfe von Referenzlinien und der bekannten Dispersion der Spektrometer vorgenommen. Die Umrechnung von Wellenlängen λ in Photoenergien ε erfolgt nach der Beziehung [12]

$$\varepsilon\lambda = 12398{,}5\ \mathrm{eV} \cdot \mathrm{Å}. \tag{14}$$

Das begrenzte Auflösungsvermögen der Spektrometer führt stets zu mehr oder weniger starken Verzerrungen von Spektrenstrukturen, wodurch Informationsverluste entstehen. Diese können durch mathematische Korrekturverfahren (Entfaltungsmethoden) teilweise rückgängig gemacht werden. Problematischer sind die durch endliche Breiten der Rumpfniveaus und Mehrelektronen- und Vielteilcheneffekte (z. B. Multiplettaufspaltungen, Satelliten, Auger-Effekt, Plasmonen) hervorgerufenen Verbreiterungen und zusätzlichen Spektrenstrukturen, die, soweit bekannt, bei der analytischen Auswertung der Spektren zu berücksichtigen sind [13].

5.4. Anwendungen

Die Anwendungen der hochauflösenden Röntgenspektroskopie in der Festkörperanalyse ergeben sich aus der engen Verknüpfung von Röntgenspektren, Elektronenstruktur und physikalischen und chemischen Festkörpereigenschaften entsprechend der Übersicht in Abbildung 5.1. Röntgenspektren dienen daher in der Grundlagenforschung zur Aufklärung der Elektronenstruktur des Festkörpers. Bestimmte Spektrenparameter können direkt oder indirekt mit Festkörpereigenschaften korrelliert werden, was für die Belange der Werkstofforschung z. B. von Bedeutung ist. Als wichtige Anwendung läßt sich die hochauflösende Röntgenspektroskopie schließlich sehr vielseitig für spezielle Analysen einsetzen, die über den Rahmen des qualitativen und quantitativen Elementnachweises hinausgehen und detailliertere Informationen über die Festkörperprobe liefern.

Die wichtigste Zusatzinformation neben der Art und Konzentration der Atome in einer Probe geben die Röntgenlinien durch ihre sog. chemische Verschiebung.

Diese wird als eine Verschiebung der Linienlagen von Atomen in einer speziellen Verbindung gegenüber denen der Atome in einer Standardverbindung oder im reinen Element gemessen. Sie resultiert aus den unterschiedlichen Bindungsverhältnissen und den damit einhergehenden Konfigurationsänderungen der Valenzelektronen. Durch Aufnahme, Abgabe und den Wechsel der Symmetrie von Valenzelektronen werden die Potentialverhältnisse im Atom und damit die Energien der Rumpfniveaus in unterschiedlicher Weise beeinflußt. Zusätzlich wirken in schwächerem Maße auch weitreichende elektrische Felder von Nachbaratomen, deren Art und Anordnung von der speziellen Verbindung und ihrer Kristallstruktur abhängen. Diese Einflüsse spiegeln sich in kleinen, jedoch gut meßbaren Verschiebungen der Röntgenlinien wider und geben Auskunft über den Bindungszustand der Atome in der Probe [14].

Die dominierende Rolle der Valenzelektronen des emittierenden Atoms für die Linienlage bringt die chemischen Verschiebungen in einen wichtigen Zusammenhang mit der effektiven Atomladung. Diese ist gleich der Ladung eines freien Ions, dessen Valenzelektronenkonfiguration und dessen Wirkung auf die Rumpfniveaus denen des gebundenen Atoms weitgehend entsprechen. Sie beschreibt damit u. a. die Umverteilung der Elektronen zwischen den Atomen im Ergebnis der Bindung. Mit Hilfe empirischer und theoretischer Relationen können effektive Atomladungen aus Linienverschiebungen abgeleitet und zur Charakterisierung des Bindungszustandes des Festkörpers herangezogen werden [13, 15]. Aus diesen Beziehungen folgen auch die Korrelationsmöglichkeiten der chemischen Verschiebung mit den Oxydationszahlen, welche als chemische Bindungsparameter den Oxydationszustand der gebundenen Atome beschreiben. So verschiebt sich beispielsweise das SK_α-Dublett für die Oxydationszahlen -2, $+4$ und $+6$ um durchschnittlich $\Delta\varepsilon_{K_\alpha} = -0{,}14$, $+0{,}95$ bzw. 1,19 eV gegenüber dem elementaren rhombischen Schwefel [16], woraus auf das Vorliegen eines Sulfides, Sulfites oder Sulfates geschlossen werden kann. Systematische Zusammenhänge existieren auch zwischen Linienverschiebung und der Art der Umgebung der emittierenden Atome (Koordinationszahl, Symmetrie der Umgebung, Atomabstände, Elektronegativitäten der Nachbaratome). Sie werden u. a. von Läuger [17] für Al-Verbindungen in detaillierter Weise aufgezeigt und können ebenfalls zu Analysenzwecken genutzt werden. Weitere Informationen über die atomistische und elektronische Struktur der untersuchten Probe lassen sich bei guter spektraler Auflösung aus der Form der Röntgenlinien gewinnen, so z. B. über Koordinationszahlen und 3d-Elektronenkonfigurationen durch Messung von Halbwertsbreiten und Asymmetrien der Röntgenlinien [17, 18].

Derartige Untersuchungen können mit größerem Meßeffekt auch mit der Methode der Photoelektronenspektroskopie durchgeführt werden, welche die Bindungsenergie der Rumpfelektronen und deren chemische Verschiebung unmittelbar zu messen gestattet. Hierbei treten jedoch infolge elektrostatischer Probenaufladungen häufig Probleme hinsichtlich der Bezugsenergie auf, die bei der Energiemessung von Röntgenlinien entfallen.

Weitaus mehr Informationen über Elektronenstruktur und chemische und physikalische Festkörpereigenschaften als die Linienspektren liefern die Valenzbandspektren, da sie direkt von den diese Größen bestimmenden Valenzelektronen erzeugt werden. Hinsichtlich der Aufklärung der Elektronenstruktur des Festkörpers wird die hochauflösende Valenzbandspektroskopie in enger Verbindung von Theorie und

Experiment betrieben. Das bedeutet, daß theoretische Band- und Spektrenberechnungen durch den Vergleich mit experimentellen Spektren überprüft bzw. Ergebnisse der Theorie zur Interpretation von Spektren genutzt werden und experimentelle Spektrenparameter wiederum in die Theorie einfließen. Abbildung 5.5 zeigt die von WIECH [19] und LÄUGER (in [19]) gemessenen $L_{2,3}$- bzw. K_β-Valenzbanden von

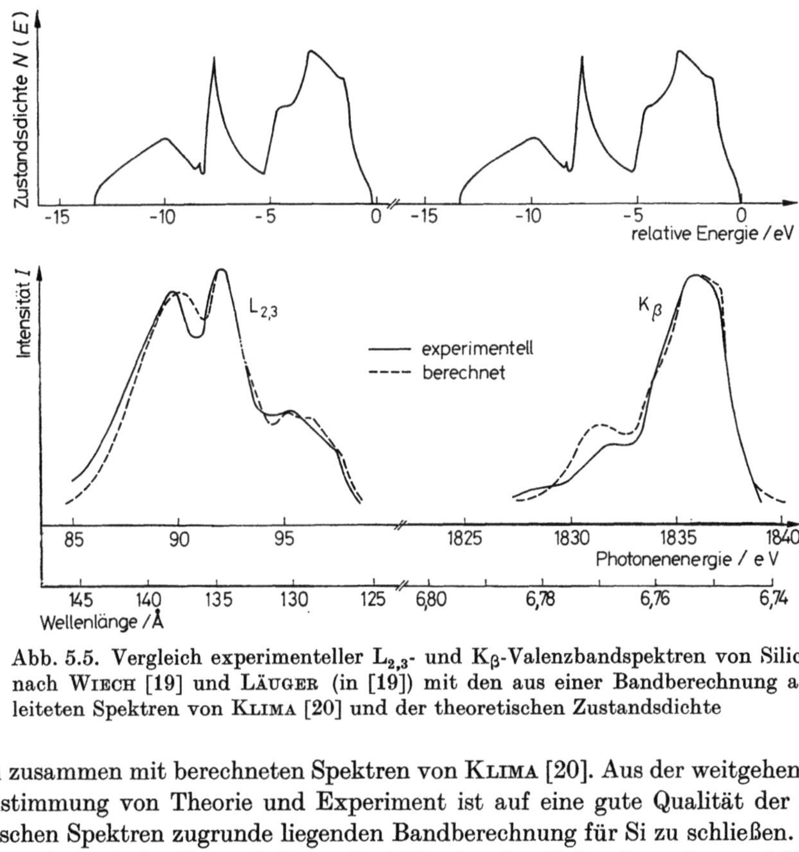

Abb. 5.5. Vergleich experimenteller $L_{2,3}$- und K_β-Valenzbandspektren von Silicium nach WIECH [19] und LÄUGER (in [19]) mit den aus einer Bandberechnung abgeleiteten Spektren von KLIMA [20] und der theoretischen Zustandsdichte

Silicium zusammen mit berechneten Spektren von KLIMA [20]. Aus der weitgehenden Übereinstimmung von Theorie und Experiment ist auf eine gute Qualität der den theoretischen Spektren zugrunde liegenden Bandberechnung für Si zu schließen. Die zugehörige theoretische Zustandsdichte (in [19]) über den Teilspektren $L_{2,3}$ und K_β in Abb. 5.5 zeigt, daß diese jeweils partielle, und zwar die überwiegend s- bzw. die p-artigen Zustandsdichten abbilden. Durch die Überlagerung der experimentellen K- und L-Teilspektren in einer gemeinsamen Energieskala lassen sich daher qualitative $N(E)$-Darstellungen konstruieren, wie WIECH [21] für Si gezeigt hat. Bei Verbindungen und Legierungen sind in entsprechender Weise die Teilspektren aller Atomkomponenten zu überlagern, so daß partielle und lokale Zustandsdichten (aus dem Bereich der verschiedenen Atome) zum Bild der „Gesamt"zustandsdichte beitragen. Praktisch können auf diesem Wege, zusammen mit den aus Absorptionsspektren gewonnenen $N(E)$-Verläufen der Leitungsbänder, quantitative Energieniveauschemata abgeleitet werden. Sie enthalten Informationen über Lage und Breite von besetzten und unbesetzten Energiebändern [22].

In gleicher Weise wie für Bandberechnungen des Festkörpers ist es möglich, MO- bzw. Clusterberechnungen seiner Elektronenstruktur röntgenspektroskopisch zu überprüfen oder entsprechende Parameter experimentell zu gewinnen [23, 24]. Neben der Röntgenphotoelektronenspektroskopie stellt die Röntgenemissionsspektroskopie bei derartigen Untersuchungen diejenige Methode dar, welche besetzte Elektronenzustände des Festkörpers über einen großen Energiebereich abbildet. Hierbei besitzt die Röntgenspektroskopie den Vorteil, innerhalb des Valenzbandes lokale, partielle Zustandsdichten unterscheiden zu können.

Die für einen Bindungszustand charakteristische Form des Valenzbandspektrums gestattet seine analytische Verwendung zur Identifizierung bestimmter Verbindungen und ihrer Struktur. Diese Anwendungen erfolgen in solchen Fällen, bei denen andere Methoden, z. B. der Strukturanalyse, versagen oder eine oberflächenempfindliche Methode erforderlich ist. Wegen der geringen Anregungs- und Austrittstiefe primär angeregter weicher Valenzbandspektren können diese speziell zur Analyse von Oberflächenschichten und zu deren Dickenbestimmung genutzt werden [25].

Da sich mit der Kristallstruktur eines Festkörpers auch seine Bandstruktur und der Zustandsdichteverlauf qualitativ ändern, ist es prinzipiell möglich, die verschiedenen Phasen einer Legierungsreihe sowie Modifikationen eines Elementes oder einer Verbindung röntgenspektroskopisch zu unterscheiden. Valenzbandspektren geben auch Auskunft über strukturelle Eigenschaften der Probe bezüglich bestimmter Ordnungszustände einschließlich des amorphen Zustandes. In diesem Zusammenhang wurden charakteristische Unterschiede der $L_{2,3}$- und K_{β}-Banden von kristallinem und amorphem Si gefunden, welche eine röntgenspektroskopische Unterscheidung erlauben [26].

Auf der Grundlage der MO-Theorie können Zusammenhänge zwischen Lage und Form von Valenzbandspektren und strukturellen und chemischen Parametern des Festkörpers erklärt werden, die für Analysenzwecke nutzbar sind. So besteht nach White und Gibbs [27] eine lineare Beziehung zwischen K_{β}-Peakverschiebungen und Si-O- bzw. Al-O-Bindungslängen, die zur strukturellen Aufklärung komplizierter Si- und Al-Verbindungen eingesetzt werden kann. Ebenso hängen Lage und relative Intensität der von einem niederenergetischen Molekülorbital herrührenden $K_{\beta'}$-Bande bei Verbindungen der Elemente der 3. Periode empfindlich von der Koordination der Atome ab und geben über diese Auskunft [28].

Auch Intensitätsbeziehungen in den Strukturen der Valenzbandspektren dienen Analysenzwecken und der Erklärung bestimmter Festkörpereigenschaften. Wenger und Steinemann [29] schlossen aus Intensitätsmessungen der L-Banden von 3d-Übergangsmetallen in Legierungen mit Al auf Ladungsübergänge zwischen den Legierungspartnern. Sie fanden Änderungen in der Besetzung der 3d-Schalen und brachten die spektroskopischen Ergebnisse mit den magnetischen Eigenschaften der Legierungen in Zusammenhang. — In 3d-Übergangsmetallverbindungen steigt das $K_{\beta_{2,5}}/K_{\beta_{1,3}}$-Intensitätsverhältnis mit dem Grad der Kovalenz der Bindung und kann zur Bestimmung von Oxydationszahlen benutzt werden [30]. Letzteres ist auch mit Hilfe experimenteller Intensitätsverhältnisse der L_2- und L_3-Emissionsbanden, z. B. bei oxidischen Eisenverbindungen möglich [31]. Neben den charakteristischen Intensitätsverhältnissen der Valenzbandstrukturen können auch deren chemische Verschiebungen mit effektiven Atomladungen und Oxydationszahlen korreliert werden [32].

Bei den metallischen Festkörpern schließt sich an den Abbruch der Emissionsbanden bei der Fermienergie unmittelbar der kantenhafte Anstieg der Absorption an.

Demgegenüber ist von den Halbleitern zu den Isolatoren hin ein größer werdender Abstand zwischen den beiden Spektrengrenzen zu beobachten, der die Bandlücke zwischen Valenz- und Leitungsband darstellt und mit der Leitfähigkeit des Materials korreliert werden kann. Die Form der Absorptionsspektren selbst, insbesondere die Kante und die kantennahe Feinstruktur, bilden die partiellen Zustandsdichten des Leitungsbandes bzw. die Verteilung unbesetzter Molekülorbitale ab und dienen zur Überprüfung von Berechnungen der Elektronenstruktur.

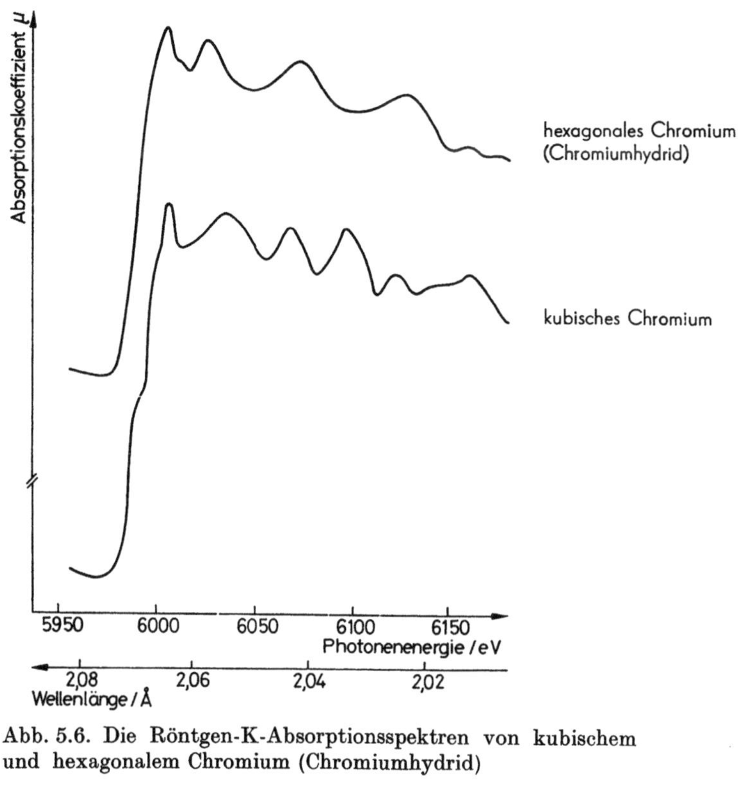

Abb. 5.6. Die Röntgen-K-Absorptionsspektren von kubischem und hexagonalem Chromium (Chromiumhydrid)

Kantenverschiebungen lassen sich ähnlich den chemischen Verschiebungen von Röntgenlinien mit effektiven Atomladungen und Oxydationszahlen in Beziehung setzen und zu deren Bestimmung nutzen [14, 33]. Die Kantenfeinstruktur kann für die Lösung festkörperphysikalischer Probleme von Interesse sein. Abbildung 5.6 zeigt die K-Absorptionsspektren von kubischem und hexagonalem Chromium, von denen letzteres nur als Chromiumhydrid, d. h. mit eingebautem Wasserstoff, existiert. In der Absorptionskante des kubischen Cr ist eine Stufe zu beobachten, die auf unbesetzte 3d-Zustände hinweist und beim hexagonalen Chromium fehlt. Neben einem möglichen Einfluß der veränderten Kristallstruktur muß als Grund für das Verschwinden der Stufe vor allem eine Auffüllung des 3d-Bandes durch Elektronen des Wasserstoffs angenommen werden [34]. Ähnliche Überlegungen liegen auch den Auswertungen der Kantenstrukturen von 3d-Übergangsmetallegierungen in einer größeren Zahl von Untersuchungen zugrunde. Hierbei werden Informationen über die Besetzung bzw. Umbesetzung von 3d-Zuständen der Legierungspartner gewonnen, die u. a. mit magnetischen Eigenschaften korreliert werden können [35].

In Abbildung 5.6 ist bis zu einem Kantenabstand von etwa 200 eV die gemessene kantenferne Feinstruktur (EXAFS = **E**xtended **X**-Ray **A**bsorption **F**ine **S**tructure) dargestellt, die aus Fluktuationen des Absorptionskoeffizienten besteht. Letztere können bei empfindlicher Messung über einen Energiebereich von mehreren hundert bis etwa 1000 eV nachgewiesen werden und hängen maßgeblich von der Koordination der absorbierenden Atome ab. Die Analyse dieser EXAFS-Spektren hat sich daher zu einer Methode der Strukturuntersuchung entwickelt, die vorwiegend der Bestimmung radialer Atomdichteverteilungen in amorphen Substanzen dient [36, 37]. Gegenüber den konventionellen Streuverfahren vermag diese röntgenspektroskopische Methode die Atomverteilungen bezüglich der verschiedenen Atomsorten amorpher Verbindungen getrennt zu bestimmen, und zwar aus den für jede Komponente spezifischen Spektren.

Im Gegensatz zu den Absorptionsspektren können mit Bremsstrahlungsisochromaten wegen des vernachlässigbaren Einflusses von Auswahlregeln die „Gesamt"-zustandsdichten der Leitungsbänder abgebildet werden (siehe z. B. Abb. 5.3d). Davon wird bevorzugt in der Grundlagenforschung zur Elektronenstruktur von Metallen und Legierungen Gebrauch gemacht. Es werden Beziehungen zwischen Kristallstruktur und Zustandsdichte untersucht [4] sowie Änderungen der letzteren bei Phasenumwandlungen. Ferner lassen sich Aussagen zur Gültigkeit des „rigid-band" (Festband)-Modells der Elektronenstruktur von Metallen und Legierungen und zu Ladungsübergängen zwischen Legierungspartnern machen [4, 38, 39]. Von besonderem Interesse sind, ebenso wie in der Valenzbandspektroskopie, die Messungen der Zustandsdichte am Fermi-Niveau [38], da $N(E_F)$ die Sprungtemperatur der Supraleitung, die spezifische Elektronenwärme und die magnetische Suszeptibilität eines Materials mit bestimmt.

Während charakteristische Isochromaten anwendungsseitig von geringerem Interesse sind, hat sich die Auftrittspotentialspektroskopie (APS) in den letzten Jahren zu einer neuen Analysenmethode des Festkörpers, speziell seiner Oberfläche, entwickelt [40, 41, 42]. AP-Spektren gestatten die Bestimmung der Bindungsenergie von Rumpfelektronen [6] und spiegeln, wie theoretisch und auch anschaulich folgt (vgl. Abb. 5.3a und 5.3c), den Verlauf der Zustandsdichte des Leitungsbandes in groben Zügen wider [43]. Daraus ergeben sich die Möglichkeiten der Elementanalyse und der Untersuchung des speziellen Bindungszustandes durch Auswertung von Lage, relativer (chemischer) Verschiebung und der durch (lokale) Leitungsbandzustände bestimmten Struktur der AP-Spektren. Besonders die letztere zeigt eine analytisch nutzbare starke Abhängigkeit von der chemischen Umgebung der angeregten Atome [41]. Andererseits ist die Nachweisempfindlichkeit der APS für die einzelnen Elemente sehr unterschiedlich und hängt in komplizierter Weise vom Bindungszustand der Atome ab. Sie ist z. B. für O, C und S und die Atomkomponenten in bestimmten Halbleitern und Isolatoren klein im Vergleich etwa zur Auger-Spektroskopie [40]. Die Oberflächenempfindlichkeit der APS leitet sich wie bei den Photoelektronen- und Auger-Spektren im wesentlichen aus der Größe der energieverlustfreien Eintritts- bzw. Austrittstiefe der relativ niederenergetischen Elektronen ab, welche die Spektren (bei der APS) anregen oder selbst erzeugen (Auger- und Photoelektronenspektroskopie). Mit Hilfe der APS können z. B. Oxid- und Kontaminationsschichten auf Festkörperoberflächen analysiert und ihr Entstehungsprozeß untersucht werden.

5.5. Zusammenfassung

Im vorliegenden Kapitel werden röntgenspektroskopische Methoden der Festkörperanalyse vorgestellt, die auf Grund ihres größeren Informationsgehaltes über die Möglichkeiten der qualitativen und quantitativen Konzentrationsbestimmung weit hinausgehen. Das wird mit Hilfe spezieller Techniken durch Präzisionsmessungen von Spektrenstrukturen mit hoher Auflösung erreicht, welche ein detailliertes Bild der Elektronenstruktur des Festkörpers liefern. Durch diese Informationen über die Elektronenstruktur und die durch sie bestimmten chemischen und physikalischen Festkörpereigenschaften vermag die hochauflösende Röntgenspektroskopie Antwort zu geben sowohl auf grundlegende als auch spezielle Fragen der Festkörperanalyse. Die dafür zu leistenden meß- und auswertungstechnischen Arbeiten sind jedoch meist sehr zeitaufwendig und erfordern umfangreiche theoretische Kenntnisse. Zum anderen sind die notwendigen apparativen Ausrüstungen zum größten Teil kommerziell nicht erhältlich und müssen im Eigenbau erstellt werden. Aus diesen Gründen wird die hochauflösende Röntgenspektroskopie vorläufig noch nicht zu einer der Routinemethoden der Festkörperanalyse werden, wie sie etwa die Röntgenmikro-, -fluoreszenz- oder -strukturanalyse z. Z. darstellen.

5.6. Literatur

Übersichtsliteratur

- Kittel, C.: Einführung in die Festkörperphysik. — Akademische Verlagsgesellschaft Geest u. Portig K.-G., Leipzig 1973.
- Ziman, J. M.: Prinzipien der Festkörpertheorie. — Akademie-Verlag, Berlin 1974.
- Ballhausen, C. J., Gray, H. B.: Molecular Orbital Theory (Molekülorbital-Theorie). — W. A. Benjamin, Inc., New York 1964.
- Sandström, A. E.: Experimental Methods of X-ray Spectroscopy: Ordinary Wavelengths (Experimentelle Methoden der Röntgenspektroskopie: Gewöhnliche Wellenlängen). In: Handbuch der Physik, Bd. XXX, Röntgenstrahlen, Herausgeb. S. Flügge. — Springer-Verlag, Berlin—Göttingen—Heidelberg 1957, S. 78—245.
- Tomboulian, D. H.: The Experimental Methods of Soft X-ray Spectroscopy and the Valence Band Spectra of the Light Elements (Die experimentellen Methoden der weichen Röntgenspektroskopie und die Valenzbandspektren der leichten Elemente). In: Handbuch der Physik, Bd. XXX, Röntgenstrahlen, Herausgeb. S. Flügge. — Springer-Verlag, Berlin—Göttingen—Heidelberg 1957, S. 246—304.
- Blochin, M. A.: Physik der Röntgenstrahlen. — VEB Verlag Technik, Berlin 1957.
- Nemoshkalenko, W. W., Aleschin, W. G.: Theoretische Grundlagen der Röntgen-Emissionsspektroskopie. — NAUKOVA DUMKA, Kiew 1974 (in Russisch).
- Azároff, L. V. (Herausgeber): X-Ray Spectroscopy (Röntgenspektroskopie). — McGraw-Hill Book Company, USA 1974.
- Meisel, A., Leonhardt, G., Szargan, R.: Röntgenspektren und chemische Bindung. — Akademische Verlagsgesellschaft Geest u. Portig K.-G., Leipzig 1977.

Originalliteratur

[1] Johnson, K. H., Adv. Quant. Chem. 7 (1973) 143.
[2] Dräger, G., Brümmer, O., Phys. stat. sol. (b) 78 (1976) 729.
[3] Brümmer, O., Dräger, G., Starke, W., Ann. Physik 24 (1970) 200.

[4] Merz, H., Ulmer, K., Z. Physik **210** (1968) 92.
[5] Johansson, P., Ark. Fys. **18** (1960) 289.
[6] Park, R. L., Houston, J. E., Phys. Rev. **B 6** (1972) 1073.
[7] Codling, K., Phys. Scripta **9** (1974) 247.
[8] Fischer, D. W., Baun, W. L., J. Appl. Phys. **39** (1968) 4757.
[9] Adler, I., in: Handbook of X-Rays, Ed. E. F. Kaelble — McGraw-Hill Book Company, USA 1967, Kap. 31.
[10] Henke, B. L., Advances in X-Ray Analysis, Vol. 9 — Plenum Press, New York 1966, S. 430.
[11] Cuthill, J. R., in: X-Ray Spectroscopy, Ed. L. V. Azároff — McGraw-Hill Book Company, USA 1974, S. 133—172.
[12] Cohen, E. R., Taylor, B. N., J. Phys. and Chem. Reference Data 2, No. 4 (1973).
[13] Nagel, D. J., Baun, W. L., in: wie [11], S. 445—532.
[14] Faessler, A., Angew. Chemie **11** (1972) 34.
[15] Barinski, R. L., Nefedow, W. I.: Röntgenspektroskopische Bestimmung der Atomladungen in Molekülen. — Akademische Verlagsgesellschaft Geest u. Portig K.-G., Leipzig 1969, S. 215—240.
[16] Faessler, A., Goehring, M., Naturwissenschaften **39** (1952) 169.
[17] Läuger, K., J. Phys. Chem. Solids **32** (1971) 609.
[18] wie [15], S. 203—214.
[19] Wiech, G., Zöpf, E., J. Physique **32**, Suppl. 10 (1971) C4—200.
[20] Klima, J., J. Phys. **C3** (1970) 70.
[21] Wiech, G., Z. Physik **207** (1967) 428.
[22] Fomichev, V. A., Zimkina, T. M., Zhukova, I. I., Fiz. Tverd. Tela **10** (1968) 3073.
[23] Fischer, D. W., J. Phys. Chem. Solids **32** (1971) 2455.
[24] Tossell, J. A., Vaughan, D. J., Johnson, K. H., Am. Mineral. **59** (1974) 319.
[25] Holliday, J. E., Advances in X-Ray Analysis, Vol. 16 — Plenum Press, New York 1973, S. 53.
[26] Wiech, G., Mikrochim. Acta [Wien], Suppl. **6** (1975) 293.
[27] White, E. W., Gibbs, G. V., Am. Mineral. **52** (1967) 985, **54** (1969) 931.
[28] Urch, D. S., Advances in X-Ray Analysis, Vol. 14 — Plenum Press, New York 1971, S. 250.
[29] Wenger, A., Steinemann, S., Helv. Phys. Acta **47** (1974) 321.
[30] Asada, E., Takiguchi, T., Suzuki, Y., X-Ray Spectrometry **4** (1975) 186.
[31] Albee, A. L., Chodos, A. A., Am. Mineral. **55** (1970) 491.
[32] Brümmer, O., Dräger, G., Werfel, F., Mikrochim. Acta [Wien] Suppl. **7** (1977) 279.
[33] Kantelhardt, D., Waidelich, W., Z. angew. Phys. **26** (1969) 239.
[34] Brümmer, O., Dräger, G., Baum, H., Z. Naturf. **18a** (1963) 1102.
[35] Donahue, R. J., Azároff, L. V., J. Appl. Phys. **38** (1967) 2813.
[36] Sayers, D. E., Stern, E. A., Lytle, F. W., Phys. Rev. Lett. **27** (1971) 1204.
[37] Stern, E. A., Sayers, D. E., Lytle, F. W., Phys. Rev. **B 11** (1975) 4836.
[38] Eggs, J., Ulmer, K., Z. Physik **213** (1968) 293.
[39] Ulmer, K., in: Band Structure Spectroscopy of Metals and Alloys, Ed. D. J. Fabian, L. M. Watson — Academic Press, London 1973, S. 521.
[40] Tracy, J. C., J. Appl. Phys. **43** (1972) 4164.
[41] Park, R. L., Surface Sci. **48** (1975) 80.
[42] Park, R. L., Houston, J. E., J. Vac. Sci. Technol. **11** (1974) 1.
[43] Nilsson, P. O., Kanski, J., Surface Sci. **37** (1973) 700.

6. Festkörperanalyse mittels ioneninduzierter Röntgenstrahlung

(K. Hohmuth, W. Rudolph, Rossendorf)

6.1. Grundprinzip

Der Beschuß von Festkörpern mit hochenergetischen Ionen führt zur Bildung von Leerstellen in inneren Elektronenschalen und damit zur Emission charakteristischer Röntgenstrahlung der Substratatome. Dieser Prozeß der ioneninduzierten Röntgenemission, der bereits 1912 von Chadwick [1] entdeckt wurde, wird in wachsendem Maße für die Festkörperanalyse genutzt.

Die Vakanzen entstehen durch unelastische Ion-Atom-Stöße, die zur Anregung und Ionisation der Stoßpartner führen. Als konkurrierende Prozesse treten die elastische Streuung, Kernreaktionen sowie Projektilbremsstrahlung auf. Diese Konkurrenzreaktionen wie auch Sekundärprozesse, die durch primäre Reaktionsprodukte ausgelöst werden, führen hauptsächlich zur Emission einer kontinuierlichen Untergrundstrahlung, die den charakteristischen Röntgen-Peaks überlagert ist. Zusätzlich können niederenergetische γ-Linien auftreten, die durch Kernreaktionen oder durch Coulomb-Anregung von Atomkernen verursacht werden.

Die Wirkungsquerschnitte der verschiedenen Prozesse, wie auch die wirksamen Reaktionsmechanismen hängen von Projektil und Targetatom sowie von der Projektilenergie ab. Als Wechselwirkungspotential wirkt in der Hauptsache das (abgeschirmte) Coulomb-Potential, die Kernkräfte werden erst in Abständen der Größenordnung 10^{-12} cm vom Atomkern wirksam. In Wechselwirkungsprozessen zwischen schweren Stoßpartnern, bei denen sich während des Stoßes eine gemeinsame Elektronenhülle ausbilden kann, ist weiterhin die Wirkung des Pauli-Prinzips zu berücksichtigen.

Unelastische Stöße leichter Ionen führen überwiegend zur Bildung von einzelnen Vakanzen, ähnlich wie bei der Vakanzerzeugung durch Elektronenstoß. Von der Theorie wird die Bildung von Leerstellen durch Beschuß mit leichten Ionen bereits recht gut beschrieben, die Abweichungen zwischen experimentellen und berechneten Wirkungsquerschnitten liegen bei 10—30%. Im Vergleich dazu ist die Vakanzerzeugung durch schwere Ionen ein sehr komplizierter Prozeß. Die zusätzliche Wechselwirkung zwischen den Elektronensystemen der beiden Stoßpartner, die Ausbildung zeitabhängiger Molekülbahnen der Elektronen, starke Rückstoßeffekte und der Einfluß des Projektilladungszustandes erschweren die theoretische Beschreibung der Leerstellenerzeugung und den Vergleich mit dem experimentellen Material beträchtlich. Eine befriedigende Beschreibung der Wirkungsquerschnitte ist bisher nicht möglich. Durch die vorzugsweise Erzeugung von mehreren Vakanzen werden weiterhin die Fluoreszenzausbeuten stark beeinflußt.

Für analytische Anwendungen hat sich der Einsatz leichter Ionen als besonders günstig erwiesen. Für Übersichtsanalysen, d. h. für den Nachweis von Fremdatomen in einem breiten Ordnungszahlbereich, haben sich insbesondere Protonen mit Energien $E_p = 1-3$ MeV bewährt. Wir beschränken uns daher im folgenden auf die protoneninduzierte Röntgenstrahlung (PIR). Die sich ergebenden Aussagen können auf andere leichte Ionen übertragen werden.

Zusammenstellungen experimenteller und theoretischer Ergebnisse zur Anregung innerer Schalen durch Ionenbeschuß wurden von Garcia et al. [2] und speziell für schwere Ionen von Kessel und Fastrup [3] publiziert. In den Übersichtsarbeiten von Folkmann [4] und Johansson und Johansson [5] wird insbesondere auf Anwendungsmöglichkeiten eingegangen.

6.2. Theoretische Grundlagen

Reaktionsmechanismus und Ionisationsquerschnitt

Zur Beschreibung der Vakanzerzeugung durch unelastische Stöße leichter Ionen werden hauptsächlich zwei Modellbeschreibungen benutzt, die Bornsche Näherung mit ebenen Wellen (engl. **P**lane **W**ave **B**orn **A**pproximation, PWBA) und die Impuls- oder Zweierstoß-Näherung (engl. **B**inary **E**ncounter **A**pproximation, BEA). Beide Modelle basieren auf einer direkten Coulomb-Wechselwirkung des Projektils mit den gebundenen Elektronen. Das Elektron erhält im Stoß eine so hohe Energie, daß es aus dem Atomverband herausgeschlagen und in einen Kontinuumzustand überführt wird. Äußere Elektronen füllen die entstandenen Leerstellen unter Emission von charakteristischer Röntgenstrahlung und Auger-Elektronen auf. Erzeugung und Auffüllung der Vakanz werden als voneinander unabhängige Prozesse betrachtet.

Sowohl die PWBA- als auch die BEA-Beschreibung geben den Verlauf des experimentellen Ionisationsquerschnitts qualitativ richtig wieder. Die BEA-Theorie liefert weiterhin die Aussage, daß für die Ionisationsquerschnitte σ_i eine allgemeingültige Parameterdarstellung in der Form

$$u^2 \cdot \sigma_i = Z_1^2 \cdot f(E/\lambda u) \quad (1)$$

möglich ist. Dabei sind u die Elektronenbindungsenergie, E und Z_1 die Energie und Ordnungszahl des Projektils und λ das Verhältnis Projektil- zu Elektronenmasse. Für $E/\lambda u = 1$ ist die Geschwindigkeit des Ions gleich der Umlaufgeschwindigkeit des Elektrons. Die allgemeingültige Funktion $f(E/\lambda u)$ wurde von Garcia et al. [2] angegeben. In Abbildung 6.1 ist diese Funktion für den Fall der K-Schalen-Ionisation dargestellt. Zu ähnlichen Aussagen wie die BEA-Theorie kommen Basbas et al. [6] im Rahmen des PWBA-Modells.

Ein detaillierter Vergleich des experimentellen Materials mit den Ergebnissen der einfachen Modellrechnungen zeigt allerdings, daß noch relativ große Abweichungen auftreten. Unter Berücksichtigung von Bindungs- und Ablenkungskorrektur [6] werden eine einheitliche Beschreibung der experimentellen Wirkungsquerschnitte leichter Ionen und eine gute Übereinstimmung zwischen Experiment und Theorie erreicht. Die Abweichungen liegen bei 10—30% und kommen damit in den Bereich der experimentellen Genauigkeit, mit der gegenwärtig Ionisationsquerschnitte bestimmt werden können. Die Ionisationsquerschnitte σ_i sind mit den Wirkungsquerschnitten σ_X für die Erzeugung charakteristischer Röntgenstrahlung über die Fluoreszenzausbeute ω verknüpft. Das experimentelle Material zu Fluoreszenzausbeuten ist teilweise mit relativ großen Fehlern behaftet [7]. Das gilt besonders für L-Schalen-Fluoreszenzausbeuten.

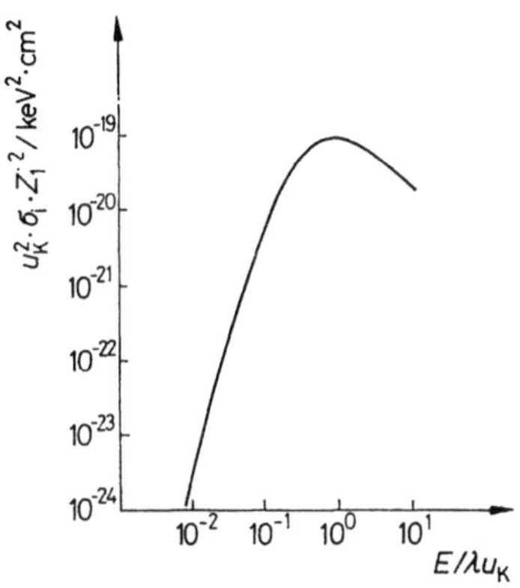

Abb. 6.1. Parametrisierter Ionisationsquerschnitt für leichte Ionen nach der BEA-Theorie [2]

Für die Analyse sind in vielen Fällen die erreichten Genauigkeiten von 10—30% für die Ionisationsquerschnitte nicht ausreichend. Johansson und Johansson [5] versuchten daher, durch Gewinnung einer halbempirischen Beziehung für Ionisationsquerschnitte durch Protonenbeschuß höhere Genauigkeiten zu erreichen. Dazu wurde ein umfangreiches experimentelles Material über K- und L-Schalen-Ionisationsquerschnitte mit einem Polynom 5. Grades der Form

$$\ln(\sigma_i \cdot u^2) = \sum_{n=0}^{5} b_n \cdot x^n; \qquad x = \ln(10^{-3} E/\lambda u) \tag{2}$$

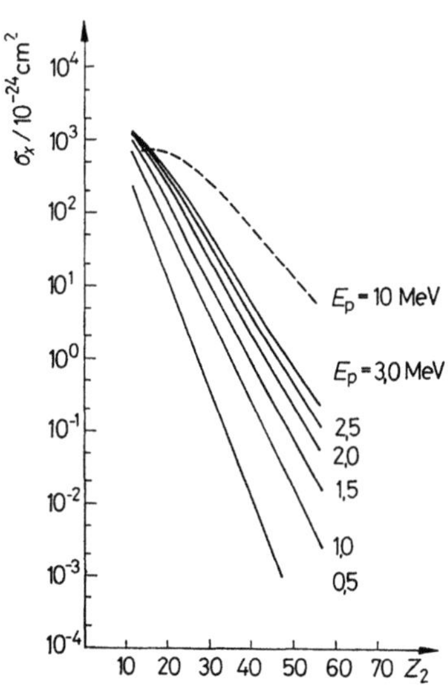

Abb. 6.2 Wirkungsquerschnitte für die Emission charakteristischer K-Röntgenstrahlung bei Protonenbeschuß, in Abhängigkeit von der Ordnungszahl Z_2 des Targetmaterials und für verschiedene Protonenenergien E_p [5]

gefittet. Die Koeffizienten b_n sowie berechnete Wirkungsquerschnitte σ_X für die Anregung charakteristischer Röntgenstrahlung werden von den Autoren für einen breiten Bereich von Targetatomen und Protonenenergien $E_p = 0{,}5-10$ MeV angegeben [5]. In Abbildung 6.2 sind für einige Protonenenergien diese Wirkungsquerschnitte σ_X in Abhängigkeit von der Ordnungszahl Z_2 des Substratmaterials dargestellt. Diese Wirkungsquerschnitte gelten für die Anregung von K-Röntgenstrahlung.

Bremsung der Ionen

Durch die Wechselwirkung mit den Substratatomen werden die Ionen abgebremst. Zur Bremsung tragen hauptsächlich unelastische und elastische Stöße bei. Dementsprechend wird der spezifische Energieverlust $S(E)$ in die Beiträge des elektronischen und des nuklearen Energieverlustes unterteilt,

$$S = \frac{\mathrm{d}E}{\mathrm{d}x} = S_e + S_n. \tag{3}$$

Für Protonen und He-Ionen mit MeV-Energien überwiegt die Bremsung durch unelastische Streuprozesse. Dabei tritt nur eine relativ geringe Ablenkung der schweren geladenen Teilchen auf, der Bahnverlauf der leichten Ionen im Substrat ist bei diesen Projektilenergien annähernd geradlinig. Daher läßt sich für diese Projektile mit der Anfangsenergie E_0 eine mittlere Energie $E = E(E_0, x)$ in Abhängigkeit von der Eindringtiefe x, d. h. eine Energie-Tiefe-Beziehung, angeben:

$$E = E(E_0, x) = E_0 - \int_0^x S\,\mathrm{d}x. \tag{4}$$

Der statistische Charakter des Bremsprozesses führt dabei zu einer mit wachsender Eindringtiefe zunehmenden Energieverschmierung (Energiestraggling). In guter Näherung läßt sich die Energieverteilung der Ionen in der Tiefe x durch eine Gauß-Funktion mit der Halbwertsbreite

$$\Delta E_p = C \cdot \sqrt{x} \tag{5}$$

beschreiben, solange der Energieverlust in der Schicht x nicht zu groß wird ($E \gtrapprox 0{,}7 \times E_0$). Die Größe C hängt dabei nur schwach vom Substratmaterial ab, wenn die Schichtdicke x als Flächendichte (g/cm^2) angegeben wird. Für den Protonenbeschuß von Substratmaterialien mit $Z_2 \approx 13-30$ und $x = 1$ mg/cm^2 ist $C = 20{,}5$ keV ein recht guter mittlerer Wert [8].

Die projizierte Reichweite der Ionen im Target, gegeben durch die in Strahlrichtung genommene Eindringtiefe, in der die Ionen ihre Energie an das Target abgegeben haben, wie auch der spezifische Energieverlust S, hängen von der Ionenenergie und der Ion-Substrat-Kombination ab. In Einkristallen tritt außerdem eine Abhängigkeit von der Orientierung des Kristalls relativ zum Ionenstrahl auf. Bei Einschuß in Richtung einer niedrig indizierten Kristallachse ergeben sich besonders große Reichweiten (Kanalisierungseffekt).

Spezifische Energieverluste und Reichweiten von Protonen in verschiedenen

Substratmaterialien wurden von NORTHCLIFFE und SCHILLING [9] publiziert. Für $E_p = 1$ MeV und $Z_2 = 6-50$ werden Reichweiten von etwa 3–8 mg/cm² angegeben.

Ausbeuten an charakteristischer Röntgenstrahlung

Für dünne Targets, bei denen sowohl der Energieverlust der Projektile als auch die Absorption der Röntgenstrahlung vernachlässigt werden können, ist die Ausbeute an charakteristischer K-Röntgenstrahlung gegeben durch

$$\mathrm{d}Y(E_0) = \varepsilon \cdot \omega \cdot n \cdot N \cdot \sigma_i(E_0) \cdot \mathrm{d}x/\cos\alpha. \tag{6}$$

Dabei sind ε die Effektivität der Meßanordnung für die interessierende Röntgenstrahlung, ω die entsprechende Fluoreszenzausbeute, n die Anzahl der auf das Target geschossenen Ionen und $N\,\mathrm{d}x$ die Anzahl der Targetatome pro cm². Das Target ist dabei um den Winkel α gegen den Ionenstrahl gekippt.

Zur Bestimmung der Ausbeute dicker Targets ist unter Berücksichtigung von Projektilbremsung und Quantenabsorption über die Targetdicke zu integrieren. Wird die Tiefenkoordinate x durch die Restreichweite $R = R_0 - x$ ausgedrückt, so folgt für die Röntgenausbeute dicker Targets [10]

$$Y(E_0) = \varepsilon \cdot \omega \cdot n \cdot N \int_{R_1}^{R_0} \sigma_i\big(E(R)\big)\, \mathrm{e}^{-\mu(R_0-R)}\, \mathrm{d}R. \tag{7}$$

Dabei ist μ der Absorptionskoeffizient für die interessierende Röntgenstrahlung. Es ist zu beachten, daß zur Projektilbremsung und zur Quantenabsorption die verschiedenen Atomsorten im Substrat beitragen. In der Beziehung für die Röntgenausbeute des dicken Targets wurde vorausgesetzt, daß der Quantennachweis unter 90° zur Ionenstrahlrichtung erfolgt und das Target zur Nachweisrichtung und zum Teilchenstrahl um jeweils 45° geneigt ist. Weiterhin wurde angenommen, daß die Ionen nach Durchdringung des Targets die Energie E_1 oder die Restreichweite $R_1(E_1)$ besitzen. Für $R_1 = 0$ ergibt sich die Ausbeute des „unendlich" dicken Targets, in dem die Ionen vollständig abgebremst werden. Der Einfluß des Energiestraggling und der Fluoreszenzanregung wurde dabei vernachlässigt.

Kontinuierlicher Strahlungsuntergrund

Neben der charakteristischen Röntgenstrahlung tritt beim Ionenbeschuß ein kontinuierlicher Strahlungsuntergrund auf. Bei Verwendung leichter Ionen wird dieser Untergrund hauptsächlich durch Bremsstrahlung schneller Sekundärelektronen (SEB), durch Projektilbremsstrahlung (PB) und durch hochenergetische γ-Strahlung verursacht. Weiterhin können der allgemeine Raumuntergrund und bei Benutzung von Halbleiterdetektoren auch Sammelverluste im Detektor zur gemessenen Untergrundintensität beitragen.

Die Sekundärelektronen, die bei unelastischen Streuprozessen entstehen, werden hauptsächlich über Bremsstrahlungsemission abgebremst. Dieser SEB-Beitrag überwiegt bei Röntgenenergien $E_r \lessapprox T_m$, wobei

$$T_m = \frac{4m \cdot m_e}{(m + m_e)^2}\, E_0 \approx 4\, \frac{m_e}{m}\, E_0 \tag{8}$$

die maximale Energie ist, die im Stoß mit einem freien Elektron übertragen werden kann. E_0 und m sind dabei die Energie und die Masse des Ions. Für Röntgenenergien $E_r > T_m$ fällt die SEB-Intensität stark ab.

Nukleare oder Projektilbremsstrahlung (PB) wird emittiert, wenn das Ion im Feld des Targetkerns stark abgelenkt wird. Diese Projektilbremsstrahlung bestimmt bei höheren Quantenenergien die Untergrundintensität, solange der Beitrag von γ-Strahlung vernachlässigt werden kann. Rechnungen zu SEB und PB wurden insbesondere von FOLKMANN [4] durchgeführt.

Hochenergetische γ-Strahlung, die durch den Ionenbeschuß im Target ausgelöst werden kann, trägt über Compton-Prozesse ebenfalls zum Strahlungsuntergrund bei. Bei hohen Projektilenergien kann dieser Untergrundbeitrag im Bereich der Röntgenenergien $E_r > T_m$ bestimmend sein und die Projektilbremsstrahlung völlig überdecken. Für Protonen der Energie $E_p \lesssim 1$ MeV ist dieser Beitrag zum Strahlungsuntergrund in vielen Fällen vernachlässigbar.

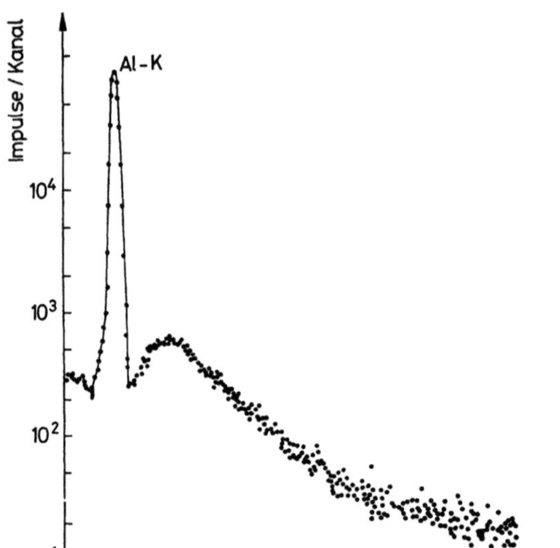

Abb. 6.3. Experimentelles Röntgenspektrum (unkorrigiert), gemessen beim Protonenbeschuß eines dicken Aluminiumtargets ($E_p = 1{,}785$ MeV)

Unvollständige Sammlung der Ladungsträger führt bei Halbleiterdetektoren zu niederenergetischen Linienausläufern, die ebenfalls zur gemessenen Untergrundintensität beitragen. Im Meßspektrum ergibt sich daher für Quantenenergien, die niedriger sind als die charakteristische Strahlung des Substratmaterials, ein relativ hoher Untergrund.

Die Abbildung 6.3 zeigt als ein Beispiel das Röntgenspektrum eines dicken Al-Targets (Reinheitsgrad 99,999%), angeregt durch Protonenbeschuß ($E_p = 1{,}785$ MeV) und gemessen mit einem Si(Li)-Röntgenspektrometer (Linienbreite = 170 eV).

Für Röntgenenergien $E_R \gtrsim 6$ keV wird das Kontinuum hauptsächlich durch PB verursacht, für $E_r \lesssim 6$ keV überwiegt SEB. Der Intensitätsabfall für $E_r \lesssim 3$ keV wird durch Selbstabsorption im Target und durch Absorption in Fenstern und Zusatzabsorber verursacht. Die vom Target emittierte Al-K-Röntgenstrahlung wird durch diese Absorber um etwa den Faktor $1{,}5 \cdot 10^2$ geschwächt [11]. Unterhalb der Al-K-Röntgenstrahlung wird der Untergrund überwiegend durch unvollständige Ladungssammlung im Detektor verursacht.

Nachweisgrenzen für die Spurenanalyse

In den meisten Fällen wird die Nachweisgrenze durch die Forderung [5]

$$Y_S \geqq 3 \cdot \sqrt{Y_u} \tag{9}$$

festgelegt. Dabei ist Y_S die Anzahl der Impulse im Röntgenpeak, der durch das Element S verursacht wird, und Y_u die Zahl der Untergrundimpulse im Bereich der Linienhalbwertsbreite. Der Untergrund hängt von der Zusammensetzung des Targets, der Projektilenergie und der interessierenden Röntgenenergie ab. Eine allgemeine Aussage zur Nachweisempfindlichkeit ist daher nicht möglich.

Im Falle der Spurenanalyse kann angenommen werden, daß der Untergrund allein durch die Wechselwirkung der Protonen mit den Matrixatomen entsteht. Für dünne Targets folgt dann aus obiger Forderung und Gleichung (6) als Nachweisgrenze C_S (in g Spurenelement/g Matrixmaterial)

$$C_S = \frac{N_S A_S}{N_M \cdot A_M} \geqq \frac{3A_S}{\sigma_{XS} \cdot A_M} \cdot \sqrt{\frac{\mathrm{d}\sigma_u/\mathrm{d}E_r \cdot \Delta E}{\varepsilon \cdot n \cdot N_M \cdot \mathrm{d}x/\cos\alpha}} = C \sqrt{\frac{\Delta E}{\varepsilon \cdot n \cdot \mathrm{d}x/\cos\alpha}}. \tag{10}$$

Dabei sind $\mathrm{d}\sigma_u/\mathrm{d}E_r$ der differentielle Wirkungsquerschnitt für die Emission kontinuierlicher Untergrundstrahlung und σ_{XS} der Wirkungsquerschnitt für die Emission der charakteristischen Strahlung des Spurenelements. N_S und N_M sind die Zahl der Atome/cm³ des Spurenelements bzw. des Matrixmaterials, A_S und A_M die entsprechenden Atommassen und ΔE die Linienhalbwertsbreite. Die Größe C enthält den Einfluß der Substrat-Fremdatom-Kombination und auch der Ionenenergie, der Einfluß der Meßbedingungen (Linienhalbwertsbreite, Effektivität der Anordnung, Protonenzahl) wurde abgetrennt. Ein ähnlicher Ausdruck gilt auch für dicke Targets homogener Zusammensetzung.

6.3. Experimentelle Technik

Der prinzipielle Aufbau einer Anordnung zur Messung ioneninduzierter Röntgenstrahlung ist in Abbildung 6.4 dargestellt. Der Ionenstrahl des Beschleunigers wird im Hochvakuum (10^{-3}–10^{-4} Pa) mittels Strahlführungs- und Kollimationssystem bis zum Target geführt, das in einer Vakuumkammer angeordnet ist. Der Nachweis der Röntgenstrahlung erfolgt meistens unter einem festen Winkel relativ zum Teilchenstrahl. Der Aufbau der Meßanordnung erfolgt so, daß der Untergrundbeitrag durch Anregung von Kammer- und Umgebungsmaterialien möglichst gering ist. Diesem Zweck dient die Kollimation für den Teilchenstrahl, der bei einfacher Kollimation am Targetort einen Durchmesser von etwa 1 mm hat. Weiterhin wird zwischen Target und Detektor vielfach noch ein Quantenkollimator angeordnet, so daß vom Detektor nur das Target gesehen wird. Zur Reduzierung von Ablagerungen auf dem Target werden Tiefkühlfallen eingesetzt. Für Kollimatoren, Kammerauskleidung und Targethalter wird hochreines Material, in vielen Fällen Reinst-Aluminium, verwendet. Der Targethalter kann i. allg. mehrere Targets aufnehmen, die nacheinander in Meßposition gebracht werden.

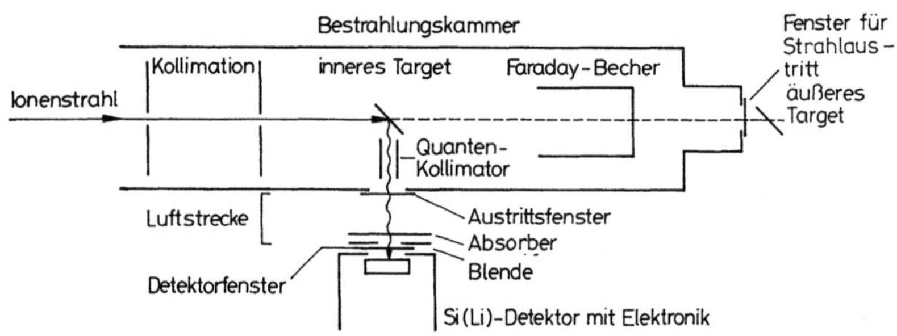

Abb. 6.4. Schematischer Aufbau einer Anordnung zur Messung der ioneninduzierten Röntgenstrahlung. Der experimentelle Aufbau für Messungen mit herausgeführtem Protonenstrahl ist ebenfalls angegeben.

Der Nachweis der Quanten erfolgt mit Kristallspektrometern, Proportionalzählrohren oder Halbleiterspektrometern. Bei letzteren kann der Vorteil der Vielkanalanalyse für einen großen Bereich von Röntgenenergien genutzt werden.

Hochauflösende Si(Li)-Spektrometer (Linien-Halbwertsbreite etwa 160 eV für $E_r \triangleq 5{,}9$ keV) ermöglichen den Nachweis und die Trennung der K-Röntgen-Strahlungen benachbarter Elemente mit Ordnungszahlen $Z \gtrsim 12$. Mit fensterlosen Si(Li)-Spektrometern, direkt an die Meßkammer angeflanscht, kann die K-Röntgenstrahlung der Elemente mit $Z \geqq 5$ nachgewiesen werden. Proportionalzählrohre werden hauptsächlich für den Nachweis der Röntgenstrahlung von Elementen mit $Z \leqq 12$ eingesetzt. Hochauflösende Kristallspektrometer ergeben besonders günstige Effekt-Untergrund-Verhältnisse und damit hohe Nachweisempfindlichkeiten und ermöglichen die Trennung eng benachbarter Übergänge.

Die Anzahl der Ionen, die zur Messung eines Röntgenspektrums auf das Target geschossen werden, wird mittels Faraday-Becher und Stromintegrator gemessen. In diese Ladungsmessung ist das Target und dessen Umgebung mit einzubeziehen, um Verfälschungen durch Sekundärelektronen zu verhindern. Die gemessenen Röntgenspektren werden auf die gesammelte Ladungsmenge normiert. Die Totzeit des Nachweissystems wird dabei meistens schon während der Messung elektronisch korrigiert. Die so erhaltenen Röntgenspektren ermöglichen die Absolutbestimmung der Intensitäten der Röntgenlinien und des Untergrundes.

Die Auswertung der Röntgenspektren erfolgt überwiegend maschinell. Eine Übersicht über eine Reihe von bereits benutzten Auswertungsverfahren wird von Johansson und Johansson [5] angegeben. In vielen Fällen wird mittels spezieller fit-Programme das Spektrum durch eine Überlagerung von Gauß-Kurven und kontinuierlichem Untergrund beschrieben. Derartige Auswertungsprogramme werden oft mit

Linien-Suchprogrammen, welche die für den χ^2-fit notwendigen Anfangsparameter liefern, sowie mit Prozeduren für die Energieeichung gekoppelt und liefern dann direkt die Energien und Intensitäten der verschiedenen Röntgenpeaks. Unter Berücksichtigung der Effektivität der Meßanordnung und der auf das Target geschossenen Teilchenzahl folgt daraus die Intensität der vom Target emittierten Röntgenstrahlung, die noch den im Substrat enthaltenen Elementen zuzuordnen ist. Zur Bestimmung der Elementkonzentrationen müssen dann noch die Einflüsse der Ionenbremsung, der Selbstabsorption und der Fluoreszenzanregung berücksichtigt werden. Eine Ausnahme bilden hierbei dünne Targets, für die diese Einflüsse u. U. vernachlässigt werden können.

Zur Anregung der Röntgenemission werden Protonen mit Energien $E_p \approx 0{,}1$ bis 3 MeV eingesetzt, die verwendeten Strahlströme liegen im Bereich $I_p \approx 5-500$ nA, und je Probe sind Meßzeiten von $t \approx 1-15$ min notwendig. Die Strahlparameter hängen vom jeweiligen Untersuchungsproblem, der mechanischen und thermischen Belastbarkeit des Targets und von der durch die Elektronik verarbeitbaren Impulsrate sowie von dem zur Verfügung stehenden Beschleuniger ab.

Johansson und Johansson [5] und auch Folkmann [4] betrachten den Einfluß der benutzten Elektronik auf die Leistungsfähigkeit von Meßanordnungen mit Halbleiterdetektoren. Eines der wichtigsten Probleme ist dabei die Vermeidung von Impulsaufstockungen (pile up), um mit hohen Impulsbelastungen arbeiten und kurze Meßzeiten realisieren zu können. Diese Aufstockungen werden entweder elektronisch unterdrückt, oder während der Verarbeitungszeit eines Impulses wird der Ionenstrahl über Ablenkplatten so abgelenkt, daß er nicht auf das Target trifft. Das zuletzt genannte Verfahren hat den Vorteil, daß damit gleichzeitig die thermische Belastung des Targets reduziert wird. Diese thermische Belastung des Targets hängt von den Strahlparametern (E_p, I_p), dem Bestrahlungsregime (kontinuierlich oder gepulst) sowie vom Substratmaterial (Bremsvermögen) und der Targetdicke ab. In dünnen Targets geben die Ionen nur einen Teil ihrer Energie ab, während dicke Targets die volle Energie aufnehmen müssen.

Mit dicken Targets wird gewöhnlich dann gearbeitet, wenn die Herstellung dünner Targets nicht möglich ist oder wenn beim Herstellungsprozeß eine Veränderung der Zusammensetzung zu erwarten ist. Beispiele dafür sind metallische und biologische Proben sowie auch Probleme, bei denen es um die Untersuchung von Oberflächenkontaminationen infolge spezieller Bearbeitungsschritte geht, die an dünnen Präparaten nicht durchgeführt werden können [11].

In vielen Fällen ist es vorteilhaft, dünne Targets zu benutzen. Das zu untersuchende Material wird dann auf entsprechende Träger aufgebracht, vielfach werden dafür dünne Kohlenstoffolien ($\lesssim 20\ \mu g/cm^2$) benutzt. An die Reinheit dieser Träger werden hohe Anforderungen gestellt, auch müssen die Präparation sowie die Lagerung der Targets mit größter Sorgfalt erfolgen, um eine Veränderung der Zusammensetzung sowie Oberflächenkontaminationen auszuschließen. Eine nachträgliche Behandlung dieser Targets ist nicht möglich.

Besondere Probleme ergeben sich bei Substraten, die im Vakuum und unter Strahlbelastung ihre Zusammensetzung ändern, z. B. durch Abgabe flüchtiger Komponenten (einschließlich Wasser in biologischen Präparaten). Weiterhin können sich auch bei der Untersuchung von Isolatoren durch örtliche Aufladungen Schwierigkeiten ergeben. Diese Probleme lassen sich z. T. lösen, indem die Probe nicht in der

Vakuum-Kammer, sondern in Luft oder in einem anderen Gas bestrahlt wird. Zu diesem Zweck kann der Protonenstrahl durch ein dünnes Fenster aus dem Vakuumsystem herausgeführt werden, wie es in Abbildung 6.4 angedeutet ist. Von Vorteil sind dabei die sehr einfache Targetpräparation und der leichte Probenwechsel. Die Proben können direkt bestrahlt und thermische Belastung und Aufladungseffekte weitgehend reduziert werden [5].

Verschiedene Autoren geben Meßanordnungen für spezielle Untersuchungen an [5]. So beschreiben Cookson et al. [12] die Erzeugung und Verwendung eines Protonenmikrostrahles von etwa 4 μm Durchmesser ($E_p = 3$ MeV, $I_p \approx 6$ nA) für die Untersuchung lateraler Elementverteilungen. Der Protonenstrahl wird nach geeigneter Kollimation mittels magnetischer Quadrupole fokussiert.

6.4. Anwendungen

Die breiteste Anwendung hat die Methode der PIR für die Spurenanalyse homogener dünner Proben gefunden. Sind die Abbremsung der Protonen und die Absorption der erzeugten Röntgenstrahlung in der Probe zu vernachlässigen, so ist die Röntgenausbeute durch Gleichung (6) gegeben. Meist werden jedoch die absoluten Spurengehalte nicht direkt, sondern durch Vergleich mit Standardproben bestimmt. Analysen von Ablagerungen oder Filmen auf dicken Targets wurden ebenfalls durchgeführt. Bei diesen Untersuchungen sind meist Abbremsung der Protonen und Absorption der Röntgenstrahlung zu berücksichtigen. Dies kann auch durch Vergleich mit Standardproben erfolgen. Für die quantitative Analyse komplexer dicker Proben gibt es nur wenige Beispiele. In einigen Arbeiten werden mathematische Verfahren angegeben, die eine quantitative Bestimmung der Zusammensetzung komplexer dicker Proben aus den gemessenen Röntgenspektren erlauben. Die Anwendungsmöglichkeiten der PIR sollen im folgenden an einigen Beispielen gezeigt werden. Einen größeren Überblick geben die Übersichtsarbeiten von Folkmann [4] und Johansson und Johansson [5] und ein Konferenzbericht [13].

Spurenanalytische Untersuchungen an dünnen Proben wurden für Aerosole, Flüssigkeiten, biologische und medizinische Präparate durchgeführt. Die Nachweisgrenzen berechnete Folkmann [4, 14] mit der in Gleichung (9) angegebenen Festlegung. Für eine Protonenzahl von $6{,}24 \cdot 10^{13}$, eine Trägerfolie aus Kohlenstoff mit 100 μg/cm^2 Flächengewicht, einen Si(Li)-Detektor mit 150 eV Auflösungsvermögen bei 5,9 keV Röntgenenergie und Protonenenergien zwischen 1 und 10 MeV erhielt er Nachweisgrenzen von $< 10^{-6}$. Diese Empfindlichkeit ermöglicht bei einem Strahldurchmesser von 1 mm noch den Nachweis von 10^{-12} g eines Spurenelementes. Erzielte Ergebnisse, Probenpräparation sowie Einflüsse der endlichen Probendicke auf die Genauigkeit der quantitativen Spurenbestimmung sind ausführlich in [5] und [13] dargestellt. Zusammensetzungen dünner Chalcogenid-Filme wurden von Thomas et al. [15] mit einer Genauigkeit von $\leq 3\%$ durch Vergleich mit Standards bestimmt. Der Nachweis von Spurenverunreinigungen, die beim Walzen von Folien auftreten können, ist in Abbildung 6.5 gezeigt [11]. Eine Aluminiumfolie von 400 μg/cm^2 Flächengewicht, hergestellt aus Aluminium von 99,999% Reinheit durch Walzen zwischen Nickelfolien, wurde mit Protonen von 1,1 MeV Energie beschossen. Die nachgewiesene Nickelkonzentration beträgt $3 \cdot 10^{-4}$, unter Annahme einer homogenen

Verteilung und bei Vernachlässigung der Abbremsung der Protonen und der Absorption der Röntgenstrahlung. Die Nachweisgrenze liegt bei den gewählten Meßbedingungen bei $2 \cdot 10^{-6}$.

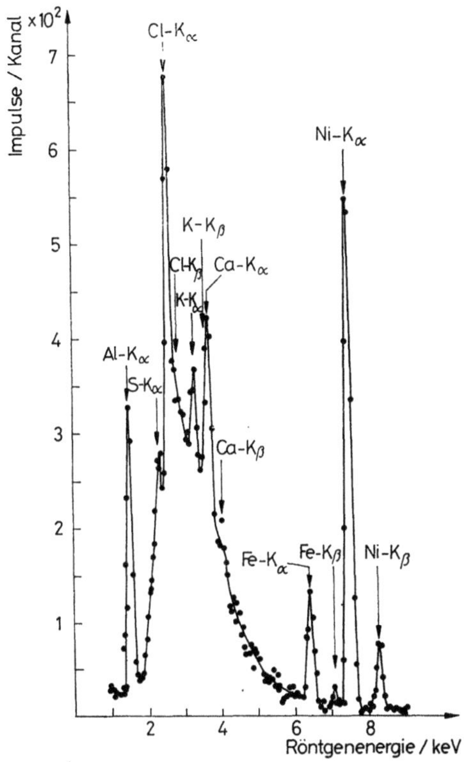

Abb. 6.5. Röntgenspektrum einer dünnen Aluminiumfolie (400 µg/cm²), hergestellt aus Aluminium von 99,999% Reinheit durch Walzen zwischen Nickelblechen. Durch Absorber wurde die Intensität der niederenergetischen Röntgenstrahlung stark reduziert, die Protonenenergie betrug $E_p = 1{,}1$ MeV [11].

Für dünne Filme und Ablagerungen auf dicken Substraten wird die Röntgenausbeute ebenfalls durch Gleichung (6) beschrieben, wenn Protonenbremsung, Röntgenabsorption und Röntgensekundäranregung in der zu untersuchenden Schicht vernachlässigt werden können.

Aus der Intensität der Röntgenstrahlung läßt sich die Zusammensetzung der Schicht oder bei bekannter Zusammensetzung die Dicke der Schicht bestimmen. Im Vergleich zu dünnen Proben ergibt jedoch das dicke Substrat einen höheren Untergrund und damit eine verringerte Nachweisempfindlichkeit für Spurenelemente.

Spuren von Natrium und Chlor in SiO_2-Filmen auf Silicium wurden von Beezhold [16] mit Protonen im Energiebereich von 250—275 keV untersucht. Die Nachweisgrenze für Natrium betrug für die gegebenen experimentellen Bedingungen etwa 10^{15} Atome/cm². Eine quantitative Eichung der Messung erfolgte durch Implantation einer definierten Dosis von Na-Ionen in den SiO_2-Film. Für den Nachweis der Röntgenstrahlung wurde ein fensterloser Si(Li)-Detektor eingesetzt.

Oxiddicken auf Aluminium, ErD_2, Kupfer und rostfreiem Stahl bestimmten Musket und Bauer [17] aus der Intensität der K-Röntgenstrahlung des Sauerstoffs, angeregt durch Protonen mit 350 keV Energie. Die Eichung des Verfahrens erfolgte durch Vergleich mit Standardproben. Dabei wurden die Protonenbremsung in den Oxidschichten vernachlässigt, die Absorption der Röntgenstrahlung des Sauerstoffs im Oxid berücksichtigt und die Zusammensetzung des Oxids als bekannt vorausgesetzt.

Gray et al. [18] untersuchten das Diffusionsverhalten implantierter Zinkatome in GaAsP unter einer SiO_2-Schicht bei einer Temperaturerhöhung auf 600 °C. Sie konnten durch Vergleich mit nicht erwärmten Proben feststellen, daß die Intensität der Zn-Röntgenstrahlung an der Oberfläche der erwärmten Probe nach Entfernung der SiO_2-Schicht um 70% reduziert war. Sie erklärten diese Abnahme durch eine Ausdiffusion der Zn-Atome.

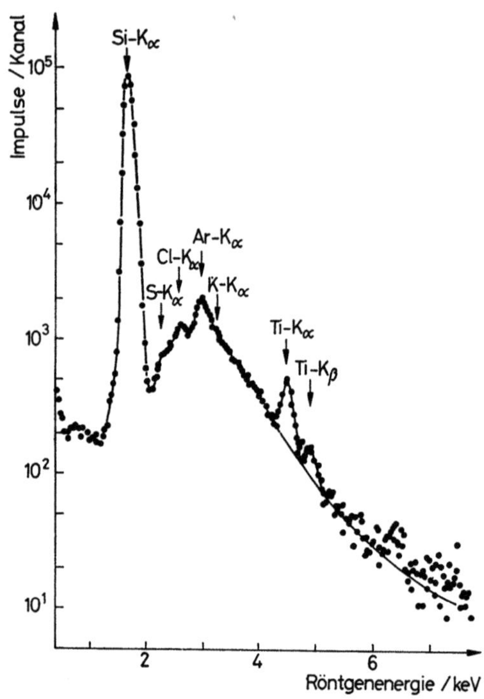

Abb. 6.6. Experimentelles Röntgenspektrum, gemessen beim Protonenbeschuß einer dicken Siliciumprobe ($E_p = 0,6$ MeV). Die Probe war poliert und schwach geätzt worden, die nachgewiesenen Verunreinigungen stammen vom Poliermittel [11].

Verunreinigungen auf Siliciumscheiben nach Polierprozessen und Spurengehalte in aufgesputterten SiO_2-Schichten untersuchten Bauer et al. [11]. Die Nachweisgrenzen für Elemente zwischen $Z_2 = 16$ und 30 lagen bei 10^{13}–10^{15} Atomen/cm^2. In Abbildung 6.6 ist das Röntgenspektrum einer Siliciumprobe dargestellt, die poliert und schwach geätzt worden war. Die auftretenden Verunreinigungen stammen vom Poliermittel. Sie konnten nach Abätzung einer 50 µm dicken Siliciumschicht nicht mehr nachgewiesen werden. Ein weiteres Beispiel ist in Abbildung 6.7 dargestellt. Zinkionen einer Energie von 150 keV wurden mit einer Dosis von $3 \cdot 10^{15}$ Atomen/cm² in die Oberfläche einer Siliciumprobe implantiert, die mit einer 300 Å dicken Kupferschicht bedeckt war. Nach dem Entfernen der Kupferschicht erfolgte mit Protonen von 1,1 MeV Energie eine Oberflächenanalyse und der Nachweis, daß durch Rückstoßimplantation eine Dotierung des Siliciums mit Kupfer auftrat.

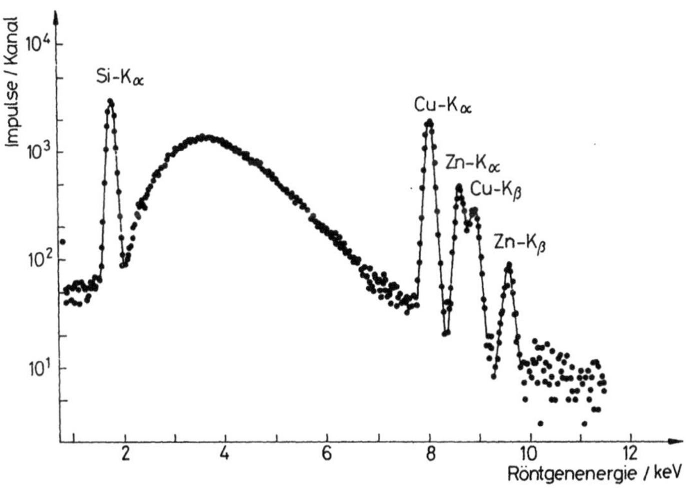

Abb. 6.7. Experimentelles Röntgenspektrum, gemessen beim Protonenbeschuß eines dicken Siliciumsubstrates ($E_p = 1,1$ MeV). Durch eine 30 nm dicke Kupferschicht hindurch wurden in das Substrat Zinkionen (150 keV, $3 \cdot 10^{15}$ Zn-Atome/cm²) implantiert. Mittels Rückstoßimplantation erfolgte eine Dotierung des Siliciums mit Kupfer. Das Spektrum wurde nach dem Entfernen der Kupferschicht gemessen [11].

Die Zusammensetzung oberflächennaher Schichten dicker Proben kann nach Gleichung (7) aus der Intensität der angeregten Röntgenstrahlung bestimmt werden, wenn genaue Werte des spezifischen Energieverlustes der Protonen, der Anregungsquerschnitte und der Absorptionskoeffizienten für die Röntgenstrahlung vorliegen. Bisher sind jedoch derartige absolute Messungen nicht bekannt. Entweder wurden die Abbremsung der Protonen oder die Absportion der Röntgenstrahlung vernachlässigt, oder es erfolgte eine Eichung mittels Standards.

Gray et al. [18] untersuchten das Konzentrationsprofil von implantiertem Arsen in Silicium. Dazu wurde die implantierte Schicht schrittweise durch anodische Oxydation und chemisches Ätzen entfernt, nach jedem Ätzschritt die Intensität der Röntgenstrahlung des Arsen gemessen und aus der Abnahme der integralen Röntgenausbeute das Profil berechnet. Die Autoren vernachlässigten dabei die Abbremsung der Protonen und die Absorption der Röntgenstrahlung. Andere Methoden zur Untersuchung der Tiefenverteilung von Spurenelementen in oberflächennahen Bereichen dicker Proben durch die PIR werden z. B. in [13] angegeben.

Musket und Bauer [19] untersuchten die Zusammensetzung des oberflächennahen Bereiches einer Probe aus rostfreiem Stahl nach Erwärmungen auf $T > 1400\,°C$ mit Protonen im Energiebereich von 150—400 keV. Es wurde speziell der Gehalt an Chromium nachgewiesen, der oberhalb 1400 °C stark zurückging. Die Absorption der K-Röntgenstrahlung des Chromium wurde bei diesen Messungen vernachlässigt.

Ahlberg et al. [20] bestimmten an Stahlproben bei Anregung mit Protonen von 1 und 2,5 MeV Energie die geringsten, noch nachweisbaren Konzentrationen. Sie betrugen für einige Elemente etwa 10^{-5}.

Ein Verfahren zur Bestimmung der Bestandteile einer Legierung mit Hilfe der PIR wird von Reuter et al. [21] angegeben. Das gemessene Spektrum wird mit den Röntgenspektren von Standardproben verglichen, die aus den reinen Elementen bestehen, welche die Legierung bilden. Durch mathematische Anpassung der Standardspektren an das Röntgenspektrum der zu untersuchenden Probe werden die Konzentrationen der Bestandteile bestimmt. Dabei wird der Einfluß der Sekundäranregung berücksichtigt. Mit diesem Verfahren wurden die Bestandteile von Cu-Au-Legierungen mit einer Genauigkeit von $\pm 5\%$ bestimmt. Weitere Arbeiten zur Berücksichtigung von Matrixeffekten bei der Analyse dicker Targets mit Hilfe der PIR sind z. B. in [13] enthalten.

In Analogie zur Elektronenmikrosonde wurden auch Untersuchungen mit einem Protonenmikrostrahl durchgeführt. Der geringere Untergrund an Bremsstrahlung verspricht bei Bestimmung lateraler Verteilungen von Spurenelementen mit Hilfe des Protonenmikrostrahles eine höhere Nachweisempfindlichkeit. Cookson et al. [12] untersuchten auf Schlackeproben in einer Abmessung von 165 μm · 165 μm die Verteilung von Silicium, Eisen, Zink, Kupfer und Blei. Der Strahldurchmesser betrug auf der Probe etwa 4 μm. Ähnliche Untersuchungen wurden von Preisach et al. [22] durchgeführt. Demortier [23] bestimmte die örtliche Konzentration von Palladium in einer Kupfermatrix mit einem Protonenstrahl von 0,2 mm² Querschnitt auf der Probe.

Eine weitere Anwendung der PIR ist die Spurenanalyse leicht verdampfbarer, flüssiger oder pulverförmiger Proben am herausgeführten Strahl. So wurde von Deconninck [24] eine Anordnung gewählt, bei welcher der Protonenstrahl durch eine Nickelfolie von 5 μm Dicke in eine Reaktionskammer eintrat, die mit Helium unter Normalbedingungen gefüllt war. Damit konnten gebrauchtes Schmieröl untersucht und die enthaltenen Abriebstoffe nachgewiesen werden. Analysen mit einem ausgeführten Protonenstrahl wurden auch von Katsanos et al. [25] durchgeführt. Sie verwendeten als Austrittsfenster eine 7,6 μm dicke Berylliumfolie.

6.5. Zusammenfassung

Die protoneninduzierte Röntgenanregung ist eine spezielle Methode zur Auslösung charakteristischer Röntgenstrahlung und wird erst seit wenigen Jahren für die Festkörperanalyse eingesetzt. Ein eindeutiger Vergleich der Leistungsfähigkeit der PIR mit den Anregungsmethoden durch Elektronen- und Quantenbeschuß ist gegenwärtig schwierig zu führen, da jede dieser Methoden ihre besonderen Anwendungsgebiete sowie Vorzüge und Schwächen besitzt und noch kein ausreichendes experimentelles Vergleichsmaterial vorliegt. Johansson und Johansson [5] sowie Folkmann [4] geben für die Spurenanalyse dünner Proben an, daß die PIR eine um etwa den Faktor 10 höhere Nachweisempfindlichkeit ergibt. Ausgehend von dem geringeren Untergrund erscheint diese Angabe realistisch. Für homogene dicke Substrate existiert kaum Material, zu erwarten ist hier wieder eine um etwa den Faktor 10 höhere Nachweisempfindlichkeit der PIR.

Die Methode der ioneninduzierten Röntgenstrahlung wird in wachsendem Maße gleichzeitig mit Rutherford-Rückstreuung und Kernreaktionen eingesetzt. Mittels Kernreaktionen, ausgelöst durch Ionenbeschuß, können leichte Elemente nachgewiesen werden. Die Rutherford-Rückstreuung erlaubt, Tiefenverteilungen von Fremdatomen zu bestimmen. Für diese Methoden wird ein gemeinsamer experimenteller Aufbau benutzt, so daß die verschiedenen Ergebnisse eindeutig aufeinander bezogen werden können. Damit ergeben sich umfassendere Aussagen über den oberflächennahen Bereich des untersuchten Festkörpers.

6.6. Literatur

[1] Chadwick, J., Phil. Mag. **24** (1912) 594.
[2] Garcia, J. D., et al., Rev. mod. Phys. **45** (1973) 111.
[3] Kessel, Q. C., Fastrup, B., Case Studies in Atom. Phys. **3** (1973) 137.
[4] Folkmann, F., J. Phys. E: Sci. Instrum. 8 (1975) 429.
[5] Johansson, S. A. E., Johansson, T. B., Nucl. Instrum. & Meth. **137** (1976) 473.
[6] Basbas, G., et al., Phys. Rev. **A 7** (1973) 983.
[7] Bambynek, W., et al., Rev. mod. Phys. **44** (1972) 716.
[8] Bohr, N., Mat. Fys. Medd. Dan. Vid. Selsk. **18** (1948) No. 8.
[9] Northcliffe, L. C., Schilling, R. F., Nuclear Data Tables **A 7** (1970) 233.
[10] Merzbacher, E., Lewis, H. W., in: Handbuch der Physik **34** (1958) 166. Berlin: Springer-Verlag 1958.
[11] Bauer, C., et al., Proc. Internat. Conf. Ion Implant. in Semicond., Budapest (1975) 302.
[12] Cookson, J. A., et al., J. Radioanal. Chem. **12** (1972) 39.
[13] Proc. Internat. Conf. „Particle induced x-ray emission and its analytical applications", Lund (1976). Editor: S. A. E. Johansson. Nucl. Instrum. & Meth. **142** (1977) 1–333.
[14] Folkmann, F., et al., Nucl. Instrum. & Meth. **119** (1974) 117.
[15] Thomas, J. P., et al., Nucl. Instrum. & Meth. **117** (1974) 579.
[16] Beezhold, W., Appl. Phys. Lett. **24** (1974) 540.
[17] Musket, R. G., Bauer, W., J. appl. Phys. **43** (1972) 4786.
[18] Gray, T. J., et al., Thin Solid Films **19** (1973) 103.
[19] Musket, R. G., Bauer, W., appl. Phys. Lett. **20** (1972) 411.
[20] Ahlberg, M., et al., Nucl. Instrum. & Meth. **123** (1975) 385.
[21] Reuter, W., et al., J. appl. Phys. **46** (1975) 3194.
[22] Preisach, M., et al., J. Radioanal. Chem. **16** (1973) 445.
[23] Demortier, G., J. Radioanal. Chem. **24** (1975) 47.
[24] Deconninck, G., J. Radioanal. Chem. **12** (1972) 157.
[25] Katsanos, A., et al., Nucl. Instrum. & Meth. **137** (1976) 119.

7. Beugung schneller Elektronen (HEED)

(J. Brückner, Dresden)

7.1. Grundprinzip

Beim Durchgang durch dünne Materieschichten werden Elektronenstrahlen aufgefächert, wobei für bestimmte Streuwinkel Intensitätsmaxima auftreten können, deren Lage und Stärke charakteristisch für die Anordnung der Atome im Kristallgitter bzw. in den Molekülen ist. Diese als Elektronenbeugung oder Elektroneninterferenz bezeichnete Erscheinung beruht auf dem Wellencharakter der Elektronen. Die an den einzelnen Atomen entstehenden Streuwellen überlagern sich, und die periodische Wiederholung der Atomanordnung führt zu festen Gangunterschieden zwischen den Wellen und damit zur Auslöschung bzw. Verstärkung. Die Elektronenbeugung ist daher in gleicher Weise wie die Beugung von Röntgen- oder Neutronenstrahlen für Strukturuntersuchungen geeignet. Unterschiede ergeben sich durch die verschiedenen Werte der Wellenlänge sowie durch Art und Stärke der Wechselwirkung.

Elektronen der Masse m_e und der Geschwindigkeit v bzw. der Energie eU_0 kann man nach de Broglie eine Welle mit der Wellenlänge

$$\lambda = \frac{h}{m_e v} = \sqrt{\frac{h^2}{2em_eU_0}} \tag{1}$$

(h — Plancksches Wirkungsquantum)

zuordnen. Für große Geschwindigkeiten muß noch eine relativistische Korrektur vorgenommen werden, und man erhält

$$\lambda = \sqrt{\frac{h^2}{2em_eU_0\left(1 + \frac{eU_0}{2m_ec^2}\right)}} \approx \sqrt{\frac{150}{U_0/\mathrm{V}(1 + 10^{-6}\,U_0/\mathrm{V})}}\ \text{Å}. \tag{2}$$

In Tabelle 7.1 sind einige Wellenlängen für verschiedene Strahlspannungen nach (2) berechnet. Außerdem ist der bei Nichtbeachten der relativistischen Korrektur entstehende Fehler δ angegeben.

Die ersten Experimente zur Elektronenbeugung, die den Nachweis für den Wellencharakter der Elektronen erbrachten, wurden von Davisson und Germer [1] 1927 mit langsamen Elektronen durchgeführt. Kurz danach erzielten Thomson [2] und Kikuchi [3] auch mit schnellen Elektronen Beugungsbilder, und dieses Verfahren wurde in ständig steigendem Maße angewendet. Die Beugung langsamer Elektronen erlangte dagegen erst Ende der fünfziger Jahre größere praktische Bedeutung. Die verschiedenen Elektronenenergien erfordern eine recht unterschiedliche experimentelle Technik und eine Spezialisierung der theoretischen Behandlung. Es ist daher üblich, die Beugung langsamer und schneller Elektronen, meist mit LEED (= Low Energy Electron Diffraction) bzw. HEED (= High Energy Electron Diffraction) bezeichnet, getrennt zu betrachten. Die folgenden Ausführungen beziehen sich auf HEED, während LEED im Kapitel 8. behandelt wird. Der in Tabelle 7.1 angegebene mittlere Energiebereich wird selten benutzt, es gibt aber Diskussionen, inwieweit damit Ergänzungen zu HEED und LEED zu erwarten sind [4].

Tabelle 7.1. Elektronenwellenlänge als Funktion der Strahlbeschleunigungsspannung

	langsame			mittlere		schnelle Elektronen				
U_0/V	10	10^2	$5 \cdot 10^2$	10^3	$5 \cdot 10^3$	10^4	$5 \cdot 10^4$	10^5	$5 \cdot 10^5$	10^6
λ/pm	388	123	55	39	17	12,2	5,4	3,7	1,4	0,9
δ/%						0,5	2	5	21	50

Während Röntgenstrahlen nur an der Elektronenhülle der Atome gestreut werden, erfolgt die Streuung der Elektronen außerdem, und zwar besonders stark, am Potential des Atomkerns. Die Stärke der Streuung wird durch den wirksamen Streuquerschnitt des Atoms beschrieben, der angibt, wieviel Elektronen, bezogen auf die primäre Stromdichte, jeweils gestreut werden. Bei der Elektronenbeugung interessieren besonders die elastisch, also ohne Energieverlust, gestreuten Elektronen. Betrachtet man den totalen, d. h. über alle Streuwinkel summierten, elastischen Streuquerschnitt σ, so erhält man für Elektronenenergien zwischen 10 und 100 keV je nach Ordnungszahl Z Werte zwischen $\sigma = 5$ und 10^{-3} Å^2 (siehe Abschnitt 7.2.). Der Vergleich mit den Streuquerschnitten für Röntgenstrahlen $\sigma_X = (7 \cdot 10^{-9} \cdot Z)$ Å^2 zeigt, daß die Streuung von Elektronen 10^6- bis 10^8mal stärker ist. Daher genügen wesentlich geringere Materialmengen, um ausreichende Streuintensität zu erhalten. Andererseits werden Elektronen aber auch viel stärker unelastisch gestreut und absorbiert und können nur geringe Schichtdicken durchlaufen.

7.2. Theoretische Grundlagen

Geometrische Theorie

Das Problem der Interferenz der von den Atomen ausgehenden Streuwellen kann mit unterschiedlicher Genauigkeit und entsprechend unterschiedlichem Aufwand theoretisch behandelt werden. Die einfachste Beschreibung, die geometrische Theorie, setzt voraus, daß in einem idealen Kristall auf alle Streuzentren die ungeschwächte Primärwelle mit der Wellenlänge λ auftrifft. Mehrfachstreuung, also weitere Streuung bereits gestreuter Wellen wird vernachlässigt. Über den elementaren Streuprozeß sind keine Kenntnisse notwendig, es wird lediglich vorausgesetzt, daß von allen Streuzentren gleichstarke Kugelwellen ausgehen. Die geometrische Theorie ist damit für Elektronen-, Röntgenstrahl- und Neutronenbeugung gleichermaßen gültig. Als

Ergebnis erhält man die Richtungen der Beugungsmaxima bzw. die Anordnung der Reflexe auf der Registrierfläche. Da die geometrische Theorie im Kapitel 1. bereits behandelt wurde, sollen hier nur die Grundgleichungen kurz zusammengestellt und einige Besonderheiten für HEED dargestellt werden.

Zur übersichtlichen Beschreibung der Beugungserscheinungen verwendet man an Stelle des realen, durch die drei Basisvektoren $\boldsymbol{a}_i$ charakterisierten Kristallgitters das reziproke Gitter mit den Basisvektoren $\boldsymbol{b}_i$. Fällt auf den Kristall eine ebene Welle in Richtung $\mathbf{s}_0$ ein, so gilt nach von Laue für mögliche Beugungsreflexe $\mathbf{s}$ die grundlegende Bedingung

$$\frac{\mathbf{s} - \mathbf{s}_0}{\lambda} = \boldsymbol{h} \qquad (|\mathbf{s}_0| = |\mathbf{s}| = 1). \tag{3}$$

Die Koordinaten des Vektors

$$\boldsymbol{h} = h_1\boldsymbol{b}_1 + h_2\boldsymbol{b}_2 + h_3\boldsymbol{b}_3 \qquad (h_i = 0, \pm 1, \pm 2, \ldots) \tag{4}$$

stimmen bis auf einen gemeinsamen Faktor n mit den Millerschen Indizes (hkl) überein. Der Vektor hat die Richtung der Flächennormalen der Ebenenscharen $(h_1h_2h_3)$ bzw. (hkl), und sein Betrag

$$|\boldsymbol{h}| = d^{-1}_{h_1h_2h_3} = nd^{-1}_{hkl} \qquad (n = 1, 2, 3, \ldots) \tag{5}$$

ist der Kehrwert des Abstandes d zweier benachbarter Ebenen der betreffenden Schar.

Die gesuchten Lösungen $\mathbf{s}$ findet man sehr anschaulich durch die Ewaldsche Konstruktion im Raum des reziproken Gitters (Abb. 7.1). Dazu schlägt man um den

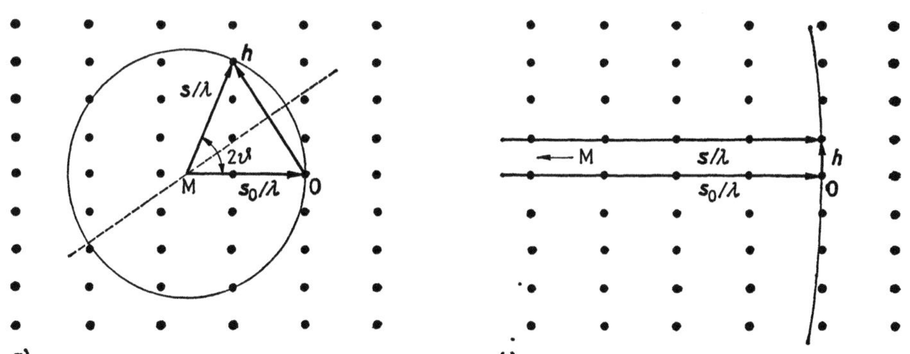

Abb. 7.1. Ewaldsche Konstruktion für verschiedene Wellenlängen
a) $1/\lambda \approx |\boldsymbol{h}|$, b) $1/\lambda \gg |\boldsymbol{h}|$

Punkt M $(-\mathbf{s}_0/\lambda)$ eine Kugel vom Radius $1/\lambda$. Gleichung (3) wird gerade dann erfüllt, wenn diese Kugel einen Punkt des reziproken Gitters berührt, also $\boldsymbol{h}$ wie gefordert ganzzahlige Koordinaten hat. Aus Abbildung 7.1a kann man auch die als Braggsche Gleichung bekannte Beziehung für den Streuwinkel 2ϑ ablesen:

$$2 \sin \vartheta = n\lambda\, d^{-1}_{hkl} = \lambda d^{-1}_{h_1h_2h_3}. \tag{6}$$

Wie in Abbildung 7.1a ersichtlich ist, existieren nur in Sonderfällen Lösungen $\boldsymbol{s}$ der Gleichung (3). Bei Beugung mit Röntgenstrahlen muß man aus diesem Grunde die Wellenlänge oder den Einfallswinkel variieren (Laue- bzw. Drehkristallverfahren). Bei Elektronen erhält man dagegen auch ohne solche Maßnahmen Beugungsbilder, obwohl eine im Vergleich zu Röntgenstrahlen sehr kleine Winkeldivergenz und Energiebreite vorliegt. Dies liegt daran, daß (3) für endlich große Kristalle nicht streng erfüllt sein muß. Man erhält auch dann einen Reflex, wenn die Ewald-Kugel in der Nähe eines reziproken Gitterpunktes verläuft. Dies wird im reziproken Gitter so dargestellt, daß man jeden Punkt $h_1h_2h_3$ mit einem Intensitätsbereich umgibt, der von der Kugel getroffen werden muß. Wie im folgenden Abschnitt noch näher ausgeführt wird, ist der Intensitätsbereich um so größer, je kleiner der beugende Kristall ist. Bei Elektronenbeugung wird dieser Effekt besonders deutlich, da auf Grund der im Vergleich zu Röntgenstrahlung viel stärkeren Streuung mit bedeutend kleineren beugenden Bereichen gearbeitet werden kann bzw. muß.

Bei HEED kommt als weitere Besonderheit hinzu, daß die Wellenlängen klein gegenüber den Gitterkonstanten sind und der Radius der Ewald-Kugel daher groß im Vergleich zu den reziproken Gitterkonstanten ist. Praktisch kann die Ewald-Kugel bei HEED im Bereich kleiner Streuwinkel durch ihre Tangentialebene senkrecht zum Primärstrahl ersetzt werden (Abb. 7.1b). Fällt diese Ebene mit einer Ebene des reziproken Gitters zusammen, so erhält man auf einer ebenen Registrierfläche näherungsweise eine Parallelprojektion dieser Ebene des reziproken Gitters. Dadurch ist die Auswertung der Beugungsdiagramme im Vergleich zur Röntgenstrahlbeugung wesentlich vereinfacht.

Kinematische Theorie

In einer erweiterten Theorie soll nicht nur die Lage der Reflexe, sondern auch ihre Intensität und Form richtig wiedergegeben werden. Zur Lösung dieses Problems geht man von der zeitunabhängigen Schrödinger-Gleichung für die Elektronenwellenfunktion $\psi(\boldsymbol{r})$ im periodischen Potential $\Phi(\boldsymbol{r})$ des Kristalls aus:

$$(\Delta + \boldsymbol{k}^2)\,\psi(\boldsymbol{r}) = U(\boldsymbol{r})\,\psi(\boldsymbol{r})\,; \qquad U(\boldsymbol{r}) \equiv (-2em_e/\hbar^2)\,\Phi(\boldsymbol{r})\,. \tag{7}$$

Einfallen soll eine ebene Primärwelle $\psi_0 = A_0 \exp(\mathrm{i}\boldsymbol{k}_0\boldsymbol{r})$, die durch ihren Wellenzahlvektor $\boldsymbol{k}_0 = (2\pi/\lambda)\,\boldsymbol{s}_0$ charakterisiert wird. Gleichung (7) kann in folgende Integralgleichung umgewandelt werden:

$$\psi(\boldsymbol{r}) = \psi_0 + \psi_S = \psi_0 - \frac{1}{4\pi}\int_{\tau'} U(\boldsymbol{r}')\,\psi(\boldsymbol{r}')\,\frac{\mathrm{e}^{\mathrm{i}|\boldsymbol{k}|\,|\boldsymbol{r}-\boldsymbol{r}'|}}{|\boldsymbol{r}-\boldsymbol{r}'|}\,\mathrm{d}\tau'\,, \tag{8}$$

wobei über das Volumen des Streukörpers τ' zu integrieren ist. Die Streuwelle $\psi_S(\boldsymbol{r})$ wird demnach durch die Überlagerung der von verschiedenen Punkten $\boldsymbol{r}'$ innerhalb des Streukörpers ausgehenden Kugelwellen bestimmt. Die Amplituden dieser Kugelwellen sind durch das Streupotential $U(\boldsymbol{r}')$ und die ankommende Erregerwelle $\psi(\boldsymbol{r}')$ gegeben, die sich aus der Primärwelle $\psi_0(\boldsymbol{r}')$ und allen Streuwellen $\psi_S(\boldsymbol{r}')$ zusammensetzt.

Gleichung (8) beschreibt die Beugung vollständig, sie kann jedoch nicht ohne weiteres gelöst werden, da im Integranden die gesuchte Wellenfunktion $\psi(\boldsymbol{r})$ enthalten ist. Die kinematische Theorie setzt voraus, daß der Streuanteil klein gegenüber der Primärwelle ist, so daß ψ im Integranden durch ψ_0 ersetzt werden kann. Mehrfachstreuung wird also wie bei der geometrischen Theorie vernachlässigt. Die kinematische Theorie stellt damit die erste Bornsche Näherung des Streuproblems dar. Wie die experimentellen Ergebnisse zeigen, ist diese Vernachlässigung bei HEED zulässig, solange die Größe der beugenden Kristallite unter 1000 Å liegt. Bei größeren Kristallen können die Beugungsbilder nur mit Hilfe der dynamischen Theorie richtig interpretiert werden. Dabei wird beispielsweise $\psi(\boldsymbol{r}')$ in eine Reihe entwickelt, deren Glieder der Primärwelle sowie ein- und mehrfach gestreuten Wellen entsprechen. Andererseits kann man auch, ausgehend von der Schrödinger-Gleichung (7), zunächst die im periodischen Potential des Kristalls prinzipiell möglichen Elektronenwellen berechnen und diese Wellenfelder an den Kristallgrenzen an die Primärwelle und die Streuwellen im Außenraum anschließen. Bei entsprechenden Vernachlässigungen von möglichen Wellen erhält man Lösungen in Spezialfällen (z. B. „Zweistrahlfall"). Die dynamische Theorie erklärt unter anderem periodische Änderungen der Reflexintensitäten mit zunehmender Kristalldicke und das Auftreten von Reflexen, die nach der kinematischen Theorie ausfallen (vgl. die angegebene Übersichtsliteratur). Von besonderer Bedeutung ist die Anwendung der dynamischen Theorie für LEED (s. Kap. 8.), da auf Grund der starken Wechselwirkung der langsamen Elektronen mit dem Streukörper die Voraussetzungen der kinematischen Theorie nicht gegeben sind.

Im folgenden soll für HEED nur die kinematische Theorie weiter erläutert werden. Im Integral wird $\psi(\boldsymbol{r}')$ durch $\psi_0(\boldsymbol{r}')$ ersetzt. Weiterhin soll die Streuwelle nur in großem Abstand vom Kristall untersucht werden (Fraunhofersche Näherung, $\boldsymbol{r} \gg \boldsymbol{r}'$). Man erhält dann für die gesuchte Streuwelle näherungsweise eine Kugelwelle mit stark ortsabhängiger Amplitude

$$\psi_S = -\frac{1}{4\pi}\frac{A_0\,e^{ikr}}{r}\int\limits_{\tau'} U(\boldsymbol{r}')\,e^{-i(\boldsymbol{k}-\boldsymbol{k}_0)\boldsymbol{r}'}\,d\tau'. \tag{9}$$

Wird die Streuung an einem Kristallgitter betrachtet, so läßt sich das Streuvolumen τ' in M gleiche Elementarzellen mit den Basisvektoren $\boldsymbol{a}_i$ aufteilen, und $\boldsymbol{r}'$ setzt sich aus dem Ortsvektor $\boldsymbol{r}''$ in der Elementarzelle und dem Vektor $\boldsymbol{r}_m' = m_1\boldsymbol{a}_1 + m_2\boldsymbol{a}_2 + m_3\boldsymbol{a}_3$, $(m_i = 0, \pm 1, \ldots)$ zur betreffenden Zelle m zusammen. Da das Streupotential $U(\boldsymbol{r}')$ die gleiche Periodizität wie das Gitter hat, zerfällt die Integration (9) in eine Summe über alle Zellen, multipliziert mit dem für alle Zellen gleichen Integral über das Zellvolumen τ''.

$$\psi_S = -\frac{A_0\,e^{ikr}}{4\pi r}\int\limits_{\tau''} U(\boldsymbol{r}'')\,e^{-i(\boldsymbol{k}-\boldsymbol{k}_0)\boldsymbol{r}''}d\tau''\sum_m e^{-i(\boldsymbol{k}-\boldsymbol{k}_0)\boldsymbol{r}_m'}. \tag{10}$$

Das Integral wird als Strukturamplitude F, die Summe als Gitteramplitude G bezeichnet. Für die das Beugungsbild bestimmende Stromdichte $j_S \sim \psi_S\psi_S^*$ der Streuelektronen ergibt sich

$$j_S = \frac{j_0}{r^2}\,|G|^2\,|F|^2, \tag{11}$$

$|F|^2$ und $|G|^2$ werden Struktur- bzw. Gitterfaktor genannt.

Zur weiteren Berechnung des Gitterfaktors setzt man $(\boldsymbol{k} - \boldsymbol{k}_0)/2\pi = (\boldsymbol{s} - \boldsymbol{s}_0)/\lambda = \boldsymbol{g}$ mit einem beliebigen Vektor $\boldsymbol{g} = x_1\boldsymbol{b}_1 + x_2\boldsymbol{b}_2 + x_3\boldsymbol{b}_3$ des reziproken Gitters. Ist der streuende Kristall ein Parallelepiped mit $M = M_1 \cdot M_2 \cdot M_3$ Elementarzellen, so erhält man nach VON LAUE für den Gitterfaktor

$$|G|^2 = \frac{\sin^2 \pi M_1 x_1}{\sin^2 \pi x_1} \cdot \frac{\sin^2 \pi M_2 x_2}{\sin^2 \pi x_2} \cdot \frac{\sin^2 \pi M_3 x_3}{\sin^2 \pi x_3}. \tag{12}$$

Die Funktion hat Hauptmaxima der Größe $M_1^2 \cdot M_2^2 \cdot M_3^2$ an den Nullstellen der Nenner, also für ganzzahlige Werte $x_1 = h_1$, $x_2 = h_2$, $x_3 = h_3$, d. h. für $\boldsymbol{g} = \boldsymbol{h}$. Dies entspricht dem Ergebnis der geometrischen Theorie (3). Darüber hinaus liefert (12) aber die genauere Intensitätsverteilung. Zwischen zwei Hauptmaxima schieben sich weitere Nebenmaxima allerdings mit sehr geringer Intensität, sowie Minima an den Nullstellen der Zähler. Besonders interessant ist die Lage der ersten Minima in Richtung der $\boldsymbol{b}_i$-Achsen bei $x_i = \pm \frac{1}{M_i}$, denn sie charakterisieren die Breite der Hauptmaxima. Die Größe der im vorhergehenden Abschnitt erwähnten Intensitätsbereiche im reziproken Gitter kann man damit berechnen. Für die Halbwertsbreite B_i des Maximums in Richtung $\boldsymbol{b}_i$ erhält man $B_i = \frac{1}{M_i} |\boldsymbol{b}_i|$ bzw. speziell bei kubischen Gittern mit a_0 als Gitterkonstante $B_i = \frac{1}{M_i a_0}$. Die Hauptmaxima des Gitterfaktors werden also um so höher und schärfer, je mehr Elementarzellen zur Interferenz beitragen. Die Form der Intensitätsbereiche ist von der Gestalt des beugenden Kristalls abhängig. Bei würfelförmigen Kristalliten entstehen kugelförmige Intensitätsbereiche. Hat man dagegen eine dünne Platte mit $M_1 \ll M_2 \approx M_3$, so erhält man in Richtung $\boldsymbol{b}_1$ einen stark verbreiterten, in Richtung $\boldsymbol{b}_2$ und $\boldsymbol{b}_3$ jedoch schmalen Intensitätsbereich, also Stabform (vgl. Abschnitt 7.3. bzw. 7.4., sowie Kap. 8.).

Weiterhin ist in (10) noch das Integral für die Strukturamplitude F auszuwerten. Enthält die Elementarzelle nur ein Atom (primitives Gitter), wird F identisch mit der Atomformamplitude f_e und in $U(\boldsymbol{r})$ ist die Summe aus dem Coulomb-Potential des Atomkerns und dem Potential der Elektronenhülle einzusetzen. Letzteres bereitet Schwierigkeiten, da die Elektronendichte der Atomhülle kompliziert zu beschreiben ist. Man verwendet dafür Modelle nach THOMAS und FERMI sowie von WENTZEL, die eine stetige Ladungsverteilung annehmen, oder das Hartree-Fock-Modell, das die Schalenstruktur der Hülle berücksichtigt. Unter Annahme kugelsymmetrischer Potentiale ergibt die Rechnung von MOTT [5] (siehe auch die angegebene Übersichtsliteratur)

$$f_e(\vartheta) = \frac{2\pi e^2 m_e}{\varepsilon_0 h^2} \frac{(Z - f)}{\left(\frac{4\pi}{\lambda} \sin \vartheta\right)^2}. \tag{13}$$

Dabei beschreibt das Glied mit Z die Streuung am Potential des Kerns und f die noch weiter auszuwertende Streuung an der Atomhülle. f ist identisch mit der Atomformamplitude für Röntgenstrahlen. Die Zahlenwerte für f_e wurden in verschiedenen Näherungen berechnet und sind tabelliert (s. z. B. VAINSHTEIN). Auf Grund der kleinen Wellenlängen nimmt die Streuamplitude bei HEED sehr schnell mit steigendem Streuwinkel ab. Es tritt also im Gegensatz zu Röntgenstrahlen und auch zu LEED eine ausgeprägte Vorwärtsstreuung auf. Die Integration von f_e^2 über alle Streuwinkel ergibt den in Abschnitt 7.1. schon erwähnten totalen, elastischen Streuquerschnitt σ, der die Stärke der Wechselwirkung insgesamt charakterisiert. Nach MOLIERE [6] erhält man bei Auswertung von (13)

$$\sigma = K \frac{Z^{4/3}}{U_0/\mathrm{V}} \text{Å}^2. \tag{14}$$

Die Konstante K hängt von der verwendeten Näherung für das Potential ab. In der Literatur sind Werte zwischen $K = 50$ und $K = 200$ angegeben ([7, 8], THÜMMEL).

Enthält die Elementarzelle nicht nur ein, sondern n Atome an den Positionen $\boldsymbol{r}_n'' = \xi_n \boldsymbol{a}_1 + \eta_n \boldsymbol{a}_2 + \zeta_n \boldsymbol{a}_3$, so ergibt sich die Strukturamplitude F aus der Summe über die Atomformamplituden der verschiedenen Atome, jeweils multipliziert mit einem Phasenfaktor, der durch ihre Lage in der Elementarzelle bestimmt wird. Für $\boldsymbol{g} = \boldsymbol{h}$ erhält man bei Einsetzen von (15) in (11) die Intensität der Beugungsmaxima

$$F = \sum_n f_{e,n} \,\mathrm{e}^{-\mathrm{i}(\boldsymbol{k}-\boldsymbol{k}_0)\boldsymbol{r}_n''} = \sum_n f_{e,n} \,\mathrm{e}^{-2\pi \mathrm{i} \boldsymbol{g} \boldsymbol{r}_n''} = \sum_n f_{e,n} \,\mathrm{e}^{-2\pi \mathrm{i}(\xi_n h_1 + \eta_n h_2 + \zeta_n h_3)}. \tag{15}$$

Durch die Struktur der Elementarzelle sowie durch die unterschiedlichen Atomformamplituden und deren Winkelabhängigkeit erhalten die nach dem Gitterfaktor zunächst alle gleichen Beugungsreflexe unterschiedliche Intensitäten und können sogar ganz ausgelöscht werden. Betrachtet man z. B. die bei Metallen oft vorkommenden kubisch raum- oder flächenzentrierten Gitter, so entfallen beim raumzentrierten alle Reflexe mit ungerader Summe $h_1 + h_2 + h_3$ und beim flächenzentrierten alle Reflexe, bei denen gleichzeitig gerade und ungerade Indizes im Tripel $h_1 h_2 h_3$ auftreten.

7.3. Experimentelle Technik

Prinzipielle Anordnung

Die starke Vorwärtsstreuung schneller Elektronen bedingt für HEED die beiden Anordnungsvarianten Durchstrahlungselektronenbeugung (TED = Transmission Electron Diffraction) und Reflexionselektronenbeugung mit streifendem Strahleinfall (RHEED oder RED = Reflection Electron Diffraction), die in Abbildung 7.2a und 7.2b dargestellt sind.

Auf Grund der Stärke der Wechselwirkung können bei TED nur Schichten unter 1 µm Dicke durchstrahlt werden. Wie schon erwähnt wurde, ist die kinematische Theorie sogar nur bis ungefähr 1000 Å Größe der beugenden Kristallite gültig. Das erfordert eine spezielle Präparation der Objekte in Form dünner Folien wie bei der Durchstrahlungselektronenmikroskopie (siehe Kap. 9. sowie HIRSCH, BAUER). Mit RED können dagegen auch kompakte Objekte untersucht werden. Dabei dringen die Elektronen wegen des streifenden Einfalls ($\alpha \approx 1-5°$) jedoch nur wenig in das

Objekt ein, und das Beugungsbild charakterisiert die oberflächennahen Schichten. Gemäß (12) führt die geringe Dicke der zum Beugungsbild beitragenden Schichten sowohl bei TED als auch bei RED zu einer stabförmigen Verbreiterung der Intensitätsbereiche im reziproken Gitter (Abb. 7.2c und d). Bei RED ist die entsprechende Reflexform im Beugungsbild sichtbar (vgl. Abb. 7.7). Elektronenbeugungsbilder können auf Grund der großen Streuamplituden im Gegensatz zu Röntgenbeugungs-

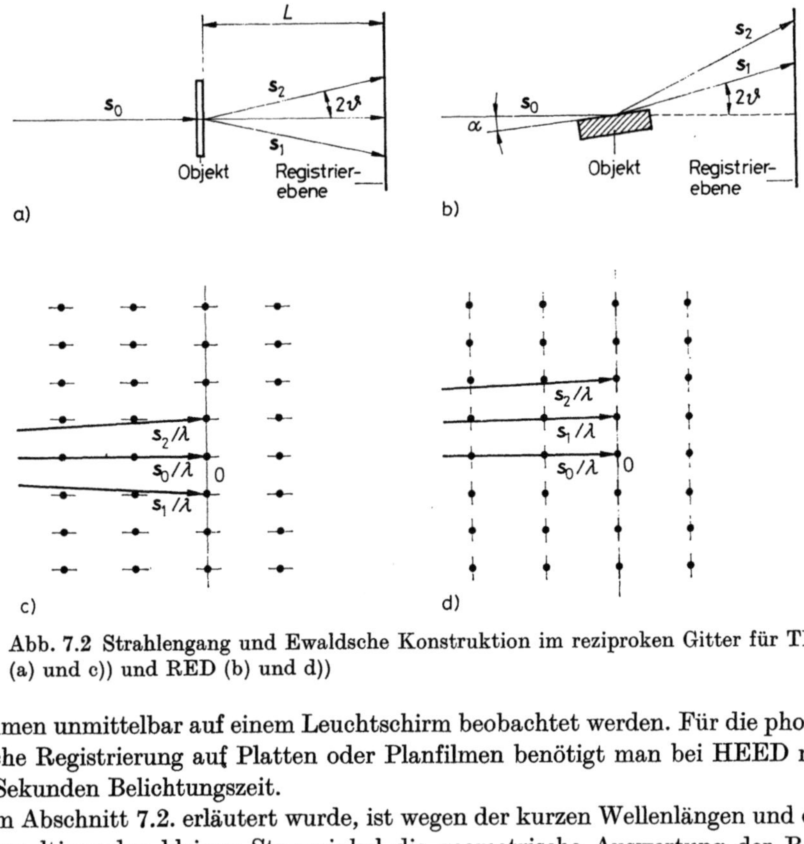

Abb. 7.2 Strahlengang und Ewaldsche Konstruktion im reziproken Gitter für TED (a) und c)) und RED (b) und d))

diagrammen unmittelbar auf einem Leuchtschirm beobachtet werden. Für die photographische Registrierung auf Platten oder Planfilmen benötigt man bei HEED nur wenige Sekunden Belichtungszeit.

Wie im Abschnitt 7.2. erläutert wurde, ist wegen der kurzen Wellenlängen und der daraus resultierenden kleinen Streuwinkel die geometrische Auswertung der Beugungsbilder bedeutend einfacher als bei Röntgenstrahlbeugung. Aus Abbildung 7.2 und der Braggschen Gleichung (6) läßt sich für kleine Streuwinkel ($\sin\vartheta \approx \tan\vartheta \approx \vartheta$) die Beziehung

$$R = \lambda L \frac{n}{d_{hkl}} = \lambda L \frac{1}{d_{h_1h_2h_3}} \tag{16}$$

zwischen dem gemessenen Reflexabstand R auf der Photoplatte und dem Netzebenenabstand $d_{h_1h_2h_3}$ bzw. d_{hkl} ableiten. Die Konstante λL kann durch Messen der Beschleunigungsspannung und der Kameralänge L (Abstand zwischen Objekt und Registrierebene) bestimmt werden, besser ermittelt man sie jedoch aus einer Kalibrierungsaufnahme mit einem bekannten, leicht präparierbaren Objekt (TlCl oder MgO), wie in Abschnitt 7.4. an einem Beispiel gezeigt wird.

Präzisionselektronenbeugung

Die Hauptbaugruppen einer Apparatur zur Elektronenbeugung sind der Strahlerzeuger, Blenden zur Strahlbegrenzung, Justierelemente, eine oder mehrere Kondensorlinsen zur Fokussierung des Strahls, der Objektmanipulator und ein Leuchtschirm sowie eine photographische Einrichtung zum Nachweis der Beugungsbilder. Von Präzisionselektronenbeugung spricht man dann, wenn die Elektronen zwischen Objekt und Registriereinrichtung keine Linse durchlaufen. Alle Baugruppen müssen im Hochvakuum (Druck kleiner 10^{-2} Pa) angeordnet sein, um einen gut gebündelten Primärelektronenstrahl erzeugen zu können, Gasentladungen zwischen den Hochspannung führenden Elektroden zu verhindern und die Streuung der Elektronen am Restgas weitgehend auszuschließen.

Der in Abbildung 7.3 dargestellte Strahlengang mit einer Kondensorlinse wurde von Lebedeff erstmalig angewandt. Durch Verändern der Brennweite der Kondensorlinse kann der Strahl auf die Registrierebene fokussiert werden. Man erhält sehr scharfe Reflexe, deren Größe durch den Strahlquerschnitt in der Elektronenquelle

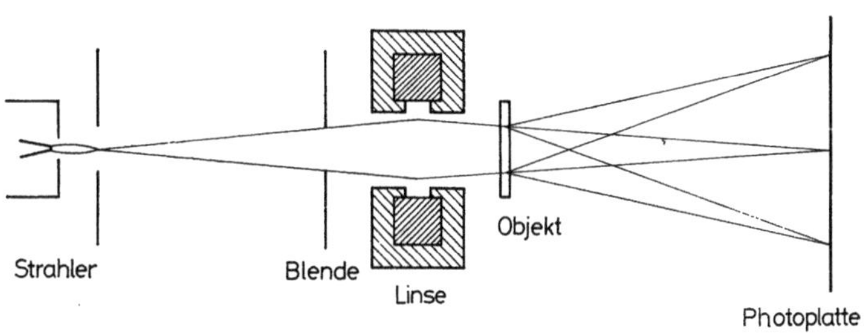

Abb. 7.3. Prinzipielle Anordnung für HEED nach Lebedeff

und den Abbildungsmaßstab der Kondensorlinse gegeben ist. Verkleinert man nach Boersch [9] die Elektronenquelle mit einer weiteren vorgeschalteten Kondensorlinse, so kann man mit dem verkleinerten Bild als Strahlquelle eine noch höhere Auflösung im Beugungsbild erzielen, vorausgesetzt, die Reflexschärfe wird nicht durch Eigenschaften des speziellen Objekts begrenzt. Damit lassen sich Gitterkonstanten 0,01 bis 0,1‰ genau bestimmen. Der Strahlquerschnitt am Objekt liegt dabei in der Größenordnung von 100 μm. Es ist aber auch möglich, den Strahl auf das Objekt zu fokussieren. In diesem Fall sind zwar die Reflexe weniger scharf und das Auflösungsvermögen ist geringer, aber man erhält Beugungsbilder von Objektbereichen mit Durchmessern unter 1 μm, in Sonderfällen sogar unter 0,01 μm [9].

Der in Abbildung 7.2 für TED gezeichnete Strahlengang gilt in gleicher Weise für RED. Für TED reicht prinzipiell ein Objektmanipulator aus, mit dem man das Objekt in zwei Richtungen senkrecht zum Strahl verschieben kann. Bei RED muß darüber hinaus der Einfallswinkel α und der Azimutwinkel geändert werden. Die Kameralänge L ist schwieriger als bei TED zu bestimmen. Bereits geringes Verschieben des Strahls auf der Objektoberfläche kann wegen des streifenden Einfalls zu Änderungen von L führen [12]. Der streifende Strahleinfall bewirkt außerdem, daß ein in Strahlrichtung strichförmig verbreitertes Probengebiet bestrahlt wird.

Speziell für HEED konzipierte Geräte zeichnen sich durch hohes Auflösungsvermögen und umfangreiche Möglichkeiten zur Probenbehandlung im Gerät aus. In besonderen Objektkammern kann man auch Gase oder Dämpfe untersuchen. Weiterhin gibt es HEED-Geräte, die zusätzlich über Einrichtungen zum Messen der Reflexintensitäten mittels Faradayauffänger bzw. Szintillationszähler verfügen. Dabei können unelastisch gestreute Elektronen mit Hilfe eines Energiefilters von Intensitätsmessungen zur Strukturanalyse ausgeschlossen werden. In [13, 14] sind spezielle Geräte beschrieben.

Beugung mit Zwischenabbildung

Die meisten Elektronenbeugungsuntersuchungen werden in Durchstrahlungsmikroskopen in Kombination mit elektronenmikroskopischen Abbildungen der Objekte durchgeführt. Abbildung 7.4 zeigt den Strahlengang im Bereich zwischen Objekt und Objektivlinse. Die von den verschiedenen Punkten eines kristallinen Objektes in gleiche Richtung gebeugten Elektronen werden in der hinteren Brenn-

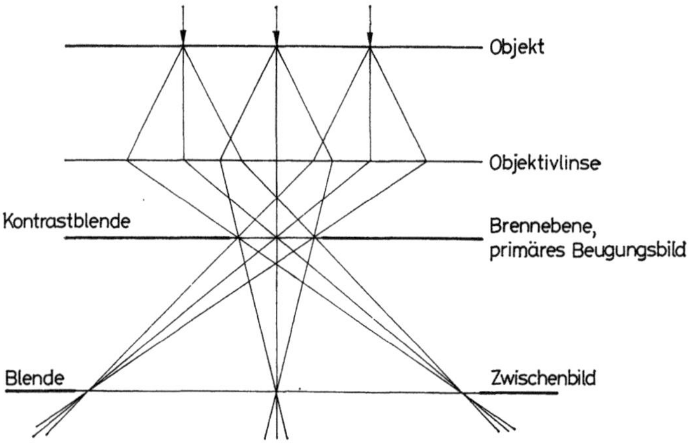

Abb. 7.4. Strahlengang im Bereich der Objektivlinse eines Durchstrahlungselektronenmikroskops (Strahlapertur sehr stark vergrößert)

ebene des Objektivs vereinigt. Dort entsteht also das primäre Beugungsbild. Beim Mikroskopieren wird jedoch nicht diese Ebene, sondern die Zwischenbildebene durch Zwischen- und Projektivlinse weiter abgebildet. Außerdem beschneidet die Kontrastblende das primäre Beugungsbild. Wird die Stärke der Zwischenlinse verändert, so kann man an Stelle des Zwischenbildes das primäre Beugungsbild weiter auf den Endbildschirm abbilden, wenn die Kontrastblende aus dem Strahlengang entfernt wird. Dieses Verfahren geht auf Boersch [10] und le Poole [11] zurück. Um das Beugungsbild eines ausgewählten, kleinen Objektbereichs zu erzeugen (Feinbereichsbeugung), blendet man im Zwischenbild den gewünschten Objektbereich aus und beläßt die Blende nach Umschalten der Zwischenlinse auf Beugungsbetrieb im Strahlengang. Ergänzend sei noch erwähnt, daß Beugungserscheinungen an kristallinen Objekten den Bildkontrast und damit die Aussagefähigkeit der elektronenmikroskopischen Abbildung bei geeigneter Stellung der Blenden entscheidend beeinflussen können (Beugungskontrast, siehe Kap. 9. sowie Hirsch).

Anders als bei der Präzisionselektronenbeugung durchlaufen die gebeugten Elektronen bei TED im Elektronenmikroskop weitere Linsen. Dabei werden die Streuwinkel verändert, und die Bestimmung der Konstanten λL ist hier nur durch Kalibrierungsaufnahmen möglich. Einige Elektronenmikroskope bieten auch die Variante, durch Umrüsten Präzisionselektronenbeugung durchführen zu können. Dazu wird das Objekt z. B. hinter der Projektivlinse eingesetzt.

Spezielle RED-Geräte

Über Standarduntersuchungen hinaus wird RED in letzter Zeit verstärkt für Untersuchungen an atomar sauberen bzw. mit monoatomaren Fremdschichten bedeckten Objektoberflächen eingesetzt. Bei solchen Untersuchungen muß das Entstehen unkontrollierter Adsorptionsschichten auf der Probenoberfläche verhindert werden. Man braucht dazu Ultrahochvakuum im Rezipienten (Druck unter 10^{-6} Pa). Dies erfordert ein Ausheizen der Apparatur und bedingt beträchtliche konstruktive Unterschiede zu Standardgeräten. Weiterhin müssen im Gerät Möglichkeiten zur Reinigung der Probenoberfläche vorgesehen werden, z. B. durch Ionenbeschuß und Heizung.

Vielfach wird RED mit anderen Untersuchungsverfahren kombiniert. Verschiedene kommerzielle Geräte verbinden RED mit LEED und Auger-Elektronenspektrometrie. Weiterhin wurden Laborgeräte entwickelt, die RED und Emissionselektronenmikroskopie bzw. RED, LEED und Emissionselektronenmikroskopie ermöglichen [16 bis 18]. Durch die Kombinationsgeräte erhält man verschiedenartige experimentelle Aussagen zum gleichen Oberflächenzustand, ohne Fehler durch den Transport der Probe von einem Gerät zum anderen befürchten zu müssen. Weiterhin sei noch auf RED-Geräte mit Ultrahochvakuumsystem hingewiesen, die Intensitätsmessungen ermöglichen [15]. Solche Intensitätsmessungen sind in Hinblick auf Vergleiche mit LEED von besonderem Interesse, da dort die Gültigkeit der kinematischen Theorie viel stärker eingeschränkt ist und Interpretationsschwierigkeiten bestehen (siehe Kap. 8.).

7.4. Anwendungen

Charakterisierung der Hauptanwendungsbereiche

Mit Hilfe der Elektronenbeugung können einerseits grundlegende Eigenschaften der Elektronen selbst und ihrer Wechselwirkung mit den Atomen untersucht werden, zum anderen sind Aussagen über die Feinstruktur der durchstrahlten Materie möglich, die wiederum die technischen Materialeigenschaften beeinflußt. Überwiegend wird die Elektronenbeugung zur Strukturuntersuchung kristalliner Objekte eingesetzt, wobei vor allem die Anordnung und Verwachsung verschiedener Kristallite und Phasen, Gitterstörungen durch Verformungen und innere Spannungen oder Defekte sowie die Kristallstruktur interessieren. Auf Grund der großen Streuquerschnitte und der guten Fokussierbarkeit schneller Elektronen eignet sich HEED im Vergleich zur Röntgendiffraktometrie besonders für Strukturuntersuchungen im submikroskopischen Bereich, da man auch von sehr kleinen Objektbereichen intensive Beugungsbilder erhält.

Mit TED werden aufgedampfte oder anders abgeschiedene Schichten auf dünnen kristallinen oder amorphen Trägerfilmen oder freitragende Folien untersucht. Dabei kann man die Schichtbildung auch unmittelbar im Beugungsbild verfolgen. Die Resultate geben Aufschluß über das Gefüge der Schichten in verschiedenen Stadien, eventuelle Änderungen der Gitterkonstante mit der Schichtdicke, Zwillingsbildung, Epitaxiebeziehungen und mechanische Spannungen in der Schicht. Weiterhin lassen sich Ausscheidungen in Folien sowie Gefügeänderungen bei mechanischer und thermischer Belastung untersuchen. Bei TED in Elektronenmikroskopen können solche Untersuchungen mit hochauflösenden Abbildungen gekoppelt werden.

RED eignet sich für die Analyse dünner Oberflächenschichten an kompakten Objekten. Hierbei lassen sich unter günstigen Umständen sogar geordnete Fremdschichten mit weniger als einer Atomlage Bedeckungsgrad nachweisen. Untersuchungsobjekte sind vor allem Korrosions- und Passivierungsschichten, aber auch aufgebrachte Vergütungsschichten. Untersuchungsziel ist wiederum meist die Identifizierung der beugenden Substanz, ihr Gefüge und ihre kristallographische Orientierung. Weiterhin wurden mit RED viele Erkenntnisse über den Einfluß mechanischer Behandlungen wie Walzen, Schleifen und Polieren auf das Gefüge im oberflächennahen Bereich gewonnen. In letzter Zeit wird RED außerdem zur Analyse von Adsorptionsschichten an Einkristalloberflächen eingesetzt.

Prinzipiell ist mit HEED auch die vollständige Strukturanalyse, d. h. die Ermittlung der Gitterkonstanten, der Symmetrieeigenschaften sowie der Lage der Atome in der Elementarzelle möglich. Letzteres erfordert die Messung der Reflexintensitäten und die Auswertung des Strukturfaktors. Wie im Abschnitt 7.2. erwähnt wurde, muß dazu die Größe der beugenden Kristallite einerseits unter 1000 Å liegen, wenn man noch mit der kinematischen Theorie arbeiten will, andererseits möchte sie aber auch über 100 Å sein, um wesentliche Beeinflussungen durch Kristallgröße und Form auszuschalten. HEED wird daher weitaus seltener für diese Aufgabe herangezogen als Röntgendiffraktometrie, wo keine solchen engen Grenzen existieren. Bedeutung erlangt HEED allerdings in Spezialfällen, die wiederum mit Röntgenstrahlbeugung schwer zu lösen sind. So z. B. zur Bestimmung der Struktur von Gas- oder Dampfmolekülen oder der Lage der Wasserstoffatome in Kristallgittern.

In den folgenden Abschnitten sollen an Hand einfacher Anwendungen charakteristische Formen von Beugungsbildern erläutert werden. Ausführliche Informationen über die Anwendungsgebiete von HEED findet man in der angegebenen weiterführenden Literatur.

Ringdiagramme

Ein Präparat zur Kalibrierung einer Beugungsapparatur erhält man sehr einfach, wenn man MgO von einem verbrennenden Magnesiumstückchen auf einem Objektträgernetz auffängt. Abbildung 7.5a zeigt das entstehende Beugungsdiagramm. Der Elektronenstrahl trifft dabei viele, regellos orientierte MgO-Kriställchen, und das

Beugungsbild entsteht durch die Überlagerung aller Reflexe. In der Ewald-Konstruktion (Abb. 7.1a) bringt man die regellose Orientierung der verschiedenen Kristallite dadurch zum Ausdruck, daß man das reziproke Gitter um den Koordinatenursprung in jede beliebige Lage dreht. Aus den Gitterpunkten werden dann Kugelschalen um den Ursprung. Der Schnitt der Ewald-Kugel bzw. ihrer Tangentialebene mit diesen Kugelschalen ergibt als Schnittlinien die im Beugungsbild beobachteten Kreise.

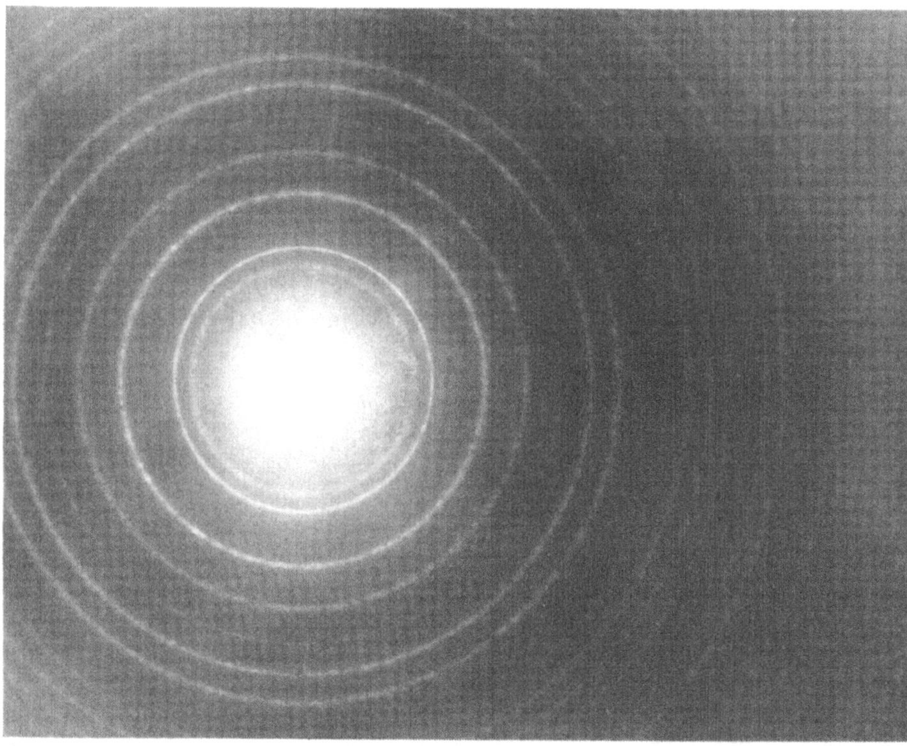

a)

b)

Abb. 7.5. a) TED-Diagramm von MgO ($U_0 = 45$ kV); b) Indizierung der Ringe

Die Auswertung erfolgt mittels Formel (16). Dazu sind die Radien der Ringe auszumessen. Außerdem muß die Folge möglicher Werte $d_{h_1h_2h_3}$ aus den kristallographischen Daten des Gitters berechnet werden. Dabei stehen für jeden Gittertyp entsprechende Formeln zur Verfügung. MgO hat ein kubisches Gitter mit NaCl-Struktur und einer Gitterkonstante $a_0 = 4{,}202$ Å. Für kubische Gitter ist die Berechnung der $d_{h_1h_2h_3}$ besonders einfach. Man erhält

$$d_{h_1h_2h_3} = \frac{a_0}{\sqrt{h_1^2 + h_2^2 + h_3^2}}. \tag{17}$$

Durch Probieren werden die Radien R_i den $d_{h_1h_2h_3}$ zugeordnet. Richtig indiziert sind die Ringe genau dann, wenn man entsprechend (16) und (17) für alle Quotienten $R_i^2/h_1^2 + h_2^2 + h_3^2$ den gleichen Betrag erhält und dieser der kleinste mögliche Wert ist. In Abbildung 7.5b ist die Indizierung der Ringe angegeben. Die Benutzung der aus der Kalibrierungsaufnahme ermittelten Konstante λL zur Auswertung weiterer Beugungsbilder setzt natürlich voraus, daß die gleiche Beschleunigungsspannung, d. h. gleiche Wellenlänge, benutzt wird.

In Abbildung 7.5 sieht man, daß nicht alle möglichen Indizierungen vorkommen. So fehlen z. B. die Ringe 100 und 110. Weiterhin sind zwischen den Ringen starke Intensitätsunterschiede vorhanden. Durch den starken Abfall der Atomformamplitude f_e mit wachsendem Streuwinkel sinkt die Intensität außerdem nach außen allgemein ab. Die Intensitätsunterschiede haben ihre Ursache im Strukturfaktor. Beim NaCl-Gitter bildet jede Atomsorte ein flächenzentriertes Teilgitter. Beide sind um den Vektor $\boldsymbol{r} = \frac{1}{2}(\boldsymbol{a}_1 + \boldsymbol{a}_2 + \boldsymbol{a}_3)$ gegeneinander verschoben. Für die Strukturamplitude erhält man

$$F = \begin{cases} 0 & \text{für gemischte } h_1h_2h_3 \\ 4(f_{e,\mathrm{Na}} - f_{e,\mathrm{Cl}}) & \text{für ungerade } h_1h_2h_3 \\ 4(f_{e,\mathrm{Na}} + f_{e,\mathrm{Cl}}) & \text{für gerade } h_1h_2h_3. \end{cases} \tag{18}$$

Aus diesem Grunde fallen also die Ringe 100 und 110 aus, und der Ring 111 ist schwächer als 200, obwohl er zu einem kleineren Streuwinkel gehört. Die Intensität der Ringe wird außerdem noch durch den Flächenhäufigkeitsfaktor beeinflußt. Darin drückt sich aus, wieviel Tripel $h_1h_2h_3$ zum gleichen d-Wert führen. Im vorliegenden Fall sind dies z. B. 6 für den Ring $h_1^2 + h_2^2 + h_3^2 = 4$ (nämlich 200, 020, 002, $\bar{2}00$, $0\bar{2}0$, $00\bar{2}$), dagegen 12 für den Ring mit $h_1^2 + h_2^2 + h_3^2 = 8$.

Die Schärfe der Ringe wird einerseits durch die elektronenoptischen Eigenschaften der Beugungsapparatur bestimmt und zum anderen durch die Größe der beugenden Kristallite. Liegt diese unter 100 Å, so beobachtet man eine Verbreiterung der Ringe. Weiterhin kann bei Ringen eine Verbreiterung bzw. bei Punktreflexen eine Verschiebung auf Grund der Brechung des Elektronenstrahls am schwach positiven inneren Potential des Kristalls auftreten.

Während bei MgO wegen der Struktur der Elementarzelle und der hohen Symmetrie des Gitters Reflexe ausfallen bzw. zusammenfallen, erhält man im allgemeinen Diagramme mit einer größeren Anzahl dicht beieinander liegender Ringe. Dadurch wird die Identifizierung der Substanz und die Indizierung der Reflexe schwieriger. Auch der Rechenaufwand für die d-Werte steigt, und es lohnt sich der Einsatz von Rechenprogrammen. Die d-Werte aller analysierten Substanzen findet man auch in der ASTM-Kartei (American Society for Testing Materials). Dabei ist aber zu beachten, daß sich die aufgeführten relativen Reflexintensitäten auf Röntgenstrahlen beziehen und wegen der unterschiedlichen Atomformamplituden nicht auf Elektronenbeugung übertragen werden können.

Punktdiagramme

Die Beugungsaufnahme Abbildung 7.6a entstand bei Untersuchungen von Molybdänoxid im Durchstrahlungselektronenmikroskop. Ein solches Punktdiagramm ist typisch für einkristalline Objekte. Zur Auswertung ermittelt man wie bei Ringdiagrammen aus den gemessenen Reflexabständen die Netzebenenabstände und vergleicht mit den bekannten Werten der in Frage kommenden Oxide. Führt das noch nicht zu einer eindeutigen Identifizierung, so ist meist bei dem folgenden Verfahren

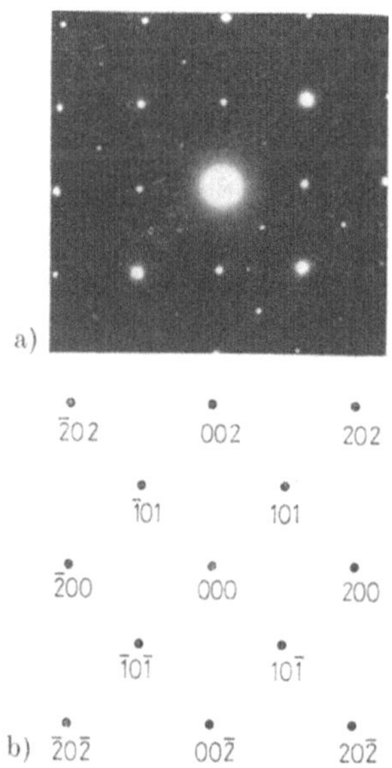

Abb. 7.6. a) TED-Diagramm von MoO_3, b) Indizierung der Reflexe

zur Reflexindizierung eine Entscheidung möglich, weil dabei die geometrische Anordnung der Reflexe als zusätzliche Information ausgewertet wird. Zunächst stellt man die für jeden Reflex möglichen Tripel $h_1h_2h_3$ zusammen. Mehrere Indextripel kommen einerseits dadurch zustande, daß innerhalb der experimentellen Fehlergrenzen mehrere theoretische d-Werte liegen können, zum anderen können aber auch verschiedene Indextripel zum gleichen Netzebenenabstand führen. Aus der Vielfalt der möglichen Indizes hat man eine solche Kombination auszuwählen, bei der alle in der Nähe des Primärstrahls liegenden Reflexe zur gleichen Ebene des reziproken Gitters gehören. Praktisch geschieht dies durch probeweise Linearkombination der zu den Reflexen führenden Vektoren und durch Vergleich der zwischen ihnen gemessenen und berechneten Winkel. Für kubische Gitter sind die Winkel tabelliert. In anderen Fällen muß man auf die für den jeweiligen Gittertyp angegebenen Formeln zurückgreifen. Der Rechenaufwand ist hier allerdings größer als zur Bestimmung der d-Werte. Treten bei einem Schritt der Auswertung Widersprüche auf, wird das Verfahren mit anderen Indexpaaren wiederholt. Für die Indizierung von Punktdiagrammen in der beschriebenen Weise gibt es komplette Rechenprogramme [21, 22]. Weiterhin wurden Programme zur Simulation von Beugungsbildern aufgestellt. Bei Eingabe der Richtung des Primärstrahls und der kristallographischen

Daten werden die Koordinaten der Reflexe berechnet [23 bis 25]. Man kann damit auch durchgeführte Auswertungen kontrollieren.

In Abbildung 7.6a handelt es sich um MoO_3, wobei der Elektronenstrahl in [010]-Richtung auf das Objekt traf. Die Reflexindizierung ist in Abbildung 7.6b angegeben.

RED an Einkristalloberflächen

Abbildung 7.7 zeigt zwei RED-Aufnahmen von der Oberfläche eines Molybdäneinkristalls mit (110)-Orientierung. Die Objektoberfläche lag dabei senkrecht zur Bildebene und parallel zur Schattenkante. Es wurde mit einem konvergenten Strahl

a)

b)

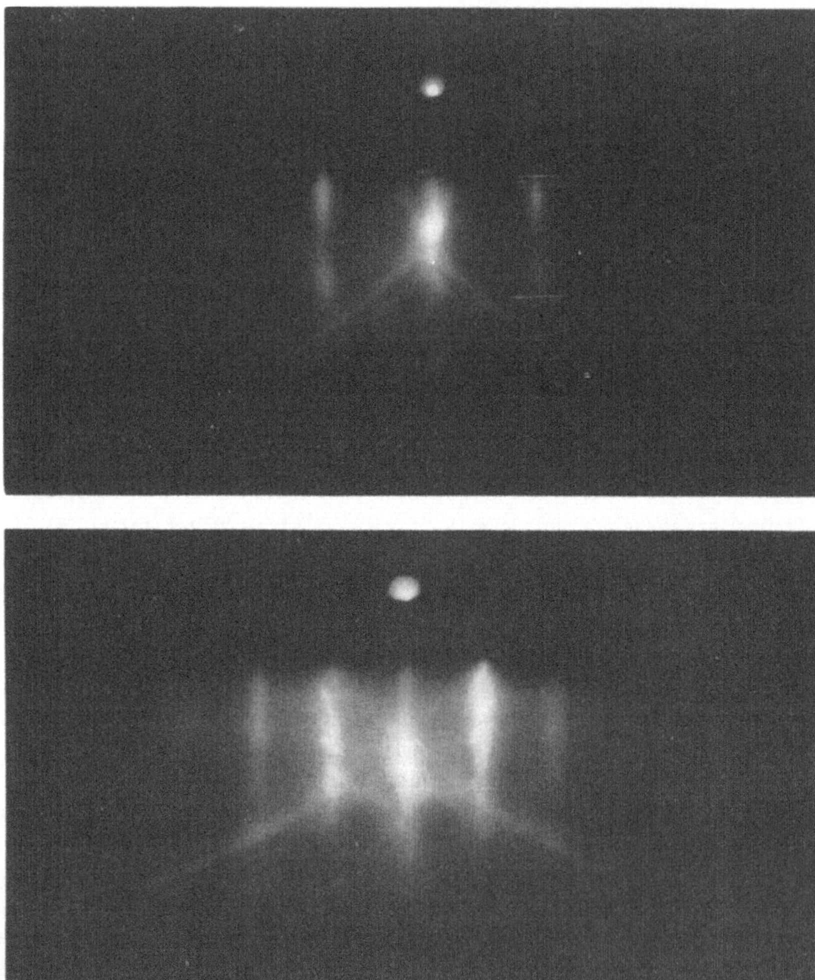

Abb. 7.7. RED-Diagramme einer Molybdän-(110)-Oberfläche ($U_0 = 25$ kV); a) [$\bar{1}$10]-Azimut; b) [001]-Azimut

gearbeitet, d. h. auf das Objekt fokussiert. An den Bildern fällt zunächst die starke streifenförmige Verbreiterung der Reflexe senkrecht zur Oberfläche auf, in Abbildung 7.7b gehen die einzelnen Reflexe sogar ineinander über. Wie in Abbildung 7.2d

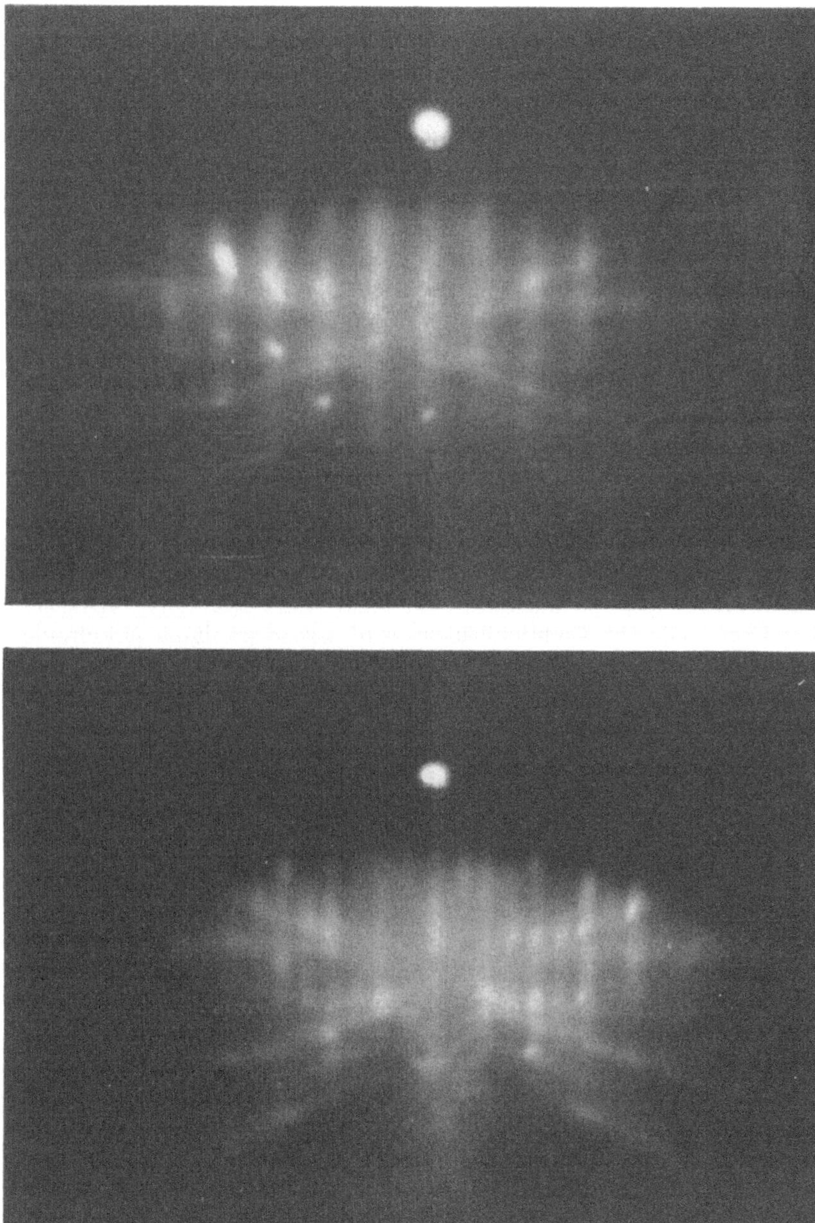

a)

b)

Abb. 7.8. RED-Diagramme einer Molybdän-(100)-Oberfläche ($U_0 = 25$ kV, [010]-Azimut)
a) rein; b) mit Überstruktur durch Restgasadsorption

schon dargestellt wurde, resultiert dies aus der geringen Dicke der zur elastischen Streuung beitragenden Oberflächenschicht. Im vorliegenden Fall kann man abschätzen, daß weniger als 5 Atomlagen beteiligt sind.

Außer den Streifenreflexen sind in den Bildern noch schwach gekrümmte, helle Linien und Bänder zu erkennen, die als Kikuchi-Linien bezeichnet werden. Sie rühren von Elektronen her, die in größerer Tiefe und unelastisch, aber mit relativ geringen Energieverlusten gestreut werden. Die bei diesem Streuprozeß im Kristall entstehenden Kugelwellen erfahren weitere elastische Streuungen, die mit der geometrischen Theorie beschrieben werden können. Man muß aber beachten, daß es sich jetzt nicht um eine einfallende ebene Welle mit festem $\boldsymbol{s}_0$ handelt, sondern um eine nach allen Richtungen $\boldsymbol{s}_0$ auslaufende Kugelwelle. Für einen festen Braggschen Winkel ϑ erhält man in der Ewaldschen Konstruktion (Abb. 7.1a) die bei Variation von $\boldsymbol{s}_0$ möglichen Streurichtungen $\boldsymbol{s}$ durch Rotation dieser Vektoren um die Achse $\boldsymbol{h}$. Dabei entsteht ein Doppelkegel (Kossel-Kegel), dessen Schnittlinien mit der Registrierebene die Kikuchi-Linien sind. Verändert man den Einfallsazimut um einige Grad, so ändert sich an den Streifenreflexen fast nichts, das System der Kikuchi-Linien verschiebt sich jedoch deutlich gegen die Reflexe. Man kann damit die Orientierung des Kristalls sehr genau festlegen. Voraussetzung für das Entstehen von Kikuchi-Linien sind Einkristalle ausreichender Perfektion und Größe. Hinweise zur Indizierung der Kikuchi-Linien findet man in [19, 20].

Für den Nachweis adsorbierter Fremdschichten an gut polierten Oberflächen besitzt RED etwa die gleiche Empfindlichkeit wie LEED. Geordnete viertel oder halbe Monoschichten können in Ultrahochvakuumgeräten noch nachgewiesen werden. Sie machen sich durch Zusatzreflexe, eine sogenannte Überstruktur, bemerkbar (Abb. 7.8). Die Empfindlichkeit wird allerdings durch Mikrorauhigkeiten der Oberfläche sehr viel stärker als bei LEED herabgesetzt. Es tritt dann praktisch Durchstrahlungsbeugung an den Rauhigkeiten auf, und das Beugungsbild zeigt die Struktur der Unterlage.

Texturdiagramme

Abbildung 7.9 zeigt die Auswertung einer RED-Aufnahme von TiC, das auf eine Armcoeisenprobe aufgestäubt wurde. Die stark eingezeichneten Kreisbogenstücke entsprechen den Reflexen. Zur Erklärung des Beugungsbildes mit Hilfe der Ewaldschen Konstruktion hat man in Abbildung 7.1a alle möglichen Orientierungen des reziproken Gitters bei festgehaltener Faserachse einzuzeichnen. Aus jedem Gitterpunkt wird dann ein Kreis, dessen Ebene senkrecht zur Faserachse liegt. Das Beugungsbild kann je nach Orientierung des Primärstrahls zur Faserachse sehr unterschiedlich aussehen. Für den Grenzfall paralleler Orientierung erhält man ein Ringdiagramm wie bei polykristallinen Schichten. Im vorliegenden Fall steht die Faserachse senkrecht zur Objektoberfläche und zum Primärelektronenstrahl. Die aus den Punkten des reziproken Gitters entstandenen Kreise um die Faserachse durchstoßen die Tangentialebene der Ewaldkugel in parallelen, äquidistanten Punktreihen. Auf Grund praktisch vorhandener kleiner Verkippungen der Kristallite erhält man keine Punktreflexe, sondern kurze Ringstückchen. Zu ermitteln ist vor allem die Orientierung der Faserachse. TiC hat ein kubisches Gitter vom aus Abbildung 7.5 schon bekannten NaCl-Typ. Zunächst indiziert man die Reflexe auf der Symmetrielinie an Hand ihrer Abstände vom Ursprung und der zugehörigen d-Werte. Die so ermittelten Indizes 220, 440 in Abbildung 7.9 zeigen, daß die Faserachse die Richtung [110] hat. Die Indizierung der anderen Reflexe findet man, wenn man beachtet, daß alle auf einer Reihe liegenden die gleiche Projektion auf die Faserachse haben müssen. Im vorliegenden Fall muß gelten $(h_1\mathbf{b}_1 + h_2\mathbf{b}_2 + h_3\mathbf{b}_3)(\mathbf{b}_1 + \mathbf{b}_2) = h_1 + h_2 = 2n$. Weiterhin gilt gemäß (17) $h_1^2 + h_2^2 + h_3^2 = CR_i^2$, d. h., die Reflexe liegen auf den als Hilfslinien in Abbildung 7.5 eingezeichneten Ringen entsprechender Indizierung.

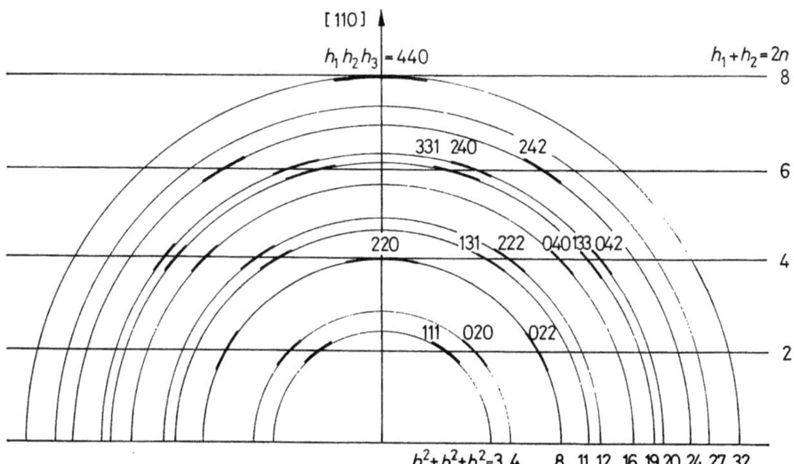

Abb. 7.9. Auswertung eines RED-Textur-Diagramms von TiC auf Armcoeisen

7.5. Zusammenfassung

HEED ist eine geeignete Methode zur Feinstrukturuntersuchung an dünnen Schichten und Oberflächen sowie an Gasen und Dämpfen. Kennzeichnend für schnelle Elektronen sind ihre starke Wechselwirkung mit Materie und die kurzen Wellenlängen. Für HEED-Untersuchungen reichen Proben mit Massen von 10^{-12} g noch aus, um bei Registrierzeiten unter einer Minute Beugungsbilder zu erhalten. Die Streuwinkel sind klein, so daß meist eine einfache Auswertung unter Verwendung von Näherungen möglich ist. Mit TED kann man Gitterkonstanten etwa 0,01% genau bestimmen. Der bestrahlte Objektbereich liegt dabei unter 100 µm, bei Feinbereichsbeugung sogar unter 1 µm. Für RED beträgt die Genauigkeit zur Bestimmung von Gitterkonstanten etwa 1%, und der bestrahlte Objektbereich ist 0,1—1 mm ausgedehnt. Bei geeignet präparierten Objekten kann man mit RED Fremdschichten unter einer Atomlage Dicke auf der Objektoberfläche nachweisen.

Andererseits muß man beachten, daß auf Grund der starken Wechselwirkung schon bei Kristallen mit Größen über 1000 Å Mehrfachstreuung auftritt und die Voraussetzungen der kinematischen Theorie nicht mehr erfüllt sind. Das erschwert die vollständige Strukturanalyse insbesondere bei komplizierten Gittern. Weiterhin tritt bei dickeren Objekten ein diffuser Untergrund durch unelastische Streuung auf, so daß größere Probenvolumina nicht untersucht werden können. Die Objekte müssen vakuumbeständig sein und bei TED als etwa 0,1 µm starkes Präparat vorliegen bzw. bei RED frei von oberflächlichen amorphen Kontaminationsschichten sein.

7.6. Literatur

Übersichtsliteratur

- Laue, M. v.: Materiewellen und ihre Interferenzen. Leipzig, Verlag Geest u. Portig 1948.
- Pinsker, Z. G.: Electron Diffraction. London, Butterworths Sci. Publ. 1953.
- Bauer, E.: Elektronenbeugung. München, Verl. Moderne Industrie 1958.
- Vainshtein, B. K.: Structure Analysis by Electron Diffraction. Oxford, Pergamon Press 1964.
- Raether, H., in: Handbuch der Physik. Hrsg.: S. Flügge. Bd. 32, 443. Berlin, Springer-Verlag 1957.
- Gevers, R.: Kinematical theory of Electron Diffraction. In: Modern Diffraction and Imaging techniques in Material Science. North Holland 1970, 1.
- Whelan, M. J.: Dynamical theory of Electron Diffraction. In: Modern Diffraction and Imaging techniques in Material Science. North Holland 1970, 35.
- Bauer, E.: Reflection Electron Diffraction. In: Techniques of Metals Research, Vol. II, part 2, Ch. 15. New York, Wiley 1969.
- Estrup, J. P., McRae, G. G.: Surface studies by Electron Diffraction. Surf. Sci. **25** (1971) 1.
- Pinsker, Z. G.: The present state of electron diffraction structure analysis. Acta Cryst. A (Den), **A 28** (1972) 198.
- Electron Microscopy of Thin Crystals. (Hirsch; Howie; Nicholson; Pashley; Whelan) London, Butterworths Sci. Publ. 1965.
- Thümmel, H.-W.: Durchgang von Elektronen- und Betastrahlung durch Materieschichten. Berlin, Akademie-Verlag 1974.
- Raether, H.: Elektroneninterferenzen und ihre Anwendung. In: Ergebnisse der exakten Naturwissensch. Bd. 24, 1951, 54.
- Andrews, K. W., Dyson, D. J., Keown, S. R.: Interpretation of Electron Diffraction Patterns. London, Hilger Ltd. 1971.
- Brümmer, O., Stephanik, H.: Dynamische Interferenztheorie. Leipzig, Akad. Verlagsges. Geest & Portig K. G. 1976.

Originalliteratur

[1] Davisson, C. J., Germer, L. H., Phys. Rev. **30** (1927) 705.
[2] Thomson, G. P., Proc. roy. Soc. **A 117** (1928) 600.
[3] Kikuchi, S., Proc. imp. Acad. Jap. **4** (1928) 271.
[4] Moon, A. R., Cowley, J. W., J. Vacuum Sci. Techn. **9** (1972) 649 (A).
[5] Mott, N. F., Proc. roy. Soc. **A 127** (1930) 658.
[6] Moliere, K., Ann. Physik (5) **34** (1939) 461.
[7] Lenz, F., Z. Naturf. **9a** (1954) 185.
[8] Coslett, V. E., Thomas, R. N., Brit. J. appl. Phys. **15** (1964) 235.
[9] Boersch, H., Z. techn. Physik **20** (1939) 346.
[10] Boersch, H., Ann. Physik (5) **27** (1936) 73.
[11] Le Poole, J. B., Philips techn. Rdsch. **9** (1947) 33.
[12] Schmidt, K.-H., Exper. Technik Physik **10** (1962) 262.
[13] Firmenschriften der Fa. Balzers, Liechtenstein.
[14] Alekseev, A. G., Boyandina, L. G., Bulba, I. A., u. a., Izv. Akad. Nauk SSSR Ser. Fiz. **34** (1970) 1404.
[15] Siegel, B. J., Menadue, J. F., Surf. Sci. 8 (1967) 206.
[16] Arnal, R., Compt. rend. **247** (1958) 2110.
[17] Recknagel, A., Mahnert, H., Brückner, J., Optik **35** (1972) 376.
[18] Dietrich, J., Dissertation TU Dresden (1972).
[19] Bomback, J. L., Thomas, L. E., J. appl. Cryst. (Den) **4** (1971) 356.
[20] Wu, W., Chen, L. J., Washburn, J., Thomas, G., J. appl. Phys. **45** (1974) 563.
[21] Wilkes, P., J. Mat. Sci. (GB) **9** (1974) 517.
[22] Bucksch, R., J. appl. Cryst. (Den) **6** (1973) 304.
[23] Ploc, R. A., Keech, G. H., 7. Int. Conf. Electr. Micr. (1970) 203.
[24] Ploc, R. A., Keech, G. H., J. appl. Cryst. (Den) **5** (1972) 244.
[25] Messerschmidt, A., Krist. u. Technik 8 (1973) 1093.

8. Beugung langsamer Elektronen (LEED)

(J. Klöber, H. A. Schneider, Freiberg)

8.1. Grundprinzip

Elektronen mit Energien zwischen 10···500 eV werden als langsame Elektronen bezeichnet. Ihnen kommen De-Broglie-Wellenlängen $\lambda \approx 4 \cdots 0{,}5$ Å zu. Ihre Beugung (LEED — Low Energy Electron Diffraction) entdeckten 1927 Davisson und Germer [1]. Sie stellte übrigens die erste Bestätigung für De Broglis Hypothese der Materiewellen dar.

Beim Beschuß eines Festkörpers mit einem Bündel monoenergetischer Elektronen (Teilchenstromdichte j_0, Energie E_0, Richtung $\boldsymbol{\Omega}_0$) werden (s. Abb. 8.1) aus einem Volumen W des Festkörpers Elektronen mit Energien $E \lesseqgtr E_0$ (zurück)gestreut und emittiert, deren differentielle Energie- und Winkelverteilung $n(E, \boldsymbol{\Omega})$ entsprechend den Wechselwirkungsprozessen kennzeichnend für den Festkörperaufbau im Gebiet W ist. Genügend weit von der Festkörperoberfläche entfernt können die Elektronen als frei angesehen werden, so daß dort für alle Energien

$$E = \frac{\hbar^2 |\boldsymbol{k}|^2}{2m}, \quad k = \frac{2\pi}{\lambda} \tag{1}$$

($\boldsymbol{k}$ — Wellenzahlvektor, m — Elektronenmasse, $2\pi\hbar$ — Wirkungsquantum) gilt. Ein charakteristisches Energiespektrum $n(E, \boldsymbol{\Omega})\,\mathrm{d}\Omega$ der Zahl der (pro Zeit) den Festkörper im Raumwinkelelement $\mathrm{d}\Omega$ um die Richtung $\boldsymbol{\Omega}$ verlassenden Elektronen zeigt Abbildung 8.1. Unelastische Wechselwirkungsprozesse verursachen die Teile B und C des Spektrums (s. Kap. 12. und 13.). Der Peak A enthält die elastisch gestreuten Elektronen, für die

$$E = E_0, \qquad |\boldsymbol{k}| = |\boldsymbol{k}_0| \tag{2}$$

gilt. Infolge der energetischen Breite des Primärstrahles und der Auflösung der Meßapparatur besitzt der Peak eine Mindestbreite. Die Zahl der (pro Zeit) in $\mathrm{d}\Omega$ um $\boldsymbol{\Omega}$ fallenden elastisch gestreuten Elektronen ergibt sich deshalb zu

$$n_{\mathrm{el}}(E = E_0, \boldsymbol{\Omega})\,\mathrm{d}\Omega = \int\limits_{E_0-\varepsilon}^{E_0+\varepsilon} n(E, \boldsymbol{\Omega})\,\mathrm{d}E\,\mathrm{d}\Omega. \tag{3}$$

Das Auflösungsvermögen typischer Anordnungen liegt bei 0,1 eV. Deshalb lassen sich Elektronen, die mit Phononenwechselwirkung, d. h. Energieverlust oder -gewinn der Größenordnung 0,01 eV, gestreut werden, nicht im Peak A trennen. (2) bleibt für die interessierenden Energien $E_0 > 10$ eV „quasi" gültig. Diese „quasielastisch" gestreuten Elektronen sind in n_{el} enthalten.

Alle Elektronenbeugungsmethoden (die Beugung inelastisch gestreuter Elektronen wird hier nicht behandelt (s. in [2])) untersuchen die Winkelverteilung $n_{el}(E, \Omega)$ bzw. die Streuintensität $I(E, \Omega) = n_{el}(E, \Omega)/j_0$ (an Stelle E_0 steht wegen (2) künftig nur E). Die Streuintensität besitzt als Funktion von E für bestimmte Richtungen Ω

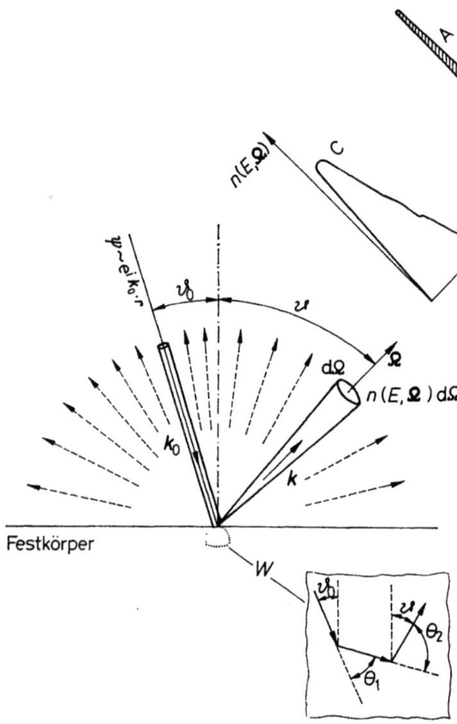

Abb. 8.1. Schematische Darstellung der Elektronenverteilung im Halbraum über einem Festkörper (Erklärung s. Text). Ein Ausschnitt des Wechselwirkungsbereiches W ist vergrößert dargestellt.

ausgeprägte Maxima, wenn im Wechselwirkungsgebiet W eine periodische Atomanordnung vorliegt. Speziell für LEED umfaßt W den unmittelbaren Oberflächenbereich.

Ausgezeichnete zusammenfassende Darstellungen für LEED geben [3, 6, 7, 8 und 9]. Bezüglich vor allem auch theoretisch weiterführender zusammenfassender Arbeiten wird auf [2, 5, 10, 11 und 12] verwiesen. Als Ergänzung zum vorliegenden Kapitel empfiehlt sich [13 und 14].

8.2. Theoretische Grundlagen

Streuung langsamer Elektronen im Atom- und Festkörperpotential

Für die Streuintensität $I(E, \boldsymbol{\Omega})$ sind der Potentialverlauf im Festkörper und die Wahrscheinlichkeit für irgendeinen inelastischen Prozeß bestimmend.

Der inelastische Wirkungsquerschnitt σ_{iel} bestimmt den Wechselwirkungsbereich W. σ_{iel} und sein Verhältnis zum Wirkungsquerschnitt σ_{el} für elastische Streuung sind für die Behandlung der elastischen Streuung langsamer Elektronen von ausschlaggebender Bedeutung. Die inelastischen Prozesse behandeln die Kapitel 12. und 13. Aus Auger-Elektronenmessungen und Untersuchungen der Streuung langsamer Elektronen an flüssigem Hg (s. in [3]) folgt, daß die mittleren freien Weglängen λ_{iel} der inelastischen Prozesse im Bereich $(10 \cdots 50)$ eV von ≈ 20 Å auf ≈ 4 Å fallen, diesen Wert bis 100 eV beibehalten und ab 100 eV annähernd proportional zu $\sqrt{E}$ wieder ansteigen, so daß z. B. bei 500 eV Werte um 9 Å vorliegen. Die Abweichungen einschließlich möglicher ordnungszahlabhängiger Effekte liegen bei 60%. Damit besitzt $\sigma_{\text{iel}} = (N\lambda_{\text{iel}})^{-1}$ (N — Atomanzahl pro Volumen) Werte um 10 Å^2. Für die Wahrscheinlichkeit, daß ein in der Tiefe z des Festkörpers in eine Rückwärtsrichtung $\boldsymbol{\Omega}$ elastisch gestreutes Elektron den Festkörper ohne inelastische Wechselwirkung verläßt, gilt günstigstenfalls $\exp\left[-z/\lambda_{\text{iel}}(E) \cos\vartheta\right]$ (s. Abb. 8.1, Ausschnitt W, 2. Streuakt). Die Streuakte von mehr als 63% der zu dem gesamten elastischen Peak $I(E) = \int\limits_{(2\pi)} I(E, \boldsymbol{\Omega})\, \mathrm{d}\boldsymbol{\Omega}$ beitragenden Elektronen finden damit im Mittel in der Schicht bis zur Tiefe $\bar{z} < \lambda_{\text{iel}}$ statt. Also erfaßt die Streuung langsamer Elektronen, für die $4 \text{ Å} \lessapprox \bar{z}(E) \lessapprox 20$ Å gilt, nur wenige Atomschichten und stellt somit eine typische Oberflächenanalysenmethode dar.

Grundlage der elastischen Streuung bildet die Streuung einer Elektronenwelle im Potential eines Atoms i. Für ihre Streuintensität gilt (s. z. B. [4])

$$I_i(E, \boldsymbol{\Omega}) = \frac{\mathrm{d}\sigma_{\text{el}\,i}}{\mathrm{d}\Omega}(E, \boldsymbol{\Omega}) = |f_i(E, \boldsymbol{\Omega})|^2 \tag{4}$$

mit $\mathrm{d}\sigma_{\text{el},i}/\mathrm{d}\Omega$ als differentiellem elastischem Streuquerschnitt und $f_i(E, \boldsymbol{\Omega})$ als Atomstreuamplitude, die durch das von der Kernladung Z_e und der Ladungsverteilung der Elektronenhülle erzeugte Potential bestimmt ist. Eine für langsame Elektronen typische Abhängigkeit des differentiellen Wirkungsquerschnittes vom Streuwinkel θ zeigt Abbildung 8.2. Unabhängig von der Ordnungszahl lassen sich folgende Aussagen treffen [3]: Ein merklicher Anteil für Rückwärtsstreuung ($\theta > 90°$) liegt nur für geringe Energien vor. Das Maximum der Vorwärtsstreuung wächst mit zunehmender Energie schnell und wird schärfer. Für schnelle Elektronen erreicht $\mathrm{d}\sigma_{\text{el}}/\mathrm{d}\Omega$ bereits um $\theta = 10°$ den Wert Null; es tritt nur Vorwärtsstreuung auf. Der totale Streuquerschnitt $\sigma_{\text{el},i}$ besitzt für Energien bis 100 eV Werte $\gtrapprox 10$ Å^2, fällt auf ca. 5 Å^2 bei 500 eV [3] und weiter mit ungefähr E^{-1} (s. Kap. 7., Gl. (14)). Infolge der großen Wirkungsquerschnitte für langsame Elektronen kann im Gegensatz zu schnellen Elektronen die Intensität der gestreuten Elektronenwelle gegenüber der einfallenden nicht mehr als klein angenommen werden. Die Berechnung von $f(E, \boldsymbol{\Omega})$ nach der Mottschen Formel (s. Kap. 7., Abschn. 7.2., Gl. (13), [4]) versagt.

Im Festkörperoberflächenbereich kompliziert sich der Potentialverlauf, zu dem Abbildung 8.3 eine Näherung zeigt. Das durch Valenzelektronen bestimmte „innere" Potential V_0 wird zwischen den Atomrümpfen als konstant und das Potential $V_{\text{ion}}(\boldsymbol{r})$ der Atomrümpfe als kugelsymmetrisch angesetzt („muffin-tin-Modell"

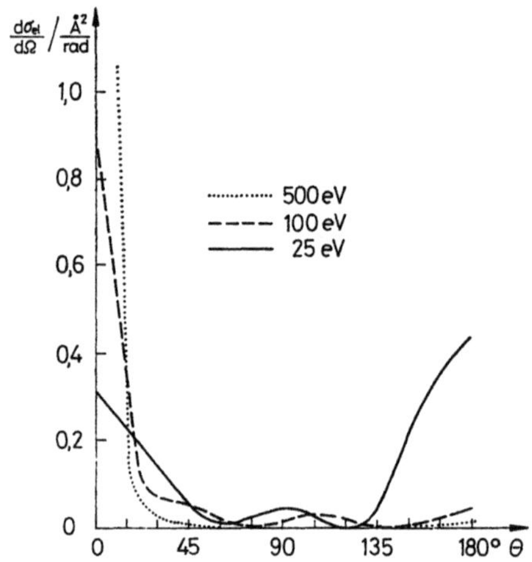

Abb. 8.2. Differentieller elastischer Streuquerschnitt für Ni als Funktion des Streuwinkels θ für verschiedene Energien (nach [3])

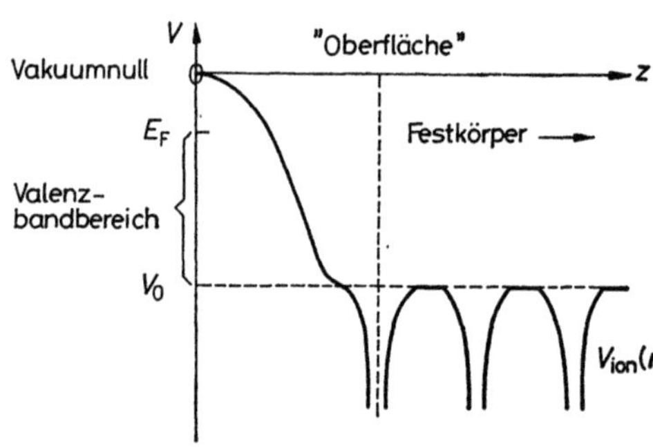

Abb. 8.3. Schematisierter Verlauf des Potentials V im Festkörperoberflächenbereich (E_F Fermi-Niveau, V_0 mittleres inneres Potential, V_{ion} Rumpfpotential)

s. [5]). Elektronenstreuung findet danach im Gebiet statt, in dem sich das Potential vom Vakuumnull bis auf V_0 ändert, und im Bereich $V_{\text{ion}}(\boldsymbol{r})$. Von Bedeutung ist, daß auch für langsame Elektronen die elastische Streuung am freien Atom im wesentlichen, dies trifft vor allem für Rückwärtsstreuung zu, aus dem Gebiet der Core-Elektronen stammt [3], dessen Potentialverlauf wenig von der Umgebung des Atoms beeinflußt wird, so daß die Atomstreuamplitude im Festkörper näherungsweise der des freien Atoms gleicht. Damit lassen sich die Aussagen über die Wirkungsquerschnitte auch auf die Festkörperuntersuchungsanordnung (s. Abb. 8.1) übertragen. Eine relativ große Intensität des elastischen Peaks im gesamten Halbraum über dem Festkörper liegt nur für langsame Elektronen vor. Zu dieser Intensität tragen auch mehrfach ($\geqq 2$) gestreute Elektronen bei. Das Verhältnis ihres Anteils zur gesamten elastischen Intensität liefert die Abschätzung [3]

$$\frac{\int\limits_{(2\pi)} I^{(\geq 2)}\,\mathrm{d}\Omega}{\int\limits_{(2\pi)} I\,\mathrm{d}\Omega} \approx \frac{\sigma_{\mathrm{el}}^{\mathrm{v}}}{\sigma_{\mathrm{el}} + \sigma_{\mathrm{iel}}} \tag{5}$$

mit $\sigma_{\mathrm{el}}^{\mathrm{v}}$ als totalem Wirkungsquerschnitt für Vorwärtsstreuung. Da für langsame Elektronen $\sigma_{\mathrm{el}} \approx \sigma_{\mathrm{iel}}$ gilt und sich $\sigma_{\mathrm{el}}^{\mathrm{v}}$ mit wachsender Energie σ_{el} nähert, sind durch Zwei- und Mehrfachstreuung bedingte Anteile im elastischen Peak u. U. von 25···50% in Betracht zu ziehen. Die theoretische Behandlung der Streuung langsamer Elektronen am Festkörper muß somit implizieren, daß die an einem Atomrumpf gestreute Intensität nicht mehr klein zur einfallenden ist, die sich wiederum infolge Mehrfachstreuung neben der (geschwächten) des Primärstrahles auch aus bereits gestreuter zusammensetzt.

Besteht die Oberfläche aus einer periodischen Anordnung der Atome parallel zur Oberfläche, so findet an diesem „Oberflächengitter" Elektronenbeugung (LEED) statt. $I(E, \boldsymbol{\Omega})$ besitzt dann infolge der Interferenz nur in bestimmten Richtungen $\boldsymbol{\Omega}_{hk}$ mehr oder minder scharfe Maxima. Die Betrachtungen zum Streuprozeß bleiben gültig, die Streuintensität wird lediglich anders verteilt. Die Abbildungen 8.6, 8.7 und 8.9 zeigen LEED-Aufnahmen, bei denen die in die Richtungen $\boldsymbol{\Omega}_{hk}$ fallenden Intensitäten, die sogenannten Beugungsstrahlen, auf einem Leuchtschirm in Form von „Beugungsreflexen" sichtbar sind. Im Unterschied zu Röntgenstrahlen, Neutronen und schnellen Elektronen bestimmt bei LEED nur die zweidimensionale Periodizität parallel zur Oberfläche die Beugung. Die Periodizität in Richtung Kristallinneres wird infolge des kleinen $\bar{z}$ nur schwach erfaßt. Der Periodizitätsbereich parallel zur Oberfläche in Form einer Elementarmasche legt die Richtungen Ω_{hk} der Beugungsstrahlen fest, während die Intensität $I_{hk}(E)$ eines jeden Strahles durch Art und Anordnung der Atome in und unter der Masche bestimmt ist. Umgekehrt — das entspricht der prinzipiell mit LEED zu lösenden Aufgabe — ermittelt man aus den Beugungsreflexen die Form und Größe der Elementarmasche und aus den gemessenen $I_{hk}(E)$ die Atomanordnung und -art. Ersteres bereitet i. allg. keine Schwierigkeiten, letzteres erfordert wegen der Wechselwirkungseigenschaften langsamer Elektronen beträchtlichen theoretischen Aufwand und ist ohne Strukturmodelle praktisch nicht lösbar.

Oberflächengitter

Ein Kristallgitter wird durch eine Elementarzelle mit den Basisvektoren $\boldsymbol{a}_1$, $\boldsymbol{a}_2$, $\boldsymbol{a}_3$ bzw. durch das entsprechende reziproke Gitter mit den Basisvektoren $\boldsymbol{b}_1$, $\boldsymbol{b}_2$, $\boldsymbol{b}_3$ dargestellt (s. 1.2. und 7.2.). Den Oberflächenbereich beschreibt eine Elementarzelle mit den Vektoren $\boldsymbol{a}_1$, $\boldsymbol{a}_2$, $z_{\mathrm{W}}\boldsymbol{e}_z$ mit $\boldsymbol{e}_z$ als Einheitsvektor normal zur Oberfläche in Richtung Kristallinneres, so daß der zur Oberfläche parallele Translationsvektor

$$\boldsymbol{r}_{\mathrm{T}} = n_1\boldsymbol{a}_1 + n_2\boldsymbol{a}_2 \qquad n_1, n_2 \text{ — ganzzahlig} \tag{6}$$

den gesamten Oberflächenbereich aufbaut und die Periodizität parallel zur Oberfläche zum Ausdruck bringt. In diesem Sinn liegt ein 2dimensionales Gitter mit den Basisvektoren $\boldsymbol{a}_1$, $\boldsymbol{a}_2$ bzw. der ihnen entsprechenden Elementarmasche (s. z. B.

Abb. 8.7a und 8.11) vor. Als $\boldsymbol{a}_1$, $\boldsymbol{a}_2$ der Elementarmasche wählt man die Vektoren, die den Winkel $\gamma \geqq 90°$ einschließen. Die dazugehörigen reziproken Vektoren $\boldsymbol{a}_1^*$, $\boldsymbol{a}_2^*$ liegen in der Elementarmaschenebene und sind durch

$$\begin{aligned} &\boldsymbol{a}_i^* \cdot \boldsymbol{a}_j = 2\pi\delta_{ij} \qquad i, j = 1, 2 \qquad a_i^* = \frac{2\pi}{a_i \sin\gamma} \qquad i = 1, 2 \\ &\boldsymbol{a}_i^* \perp \boldsymbol{a}_j \qquad i \neq j = 1, 2 \qquad \gamma^* = 180° - \gamma \end{aligned} \tag{7}$$

definiert. Das reziproke Netz spannt der Vektor[1])

$$\boldsymbol{g}_{hk} = h\boldsymbol{a}_1^* + k\boldsymbol{a}_2^* \qquad h, k \text{ — ganzzahlig (gebrochen s. u.)} \tag{8}$$

auf, so daß das reziproke „Gitter" der 2dimensionalen Struktur infolge $\boldsymbol{a}_3^* = 0$ (d. h., reziproke Gitterpunkte in Richtung 3. Dimension liegen unendlich dicht) eine parallele Geradenschar durch alle Punkte des Netzes $\boldsymbol{g}_{hk}$ darstellt, die normal auf der Netzebene steht (s. Abb. 8.4).

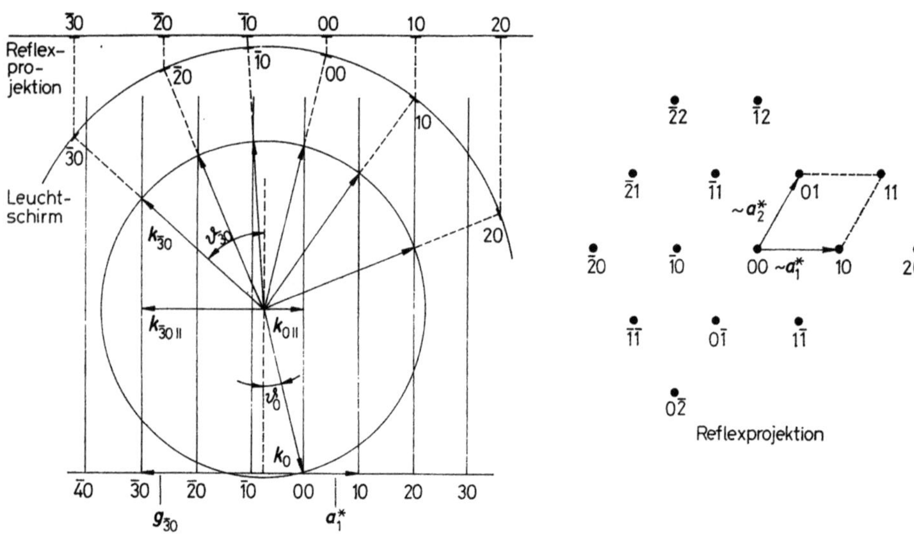

Abb. 8.4. Darstellung der Ewald-Kugelkonstruktion für das reziproke Gitter der Oberfläche (Erklärung s. Text). Für die Beugungsrichtung $\Omega_{\bar{3}0}$ entsprechend $\boldsymbol{g}_{\bar{3}0} = -3\boldsymbol{a}_1^*$ ist die $\boldsymbol{k}$-Komponentenzerlegung eingezeichnet

Geometrische Behandlung der Beugung

Der einfallende Elektronenstrahl (s. Abb. 8.1) läßt sich durch eine planparallele Welle

$$\psi_0 = A_0 \exp(i\boldsymbol{k}_0 \cdot \boldsymbol{r}) \tag{9}$$

[1]) In der Literatur zur Röntgenbeugung (s. auch Kap. 1.) und Beugung schneller Elektronen (s. auch Kap. 7.) ist es üblich, die reziproken Vektoren mit $\boldsymbol{h} = h_1\boldsymbol{b}_1 + h_2\boldsymbol{b}_2 + h_3\boldsymbol{b}_3$ zu bezeichnen. Die hier gewählte Bezeichnung „*" für reziproke Basisvektoren und $\boldsymbol{g}_{hk}$ bzw. $\boldsymbol{G}$ (s. u.) für reziproke Vektoren entspricht der vornehmlich in der LEED-Literatur benutzten.

beschreiben. Die geometrische Behandlung betrachtet nur die Beugung dieser Welle am 2dimensionalen Oberflächengitter. Die gebeugten Strahlen müssen Gleichung (2) erfüllen. Dazu kommt noch eine Bedingung für die Impulskomponente bzw. Komponenten von $\boldsymbol{k}$ parallel zur Oberfläche. Im Kristall sind infolge des periodischen Potentials die Elektronenzustände $(\boldsymbol{k} + \boldsymbol{G})$ mit $\boldsymbol{G}$ als dem Satz aller 3dimensionalen reziproken Gittervektoren nicht unterscheidbar (Blochsches Theorem). Für das Oberflächengitter reduziert sich die Äquivalenz auf Zustände, bei denen nur die zur Oberfläche parallele Komponente von $\boldsymbol{k}$ sich um reziproke Gittervektoren nun des 2dimensionalen Gitters unterscheidet. Es gilt demnach

$$\boldsymbol{k}_{\parallel} = \boldsymbol{k}_{0\parallel} + \boldsymbol{g}_{hk}. \tag{10}$$

Gleichung (10) mit (2) stellt nichts anderes als die Laueschen Interferenzbedingungen für das 2dimensionale Gitter dar. Für den Beugungsvektor $(\boldsymbol{k} - \boldsymbol{k}_0)$ lauten die Bedingungen

$$\boldsymbol{k}_{\parallel} - \boldsymbol{k}_{0\parallel} = \boldsymbol{g}_{hk}, \qquad |\boldsymbol{k}| = |\boldsymbol{k}_0|. \tag{11}$$

Hieraus lassen sich die möglichen Beugungsrichtungen $\boldsymbol{\Omega}_{hk}$, ausgedrückt durch den Winkel ϑ_{hk} zwischen $\boldsymbol{k} = \boldsymbol{k}_{hk}$ und der Oberflächennormalen und einem Azimut φ_{hk} (z. B. bezogen auf die Richtung $\boldsymbol{a}_1^*$), berechnen, oder man entnimmt sie der Ewald-Kugelkonstruktion, die die Lage der die Bedingung (11) erfüllenden $\boldsymbol{k}_{hk}$ geometrisch zeigt. Abbildung 8.4 repräsentiert einen Schnitt durch die Ewald-Kugel in der Ebene der zur Richtung $\boldsymbol{a}_1^*$ gehörenden reziproken Gittergeraden. Übersichtshalber liegt darin auch $\boldsymbol{k}_0$. Werden die z. B. auf einem sphärischen Leuchtschirm in den Beugungsrichtungen erscheinenden Reflexe auf die Ebene parallel zur Oberfläche projiziert, so ergibt sich eine direkte Abbildung des reziproken Netzes $\boldsymbol{g}_{hk}$, die Abbildung 8.4 mit der analogen hk-Bezeichnung zeigt. Mit zunehmender Energie wächst $\boldsymbol{k}_0$ (s. Gl. (1)) und somit der Radius der Ewald-Kugel, so daß jedes ϑ_{hk} kleiner wird, nur ϑ_{00}, die Richtung des direkt reflektierten 00-Strahles, bleibt erhalten. Alle Reflexe wandern mit zunehmender Energie auf den fest bleibenden 00-Strahl zu (s. Abb. 8.9), ein für LEED wichtiger Umstand zur Identifizierung des 00-Strahles.

Eine Aussage über die Intensität eines Beugungsstrahles enthält die geometrische Beschreibung natürlich nicht.

Streutheorie für LEED und dynamische Näherungen

Die Lösung des LEED-Problems erfordert die Deutung bzw. Berechnung der durch den Aufbau der Oberflächenzelle bedingten E- bzw. $\boldsymbol{k}_0$-Abhängigkeit der Intensität I_{hk} eines jeden Beugungsstrahles. $I_{hk}(E)$ zeigt eine ausgesprochene Strukturierung (s. Abb. 8.10) und kann bei bestimmten E-Werten auf Null gehen, so daß der entsprechende Reflex verschwindet. Die Aufgabe besteht darin, die Wellenfunktion $\psi_S(\boldsymbol{r}, \boldsymbol{k})$ der gestreuten Welle bzw. deren Intensität $I(E, \Omega) \sim |\psi_S(\boldsymbol{r}, \boldsymbol{k})|^2$ außerhalb des Kristalles zu finden. Zu lösen ist die Schrödinger-Gleichung mit der nach Gleichung (9) einfallenden Welle und dem schematisch in Abbildung 8.3 gezeigten Potential $V(\boldsymbol{r}')$ für den Kristall und $V(\boldsymbol{r}) = 0$ im Außenraum ($\boldsymbol{r}$ bezeichnet Ortsvektoren des Außenraumes und $\boldsymbol{r}'$ die des Gebietes $V \neq 0$). Als Bedingungen existieren Gleichung (2) im den Temperatureinfluß enthaltenden erweiterten Sinn und die

Berücksichtigung unelastischer Prozesse durch eine Absorption. Die Lösung kompliziert sich infolge der Mehrfachstreuung. Es existiert eine Vielzahl von Näherungsmethoden, zu denen hier nur der Hinweis auf zusammenfassende Darstellungen gegeben werden kann [2, 5, 10, 11, 12].

Eine Gruppe von Lösungsmethoden geht von der Schrödinger-Gleichung direkt aus. Man setzt z. B. für das Potential, sofort die Oberflächenperiodizität berücksichtigend, eine Fourier-Entwicklung der Form

$$V(\boldsymbol{r}') = \sum_{\boldsymbol{g}} V_{\boldsymbol{g}}(z') \exp(-\mathrm{i}\boldsymbol{g} \cdot \boldsymbol{r}') \tag{12}$$

an (bezüglich $\boldsymbol{g}$ s. Gl. (8)), wobei für die $V_{\boldsymbol{g}}$ je nach den Periodizitätsverhältnissen in z-Richtung brauchbare Entwicklungen zu benutzen sind. Die Wellenfunktion im Kristall wird als Linearkombination von Bloch-Funktionen über alle dreidimensionalen Gittervektoren $\boldsymbol{G} = \boldsymbol{g} + \boldsymbol{G}_{\perp}$ geschrieben:

$$\psi(\boldsymbol{r}') = \sum_{\boldsymbol{G}} A_{\boldsymbol{G}} \exp\left(\mathrm{i}(\boldsymbol{k} + \boldsymbol{G}) \cdot \boldsymbol{r}'\right). \tag{13}$$

Diese Gleichungen in die Schrödinger-Gleichung eingesetzt liefert das Eigenwertproblem, dessen Lösung die erlaubten Bloch-Wellen $\psi_j(\boldsymbol{r}')$ ergibt, die in Hinblick auf die $\boldsymbol{k}_{\parallel}$-Bedingung (s. Gl. (10)) an der Oberfläche in der Form

$$\psi_j(\boldsymbol{r}') = \sum_{\boldsymbol{G}} A_{\boldsymbol{G}j} \exp\left(\mathrm{i}(\boldsymbol{k}_{\parallel} + \boldsymbol{g}) \cdot \boldsymbol{r}'\right) \exp\left(\mathrm{i}(k_{\perp j} + G_{\perp})\, z\right) \tag{14}$$

darzustellen sind, so daß die Entwicklung

$$\psi(\boldsymbol{r}') = \sum_{j} B_j \psi_j \tag{15}$$

gilt. Die Wellenfunktion im Außenraum schreibt man als Superposition planparalleler Wellen

$$\psi(\boldsymbol{r}) \sim \exp(\mathrm{i}\boldsymbol{k}_0 \cdot \boldsymbol{r}) + \sum_{\boldsymbol{g}} R_{\boldsymbol{g}} \exp\left(\mathrm{i}(\boldsymbol{k}_{\parallel} + \boldsymbol{g})\, \boldsymbol{r}\right) \exp(-\mathrm{i}k_{\perp} z) \tag{16}$$

mit $R_{\boldsymbol{g}}$ als den Reflexionskoeffizienten. An der Oberfläche $z = 0$ müssen als Stetigkeitsbedingungen $\psi(\boldsymbol{r}(z = 0)) = \psi(\boldsymbol{r}'(z = 0))$ und $(\mathrm{d}\psi(\boldsymbol{r})/\mathrm{d}z)_{z=0} = (\mathrm{d}\psi(\boldsymbol{r}')/\mathrm{d}z)_{z=0}$ gelten, die die nötigen Bestimmungsgleichungen für die B_j und die gesuchten $R_{\boldsymbol{g}}$ liefern. Anschaulich bedeutet dies, daß Reflexion der Elektronen stattfindet, wenn für eine bestimmte Elektronenenergie kein erlaubter Bloch-Zustand im Kristall vorliegt.

Eine andere Gruppe von Lösungsmethoden geht von der integralen Form der Schrödinger-Gleichung

$$\psi(\boldsymbol{r}) = \psi_0(\boldsymbol{r}) - \frac{1}{4\pi} \int G(\boldsymbol{r}, \boldsymbol{r}')\, V(\boldsymbol{r}')\, \psi(\boldsymbol{r}')\, \mathrm{d}\boldsymbol{r}' \tag{17}$$

mit G als Greenscher Funktion aus. In der Lippman-Schwingerschen Form lautet Gleichung (17) für den Zustandsvektor ψ und $\mathbf{G}$ als Propagator (Ausbreitungsfunktion), der der Integraloperation mit $G(\boldsymbol{r}, \boldsymbol{r}')$ entspricht,

$$\psi = \psi_0 + \mathbf{G} V \psi. \tag{18}$$

Durch wiederholtes Einsetzen von $\psi_0 + \mathbf{G} V \psi$ für ψ auf der rechten Seite folgt die Bornsche Reihe

$$\psi = \psi_0 + \mathbf{G}\{V + V\mathbf{G}V + V\mathbf{G}V\mathbf{G}V + \cdots\}\, \psi_0 = \psi_0 + \mathbf{G}\mathbf{T}\psi_0 \tag{19}$$

mit $\mathbf{T}$ als totaler Streumatrix. Bezeichnet $\boldsymbol{r}_\alpha$ die Position eines Atoms α, so gilt für $V(\boldsymbol{r}') = \sum_\alpha V_\alpha(\boldsymbol{r}' - \boldsymbol{r}_\alpha)$ und für $\mathbf{T}$

$$\mathbf{T} = \sum_\alpha \mathbf{t}_\alpha + \sum_{\alpha \neq \beta} \mathbf{t}_\alpha \mathbf{G} \mathbf{t}_\beta + \sum_{\alpha \neq \beta \neq \gamma} \mathbf{t}_\alpha \mathbf{G} \mathbf{t}_\beta \mathbf{G} \mathbf{t}_\gamma + \cdots. \tag{20}$$

$\mathbf{t}_\alpha$ ist die Streumatrix des Einzelatoms:

$$\begin{aligned} \mathbf{t}_\alpha &= V_\alpha + V_\alpha \mathbf{G} V_\alpha + V_\alpha \mathbf{G} V_\alpha \mathbf{G} V_\alpha + \cdots \\ &= V_\alpha \{1 - \mathbf{G} V_\alpha\}^{-1} \qquad |\mathbf{G} V_\alpha| < 1; \qquad (\mathbf{G} V_\alpha)^n \to 0 \quad \text{für große } n. \end{aligned} \tag{21}$$

Gleichung (20) drückt die totale Streumatrix durch Terme immer höherer Ordnungen der Streuung zwischen den Atomen aus. Die Lösung erfordert, geeignete algebraische Ausdrücke für $\mathbf{T}$ zu finden. Dazu zerlegt man den Kristall in oberflächenparallele Schichten mit durch die Vektoren $\boldsymbol{d}_\nu$ festgelegten Unterschichten ν jeweils gleicher Atome ν und benutzt die „Muffin-tin"-Näherung für das Potential (s. Abb. 8.3). $\mathbf{t}_\alpha$ läßt sich dann durch eine Kugelfunktionsentwicklung, deren Koeffizienten die Streuphasen (s. analog Gl. (24)) zum jeweiligen Potential α enthalten, darstellen und der Streuprozeß innerhalb nur ν ähnlich der Matrix (21) durch $\boldsymbol{\tau}_\nu = \mathbf{t}_\nu \{1 - \mathbf{G}^{\mathrm{SP}} \mathbf{t}_\nu\}^{\nu-1}$ ausdrücken. Die von den Schichten $\nu' \neq \nu$ zur gesamten Streumatrix $\mathbf{T}_\nu$ beitragenden Streuprozesse lassen sich nun analog Gleichung (20) erfassen, so daß die Matrixbeziehung $\mathbf{T}_\nu = \boldsymbol{\tau}_\nu + \boldsymbol{\tau}_\nu \sum_{\nu' \neq \nu} \mathbf{G}^{\nu\nu'} \mathbf{T}_{\nu'}$ gilt. Die Matrizen $\mathbf{G}^{\mathrm{SP}}(\boldsymbol{k})$ und $\mathbf{G}^{\nu\nu'}(\boldsymbol{k})$ beschreiben die Wellenausbreitung zwischen den Atomen in ν bzw. zwischen den Schichten ν' und ν. Die Intensität ergibt sich zu

$$I(E, \Omega) = I(\boldsymbol{k}_0 \to \boldsymbol{k}) \sim \Big| \sum_{\boldsymbol{g}} \delta(\boldsymbol{k}_{0\parallel} - \boldsymbol{k}_\parallel + \boldsymbol{g}) \sum_\nu \mathbf{T}_\nu \exp\big(\mathrm{i}(\boldsymbol{k}_0 - \boldsymbol{k}) \cdot \boldsymbol{d}_\nu\big) \Big|^2. \tag{22}$$

Nach Gleichung (20) wird als dynamische Näherung jede bezeichnet, die Terme ab $\sum_{\alpha \neq \beta} \mathbf{t}_\alpha \mathbf{G} \mathbf{t}_\beta$ berücksichtigt (in der Bandstrukturnäherung ist das durch die Blochwellenentwicklung gegeben). Pseudokinematisch heißt die Näherung $\mathbf{T} \approx \sum_\alpha \mathbf{t}_\alpha$, d. h., die Mehrfachstreuung wird vernachlässigt. Die reine kinematische oder erste Bornsche Näherung (s. 7.2.) setzt weiter $\mathbf{t}_\alpha \approx V_\alpha$, d. h., die Streuamplitude wird als sehr klein gegenüber der der einfallenden Welle betrachtet.

Kinematische Näherung

Die Bedeutung der (pseudo)kinematischen Näherung liegt beim heutigen Stand der dynamischen Theorien darin, daß sie mit relativ geringem Aufwand und für kompliziertere Oberflächenstrukturen überhaupt eine Näherungsaussage liefert.

$\mathbf{T} \approx \sum_\alpha \mathbf{t}_\alpha$ bedeutet Lösung der Gleichung (17) für jedes $\mathbf{t}_\alpha$ getrennt, das die Streuamplitude $\psi_{\mathrm{S}\alpha}$ des Einzelatoms liefert. Die Summation der mit dem die Ausbreitung der Primärwelle zwischen Koordinatenursprung und Atomort $\boldsymbol{r}_\alpha$ berücksichtigenden Phasenfaktor $\exp(\mathrm{i}\boldsymbol{k}_0 \cdot \boldsymbol{r}_\alpha)$ multiplizierten $\psi_{\mathrm{S}\alpha}$ ergibt dann ψ_{S}. Die asymptotische Lösung (d. h. $|\boldsymbol{r}| \gg |\boldsymbol{r}_\alpha|$) für $\psi_{\mathrm{S}\alpha}$ lautet für kugelsymmetrisches Potential exakt (s. [4])

$$\psi_{\mathrm{S}\alpha}(\boldsymbol{r}, \boldsymbol{k}) = A_0' \frac{\exp(\mathrm{i}|\boldsymbol{k}|\,|\boldsymbol{r} - \boldsymbol{r}_\alpha|)}{|\boldsymbol{r} - \boldsymbol{r}_\alpha|} f_\alpha(E, \Omega); \qquad \frac{\boldsymbol{k}}{k} = \frac{\boldsymbol{r} - \boldsymbol{r}_\alpha}{|\boldsymbol{r} - \boldsymbol{r}_\alpha|} = \Omega \tag{23}$$

mit der in Gleichung (4) angegebenen Atomstreuamplitude. $f_\alpha(E, \boldsymbol{\Omega})$ entspricht der Streumatrix und ist durch eine Partialwellenanalyse für das Rumpfatom zu ermitteln, d. h. Darstellung von f_α durch eine Kugelfunktionsentwicklung mit den Streuphasen $\eta_l(E)$, die durch $V_{\alpha,\mathrm{ion}}(\boldsymbol{r}' - \boldsymbol{r}_\alpha)$ bestimmt sind. Die Darstellung ergibt (s. [4])

$$|f_\alpha(E, \boldsymbol{\Omega})|^2 = \frac{1}{2k^2} \left| \sum_l (2l + 1) \left(\mathrm{e}^{2\mathrm{i}\eta_l(E)} - 1\right) P_l(\cos\theta) \right|^2 \tag{24}$$

mit P_l als Legendreschen Polynomen und θ als Streuwinkel (s. Abb. 8.1), für den infolge Einfachstreuung immer $\cos\theta = \boldsymbol{\Omega}_0 \cdot \boldsymbol{\Omega} = \boldsymbol{k}_0 \cdot \boldsymbol{k}/|\boldsymbol{k}|^2$ gilt. Unter Benutzung von Näherungen für $|\boldsymbol{r} - \boldsymbol{r}_\alpha|$ [1]) werden die $\psi_{\mathrm{S}\alpha}$ mit dem Phasenfaktor zu ψ_{S} aufsummiert und

$$\boldsymbol{r}_\alpha = \boldsymbol{r}_{\mathrm{T}j} + \boldsymbol{\varrho}_{l(i)} \qquad \alpha = 0, 1, 2, \ldots \left(\sum j\right) \cdot \left(\sum l\right) \tag{25}$$

eingesetzt, wobei $\boldsymbol{r}_{\mathrm{T}j}$ nach Gleichung (6) die Position der Zelle j und $\boldsymbol{\varrho}_{l(i)}$ die des l-ten Atoms (Sorte i) in der Zelle angeben. Mit $\boldsymbol{q} = \boldsymbol{k}_\parallel - \boldsymbol{k}_{0\parallel}$ und $\boldsymbol{q}_\perp = \boldsymbol{k}_\perp - \boldsymbol{k}_{0\perp}$ folgt schließlich

$$\psi_{\mathrm{S}} = A_0' \frac{\exp(\mathrm{i}kr)}{r} \underbrace{\sum_{n_1,n_2} \exp\left(\mathrm{i}\boldsymbol{q} \cdot (n_1\boldsymbol{a}_1 + n_2\boldsymbol{a}_2)\right)}_{G} \underbrace{\sum_l f_i(E, \theta) \exp\left(\mathrm{i}(\boldsymbol{q} + \boldsymbol{q}_\perp) \cdot \boldsymbol{\varrho}_{l(i)}\right)}_{F}. \tag{26}$$

G ist die Gitter- und F die Strukturamplitude. Für die Intensität gilt damit

$$I(E, \theta) = \left(\frac{A_0'}{A_0}\right)^2 |GG^*|\,|FF^*|. \tag{27}$$

Die Interferenzfunktion $J = |GG^*|$ ergibt den analogen Ausdruck zur kinematischen Theorie der Röntgenbeugung und Beugung schneller Elektronen (s. Kap. 7., Gl. (12))

$$J = \frac{\sin^2\left(\frac{1}{2} M_1\boldsymbol{q} \cdot \boldsymbol{a}_1\right) \sin^2\left(\frac{1}{2} M_2\boldsymbol{q} \cdot \boldsymbol{a}_2\right)}{\sin^2\left(\frac{1}{2} \boldsymbol{q} \cdot \boldsymbol{a}_1\right) \sin^2\left(\frac{1}{2} \boldsymbol{q} \cdot \boldsymbol{a}_2\right)} \tag{28}$$

mit $M_i\boldsymbol{a}_i$ als Ausdehnung des periodischen Bereichs in Richtung $\boldsymbol{a}_i$. Die Hauptmaxima liegen bei den Gleichung (11) erfüllenden $\boldsymbol{q}$. Bezüglich der Diskussion der Gleichung (28) wird auf die der Gleichung (12) im Kap. 7. verwiesen (s. a. [3, 5, 6]). Die wesentlichen Aussagen bestehen darin, daß für $M_1, M_2 \to \infty$ die Hauptmaxima δ-funktionsartig scharf werden und die Nebenmaxima verschwinden. Ansonsten besitzt ein Hauptmaximum eine Breite von $2\pi/M_i$ in Richtung $\boldsymbol{a}_i^*$. Anschaulich bedeutet dies, daß die reziproken Gittergeraden als Stäbe mit der Ausdehnung $\pm|\boldsymbol{a}_i^*|/M_i$ in $\boldsymbol{a}_i^*$-Richtung aufzufassen sind. Elementar folgt dann aus der Ewald-Kugelkonstruktion die Breite $\Delta\vartheta$, $\Delta\varphi$ für die $\boldsymbol{\Omega}_{hk}$ festlegenden Polarwinkel ϑ_{hk}, φ_{hk};

[1]) Da $|\boldsymbol{r}| \gg |\boldsymbol{r}_\alpha|$ gilt für den Nenner von $\psi_{\mathrm{S}\alpha}$ die Näherung $|\boldsymbol{r} - \boldsymbol{r}_\alpha| \approx r$; für den wegen der sin- bzw. cos-Funktion empfindlicheren Zähler ist $|\boldsymbol{r} - \boldsymbol{r}_\alpha| \approx r - \boldsymbol{r} \cdot \boldsymbol{r}_\alpha/r$ mit $\boldsymbol{r}/r \approx \boldsymbol{k}/k$ zu benutzen.

z. B. gilt bei Normalinzidenz für $h0$-Reflexe

$$\Delta\vartheta = \frac{\tan \vartheta_{h0}}{hM_1}, \qquad \Delta\varphi = \frac{a_2{}^* \sin \gamma^*}{hM_2 a_1{}^*}. \tag{29}$$

Vertauschung der Indizes liefert Gleiches für $0k$-Reflexe.

Bei der Berechnung des Strukturfaktors muß der Einfluß des inneren Potentials V_0 und der Absorption berücksichtigt werden. V_0 stellt einen Mittelwert dar, der dem ersten Glied der Fourier-Entwicklung (s. Gl. (12)) entspricht. Zunächst bewirkt der Potentialsprung auf V_0, daß ein Teil der nach Gleichung (9) beschriebenen einfallenden Welle reflektiert wird. Dies soll der Faktor A_0'/A_0 berücksichtigen. Er weicht nur für geringe Energien merklich von 1 ab. Im Festkörper befinden sich die Elektronen im mittleren Potential V_0, so daß sich der Wellenzahlvektor von $\boldsymbol{k}_0$ auf $\boldsymbol{k}_{0,\text{in}}$ ändert. Analog Gleichung (1) gilt

$$|\boldsymbol{k}_{0,\text{in}}|^2 = \frac{2m}{\hbar^2}(E - V_0). \tag{30}$$

Da V_0 (s. Abb. 8.3) negativ zu setzen ist, folgt $|\boldsymbol{k}_{0,\text{in}}| > |\boldsymbol{k}_0|$. Gleichung (10) liefert für $\boldsymbol{g}_{hk} = 0$, dies drückt die Nichtperiodizität von V_0 aus, die Bedingung $\boldsymbol{k}_{0,\text{in}\parallel} = \boldsymbol{k}_{0\parallel}$, d. h., daß sich nur $\boldsymbol{k}_\perp$ ändert. Das bedeutet noch eine Richtungsänderung entsprechend einem Brechungsindex $n = |\boldsymbol{k}_{0,\text{in}}|/|\boldsymbol{k}_0|$. Die durch Gleichung (28) bzw. (11) festgelegten Beugungsrichtungen ändern sich dadurch aber nicht, denn es muß für $\boldsymbol{k}_{\text{in}\parallel} - \boldsymbol{k}_{0,\text{in}\parallel}$ Gleichung (11) gelten. In der Strukturamplitude in Gleichung (26) ist aber diese Änderung in $f_i(E, \theta)$ und $\boldsymbol{q}_\perp$ zu berücksichtigen. Für sie muß $f_i(\boldsymbol{k}_{0,\text{in}} \to \boldsymbol{k}_{\text{in}})$ bzw. $\boldsymbol{q}_{\perp,\text{in}}$ stehen.

Die Absorption läßt sich durch einen imaginären Teil des Potentials erfassen. Mit V_0 als Realteil definiert man das „optische Potential" $V = V_0 + \mathrm{i}V_{\text{abs}}$. Dies bedeutet, daß komplexe $\boldsymbol{k}$ auftreten. In Gleichung (26) läuft dies auf einen noch in die Strukturamplitude einzuführenden Dämpfungsfaktor hinaus.

Die Berechnung von F bzw. (FF^*) geschieht vorteilhaft durch Einteilung der Zelle in Schichten m der Tiefe z_m. Die $\varrho_{l(i)}$ der m-ten Schicht sind die Vektoren $(u_{j(i)}^{(m)}\boldsymbol{a}_1 + v_{j(i)}^{(m)}\boldsymbol{a}_2 + z_m\boldsymbol{e}_z)$ mit $u, v < 1$ als Maschenkoordinatenabschnitte des Atoms j in der m-ten Schicht. Die e-Funktion in F schreibt sich unter Beachtung der Gleichungen (11), (8) und (7) nun $\exp\{2\pi\mathrm{i}(hu_{j(i)}^{(m)} + kv_{j(i)}^{(m)})\} \exp(\mathrm{i}|\boldsymbol{q}_{\perp,\text{in}}|\, z_m)$. Die Energieabhängigkeit der Intensität I_{hk} eines Beugungsstrahles bestimmt wesentlich der letzte Faktor. Sein Verhalten erläutert der folgende Spezialfall. Gleiche Schichten mit gleichem Abstand d und die Annahme, daß jede Schicht die Streuamplitude um den konstanten Faktor $\beta < 1$ dämpft [3], führt zum Ausdruck

$$|FF^*| = \left\{\sum_j f_{i(j)} \exp\left(2\pi\mathrm{i}(hu_{j(i)} + kv_{j(i)})\right)\right\}^2 \frac{1}{1 + \beta^2 - 2\beta\cos(|\boldsymbol{q}_{\perp,\text{in}}|\, d)}. \tag{31}$$

Die Maxima des zweiten Faktors liegen bei $|\boldsymbol{q}_{\perp,\text{in}}|\, d = 2\pi l$ (l — ganzzahlig). Bei den dieser Bedingung entsprechenden Energien besitzt demnach $I_{hk}(E)$ Maxima, die die (primären) Bragg-Peaks darstellen. Die Bedingung ist nichts anderes als die dritte Lauesche Interferenzbedingung.

Um die Schwierigkeiten der dynamischen Theorie zu umgehen, wurden Intensitätsmittlungsverfahren entwickelt, die gestatten, mit dem kinematischen Formalismus zu rechnen. Eine dieser Näherungsmethoden basiert darauf, daß die kinematische Intensität von $(\boldsymbol{k}_0 - \boldsymbol{k})$, während der Intensitätsbeitrag der Doppelstreuung von $\boldsymbol{k}_0$ und $\boldsymbol{k}$ abhängt. Es läßt sich zeigen, daß sich der Einfluß der Doppelstreuung herausmittelt, wenn die Intensitäten bei konstantem $(\boldsymbol{k}_0 - \boldsymbol{k})$ gemessen und gemittelt werden. Diese gemittelte Intensität als Funktion von $(\boldsymbol{k}_0 - \boldsymbol{k})$ entspricht der kinematischen Intensität (s. [3, 6, 10]).

Die bisherigen Ableitungen gelten für die Temperatur $T = 0$. Den Gitterschwingungseinfluß erfaßt man, wenn in Gleichung (25) zu $\boldsymbol{r}_\alpha$, das als Position bei $T = 0$ vorliegt, die momentane Verrückung $\boldsymbol{u}_{l(i)}$ addiert wird. In Gleichung (26) tritt noch der Faktor $\exp[\mathrm{i}(\boldsymbol{q} + \boldsymbol{q}_\perp) \cdot \boldsymbol{u}_{l(i)}]$ unter der Summe in F auf. Im vereinfachenden Fall gleicher Atome ergibt sich, daß in Gleichung (27) (FF^*) noch mit dem Debye-Waller-Faktor $\exp\left[-\langle((\boldsymbol{q} + \boldsymbol{q}_\perp) \cdot \boldsymbol{u})^2\rangle\right] = \exp(-2M)$ zu multiplizieren ist. Dieser Ausdruck entspricht der Null-Phononen-Streuung. Die Rechnung ergibt für (FF^*) noch weitere Terme, die Ein- und Mehrphononenstreuung enthalten (s. [3]). Der Temperatureinfluß bedingt eine Verringerung der Intensität der Reflexe bei gleicher Schärfe zugunsten der diffusen Streuung.

8.3. Experimentelle Technik

Unter atmosphärischen Bedingungen sind die Oberflächen kristalliner Stoffe durch i. allg. mehrere Lagen von Fremdatomen und -molekülen unterschiedlichster Bindungszustände bedeckt. Diese ungeordneten Grenzschichten liefern ein Streuspektrum nach Abbildung 8.1, aber keine kohärente Beugung. Deshalb gehören zu einer LEED-Apparatur neben der Elektronenkanone und dem Nachweissystem die Vorrichtungen zur Erzeugung reiner und geordneter Oberflächen, zum Aufrechterhalten eines erzeugten Oberflächenzustandes über die Meßzeit hinweg und zur kontrollierten Exposition erzeugter Oberflächen.

Aus der kinetischen Gastheorie folgt für die Bedeckungszeit t einer reinen Oberfläche durch Partikeln der Gasphase des Druckes p

$$t \approx \frac{10^{-4}}{S\,p}\ \mathrm{Pa} \cdot \mathrm{s} \tag{32}$$

mit $S \leqq 1$ als Haftkoeffizient. Meßzeiten von mindestens 1 h erfordern bei $S = 1$ Restgasdrücke von $p \approx 10^{-8}$ Pa. LEED-Untersuchungen müssen demnach im UHV vorgenommen werden.

Die Abbildung 8.5 gibt schematisch die übliche experimentelle Anordnung an. In der Elektronenkanone dienen bei relativ geringer Temperatur arbeitende Katoden zur Elektronenemission, um energetische Halbwertsbreiten des Primärstrahles von wenigen 0,1 eV zu erhalten (die Maxwell-Verteilung besitzt 0,2 eV für 800 °C und 0,6 eV für 2000 °C). Gängige Kanonen liefern Elektronenbündel mit beliebig einstellbarer Energie zwischen (10 ⋯ 1000) eV, Durchmessern von entsprechend (1 ⋯ 0,25) mm und Stromstärken bis zu wenigen µA. Für die Divergenz des Strahles wird $2\beta < 1°$ gefordert. Die „Display-Methode" verwendet zur Messung der Streuintensität $\gtrsim 75\%$ transparente Gitter G 1 ⋯ G 3 und einen Leuchtschirm, in deren gemeinsamem Krümmungsmittelpunkt die Oberfläche des an einem Manipulator montierten

Kristalls liegt. Die Gitter arbeiten als Gegenfeldanalysator. Indem G2 auf negativem Potential liegt, das der Energie $E_0 - \varepsilon$ entspricht (s. Abb. 8.1), können, abgesehen von dem vernachlässigbaren Anteil der mit Plasmonenenergiegewinn zurückgestreuten, nur die nach (3) definierten Elektronen passieren. Diese werden zwischen

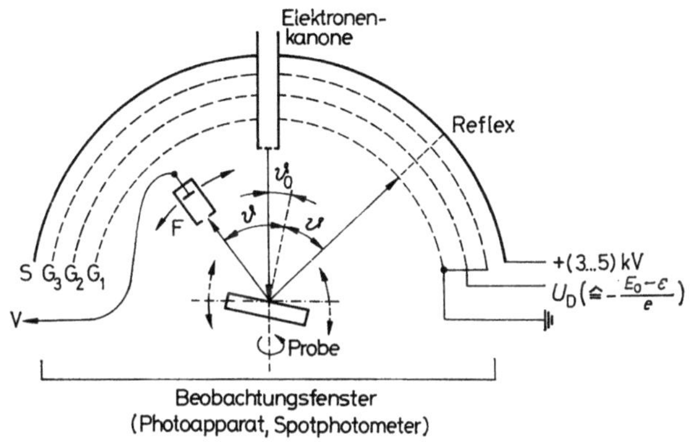

Abb. 8.5. Schematische Darstellung der experimentellen Anordnung (S Leuchtschirm, $G1 \cdots G3$ Gitter, U_D Gegenspannung, F Faraday-Kollektor, V Gleichstromverstärker)

G3 und Schirm auf einige keV beschleunigt. Der Leuchtschirm zeigt ein Fluoreszenzbild, dessen Intensität proportional zu $n_{el}(\boldsymbol{\Omega})$ ist, so daß direkt die Beugungsreflexe erscheinen. Die Gitter G1 und G3 sind zur Spannungsabschirmung notwendig. Die Beobachtung der Reflexe geschieht durch ein Fenster des UHV-Rezipienten. Mittels einer Optik, die die Abbildung jedes Reflexes allein auf einen Photodetektor gestattet, läßt sich die Intensität der Beugungsstrahlen relativ messen. Zu ihrer absoluten Bestimmung wird ein in der Apparatur beweglicher Faraday-Kollektor(-Käfig) benutzt, der die Elektronendiskriminierung entweder analog der Gegenfeldmethode oder mittels Elektronenlinsen vornimmt. Er mißt prinzipiell die zu $n_{el}(E, \boldsymbol{\Omega})\,\Delta\Omega$ proportionale Kollektorstromstärke I_C und (durch Einschwenken in den Primärstrahlengang) die zu $j_0 A$ proportionale Stromstärke I_{C_0}, so daß mit $\Delta\Omega$ als von der Eintrittsöffnungsfläche A des Kollektors erfaßtem Raumwinkel $I(E, \boldsymbol{\Omega}) = (A/\Delta\Omega)\,(I_C/I_{C_0})$ gilt.

Die Probe muß auf Erdpotential liegen. Bereits bei Halbleiterproben können bei LEED-Untersuchungen empfindlich störende Aufladungen auftreten, die sich u. U. durch Pulsen des Elektronenstrahles verhindern lassen. Um Beeinflussungen der Auflösung, Beugungsstrahlrichtungen und Reflexform durch das magnetische Erdfeld und Störfelder auszuschließen, kompensiert man diese durch außerhalb des Rezipienten angebrachte Helmholtz-Spulen oder Permanentmagnete.

Bei der Leuchtschirmmethode betragen die Winkelauflösung $\approx 2°$ und die Energieauflösung $\approx 1\%$, bei der Kollektormethode $\approx 0{,}3°$ bzw. $\lesssim 0{,}2$ eV. Bezüglich der die Auflösung bestimmenden Einflüsse und der daraus ableitbaren Response-Funktion, deren Kenntnis zur Entfaltung einer gemessenen I-E- oder I-ϑ,φ-Abhängigkeit notwendig ist, wird auf [3, 15] verwiesen.

Der Probenmanipulator läßt in der Regel alle Translationen und Drehungen zur Änderung von ϑ und φ mittels spezieller UHV-Drehdurchführungen zu.

Vor Einbau der Probe in den Rezipienten erfolgen je nach Probenart und Zielstellung des Experimentes verschiedene Vorpräparationen (Schneiden, Polieren, Ätzen). Im allgemeinen ist noch eine Orientierungsbestimmung der zu untersuchenden Oberfläche auf besser als 1° notwendig. Nach dem Probeneinbau und Evakuierung auf $< 10^{-4}$ Pa wird das gesamte System z. B. etwa 10 h bei (250 ··· 300) °C ausgeheizt, so daß danach ein Vakuum von $\lesssim 10^{-8}$ Pa erreicht und aufrechterhalten werden kann. Vor den Messungen sind noch durch direkte oder indirekte Beheizung die auf höheren Temperaturen arbeitenden Geräteteile zu entgasen.

Zur in situ vorzunehmenden Erzeugung reiner und geordneter Oberflächen dienen Edelgasionenbeschuß (-ätzung) und Heizzyklen sowie die UHV-Spaltung der Probe. Nach einer Ionenätzung befindet sich die Oberfläche in stark zerstörtem Zustand und kann nur durch Tempern in einen geordneten überführt werden. Oft erreicht man durch Tempern allein eine Reinigung und für LEED ausreichende Ordnung der Oberfläche, bei Si z. B. durch Erhitzen auf ≈ 1000 °C. Diese Prozedur eignet sich für Element- und z. T. binäre Proben. Bei Verbindungen kann sich aber infolge selektiven Ätzens, d. h. unterschiedlicher Ätzrate der Verbindungselemente, und des thermischen Verhaltens die Stöchiometrie im Oberflächenbereich so ändern, daß zwar eine geordnete Oberflächenphase entsteht, die aber chemisch nicht mehr der Probe entspricht. Eine wichtige, vom Ätzen und Tempern unabhängige Verfahrensweise stellt die Vakuumspaltung dar, wobei eine mechanische Vorrichtung den Kristall im UHV spaltet, so daß die a priori reinen Spaltflächen untersucht werden können.

Das zum Ätzen notwendige reine Edelgas wird durch ein Gaseinlaßsystem in die Vakuumkammer bis max. 10^{-2} Pa Partialdruck eingebracht. Mittels thermisch emittierter und beschleunigter Elektronen geschieht in der Ionenkanone die Edelgasionisation. Ein Gittersystem beschleunigt die Ionen auf die gewünschte Beschußenergie (0,2 bis einige keV) und fokussiert sie zu einem Strahl mit $\lesssim 1$ cm Durchmesser. Ein über die Probe gleichmäßiges Ätzen verlangt entsprechend homogene Ionenstrahlen. Das Gaseinlaßsystem dient weiterhin zum Einlaß von zur Untersuchung des Adsorptionsverhaltens der Oberfläche notwendigen geringsten Gasmengen.

Elektrische UHV-Durchführungen gestatten gleichzeitig elektrische Meßmethoden und die Probenheizung.

Zu einer vollständigen Apparatur gehören weiter Bedampfungsvorrichtung, Probenkühlsystem für tiefe Temperaturen, Massenspektrometer und vor allem die Vorrichtungen für Auger-Elektronen-Spektroskopie, die unter Verwendung des Gitter-Schirm-Systems betrieben werden kann (s. Kap. 12.).

8.4. Anwendungen

LEED-Untersuchungen haben das Ziel, die Oberflächenstrukturen sowohl der reinen kristallinen Stoffe als auch der durch das Reaktionsverhalten bestimmten Fremdstoff- oder Verarmungsschichten zu ermitteln. Zu letzteren zählen Adsorptions-, Desorptions-, Chemisorptions-, Epitaxieprozesse usw. Als Bezugsstruktur einer Oberfläche wird die parallel zu ihr im Volumen oder im Substrat vorliegende benutzt. Für beide Fälle gilt die Bezeichnung „Substratstruktur“.

Bestimmung und Aussage der Elementarmasche

Der erste Schritt besteht in der geometrischen Analyse der Beugungsreflexe und dem Vergleich der daraus ableitbaren Elementarmasche mit der des Substrats. Die Elementarmasche des Substrats wird weiter durch $\boldsymbol{a}_1$, $\boldsymbol{a}_2$ bezeichnet, die tatsächliche Elementarmasche durch die Basisvektoren $\boldsymbol{b}_1$, $\boldsymbol{b}_2$ bzw. deren reziprokes Netz $\boldsymbol{b}_1^*$, $\boldsymbol{b}_2^*$. Beide Netze verknüpfen die Gleichungen

$$\begin{aligned} \boldsymbol{b}_1 &= m_{11}\boldsymbol{a}_1 + m_{12}\boldsymbol{a}_2 \qquad & \boldsymbol{b}_1^* &= m_{11}^*\boldsymbol{a}_1^* + m_{12}\boldsymbol{a}_2^* \\ \boldsymbol{b}_2 &= m_{21}\boldsymbol{a}_1 + m_{22}\boldsymbol{a}_2 \qquad & \boldsymbol{b}_2^* &= m_{21}^*\boldsymbol{a}_1^* + m_{22}\boldsymbol{a}_2^* \end{aligned} \tag{33}$$

Für die Koeffizientenmatrizen gilt $\mathbf{M}_{ij}^* = \mathbf{M}_{ji}^{-1}$ mit $\mathbf{M}_{ji}^{-1}$ als inverse Transponierte von $\mathbf{M}_{ij}$. Es wird angestrebt, eine Oberflächenstruktur durch $\mathbf{M}_{ij}$ zu charakterisieren. Meist bedient man sich noch der Woodschen Nomenklatur $\left(\frac{b_1}{a_1} \times \frac{b_2}{a_2}\right) - \alpha$, anwendbar im Falle, daß die Elementarmasche gegenüber der des Substrates um den Winkel α verdreht vorliegt. Ein oft vorkommender Strukturtyp lautet $\mathbf{M}_{ij} = \begin{pmatrix} m & 0 \\ 0 & n \end{pmatrix}$ (m, n — ganz, positiv), nach Wood eine ($m \times n$)-Struktur. Die Elementarmasche besitzt in der Substratrichtung $\boldsymbol{a}_1$ die m-fache, in $\boldsymbol{a}_2$ die n-fache Ausdehnung. Für das reziproke Netz gilt $\mathbf{M}_{ij}^* = \begin{pmatrix} m^{-1} & 0 \\ 0 & n^{-1} \end{pmatrix}$, also $\boldsymbol{b}_1^* = \boldsymbol{a}_1^*/m$ und $\boldsymbol{b}_2^* = \boldsymbol{a}_2^*/n$. Bezüglich der Indizierung behält man h, k ganzzahlig den zum Netz $\boldsymbol{a}_1$, $\boldsymbol{a}_2$ gehörenden, sogenannten Hauptreflexen vor und die gebrochenen Zahlen $h + \frac{p}{m}$, $k + \frac{q}{n}$ mit $p = 1, 2, \ldots, m - 1$, $q = 1, 2, \ldots, n - 1$ den zum Netz $\boldsymbol{b}_1$, $\boldsymbol{b}_2$ gehörenden zusätzlichen „Nebenreflexen“.

Abbildung 8.6 zeigt die LEED-Aufnahme einer Si(111)-Oberfläche nach Tempern. Im Volumen liegt für (111)-Flächen von im Diamantgitter kristallisierenden Elementen (Si, Ge), ebenfalls für kubisch-flächenzentrierte Elementkristalle (Al, Ag, Cu, Ni) eine hexagonale Masche mit $a_1 = a_2 = d/\sqrt{2}$ (d — Gitterkonstante) und $\gamma = 120°$ vor, d. h. ein reziprokes Netz mit $a_1^* = a_2^*$, $\gamma^* = 60°$ (s. Abb. 8.4). Die Beugungsreflexe dieser Si(111)-Oberfläche ergeben aber $\boldsymbol{a}_1^*/7$ und $\boldsymbol{a}_2^*/7$, also eine (7×7)-Struktur, wie der schematisch mit einigen Indizierungen gezeigte Ausschnitt in Abbildung 8.6 erkennen läßt. Es liegt eine „Überstruktur“ vor. Es fand eine Rekonstruktion der Oberfläche statt. Abbildung 8.7 zeigt die Reflexe von (110)-Spaltflächen von $ZnSiP_2$ (Chalkopyritgitter) nebst der aus dem Volumen resultierenden Maschenstruktur [16], deren reziproke Masche mit der aus den Reflexen ermittelten übereinstimmt. Die $ZnSiP_2$(110)-Spaltfläche besitzt eine (1×1)-Struktur. Eine über die Volumenperiodizität reichende Rekonstruktion der Oberfläche findet hier nicht statt.

Reine Metalloberflächen zeigen normalerweise eine (1×1)-Struktur. Ausnahmen bilden Ir, Pt und Au. An Legierungen, soweit geordnete Oberflächen vorliegen, beobachtete man von den Einzelkomponenten abweichende Strukturen. Reine Halbleiter, bedingt durch den kovalenten Bindungscharakter, ergeben verschiedene Strukturen. Bei binären Halbleitern liegt i. allg. für Flächen mit gleicher Komponentenkonzentration eine (1×1)-Struktur vor, für polare Flächen, die nur eine Atomsorte enthalten, liegen i. allg. Überstrukturen vor. Betont sei, daß sich die Komponentenangabe auf die entsprechende Fläche im Volumen bezieht. Eine zusammenfassende Darstellung gibt [6] an.

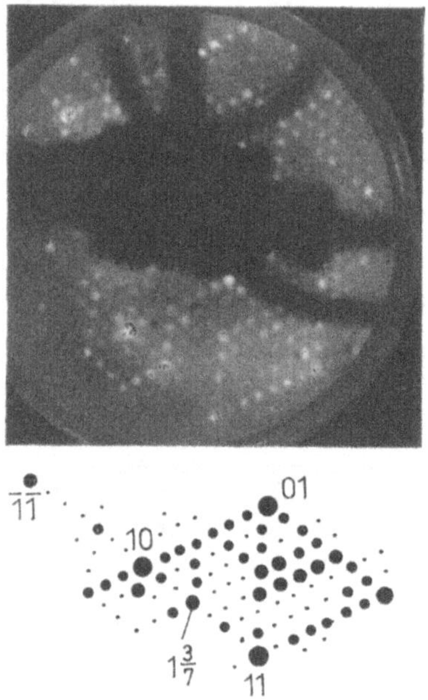

Abb. 8.6. Beugungsreflexe einer Si(111)-(7 × 7)-Struktur bei $E = 82$ eV mit schematisch gezeigtem Reflexausschnitt

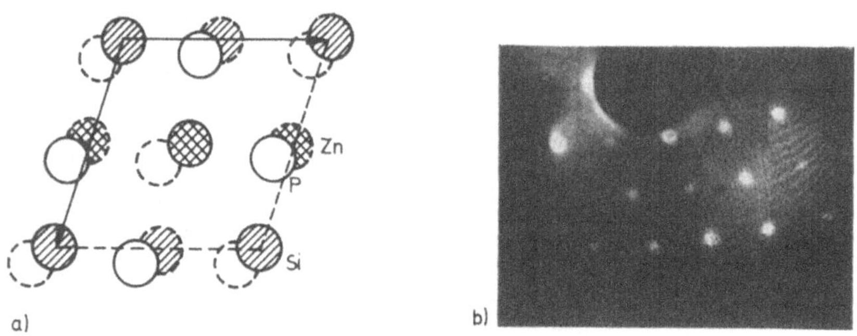

Abb. 8.7. a) Elementarmasche $\boldsymbol{a}_1$, $\boldsymbol{a}_2$ der $ZnSiP_2$(110)-Fläche
(○ Atome der ersten Schicht, ◌ Atome der zweiten Schicht)
b) Beugungsreflexe der $ZnSiP_2$(110)-(1 × 1)-Struktur der Spaltfläche, $E = 134$ V [16]

Als Funktion des Ausgangszustandes, der Temperung und Fremdstoffbeteiligung treten vor allem bei Halbleitern verschiedene Strukturen auf. Dies erläutert das folgende Schema am Beispiel der Si(111)-Oberfläche [17, 18].

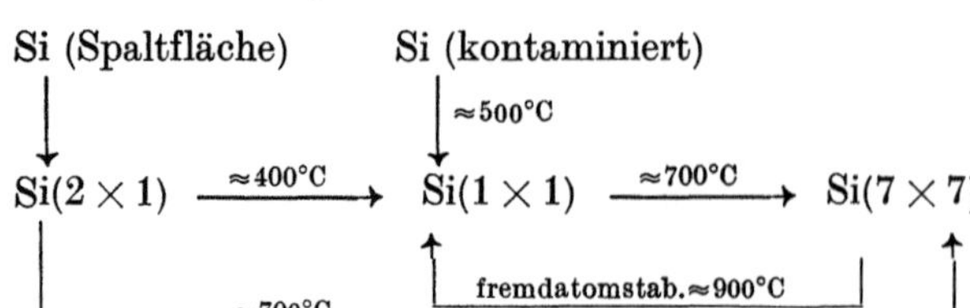

Die ermittelte Masche gibt nur Anlaß, gewisse Strukturmodelle oder -änderungen in Betracht zu ziehen. Eine (1 × 1)-Struktur läßt allgemein auch innerhalb der Masche gegenüber dem Volumen geänderte Atompositionen zu. Beispielsweise kann der (1 × 1)-Struktur in Abbildung 8.7b nicht zwangsläufig der in Abbildung 8.7a gezeigte Volumenmaschenaufbau zugeordnet werden. Für die Si(7 × 7)-Masche existiert ein auf LANDER und MORRISON zurückgehendes Modell (s. [19]), in dem zwischen Atomen der ersten und zweiten Schicht z. T. Doppelbindungen auftreten. Auch auf die in der Abbildung 8.6 gezeigte (7 × 7)-Struktur schwacher Si-O-Bindungsphasen wurde dieses Modell durch Ersatz einer Doppelbindung mit einer O-Brücke angewandt [19]. Die hier erwähnte Fremdstoffbeteiligung ist nicht charakteristisch für die (7 × 7)-Struktur, die der reinen und getemperten Si(111)-Oberfläche als Intrinsic-Struktur zukommt (s. [20]). Infolge der Doppelbindungen wird dieses Modell angezweifelt. Das für die Si(111)-(2 × 1)-Struktur, die bei der Spaltfläche auftritt, physikalisch sinnvollere Hanemansche Modell (s. [20]), in dem angenommen wird, daß die freien Bindungen („dangling bonds") entweder mehr s- oder mehr p-artig und somit Atome der ersten Schicht gehoben oder abgesenkt werden, wobei noch laterale Verschiebungen in der 2. Atomschicht stattfinden, ließ sich noch nicht auf die (7 × 7)-Struktur übertragen.

In großem Umfang untersucht man mit LEED Adsorbatstrukturen, wozu Abbil-

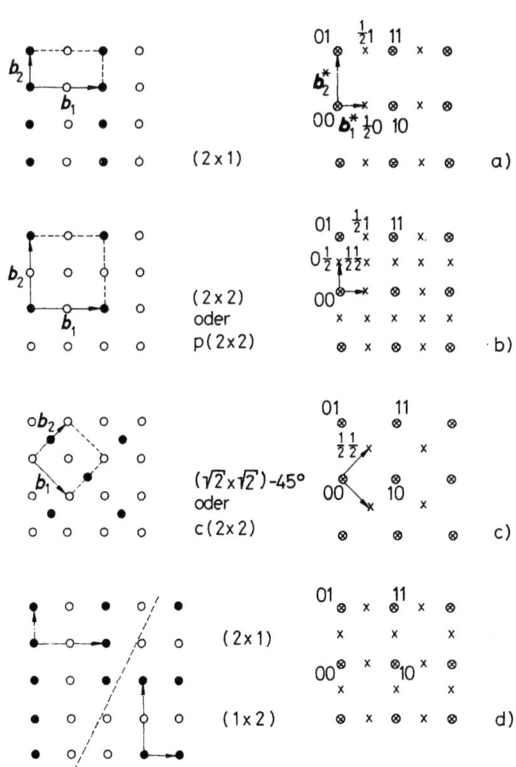

Abb. 8.8. Beispiele von Adsorbatmaschen $\boldsymbol{b}_1$, $\boldsymbol{b}_2$ auf einer quadratischen Substratmasche (∘ Subratatome, • Adsorbatatome) und entsprechende Reflexbilder (∘ Substratreflexe, × Reflexe der $\boldsymbol{b}_1$, $\boldsymbol{b}_2$-Masche) (s. Text)

dung 8.8 einige Fälle für die Elementarmasche des Substrats $a_1 = a_2$, $\gamma = 90°$, gleiche Atomsorte und Identität der Atompositionen mit den Basisvektoren, anführt. {100}-Flächen vieler Metalle, kubisch flächen- oder raumzentriert, besitzen diese Elementarmasche des Substrats. Die Abbildung erläutert gleichzeitig Strukturbezeichnungen und Reflexbilder. Die $(\sqrt{2} \times \sqrt{2})$-45°-Struktur führt auch die Bezeichnung c(2 × 2) („centered"), da gegenüber der (2 × 2)-Adsorbatstruktur (wenn nötig Vorsatz „p" (primitiv)) noch der diagonale Gitterpunkt besetzt ist. Bei Adsorbat- bzw. Fremdschichtstrukturen ergänzt das chemische Symbol des Adsorbates die Woodsche Bezeichnung, z. B. Sauerstoff auf Cu(110) ergibt bei hoher O-Bedeckung eine Cu(110)-c(6 × 2)-O-Struktur, oder Al-Beschichtung von Si(111) führt zur Si(111)-$(\sqrt{3} \times \sqrt{3})$-30°-Al-Struktur. Eine umfangreiche Zusammenstellung untersuchter Adsorbatstrukturen bringt [21].

$(m \times n)$-Strukturen sind nicht mit Domänenstrukturen zu verwechseln. Liegen Domänen vor, deren Ausdehnung die der Kohärenzzone (s. u.) übersteigt, aber die des Strahldurchmessers nicht, so überlagern sich die Domänenreflexe unabhängig. Die Abbildung 8.8d zeigt zwei um 90° gedrehte Adsorbatdomänen, die eine Überlagerung der Reflexe der (2 × 1)- und (1 × 2)-Struktur, unterschiedlich also von der (2 × 2)-Struktur, ergeben.

Ordnungsgrad der Oberfläche, Kohärenzzone

Der Elektronenstrahl erfaßt einen makroskopischen Oberflächenbereich. Scharfe Reflexe entstehen auch, wenn dieser Bereich keine durchgängige Periodizität aufweist. Aus der energetischen Breite ΔE und Winkeldivergenz 2β des Strahles leitet sich die Kohärenzbedingung dafür ab, welche Distanz R Streuzentren maximal haben können, damit ihre Streuwellen noch interferenzfähig sind. Für die Kohärenzzone R gilt (s. [5, 9])

$$R \approx \frac{\lambda}{2\beta\sqrt{1 + (\Delta E/E)^2}}. \tag{34}$$

Mit den in Abschnitt 3. genannten Werten folgt für z. B. $E = 100$ eV R zu ≈ 100 Å. Für „scharfe" Reflexe ist eine Oberfläche hinreichend, die aus Periodizitätsbereichen von nur $\approx 10^4$ Å^2 besteht. LEED reagiert damit auf makroskopische Oberflächenstörungen u. U. nicht. Besitzen diese Periodizitätsbereiche gegeneinander verdrehte oder unterschiedliche Elementarmaschen, dann liegen Domänen vor, deren LEED-Reflexe sich unabhängig voneinander überlagern (s. Abb. 8.8d).

Werden die Periodizitätsbereiche $M_1\boldsymbol{b}_1$, $M_2\boldsymbol{b}_2$ kleiner (Inselstruktur) als die Kohärenzzone, dann findet entsprechend der Interferenzfunktion J (s. Gl. (28) mit $\boldsymbol{b}_i$ an Stelle $\boldsymbol{a}_i$) eine Reflexverbreiterung statt, aus der sich analog Gleichung (29) die Größen M_1 und M_2 abschätzen lassen. Umgekehrt läßt sich die Bildung einer geordneten Oberflächenschicht, also Vergrößerung der Inseln und damit der Reflexschärfe, mit LEED sehr gut verfolgen, wie Abbildung 8.9 an Hand der Bildung einer geordneten Si-Oberflächenphase auf $ZnSiP_2$ zeigt.

Im Falle $M_i \gg M_j$ und $|M_j\boldsymbol{b}_j|$ weit unter R entstehen Streifenreflexe in Richtung $\boldsymbol{b}_j{}^*$ ($\Delta\vartheta$ oder $\Delta\varphi$ in Gleichung (29) werden sehr groß). Adsorptionsprozesse bei geringen Bedeckungsgraden zeigen oft Streifenreflexe, die mit zunehmender Bedeckung zugunsten schärferer Einzelreflexe verschwinden können. Der geordnete Adsorptionsprozeß findet hier erst in nur einer Orientierung statt.

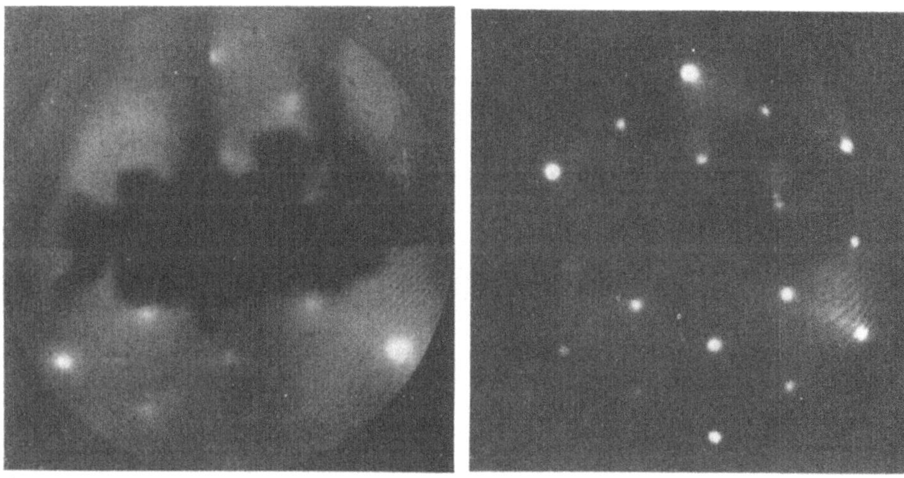

a) b)

Abb. 8.9. Reflexe bei der Bildung einer Si-Phase (analog Si(111)-(1 × 1)-Struktur) auf nichtstöchiometrisch Ar^+-geätzten $ZnSiP_2$(112)-Oberflächen [24]
a) Andeutung diffuser Reflexe nach Tempern bei 400 °C, $E = 147$ eV
b) Ausbildung scharfer Reflexe nach Tempern bei 500 °C, $E = 175$ eV

Domänenbildung innerhalb der Kohärenzzone kann je nach Orientierung der Domänen zueinander und ihrer Ausdehnung zu verschiedenen, durch die Interferenzfunktion ausdrückbaren Reflexänderungen führen. Liegen z. B. maschen- und ausdehnungsgleiche Domänen vor, die durch einen Translationsvektor $\boldsymbol{d}$ über die Domänengrenze verknüpft sind, so addiert sich zum Gitterfaktor (s. Gl. (26) mit $\boldsymbol{b}_i$ an Stelle $\boldsymbol{a}_i$) der ersten der mit dem Phasenfaktor $\exp(\mathrm{i}\boldsymbol{q}\cdot\boldsymbol{d})$ multiplizierte gleiche Gitterfaktor der zweiten zum Gitterfaktor $G_\mathrm{D} = G\big(1 + \exp(\mathrm{i}\boldsymbol{q}\cdot\boldsymbol{d})\big)$ der Domänenanordnung. Damit lautet die Domäneninterferenzfunktion

$$J_\mathrm{D} = 2J(1 + \cos\boldsymbol{q}\cdot\boldsymbol{d}). \tag{35}$$

Ist $\boldsymbol{d}$ ein Oberflächennetzvektor, also $\boldsymbol{d} = m\boldsymbol{b}_1 + n\boldsymbol{b}_2$ (m, n — ganz), dann liegen die Domänen in Phase, die Maxima von J_D und damit das Reflexbild bleiben gegenüber J ungeändert. Stellt $\boldsymbol{d}$ keinen $\boldsymbol{b}_{i,j}$-Vektor dar (Antiphasendomänen), dann spalten die Reflexe auf, deren Maximum von J mit einem Minimum des Modulationsfaktors in Gleichung (35) zusammenfällt. Das trifft nur für Nebenreflexe zu, wenn $\boldsymbol{d}$ ein Vektor des Substrates ist, ist er auch das nicht, dann spalten auch Hauptreflexe auf. Ähnliche Effekte (Aufspaltung, Facettierung usw.) können bei Stufenbildung und Inklination verschiedener Flächen auftreten (s. [6, 8, 11]).

Strukturbestimmung

Unter Berücksichtigung der Volumenstruktur, möglicher Bindungszustände, des Adsorptionsverhaltens usw. wird an Hand der ermittelten Elementarmasche ein Modell der Oberflächenzelle aufgestellt und unter Variation der Modellparameter der Strukturfaktor berechnet, um so sukzessive eine genügende Übereinstimmung zwischen den berechneten und experimentellen Intensitätskurven zu erreichen.

Eine gemessene Intensitätskurve, in dem Fall vom 00-Strahl der Si(111)-(1 × 1)-Struktur (durch ungef. 5% Cl-Oberflächenbelegung stabilisiert), gibt die Abbildung 8.10 an [17]. Die Energieskala ist um das innere Potential korrigiert, wodurch

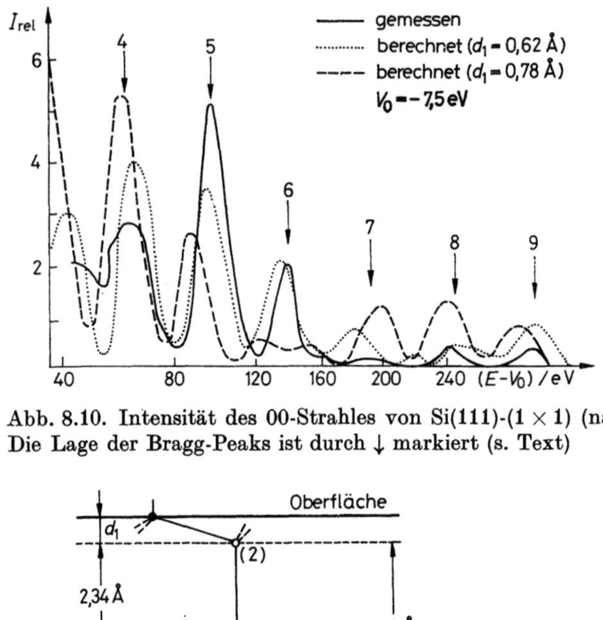

Abb. 8.10. Intensität des 00-Strahles von Si(111)-(1 × 1) (nach [17]). Die Lage der Bragg-Peaks ist durch ↓ markiert (s. Text)

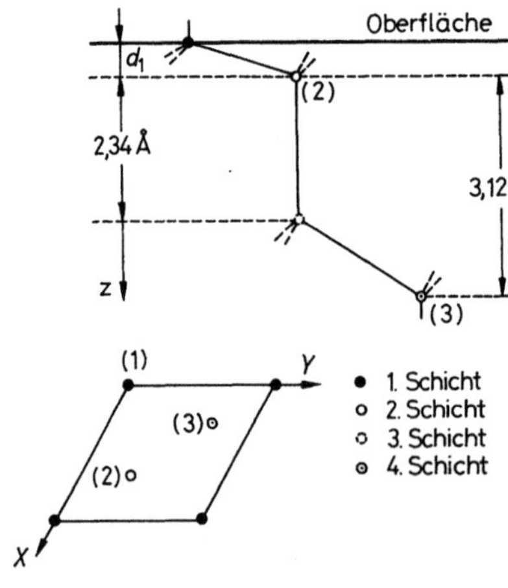

Abb. 8.11. Strukturmodell für die Si(111)-(1 × 1)-Struktur (nach [17]), Maschenkoordinaten u, v, z der zur F-Berechnung berücksichtigten Atome (s. Text): 0,0,0 (1. Schicht, Atom (1)); 2/3,1/3, d_1 (2. Schicht, Atom (2)); 1/3,2/3, d_1 + 3,12 Å (4. Schicht, Atom (3))

die Lage der Bragg-Reflexe mit der der Intensitätsmaxima nahezu übereinstimmt. Die Abbildung 8.11 enthält ein dazugehöriges Strukturmodell [17], zu dem als Erläuterung des Prinzips und der Empfindlichkeit die kinematische Strukturfaktorberechnung dienen soll. So wird im gezeigten Beispiel der Strukturfaktor nach der unter 2.4. erläuterten Schichteinteilung mit der groben Näherung keine Absorption für $m = 1, 2, 4$ und 100%ige Absorption, d. h. kein Beitrag zu F, für $m = 3$ (Abdeckung durch 2. Schicht) und alle $m \geqq 5$ mit d_1 als Parameter berechnet. In diesem Falle zeigt sich (s. Abb. 8.10), daß mit $d_1 = 0{,}62$ Å eine bessere Näherung zur experimentellen I-E-Kurve erreicht wird als mit dem Volumenstrukturwert $d_1 = 0{,}78$ Å. Die Ermittlung des besten Parameterwertes muß natürlich unter Berücksichtigung von I-E-Kurven mehrerer Beugungsstrahlen erfolgen. Moderne dynamische Verfahren (s. [22]) benutzen mehrere 10 Strahlen.

Besonders kommt die Bedeutung des Modelles und die Empfindlichkeit, mit der sich Modelländerungen im Strukturfaktor bzw. in den Intensitäten zeigen, bei Adsorbatstrukturen zum Ausdruck. Bei ihnen läßt sich die Vielfalt der Atomanordnungen in einer Masche augenscheinlich demonstrieren (s. [8, 14]). Die Adsorbatatome können direkt auf einem Substratatom liegen oder in den Potentialmulden dazwischen, sie können eine Rekonstruktion lateral wie normal der Substratatome hervorrufen, die bis zur Einlagerung des Adsorbates führen kann. Diese Möglichkeiten vervielfältigen sich noch, wenn man eine Doppelbelegung des Adsorbates in Betracht ziehen muß.

Die Anwendung dynamischer Theorien beschränkt sich z. Z. im wesentlichen auf reine Metalle (Be, Al, Cu, Ag, Ni, Fe (s. [6, 10, 11, 23])). Bei der Behandlung einiger Adsorbatstrukturen (Ag(111)-$(\sqrt{3} \times \sqrt{3})$-30°-J, Ni(100)- und (111)-c(2 × 2)-Adsorbate und O auf Fe(100), (s. [6, 10, 22])) ließ sich eine gute Übereinstimmung zwischen dynamisch berechneten und gemessenen Intensitätskurven erzielen, allerdings bei z. T. differierenden Modellen. Der theoretische Aufwand für die Behandlung dieser reinen Metalle mit (1 × 1)-Struktur und nur geringer oder keiner Kontraktion der ersten Atomschicht zeigt, daß ein vor allem für kompliziertere Strukturen praktikabler Formalismus noch fehlt. Einen Nachteil liefert auch die experimentelle Seite bezüglich der Genauigkeit und Vergleichbarkeit gemessener „relativer Intensitäten". Auch die Oberflächenreinheit und Kristallperfektion können die Intensitäten u. U. empfindlich beeinflussen. Diese Fakten erschweren den Vergleich zur Theorie.

Einen gestrafften Überblick zur Anwendung der dynamischen Theorie gibt z. B. Forstmann [10]. Als brauchbarer Formalismus zeichnet sich die Layer-KKR-Methode ab. Man benutzte sie auch für o. g. Metallstrukturberechnungen; eine Anwendung für kubisch-raumzentriertes α-Fe wurde neuerdings durchgeführt [22], für die (110)-Oberflächen mit Erfolg.

Die Aufstellung des Strukturmodelles erfordert vor allem in komplizierteren Fällen nicht von LEED erhältliche Daten. Als wichtige ergänzende Meßmethoden sind Auger-Elektronenspektroskopie (AES), Elektronenenergieverlustanalyse (EEVA) im LEED-Energiebereich, Ellipsometrie und die Korrelation zu oberflächenempfindlichen elektrischen Größen zu nennen. AES besitzt z. B. nicht nur für die Klärung der Oberflächenreinheit Bedeutung, sie liefert im Zusammenhang mit der EEVA für mehrkomponentige Verbindungen die Informationen, die die Deutung von LEED überhaupt erst ermöglichen. Die Abbildung 8.9 zeigte LEED von Ar^+-geätzten und getemperten $ZnSiP_2$(112)-Oberflächen, denen eine rechteckige, kompliziert zusammengesetzte Elementarmasche des Substrats zukommt [24]. Aus den Reflexen ergibt sich eine hexagonale Masche. AES-Messungen zeigen, daß in diesem Fall eine vornehmlich aus Si bestehende geordnete Oberfläche entsprechend einer Si(111)-(1 × 1)-Struktur entstanden ist, bedingt sowohl durch selektives Ätzen als auch durch das thermische Verhalten.

8.5. Zusammenfassung

LEED stellt eine grundlegende und wichtige Methode zur Ermittlung der Oberflächenstruktur dar. LEED liefert dabei auch Aussagen zur elektronischen Struktur und Gitterdynamik im Oberflächenbereich. Die experimentellen Bedingungen und die Schwierigkeiten der theoretischen Behandlung schränken die Untersuchung technisch interessierender Oberflächen ein oder komplizieren sie. Trotzdem lassen sich gerade zu strukturändernden Vorgängen in Verbindung mit anderen Methoden bereits wichtige Aussagen zum Oberflächenverhalten ableiten. Das zu LEED sowohl experimentell als auch theoretisch im letzten Jahrzehnt vorgelegte umfangreiche Material bedarf einer wertenden Sichtung und Zusammenfassung, die mit weiteren exakten experimentellen Untersuchungen und der Überprüfung der theoretischen Verfahren das Leistungsvermögen von LEED bestimmen werden.

8.6. Literatur

Übersichtsliteratur

- Estrup, P. J., McRae, E. G.: Surface Studies by Electron Diffraction; Surf. Sci. **25** (1971) 1.
- Somorjai, G. A., Farrell, H. H.: Low-Energy Electron Diffraction; Adv. in Chem. Phys. **20** (1971) 215.
- Duke, C. B.: Electron Scattering by Solids, In: Electron Emission Spectroscopy, Hrsg.: W. Dekeyser u. a. — D. Reidel Publ. Comp., Dordrecht/Holland 1973, S. 1.
- Ertl, G., Küppers, J.: Low Energy Electrons and Surface Chemistry. — Verlag Chemie, Weinheim 1974.
- Pendry, J. B.: Low Energy Electron Diffraction. — Academic Press, London u. New York 1974.

Originalliteratur

[1] Davisson, C. J., Germer, L. H., Phys. Rev. **30** (1927) 705.
[2] Duke, C. B.: Electron Scattering by Solids. In: Electron Emission Spectroscopy, Hrsg.: W. Dekeyser u. a. — D. Reidel Publ. Comp., Dordrecht — Holland 1973, S. 1.
[3] Webb, M. B., Lagally, M. G.: Elastic Scattering of Low-Energy-Electrons from Surfaces. In: Solid State Physics, Hrsg.: H. Ehrenreich u. a. — Academic Press, New York u. London 1973, Vol. 28, S. 301.
[4] Landau, L. D., Lifschitz, E. M.: Lehrbuch der Theoretischen Physik, Quantenmechanik. — Akademie-Verlag, Berlin 1965.
[5] Pendry, J. B.: Low Energy Electron Diffraction. — Academic Press, London u. New York 1974.
[6] Ertl, G., Küppers, J.: Low Energy Electrons and Surface Chemistry. — Verlag Chemie, Weinheim 1974.
[7] Somorjai, G. A., Farrell, H. H., Adv. in Chem. Phys. **20** (1971) 215.
[8] Estrup, P. J., McRae, E. G., Surf. Sci. **25** (1971) 1.
[9] Andersson, S.: Ideal Surface Structures. In: Surface Science, LAEA. — Vienna 1975, Vol. 1, S. 77.
[10] Forstmann, F.: LEED for Surface Structure Analysis. In: Festkörperprobleme XIII, Hrsg. H. J. Queisser — F. Vieweg Verlag, Braunschweig 1973.
[11] Somorjai, G. A.: Low-Energy Electron Diffraction and Surface Topography. In: dsgl. [9], S. 173.

[12] Fingerland, A., Tomášek, M.: Introduction to the Theory of Low-Energy Electron Diffraction. In: dsgl. [9], S. 145.
[13] Fingerland, A.: Die Theorie der Beugung langsamer Elektronen. In: Dynamische Interferenztheorie, Hrsg. O. Brümmer und H. Stephanik. — Akad. Verlagsgesellschaft Geest u. Portig, K.-G., Leipzig 1976, S. 341.
[14] Klaua, M.: Experimentelle Aspekte und Anwendungen der Beugung langsamer Elektronen. In: dsgl. [13], S. 349.
[15] Delong, A.: LEED Apparatus. In: LEED-Surface Structure of Solids, Hrsg. M. Láznička — Union of Czechoslovak Mathematicians and Physicists, Praha 1972, Teil 1, S. 128.
[16] Freund, H.-P., Fo-Ber. HL, Sektion Physik BA Freiberg, 1976.
[17] Florio, J. V., Robertson, W. D., Surf. Sci. **24** (1971) 173.
[18] Joyce, B. A., Surf. Sci. **35** (1973) 1.
[19] Haidinger, W., Barnes, S. C., Surf. Sci. **20** (1970) 313.
[20] Mönch, W.: On the Physics of Clean Silicon Surfaces. In: dsgl. [10], S. 241.
[21] Somorjai, G. A., Surf. Sci. **34** (1973) 156.
[22] Storbeck, F., Kristall und Technik **11** (1976) 969.
[23] Groupe D'Étude des Surfaces, Surf. Sci. **48** (1975) 497 und 509; **62** (1977) 567.
[24] Freund, H.-P., u. a., in: Freiberger Forschungshefte B 207. — VEB Deutscher Verlag für Grundstoffindustrie, Leipzig 1979.

9. Durchstrahlungs-Elektronenmikroskopie

(J. Heydenreich, Halle)

9.1. Grundprinzip

Elektronen mit Energien von 50—100 keV besitzen einerseits eine hinreichend kurze zugeordnete Elektronen-Wellenlänge (4—5 · 10^{-2} Å), andererseits können sie durch geeignete inhomogene magnetische (bzw. elektrische) Felder in vorteilhafter Weise fokussiert werden. Damit sind die Voraussetzungen für eine direkte elektronenoptische Abbildung submikroskopischer Bereiche fester Körper gegeben. Zu berücksichtigen ist dabei, daß Elektronen dieses Energiebereichs je nach zu untersuchender Substanz Objektdicken von maximal einigen Zehntel µm durchdringen können, und es ist eine der Hauptaufgaben der elektronenmikroskopischen Präparationstechnik, durchstrahlbare Objektfolien aus dem massiven Untersuchungsmaterial zu gewinnen, z. B. durch Einsatz chemischer bzw. elektrochemischer Abdünnverfahren oder durch gezielte Anwendung der Ultradünnschnitt-Technik. Untersuchungsmöglichkeiten für Objektfolien mit einer Dicke bis zu einigen µm sind durch Nutzung der gerätetechnisch relativ aufwendigen Höchstspannungs-Elektronenmikroskopie (Elektronenenergie: 1 MeV) gegeben.

Der zur Erzielung des Bildkontrastes der elektronenoptischen Abbildung notwendige physikalische Wechselwirkungsprozeß zwischen Elektronenstrahlung und Festkörper ist im wesentlichen die Streuung bzw. Beugung der Elektronen an den Atomkernen bzw. Elektronen des Festkörpers. Absorptionsprozesse, die in der

Tabelle 9.1. Wechselwirkungsprozesse Elektronenstrahlung—Objekt und zugehörige Abbildungsverfahren

Wechselwirkungsprozesse zwischen Elektronen und Objekt	Elektronenbündel 1 ··· 100 µm ⌀ $10^{-6} \cdots 10^{-7}$ A	Elektronensonde 1 ··· 1000 Å ⌀ $10^{-9} \cdots 10^{-12}$ A
Elastische Streuung	Konventionelle Durchstrahlungs-Elmi	Durchstrahlungs-Raster-Elmi
Beugung		
Phasenschiebung von Elektronenwellen	Phasenkontrast-Elmi Interferenz-Elmi	
Unelastische Streuung	Energieanalyse-Elmi	Energieanalyse-Raster-Elmi

Lichtmikroskopie primär die kontrasterzeugenden Prozesse sind, sind für die Deutung des elektronenmikroskopischen Bildkontrastes ebenfalls — allerdings erst in zweiter Linie — zu berücksichtigen.

In Tabelle 9.1 sind die für die elektronenmikroskopische Durchstrahlungsabbildung wesentlichsten physikalischen Wechselwirkungsprozesse zwischen Elektronen und Objekt zusammengestellt. Diese Prozesse werden sowohl in der konventionellen Abbildungstechnik (Transmissions-Elektronenmikroskopie — TEM) wie auch in der Durchstrahlungs-Rasterelektronenmikroskopie (Scanning-Transmissions-Elektronenmikroskopie — STEM) ausgenutzt. Während in der konventionellen Abbildungstechnik mit einem Elektronenbündel von einigen µm bis zu einigen 100 µm Durchmesser in der Objektebene und mit Stromstärken von 10^{-6}—10^{-7} A gearbeitet wird, setzt man in der zunehmend an Bedeutung gewinnenden Raster-Elektronenmikroskopie Elektronensonden von einigen Å bis zu einigen 1000 Å Durchmesser mit Stromstärken von 10^{-12}—10^{-9} A ein.

Die in der konventionellen Durchstrahlungs-Elektronenmikroskopie ausgenutzten physikalischen Prozesse sind — je nach Betrachtung amorpher oder kristalliner Objekte — die an den Atomkernen des Festkörpers sich ereignende elastische Streuung bzw. Beugung der Elektronen und, mit diesen Prozessen eng zusammenhängend, — hier noch einmal extra ausgewiesen — die Phasenschiebung der Elektronenwellen. Alle diese Prozesse spielen auch in der Durchstrahlungs-Rasterelektronenmikroskopie eine Rolle. Nicht sehr häufig angewandte Spezialtechniken sind die Phasenkontrast-Elektronenmikroskopie, bei der ähnlich der Phasenkontrast-Lichtmikroskopie mit einem $\lambda/4$-Plättchen gearbeitet wird, und die Interferenz-Elektronenmikroskopie, bei der vorzugsweise mit Hilfe eines elektrostatischen Biprismas eine Auftrennung des Strahlenganges vorgenommen wird. Beide Techniken werden vor allem zur Messung des inneren Potentials in Festkörpern herangezogen. Die an den Objektelektronen erfolgende unelastische Streuung der zur Abbildung benutzten Elektronen wurde in der Vergangenheit oft als ein den Bildkontrast mindernder Störprozeß angesehen, und man versuchte, die unelastisch gestreuten Elektronen durch geeignete elektronenoptische Anordnungen, z. B. Filterlinsen, zu eliminieren. Seit einigen Jahren wird die unelastische Streuung, die vom Prinzip her wesentliche Informationen über den entsprechenden Festkörper zu erfassen erlaubt, gezielt in der Energieanalyse- bzw. in der Energieverlust-Elektronenmikroskopie und ihrer zugehörigen rastertechnischen Variante eingesetzt.

9.2. Theoretische Grundlagen

Ausgehend davon, daß Auflösung und Kontrast für die Aussagefähigkeit einer elektronenmikroskopischen Abbildung gleichermaßen von Bedeutung sind, betreffen die theoretischen Grundlagen der elektronenoptischen Abbildung sowohl die Wirkung des elektronenoptischen Systems wie auch die Spezifik des Wechselwirkungsprozesses zwischen Elektronenstrahlung und zu untersuchendem Festkörper.

Bedingt durch die beim Abbildungsprozeß stets wirksamen Beugungserscheinungen, ist bekanntlich das Auflösungsvermögen eines optischen Abbildungsgerätes prinzipiell durch die Wellenlänge der zur Abbildung benutzten Strahlung gegeben. Für die Lichtmikroskopie bedeutet dies, daß nur Objektdetails mit Abständen, die größer als wenige Zehntel Mikrometer sind, abgebildet werden können. Röntgen- oder Gammastrahlen, die entsprechend kurzwelliger sind und damit bessere Abbildungsbedingungen bieten sollten, können in diesem Zusammenhang nicht eingesetzt werden, da es für sie praktisch keine brechenden Medien gibt. Günstigere Voraussetzungen bieten in diesem Zusammenhang Elektronenstrahlen; denn nach der bereits von de Broglie begründeten Theorie der Materiewellen ist jedem mit einem Geschwindigkeitsbetrag v bewegten korpuskularen Teilchen der Masse m eine Materiewelle der Wellenlänge λ in folgender Weise zugeordnet:

$$\lambda = \frac{h}{mv}. \tag{1}$$

Gleichung (1), in der $h = 6{,}63 \cdot 10^{-34}$ Js das Plancksche Wirkungsquantum ist, gilt unter der Voraussetzung, daß die relativistische Massenkorrektor nicht berücksichtigt ist.

Ausgehend davon, daß Elektronen (Ruhmasse: $9{,}11 \cdot 10^{-28}$ g) durch Anwendung einer Beschleunigungsspannung von etwa 100 Kilovolt auf eine Geschwindigkeit von etwa $1{,}5 \cdot 10^{10}$ cm/s, d. h. auf die halbe Lichtgeschwindigkeit, beschleunigt werden können, erhält man nach Gleichung (1) für diesen Fall eine Wellenlänge von etwa $4 \cdot 10^{-2}$ Å. Daß die mit Elektronen dieser Geschwindigkeit erzielbare Auflösungsgrenze bei der elektronenoptischen Abbildung wesentlich ungünstiger als einige Tausendstel nm ist, liegt daran, daß die Korrekturmöglichkeiten für auftretende Abbildungsfehler in der Elektronenoptik wesentlich geringer sind als in der Lichtoptik. Vor allen Dingen der Öffnungsfehler der benutzten Objektivlinse ist zu berücksichtigen, so daß die theoretische Auflösungsgrenze $\delta_{\text{theor.}}$ für die elektronenmikroskopische Abbildung nicht nur von der Wellenlänge der benutzten Elektronenstrahlung abhängt, sondern auch von der Öffnungsfehlerkonstanten $C_{\ddot{o}}$ der Objektivlinse, und zwar gemäß der folgenden vereinfachten Beziehung:

$$\delta_{\text{theor.}} = 0{,}5 \sqrt[4]{\lambda^3 C_{\ddot{o}}}. \tag{2}$$

Je nach der Richtungsverteilung der am Objekt gestreuten Elektronen schwankt der in Gl. (2) angegebene Vorfaktor (0,5) zwischen den Werten 0,4 und 0,8. Elektronenoptische Hochleistungs-Objektive besitzen eine Öffnungsfehlerkonstante $C_{\ddot{o}}$ von etwa 1 mm. Bezogen auf die in der konventionellen Elektronenmikroskopie übliche Beschleunigungsspannung von 100 kV (zugehörige Elektronenwellenlänge: $4 \cdot 10^{-2}$ Å) ergibt sich damit nach Gleichung (2) eine theoretische Auflösungsgrenze von 2 bis 3 Å. Voraussetzung hierfür ist die Einhaltung einer optimalen Objektivapertur, die im vorliegenden Fall bei einigen 10^{-2} liegt. Während Routine-Elektronenmikroskope heute im Auflösungsbereich zwischen 5 und 10 Å arbeiten, erreicht man mit den elektrisch wie auch mechanisch hochstabilisierten Hochauflösungs-Elektronenmikroskopen in der Praxis Auflösungswerte, die der theoretischen Auflösungsgrenze entsprechen. Die zugehörige förderliche Vergrößerung liegt bei etwa 1 Million.

Da der Bildkontrast in der Durchstrahlungs-Elektronenmikroskopie — abgesehen von den Einflüssen des elektronenoptischen Systems — im wesentlichen durch den Prozeß der Streuung bzw. Beugung der abbildenden Elektronen im Festkörper, d. h. durch eine Phasenschiebung der Elektronenwelle bei der Wechselwirkung mit dem Festkörper gegeben ist, handelt es sich beim Bildkontrast in der Elektronenmikroskopie stets um einen Phasenkontrast im weitesten Sinne [1, 2]. Sofern es sich nicht um den Bildkontrast von Objektdetails im Hochauflösungsbereich handelt, sondern um sogenannte Flächenkontraste, kann die Entstehung in vereinfachter Weise auf der Grundlage der Teilchennatur der Elektronen erklärt werden, im wesentlichen dadurch, daß die Zahl der in den einzelnen Bildbereichen zur Bildebene gelangenden Elektronen für die Kontrastdeutung herangezogen wird. In der Praxis werden durch Benutzung der gleichzeitig als Objektivaperturblende wirkenden Kontrastblende — angeordnet in der hinteren Brennebene des Objektivs — die in größere Winkel gestreuten Elektronen von der Bildebene ferngehalten. Unabhängig von der Wirkung der Kontrastblende werden wegen des Einflusses des stets vorhandenen Öffnungsfehlers der Objektivlinse die in größere Winkel gestreuten Elektronen ohnehin nicht exakt in der Bildebene fokussiert und können so nur zu einem diffusen Streuuntergrund beitragen. Beim amorphen Objekt, durch welches eine Streuung der Elektronen in alle Winkelbereiche — vornehmlich natürlich in Vorwärtsrichtung — bewirkt wird, spricht man in diesem Zusammenhang vom Streuabsorptionskontrast. Im kristallinen Objekt erfolgt wegen der Wellennatur der Elektronen eine Beugung in definierte, durch die Kristallorientierung vorgegebene Richtungen. Die Kontrastart, bei der die in merkliche Winkel gebeugten Elektronenbündel durch die Kontrastblende von der Bildebene ferngehalten werden, wird als Beugungskontrast bezeichnet.

Für die Erklärung des Streuabsorptionskontrastes wird von der elastischen Elektron-Atomkern-Streuung für das Einzelatom ausgegangen und in vereinfachender Weise angenommen, daß die Gesamtzahl der gestreuten Elektronen von der Bildebene ferngehalten wird. Die quantenmechanisch durchzuführenden Berechnungen bezüglich der elastischen Elektronen-Atomkern-Streuung haben die abschirmende Wirkung der Atomhülle zu berücksichtigen. Geht man von einer von Molière [3] angegebenen Streuformel aus, die auf der Annahme einer Elektronendichteverteilung nach Thomas und Fermi [4] aufgebaut ist, so erhält man nach Integration über alle möglichen Streuwinkel für die Gesamtzahl der gestreuten Elektronen $N_{\text{Ges.}}$ — bezogen auf die Gesamtzahl der einfallenden Elektronen N_0 — die folgende Zahlenwertbeziehung:

$$\frac{N_{\text{Ges.}}}{N_0} = \left(0{,}53 \cdot 10^{10} \left[\frac{\text{V} \cdot \text{cm}^2}{\text{g}}\right] \frac{Z^{4/3}}{A} \frac{1}{U_0}\right) \varrho \, \text{d}x. \tag{3}$$

Hierbei bedeuten Z die Kernladungszahl, A die relative Atommasse (in g) und ϱ die Dichte (in g/cm^3) des untersuchten Festkörpers. U_0 (in V) ist die Beschleunigungsspannung für die abbildenden Elektronen. In der für eine unendlich dünne Schicht der Dicke dx (x in cm) gültigen Beziehung (3) ist streng genommen noch ein relativistischer Korrekturfaktor zu berücksichtigen. Der von der Kernladungszahl, der Atommasse und der Beschleunigungsspannung abhängige Klammerausdruck wird auch als Streuquerschnitt σ bezeichnet. Zu bemerken ist, daß unabhängig von den Parametern des zu untersuchenden Festkörpers die Gesamtzahl der gestreuten Elektronen der Beschleunigungsspannung umgekehrt proportional ist. Der Kontrast K soll in nachstehender Weise durch die Intensität I_1 des einen Objektbereich konstanten Streuvermögens ohne Streuung durchsetzt habenden Elektronenbündels und die Intensität I_0 des einfallenden Elektronenbündels definiert werden:

$$K = \frac{I_0 - I_1}{I_0} = 1 - \frac{I_1}{I_0}. \tag{4}$$

Gegenüber einem Objekt mit geringer Beeinflussung der Elektronen, bei dem mit $I_1 \approx I_0$ der Kontrast $K \approx 0$ ist, ist der Kontrast für vollkommen „undurchsichtige“ Objektbereiche ($I_1 = 0$) maximal $K = 1$. Elektronenkontraste zwischen 0,05 und 0,1 sind fotografisch noch nachweisbar. Um gemäß Gleichung (4) den Bildkontrast erfassen zu können, ist es notwendig, von den bisher betrachteten Teilchenzahlen der gestreuten Elektronen (Gl. (3)) zu den Intensitäten I_1 und I_0 überzugehen: Betrachtet man das Objekt als aus vielen Schichten der Dicke $\mathrm{d}x$ zusammengesetzt, so wird in jeder dieser differentiellen Schichten die auffallende Strahlungsintensität um einen Anteil $\mathrm{d}I$ durch Streuung geschwächt, so daß der folgende Ansatz gültig ist:

$$\frac{\mathrm{d}I}{I} = -\frac{N_{\text{Ges.}}}{N_0} = -\sigma\varrho\,\mathrm{d}x. \tag{5}$$

Die Integration von Gleichung (5) über eine endliche Schichtdicke x ergibt:

$$\frac{I_1}{I_0} = \exp(-\sigma\varrho x). \tag{6}$$

Das Produkt aus Dichte und Dicke des Objektes (ϱx) wird in der Elektronenmikroskopie üblicherweise als Massendicke bezeichnet, obwohl es — genau genommen — eine Massenbelegungsdichte ist. Gleichung (6) besagt, daß die Intensität I_1 des ungestreuten Anteils des Strahlenbündels exponentiell mit der durchstrahlten Massendicke (ϱx) abfällt. Die analoge Beziehung der Lichtoptik ist das Lambert-Beersche Absorptionsgesetz:

$$\frac{I_1}{I_0} = \exp(-kcx). \tag{7}$$

Die Größen I_1 und I_0 haben, nunmehr auf Lichtstrahlen bezogen, analoge Bedeutung wie in Gleichung (6), während c die Konzentration der absorbierenden Zentren und k eine von der Absorptionskonstanten abhängige Größe ist. Der bei elektronenmikroskopischen Objekten nach Gleichungen (4) und (6) gegebene Streuabsorptionskontrast

$$K = 1 - \exp(-\varrho\gamma x), \tag{8}$$

der dem lichtmikroskopischen Absorptionskontrast ähnlich ist, entsteht aber — das soll nochmals betont werden — durch Streuung der Strahlelektronen im Festkörper und durch das Fernhalten der in ausreichende Winkel gestreuten Elektronen von der Bildebene. Die Entstehung von Bildkontrasten durch Streuabsorption wurde zuerst von Boersch [5] nachgewiesen. Als Beispiel für den an einem amorphen Objekt erzielten Streuabsorptionskontrast ist in Abbildung 9.1 ein Bildausschnitt aus einer verformten Polystyrenfolie wiedergegeben. Bei der Dehnung dieses Materials entstehen fibrillenartige Vorbruchstrukturen (sog. Crazes), die in der Abbildung im Bereich eines Rißendes gut zu erkennen sind.

Beim Beugungskontrast, der im wesentlichen bei der Abbildung von Kristalldefekten eine Rolle spielt, ist davon auszugehen, daß durch den Wechselwirkungsprozeß zwischen Elektronenstrahlung und geordnetem Kristallgitter eine Beugung der zur Abbildung benutzten Elektronen gemäß der Braggschen Gleichung

$$2d \sin\vartheta = n\lambda \tag{9}$$

(s. Kap. 7.) in definierte Richtungen erfolgt. Hierbei bedeuten d der jeweils zu betrachtende Netzebenenabstand im Kristallgitter, ϑ der Braggwinkel, n die Ordnung der Beugung und λ — wie bekannt — die Wellenlänge der zur Objektbestrahlung benutzten Elektronen. Je nach Orientierung des Festkörpers zum einfallenden

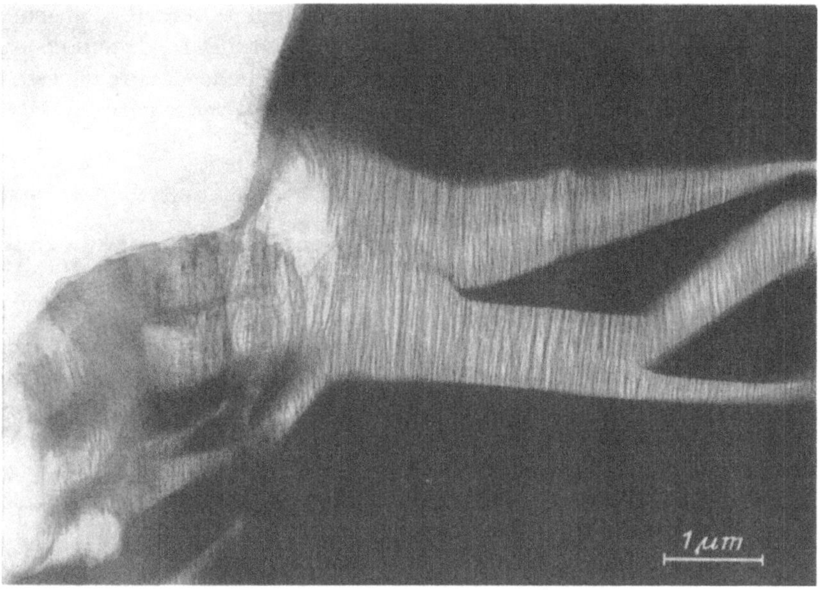

Abb. 9.1. Vorbruchstrukturen (Crazes) in einer Polystyrenfolie

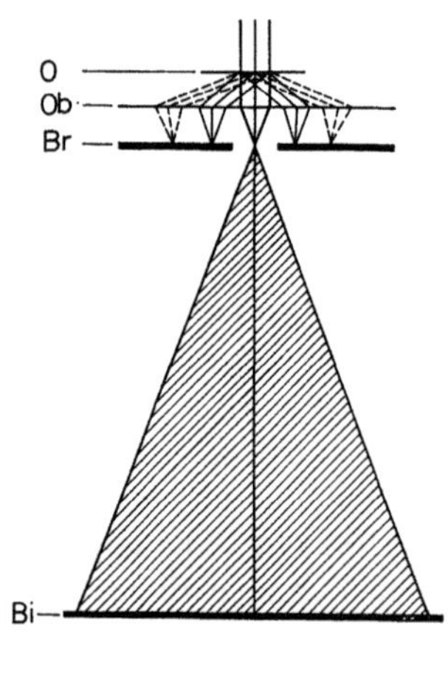

Abb. 9.2. Strahlengang bei der Hellfeldabbildung kristalliner Objekte durch elektronenmikroskopischen Beugungskontrast

Elektronenbündel werden gemäß Gleichung (9) mehr oder weniger Elektronen in definierte Richtungen gebeugt und durch die Wirkung der Kontrastblende von der Bildebene ferngehalten. Abbildung 9.2 zeigt das Grundprinzip der erstmalig von Hirsch und Mitarbeitern [6] und von Bollmann [7] angewandten Technik des Beugungskontrastes. Die in der Objektebene befindliche Objektfolie bewirkt, daß es an der Ausgangsseite des Festkörpers neben dem Bündel der ungebeugten Elektronen in definierte Richtungen gebeugte Elektronenbündel gibt. Durch die Objektivlinse Ob werden die von verschiedenen Objektpunkten jeweils in gleiche Richtung ausgehenden Elektronen in der hinteren Brennebene Br in einem Punkt fokussiert, so daß in dieser Ebene das Beugungsdiagramm des Objektes entsteht. Zur Bildebene Bi können nur die die Kontrastblendenöffnung passierenden ungebeugten Elektronen gelangen, so daß dort ein Hellfeldbild des kristallinen Objektes entsteht. Für die Berechnung des Beugungskontrastes ist deshalb die Intensität des Bündels der durchgehenden Elektronen I_d zu berechnen. Da die Intensität des ungebeugt durch den Kristall hindurchgehenden Strahlenbündels (I_d) mit der Intensität I_0 des einfallenden Strahlenbündels und der Intensität I_g des gebeugten Strahlenbündels durch die einfache Beziehung $I_d = I_0 - I_g$ zusammenhängt, kann auch von der Berechnung der Intensität des gebeugten Strahlenbündels ausgegangen werden. Aus der Theorie der Elektronenbeugung (s. z. B. [8]) folgt, daß die Intensität I_g des gebeugten Elektronenbündels nach Durchgang durch einen von Kristallbaufehlern freien Kristall der Dicke t im dynamischen Fall durch die einfache Proportionalitätsbeziehung

$$I \sim \frac{\sin^2 \pi t \bar{s}}{(\pi \bar{s})^2} \tag{10}$$

gegeben ist, wobei

$$\bar{s} = \sqrt{\frac{1}{\xi_g^2} + s^2} \tag{11}$$

ist, und zwar mit **s** als Anregungsfehler[1]), ein Vektor, der die Abweichung des auf Grund der speziellen Einstrahlungsbedingungen zu betrachtenden Gitterpunkts von der Ewaldschen Kugel (s. Kap. 1. und 7.) erfaßt. Die Spezifik der zu durchstrahlenden Kristallfolie wird dabei durch den Extinktionsabstand ξ_g — auch charakteristische Dicke genannt — erfaßt, eine für eine bestimmte beugende Substanz, eine bestimmte Bragg-Reflexion und eine bestimmte Elektronen-Wellenlänge zu errechnende Größe in der Größenordnung einiger 100 Å, die im wesentlichen umgekehrt proportional zur Strukturamplitude ist.

Rechnet man mit einem konstanten vorgegebenen Anregungsfehler s und damit mit konstantem $\bar{s}$, so ergibt sich aus Gleichung (10) eine bei Änderung der Kristalldicke t vorhandene periodische Intensitätsmodulation, die im Sinne der Ewaldschen Pendellösung zu deuten ist. Geht man andererseits von einer konstanten Kristalldicke aus und berücksichtigt, daß die durchstrahlbaren Kristallfolien meist mehr oder weniger verbogen sind, d. h., daß von Ort zu Ort mit einer Änderung des Anregungsfehlers s und damit mit $\bar{s}$ gerechnet werden muß, so ist wiederum gemäß Gleichung (10) mit einer periodischen Intensitätsmodulation zu rechnen. Es entstehen die bekannten Extinktionskonturen, d. h. Interferenzschlieren gleicher Neigung. Der Einfluß von Kristallbaufehlern, insbesondere von Versetzungen, die ja

[1]) Bei der Beschreibung der Theorie des elektronenmikroskopischen Beugungskontrastes hat es sich eingebürgert, den Anregungsfehler mit **s** zu bezeichnen, und es soll diesem Umstand Rechnung getragen werden. Um Verwechslungen zu vermeiden, wird darauf hingewiesen, daß in den Kapiteln 1. und 7. bei der Beschreibung der Ewaldschen Konstruktion (s. Abb. 1.2 sowie Abb. 7.1a) der Vektor **s** zur Bezeichnung der Richtung der Streuwelle benutzt wird.

im Endeffekt eine Verformung bzw. Verbiegung der an sie angrenzenden Kristallbereiche hervorrufen, könnte in erster Näherung in Form lokaler Änderungen des Anregungsfehlers gedeutet werden, so daß sich Bildkontraste ergeben, ohne daß eine eigentliche Gitterauflösung vorliegt. Ein orientierendes Bild in dieser Richtung ist in Abbildung 9.3 wiedergegeben, das eine Versetzungsanordnung in einer lokal deformierten Silicium-Einkristallfolie zeigt.

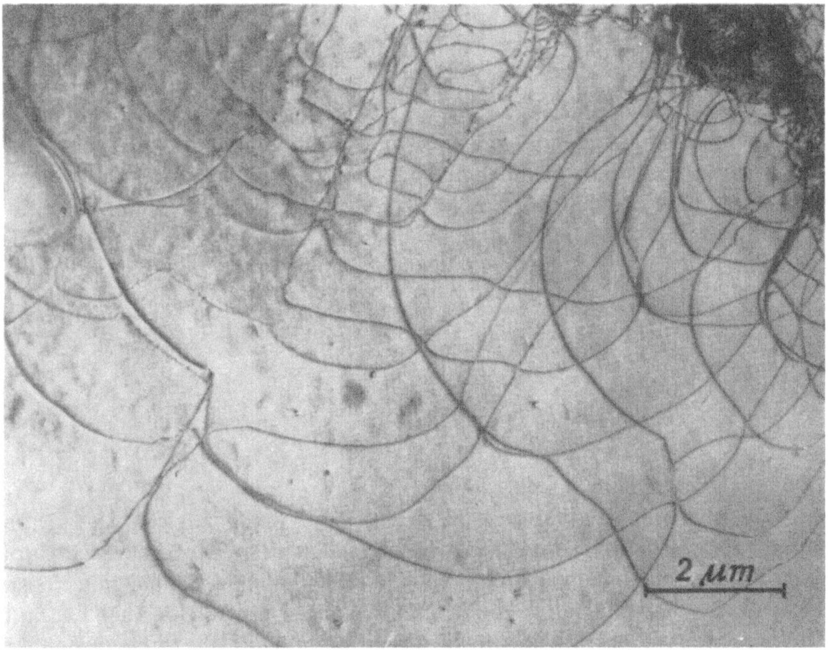

Abb. 9.3. Versetzungen in einer lokal deformierten Silicium-Einkristallfolie (Elektronenmikroskopischer Beugungskontrast)

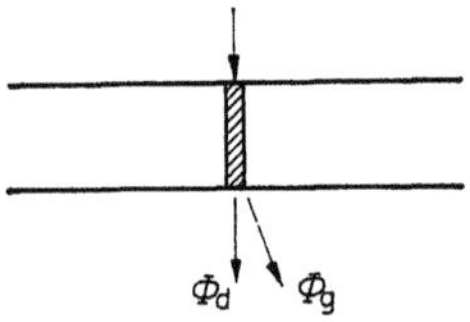

Abb. 9.4. Zur Säulenapproximation beim elektronenmikroskopischen Beugungskontrast

Die für die Interpretation der Abbildung von Kristallbaufehlern heranzuziehende dynamische Theorie des Beugungskontrastes wurde — aufbauend auf einem Planwellenformalismus — von Howie und Whelan im Jahre 1960 [9, 10] entwickelt. Vorstellungen zur Behandlung der dynamischen Theorie des Beugungskontrastes auf der Grundlage des Formalismus von Blochwellen bzw. von modifizierten Blochwellen wurden von Wilkens [11, 12] angegeben.

Bei der rechnerischen Behandlung des Beugungskontrastes wird einfacherweise von der sogenannten Säulenapproximation ausgegangen, d. h., für die Berechnung der Amplituden (Φ_d, Φ_g) bzw. der Intensitäten (I_d, I_g) des durchgehenden bzw. gebeugten Elektronenbündels an der Kristallaustrittsseite werden nur die innerhalb einer Säule von atomaren Dimensionen im Kristall vorhandenen Atome als streuende Baustein betrachtet (s. Abb. 9.4). Ferner wird der Zweistrahlfall vorausgesetzt, d. h., es wir angenommen, daß es außer dem ungebeugten Elektronenbündel nur noch ein weitere (in eine definierte Richtung) gebeugtes Elektronenbündel gibt. Für den von Howi und Whelan vorgeschlagenen Planwellenformalismus erhält man dann ein Systen simultaner Differentialgleichungen, das die Änderungen der Amplituden der durch gehenden (Φ_d) und der gebeugten Wellen (Φ_g) mit der Kristalltiefe (z) beim Durch gang der Elektronen durch die Kristallfolie in der betrachteten approximierten Säul erfaßt. In seiner einfachsten Form hat das Differentialgleichungssystem das folgend Aussehen:

$$\frac{d\Phi_d}{dz} = -\frac{\pi}{\xi_0'}\Phi_d + \pi\left(\frac{i}{\xi_g} - \frac{1}{\xi_g'}\right)\Phi_g$$
$$\frac{d\Phi_g}{dz} = \pi\left(\frac{i}{\xi_g} - \frac{1}{\xi_g'}\right)\Phi_d + \left[-\frac{\pi}{\xi_0'} + 2\pi i(s + \beta_g')\right]\Phi_g. \quad (12$$

Neben der bekannten Extinktionslänge ξ_g und der Abweichung s von der idealer Bragg-Lage enthält Gleichung (12) zusätzlich auch den Einfluß von Absorptions wirkungen. Über die Betrachtung eines komplexen Gitterpotentials wurden vor Hashimoto et al. [13] die die anomale Absorption kennzeichnende Größe ξ_g' und de Hauptabsorptionskoeffizient ξ_0' in das Gleichungssystem eingeführt. Durch der Term β_g' wird die jeweils vorliegende lokale Gitterdrehung erfaßt, d. h., hierdurch werden die dem Gitter durch Kristallbaufehler aufgezwungenen Deformationer repräsentiert. Es gilt:

$$\beta_g' = \boldsymbol{g}\,\frac{d\boldsymbol{R}}{dz}. \quad (13$$

Hierin bedeuten $\boldsymbol{g}$ den reziproken Gittervektor und $\boldsymbol{R}$ den die Kristallstörung charakterisierenden Verschiebungsfeldvektor.

Je nach Kompliziertheit des durch den Kristalldefekt erzeugten Verschiebungs feldes ist der zur numerischen Lösung des Differentialgleichungssystems notwendige Rechenaufwand sehr unterschiedlich. Für Planardefekte, z. B. für Stapelfehler, läßt sich für Gleichung (12) mit (13) in den meisten Fällen eine Lösung in analytisch geschlossener Form erzielen, während für die Berechnung des Bildkontrastes vor Versetzungen nur numerische Lösungen unter Einsatz der elektronischen Rechentechnik zu erzielen sind. Für die mit dem Elektronenrechner auszuführende Integration des Differentialgleichungssystems (12) wird üblicherweise das Runge-Kutta-Verfahren angewandt, wobei zu beachten ist, daß wegen der komplexen Natur der Differentialgleichungen ein System von vier gekoppelten Differentialgleichungen zu integrieren ist. Zu berücksichtigen ist hierbei die Bedingung, daß die Amplitude der einfallenden Welle an der Strahleintrittsseite gleich 1 ist und die Amplitude der gebeugten Welle dort Null ist. Zur Berechnung des Bildkontrastes eines Kristalldefektes muß man die den Rechnungen zugrunde gelegte Kristallsäule über den den Defekt enthaltenden Kristallbereich verschieben und so Punkt für Punkt (durch Quadrierung der Amplituden) die Intensitäten der einfallenden und der gebeugten Welle an der Kristallaustrittsfläche berechnen. Im Abschnitt über Anwendungen werden entsprechende Beispiele hierzu gegeben.

Für den Bildkontrast in der hochauflösenden Elektronenmikroskopie, dessen Erklärung nicht in einfacher Weise auf der Grundlage des Fernhaltens gestreuter bzw. gebeugter Elektronen von der Bildebene gegeben werden kann, sondern der durch Interferenz der gebeugten und ungebeugten Elektronenwelle entsteht, kommt der phasenschiebenden Wirkung der öffnungsfehlerbehafteten Objektivlinse eine besondere Bedeutung zu. Auflösung und Bildkontrast sind dabei unter einem einheitlichen Gesichtspunkt, nämlich dem der Kontrastübertragungsfunktion, zu sehen. Die für die Erzielung einer optimalen Kontrastübertragung bei einem bestimmten Objektabstand (entsprechend einer zugeordneten Raumfrequenz) erforderliche Phasenschiebung zwischen unbeeinflußtem und beeinflußtem Elektronenbündel wird dabei durch geeignete Defokussierung der Objektivlinse erzielt. Eine anschauliche

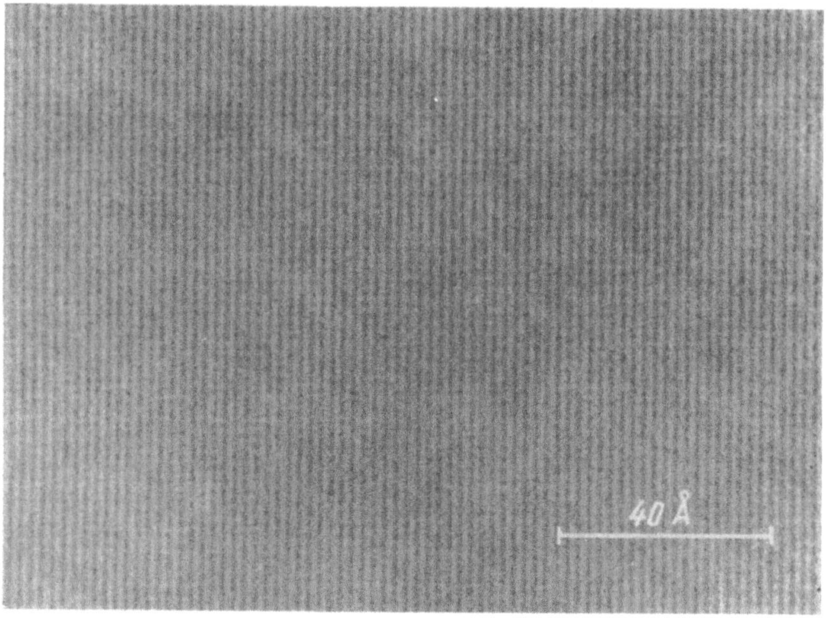

Abb. 9.5. Abbildung der (200)-Netzebenenschar einer Gold-Einkristallfolie (Netzebenenabstand: 2,04 Å)

Erklärung hierfür wird von v. Borries und Lenz [14] gegeben. Ohne im einzelnen auf die hierfür zuständige wellenmechanische Theorie der Kontrastentstehung eingehen zu können, sei z. B. auf die Arbeiten von Uyeda [15] hingewiesen. Anzumerken ist, daß sich je nach der Art der Objektbestrahlung (kohärent oder inkohärent) unterschiedliche Gesichtspunkte für die Behandlung des Kontrastes ergeben.

Als Beispiel für eine hochaufgelöste Abbildung aus dem Bereich der kristallinen Objekte ist in Abbildung 9.5 eine (200)-Netzebenenschar des Kristallgitters eines Goldeinkristalles (Netzebenenabstand: 2,04 Å) wiedergegeben. Die ersten elektronenmikroskopischen Netzebenenabbildungen wurden im Jahre 1956 von Menter [16] an Phthalocyaninen erzielt.

Hinsichtlich der Durchstrahlungs-Raster-Elektronenmikroskopie konnte — im wesentlichen von Cowley [17] und von Crewe [18] — auf der Grundlage der Gültigkeit des Reziprozitätsprinzipes gezeigt werden, daß alle Kontrastarten der konventionellen Elektronenmikroskopie erzeugt werden können. Wichtig ist hier die Anwendung geeigneter Detektoren.

9.3. Experimentelle Technik

Vom Abbildungsstrahlengang her gesehen gibt es sehr enge Analogien zwischen Lichtmikroskop und Elektronenmikroskop: Der Lichtquelle entspricht die Elektronenkanone, und den Glaslinsen der Lichtoptik entsprechen die Elektronenlinsen. In modernen Elektronenmikroskopen werden fast ausschließlich magnetische Elektronenlinsen, d. h. inhomogene rotationssymmetrische Magnetfelder, benutzt, die durch geeignet dimensionierte und angeordnete eisengekapselte Stromspulen (Spulenachse identisch mit optischer Achse der Mikroskopsäule) realisiert werden. Zur Vermeidung der Streuung des im Abbildungsstrahlengang benutzten Elektronenbündels an den Luftmolekülen und zur Verhütung elektrischer Überschläge wird das Elektronenmikroskop als Vakuumapparatur betrieben. Diese Tatsache und die Not-

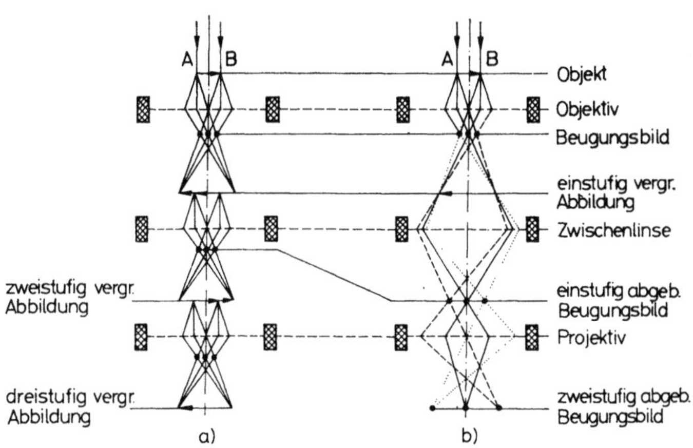

Abb. 9.6. Strahlengänge für Abbildung (a) und Elektronenbeugung (b) in einem dreistufigen Elektronenmikroskop

wendigkeit einer Hochspannungsanlage zur Erzeugung von Elektronen geeigneter Geschwindigkeit bedingen apparativ einen erheblichen Aufwand gegenüber dem Lichtmikroskop. Ein wesentlicher Vorteil der elektronenmikroskopischen Gerätetechnik besteht in der rationellen Kombination der Beugungs- und Abbildungsverfahren, so daß Aussagen über die Struktur, insbesondere die Gitterstruktur, des Festkörpers und über dessen Morphologie gleichermaßen möglich sind.

Abbildung 9.6 zeigt die Strahlengänge für Abbildung (a) und für Elektronenbeugung (b) in einem dreistufigen Elektronenmikroskop. Das als Pfeil gezeichnete Objekt wurde von einem parallelen Elektronenbündel geringen Querschnitts bestrahlt. Durch die Wirkung der Objektivlinse wird nicht nur eine Abbildung in der zugeordneten Bildebene erzeugt, die durch Fokussierung der von den einzelnen Objektpunkten (in verschiedenen Richtungen) ausgehenden Elektronen in jeweils zugeordneten Bildpunkten entsteht, sondern gleichzeitig werden in der bildseitigen Brennebene des Objektivs alle (von verschiedenen Objektpunkten ausgehenden) in jeweils gleiche Richtung gebeugten Elektronen in jeweils einem Punkt vereinigt. Es entsteht so in der hinteren Brennebene des Objektivs ein Beugungsbild, das bei einkristallinen Objekten z. B. aus Punktreflexen besteht. Je nachdem, ob durch geeignete Erregung der nachfolgenden Linse die hintere Brennebene oder die Bildebene des Objektivs auf dem Leuchtschirm des Elektronenmikroskops abgebildet wird, erhält man das Beugungsdiagramm bzw. die Abbildung des Objekts. Abweichend von dem in Abbildung a angegebenen Abbildungsstrahlengang wird im

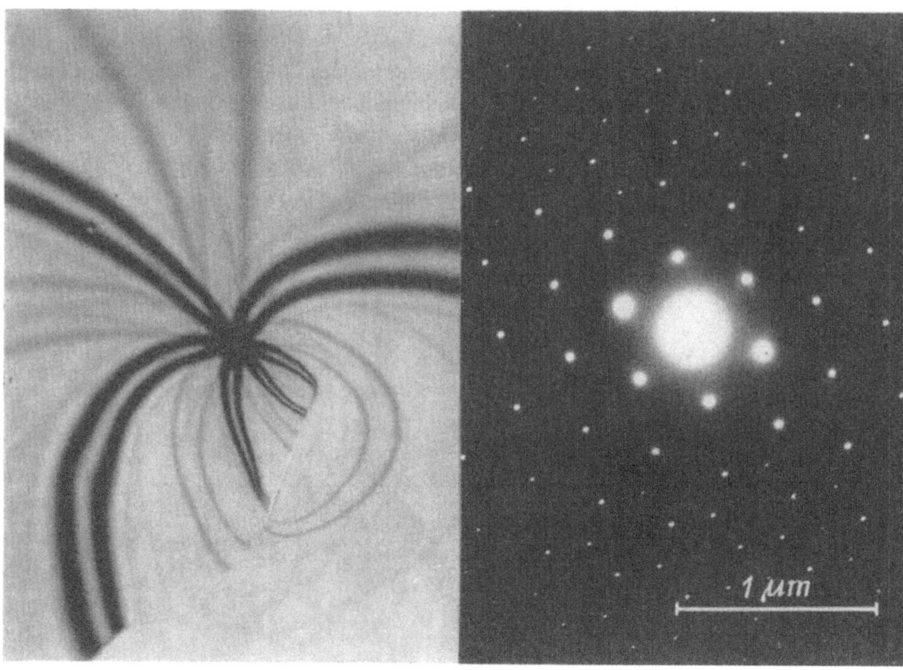

a) b)

Abb. 9.7. Magnesiumoxid-Einkristallfolie:
a) Abbildung, b) Beugungsbild zum abgebildeten Objektbereich

Beugungsstrahlengang (b) durch Verringerung der Erregung der Zwischenlinse (Vergrößerung der Brennweite) das in der hinteren Brennebene des Objektivs gelegene Beugungsbild einstufig in der Gegenstandsebene des Projektivs abgebildet, also dort, wo sonst das zweistufig vergrößerte Bild des Objekts im Abbildungsstrahlengang liegt. Mit gleicher Erregung des Projektivs wie bei der Erzeugung von Abbildungen bildet man dieses einstufig vergrößerte Beugungsbild auf dem Endbildschirm bzw. auf der fotografischen Platte (zweistufig) ab.

Einzelheiten zu den Verfahren der Elektronenbeugung sind in Kapitel 7. und in [19 bis 23] angegeben. Als Beispiel für die Möglichkeiten der Kombination Elektronenmikroskopie/Elektronenbeugung sind in Abbildung 9.7 die elektronenmikroskopische Aufnahme und das vom abgebildeten Objekt erzielte Beugungsbild einer Extinktionskonturen zeigenden verbogenen MgO-Einkristallfolie wiedergegeben.

Die Entwicklung von Durchstrahlungs-Elektronenmikroskopen geht auf Anfang der dreißiger Jahre zurück. Das erste Durchstrahlungs-Elektronenmikroskop mit einer die lichtmikroskopische Auflösung übersteigenden Leistungsfähigkeit wurde von E. RUSKA [24] entwickelt. Leistungsfähige kommerzielle Geräte [25] stehen seit 1939 zur Verfügung. Inzwischen ist die Gerätetechnik in der konventionellen Durchstrahlungs-Elektronenmikroskopie einerseits bis hin zu den elektronisch und mechanisch hochstabilisierten Hochauflösungs-Elektronenmikroskopen (Elektronenenergie: 100 keV, Auflösungsvermögen: 2 Å), andererseits in Richtung hoher Elektronenenergien (1 MeV) entwickelt worden, mit dem Ziel einer Höchstspannungs-Elektronenmikroskopie für die Durchstrahlung dicker Objekte. Im Hinblick auf die Auflösung molekularer Strukturen mit dem Elektronenmikroskop konnte von UYEDA et al. [26] die Atomanordnung in einem chlorierten Kupferphthalocyanin-Molekül direkt abgebildet werden. Parallel zur konventionellen Durchstrahlungs-Elektronenmikroskopie ist die Entwicklung der Raster-Durchstrahlungs-Elektronenmikroskopie vorangegangen, in der vor allem von CREWE [27] bahnbrechende Arbeiten durchgeführt worden sind. Die für die Raster-Durchstrahlungs-Elektronenmikroskopie wichtige Technik der Erzeugung feiner Elektronensonden ist im Prinzip ähnlich wie bei der Oberflächen-Rasterelektronenmikroskopie (s. hierzu Kap. 10.). Zu bemerken ist jedoch, daß Strahlenquellen hohen Richtstrahlwertes gefordert werden, die in vielen Fällen — über die übliche, auf der Grundlage der thermischen Elektronenemission arbeitende Wolfram-Katode hinausgehend — den Einsatz der Feldemissionskatoden erfordern.

Das Grundprinzip der rastermikroskopischen Durchstrahlungstechnik besteht — ähnlich wie in der Oberflächen-Rasterelektronenmikroskopie (s. Kap. 10.) — in folgendem: Zeitlich synchronisiert erfolgt eine punktweise Abrasterung des Objekts und der Bildfläche einer Oszillographenröhre durch geeignete Elektronensonden. Für die Bildentstehung selbst werden die bei der Wechselwirkung zwischen Elektronensonde und jeweiligem Objektpunkt entstehenden Signale mit einem Detektor erfaßt. Der hierfür in Frage kommende Strom der durchgehenden und der gestreuten Elektronen wird anschließend verstärkt und zur Hell-Dunkel-Steuerung des bilderzeugenden Elektronenstrahls in der Oszillographenröhre benutzt. Durch elektronische Regelung der Größe des abgerasterten Bildbereiches im Verhältnis zur Größe des abgerasterten Objektbereiches ist ein weiter Spielraum für Vergrößerungseinstellungen gegeben.

Durch gezielte Anwendung der Durchstrahlungs-Rasterelektronenmikroskopie gelang CREWE [28] die direkte Abbildung von Schwermetallatomen (Uranium, Thorium). Hierbei wurde allerdings das benutzte Elektronenmikroskop mit einem Elektronenspektrometer ergänzt, um durch die Bildung eines Differenzsignals aus elastisch gestreuten Elektronen (= Information über die Schweratome) und unelastisch gestreuten Elektronen (= Störinformation vom Streuuntergrund der Trägerfolie) einen hinreichenden Bildkontrast zu ermöglichen. Inzwischen ist die Abbildung von Schwermetallatomen, wie HASHIMOTO zeigen konnte [29], unter Einhaltung spezieller Bedingungen (kristalline Trägerfilme, geeignete Dunkelfeldtechnik) auch mit dem konventionellen Durchstrahlungs-Elektronenmikroskop möglich.

Zunehmend an Bedeutung gewinnt die Durchstrahlungs-Raster-Elektronenmikroskopie kristalliner Objekte, vor allem auch im Hinblick auf das hohe Transmissionsvermögen bei Anwendung dieser Technik. Das bei der Hellfeldabbildung kristalliner Objekte angewandte Abbildungsprinzip ist in Abbildung 9.8 links dargestellt. Neben dem ungebeugten Elektronenbündel gehen vom Objekt mehrere in definierte Richtungen gebeugte Elektronenbündel aus. Das längs der optischen Achse verlaufende ungebeugte Elektronenbündel fällt durch die zentrale Bohrung eines Leuchtschirms hindurch auf den Detektor. Durch punktweise Abrasterung des Objektes wird auf diese Weise ein nur durch ungebeugte Elektronen erzeugtes Hellfeld-

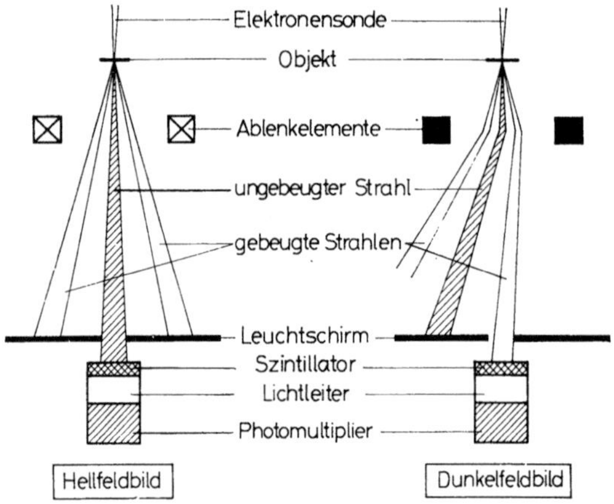

Abb. 9.8. Grundprinzip der Durchstrahlungs-Rasterelektronenmikroskopie kristalliner Objekte

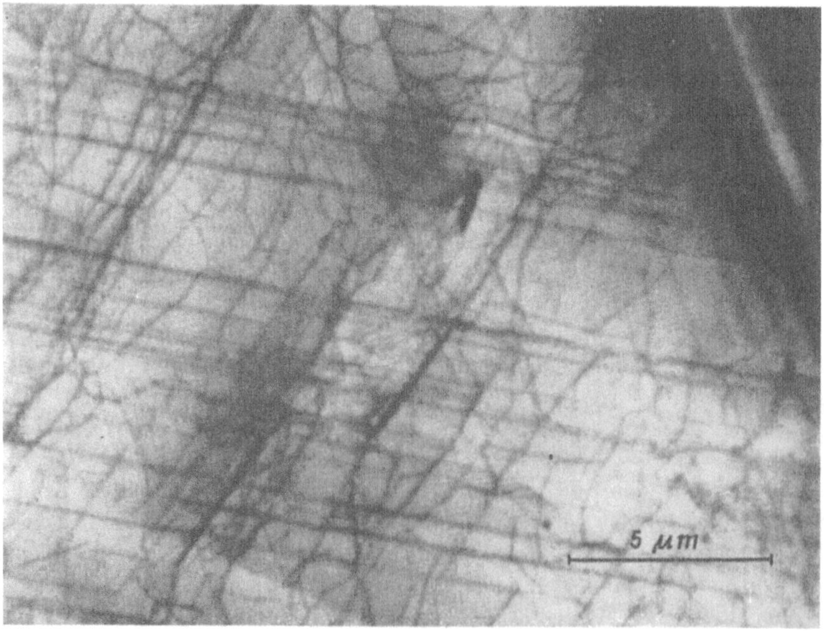

Abb. 9.9. Versetzungsnetzwerk in einer Antimon-Spaltfolie (rastermikroskopische Hellfeldabbildung)

bild sichtbar gemacht. Die gebeugten Elektronen werden durch einen als Abschirmblende dienenden Leuchtschirm vom Detektor ferngehalten, wobei auf dem Leuchtschirm das Beugungsdiagramm des entsprechend bestrahlten Objektbereiches beobachtet werden kann. Bei der Dunkelfeldabbildung (siehe rechte Seite der Abbildung) wird durch Einschaltung geeigneter Ablenkelemente ein für die Abbildung interessierender Beugungsreflex, der ja auf dem Leuchtschirm gut beobachtet werden kann, zur optischen Achse geführt und vom Detektor erfaßt. Als Beispiel ist in Abbildung 9.9 die rastermikroskopische Hellfeldabbildung eines Versetzungsnetzwerkes in einer Antimon-Spaltfolie wiedergegeben, die eine gute Analogie zu vorhandenen konventionellen Durchstrahlungs-Aufnahmen derartiger Objekte zeigt.

Nur kurz erwähnt werden soll die analytische Elektronenmikroskopie, bei der eine Kombination von elektronenoptischer Durchstrahlungs-Abbildung und Elektronenstrahl-Mikroanalyse (s. hierzu Kap. 4.) im Vordergrund steht. Die in der üblichen elektronenmikroskopischen Untersuchungstechnik zu gewinnenden Aussagen über die Morphologie des Objektes (Abbildung) und über dessen Gitterstruktur (Elektronenbeugung) sind auf diese Weise durch eine Mikrobereichsanalyse (Durchmesser des erfaßbaren Mikrobereiches: 0,1 μm) hinsichtlich der chemischen Zusammensetzung des Objekts (Elementspezifik) zu ergänzen. Die elektronenmikroskopische Präparationstechnik soll nur überblicksmäßig beschrieben werden. Sie reicht von der Abdünnung massiver Materialien, über die Ultradünnschnitt-Technik und die Herstellung von Trägerfolien bis zur Abdrucktechnik.

Die in der Durchstrahlungs-Elektronenmikroskopie zu manipulierenden Objektträger sind üblicherweise Netzblenden oder Lochblenden von etwa 3 mm Durchmesser, die mit einem geeigneten Trägerfilm, meist ein Kollodium- oder Kohlefilm (Dicke: ca. 100 Å), versehen sind, auf die die zu untersuchenden Objekte durch eine geeignete Technik (Aufschwimmen, Aufsprühen, Aufdampfen usw.) aufgebracht werden. Bezüglich der Herstellung von Kollodiumfilmen bzw. von Kohlefilmen sei auf Vorschläge von H. Ruska [30] bzw. von Bradley [31] verwiesen.

Bei der Abdünnung massiver Materialien ist die Bereitstellung von Objektträgern bzw. Trägerfolien im allgemeinen nicht nötig. Durch mechanische Vorbehandlung werden zunächst aus dem Untersuchungsmaterial die ins Elektronenmikroskop einsetzbaren Scheibchen von ca. 3 mm Durchmesser und etwa 0,2 mm Dicke hergestellt. Die eigentliche Abdünnung des Objektes erfolgt meist durch chemische bzw. elektrochemische Verfahren. Bei letzterem wird z. B. nach einem Vorschlag von Bollmann [7] das abzudünnende Untersuchungsobjekt als Anode in eine elektrolytische Zelle eingesetzt. Dem Objekt werden zwei bis auf ihre Spitzen durch Lack isolierte Katodendrähte geeignet gegenübergestellt. Der bei entsprechender Spannung und bei ausgewählten Elektrolyten durchzuführende elektrolytische Polierprozeß wird so lange fortgeführt, bis im Zentrum des Objektes eine Perforation erfolgt. Wichtig ist, daß im Verlaufe dieses Prozesses im Bereich der Lochberandungen hinreichend flache keilförmige Gebiete entstehen, die für Elektronen transparent sind. Eine Verbesserung hat diese Präparationstechnik dadurch erfahren, daß durch Anwendung des sogenannten Strahlpolierens bei Benutzung geeignet angeordneter Katoden nur der jeweils abzudünnende Zentralbereich des Objektes aus passend angeordneten Düsen vom Elektrolytstrahl getroffen wird. Für schwierig abzudünnende Materialien, z. B. Keramiken, wird in zunehmendem Maße das Verfahren der Materialzerstäubung durch aufprallende Ionenstrahlen im Energiebereich von einigen Kiloelektronenvolt angewandt.

Das Ultradünnschnittverfahren (Ultramikrotomie) wird im Bereich physikalisch-technischer Objekte sehr viel seltener angewandt als bei biologisch-medizinischen Objekten. Es soll an dieser Stelle deshalb nur auf die einschlägige Literatur (Monographien im Literaturverzeichnis) verwiesen werden. Damit der eigentliche, mit Glasmesser oder mit Diamantmesser durchzuführende Schneidprozeß ausgeführt werden kann, ist eine vorherige Einbettung des zu untersuchenden Objekts notwendig, wobei darauf zu achten ist, daß Einbettungsmittel, meist ein Kunstharz, und Objekt etwa gleiche Härte haben und daß eine gute Haftung zwischen Einbettungsmittel und Objekt gegeben ist.

Auch die für die indirekte Oberflächenabbildung notwendigen Präparationsverfahren der Abdrucktechnik und der Oberflächendekoration sollen in diesem Zusammenhang nur erwähnt werden. Beide Methoden werden zwar mit konventionellen Durchstrahlungs-Elektronenmikroskopen ausgeführt; sie gehören aber nicht zur Durchstrahlungsabbildung im engeren Sinne. Bei der Abdrucktechnik wird von der zu untersuchenden Objektoberfläche ein eng an das Oberflächenrelief sich anschließender Abdruckfilm (meist durch Aufdampfung) hergestellt, der nach Ablösung von der Objektoberfläche stellvertretend für das Objekt durchstrahlt wird. Eine zusammenfassende Darstellung dieser auf Mahl (s. z. B. [32]) zurückgehenden Abdruckverfahren ist z. B. von König [33] gegeben worden. — Die von Bassett [34] erstmalig angewandte Methode der Oberflächendekoration eignet sich besonders zur Abbildung von Stufen atomarer Höhe. Das Grundprinzip dieses Verfahrens besteht darin, daß während eines erfolgenden Aufdampfprozesses eine bevorzugte Anlagerung von Kristallkeimen der Aufdampfsubstanz an solchen Stellen der zu untersuchenden Oberfläche erfolgt, die eine höhere Bindungsenergie für auftreffende Dampfstrahlatome haben als ihre Umgebung. Das Verfahren wurde vor allem von Bethge und Mitarbeitern [35] zur Aufklärung festkörperphysikalischer Fragestellungen eingesetzt.

9.4. Anwendungen

Wenngleich auch die elektronenmikroskopische Untersuchung amorpher Objekte (z. B. Mikroinhomogenitäten in Gläsern und Polymeren) in ihrer Bedeutung nicht zu unterschätzen ist, so liegt doch der Schwerpunkt der Anwendung der Durchstrahlungs-Elektronenmikroskopie in der Festkörperanalyse bei der Untersuchung kristalliner Materialien durch Beugungskontrast. Für den dabei zu erzielenden submikroskopischen Nachweis von Gitterdefekten bzw. Inhomogenitäten interessiert in der Mehrzahl der Fälle nicht nur die geometrische Anordnung der Defekte, sondern auch deren zuverlässige Charakterisierung. Im Abschnitt über Anwendungen soll deshalb die Kristalldefekt-Abbildung durch elektronenmikroskopischen Beugungskontrast an Hand von Beispielen für die Abbildung spezieller Gitterdefekte erläutert werden. Die zu erläuternden Anwendungsbeispiele betreffen dabei im wesentlichen den Zusammenhang zwischen Kristalldefekten und physikalischen Eigenschaften der zu untersuchenden Festkörper.

Bei der Interpretation der Beugungskontrast-Abbildung von Versetzungen ist die Kenntnis der für die Gleichungen (11) und (12) notwendigen Verschiebungsfeldvektoren $\boldsymbol{R}$ Voraussetzung. Während das Verschiebungsfeld einer Schraubenversetzung (s. z. B. [36]) durch den einfachen Ausdruck

$$\boldsymbol{R} = \frac{\boldsymbol{b}}{2\pi} \arctan\left(\frac{z-y}{x}\right) \tag{14}$$

erfaßbar ist, gilt für den Verschiebungsfeldvektor der allg. Versetzung die Beziehung

$$\boldsymbol{R} = \frac{1}{2\pi}\left\{\boldsymbol{b}\Phi + \boldsymbol{b}_e \frac{\sin 2\Phi}{4(1-\nu)} + [\boldsymbol{b}\times\boldsymbol{i}]\left(\frac{1-2\nu}{2(1-\nu)} \ln|\boldsymbol{r}| + \frac{\cos 2\Phi}{4(1-\nu)}\right)\right\}. \tag{15}$$

Die für Gleichungen (14) und (15) gültigen geometrischen Größen sind in bezug auf die jeweils auszuwählende Kristallsäule in der Festkörperfolie in Abbildung 9.10 angegeben. Neben dem Burgers-Vektor $\boldsymbol{b}$ sind in Gleichung (15) weiterhin die Poissonsche Zahl ν und der Richtungsvektor $\boldsymbol{i}$ der Versetzungslinie (Einheitsvektor) enthalten ($\boldsymbol{b}_e$ — Stufenkomponente von $\boldsymbol{b}$).

Zur Bestimmung der Richtung des Burgers-Vektors einer Versetzung kann die Abhängigkeit des Beugungskontrastes vom wirksamen Beugungsreflex, d. h. vom Beugungsvektor $\boldsymbol{g}$, herangezogen werden. Eine Auslöschung des Beugungskontrastes

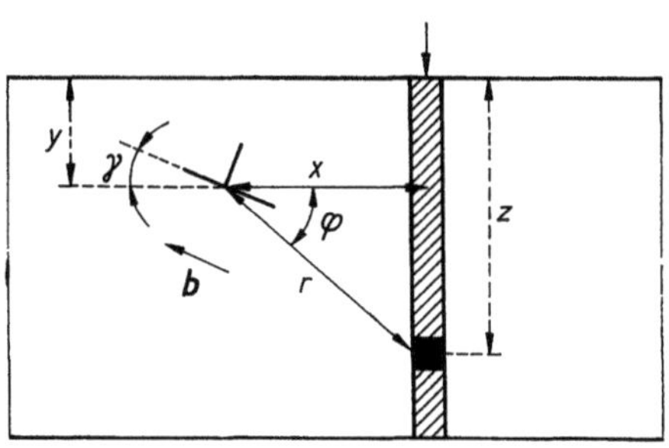

Abb. 9.10. Zur Definition von Bestimmungsgrößen bei der Abbildung von Kristalldefekten

ist ja für den Fall zu erwarten, daß die in Gleichung (13) gegebene Größe β_g' verschwindet. Bei der reinen Schraubenversetzung ist das bereits der Fall, wenn (unter Berücksichtigung von Gl. (14)) das Produkt aus Beugungs-Vektor und Burgers-Vektor gleich Null ist ($\boldsymbol{gb} = 0$), d. h., wenn Beugungsvektor und Burgers-Vektor senkrecht aufeinander stehen. Für den Fall der Stufenversetzung (Verschiebungsvektor gemäß Gl. (15)) ist zusätzlich $\boldsymbol{g}[\boldsymbol{b}\times\boldsymbol{i}] = 0$ zu fordern. In der Praxis ist aber der durch diesen Term bewirkte Kontrast relativ schwach, so daß die Erfüllung der erstgenannten Bedingung ($\boldsymbol{gb} = 0$) auch für diese Situation näherungsweise anwendbar ist. Gelingt es durch Kippen der Folie, den Kontrast einer Versetzung zum Verschwinden zu bringen, so kann durch Auswertung der nunmehr gültigen Beziehung $\boldsymbol{gb} = 0$ — der Beugungsvektor ist ja aus dem zugehörigen Beugungsbild bekannt — der Burgers-Vektor bestimmt werden.

Im allgemeinen gelingt es nicht, bei einer einzigen vorgewählten Einstrahlrichtung die Richtung des Burgers-Vektors eindeutig durch Auslöschung zu bestimmen; denn nicht immer schränken die kristallographischen Bedingungen die möglichen Burgers-Vektoren ausreichend ein. Oft braucht man zwei nichtkomplanare $\boldsymbol{g}$-Vektoren, die man erst bei hinreichend starker Objektkippung erzielt.

Neben der Bestimmung des Burgers-Vektors von Versetzungen ist die Charakterisierung von Versetzungsringen hinsichtlich Leerstellen- und Zwischengittertyp von besonderer Bedeutung. Mehrere Methoden stehen für die Lösung dieser Problematik zur Verfügung, u. a. ein von Edmondson und Williamson [37] angegebenes Verfahren, das auf einer kontinuierlichen Kippung der Probe derart basiert, daß eine Extinktionskontur durch das Bild wandert. Beim Durchwandern der Extinktionskontur durch das Bild ändert sich die Elliptizität der Versetzungsschleifenabbildung, und diese Änderung ist entgegengesetzt für die Fälle der Zwischengitterschleife und

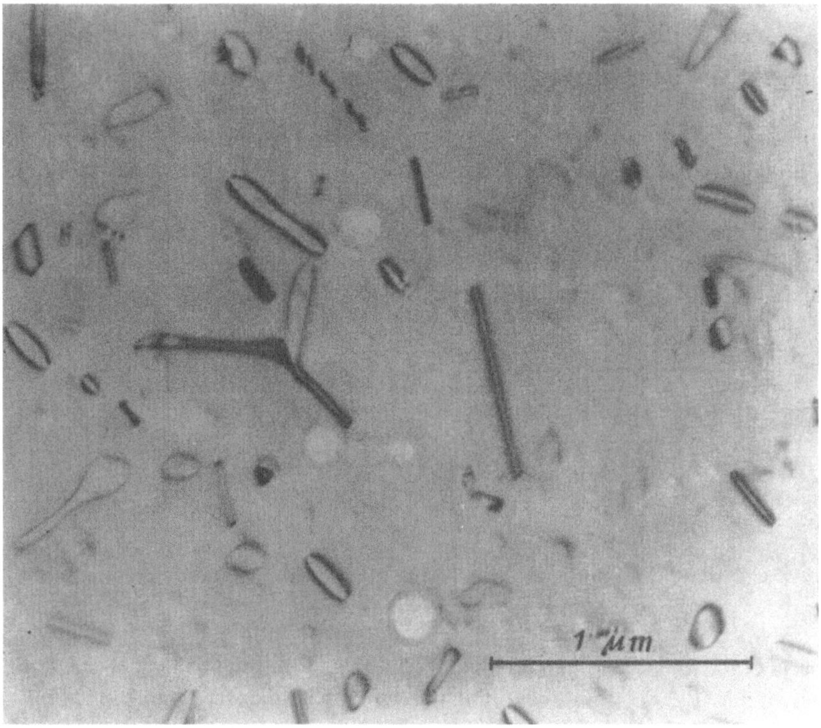

Abb. 9.11. Versetzungsringe in ionenimplantiertem Silicium

der Leerstellenschleife. Auf diese Weise ließen sich z. B. die in Abbildung 9.11 sichtbaren Versetzungsringe, vorwiegend langgestreckt, als Zwischengitterringe identifizieren. Es handelt sich hierbei um Defekte in Silicium, die durch eine Implantation mit Borionen entstanden sind. Für die Kontrastdiskussion ist hierbei zusätzlich die Schräglage der Defekte in der Folie zu berücksichtigen.

Wesentlich für den Anwendungsbereich der Beugungskontrastabbildung ist die in der Praxis erzielbare Auflösung der Defekte, die bei Versetzungsbildern z. B. Profilbreiten von 40—50 nm liefert. Es kann gezeigt werden, daß die Bildbreiten abgebildeter Kristalldefekte, z. B. Versetzungen, bei etwa einem Drittel bis zu einem Fünftel der Extinktionslänge liegen, die üblicherweise einige 100 bis einige 1000 Å beträgt. Die Defektauflösung ist also durch den Wechselwirkungsprozeß zwischen Elektronenstrahlung und Objekt selbst sehr stark begrenzt, und auch der

Einsatz hochauflösender elektronenoptischer Systeme würde in diesem Zusammenhang keine Vorteile bringen. Es läßt sich aber durch gezielte Anwendung spezieller Beugungsbedingungen eine Verbesserung erzielen, insbesondere dann, wenn man in der Orientierung des Kristalls gegenüber dem einfallenden Elektronenstrahl von der exakten Bragg-Orientierung, die einen guten Bildkontrast liefert, um einen Fehlorientierungsbetrag $w = s\xi_g$ abweicht und auf diese Weise gemäß der folgenden Beziehung eine kürzere effektive Extinktionslänge und damit eine bessere Auflösung der Defektstrukturen erzielt:

$$\xi_{g,\mathrm{eff}} = \frac{\xi_g}{\sqrt{1 + w^2}}. \tag{16}$$

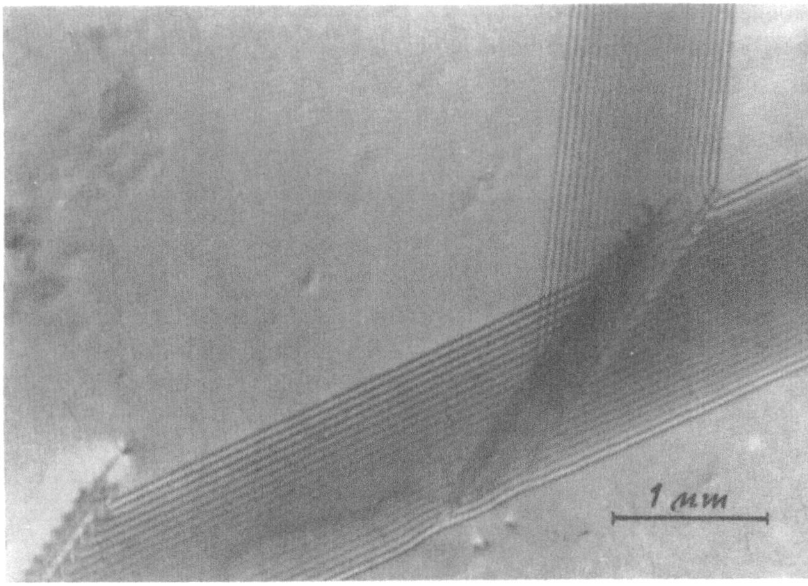

Abb. 9.12. Stapelfehler in einer Silicium-Einkristallfolie

Durch das Abweichen von der idealen Bragg-Orientierung hat man nur noch geringe Intensitäten der zur Abbildung ausgenutzten gebeugten Strahlen; man spricht vom Arbeiten mit schwachen Strahlen (weak beam). Die Grenze für erzielbare Profilbreiten bei der Defektabbildung im Beugungskontrast unter den Bedingungen schwacher Strahlen – die Technik wurde zuerst von Cockayne, Ray und Whelan [38] angegeben – liegt je nach zu untersuchender Substanz und je nach gewählten Beugungsbedingungen z. B. bei einigen 10 Å.

Die bisher diskutierten Anwendungsfälle waren im wesentlichen auf Versetzungen als eindimensionale Kristalldefekte bezogen. Die „nulldimensionellen" Kristalldefekte sind beim gegenwärtigen Stand der Technik in allgemeiner Weise nicht erfaßbar, wenngleich inzwischen die Abbildung einzelner Schwermetallatome – wie oben erwähnt – erzielt wurde. Im Beugungskontrast erfaßbar sind lediglich Punktdefektagglomerate. Zweidimensionale Kristalldefekte (s. z. B. Amelinckx [39]), wie

Stapelfehler, Korngrenzen, Zwillingsgrenzen, sind elektronenmikroskopisch sehr gut erfaßbar. Sie führen meist zu definierten Streifenstrukturen, deren Interpretation — wegen der in diesem Fall häufig möglichen analytisch-geschlossenen Lösungen der Beugungskontrast-Gleichungen (12) — in zuverlässiger Weise möglich ist. Als Beispiel sind in Abbildung 9.12 Stapelfehler in einer Silicium-Einkristallfolie wiedergegeben.

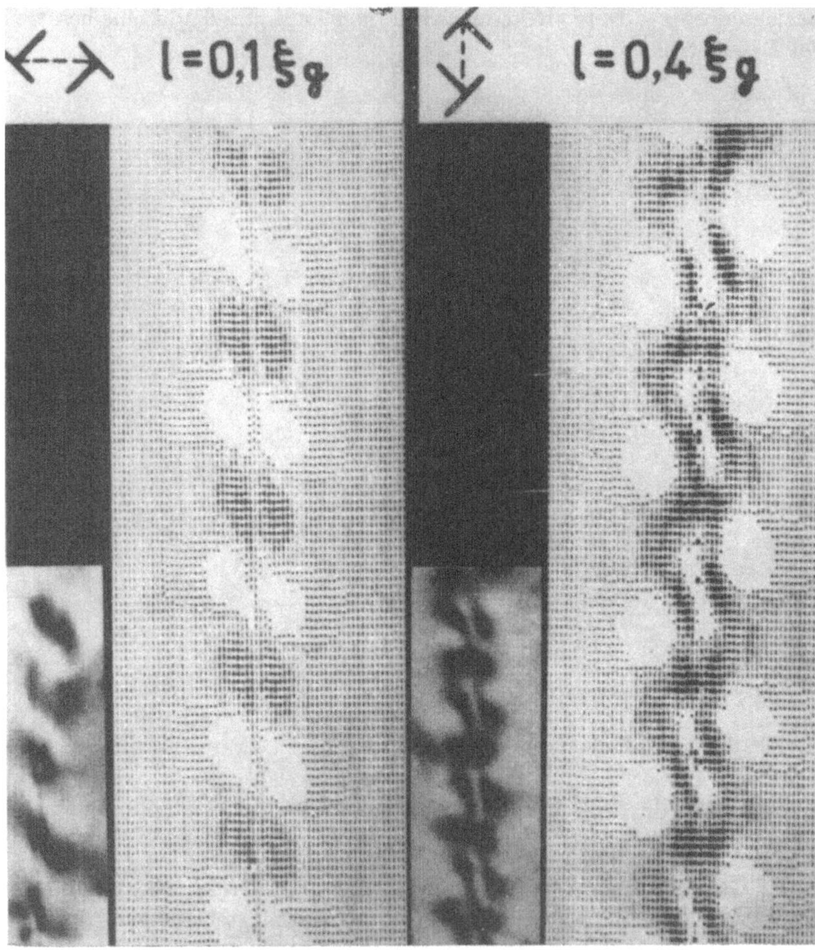

Abb. 9.13. Vergleich elektronenmikroskopischer Aufnahmen und computersimulierter Abbildungen von schräg in einer Kristallfolie liegenden Versetzungsdipolen

Dreidimensionale Kristalldefekte, z. B. Ausscheidungen, sind häufig nicht allein durch die durch sie verursachten Gitterverzerrungen im Beugungskontrast nachzuweisen, sondern auch über den massenspezifischen Streuabsorptionskontrast.

Über die systematische Variation der Beugungsbedingungen hinausgehend, erweist es sich bei der Analyse von Kristalldefekten in der Elektronenmikroskopie oftmals als notwendig, eine Computersimulation des kompletten elektronenmikroskopischen Beugungskontrastbildes vorzunehmen. Im Hinblick auf die beschränkte

Auflösung der Beugungskontrastabbildung betrifft diese Computersimulation lediglich den Beugungsprozeß beim Durchgang des Elektronenstrahls durch die Kristallfolie. Die Einflüsse der Unzulänglichkeiten des benutzten elektronenoptischen Systems (Öffnungsfehler der Objektivlinse usw.) werden — da sie in diesem Falle von untergeordneter Bedeutung sind — nicht berücksichtigt. Die Computersimulation ist z. B. wichtig für die Analyse von Kristallbaufehlern, die längs ihrer Ausdehnung unterschiedliche Intensitätsprofile in der Abbildung besitzen, z. B. schräg in der

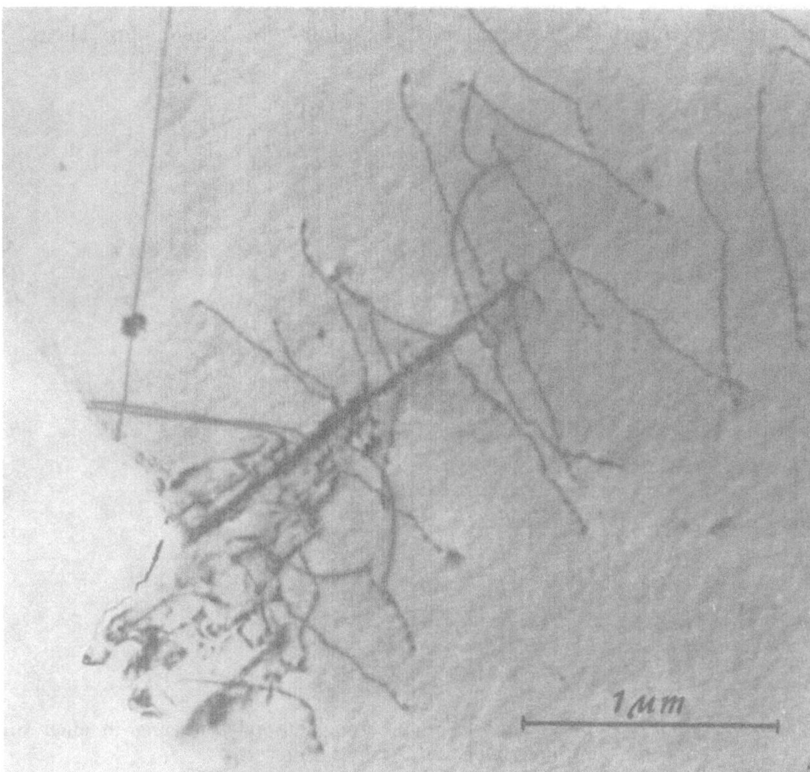

Abb. 9.14. Versetzungen in der Umgebung einer Rißspitze in einer Magnesiumoxid-Einkristallfolie

Kristallfolie liegende Versetzungen. Aus einer Vielzahl errechneter Intensitätswerte, die jeweils einzelnen Punkten der Kristallaustrittsfläche zuzuordnen sind, läßt sich ein computersimuliertes Bild zusammensetzen, das mit entsprechenden Schwärzungswerten auszudrucken ist und so mit der echten elektronenmikroskopischen Aufnahme verglichen werden kann. Die Methode der Computersimulation von Kristalldefekt-Elektronenmikrogrammen, auf die im einzelnen nicht eingegangen werden soll, wurde zuerst von Head und Mitarbeitern [40] angewandt und hat sich seither sehr bewährt. Als Beispiel (siehe [41]) zeigt Abbildung 9.13 einen Vergleich elektronenmikroskopischer Aufnahmen und computersimulierter Abbildungen von schräg in der Kristallfolie liegenden Versetzungsdipolen. Im Falle a) liegt die Verbindungsgerade der beiden den Dipol bildenden Einzelversetzungen, die einen Abstand von 0,1 Extinktionslängen voneinander haben, parallel zur Folienoberfläche. Der Fall b) ist dadurch gekennzeichnet, daß die Dipolebene senkrecht zur Oberfläche der Kristallfolie liegt und daß die Einzelversetzungen einen Abstand von 0,4 Extinktionslängen voneinander haben.

Zwei abschließende Anwendungsbeispiele sollen den Zusammenhang zwischen Kristalldefekten und mechanischen bzw. elektrischen Eigenschaften verdeutlichen. Abbildung 9.14 zeigt in einer Beugungskontrast-Aufnahme die Umgebung einer Rißspitze in einer Magnesiumoxid-Kristallfolie von einigen μm Dicke. Die durch

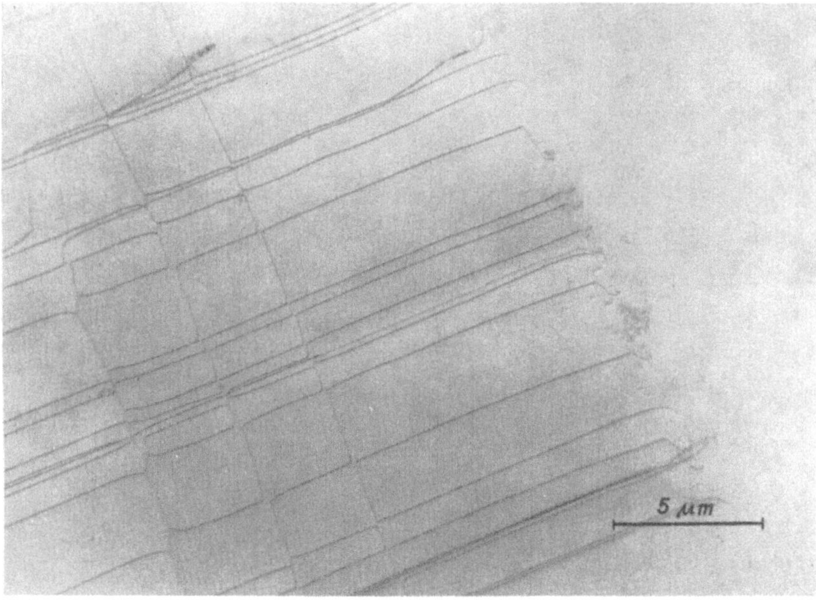

Abb. 9.15. Versetzungsanordnung an einem pn-Übergang in einer Silicium-Bauelemente-Anordnung nach der Bor-Diffusion
(Aufnahme: M. Pasemann, H.-J. Hagel)

den Rißverlauf gegebenen Spannungen im Bereich der Rißspitze haben zu einer besonderen Anordnung von Versetzungen geführt, deren dynamisches Verhalten die weitere Ausbreitung des Risses steuert. Die Aufklärung derartiger Mikroprozesse der Plastizität und des Bruches hat eine besondere Bedeutung für die Erfassung der Ursachen des Festigkeitsverhaltens von Festkörpern. — Bei der Erfassung des Zusammenhanges zwischen Defektstruktur und elektrischen Eigenschaften von Werkstoffen und Bauelementen der Elektronik ist u. a. der Versetzungsverlauf im Bereich von pn-Übergängen von Bedeutung. Abbildung 9.15 gibt ein Beispiel für die Anordnung von Versetzungen im pn-Übergang einer Silicium-Einkristallfolie.

9.5. Zusammenfassung

Die konventionelle Durchstrahlungs-Elektronenmikroskopie wie auch die in zunehmendem Maße eingesetzte Raster-Durchstrahlungselektronenmikroskopie arbeitet im Auflösungsbereich einiger Ångström. Der sich ergebende Bildkontrast ist stets ein Phasenkontrast im weitesten Sinne. Für Routine-Untersuchungen erweist sich beim amorphen Objekt das Konzept des Streuabsorptionskontrastes, beim kristallinen Objekt das des Beugungskontrastes als nützlich. In der Festkörperanalyse nimmt das auf kristalline Objekte anwendbare Verfahren des Beugungskontrastes eine besondere Stellung ein. Es können damit Kristalldefekte abgebildet werden, ohne daß eine eigentliche Gitterauflösung erforderlich ist. Bei der Kristalldefekt-Abbildung durch Beugungskontrast ist zu berücksichtigen, daß — gegeben durch den Wechselwirkungsprozeß zwischen Elektronenbündel und Festkörper — die erzielbaren Profilbreiten üblicherweise bei einigen 100 Å liegen und lediglich durch das Arbeiten mit sogenannten schwachen Strahlen in den 10-Å-Bereich vorgestoßen werden kann. Für die Charakterisierung der abgebildeten Kristalldefekte erweist sich in besonderen Fällen eine Computersimulation der Kristalldefekt-Abbildung als notwendig. — Der moderne Entwicklungstrend in der Durchstrahlungs-Elektronenmikroskopie geht in Richtung einer laufenden Verbesserung der Raster-Durchstrahlungselektronenmikroskopie als zweite Variante der Durchstrahlungsabbildung, die im Rahmen der erzielbaren Auflösungswerte den Vorteil der direkten elektronischen Bildauswertung bietet. Zunehmend an Bedeutung gewinnen die Methoden der optischen bzw. elektronischen Bildauswertung, die einerseits eine verläßliche Bildrekonstruktion ermöglichen und andererseits Unzulänglichkeiten des elektronenmikroskopischen Abbildungsprozesses nachträglich zu eliminieren gestatten. Über die durch elastisch gestreute Elektronen erzielbare Objektinformation hinausgehend wird in Form der Energiefilter- bzw. Energieanalyse-Elektronenmikroskopie (konventionelle wie auch Rastervariante) ein zusätzlicher Informationsgewinn durch Berücksichtigung unelastisch gestreuter Elektronen genutzt. Gerätetechnisch ist hier die echte Koppelung von Elektronenmikroskopie und Elektronenspektroskopie zu realisieren. Die in der Durchstrahlungsabbildung bzw. im zugehörigen Beugungsdiagramm vorhandenen Informationen über die Morphologie und über die Gitterstruktur des Objekts werden in der analytischen Elektronenmikroskopie durch Einsatz röntgenspektrometrischer Verfahren hinsichtlich der Aussage über die chemische Zusammensetzung in Mikrobereichen (Elementspezifik) ergänzt. — (Vgl. auch „Ergänzung“ S. 233.)

9.6. Literatur

Übersichtsliteratur

— Agar, A., et al.: Principles and practice of electron microscope operation, Amsterdam 1974.
— Ardenne, M. v.: Elektronen-Übermikroskopie, Berlin 1940.
— Borries, B. v.: Die Übermikroskopie, Berlin 1949.
— Brammer, I. S., Dewey, M. A. P.: Specimen preparation for electron metallography, Oxford 1966.
— Cosslett, V. E.: Practical electron microscopy, London 1951.
— Goodhew, P. J.: Specimen preparation in materials science, Amsterdam 1973.
— Haine, M. E., et al.: The electron microscope, London 1961.
— Hall, C. E.: Introduction to electron microscopy, New York 1953.
— Hawkes, P. W.: Electron optics and electron microscopy, London 1972.
— Head, A. K., et al.: Computer electron micrographs and defect identification, Amsterdam 1973.
— Heidenreich, R. D.: Fundamentals of transmission electron microscopy, New York 1964.

- Heimendahl, M. v.: Einführung in die Elektronenmikroskopie: Verfahren zur Untersuchung von Werkstoffen und anderen Festkörpern, Braunschweig 1970.
- Hirsch, P. B., et al.: Electron microscopy of thin crystals, London 1965.
- Hornbogen, E.: Durchstrahlungs-Elektronenmikroskopie fester Stoffe, Weinheim 1971.
- Techniques for electron microscopy (Ed. D. Kay), Oxford 1961.
- Elektronnomikroskiceskie izobrazeniaj dislokacij i defektov upakovki (Hrsg.: V. M. Kosevic, L. S. Palatnik), Moskau 1976.
- Loretto, M. H., Smallmann, R. E.: Defect analysis in electron microscopy, London 1975.
- Luk'janovic, V. M.: Elektronnaja mikroskopija v fizikochimiceskich issledovanijach, Moskau 1960.
- Traité de microscopie électronique (Ed. C. Magnan), Paris 1961.
- Mahl, H., Gölz, E.: Elektronenmikroskopie, Leipzig 1951.
- Müller, H.: Präparation von technisch-physikalischen Objekten für die elektronenmikroskopische Untersuchung, Leipzig 1962.
- Murr, L. E.: Electron optical applications in materials science, New York 1970.
- Nestler, K.-G.: Einführung in die Elektronenmetallographie: Eisen und Stahl, Leipzig 1961.
- Picht, J., Heydenreich, J.: Einführung in die Elektronenmikroskopie, Berlin 1966.
- Piljankevic, A. N.: Praktika elektronnojmikroskopii, Moskau 1961.
- Reimer, L.: Elektronenmikroskopische Untersuchungs- und Präparationsmethoden, Berlin 1959.
- Schimmel, G.: Elektronenmikroskopische Methodik, Berlin 1969.
- Methodensammlung der Elektronenmikroskopie (Hrsg. G. Schimmel, W. Vogell), Stuttgart 1973.
- Modern developments in electron microscopy (Ed. B. M. Siegel), New York 1964.
- Thomas, G.: Transmission electron microscopy of metals, New York 1962.
- Utevskij, L. M.: Difrakcionnaja elektronnaja mikroskopija v metallovedenii, Moskau 1973.
- Wischnitzer, S.: Introduction to electron microscopy, Oxford 1962.
- Wyckoff, R. W. G.: Electron microscopy: technique and applications, New York 1949.
- Zworykin, V. K., et al.: Electron optics and the electron microscope, London 1957.
- Monographs in practical electron microscopy in material science (Ed. J. W. Edington), London 1974—1976.

Originalliteratur

[1] Hanssen, H. J., Morgenstern, B., Z. angew. Phys. **19** (1965) 215.
[2] Lenz, F., Scheffels, W., Z. Naturf. **13a** (1958) 226.
[3] Molière, G., Z. Naturf. **2a** (1947) 133.
[4] Thomas, L. H., Proc. Camb. Phil. Soc. **23** (1926) 542. — Fermi, E., Z. Phys. **48** (1928) 73.
[5] Boersch, H., Ann. Phys. Leipzig **26** (1936) 631.
[6] Hirsch, P. B., Horne, R. W., Whelan, M. J., Phil. Mag. **1** (1956) 677.
[7] Bollmann, W., Phys. Rev. **103** (1956) 1588.
[8] Bauer, E.: Elektronenbeugung — Theorie und Praxis und industrielle Anwendung, München 1958.
[9] Howie, A., Whelan, M. J., Proc. Roy. Soc. **A 263** (1961) 217.
[10] Howie, A., Whelan, M. J., Proc. Roy. Soc. **A 267** (1962) 206.
[11] Wilkens, M., phys. stat. sol. **6** (1964) 939.
[12] Wilkens, M., phys. stat. sol. **13** (1966) 529.
[13] Hashimoto, H., Howie, A., Whelan, M. J., Proc. Roy. Soc. **A 269** (1962) 80.
[14] Borries. B. von, Lenz, F., Proc. Stockh. Conf. El. Micr. (1956), 60.
[15] Uyeda, R., J. Phys. Soc. Jap. **10** (1955) 256.
[16] Menter, J. W., Proc. Roy. Soc. **A 236** (1956) 119.
[17] Cowley, J. M., Appl. Phys. Lett. **15** (1969) 58.
[18] Crewe, A. V., Wall, J., Optik (Stuttgart) **30** (1970) 461.
[19] Boersch, H., Ann. Phys. Leipzig **27** (1936) 75.
[20] Le Poole, J. B., Philips Technische Rundschau **9** (1947) 33.

[21] THOMSON, G. P., Proc. Roy. Soc. **A 117** (1928) 600; **A 119** (1928) 651.
[22] LEBEDEFF, A. A., Nature, Lond. **128** (1931) 491.
[23] BOERSCH, H., Z. techn. Phys. **20** (1939) 346.
[24] RUSKA, E., Z. Phys. **87** (1934) 580.
[25] BORRIES, B. VON, RUSKA, E., Naturwissenschaften **27** (1939) 577; Z. wiss. Mikr. **56** (1939) 317.
[26] UYEDA, W., et al., J. appl. Phys. **43** (1972) 5181.
[27] CREWE, A. V., WALL, J., WELTER, L. M., J. appl. Phys. **39** (1968) 5861.
[28] CREWE, A. V., WALL, J., LANGMORE, J., Science **168** (1970) 1338.
[29] HASHIMOTO, H., et al., Jap. J. appl. Phys. **10** (1971) 1115.
[30] RUSKA, H., Naturwissenschaften **27** (1939) 287.
[31] BRADLEY, D. E., Brit. J. appl. Phys. **5** (1954) 65.
[32] MAHL, H., Naturwissenschaften **30** (1942) 207.
[33] KÖNIG, H., Ergebn. exakt. Naturwiss. **27** (1953) 188.
[34] BASSETT, G. A., Phil. Mag. **3** (1958) 1042.
[35] BETHGE, H., phys. stat. sol. **2** (1962) 3.
[36] READ, W. T., Dislocations in Crystals, London 1953.
[37] EDMONDSON, B., WILLIAMSON, C. K., Phil. Mag. **9** (1964) 277.
[38] COCKAYNE, D. J. H., RAY, I. L. F., WHELAN, M. J., Phil. Mag. **20** (1969) 1265.
[39] AMELINCKX, S., The Study of Planar Interfaces by means of electron microscopy, in: Modern diffraction and imaging techniques in materials science (Eds.: S. AMELINCKX et al.), Amsterdam 1970, S. 257ff.
[40] HEAD, A. K., Aust. J. Phys. **20** (1967) 557. HUMBLE, P., Aust. J. Phys. **21** (1968) 325.
[41] SCHEERSCHMIDT, K., HEYDENREICH, J., phys. stat. sol. (a) **42** (1977) 47.

Ergänzung während der Drucklegung

Auf dem Gebiete der Hochauflösungs-Elektronenmikroskopie wird seit einigen Jahren der Abbildung von Atomanordnungen, insbesondere in Defektkonfigurationen, und deren zuverlässiger Interpretation (s. z. B. [42, 43]) starke Beachtung geschenkt. In der analytischen Elektronenmikroskopie (= Kombination von abbildenden und spektrometrischen Verfahren) gelangt neben der Röntgenspektrometrie und der Auger-Spektrometrie in zunehmendem Maße die Energieverlust-Elektronenspektroskopie zur chemischen Substanzdifferenzierung mit hohem Lokalisierungsgrad zum Einsatz (s. hierzu z. B. [44, 45]).

[42] YOSHIDA, H., HASHIMOTO, H., YOKOTA, Y., Proc. 9. Internat. Congr. Electron Microscopy (Toronto) **1** (1978) 306.
[43] COWLEY, J. W., Proc. 9. Internat. Congr. Electron Microscopy (Toronto) **3** (1978) 207.
[44] SILCOX, J., Ultramicroscopy **3** (1978) 409.
[45] LEAPMAN, R. D., Ultramicroscopy **3** (1978) 413.

10. Oberflächen-Elektronenmikroskopie

(J. Heydenreich, H. Johansen, Halle)

10.1. Grundprinzip

Parallel zur Durchstrahlungs-Elektronenmikroskopie, bei der eine Abbildung von Oberflächen nur mittelbar durch Anwendung der Abdruck- bzw. Dekorationstechnik möglich ist, werden in zunehmendem Maße elektronenoptische Verfahren zur Direktabbildung von Oberflächen eingesetzt. Als wichtigste Verfahren sind in diesem Zusammenhang die Oberflächen-Rasterelektronenmikroskopie, die Emissionsmikroskopie und die Spiegel-Elektronenmikroskopie zu nenen. Die Oberflächen-Rasterelektronenmikroskopie — im folgenden kurz als *Raster-Elektronenmikroskopie* (*REM*) bezeichnet — bietet dabei mit Abstand die universellsten Einsatzmöglichkeiten.

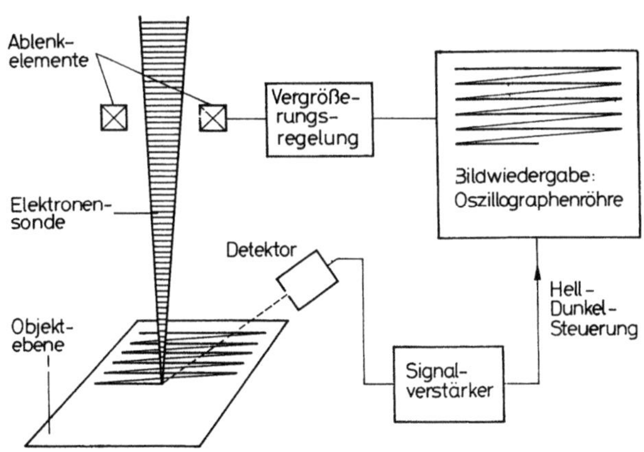

Abb. 10.1. Grundprinzip des Oberflächen-Rasterelektronenmikroskops

Das Grundprinzip der REM ist in Abbildung 10.1 wiedergegeben: Während die interessierende Objektoberfläche punktweise mit einer Elektronensonde geringer Ausdehnung abgerastert wird, läuft synchron ein Elektronenstrahl über die Bildfläche einer Oszillographenröhre. Die Vergrößerung als das Verhältnis der Größe des abgerasterten Bildbereiches zur Größe des abgerasterten Objektbereiches ist durch Anwendung von Strahlablenkelementen in einfacher Weise elektronisch einstellbar. Die eigentliche Bildkontrastentstehung basiert darauf, daß die bei der Wechselwirkung zwischen Elektronensonde und jeweiligem Objektpunkt entstehenden Signale der verschiedensten Art in einem Detektor erfaßt, entsprechend verstärkt und schließlich zur Hell-Dunkel-Steuerung des bilderzeugenden Elektronenstrahls einer Oszillographenröhre benutzt werden. Die Universalität des REM rührt vor allem von der Vielzahl der für die Informationsgewinnung ausnutzbaren physikalischen Wechselwirkungsprozesse zwischen Elektronensonde und Objekt her, von denen als wichtigste zu nennen sind:

1. Emission von Sekundärelektronen (SE)
2. Reflexion von Elektronen (RE)
3. Auslösung von Katodolumineszenzstrahlung (KL)
4. Absorption von Elektronen (AE)
5. Erzeugung von Elektronen-Loch-Paaren (EBIC)
6. Auslösung von Auger-Elektronen
7. Channelling-Effekt (bei kristallinen Objekten).

Bezüglich des Prozesses der Emission von Röntgenstrahlung und deren spektrometrischer Analyse, die die Grundlage der vielseitig angewandten Elektronenstrahl-Mikroanalyse bildet, sei auf Kap. 4. verwiesen.

In der *Emissionsmikroskopie* wird die Oberfläche der Elektronen aussendenden Katode selbst als Untersuchungsobjekt betrachtet. Durch eine geeignete Anordnung elektronenoptischer Elemente, im wesentlichen durch Benutzung einer Katodenlinse, wird mit Hilfe der an der Katode emittierten Elektronen eine Abbildung der Objektoberfläche derart erzielt, daß die Emissionsverteilung der Katodenoberfläche sichtbar wird. Der Bildkontrast entsteht so durch die vom Material und auch von der Objektgeometrie abhängige unterschiedliche Emissionsfähigkeit einzelner Objektbereiche. Zur Elektronenauslösung an der zu untersuchenden Oberfläche werden sowohl die Aufheizung des Objektes (thermische Emission), der Ionenbeschuß (ioneninduzierte Emission), der Elektronenbeschuß (Sekundäremission) als auch die Bestrahlung mit ultraviolettem Licht (Fotoemission) angewandt. Der Vorzug der Emissionsmikroskopie liegt in der Möglichkeit der Untersuchung extrem glatter Oberflächen, bei denen sich in der REM nur relativ schwache Bildkontraste ergeben würden.

Im Gegensatz zur REM und zur Emissionsmikroskopie werden in der *Spiegel-Elektronenmikroskopie* Informationen über eine Objektoberfläche gewonnen, ohne daß es zu einer direkten Wechselwirkung zwischen abbildendem Elektronenbündel und Untersuchungsobjekt kommt. Die Ursache hierfür ist darin begründet, daß die zu untersuchende Objektoberfläche in der Spiegel-Elektronenmikroskopie auf einem negativeren Potential als dem der Katode gehalten wird, so daß ein gegen die Objektoberfläche (Spiegelelektrode) gerichtetes Elektronenbündel von der Objektoberfläche reflektiert wird. Die Übertragung der Objektinformation erfolgt somit mittelbar über das durch Inhomogenitäten der Objektoberfläche gestörte Potentialfeld vor dem Objekt, das seine Ursache sowohl im geometrischen Relief der Objektoberfläche als auch in elektrischen Oberflächeninhomogenitäten haben kann. Auch der Einfluß magnetischer Felder kann erfaßt werden. Der elektronenoptische Strahlengang im Spiegel-Elektronenmikroskop führt in der üblicherweise angewandten Technik nicht zu einer echten Abbildung, sondern nur zu einer in der lateralen Auflösung stark begrenzten Schattenabbildung. Im Gegensatz zum stark eingeschränkten lateralen Auflösungsvermögen sind Tiefenerkennbarkeit und Felderkennbarkeit des Elektronenspiegelmikroskops den anderen Verfahren zur direkten Abbildung von Oberflächen überlegen. Die Spiegel-Elektronenmikroskopie wird deshalb vorzugsweise dort eingesetzt, wo schwache Feldinhomogenitäten mit entsprechendem Lokalisierungsgrad zu erfassen sind.

10.2. Theoretische Grundlagen

Der Abbildungsprozeß in der Oberflächen-Rasterelektronenmikroskopie beruht physikalisch auf dem Streu- und Diffusionsverhalten eindringender Primärelektronen in einem amorphen oder kristallinen Festkörper. Die aufgewendeten Elektronenenergien bewegen sich zwischen einigen Hundert eV (Niederspannungs-REM [1]) und etwa 50 keV, und es ist innerhalb dieses Bereiches zur Erzielung und Ausnutzung einer bestimmten Wechselwirkung (Mode, s. 10.1.) bzw. in einem gewählten Mode zur spezifischen Erfassung einer bestimmten Objekteigenschaft erforderlich, die Anregungsenergie der Primärelektronen (PE) auf 100 eV (im Bereich unter 2 keV) bzw. auf 1 keV genau (im Bereich zwischen 2 und etwa 20 keV) einzustellen. Abhängig von der Energie, der Intensität (Richtstrahlwert) und dem Durchmesser der abtastenden Elektronensonde (Erzeugung und Parameter s. 10.3.) sowie deren Ablenkamplitude in beiden Richtungen über dem Objektbereich (Vergrößerung) erhält man verschiedene Weite des lateralen und räumlichen Auflösungsvermögens in den einzelnen Moden, der Tiefenschärfe (diese ist nicht mit der Tiefeninformation zu verwechseln, s. u.) und der physikalischen Spezifik des Bildkontrastes (z. B. Reflexionskoeffizienten, Rekombinationsverhalten, Ausbeuten). Besondere Bedeutung haben dabei von der Kristallstruktur des Objektes abhängige Effekte (*Channelling* [2]). Das Auflösungsvermögen ist entscheidend von der Größe des Anregungsvolumens der jeweiligen physikalischen Wechselwirkung der Elektronen im Festkörper und von den bei einem bestimmten, vorgegebenen Sondenstrom erzielbaren Signal/Rausch-Verhältnis des verwendeten Detektionssystems abhängig. Das bedeutet, daß für jeden Mode ein *günstigster*, d. h. optimaler Sondenstromdurchmesser existiert, der durch diese beiden Faktoren bestimmt wird, so z. B. für Oberflächenuntersuchungen im Hochauflösungsbereich zwischen 25 und 200 Å liegend (Sondenströme zwischen 10^{-10} und 10^{-12} A), dagegen für Elektronen-Channelling-Diagramme (s. u.) mit einer Winkelauflösung von 10^{-2} rad (Sondenströme etwa 10^{-8} A) zwischen 0,2 und 2 µm.

Zwischen Strahlstrom i_b, Richtstrahlwert B (in A/cm² · sterad), Öffnungswinkel α und Gaußschem Durchmesser d_g der Sonde besteht für den Fall, daß Beugungs- und Aberrationsfehler nicht berücksichtigt werden, die grundlegende Beziehung

$$i_b = \frac{\pi^2}{4} d_g{}^2 \cdot B \sin^2 \alpha , \tag{1}$$

die sich aus der Gleichung von Langmuir $j_m = j_0 (1 + eE/kT) \sin^2 \alpha$ für die maximal in einer fokussierbaren Sonde erzielbare Stromdichte j_m (in A/cm²) herleitet [3] (j_0 — Emissionsstromdichte der Katode, e — elektrische Elementarladung, E — Sondenenergie, k — Boltzmannkonstante, T — Katodentemperatur, α — halber Öffnungswinkel der Sonde, Apertur). Im Anwendungsfall muß der Gaußsche Sondendurchmesser d_g durch den totalen Sondendurchmesser

$$d = \sqrt{d_g^2 + d_f^2 + d_s^2 + d_c^2 + d_a^2} \tag{2}$$

ersetzt werden (d_f — Beugungs-, d_s — sphärischer Aberrations-, d_c — chromatischer Aberrations-, d_a — axialer astigmatischer Einfluß), wobei sich je nach dem dominierenden Einfluß von d_s oder d_c (letzter bei Energiebreiten > 1 eV in der Sonde) verschiedene *kleinste*, theoretische Werte des Sondendurchmessers ergeben.

Die Größen d_s und d_c lassen sich durch folgende Beziehungen ausdrücken [4]

$$d_s = 0{,}68 C_s^{1/4} \lambda^{3/4} (1 + i_b/i_0)^{3/8} \tag{3}$$

$$d_c = 1{,}1 \lambda^{1/2} (C_c \, \Delta E/E^{1/2} (1 + i_b/i_0)^{1/4} \tag{4}$$

(λ — Wellenlänge der zur Abbildung benutzten Elektronen der Energie E, C_s und C_c — Öffnungsfehlerkonstante und Farbfehlerkonstante der benutzten Objektivlinse, ΔE — Energiebreite der Elektronen, i_b — Strahlstrom in der Objektebene, i_0 — Katoden-Emissionsstrom). Als typische Werte für die Benutzung einer Objektivlinse von 1 cm Brennweite können angesehen werden: $C_s = 2$ cm, $C_c = 0{,}8$ cm. Rechnet man mit einer Energiebreite ΔE der Elektronen von 1 eV, so erhält man mit (3), (4) und (1) aus (2) Sondendurchmesser von 50—70 Å bei Elektronenenergien von 15—25 keV (zugehörige Elektronenwellenlängen: 0,1—0,08 Å). Hierbei wurde angenommen, daß im angegebenen Energiebereich d_f und d_a klein gegenüber den anderen in (2) angegebenen Größen sind. Bei Benutzung von Feldemissionskatoden (s. Abschn. 10.3) und Elektronenenergien von $E = 80$—100 keV erhält man für die Oberflächenabbildung geeignete Sondendurchmesser von 20—30 Å. Bei der Abbildung mit Sekundärelektronen wird unter günstigen Bedingungen ein Auflösungsvermögen erzielt, das dem benutzten Sondendurchmesser d entspricht. Eine für REM gültige exakte Angabe einer theoretischen Auflösungsgrenze — etwa wie in der Durchstrahlungs-Elektronenmikroskopie — ist nicht möglich, da hierbei nicht ausreichend bekannte Größen aus der Diffusionstheorie von Elektronen in Materie [5] eingehen.

Der minimal nachweisbare Kontrast zwischen zwei benachbarten Elementen wird durch den Unterschied der erfaßbaren Signalausbeuten $\Delta S/S$ zwischen ihnen bestimmt. Hierfür gilt bei einem gegebenen Signal/Rausch-Verhältnis des Detektionssystems [6]

$$(\Delta S/S)_{\min} = K\{e N_f/\tau_f i_{\min}(1 + b)\}^{1/2}. \tag{5}$$

Darin bedeuten $K = 1 \cdots 6$ ein Maß für die Empfindlichkeit des kontrastregistrierenden Systems (Auge, Filmmaterial), e die elektrische Elementarladung, τ_f die Bildperiode, N_f die Zahl der Bildpunkte pro Bildperiode, $i_{\min}$ den minimal erforderlichen Sondenstrom und b eine Konstante ($b \approx 20$ für $E_0 = 20$ keV [7]). Aus (5) folgt, daß $(\Delta S/S)_{\min} \sim 1/i_{\min}^{1/2}$ ist und daß $i_{\min}$ durch eine Verlängerung der Bildperiode τ bzw. durch einen Integrationsvorgang über mehrere Bildperioden vermindert werden kann.

Die Tiefenschärfe der REM-Oberflächenabbildung

$$\Delta f = d/\mathrm{tg}\,\alpha \approx d/\alpha \qquad \text{für} \qquad \alpha \leqq 10^{-2}\ \text{rad} \tag{6}$$

ist wesentlich größer als der Sondendurchmesser d, da die Sondenapertur α wegen möglichst kleiner Aberrationsfehler bei 10^{-2}—10^{-3} rad liegt. Sie ist damit auch wesentlich größer als bei einer lichtmikroskopischen Abbildung, in der Auflösungsvermögen und Tiefenschärfe etwa gleich groß sind.

In der Praxis der REM erzielbare Tiefenschärfenwerte sind in Abbildung 10.2 graphisch dargestellt.

In den Anregungsvolumina der einzelnen detektierbaren Signale im Festkörper (Abb. 10.3, schematisch) sind zunächst die direkt von der Sonde an der Oberfläche ausgelösten Sekundärelektronen SE_d, die für eine hochauflösende Abbildung allein

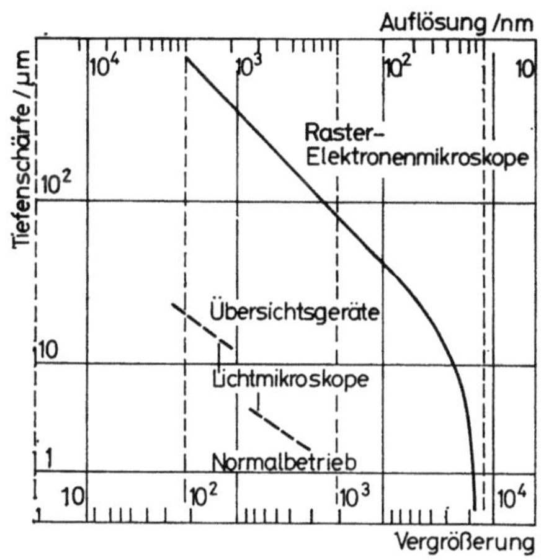

Abb. 10.2. Abhängigkeit der Tiefenschärfe des REM von der Auflösung bzw. der Vergrößerung

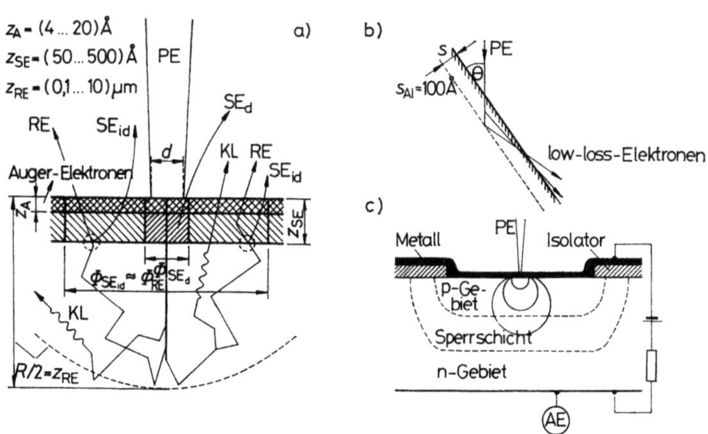

Abb. 10.3. Schematisches zur Bildentstehung im REM
a) Anregungsvolumen (SE/RE/KL)
b) Bildkontrast durch reflektierte Elektronen geringen Energieverlustes (low-loss)
c) Abbildungsmoden: EBIC, absorbierte Elektronen (AE)

maßgeblich sind, von den aus gleicher Tiefe, aber aus wesentlich größerem lateralen Bereich austretenden indirekten, durch rückgestreute Primärelektronen (PE) ausgelösten Sekundärelektronen SE_{id} zu trennen, Abbildung 10.3a. Beide Signale unterscheiden sich nicht in der (totalen) Emissionstiefe (30 ··· 100 Å für Metalle, 100 ··· 500 Å für Isolatoren [8]) und nicht in der Energieverteilung (Lage der Maxima in Abhängigkeit von der PE-Energie zwischen 100 und 800 eV für Metalle [9], zwischen 300 und 1800 eV für Isolatoren [10]), sondern lediglich in der Größe ihrer effektiven Austrittsbereiche (∅ SE_d ≈ Sondendurchmesser + 20%, ∅ SE_{id} ≈ ∅ RE, rückgestreute Elektronen [11]) und damit in der „Transitzeit" zwischen Emissionsort und Detektor ($\leqq 10^{-9}$ s). Zu den SE werden vereinbarungsgemäß [12] alle emittierten Elektronen mit Energien $\leqq$ 50 eV gezählt. Die wahrscheinlichste Energie der SE beträgt 1—5 eV, und etwa 70% der SE haben eine Energie $<$ 15 eV. Für die große Mehrheit der Objekte gilt, daß die Emissionstiefe der SE um ein bis zwei Größenordnungen kleiner ist als die Eindringtiefe der PE. In der hochauflösenden Oberflächen-REM tragen die SE_{id} nur zum Rauschanteil des Signals bei, dies ist jedoch bei gewöhnlichen Richtstrahlwerten der Sonde (10^4 A/(cm^2 · ster)) um so bedeutungsvoller für die Abbildungsqualität, da die SE_{id}-Ausbeute pro einfallendem PE 4···6mal größer ausfällt als die der SE_d [13]. Zur echten Information tragen die SE_{id} nur bei kleinen Vergrößerungen bei, die Vergrößerungsgrenze ihrer Bildwirksamkeit wird durch das Verhältnis der PE-Eindringtiefe zur Seitenlänge des abgetasteten Objektbereiches bestimmt [14]. — Für leitende Objekte gilt, daß die totale SE-Ausbeute $\delta_{SE} = \delta_{SE_d} + \delta_{SE_{id}}$ annähernd umgekehrt proportional zur PE-Energie abnimmt [15]. Seitens der Objektbehandlung, der Objektorientierung relativ zur Einstrahlrichtung und zum Detektor und abhängig von bestimmten physikalischen Objekteigenschaften werden die SE-Ausbeute und damit das kontrasterzeugende Signal in der Abbildung vor allem durch die (auch differentielle) Objektneigung (Inzidenzeinfluß [16]), durch die speziellen topographischen Eigenschaften (infinitesimale SE-Austrittsänderungen [17]), durch Elementverteilung („Z-Kontrast" [18]), durch elektrische und magnetische, interne und externe Potentiale (Domänen- und Potentialkontrast [19, 20]), durch Aufladungen und Kontaminationsschichten [21], durch Temperaturänderungen [22] und durch Kristallorientierungen [23] jeweils spezifisch beeinflußt.

In die Intensität der rückgestreuten Elektronen (RE; vgl. Abb. 10.3a) bezieht man üblicherweise alle rückgestreuten PE mit Energien $>$ 50 eV ein. Hierzu gehören a) elastisch gestreute PE, die das Objekt mit einem nur geringen Energieverlust verlassen, b) inelastisch bis diffus gestreute PE mit größeren Energieverlusten und c) Auger-Elektronen, die eine diskrete, elementspezifische Energie im Bereich zwischen 30 eV und etwa 2 keV besitzen (a. a. O. auch als Teil des SE-Spektrums behandelt [24]). Die RE-Energieverteilung reicht also von etwa 50 eV bis zur jeweiligen Energie der PE selbst. Hauptmerkmale sind die Unabhängigkeit des Rückstreukoeffizienten von der Energie im Bereich 10—40 keV [25] und die monotone Zunahme der RE-Ausbeute mit der Ordnungszahl [26] (größte Änderungen bis etwa $Z = 40$). Die Winkelverteilung der RE an dicken Schichten und kompakten Objekten genügt annähernd einem Kosinus-Gesetz bei senkrechtem Einfall der Primärelektronen, d. h., die Reflexionsrichtungen sind statistisch verteilt [27], bei schrägem Einfall der PE existieren dagegen bevorzugte Streurichtungen, s. u. Von den Theorien und Modellen, die die Elektronenstreuung im Festkörper unter Berücksichtigung der effektiven Austrittstiefen in dem für die Oberflächen-REM typischen Energiebereich beschreiben (10—50 keV), seien hier als wichtigste nur die folgenden genannt: Energieverlustgesetz von Bethe (differentieller Energieverlust eines Elektrons längs seines Weges im Festkörper [28]); Thomson-Whiddington-Gesetz (Relation zwischen wahrscheinlichster und mittlerer Energie der Elektronen im Festkörper in

Termen der Anfangsenergie [29, 30, 31]); Diffusionsmodell von BETHE, ROSE und SMITH [32] und von ARCHARD [33] und EVERHART [34] (Beschreibung des Streuvorganges bis zur Tiefe der totalen Diffusion; genaue Werte des Rückstreukoeffizienten für $Z \leqq 20$ und $Z > 50$); Monte-Carlo-Methode (Berechnung typischer Streutrajektorien aus statistischen Betrachtungen, Angabe diskreter Emissionstiefen der RE in Abhängigkeit von der PE-Energie und von Z [35], Beispiel: Kupfer, 25 keV — 1,6 µm, 30 keV — 2,3 µm, 35 keV — 2,9 µm [36]). — Bei streifendem Einfall (s. Abb. 10.3b) der PE ($\approx 10°$) und Erfassung der RE in annähernd oberflächenparallelen Richtungen (d. h. des Streuanteils ohne Diffusionsanteil) zusammen mit einer entsprechenden Energiefilteranordnung gelingt es, zur Abbildung nur solche Elektronen auszunutzen, die einen Energieverlust von einigen Hundert eV erlitten haben. Sie haben im Festkörper zwar einen Streuweg von mehreren Hundert Å zurückgelegt (z. B. ≈ 1000 Å bei 15 keV PE-Energie in Aluminium [37]), liefern jedoch als verlustarme RE Informationen aus Oberflächenschichten von weniger als 10 nm Dicke (Low-loss-Technik [38]).

Das Signal der absorbierten Elektronen (AE) wird zu hochauflösenden Untersuchungen kaum herangezogen (Streuverhalten im Volumen; besondere, breitbandige und hochverstärkende Signalverarbeitung erforderlich), erweist sich jedoch zum Nachweis spezieller topographischer und magnetischer Eigenschaften als spezifisch geeignet [39]. Im Fall eines „Kollektionskontrastes" (s. 10.3.) durch Objektpotentiale verhält es sich nicht komplementär zum RE-Kontrast [40]. Es wird stets als Differenz aus einer zum Objekt hinfließenden und einer von ihm abfließenden Stromkomponente detektiert [41].

Die Emission von Lumineszenzstrahlung aus einem Objekt bei Elektronenbestrahlung (im sichtbaren oder infraroten Bereich) beruht auf mehreren Teilmechanismen: a) es muß im Objekt Energie zur Anregung des Kristallgitters gespeichert werden, i. allg. durch Elektronen-Loch-Paar-Erzeugung in einer Impaktionisation, und zwar entweder der Atome des Grundgitters oder der Verunreinigungsatome, b) die strahlgenerierten Ladungsträger driften (in einem elektrischen Feld) oder diffundieren vom Ort ihrer Bildung zu einem anderen Platz im Kristall und erzeugen hier durch (strahlende) Rekombination ein Photon [42], c) die Intensität der emittierten Photonen kann durch innere Totalreflexion oder Absorption zwischen Generations- und Emissionsort entscheidend beeinflußt werden [43]. Wegen der komplizierten Prozesse und vielfältigen Faktoren, die im einzelnen das Gleichgewicht zwischen strahlender und nichtstrahlender Rekombination der generierten Ladungsträger beschreiben, sei auf die ausführliche Literatur am Schluß verwiesen.

Die Potentialbarrieren in halbleitenden Objekten (in erster Linie das Diffusionspotential an pn-Übergängen und Schottky-Übergängen) sind während der Elektronenbestrahlung durch die Sonde Orte hoher Generationsraten an Minoritätsladungsträgern. Hierauf beruht das Abbildungsverfahren der elektronenstrahlinduzierten Leitfähigkeit (engl.: „Electron Beam Induced Conductivity" — EBIC) als einer empfindlichen Nachweismethode für das durch verschiedene Ströungen im halbleitenden Kristall veränderte Generations-Rekombinations-Verhalten von Elektron-Loch-Paaren [44] (Kristallbaufehler, Verunreinigungen, Diffusionsinhomogenitäten, Ausscheidungen in Mikrobereichen). Bei galvanischer Kopplung (s. Abb. 10.3c) mit dem Objekt erreicht der Stromverstärkungsfaktor in einer äußeren Detektorschaltung an einem ungestörten Bereich eines derartigen Überganges und in einer bestimmten Umgebung davon Werte von $10^3 \cdots 10^4$ (bezogen auf den primären Sondenstrom) [45]. Kristall*defekte* werden in der REM-EBIC-Abbildung dagegen empfindlich erfaßt infolge eines durch sie bedingten starken Anstiegs der Rekombinationsrate bzw. eines entsprechend starken Abfalls des Signals im äußeren Stromkreis (Dunkelkontrast). Diese physikalische Einheit von Objekt und Detektor in einem Mode wird sowohl bei Untersuchungen an makroskopischen Potentialbarrieren als auch an Leitfähigkeitsphänomenen im Volumen homogener Halbleiter in Objekttiefen bis zu mehreren µm entsprechend der Reichweite der PE ausgenutzt [46], als „elektronenvoltaischer Barrieren-" bzw. „Volumeneffekt" dann insbesondere auch bei Anwendung äußerer Potentiale auf das Objekt [47] (integrierte Festkörperschaltkreise, Optoelektronik, s. Abschnitt 10.4.).

Eine spezielle Variante des Bildkontrastes in der REM rührt von der Differenz der Kristallgitterorientierung eines Objektes relativ zur Richtung der einfallenden Primärelektronen her. Diese zuerst von Coates entdeckten und nach ihm benannten Elektronen-Channelling-Diagramme („Coates pattern" [48]) — sie sind im wesentlichen ähnlich den von einer Festkörperoberfläche erhältlichen Reflexionsbeugungsdiagrammen (Kikuchi-Diagramme, daher in der REM-Technik auch als „Pseudo-Kikuchi-Diagramme" bezeichnet) — werden an kristallinen Objekten bei Ausnutzung rückgestreuter Primärelektronen gewonnen, und zwar in der Weise, daß die Sonde auf ihren kleinsten Durchmesser fokussiert und durch geeignet angeordnete Ablenkspulen bei festem Aufprallort (Rocking-beam-Technik) in der Einfallsrichtung variiert wird.

Im Bildkontrast der so erzielten Wechselwirkung zwischen Sonde und Kristallstruktur des untersuchten Objektbereiches erscheint ein System von Linien und Bändern, deren Anordnung auf der Grundlage der dynamischen Theorie der Elektronenbeugung erklärbar ist [49, 50].

Emissions-Elektronenmikroskopie

Das grundlegende elektronenoptische Element des Emissionsmikroskops ist das auf Brüche und Johannson [51, 52] zurückgehende Immersionsobjektiv, das auch als Katodenlinse bezeichnet wird. Im Gegensatz zum Durchstrahlungs-Elektronenmikroskop ist das Objekt des Emissionsmikroskops (= Katode des Immersionsobjektivs) selbst elektronenoptisches Element. Die Funktion des Immersionsobjektivs besteht darin, die emittierten Elektronen einerseits zu beschleunigen, andererseits geeignet zu fokussieren. Als Orientierungswert für das Auflösungsvermögen des Emissionsmikroskops kann auch heute noch die bereits vor Jahrzehnten von Recknagel [53] gefundene, durch geometrisch-optische Rechnungen ermittelte Größe

$$\delta = K \frac{\varepsilon}{F} \tag{7}$$

angesehen werden. Hierbei sind ε die durch die elektrische Elementarladung e dividierte Halbwertsbreite der Energieverteilung der an der Katode emittierten Elektronen, F der Betrag des elektrischen Feldes unmittelbar vor der Katodenoberfläche und K eine Konstante in der Größenordnung von 1. Für die Ableitung der Beziehung wurde vorausgesetzt, daß die Fehler des Fokussierungsfeldes klein gegenüber denen des Beschleunigungsfeldes sind und daß keine Kontrastblende wirksam ist. Als Obergrenze für die elektrische Feldstärke vor der Katode können 150 kV/cm angesehen werden, und die Halbwertsbreite der an der Katode ausgelösten Elektronen richtet sich nach der Auslöseart. Nimmt man für thermisch emittierte Elektronen eine Halbwertsbreite $e\varepsilon$ der Energieverteilung von 0,3 eV an, so ergibt sich aus (7) mit den genannten Größen eine Auflösung von 200 Å, die der von Routine-Raster-Elektronenmikroskopen entspricht. Bezüglich weiterer Rechnungen zur Bestimmung der Auflösungsgrenze, die auch die Wirkung von Kontrastblenden berücksichtigen, sei auf BOERSCH [54] verwiesen.

Der in der Emissionsmikroskopie erzielbare Bildkontrast hängt von lokalen Unterschieden im Emissionsvermögen der Objektoberfläche ab, wobei vorhandene Bedeckungsschichten wesentliche Einflüsse haben können. Die vom Standpunkt der erzielbaren Halbwertsbreiten der emittierten Elektronen relativ günstige thermische Elektronenemission ist bei nur relativ hochschmelzenden Objekten anwendbar, sofern nicht durch gezielt aufgebrachte Bedeckungsschichten die Austrittsarbeit wesentlich herabgesetzt wird (aktiviert-thermische Emission). Die bei der thermischen Emission erzielbare emittierte Elektronenstromdichte j ist — unter der Voraussetzung, daß alle emittierten Elektronen von der Objektoberfläche abgesaugt werden — durch das Richardsonsche Gesetz gegeben:

$$j = AT^2 e^{-a/kT}. \tag{8}$$

Hierbei bedeuten T die Katodentemperatur, a eine die Austrittsarbeit charakterisierende Größe und A eine Konstante. Bei vorgegebener Objekttemperatur äußern sich Inhomogenitäten der Austrittsarbeit in Inhomogenitäten der emittierten Ströme, die bildmäßig erfaßt werden können. Die Emissionsmikroskopie mit Elektronenauslösung durch Ionenbeschuß wurde erstmalig von MAHL angewandt [55], die durch UV-Beschuß von BRÜCHE [56] vorgeschlagen. Bezüglich des Mechanismus der Sekundäremission sei auf die bereits im Zusammenhang mit der REM gemachten Angaben hingewiesen.

Spiegel-Elektronenmikroskopie

Die in der Praxis angewandte Spiegel-Elektronenmikroskopie ist als eine Technik der Schattenabbildung anzusehen, die nicht den für eine echte Abbildung typischen Zusammenhang zwischen Objektpunkt und Bildpunkt liefert. Wie in der Einleitung angedeutet, erfolgt die Übertragung der Objektinformation mittelbar über das durch Inhomogenitäten der Objektoberfläche gestörte Potentialfeld vor dem Objekt. Je nach Größe der Störung des Potentialfeldes im Umkehrbereich der abbildenden Elektronen werden den vor verschiedenen „Objektpunkten" reflektierten Elektronen verschieden große tangentiale Impulskomponenten übertragen, die zu einer Richtungsmodulation der reflektierten Elektronen führen. Gemäß den von WISKOTT [57] und von SEDOW [58] aufgestellten Theorien der Bildentstehung im Spiegel-Elektronenmikroskop ergibt sich — bei Beschränkung auf eine eindimensionale Objektinhomogenität der Störfeldstärke F_x längs der x-Achse — die durch die Richtungsmodulation bewirkte Verschiebung $s(x)$ eines abbildenden Elektronenstrahlbündels zu:

$$s(x) = C_1 \int_{-\infty}^{\infty} \frac{F_x(x - \xi, z_0)}{\sqrt{|\xi|}} \, d\xi. \tag{9}$$

Dabei ist z_0 der Umkehrabstand der Elektronen von der Objektoberfläche, der durch das gewählte Objektpotential gegeben ist. Die Konstante C_1 enthält Größen, die die Geometrie des benutzten elektronenoptischen Systems charakterisieren; in sie geht auch die Beschleunigungsspannung der Elektronen ein. Der Zusammenhang zwischen der für die Bildinterpretation notwendigen Stromdichteverteilung $j(x')$ in der Bildebene und der Verschiebungsfunktion $s(x)$ ist gegeben durch:

$$j(x') = \frac{j_0}{1 + \dfrac{ds(x)}{dx}} \quad \text{mit} \quad x' = x + s(x). \tag{10}$$

Hierbei ist j_0 die Dichte der als homogen angenommenen einfallenden Strahlung.

Obwohl das Auflösungsvermögen des Spiegel-Elektronenmikroskops nach wellenmechanischen Abschätzungen von Wiskott [59] bei etwa 100 Å liegen sollte, hat man in der Praxis der Spiegel-Elektronenmikroskopie — vornehmlich wegen der endlichen Ausdehnung der benutzten Strahlquellen und wegen der Energieinhomogenität der Elektronen — Werte im Bereich von 1000 Å erzielt. Dem Nachteil der beschränkten lateralen Auflösung des Spiegel-Elektronenmikroskops steht aber der Vorteil einer Tiefenerkennbarkeit im Bereich von 10 Å und einer Felderkennbarkeit im Bereich von einigen 10 V/cm gegenüber.

10.3. Experimentelle Technik

Obwohl einfache rastermikroskopische Anordnungen bereits Mitte der dreißiger Jahre (Knoll [60], v. Ardenne [61]) aufgebaut worden sind, ist die Gerätetechnik der REM erst Mitte der sechziger Jahre — bedingt durch die Fortschritte der Elektronik — in stärkerem Maße entwickelt worden (Oatley [62]). In kommerziellen Geräten wird heute mit Wolfram-Haarnadelkatoden (Richtstrahlwert 10^4 bis maximal $2 \cdot 10^5$ A/cm² ster), magnetisch fokussierenden Linsen (Endlinse: $C_s \approx 2$ cm, $f \leqq 1$ cm) und bei einem mittels Öldiffusionspumpe erzeugten Vakuum von 10^{-3}—10^{-4} Pa im SE-Mode (d. h. bei gleichzeitiger Detektion von 5—10% der RE) ein laterales Auflösungsvermögen am kompakten Objekt von 50—70 Å erzielt. Dabei ist die Vergrößerung zwischen etwa 5fach (Übersicht, globale Durchmusterungen) und 200000-fach (kontinuierlich) einstellbar. Die *förderliche* Vergrößerung V_f wird durch den minimalen Sondendurchmesser d, die Zeilenzahl n und die effektive Bildschirmhöhe H gemäß der einfachen Beziehung $V = H/nd$ bestimmt und hat z. B. bei $d = 50$ Å, $n = 1000$ und $H = 100$ mm den Wert $V_f = 2 \cdot 10^4$, d. h., bis zu dieser Vergrößerung werden strukturelle Einzelheiten im Objekt theoretisch echt aufgelöst. Häufig sind daher bis zu 90% der möglichen Vergrößerungswerte leerer Vergrößerungsanteil, dessen Ausnutzung keine zusätzlichen Informationen durch die Abbildung erbringen kann.

Einzelheiten des elektronenoptischen Aufbaus kommerzieller Geräte enthält Abbildung 10.4a in einer schematischen Anordnung der wichtigsten Elemente. Hierzu gehören: Elektronenquelle (W-Haarnadelkatode) mit Wehnelt-Zylinder als Steuerelektrode (A), Anode (D, auf Erdpotential), elektromagnetische Strahljustierung (E), Kondensorlinse (F, mit i. allg. fester Kondensorblende G, 600—1000 μm), Objektivlinse (J) mit den Ablenkspulen in X- und Y-Richtung (H) für sägezahn- oder treppenspannungsförmige Ablenkung, Stigmator (I, 8polig, elektromagnetisch) und Endaperturblende (M, meist in der Ebene verschiebbar, 3—4 verschiedene Werte zwischen 100 und 600 μm). N bedeutet das Objekt, O den (SE/RE-)Detektor.

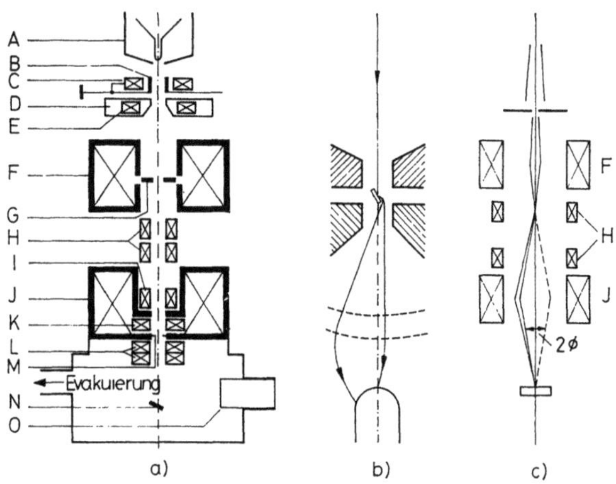

Abb. 10.4. Experimentelle Technik der Oberflächen-REM
a) Mikroskopsäule
b) Kondensator-Objektiv-Einfeldlinse (nach WELLS)
c) Erzeugung von Elektronen-Channelling-Diagrammen, Rocking-beam-Technik (nach JOY und BOOKER)

Zur Erhöhung des Flächenanteils ausreichender Tiefenschärfe wird in modernen Geräten eine automatische Fokussierung unter Verwendung einer zusätzlichen, niederinduktiven Spule (K) eingesetzt [63]; Bedeutung von B, C und L s. u. Die elektronenoptische Gesamtverkleinerung des (in manchen Geräten dreilinsigen) Systems beträgt einige Tausend, so daß aus einem Durchmesser der virtuellen Elektronenquelle (sog. „Cross-over"-Punkt) von 10—50 μm eine Sonde von 50—100 Å Durchmesser auf der Objektoberfläche resultiert. In der Elektronenstrahlerzeugung sind in den letzten Jahren mit neuen Typen thermisch emittierender und auf der Feldemission von Elektronen beruhender Katodensysteme erhebliche Fortschritte gemacht worden, die z. T. Eingang in die kommerzielle Gerätetechnik gefunden haben. Die Lanthanhexaborid-Katode — die günstigen thermischen Emissionseigenschaften von LaB_6 entdeckte zuerst LAFFERTY 1951 [64] — arbeitet bei geringerer Temperatur als eine W-Haarnadelkatode (indirekte Heizung), erfordert ein Vakuum von 10^{-4}—10^{-5} Pa (ölfrei, zur Vermeidung der Oberflächenkorrosion) und liefert Strahlhelligkeiten von 10^5—$6 \cdot 10^6$ A/cm² sterad [65]. Richtstrahlwerte von $10^7-2\times10^8$ A/cm² sterad lassen sich mit Wolframspitzenkatoden im Feldemissionsbetrieb bei Vakua von $10^{-8}-10^{-9}$ Pa und Strahlströmen von etwa 10^{-10} A erreichen [66]. In besonderen elektronenoptischen Konstruktionen [67], arbeitet man dann bei Sondenenergien von 1—3 keV und verwirklicht einen effektiven Durchmesser der emittierenden Fläche von etwa 100 Å mit besonderen Maßnahmen zur Strahlstromstabilisierung (Energiebreite einige Zehntel eV).

Eine spezielle elektronenoptische Entwicklung in nichtkommerziellen Geräten bedeutet die Kondensor-Objektivlinse, bei der das Objekt im Maximum des Magnetfeldes zwischen den Polschuhen eines zweiteiligen Linsensystems unter einem Einfallswinkel zur Objektoberfläche von 20°—30° angeordnet wird, Abbildung 10.4b (ursprünglich für die TEM entwickelt [68], wo der obere Teil des Magnetfeldes als beleuchtender Kondensor, der untere als eigentlich abbildende Linse ausgenutzt wird). In einer speziellen Variante dieses Verfahrens werden für eine hochauflösende Oberflächenabbildung (Sondenströme $\approx 10^{-11}$ A) rückgestreute Elektronen detektiert, und zwar mittels eines Gegenspannungsfilters im Strahlengang unter der Kombinationslinse nur solche mit einem geringen Energieverlust von einigen Hundert eV (oberflächennahe RE, Low-loss-Elektronen [69], vgl. Abschnitt 10.2.). Es bietet sich hier eine Alternative zur hochauflösenden REM mit Sekundärelektronen.

Unter den Signaldetektoren ist die von THORNLEY/EVERHART entwickelte Szintillator-Photomultiplier-Kombination [70] auch heute noch der meistverwendete Typ. Die Szintillationsmaterialien (ob als Beschichtungen oder Volumendotierungen) haben Abklingzeiten von $\approx 10^{-9}$ s, die Verzögerungszeiten der Sekundärelektronenvervielfacher (SEV) betragen etwa 10 ns (Photoelektronenausbeute/SE im Gesamtsystem ≈ 4). Die Übertragungseigenschaften im SE-Mode werden also i. allg. nur im Signalverstärker, nicht im Detektionssystem begrenzt [71]. — Mit Festkörperdetektoren (pn- oder Schottky-Übergänge) kann man (RE-)Signale im Bereich bis zu 1 MHz übertragen und erreicht bei hinreichend großer Empfangsapertur (kleiner Objektabstand) heute ausgezeichnete Abbildungsqualitäten bei hohen Signal/Rausch-Verhältnissen und teilweise dem SE-Mode überlegener Kontrastspezifik (Elementverteilungen; orientierungsunabhängige Morphologieuntersuchungen; magnetische Eigenschaften) [72]. — Zur effektiven Erfassung der Katodolumineszenzstrahlung benutzt man in speziellen Geräten mit hohem Gewinn elliptische Spiegelanordnungen über dem Objekt [73] zusammen mit einer Lichtleiteinrichtung und einem Monochromator (spektrale KL [74, 75]) an Stelle der geringen Aussagespezifik eines einfachen SEV in kommerziellen Geräten.

Den größten Fortschritt haben in den letzten Jahren die elektronische Signalverarbeitung und die Displaymöglichkeiten gemacht [76], die der Fülle wegen hier nur aufgezählt werden können: Dual-Display (simultane Darstellung einer hochvergrößernden neben einer Übersichtsabbildung auf zwei Schirmen); Quadrant-Display (bis zu vier verschiedene Moden bei gleicher Vergrößerung auf einem Großbildschirm darstellbar); Stereo-Display (zeilenweise alternierendes Strahlkippen, zweifarbige TV-Darstellung auf einem Schirm); Bildspeicherung (verschiedene Moden der Speicherung, Filterung, nichtlinearen Verarbeitung, zusätzlichen Vergrößerung und Integration eines oder mehrerer Signale; Eliminierung des Rauschens beim Arbeiten mit extrem kleinen Sondenströmen); Contour-Mapping (Digitalisierung des Signals und Erhöhung der Kontrastempfindlichkeit); spektrometrische Einrichtungen (für SE-Potentialkontrast und magnetischen Kontrast).

Bei zeitauflösenden Untersuchungen schneller periodischer Vorgänge (z. B. unter der Wirkung elektrischer Potentiale; zeitliche und räumliche Ausbreitungsvorgänge) werden stroboskopische Verfahren eingesetzt. Für Frequenzen bis zu etwa 100 kHz reicht es aus, bei kontinuierlichem Strahlbetrieb hinter dem Detektorausgang dasjenige Phasenintervall τ aus der Periodendauer T des steuernden Signals mit einem Samplingverfahren auszuwählen, das dem interessierenden dynamischen Zustand des Objektes für diese Zeitdauer entspricht ($\tau \ll T$, $\tau \approx 100$ ns). Wird die Phasenlage zwischen Detektor- und synchronem Steuersignal kontinuierlich geändert, so kann das Objektverhalten nacheinander für die volle Periodendauer des Steuersignals quasistationär in der Abbildung untersucht und festgehalten werden [77]. Höhere Frequenzen (0,1 ··· 10 MHz) machen eine Strahlpulsung synchron mit der Objektspannung erforderlich (periodische, elektrostatische oder elektromagnetische Ablenkung des Strahls — B bzw. C in Abbildung 10.4a — über eine Blende, die zwischen Katode und Anode angeordnet ist), da die Übertragungseigenschaften gewöhnlicher Displaykanalverstärker hierfür nicht mehr ausreichen. Die Technik ist von Mac Donald u. a. [78] und Gopinath u. a. [79] bis in den GHz-Bereich hinein entwickelt worden. In der Technik zur Erzeugung von Channelling-Diagrammen werden zur Verwirklichung der speziellen Ablenkbewegung der Sonde (rocking beam) entweder die üblichen Ablenkspulen zwischen Kondensor und Objektiv (H) oder zwei zusätzliche unter dem Objektiv angebrachte verwendet (L), Abbildung 10.4a [80]. Den prinzipiellen Strahlengang im ersten Fall verdeutlicht schematisch Abbildung 10.4c.

An die Präparation des Objektes (Festkörper) für eine REM-Oberflächenuntersuchung werden zunächst keine besonderen Anforderungen gestellt. Zur Vermeidung elektrischer Aufladungen unter dem abtastenden Elektronenstrahl werden Isolatoren (z. B. Polymere, Keramiken, Gläser, Fasern) mit einer dünnen leitenden (metallischen) Beschichtung versehen (einige hundert Å, Vakuumbedampfung, Sputtern, antistatische Filme) und durch eine leitende Verbindung (Lackleitsilber) mit der metallischen Unterlage elektrisch kontaktiert. Beschichtungen mit Kohlenstoff (speziell durch eine Kegelbedampfung [81]) erzeugen eine hohe Diffusibilität (Feinverteilung) auf einer (topographisch stark strukturierten) Oberfläche, solche mit Schwermetallen eine hohe SE-Ausbeute (Au, Pt, W). Zur Kontraststeigerung an mikrotopographischen Reliefs oder Teilchenverteilungen wird sowohl bei Isolatoren als auch an Halbleitern und Metallen mit einer definierten Schrägbedampfung durch Schwermetalle ein guter Erfolg erzielt [82]. Körner, Pulver und Stäube müssen vor der Bedampfung geeignet dispergiert auf einem leitenden Träger aufgebracht werden und erfordern einen guten elektrischen Kontakt zur leitenden Unterlage [83]. Bezüglich spezieller präparativer Erfordernisse, z. B. Mehrstoffbedampfungen, Ionenätzungen, Sputterverfahren, Herstellung freitragender dünner Schichten, Einbettungen und Mikrotomie, Gefriertrocknung und -bruch u. a. muß auf die ausführliche Literatur verwiesen werden [84, 85, 86].

Emissionsmikroskopie

Trotz der Verschiedenheit der zur Elektronenemission ausnutzbaren physikalischen Prozesse zeigen die Emissionsmikroskope hinsichtlich der benutzten elektronenoptischen Abbildungselemente einen relativ einheitlichen Aufbau. Gemäß Abbildung

10.5 werden die an der Katode, d. h. an der zu untersuchenden Objektoberfläche, ausgelösten Elektronen durch das aus Katode, Steuerelektrode und Anode bestehende Immersionsobjektiv geeignet fokussiert und beschleunigt. Das Fokussierungsfeld liegt dabei im wesentlichen zwischen der auf negativer Hochspannung (einige 10 kV) liegenden Katode und der Steuerelektrode, die potentialmäßig nur um einen geringen Betrag (etwa 5%) in Richtung Anodenpotential verschoben ist. Mit Hilfe des Fokussierungsfeldes und dem im wesentlichen zwischen Steuerelektrode und geerdeter Anode lokalisierten Beschleunigungsfeld wird eine einstufige Abbildung der Katoden-

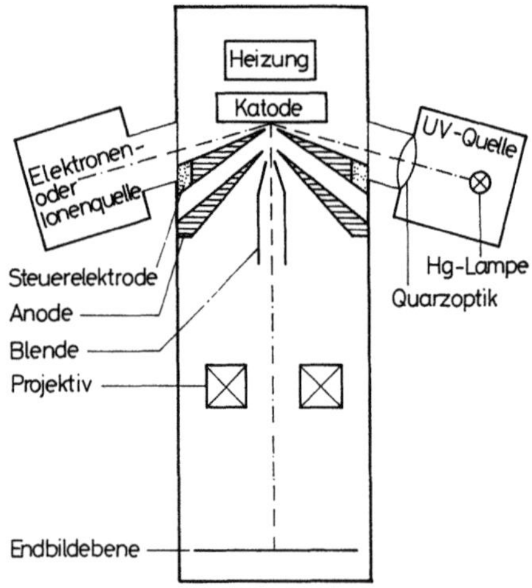

Abb. 10.5. Grundprinzip des Emissionsmikroskops

oberfläche erzielt, wobei durch Benutzung einer geeignet angeordneten Blende Bildkontrast und Auflösung optimiert werden. Ein Projektiv, das im Gegensatz zum Immersionsobjektiv meist als magnetische Linse ausgebildet ist, erzeugt eine zweistufige vergrößerte Abbildung in der Endbildebene. Für die thermische Elektronenemission wird in der Mehrzahl der Fälle eine Aufheizung des Objektes durch Elektronenbeschuß von der Rückseite her ermöglicht. Mit Hilfe von seitlich an der Mikroskopsäule angebrachten Elektronen-, Ionen- oder Lichtquellen ist eine Elektronenauslösung durch ioneninduzierte Emission, durch Sekundäremission und durch Photoemission möglich. Zu diesem Zweck wird die zu untersuchende Objektoberfläche unter einem flachen Winkel aus einer Elektronenkanone, einer Ionenkanone oder einer UV-Lichtquelle bestrahlt. Im letztgenannten Fall wird meist eine Quecksilber-Hochdrucklampe mit geeigneter Quarzoptik benutzt.

Aus gerätetechnischer Sicht sind sowohl auf eine bestimmte Auslöseart spezialisierte Emissionsmikroskope in Nutzung als auch echte Kombinationsgeräte. Als Beispiele für Geräte mit angewandter thermischer Emission seien das Pioniergerät von Brüche und Johannson [52] aus dem Jahre 1932 und ein von v. Ardenne und Heisig [87] aufgebautes Gerät genannt. Erste Untersuchungen zur Abbildung einer Katodenoberfläche mittels ionenausgelöster Elektronen stammen von Mahl [55]. Zur Erzeugung der Elektronen diente dabei in einfacher Weise eine Glimmentladung vor der zu untersuchenden Objektoberfläche. Unter Benutzung eines Kanalstrahlrohres als Ionenquelle, das einen gerichteten Beschuß des Objekts mit

Ionen ermöglichte, haben Möllenstedt und Düker [88] zuerst die Möglichkeit der Abbildung mit ionenausgelösten Elektronen wieder aufgegriffen und ein spezielles Emissionsmikroskop gebaut. Die Methode der Sekundärelektronenauslösung durch Elektronenbeschuß hat den Vorteil der außerordentlich geringen Objektbelastung. Nachteilig wirkt sich die ungünstige Halbwertsbreite der Energieverteilung der ausgelösten Elektronen aus. Als Beispiel für diesen Gerätetyp sei ein von Bartz [89] entwickeltes Gerät angegeben. Die Anregung zur emissionsmikroskopischen Oberflächenuntersuchung durch Elektronenauslösung mit ultraviolettem Licht stammt von Brüche [56]; weitergehende Untersuchungen werden von Pohl [90] und von Mahl und Pohl [91] durchgeführt. Ein hochauflösendes Emissionsmikroskop zur Sichtbarmachung von Oberflächen mit UV-ausgelösten Elektronen wird von Koch [92] beschrieben. Besonders hervorzuheben ist ein von Wegmann und Mitarbeitern [93] entwickeltes kommerzielles Gerät, das auch als Kombinationsgerät (therm. Emiss., Ionenauslösung) einsetzbar ist. Bezüglich der Entwicklung von Kombinationsgeräten sei auf die folgenden Autoren hingewiesen: Bethge und Mitarbeiter [94] (ioneninduzierte Emission, Photoemission), Soa [95] (thermische Emission, ioneninduzierte Emission, echte Sekundäremission), Aeschlimann und Bas [96] (sämtliche der genannten Emissionsarten).

Zur Präparationstechnik für die Emissionsmikroskopie ist zu bemerken, daß nur hinreichend glatte Oberflächen untersucht werden können. Soweit nicht von vornherein diese Bedingung (z. B. bei Spaltflächen bzw. Wachstumsflächen) erfüllt ist, sind sorgfältige Polierarbeiten (mechanisch, chemisch, elektrochemisch) durchzuführen.

Spiegel-Elektronenmikroskopie

In der Spiegel-Elektronenmikroskopie arbeitet man üblicherweise mit zwei verschiedenen Typen elektronenoptischer Anordnungen, wie in Abbildung 10.6 dargestellt ist. Der linke Bildteil betrifft das Prinzip einer sogenannten „geradsichtigen" Anordnung, bei der primäres Elektronenbündel und an der Objektoberfläche (O) reflektiertes Elektronenbündel längs der gleichen optischen Achse verlaufen. Das mit einer Beschleunigungsspannung von einigen kV in der Elektronensonde erzeugte Elektronenbündel wird durch eine Blende im Zentrum des Leuchtschirmes hindurchgeschossen. Das gleichzeitig als Spiegelelektrode wirkende Untersuchungsobjekt ist leicht negativ gegen das Potential der Katode aufgeladen. Das aus Planelektrode und Lochblende bestehende Elektronenspiegel-System wirkt, da die Elektronen gegen konvex gekrümmte Potentialflächen einfallen, als Zerstreuungsspiegel. Im Falle einer idealen Spiegelelektrode wird der Leuchtschirm gleichmäßig durch reflektierte Elektronen ausgeleuchtet. Der Leuchtschirm wird von der Seite her unter Benutzung eines um 45° schräg gestellten Umlenkspiegels beobachtet. Beim rechts dargestellten Elektronenspiegel mit Umlenkfeld wird eine Trennung der Achsen für die einfallenden und die reflektierten Elektronenbündel durch Benutzung eines magnetischen Querfeldes (magnetisches Prisma) vorgenommen. Vorteile dieses Gerätes sind die Möglichkeit einer elektronenoptischen Nachvergrößerung durch ein Projektiv — ohne Beeinträchtigung des Bündels der einfallenden Elektronen — und der Wegfall der zentralen Bohrung in der Registrierebene.

Die ersten Spiegel-Elektronenmikroskope (Hottenroth [97], Orthuber [98], Bartz et al. [99]) waren Geräte mit einem einfachen magnetischen Prisma, zum Teil als Glasgeräte ausgeführt. Um Schwierigkeiten zu vermeiden, die mit dem Astigmatismus des magnetischen Prismas in Beziehung standen, wurden spätere Geräte als geradsichtige Geräte (siehe z. B. Mayer [100], Bethge et al. [101], Spivak et al.

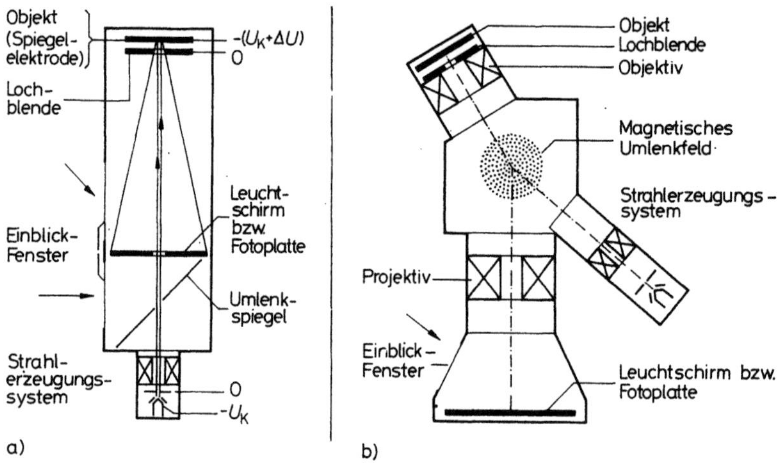

Abb. 10.6. Grundprinzip des Spiegel-Elektronenmikroskops
a) geradsichtige Anordnung
b) Anordnung mit magnetischem Prisma

[102]) aufgebaut. Seitdem die Möglichkeiten für die Erzeugung astigmatismusarmer Ablenkfelder für diese Zwecke bekannt sind (siehe z. B. Archard und Mulvey [103]), werden wiederum Spiegel-Elektronenmikroskope mit magnetischem Prisma vorzugsweise gebaut (siehe z. B. Mayer et al. [104], Schwartze [105], Bok [106], Bethge und Heydenreich [107]). — Hinsichtlich der Präparation der Objekte werden an die Ebenheit der zu untersuchenden Oberflächen noch höhere Anforderungen als in der Emissionsmikroskopie gestellt.

10.4. Anwendungen

In der rasterelektronenmikroskopischen Untersuchung einer Festkörperoberfläche steht trotz der Spezifik der einzelnen Moden die topographische Aussage aus einer SE-Abbildung an erster Stelle und ist eigentlich bei jeder vergleichenden Untersuchung mit anderen Signalen unerläßlich. Vielfach ist sie sogar die einzig mögliche Methode, und ihr Informationsgehalt ist unmittelbar. Die Vielfalt ihrer Anwendbarkeit erstreckt sich dabei im Bereich der Festkörperanalyse auf Oberflächen leitender, halbleitender und isolierender Materialien innerhalb eines weitreichenden Spektrums grundlegender und angewandter Fragestellungen; davon seien als Beispiele hier genannt: a) Aufklärung von Struktur-Eigenschafts-Beziehungen beim Festigkeitsverhalten (Plastizität, Bruch) an Werkstoffen im weitesten Sinne (Metalle, Verbundwerkstoffe, Keramiken, Gläser, Polymere), b) Nachweis des Zusammenhangs zwischen

Mikrostruktur und elektrischen bzw. optischen Eigenschaften von Materialien und Bauelementen der Halbleitertechnik, insbesondere auch an integrierten Schaltkreisen und Bauelementen der Optoelektronik.

Besondere Kennzeichen der SE-Abbildung sind die hohe laterale Auflösung, eine vergrößerungsabhängige hohe Tiefenschärfe für räumliche Aussagen, die im Vergleich zur RE-Abbildung abschattungsfreie, weichere Kontraste liefert (wichtig bei Bruch-

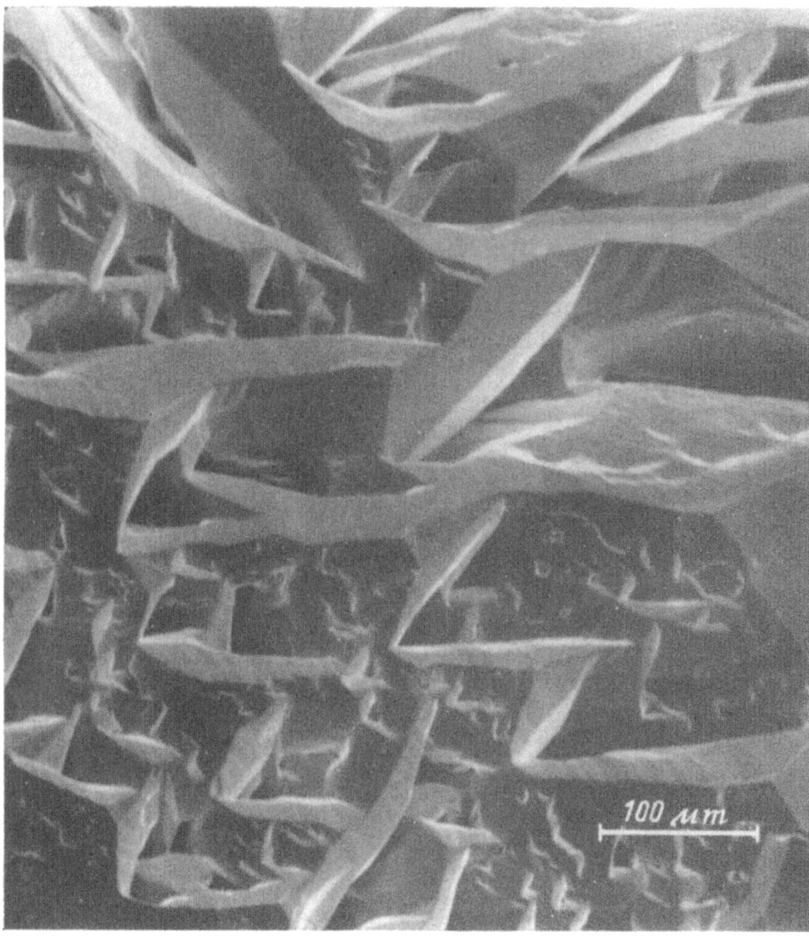

Abb. 10.7. Oberflächenbereiche eines elektrolytisch gewachsenen Silber-Einkristalls (REM-Abbildung mit Sekundärelektronen)

flächen und allgemein bei rauhen Oberflächen) sowie die Spezifik der Ausbeuteunterschiede bei kleinen Primärenergien (Elementverteilungen, elektrische und magnetische Potentiale, Orientierungen). Je ein Beispiel für eine niedrigvergrößerte und eine hochauflösende SE-Abbildung enthalten Abbildung 10.7 (Bereiche eines elektrolytisch gezüchteten Silber-Einkristalls) und Abbildung 10.8 (Kohlefolie mit Goldpartikeln, durch Oberflächendekoration von NaCl-Kristallen gewonnen). In diesen Beispielen und auch allgemein gilt, daß mit zunehmender Vergrößerung (abnehmender Tiefenschärfe) die Spezifik der Information steigt. So sind in Abbildung 10.8 aus der Verteilung der Goldpartikeln Aussagen über Spalt- und Abdampfstrukturen einer Kristalloberfläche zu entnehmen (Auflösung bis zu 100 Å). Weitere Anwendungen des SE-Mode sind in dynamischen Untersuchungen (thermisch,

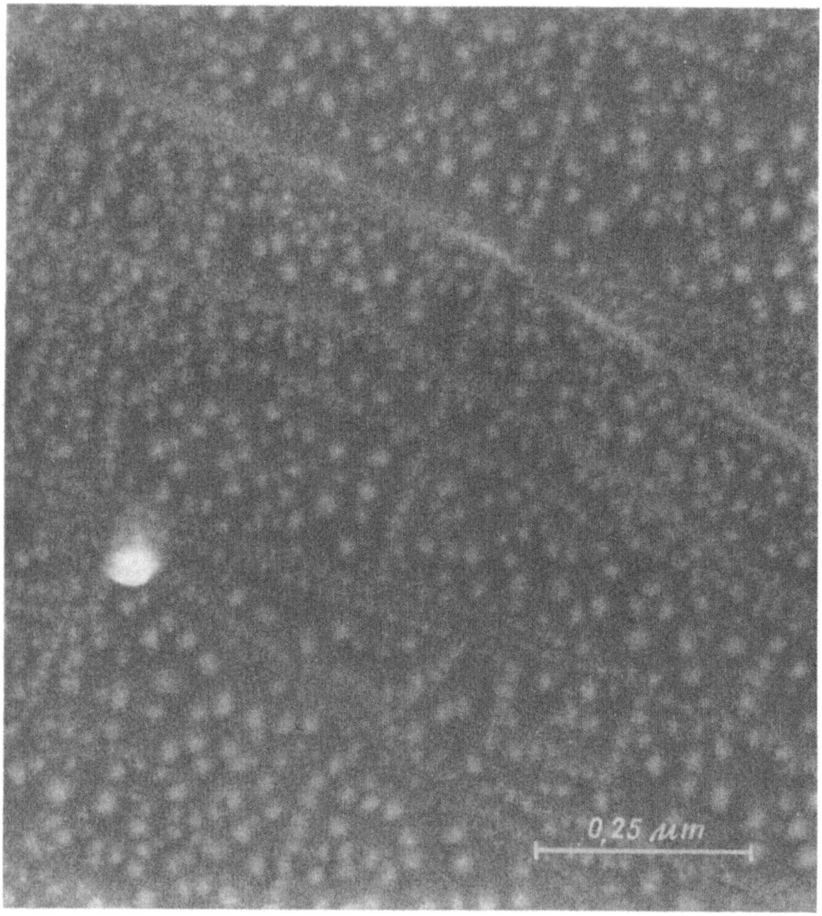

Abb. 10.8. Goldpartikel in einer Kohlefolie, abgelöst von einer durch Aufdampfung „dekorierten" NaCl-Oberfläche
(REM-Abbildung mit Sekundärelektronen)
(Aufnahme: J. Vetter)

mechanisch, elektrisch [108]), in der quantitativen topographischen Analyse eines Oberflächenprofils [109] und in der morphometrischen Analyse von Teilchenverteilungen zu finden [110].

Die große Empfindlichkeit gegenüber Potentialänderungen an elektrischen Dipolschichten und anderen Barrieren in Halbleitern (z. B. Kristallbaufehlern [111]) macht das Verfahren der strahlinduzierten Leitfähigkeit (EBIC) besonders geeignet für Untersuchungen an Materialien und Bauelementen der Festkörperelektronik [112]. Die Vorteile in der Anwendung sind hier mehrfach:

1. Es können Informationen aus dem Volumen des Objektes (z. B. fertige Bauelemente) bis zur Reichweite der PE gewonnen werden, d. h. bis zu mehreren Mikrometern.

2. Die Detektion des Signals erfolgt durch eine galvanische Objektkopplung und liefert daher von der Objektorientierung relativ zum Ort des Detektors weitgehend unabhängige Informationen.

3. Aus dem zeitlichen und örtlichen Verlauf des EBIC-Signals können an halbleitenden Objekten materialspezifische Parameter unmittelbar abgeleitet werden (Diffusionslängen, Dotierungsprofile).

Ein Beispiel für die Lokalisierung von Diffusionsgebieten unter der Substratoberfläche, in denen ein Diffusionsfehler enthalten ist, zeigt Abbildung 10.9 (s. Pfeil). Unter Verwendung externer Spannungen und stroboskopischer Methoden ist der

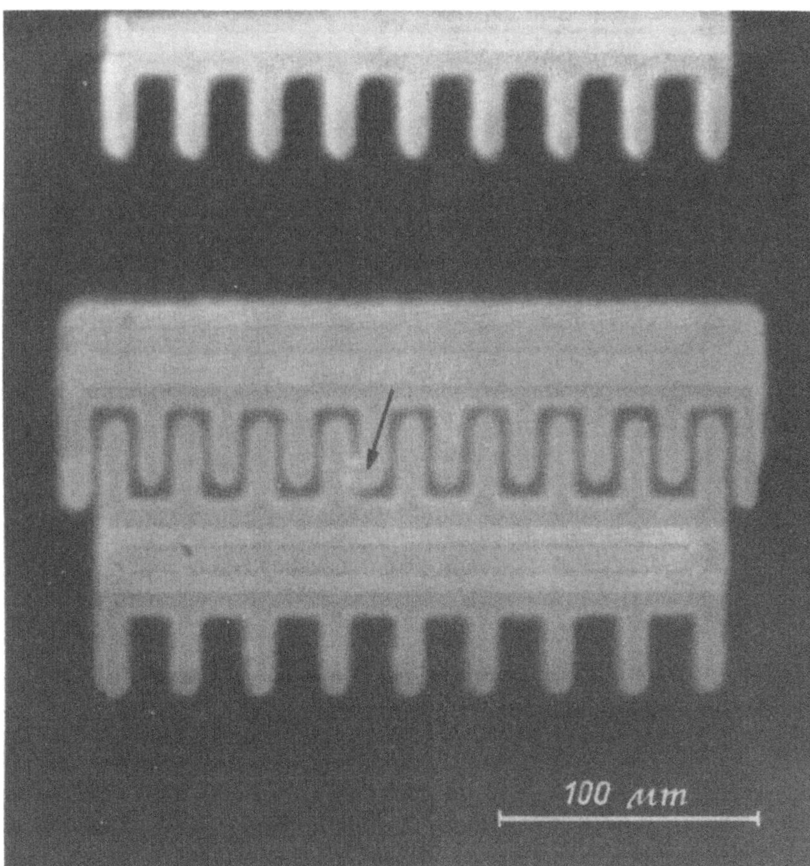

Abb. 10.9. MOS-Planar-Transistor: Lokalisierung von Diffusionsgebieten unter der Substratoberfläche
(REM-Abbildung, EBIC-Mode)

EBIC-Mode die Grundlage verschiedener Verfahren der Zuverlässigkeitsforschung mit elektronenoptischen Mitteln an Festkörperschaltkreisen [113]. Weitere Einsatzgebiete sind die Optoelektronik [114], dielektrische Werkstoffe [115] und technische Halbleiterkristalle [116].

Die von einem Festkörper emittierte und mit Photomultipliersystemen in ausreichender Intensität erfaßte Katodolumineszenzstrahlung (KL) ermöglicht es, eine

Abb. 10.10. Phosphorhaltiges Lumineszenzmaterial (REM-Abbildung, Katodolumineszenz-Mode)

Kombination aus analytischer und morphologischer Information über das Objekt zu erhalten, vgl. Abb. 10.10 (phosphorhaltiges Lumineszenzmaterial mit lokalen Bereichen stark verminderter KL-Signalintensität, s. Pfeil). Besonders geeignet ist KL für Untersuchungen an Kristallbaufehlern und Verunreinigungen in kristallinen Festkörpern (strahlende Rekombination), und zwar sowohl an physikalisch-technischen Objekten [117] als auch an natürlichen Mineralien [118]. Die Bedeutung für Untersuchungen an Elektronenübergängen zwischen molekularen Orbitalen in organischen Systemen sei hier nur nebenbei bemerkt [119]. Hauptanwendung aus physikalisch-technischer Sicht sind Verbindungshalbleiter von Typ III-V (GaAs, GaP) bzw. II-VI (ZnS, CdS, ZnSe), die bei einer Elektronenanregung Emissionsspektren vom Störstellen- oder Eigenleitungstyp liefern, d. h., eine Analyse der spektralen KL-Intensitätsverteilung kann Aufschlüsse sowohl über vorhandene Verunreinigungen im Material (extrinsic) als auch über die Energiebandstruktur des Materials (intrinsic) vermitteln [120]. Hierauf gründet sich die große Anwendungsbedeutung der KL als festkörperanalytische Methode für optoelektronische Entwicklungen (Lumineszenzbauelemente, Laserstrukturen [121]).

Abb. 10.11. Elektronen-Channelling-Diagramm des (111)-Pols einer Silicium-Einkristall-Oberfläche
(REM: inverses RE-Signal)

Die Abhängigkeit der Intensität rückgestreuter Primärelektronen (RE) von der Orientierung des einfallenden Elektronenstrahls relativ zur Lage des Gitters in einem (ein-) kristallinen Objekt ist die Grundlage der Bildkontrastentstehung in Elektronen-Channelling-Diagrammen [122]. Das bedeutet, daß sich diese spezielle Art einer Modulation des Rückstreukoeffizienten grundlegend von der durch topographische Objekteigenschaften bedingten unterscheidet und an völlig ebenen Oberflächen beobachtet wird. Die detaillierten, quantitativen Informationen, die sich aus dem System von Linien und Bändern der Diagramme gewinnen lassen — Abbildung 10.11 zeigt ein Beispiel, und zwar den (111)-Pol eines Silicium-Einkristalls im inversen Kontrast eines RE-Channelling-Diagramms —, beziehen sich auf Symmetrieeigenschaften, Gitterparameter, Orientierungen und Perfektionsgrad eines kristallinen Festkörpers. Spezielle Anwendungen sind in Untersuchungen zur Phasenumwandlung in Metallen, einschließlich Korngrenzengleitprozesse und kristallographischer Orientierungsbestimmungen [123], zur Abhängigkeit des Kristallstörungsgrades in Halbleitermaterialien nach Ionenimplantation [124], zu

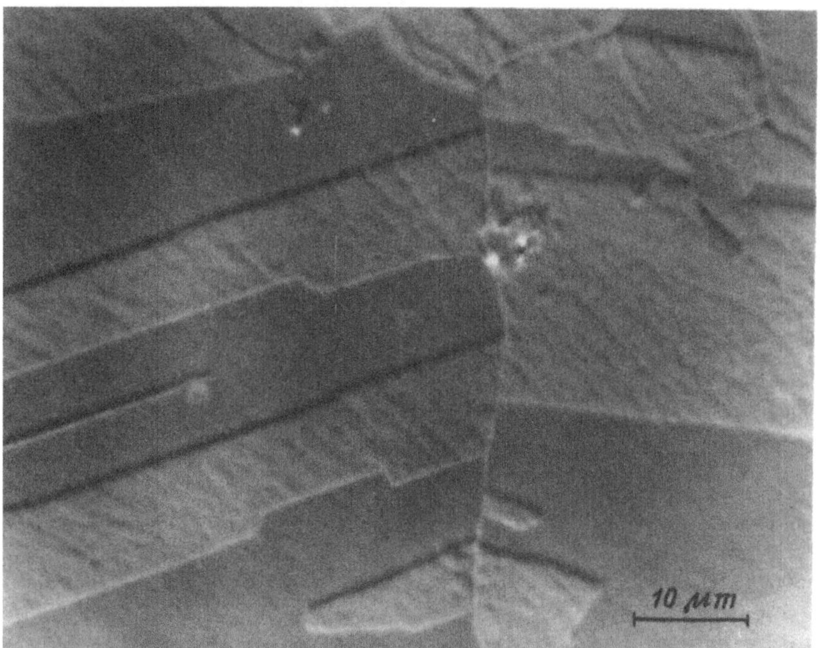

Abb. 10.12. Polierte Nickeloberfläche
(Emissionsmikroskopische Abbildung mit ioneninduzierter Elektronenauslösung)
(Aufnahme: J. Vetter)

Problemen der Verformbarkeit von metallischen Werkstoffen in Mikrobereichen [125] und zu Bestrahlungseinflüssen von Elektronen an Ionenkristallen [126] zu finden. Mit speziellen elektronenoptischen Systemen in einem REM kann man dabei Änderungen in der Kristallorientierung von 0,1° nachweisen, und diese Genauigkeit erlaubt zusammen mit der „Selected-Area-Channelling"-Technik [127], empfindliche Messungen über örtliche Spannungsverteilungen im Kristall vorzunehmen. Hierbei lassen sich gezielt Bereiche von weniger als 0,1 μm Durchmesser untersuchen (Rocking-beam-Verfahren) [80].

Je nach Auslöseart der zur emissionsmikroskopischen Abbildung benutzten Elektronen sind die Anwendungsbereiche der Emissionsmikroskopie sehr vielfältig.

Bei der thermischen Emission geht es vor allem um die Erzielung von Informationen über die Oberfläche durch Erfassung der lokalen Verteilung der Austrittsarbeit. Reaktionen von Oberflächen mit einem umgebenden Gasmedium lassen sich beispielsweise mit dieser Abbildungsart erfassen. Als eindrucksvolles Beispiel hierzu wurde von Soa [128] die Reaktion einer Wolfram-Oberfläche mit umgebenden Kohlenwasserstoffen untersucht, wobei ein fortschreitender Karburierungsprozeß der Oberfläche gut beobachtet werden konnte. Die ioneninduzierte Elektronenauslösung wie auch die durch Primärelektronen erzeugte Sekundäremission erlauben sowohl die Auswertung von Materialkontrasten wie auch die von Reliefkontrasten, wobei bei kristallinen Objekten auch eine starke Orientierungsabhängigkeit des Kontrastes zu verzeichnen ist (s. z. B. [129]). Als Anwendungsbeispiel für die genannten beiden Emissionsarten kann die Oberflächenabbildung eines perlitischen Stahls angegeben werden, die eine kontrastreiche Wiedergabe der Graphitlamellen und der Pyrit-Einschlüsse gestattet. Als weiteres Beispiel ist in Abbildung 10.12 die durch Auslösung mit Wasserstoffionen erzeugte emissionsmikroskopische Aufnahme einer polierten Nickeloberfläche wiedergegeben. Die Kornstruktur (auch die Feinstrukturierung) der ungeätzten, sehr glatten Oberfläche ist gut zu erkennen. Die durch Arbeiten mit Sekundärelektronen in der Emissionsmikroskopie prinzipiell mögliche

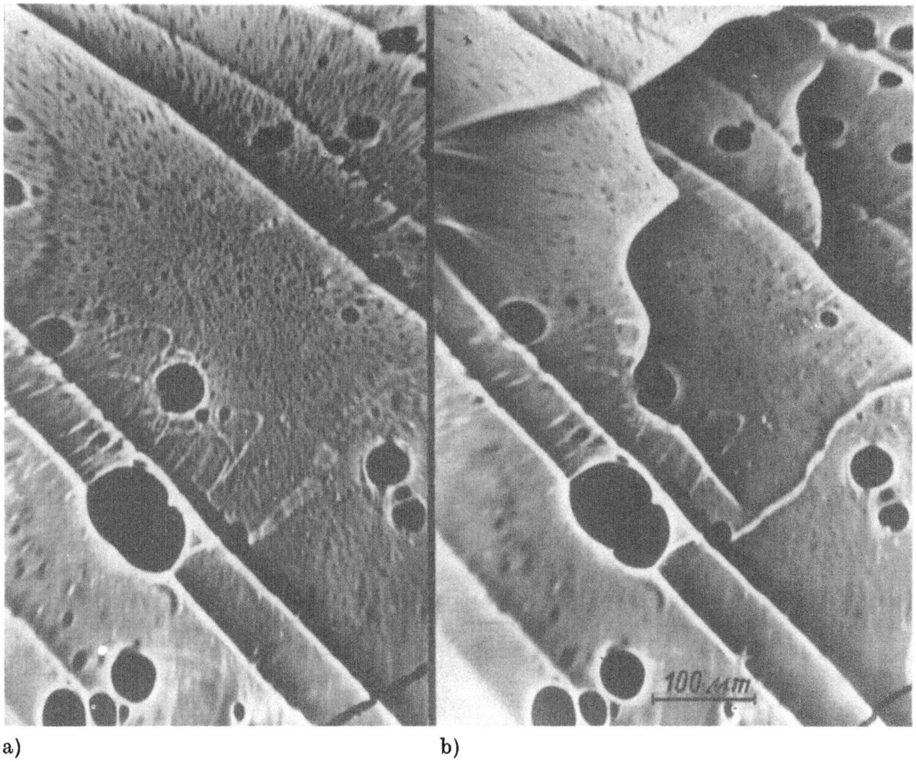

a) b)

Abb. 10.13. Germaniumschicht auf NaCl-Substrat (Abbildung mit Elektronenspiegel)

a) geometrisches Spektrum (ohne Stromfluß in der Schicht)

b) zusätzliche Feldinhomogenitäten (mit Stromfluß in der Schicht) lokale Erfassung elektrischer bzw. magnetischer Felder wird relativ selten angewandt [130, 131].

Die Emissionsmikroskopie mit photoelektrisch, d. h. durch UV-Bestrahlung, ausgelösten Elektronen, erlaubt eine weitestgehend zerstörungsfreie Oberflächenabbildung. Die entstehenden Bildkontraste — Material- und Reliefkontrast — sind sehr empfindlich vom Vorhandensein von Adsorptionsschichten auf der Objektoberfläche abhängig, so daß auf extrem saubere Oberflächenbedingungen geachtet werden muß. Andererseits können hierdurch z. B. monoatomare Bedeckungsschichten lokal erfaßt werden.

Das Einsatzgebiet der Spiegel-Elektronenmikroskopie in der beschriebenen Schattenabbildungstechnik ist durch die Spezifik der Methode — geringe laterale Auflösung, hohe Tiefen- und Felderkennbarkeit — vorgegeben. Neben der Topographie extrem glatter Oberflächen geht es dabei vor allem um die Erfassung schwacher elektrischer (bzw. magnetischer) Feldinhomogenitäten mit entsprechendem Lokalisierungsnachweis. Untersucht werden neben massiven Oberflächen (z. B. bildmäßiger Nachweis elektrischer Störungen im Bereich von Kristalldefekten in Halbleitern [132]) vor allem halbleitende dünne Schichten, in denen elektrische (Leitfähigkeits-) Inhomogenitäten nachgewiesen werden [133]. Durch Realisierung eines Stromflusses in der dünnen Schicht (parallel zu den Begrenzungsflächen) werden vorhandene Leitfähigkeitsinhomogenitäten in Potentialinhomogenitäten umgewandelt, die mit dieser Methode erfaßbar sind. Abbildung 10.13 zeigt als Beispiel zwei Abbildungen einer auf einem NaCl-Substrat aufgedampften Germaniumschicht. In Bild a ist lediglich die im wesentlichen durch die Spaltfläche des Substrates bestimmte Oberflächentopographie zu erkennen, vornehmlich Spaltstufen. Bild b, das nach Erzeugung eines Stromflusses in einer Schicht durch Anlegen einer Spannung von 80 V entstanden ist, zeigt zusätzlich entsprechende Leitfähigkeitsinhomogenitäten, die zu lokalen Feldstärkeänderungen (dunkle Bereiche — negativer aufgeladen) geführt haben. Isolierende Objekte können nur als dünne Schichten auf geeigneten leitenden bzw. halbleitenden Substraten untersucht werden. Angewandt werden sowohl die Methode der Schichtaufladung durch eingeschossene Elektronen [134] wie auch spezielle Sandwichtechniken [135].

10.5. Zusammenfassung

Als universelle Methode zur direkten elektronenmikroskopischen Abbildung von Oberflächen wird in vielfältiger Weise die Raster-Elektronenmikroskopie eingesetzt, mit der routinemäßig eine laterale Auflösung von 100 Å — durch Anwendung spezieller Techniken auch von einigen 10 Å — erzielt werden. Die große Zahl der zur Bilderzeugung ausnutzbaren Wechselwirkungsprozesse zwischen Elektronenstrahlung und Objekt erlaubt die Erzielung sehr vielseitiger Objektinformationen in Oberflächenmikrobereichen, von der Oberflächentopographie über die Materialspezifik bis hin zur Erfassung elektrischer bzw. magnetischer Mikrofelder. Zukünftige Trends in der Entwicklung der Oberflächen-Rasterelektronenmikroskopie liegen im Einsatz von Elektronenstrahlern großer Helligkeit, in Verbesserungen der Signalverarbeitung und der elektronischen Bildauswertung und in einer spektrometrischen Auswertung der zur Abbildung benutzten Elektronen. Im letztgenannten Fall spielen die eine echte Oberflächenanalyse ermöglichenden Auger-Elektronen eine besondere Rolle. — Für spezielle Einsatzgebiete werden die Emissionsmikroskopie (laterale Auflösung: 100 Å) und die Spiegel-Elektronenmikroskopie (laterale Auflösung: 1000 Å) herangezogen. Bei der vor allem für die Untersuchung glatter Objektoberflächen vorteilhaft einsetzbaren Emissionsmikroskopie ist besonders die hochauflösende Abbildung von Oberflächen durch die mit intensiver UV-Strahlung ausgelösten Elektronen zu nennen, die z. B. wichtige Aussagen über die Entwicklung von Fremdschichtbelegungen auf Oberflächen gestattet. In der Elektronenspiegel-Schattenabbildung handelt es sich vor allem um die Erfassung elektrischer Feldinhomogenitäten, die mit einer um den Faktor 10 höheren Empfindlichkeit als in der REM durchgeführt werden können. (Siehe auch S. 262.)

10.6. Literatur

Übersichtsliteratur

- Thornton, P. R.: Scanning Electron Microscopy. Chapman and Hall, London, 1968.
- Wells, O. C.: Scanning Electron Microscopy. McGraw-Hill Book Company, New York, 1974.
- Holt, D. B., Muir, M. D., Grant, P. R., and Boswarva, I. M. (Ed.): Quantitative Scanning Electron Microscopy. Academic Press, London, New York, San Francisco, 1974.
- Goldstein, J. I., and Yakowitz, H.: Practical Scanning Electron Microscopy (Ed.). Plenum Press, New York and London, 1975.
- Proceedings of the Annual Scanning Electron Microscope Symposium, IITRI, Chicago, 1968—1979, Sponsored by the IIT Research Institute Chicago, Illinois, USA.
- Reimer, L., und Pfefferkorn, G.: Rasterelektronenmikroskopie. Springer-Verlag, Berlin, Heidelberg, New York, 1977.
- Möllenstedt, G., Lenz, F.: Electron Emission Microscopy, in: Advances in Electronics, Vol. 13, Academic Press New York, 1963, p. 251.
- Bok, A. B., et al.: Mirror Electron Microscopy, in: Advances in Optical and Electron Microscopy (Eds. R. Barer, V. E. Cosslett), Academic Press, London and New York, 1971, p. 161.
- Seiler, H.: Abbildung von Oberflächen. Bibliograph. Institut Mannheim/Zürich, 1968.
- Magnan, C. (Ed.): Traité de microscopie électronique, Tome I. Hermann, Paris 1961.
- Pfefferkorn, G. (Ed.): Beitr. elektronenmikr. Direktabb. Oberfl., Münster 1968—1979.

Originalliteratur

[1] Welter, L. M., und Mc Kee, A. N., Proc. 5th Ann. SEM Sympos. IITRI, Chicago (1972) 161.
[2] Booker, G. R., u. a., Phil. Mag. **16** (1967) 1185.
[3] Langmuir, D. B., Proc. IRE **25** (1937) 977.
[4] Wells, O. C., u. a., Scanning Electron Microscopy, McGraw-Hill, New York, 69ff. (1974).
[5] Oatley, C. W., Nixon, W. C., und Pease, R. F. W., Adran. Electron. Electron Phys. **21** (1965) 181.
[6] Thornton, P. R., Scanning Electron Microscopy, Chapman and Hall Lfd., London (1968) 195ff.
[7] Everhart, T. E., Ph. D. Thesis, Cambridge (1958).
[8] Seiler, H., Z. Angew. Physik **22** (1967) 249.
[9] Wright, D. A., Encyclop. Dictionary of Physics **6** (1962) 424.
[10] Whetten, N. R., Methods of Experimental Physics IV, Part A, Atomic and Electron Physics (1967) 69.
[11] Seiler, H., Beitr. elektronenmikr. Direktabb. Oberfl. **1** (1968) 27.
[12] Kollath, R., Hdb. d. Physik **21** (1956) 232.
[13] Kanter, H., Phys. Rev. **121** (1961) 681.
[14] Broers, A. N., Rev. Sci. Instr. **40** (1969) 1040.
[15] Trump, J. G., und Van de Graaff, R. J., Phys. Rev. **75** (1949) 44.

[16] Everhart, T. E., Wells, O. C., und Oatley, C. W., J. Electronics and Control 7 (1959) 97.
[17] Weinryb, E., und Philibert, J., Comp. Rend. 258 (1964) 4535.
[18] Sternglass, E. J., Phys. Rev. 80 (1950) 925.
[19] Driver, M. C., Proc. 2nd Ann. SEM Symposium, IITRI, Chicago (1969) 403.
[20] Fathers, D. J., Joy, D. C., und Jakubovics, J. P., 6th Ann. SEM Sympos., IITRI, Chicago (1973) 259.
[21] Seiler, H., und Stark, M., Z. Angew. Phys. 183 (1965) 527.
[22] Dekker, A. J., Phys. Rev. 94 (1954) 1179.
[23] van Essen, C. G., und Schulson, E. M., J. Mat. Sci. 4 (1969) 336.
[24] Chang, C. C., Surface Sci. 25 (1971) 53.
[25] Sternglass, E. J., Phys. Rev. 95 (1954) 345.
[26] Bishop, H. E., Fourth Cong. Int. X-Ray Opt. Micr., Orsay, Hermann, Paris (1966) 153.
[27] Kanter, H., Ann. Phys. (Leipzig) 20 (1957) 144.
[28] Bethe, H. A., Ann. Phys. (Leipzig) 5 (1930) 325.
[29] Whiddington, R., Proc. Roy. Soc. London A. 86 (1912) 360.
[30] Whiddington, R., Proc. Roy. Soc. London A. 89 (1914) 554.
[31] Cosslett, V. E., und Thomas, R. N., Brit. J. Appl. Phys. 15 (1964) 1283.
[32] Bethe, H. A., Rose, M. E., und Smith, L. P., Proc. Amer. Phil. Soc. 78 (1938) 573.
[33] Archard, G. D., J. Appl. Phys. 32 (1961) 1505.
[34] Everhart, T. E., J. Appl. Phys. 31 (1960) 1483.
[35] Shimizu, R., und Murata, K., J. Appl. Phys. 42 (1971) 387.
[36] Shinoda u. a., Technol. Rep. Osaka Univ. 16 (1966) 423.
[37] Wells, O. C., Proc. 5th Ann. SEM Symposium, IITRI, Chicago (1972) 169.
[38] Wells, O. C., u. a., Scanning Electron Microscopy, McGraw-Hill, New York (1974) 52ff.
[39] Yakowitz, H., Fiori, C. E., und Newbury, D. E., 6th Ann. SEM Symp., IITRI, Chicago (1973) 173.
[40] Holt, D. B., und Culpan, M., J. Mater. Sci. 5 (1970) 546.
[41] Kimoto, S., JEOL News 10e (1972) 2.
[42] Wittry, D. B., und Kyser, D. F., J. Appl. Phys. 35 (1964) 2439, ibid 36 (1965) 1387.
[43] Thornton, P. R., Scanning Electron Microscopy, Chapman and Hall Lfd., London (1968) 246ff.
[44] Ehrenberg, W., Lang, C. S., und West, R., Proc. Phys. Soc. (London), A, 64 (1951) 424.
[45] Miyazaki, E., Maeda, H., und Miyaji, K., in: ,,Advances in Electronics and Electron Physics" (L. Marton, ed.) 22A (1966) 331, Academic Press, London and New York.
[46] Czaja, W., und Patel, J. R., J. Appl. Phys. 36 (1965) 1476.
[47] Nicolas, D. P., 7th Ann. SEM Symp., IITRI, Chicago (1974) 955.
[48] Coates, D. G., Phil. Mag. 16 (1967) 1179.
[49] Hirsch, P. B., und Humphreys, C. J., 3d Ann. SEM Symp., IITRI, Chicago (1970) 449.
[50] Spencer, J. P., Humphreys, C. J., und Hirsch, P. B., Phil. Mag. 26 (1972) 193.
[51] Brüche, E., und Johannson, H., Naturwissenschaften 20 (1932) 353.
[52] Brüche, E., und Johannson, H., Ann. Phys. Leipzig 15 (1932) 145.
[53] Recknagel, A., Z. Phys. 117 (1941) 689.
[54] Boersch, H., Z. Techn. Phys. 23 (1942) 129.
[55] Mahl, H., Ann. Phys. Leipzig 31 (1938) 425.
[56] Brüche, E., Z. Phys. 86 (1933) 448.
[57] Wiskott, D., Optik 13 (1956) 463.
[58] Sedov, N., J. Micr. 9 (1970) 1.
[59] Wiskott, D., Optik 13 (1956) 489.
[60] Knoll, M., Z. Techn. Phys. 11 (1935) 467.
[61] Ardenne, M. von, Z. Techn. Phys. 19 (1938) 407.
[62] Oatley, C. W., Sci. Progr. (London) 54 (1966) 483.
[63] Yew, N. C., Proc. 4th Ann. SEM Symp., IITRI, Chicago (1971) 33.
[64] Lafferty, J. M., J. Appl. Phys. 22 (1951) 299.
[65] Broers, A. N., Proc. 7th Ann. SEM Symp., IITRI, Chicago (1974) 9

[66] CREWE, A. V., u. a., Rev. Sci. Instr. **39** (1968) 576.
[67] CREWE, A. V., Q. Rev. Biophys. **3** (1970) 137.
[68] RUSKA, E., Naturwiss. Rundschau **17** (1964) 125.
[69] WELLS, O. C., Proc. 7th Ann. SEM Symp., IITRI, Chicago (1974) 1.
[70] EVERHART, T. E., und THORNLEY, R. F. M., J. Sci. Instr. **37** (1960) 246.
[71] Practical Scanning Electron Microscopy (Hrsg. J. I. GOLDSTEIN und H. YAKOWITZ), Plenum Press, New York und London (1975) 100.
[72] CREWE, A. V., ISAACSON, M., und JOHNSON, D., Rev. Sci. Instr. **41** (1970) 20.
[73] HÖRL, E. M., und MÜGSCHL, E., Proc. Vth Europan Congr. Electron Microscopy (1972) 502.
[74] STEYN, J. B., und HOLT, D. B., Proc. SEM 73, Institute of Physics, London (1973).
[75] MUIR, M. D., u. a., Proc. 4th Ann. SEM Symp., IITRI, Chicago (1971) 401.
[76] FIORI, C. E., YAKOWITZ, H., und NEWBURY, D. E., Proc. 7th Ann. SEM Symp., IITRI, Chicago (1974) 167.
[77] Quantitative Scanning Electron Microscopy (Hrsg. D. B. HOLT u. a.), Academic Press, London, New York and San Francisco (1974) 124.
[78] MAC DONALD, N. C., ROBINSON, G. V., und WHITE, R. M., J. Appl. Phys. **40** (1969) 4516.
[79] GOPINATH, A., und HILL, M. S., I.E.E.E. Transaction on Electron Devices, **ED-20** (1973) 609.
[80] TAKASHIMA, S., und YAMAMOTO, T., JEOL News **11e** (1973) 23.
[81] BACH, H., u. a., Beitr. elektronenmikr. Direktabb. Oberfl. **412** (1972) 363.
[82] CHRISTENHUSS, R., und BODE, M., Beiträge elektronenmikr. Direktabb. Oberfl. **1** (1968) 177.
[83] PFEFFERKORN, G., DESLER, H., und BLASCHKE, R., Beitr. elektronenmikr. Direktabb. Oberfl. **1** (1968) 165.
[84] MÜLLER, H.: Präparation von technisch-physikalischen Objekten für die elektronenmikroskopische Untersuchung, Akademische Verlagsgesellschaft Geest & Portig KG, Leipzig 1962, 254–318.
[85] PFEFFERKORN, G. E., 6th Ann. SEM Symp., IITRI, Chicago (1973) 751.
[86] GRASENICK, F., JAKOPIC, E., und WALTINGER, H., Naturwissenschaften **59** (1972) 362.
[87] ARDENNE, M. VON, und HEISIG, U., Exp. Techn. Phys. **11** (1963) 2.
[88] MÖLLENSTEDT, G., und DÜKER, H., Optik **10** (1953) 192.
[89] BARTZ, G., Proc. 4. Int. Conf. El. Micr. Berlin 1958, S. I/201.
[90] POHL, J., Z. Techn. Phys. **15** (1934) 579.
[91] MAHL, H., und POHL, J., Z. Techn. Phys. **16** (1935) 219.
[92] KOCH, W., Z. Phys. **152** (1958) 1.
[93] GRABER, R., GRIBI, M., WEGMANN, L., Proc. 4. Europ. Reg. Conf. El. Micr., Rom 1968, p. 111.
[94] BETHGE, H., EGGERT, H., und HERBOLD, K., Proc. 4. Int. Conf. El. Micr. Berlin 1958, S. I/217.
[95] SOA, E.-A., Jenaer Jahrbuch 1963/II, S. 427.
[96] AESCHLIMANN, R., und BAS, E., Proc. 5. Int. Conf. El. Micr. Philadelphia 1962, D-9.
[97] HOTTENROTH, G., Ann. Phys. Leipzig **30** (1937) 689.
[98] ORTHUBER, R., Z. Angew. Phys. **1** (1948) 79.
[99] BARTZ, G., WEISSENBERG, G., WISKOTT, D., Phys. Verh. **3** (1952) 108.
[100] MAYER, L., J. Appl. Phys. **26** (1955) 1228.
[101] BETHGE, H., HELLGARDT, J., HEYDENREICH, J., Exp. Techn. Phys. **8** (1960) 49.
[102] SPIVAK, G. V., et al., Izv. AN SSSR, Ser. fiz. **25** (1961) 683.
[103] ARCHARD, G. D., und MULVEY, T., J. Sci. Instrum. **35** (1958) 279.
[104] MAYER, L., RICKETT, R., und STENEMANN, H., Proc. 5. Int. Congr. El. Micr. Philadelphia 1962, D-10.
[105] SCHWARTZE, W., Exp. Techn. Phys. **14** (1966) 293.
[106] BOK, A. B., Thesis Delft, 1968.
[107] BETHGE, H., HEYDENREICH, J., Exp. Techn. Phys. **19** (1971) 375.
[108] WELLS, O. C., u. a., Scanning Electron Microscopy, McGraw-Hill, New York (1974) 223ff.
[109] OLIVEI, A., Optik **36** (1972) 454.

[110] Dörfler, G., Beitr. elektronenmikroskop. Direktabb. Oberfl. **2** (1969) 161.
[111] Ravi, K. V., und Varker, C. J., J. Appl. Phys. **45** (1974) 263 u. 272.
[112] Meieran, E. S., Crosthwait, D. L., und Davaney, J. R., 8th Ann. SEM Symp., IITRI, Chicago (1975) 715.
[113] Varker, C. J., und Ehlenberger, G., 4th Ann. SEM Symp., IITRI, Chicago (1971) 441.
[114] Wittry, D. B., und Kyser, D. F., J. Appl. Phys. **38** (1967) 375.
[115] Michel, C., Philips Techn. Rdsch. **36** (1976/77) 18.
[116] Aven, M., u. a., J. Appl. Phys. **43** (1972) 4136.
[117] Holt, D. B., und Chase, B. D., Phys. stat. sol. (a) **20** (1973) 135.
[118] Lushchik, N. T., u. a., J. Luminescence **1, 2** (1970) 348.
[119] Becker, R., Theory and Interpretation of Fluorescence and Phosphorescence, Wiley, New York (1969).
[120] Radford, W. E., Hagston, W. E., und Bryant, F. J., J. Luminescence **5** (1972) 47.
[121] Williams, P. M., und Yoffe, A. D., Radiation Effects **9** (1971) 139.
[122] Booker, G. R., und Stickler, R., J. Mater. Sci. **7** (1972) 712.
[123] Joy, D. C., und Newbury, D. E., J. Mater. Sci. **7** (1972) 714.
[124] Wolf, E. D., und Hunsperger, R. G., Appl. Phys. Lett. **16** (1970) 26.
[125] Stickler, R., Hughes, C. W., und Booker, G. R., Proc. 4th Ann. SEM Symp., IITRI, Chicago (1971) 473.
[126] Schulson, E. M., J. Mater. Sci. **6** (1971) 377.
[127] Schulson, E. M., und van Essen, C. G., J. Sci. Instr. **2** (1969) 247.
[128] Soa, E. A., Exp. Techn. Phys. **13** (1965) 9.
[129] Fagot, B. und Fert, Ch., C. R. Acad. Sci. Paris **258** (1964) 1180.
[130] Spivak, G., V., et al., Radiotechn. i Elektronika **11** (1966) 1904.
[131] Rehme, H., Optik, Stuttgart **29** (1969) 311.
[132] Igras, E., Proc. Int. Conf. Semicond., Exeter 1962, p. 832.
[133] Mayer, L., J. Appl. Phys. **28** (1957) 259.
[134] Heydenreich, J., und Vester, J., Krist. Techn. **9** (1974) 107.
[135] Heydenreich, J., Godehardt, R., Vester, J., Krist. Techn. **13** (1978) 355.

Ergänzung während der Drucklegung

Eine gezielte Kombination elektronischer Meßverfahren mit den speziellen Möglichkeiten des REM hat in den letzten Jahren dazu geführt, daß einerseits quantitative Untersuchungen an bekannten physikalischen Phänomenen bis in extreme Meßbereiche hinein durch eine Abbildung möglich wurden und daß andererseits die Abbildung eines Objektbereiches durch die lokale Erfassung von *zusätzlichen* Eigenschaften auch qualitativ bereichert wurde. Ein Beispiel für den ersten Aspekt bedeutet die Anwendung der Kurzzeitstroboskopie im GHz-Bereich auf die Erfassung von Domänenausbreitungen zwischen Anode und Katode an Gunn-Effekt-Bauelementen [136, 137, 138]. Der zweite Aspekt betrifft die Untersuchung elektronischer Eigenschaften von Gitterdefekten in Halbleitern durch eine lokale Energiespektroskopie tiefer Störstellen parallel zu einer KL- und bzw. oder EBIC-Abbildung (Scanning Deep Level Transient Spectroscopy — SDLTS [139, 140, 141]) im identischen Objektbereich.

[136] Hosokawa, T., Fujioka, H., Ura, K., Rev. Sci. Instrum. **49** (1978) 1293.
[137] Gopinath, A., Gopinathan, K. G., IEEE Trans. Electron. Devices **ED-25** (1978) 431.
[138] Fujioka, H., Hosokawa, T., Kanda, Y., Ura, K., Proc. SEM Symp., IITRI, Chicago 1978, Vol. I, 755.
[139] Petroff, P. M., Lang, D. V., Strudel, J. L., Logan, R. A., Proc. SEM Symp., IITRI, Chicago 1978, Vol. I, 325.
[140] Lang, D. V., J. Appl. Phys. **45** (1974) 3023.
[141] Lefèvre, H., Schulz, M., IEEE Trans. Electron. Devices **ED-24** (1977) 973.

11. Feldemissionsmikroskopie

(Ch. Edelmann, Dresden)

11.1. Grundprinzipien

Sehr hohe elektrische Feldstärken an der Oberfläche eines Metalls bewirken je nach Größe und Richtung des elektrischen Feldes verschiedene Effekte. Ist das Metall auf dem negativsten Potential, dann findet man

a) Erniedrigung der effektiven Austrittsarbeit (Schottky-Effekt) und Erhöhung der Stromdichte bei Glühemission
b) Feldelektronenemission
c) Wanderung von Oberflächenatomen infolge von Feldkräften.

Die Feldelektronenmikroskopie basiert auf der durch hohe elektrische Feldstärken erzeugten Feldelektronenemission. Da deren Stromdichte exponentiell von der Austrittsarbeit und der Feldstärke abhängt, gibt sie Auskunft über die Gitterstruktur der Oberfläche (Austrittsarbeit) und die geometrische Struktur (lokale Feldstärken in Mikrobereichen).

Bei umgekehrt gerichteten Feldern, bei denen das Metall das positivste Potential besitzt, findet man mit wachsender Feldstärke

d) Feldionisation von Gasteilchen im Bereich höchster Feldstärken
e) Wanderung und Ablösung von Oberflächenatomen des Metalls infolge von Feldkräften (Felddesorption).

Da die Feldionisation bevorzugt von der elektrischen Feldstärke abhängt, wird sie von den lokalen Mikrofeldern der Oberfläche stark beeinflußt und bei der Feldionenmikroskopie zur Abbildung der Oberfläche benutzt.

Während die Oberflächenwanderung zur gezielten Beeinflussung von Oberflächenstrukturen (Ausheilen von Gitterdefekten, Aufbau von Spitzen) benutzt werden kann, wird das Ablösen einzelner Atome durch Felddesorption bei impulsartiger, kurzzeitiger Feldstärkeerhöhung gemeinsam mit den Abbildungseigenschaften des Feldionenmikroskops und der Analysatorwirkung eines Massenspektrometers zur Analyse einzelner Atome der Festkörperoberfläche benutzt. Infolgedessen erhält man bei diesem, als Atomsonden-Feldionenmikroskopie bezeichneten Verfahren nicht nur eine sehr detaillierte Abbildung der Oberfläche, sondern auch eine genaue quantitative Analyse der abgebauten Atome.

11.2. Theoretische Grundlagen

Der in der Abwesenheit eines elektrischen Feldes vorhandene Potentialverlauf an der Grenzfläche eines Metalles gegen Vakuum (Potentialtopfmodell, Abb. 11.1a) wird durch große elektrische Felder (Feldstärke $E \geqq 10^6$ V/cm)[1]) verformt. Durch Überlagerung des ungestörten Potentialverlaufs mit dem des elektrischen Feldes

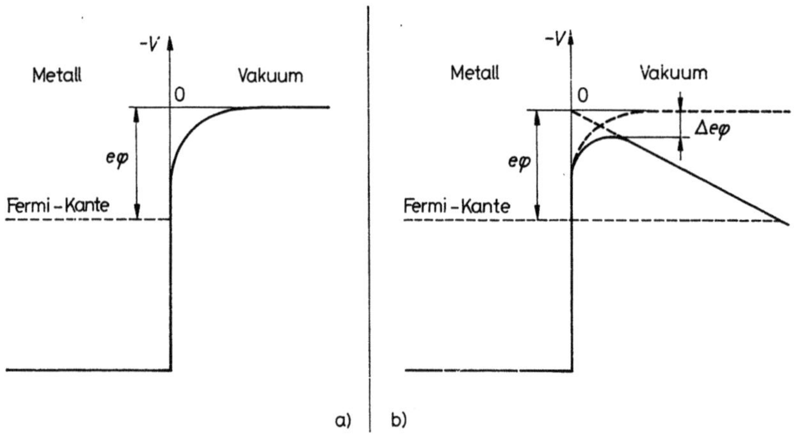

Abb. 11.1a. Potentialverlauf an der Grenze Metall—Vakuum (Austrittsarbeit $e\varphi$)
Abb. 11.1b. Veränderung des Potentialverlaufes an der Grenze Metall—Vakuum durch Anlegen eines äußeren elektrischen Feldes (Austrittsarbeit $e\varphi$, Erniedrigung derselben durch den Schottky-Effekt um $\Delta e\varphi$)

tritt eine Erniedrigung der effektiven Austrittsarbeit $e\varphi$ um $\Delta e\varphi$ auf (vgl. Abb. 11.1b), die nach Schottky [1] berechnet wird zu

$$\Delta e\varphi = \sqrt{\frac{e^3 E}{4\pi\varepsilon_0}} \tag{1}$$

(ε_0 Dielektrizitätskonstante im Vakuum)

und bei hinreichend hohen Feldstärken zu beträchtlichen Werten (ca. 1,2 eV) führen kann.

Der bei sehr hohen elektrischen Feldstärken erzeugte Potentialverlauf vor der Metalloberfläche ermöglicht es, daß durch die Potentialbarriere infolge des quantentheoretisch erklärbaren Tunneleffekts die Leitungselektronen aus dem Metall in das Vakuum gelangen können, ohne daß das Metall dazu erhitzt werden muß. Aus der Theorie von Fowler und Nordheim [2] folgt für die Elektronenstromdichte j bei reiner Feldelektronenemission (d. h. bei $T = 0$K):

$$j = \frac{e^3 E^2}{8\pi h e\varphi t^2} \exp\left(-\frac{8\pi \sqrt{2m}\,(e\varphi)^{3/2}}{3heE}\, v\right). \tag{2}$$

1) Hier und im folgenden ist jeweils der Betrag der elektrischen Feldstärke gemeint.

Hierin bedeuten E = elektrische Feldstärke, e = elektrische Elementarladung, h = Plancksche Konstante, $e\varphi$ = Austrittsarbeit, m = Elektronenmasse. v und t sind Funktionen von $e^3E/e\varphi$, die z. B. in [3] tabelliert sind.

Bei dem von E. W. Müller [4] entwickelten Feldelektronenmikroskop werden die hohen Feldstärken durch fein geätzte Metalleinkristallspitzen erzeugt. Diese werden in einem evakuierten Kolben gegenüber einem Durchsichtleuchtschirm, der in bezug auf die Katode positives Potential besitzt, angeordnet. Durch den Herstellungsprozeß können unterschiedliche Spitzenformen entstehen, die verschiedenen Feldverlauf in unmittelbarer Spitzennähe zur Folge haben. Drechsler und Henkel haben den Feldverlauf vor der Spitze durch Überlagerung des Feldes einer Kugel (E_{Kugel}) mit dem eines Hyperboloids ($E_{\text{Hyp.}}$) beschrieben. Mit einem Formfaktor α wird der Anteil des Kugelfeldes beschrieben, wodurch sich eine maximale Spitzenfeldstärke E_0 ergibt zu:

$$E_0 = \alpha E_{\text{Kugel}} + (1 - \alpha)\, E_{\text{Hyp.}} = U\left(\frac{\alpha}{r_s} + \frac{2(1-\alpha)}{r_s \log 4l/r_s}\right). \tag{3}$$

Hierbei ist U = Spannung zwischen Spitze und Schirm, r_s = Krümmungsradius der Spitze, l = Abstand Spitze—Schirm. Für viele praktische Zwecke kann man das elektrische Feld an der Spitze durch die Beziehung (vgl. [3])

$$E_0 \approx UC/r_s \tag{4}$$

annähern, wobei C ein Rauhigkeitsfaktor der Oberfläche ist.

Infolge der bei hinreichend kleinen Spitzenradien schon bei relativ niedrigen Spannungen auftretenden hohen Feldstärken emittiert die Spitze Feldelektronen, deren Stromdichte entsprechend Gl. (2) wesentlich von der lokalen Austrittsarbeit bestimmt wird. Diese erzeugen auf dem Leuchtschirm die orthogonale [5] Projektion des Spitzeneinkristalls. (E. W. Müller [3, 4] bezeichnet diese Abbildung als stereographische Projektion.) In Abbildung 11.2 sind die orthogonale Projektion des Wolframgitters und das Feldelektronenbild einer Wolframspitze gegenübergestellt. Relativ große Einkristallflächen mit hohen Austrittsarbeiten und niedrigen Lokalfeldstärken erscheinen dunkel (z. B. 011, 112 usw.), während Gittertreppengebiete mit niedrigen Austrittsarbeiten und hohen Lokalfeldstärken hell leuchten (hohe Emissionsstromdichte).

Die Vergrößerung V wird wesentlich durch das Verhältnis von Leuchtschirmabstand l zu Spitzenradius r_s bestimmt:

$$V = l/\beta r_s, \tag{5}$$

wobei β der von der endgültigen Geometrie abhängige Bildkompressionsfaktor ist [3]. Bei Spitzenradien von 10^{-4} bis 10^{-5} cm erreicht man Vergrößerungen von $V = 10^5$ bis 10^6. Das Auflösungsvermögen wird nach Müller durch drei Effekte begrenzt (vgl. [3]):

- Divergenz der Elektronenbahnen infolge der Vergrößerung,
- Geschwindigkeitskomponenten parallel zur Oberfläche, die die Elektronen beim Austritt aus dem Metall erhalten,
- Beugung der Elektronenwelle beim Passieren der „emittierenden Öffnung“.

Unter Vernachlässigung der aufspreizenden Wirkung des elektrischen Feldes auf die

Elektronenbahnen erhielt E. W. Müller [3, 6] für den kleinsten Abstand $d_{\min}$ zweier getrennt wahrnehmbarer Objektpunkte:

$$d_{\min} = \sqrt{\frac{hC\beta^2 r_s}{4\pi m e\varphi}\left(1 + \frac{2e\varphi}{C\beta e U}\right)} \approx \sqrt{\frac{\beta^2 C}{2me\varphi}}\sqrt{\frac{r_s h}{2\pi}}. \tag{6}$$

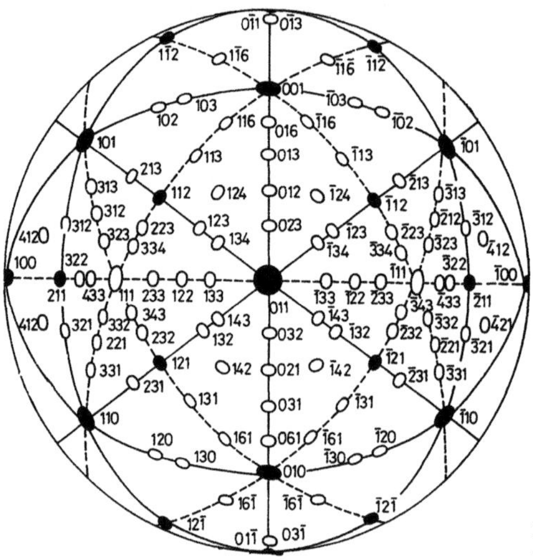

Abb. 11.2a. Stereographische Projektion eines kubischen Gitters

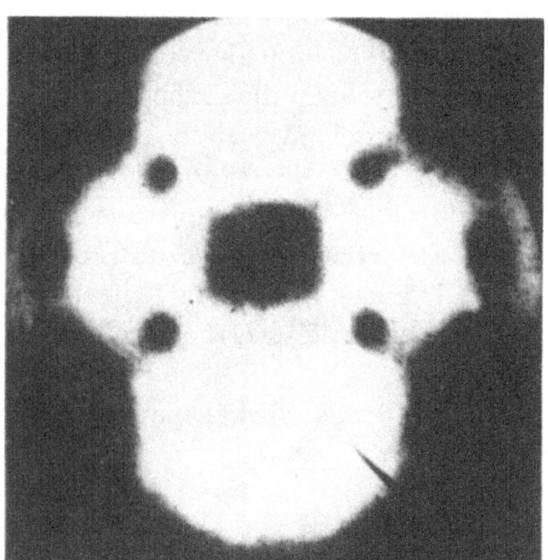

Abb. 11.2b. Feldelektronenbild einer sauberen Wolframspitze (Der schwarze Strich ist ein Markierungsstrich des zum Herstellen des Kolbens verwendeten Jenaer Glases.)

Bei typischen Betriebsbedingungen ($C = 0{,}5$; $\beta = 1{,}5$; $r_s = 10^{-7}$ m; $e\varphi = 4{,}5$ eV; $U = 2500$ V) folgt:

$$d_{\min} = 23\ \text{Å}.$$

Eine wellenmechanische Berechnung des Auflösungsvermögens von A. Recknagel und D. Werner [7] lieferte für $d_{\min}$ ein Ergebnis, das bis auf den Zahlenfaktor mit dem von E. W. Müller ermittelten und exakt mit einem Resultat einer Rechnung von J. DOSSE und H. O. MÜLLER [8] übereinstimmt:

$$d_{\min} = \frac{2{,}8}{4\sqrt{2me\varphi}} \sqrt{\frac{hr_s}{2\pi}}. \tag{7}$$

Im Unterschied zu den Überlegungen von E. W. MÜLLER wurde bei den beiden letztgenannten Arbeiten die aufspreizende Wirkung des elektrischen Feldes berücksichtigt. Daraus resultiert ein Wert, der etwa doppelt so groß wie der von E. W. MÜLLER berechnete ist.

Auf Grund von Gl. (2) läßt sich durch Messen der Stromdichte einzelner Kristallflächen in Abhängigkeit von der Feldstärke die Austrittsarbeit ausgewählter Bereiche mit Hilfe der Fowler-Nordheim-Darstellung

$$\log (j/U^2) = \mathrm{f}(1/U) \tag{8}$$

aus der Neigung der Geraden ermitteln.

In Abbildung 11.3 ist der Einfluß eines starken elektrischen Feldes auf das Potential eines Atoms dargestellt. Auch hier wird das ungestörte Potential (Abb. 11.3a) durch das äußere elektrische Feld so verformt, daß einseitig ein schmaler Potential-

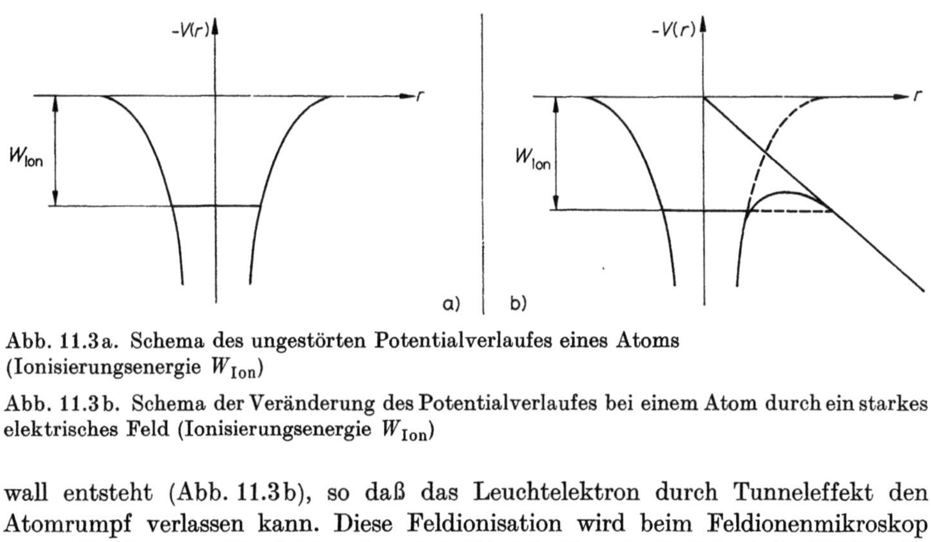

Abb. 11.3a. Schema des ungestörten Potentialverlaufes eines Atoms (Ionisierungsenergie W_{Ion})

Abb. 11.3b. Schema der Veränderung des Potentialverlaufes bei einem Atom durch ein starkes elektrisches Feld (Ionisierungsenergie W_{Ion})

wall entsteht (Abb. 11.3b), so daß das Leuchtelektron durch Tunneleffekt den Atomrumpf verlassen kann. Diese Feldionisation wird beim Feldionenmikroskop zum Abbilden von Oberflächen benutzt. Die hierfür erforderliche hohe Feldstärke wird auch beim Feldionenmikroskop durch eine fein geätzte Spitze, deren Oberfläche das Untersuchungsobjekt darstellt, erzeugt. Im Gegensatz zum Feldelektronenmikroskop besitzt hier die Spitze das positivste Potential in der gesamten Elektrodenanordnung. Der Ionisierungsprozeß spielt sich unmittelbar vor der Spitzenoberfläche ab. Während die positiven Gasionen zu dem (gegenüber der Spitze negativen) Leuchtschirm beschleunigt werden, nimmt die Spitze die Leuchtelektronen auf. Der Ionenstrom wird einerseits durch die Zahl der auf die Spitzenoberfläche pro Zeit- und Flächeneinheit auftreffenden Gasteilchen, andererseits durch die Oberflächenionisierungswahrscheinlichkeit bestimmt. Entsprechend der kinetischen Gastheorie ist die flächenspezifische Wandstoßrate ν_A, d. h. die Zahl der pro Zeit- und Flächeneinheit auf eine Oberfläche auftreffenden Gasteilchen:

$$\nu_A = p(2\pi m_0 kT)^{-1/2} \tag{9}$$

(p Gasdruck, T mittlere (absolute) Temperatur des Gases, k Boltzmann-Konstante, m_0 mittlere Masse eines Gasteilchens). Die Zahl der pro Zeiteinheit auf die Spitzenoberfläche A_{Sp} auftreffenden Gasteilchen

$$\mathrm{d}N/\mathrm{d}t = \nu_A A_{\mathrm{Sp}} \tag{10}$$

wird dadurch erhöht, daß infolge des stark inhomogenen Feldes der Spitze im Gas Dipole influenziert werden, die die Spitze anzieht. Der Betrag der Anziehungskraft F eines influenzierten Dipols wird durch

$$F = \alpha E \,\mathrm{d}E/\mathrm{d}r \tag{11}$$

beschrieben (α = Polarisierbarkeit). Durch die Beziehung

$$\alpha E \,\mathrm{d}E/\mathrm{d}r = m_0 v^2/r_c \tag{12}$$

läßt sich ein Einfangradius r_c definieren, bei dem die Anziehungskraft gleich der Zentralkraft ist. Alle Gasteilchen, die eine die Spitze umgebende Kugel mit dem Radius r_c berühren, werden noch von der Spitze angezogen. Infolgedessen steigt die Zahl der pro Zeiteinheit auf die Spitze treffenden Gasteilchen an. Sie ist proportional zur Zahl der auf die Kugel mit dem Radius r_c treffenden Gasteilchen:

$$\mathrm{d}N/\mathrm{d}t = p(2\pi m_0 kT)^{-1/2}\, 4\pi r_c^{\,2}. \tag{13}$$

Der Feldionenstrom folgt hieraus durch Multiplikation mit der Ionisierungswahrscheinlichkeit und der Ionenladung. Er hängt demzufolge vom Druck p und der elektrischen Feldstärke E ab.

Die Vergrößerung V wird auch beim Feldionenmikroskop nach Gl. (5) berechnet. Der kleinste auflösbare Abstand $d_{\min}$ zwischen zwei benachbarten Objektpunkten wurde von E. W. Müller mit analogen Überlegungen, die zu Gl. (6) führten (vgl. [9 und 3]), ermittelt zu

$$d_{\min} \approx \pi\beta r_s^{\,2/3} \sqrt{(3kT + \alpha E^2)/eE}, \tag{14}$$

wobei der Exponent von r_s infolge einer halbempirischen Beziehung zwischen E und r zustandekommt. Bei hinreichend niedrigen Spitzentemperaturen kann man völlige Akkommodation der Gasteilchen an die Spitzentemperatur erreichen, so daß dann die Ionen nur die kinetische Energie kT_{Sp} (T_{Sp} = Spitzentemperatur) besitzen. Damit vereinfacht sich Gl. (14) zu:

$$d_{\min} \approx \pi\beta r_s^{\,2/3} \sqrt{\frac{3kT_{\mathrm{Sp}}}{eE}}. \tag{15}$$

Spätere quantenmechanische Rechnungen (Müller/Tsong lieferten:

$$d_{\min} \approx \varrho + \left\{4\left(\frac{\beta^2 r_s \cdot h^2}{8\pi^2 e m_0 E(r_s)\,\varkappa}\right)^{1/2} + 16\left(\frac{\beta^2 r_s kT}{\varkappa e E(r_s)}\right)\right\}^{1/2}, \tag{16}$$

ϱ = Radius des abbildenden Gasatoms, $\varkappa$ = Geometriefaktor.

Im Interesse einer hohen Auflösung muß man entsprechend Gl. (14) mit Gasen arbeiten, die eine niedrige Polarisierbarkeit besitzen. Helium zeichnet sich durch eine besonders niedrige aus und ist deshalb gut als Füllgas für Feldionenmikroskope geeignet. Da entsprechend Gl. (16) die Spitzentemperatur das Auflösungsvermögen bestimmt, sollte die Spitze des Feldionenmikroskops wenigstens auf die Temperatur des flüssigen Wasserstoffs gekühlt werden. Die Theorie liefert für einen Spitzenradius $r_s = 10^{-7}$ m bei $T = 60$ K und $\beta = 1{,}5$ ein Auflösungsvermögen in der Größenordnung von

$$d_{\min} \approx 1{,}5\ \text{Å}.$$

Dieser Wert wird experimentell gut bestätigt.

Die Felddesorption kann aufgefaßt werden als eine Verdampfung positiver Ionen mit der Ladung ne. Die Ionen müssen dabei eine Potentialbarriere überwinden, deren Höhe sich aus der Bindungsenergie des Ions Q_{Ion} und der Erniedrigung dieses Wertes durch den Schottky-Effekt ergibt:

$$Q = Q_{\text{Ion}} - ne(neE/4\pi\varepsilon_0)^{1/2}. \tag{17}$$

Die Verweilzeit τ eines Teilchens in einem Potential mit der Bindungsenergie Q ist nach FRENKEL:

$$\tau = \tau_0 \exp(Q/kT) \tag{18}$$

(τ_0 = Zeitkonstante). Aus den Gleichungen (17) und (18) ergibt sich die zur Desorption während der Zeit τ erforderliche Mindestfeldstärke E_{Des} zu:

$$E_{\text{Des}} = (Q_{\text{Ion}} - kT \ln \tau/\tau_0)^2 \frac{4\pi\varepsilon_0}{(ne)^3}. \tag{19}$$

Für $Q_{\text{Ion}} = 10{,}3$ eV, $T = 300$ K, $\tau = 3$ s, $\tau_0 = 10^{-13}$ s und $n = 2$ liefert Gl. (19) einen Wert $E_{\text{Des}} = 7{,}8 \cdot 10^7$ V/cm. Das heißt, entsprechend Gl. (19) können durch hinreichend hohe Feldstärkeimpulse Atome oder Moleküle von der Spitze abgelöst werden. Diese Felddesorption ist die Grundlage für die Atomsonden-Feldionenmikroskopie (in der angelsächsischen Literatur: atom probe field ion microscopy), bei der durch kurzzeitige, sehr hohe Feldstärkeimpulse Atome oder Moleküle von der Spitze des Feldionenmikroskops abgelöst und in einem Massenspektrometer hinsichtlich ihres e/m-Wertes analysiert werden. Entsprechend Gl. (19) hängen die dazu erforderlichen Feldstärken von der Impulsdauer, der Bindungsenergie des Ions und der Spitzentemperatur T ab.

11.3. Experimentelle Technik

In Abbildung 11.4 ist der Aufbau eines Feldelektronenmikroskops nach E. W. MÜLLER schematisch dargestellt. Diese Geräte werden noch bis heute vorwiegend labormäßig in Glasausführung aufgebaut. Das Untersuchungsobjekt, die fein geätzte Einkristallspitze, ist auf einen Drahtbügel montiert. Dieser verbindet die Durchführungen eines zweipoligen Quetschfußes und kann durch direkten Stromdurchgang erhitzt werden. Dadurch kann auch die Temperatur der Spitze, die höchstens 1 bis 2 mm über den Drahtbügel herausragt, variiert werden. Auf den (gestrichelt eingezeichneten) Anodenring kann verzichtet werden, wenn der Leuchtschirm als Anode benutzt und auf einem leitfähigen, gut geerdeten Belag angeordnet wird. Die gesamte Anordnung (Spitze und Leuchtschirm), die evtl. noch — je nach

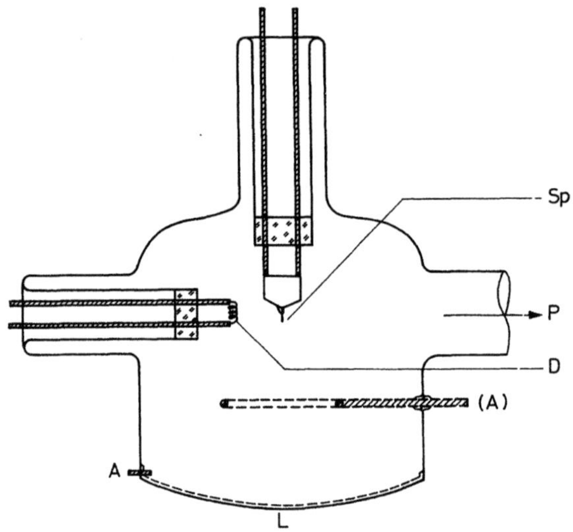

Abb. 11.4. Prinzip eines Feldelektronenmikroskops (Glasausführung)
L Durchsichtleuchtschirm, *A* Anodendurchführung, *D* Dampfquelle, *P* zur Pumpanlage, *Sp* Spitzenkatode

Bedarf — durch Getter, Dampfquellen, Elektronenstrahler oder Faraday-Käfig ergänzt werden kann, befindet sich in einem Glaskolben und wird evakuiert. Sehr niedrige Drücke sind aus zweierlei Gründen erforderlich:

1. Die durch unelastische Zusammenstöße der Elektronen mit den Restgasteilchen gebildeten Ionen treffen auf die Spitze und zerstören diese.
2. Zum Untersuchen *reiner* Oberflächen ist es erforderlich, daß diese eine hinreichend lange Zeit kaum Gase adsorbieren, da Adsorbate die Austrittsarbeit und den Feldelektronenstrom verändern können. Unter der Annahme einer konstanten Haftwahrscheinlichkeit s bildet sich bei einem konstanten Druck p entsprechend Gl. (9) auf der Oberfläche nach einer Beobachtungszeit t eine Gasbedeckung σ (= Zahl der Adsorbatteilchen pro Flächeneinheit) aus:

$$\sigma = \frac{pst}{(2\pi m_0 kT)^{1/2}}. \tag{20}$$

Das heißt, die zum Ausbilden einer bestimmten Gasbedeckung σ, z. B. einer monomolekularen Schicht ($\sigma_m \approx 10^{14} \cdots 10^{15}$ cm^{-2}), erforderliche Zeit ist dem Druck umgekehrt proportional. Mit $\sigma = 5 \cdot 10^{14}$ cm^{-2}, $s = 1$, $p = 10^{-4}$ Pa, $M_r = 29$ (Luft) folgt als Bedeckungszeit $t \approx 1$ s. Will man eine saubere Spitzenoberfläche 1000 s beobachten, muß man einen Druck von weniger als 10^{-7} Pa, also Ultrahochvakuum (UHV), haben.

Um die notwendigen niedrigen Betriebsdrücke zu erreichen, ist eine gute UHV-

Technik erforderlich: Die gläsernen Kolben des Feldelektronenmikroskops sind mit der Pumpanlage verschmolzen. Alle Einbauten sind auf Quetschfüße, wie sie in der Lampen- oder Röhrenindustrie üblich sind, montiert und UHV-dicht eingeschmolzen. Ultrahochvakuum wird durch vielstündiges Evakuieren bei gleichzeitigem Ausheizen des gesamten Rezipienten erreicht. Im Anschluß an diese Ausheizphase werden die Metallteile — soweit möglich — ausgeglüht und die Kühlfallen mit flüssigem Stickstoff eingekühlt. Ausheiztemperatur und -zeit richten sich nach der Glassorte, aus der der Kolben gefertigt wurde, und den eingebrachten Substanzen (Dampfdruck). Außer gläsernen Feldelektronenmikroskopen werden gelegentlich auch Metallausführungen, bei denen der Spitzenquetschfuß mit einem Metallflansch verschweißt ist, verwendet. Diese besitzen den Vorteil, daß man die Spitze, die den empfindlichsten Teil des Feldelektronenmikroskops darstellt, leicht auswechseln kann. Die Flanschverbindung muß allerdings mit Metalldichtungen erfolgen, damit Ultrahochvakuum durch Ausheizen des Rezipienten erzeugt werden kann. Bei solchen Metallapparaturen werden oft Ionengetterpumpen und Titanium-Sublimationspumpen eingesetzt. Mit solchen Anlagen kann man ohne großen Kühlmittelverbrauch das Ultrahochvakuum über längere Zeiten hinweg aufrechterhalten.

Der problematischste Teil des Feldelektronenmikroskops ist das Untersuchungsobjekt, die Spitze. In den meisten Fällen wird sie durch elektrolytisches Ätzen in einer in Abbildung 11.5 schematisch dargestellten Anordnung (vgl. z. B. Niemeck

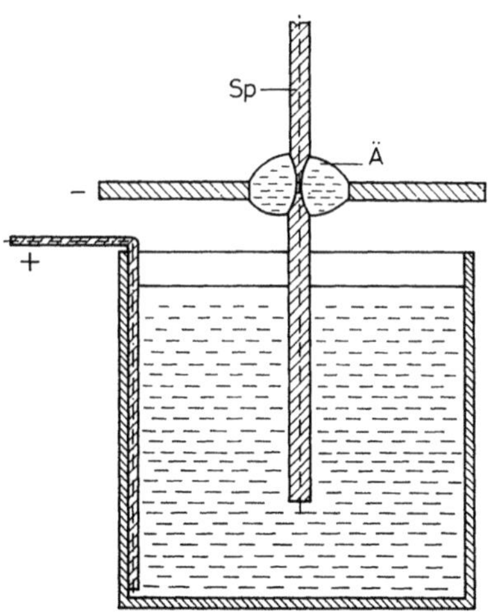

Abb. 11.5. Prinzip einer Anordnung zum anodischen Ätzen der Spitzenkatode
Sp Draht, aus dem die Spitze hergestellt wird, *Ä* Ätzflüssigkeit, + Zuführung der positiven Spannung, – Zuführung der negativen Spannung über ein Blech mit Loch, in dem der Tropfen Ätzflüssigkeit infolge von Oberflächenspannungskräften haftet

u. Ruppin [10]) hergestellt. Der Ätzprozeß muß unterbrochen werden, sobald der Spitzenschaft so weit abgeätzt ist, daß das unterhalb der Ätzzone befindliche Drahtstück abfällt. Um dies zu erreichen, erfolgt die Stromzuführung zum Spitzenmaterial vorteilhaft über einen Elektrolyten und das unterhalb der Ätzzone gelegene Material. Optimale Ätzflüssigkeit (Art, Konzentration), Ätzspannung und -strom müssen empirisch ermittelt werden. Neben der Spitzenherstellung durch elektrolytisches Ätzen ist auch die Benutzung von Whiskern bekannt (vgl. hierzu [11]). Nach dem Einbau in den Kolben und dem Evakuieren muß die Spitze getempert werden, um Gitterbaufehler auszuheilen und die Oberfläche zu glätten.

Durch Anbringen eines Faraday-Käfigs im Feldelektronenmikroskop vor dem

Leuchtschirm können Emissionsstromdichten definierter Kristallflächen gemessen und deren Austrittsarbeiten ermittelt werden. Aus speziellen Dampfquellen, die seitlich von der Spitze angeordnet werden, lassen sich Fremdsubstanzen auf die Spitze aufbringen. An Hand des Feldelektronenbildes kann man ihre Kondensation auf der Spitze und ihre Oberflächenwanderung bei Erwärmung verfolgen. Um Gasadsorbate untersuchen zu können, bringt man Gasquellen (z. B. Gaseinlaßdüse oder Verdampfer mit Substanz, die sich beim Erwärmen unter Abgabe des gewünschten Gases zersetzt) in der Nähe der Spitze an. Die Spitzentemperatur kann in der Regel in weiten Grenzen variiert werden. Eine Erhöhung wird bewirkt durch direkten Stromdurchgang durch den die Spitze tragenden Drahtbügel, eine Erniedrigung z. B. durch Füllen des Rohres oberhalb des Spitzenquetschfußes mit kryogenen Flüssigkeiten (flüssigem Stickstoff, Wasserstoff oder Helium).

Bei *Feldionenmikroskopen* ist der Aufbau ähnlich wie bei Feldelektronenmikroskopen. Da zum Erzielen eines hinreichend hellen Leuchtschirmbildes (große Ionenstromdichte) ein möglichst hoher Heliumpartialdruck vorhanden sein muß, werden

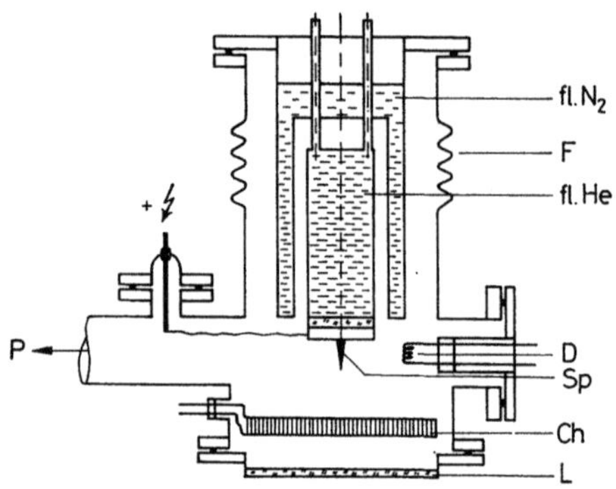

Abb. 11.6. Prinzip eines Feldionenmikroskops (Metallausführung) mit He-Kühlung der (beweglichen) Spitze

Sp Spitze, *F* Faltenbalg zur Justierung der Spitze, *Ch* Channel-Plate-Konverter, *L* Durchsichtleuchtschirm, *P* zur Pumpanlage, *fl.* N_2 auf der Temperatur des flüssigen Stickstoffs befindlicher Temperaturschirm, *fl. He* flüssiges Helium, *D* Dampfquelle, + ϟ Hochspannungszuführung

in manchen Fällen die Spitzen mittels eines fettgedichteten Quetschfußes (bei Glasausführungen) eingeführt. Der Betriebsdruck des Heliums beträgt 10^{-1} bis 10^{-4} Pa. Im Gegensatz zu Feldelektronenmikroskopen ist beim Feldionenmikroskop die Spitze auf dem positivsten, der Leuchtschirm auf dem negativsten Potential. Da zur Feldionisation wesentlich höhere Feldstärken als zur Feldelektronenemission nötig sind, kommt es beim Feldionenmikroskop auf eine äußerst feine Spitze als Versuchsobjekt an. Die erforderlichen Betriebsspannungen liegen in der Regel wesentlich über denen, die bei Feldemission benutzt werden. Abbildung 11.6 zeigt eine der möglichen Ausführungsformen eines Feldionenmikroskops (Metallausführung) schematisch. Die Spitze ist über einen Faltenbalg beweglich angeordnet. Sie kann gekühlt werden. Die Hochspannungszuführung erfolgt über eine seitlich angebrachte Hochspannungsdurchführung. Ein Channeltron, eine Platte, die aus einer extrem hohen Anzahl parallel verlaufender Kanalsekundärelektronenvervielfacher besteht, ist vor dem Durchsichtleuchtschirm angeordnet und sorgt für eine Verstärkung der äußerst lichtschwachen Bilder. Da die Verstärkungseigenschaften durch Temperprozesse bei hohen Temperaturen oder durch Gasreaktionen bei erhöhter Temperatur verändert werden können, ist die Ausheiztemperatur des Feldionenmikroskops mit Channeltron begrenzt, oder ein Ausheizen ist völlig unmöglich.

Abbildung 11.7 zeigt schematisch das Prinzip eines Atomsonden-Feldionenmikroskops. Der Leuchtschirm, auf dem das detaillierte Bild der Spitzenoberfläche entsteht, besitzt in der Mitte ein Loch von 1···2 mm ∅. Die Spitze wird so justiert, daß das Bild des interessierenden Atoms genau über das Loch kommt. Durch einen sehr großen Hochspannungsimpuls wird das Atom von der Spitzenoberfläche ab-

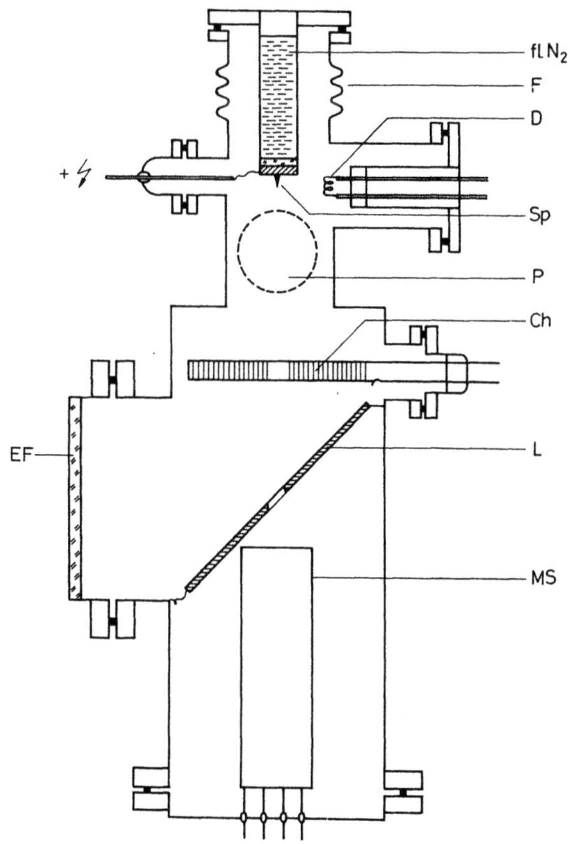

Abb. 11.7. Prinzip eines Atomsonden-Feldionenmikroskops (Metallausführung) mit kühlbarer Spitze

F Faltenbalg zur Justierung der Spitze, *Sp* Spitze, + ↯ Hochspannungszuführung, *D* Dampfquelle, *P* zur Pumpanlage, *Ch* Channel-Plate-Konverter mit konzentrischer Bohrung, *L* Aufsichtleuchtschirm mit konzentrischer Bohrung, *MS* Laufzeit-Massenspektrometer, *EF* Einblickfenster

gerissen. Es passiert das Loch und gelangt in ein Laufzeit-Massenspektrometer, mit dessen Hilfe das Verhältnis von Ladung zu Masse (e/m_0) gemessen wird. Moderne Geräte enthalten zur Bildverstärkung einen Channel-Plate-Konverter und zur Verstärkung des Ausgangssignales des Massenspektrometers einen Sekundärelektronenvervielfacher.

11.4. Anwendungen

Während anfänglich bevorzugt schwerschmelzende Metalle (W, Mo, Ta) in Form feinster (meist) Einkristallspitzen den Untersuchungsgegenstand bildeten, sind in den letzten Jahrzehnten mit fortschreitender Experimentiertechnik auch andere Metalle (Pt, Ir, Re, Ag, Cr, Ni, Fe, Co, Nb) und andere Substanzen, wie Hf, der Feldelektronenmikroskopie zugänglich geworden. Bei reinen Oberflächen wurden zunächst die kristallographische Struktur des Spitzeneinkristalls und der Einfluß von elektrischen Feldern und Tempervorgängen auf diese untersucht. Beispielsweise läßt sich, wenn durch Zufall eine Korngrenze in der Spitze liegt, eine Korngrenzenwanderung bei erhöhter Spitzentemperatur beobachten [5, 12, 13, 14]. Die Erwärmung der Spitze kann aber auch eine Wanderung des Spitzenmaterials bewirken, die eine Änderung der Spitzenform (Feldstärke) zur Folge hat. Diese zeigt sich bei gleicher Betriebsspannung in einem veränderten Emissionsstrom. Eine Verdampfung von Spitzenmaterial in Gegenwart des hohen elektrischen Feldes führt zu speziellen Abbaustrukturen [15]. Eine allotrope Umwandlung des Spitzenmaterials durch Temperaturerhöhung führt zu einer Änderung des Feldelektronenbildes [16]. Neben Metallen wurden im Feldelektronenmikroskop auch Halbleiter und deren Verbindungen untersucht (z. B. [17, 18]). Außer der kristallographischen Information und Aussagen über die atomare Perfektion der Oberflächen [19] läßt die Feldelektronenmikroskopie auch Rückschlüsse auf die elektronische Struktur des Spitzeneinkristalls zu. Diese folgen aus Energieverteilungsmessungen der Feldelektronen [20, 21].

Die Anlagerung von Substanzen an der Oberfläche des Spitzeneinkristalls führt in der Regel zu einer Änderung des Feldelektronenstromes und des Emissionsbildes. Eine derartige Anlagerung erreicht man durch Aufdampfen von Metallen, Alkalimetallen und deren Oxiden oder Halbleitern auf die Einkristallspitze. Die Kondensation von arteigenem Material auf der Spitze ergibt wichtige Rückschlüsse über bevorzugte Adsorptionsplätze und die Kinetik des Kristallaufbaus. Die Anlagerung von artfremdem Material an der Spitze führt infolge der Änderung der Austrittsarbeit und der kristallographischen Struktur der Oberfläche meist zu sehr starken Veränderungen des Emissionsbildes, aus denen bevorzugte Adsorptionsplätze zu erkennen sind. Eine Erwärmung der ad- bzw. kondensatbedeckten Oberfläche bewirkt in der Regel eine Wanderung der angelagerten Substanz, wobei kristallographische Vorzugsrichtungen deutlich werden [22]. Bei Vorhandensein von Korngrenzen kann die Wanderung der Adsorbate auch entlang dieser erfolgen [23]. Aus der Temperaturabhängigkeit der Wanderungsgeschwindigkeit lassen sich strukturabhängige Platzwechselenergien und Oberflächendiffusionskoeffizienten berechnen [24, 25]. Aus der Temperatur, bei der das Adsorbat oder Kondensat vollständig die Oberfläche verläßt, lassen sich Rückschlüsse auf die Bindungsenergie ziehen. Durch Aufdampfen von Fremdmetallen auf die erhitzte Spitze kann die Legierungsbildung mit dem Spitzenmaterial untersucht werden (z. B. [26]). Aber auch die Legierungsbildung zwischen zwei aufgedampften Metallen auf dem Spitzenmaterial als Unterlage kann verfolgt werden, wenn die Spitze beim Aufdampfprozeß Zimmertemperatur besaß oder kälter war. Auf diese Weise wurden im Feldelektronenmikroskop zahlreiche Legierungsbildungen untersucht (z. B. Mg-Zn; Mg-Ag; Mg-Au; Mg-W; Zn-Cu;

Zn-Ag [27]). Dabei konnten Kristallite bestimmter Legierungsphasen beobachtet werden.

Ein besonders wichtiges Anwendungsgebiet der Feldelektronenmikroskopie stellt die Adsorptionsuntersuchung dar. Bereits E. W. Müller hatte in seinen ersten Arbeiten charakteristische Veränderungen des Emissionsbildes beobachtet, wenn auf der reinen Spitzenkatode Gase adsorbiert wurden. In der Folgezeit wurde die Gasadsorption an der reinen oder an einer mit einem Fremdmaterial bedeckten (z. B. O_2-Ge/W, vgl. [28]) Spitzenkatode untersucht. Neben der Adsorption und der Koadsorption der in der Atmosphäre üblicherweise enthaltenen aktiven Gase (z. B.

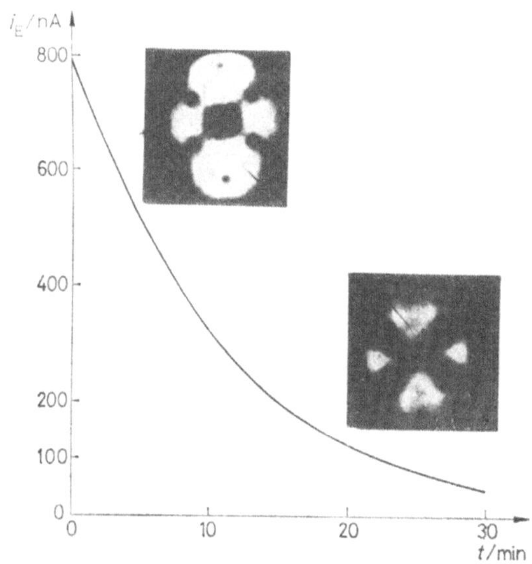

Abb. 11.8. Abnahme des Feldelektronenstromes i_E mit der Zeit t infolge wachsender Gasbedeckung der Wolframspitze bei konstanter Spitzenspannung (U_{Sp} = 3,2 kV) und Feldelektronenbilder zu Beginn und Ende des Bedeckungsvorganges (nach [32])

O_2, N_2, H_2, H_2O, CO) sowie von chemisch aggressiven Gasen, wie Cl (vgl. [29]), wurde auch die Physisorption von Edelgasen an Metallen untersucht (vgl. [30]). Bei der Restgasadsorption sinkt der Emissionsstrom und das Emissionsbild ändert sich charakteristisch. Wie Abbildung 11.8 zeigt, wird im Fall der Restgasadsorption an *W* das Gas zunächst bevorzugt im Gebiet der Gittertreppenstufen und an den Grenzen der (112)-Flächen angelagert. In diesen Gebieten vergrößert sich dadurch die Austrittsarbeit, die Emissionsstromdichte sinkt, und das Emissionsbild verdunkelt sich in diesem Gebiet. Das heißt, im Emissionsbild wachsen die dunklen Flächen und bilden mit der (011)-Fläche ein Kreuz. Drechsler und Hess [31] schlugen vor, die zur Bedeckung der Spitze erforderliche Zeit (Bedeckungszeit = Zeit bis zum Ausbilden eines charakteristischen Emissionsbildes) zur Druckmessung zu benutzen. Dieses Verfahren ist jedoch infolge der Unkenntnis der bedeckungsgradabhängigen Haftwahrscheinlichkeit sehr fraglich [32]. Experimente von F. und H. Kirchner [33] zeigten starke Diskrepanzen zwischen der Druckanzeige des Feldelektronenmikroskops (die auf Bedeckungszeitmessungen basiert) und der des Bayard-Alpert-Ionisationsmanometers. Sie deuteten diese Erscheinung durch Abgabe schwerflüchtiger Substanzen aus dem Bayard-Alpert-Manometer. Von [32] konnte gezeigt werden, daß es sich um die Abgabe von CO von den erhitzten W-Katoden des Bayard-Alpert-Manometers handelte. Aus der Änderung der Bedeckungszeit mit der Feldstärke konnten F. und H. KIRCHNER Angaben über die Polarisierbarkeit der Moleküle finden.

Da nach Untersuchungen von KLEINT und Mitarbeitern [34—36] gezeigt werden konnte, daß das Rauschen des Feldelektronenstromes wichtige Aufschlüsse über die an der Spitzenoberfläche auftretenden Elementarprozesse gibt, läßt sich eine Analyse des Rauschens zur Druckmessung heranziehen. Dieses Verfahren ist äußerst aufwendig und wird technisch nicht angewendet.

Die Adsorptionsuntersuchungen mit dem Feldelektronenmikroskop wurden ergänzt durch eine Kombination mit anderen typischen Untersuchungsverfahren der Ad- und Desorption. BECKER und HARTMAN [37] kombinierten die Adsorptionsuntersuchungen mit dem FEM mit den Desorptionsuntersuchungen der von APKER [38] entwickelten Flash-Filament-Technik. Bei dieser wird der durch eine restlose Desorption von Gasadsorbaten erzeugte Druckanstieg in einem abgeschlossenen Kolben zur Bestimmung der Adsorbatteilchenzahl und zur Untersuchung des Haftkoeffizienten benutzt. Zahlreiche Autoren kombinieren die Feldelektronenmikroskopie mit der Elektronenstoßdesorption. Sie gewinnen u. a. Schwellwerte für die einsetzende Elektronenstoßdesorption und energieabhängige Desorptionsquerschnitte (vgl. z. B. [39]).

Die unterschiedliche Auflösung von Feldelektronenmikroskop und Feldionenmikroskop demonstrieren die Abbildungen 11.9a und 11.9b. Mit dem Feldionenmikroskop kann man atomare Strukturen nahezu auflösen und detaillierte Aussagen über die Atomanordnung der Spitzenoberfläche erhalten. Bei Aufdampfversuchen läßt sich die Keimbildung unmittelbar verfolgen. Auch über die Untersuchung von Korngrenzen liegen Veröffentlichungen vor (z. B. [40, 41]). Neben reinen Metallen wurden auch Oberflächenschichten untersucht, die auf ein Metall elektrolytisch oder durch Aufdampfen aufgebracht worden waren, wobei Legierungsbildung und Bindungsfestigkeit interessierten [42].

Bei dem System Gas—Metall steht vor allem die Wechselwirkung der Spitze mit dem abbildenden Gas im Vordergrund. Aber auch für die Adsorptionsuntersuchungen anderer Substanzen ist das Feldionenmikroskop geeignet: Seine hohe Auflösung legt es nahe, die Struktur komplizierter Adsorbatmoleküle zu ermitteln (vgl. [43]), so daß u. U. der Einsatz anderer Analysenverfahren, z. B. Kernresonanzanalyse, überflüssig wird. Auch Strahlungsdefekte von Kristallen infolge der Einwirkung hochenergetischer, ionisierender Strahlung lassen sich mit dem Feldionenmikroskop untersuchen, wobei entsprechende Konstruktionen ein „In-situ-Verfahren" ermöglichen [44].

Der Einsatzbereich des Atomsondenfeldionenmikroskops läßt sich ähnlich charakterisieren wie der des Feldionenmikroskops. Neben der Untersuchung der reinen Metalle tritt die der Legierungen in den Vordergrund [45, 49], wobei man die Atome der Legierungskristallite, die sich auf der Spitze bilden, nicht nur sehen, sondern nach erfolgter Felddesorption auch analysieren kann.

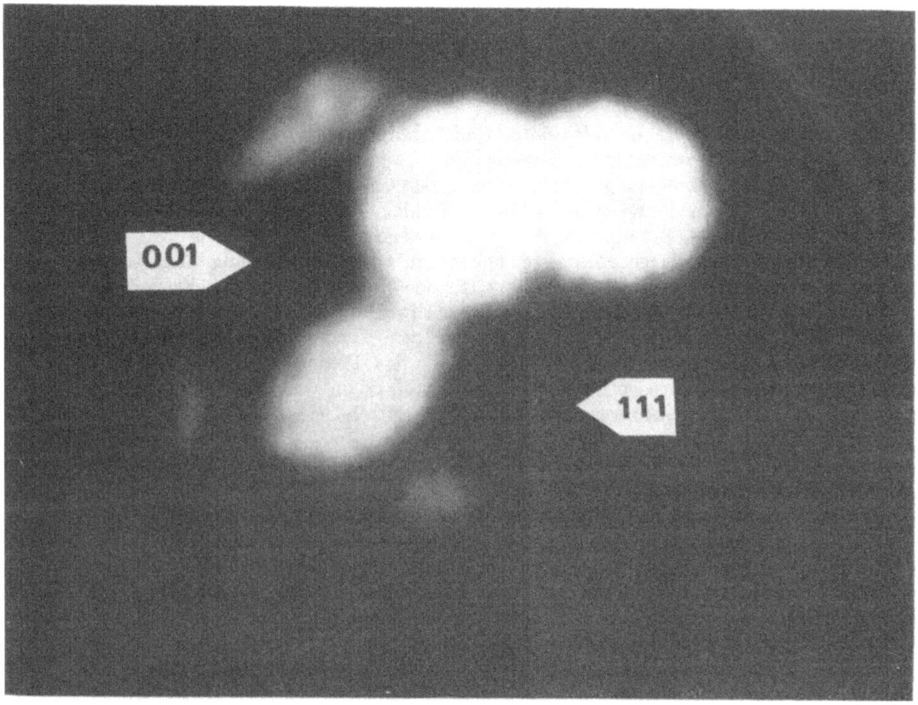

Abb. 11.9a. Feldelektronenbild einer Ir-Spitze (Aufnahme: Z. Knor)

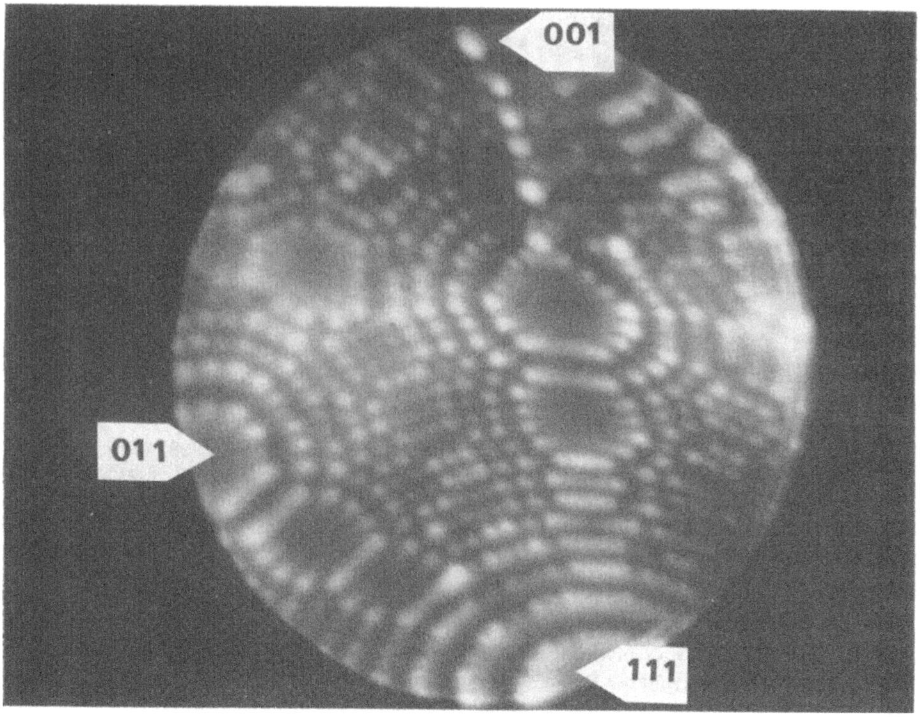

Abb. 11.9b. Feldionenbild der gleichen Spitze (Aufnahme: Z. Knor)

11.5. Zusammenfassung

Feldelektronen- und Feldionenmikroskope sind Laborgeräte, die eine hochentwickelte Experimentierkunst voraussetzen. Ihre Untersuchungsobjekte sind besonders präparierte Einkristalle winzigster Abmessungen. Sie werden besonders auf dem Gebiet der Grundlagenforschung der verschiedensten Disziplinen (Metall-, Halbleiter-, Elektronenphysik, phys. Chemie, organ. Chemie, Metallurgie, Biologie) verwendet.

Die Feldelektronenmikroskopie wird bevorzugt zur Untersuchung von Festkörperoberflächen und Prozessen an diesen eingesetzt. In der Metallurgie werden Fragen der kristallographischen und Elektronenstruktur, des Kristallwachstums und -abbaus, der Legierungsbildung und der Wechselwirkung chemisch aktiver Gase mit der Oberfläche (Korrosion) untersucht. In der physikalischen Chemie dient das Feldelektronenmikroskop zur Untersuchung der Ad- und Desorption von Gasen an Metallen und Halbleitern und zur Untersuchung der Reaktion mehrerer Gase an der Oberfläche eines Festkörpers (Koadsorption, Katalyse). Bereits Bruchteile einer monomolekularen oder -atomaren Bedeckung lassen sich durch eine Änderung des Feldelektronenbildes erkennen, obwohl atomare Bereiche noch nicht aufgelöst werden können ($d_{\min} \gtrsim 23 \cdot 10^{-10}$ m).

Feldionen- und Atomsonden-Feldionenmikroskopie liefern noch detailliertere Aussagen über die Festkörperoberfläche als die Feldelektronenmikroskopie, da atomare Objekte aufgelöst ($d_{\min} \approx 1{,}5 \cdot 10^{-10}$ m), hinsichtlich ihres m/e-Wertes analysiert werden und Aussagen über die Struktur komplizierter Verbindungen gewonnen werden können. Einsatzgebiete sind die Metallurgie (atomare Perfektion von Gitterebenen, Bindungsfestigkeit und Masse definierter Gitterbausteine, Keimbildung, Kristallwachstum, Analyse von Legierungen, durch ionisierende Strahlung erzeugte Gitterdefekte), die Halbleiterphysik und die organische Chemie (Aufklärung der Struktur komplizierter Verbindungen). — (Vgl. auch „Ergänzung“ S. 279.)

11.6. Literatur

Übersichtsliteratur

— Müller, E. W.: Field Emission Microscopy, in: Phys. Methods in Chem. Analysis, Vol. III (Hrsg.: W. G. Berl.) Academic Press, New York 1956.
— Elinson, M. I., Wassiljew, G. F.: Feldelektronenmikroskopie. Moskau 1958 (in Russisch).
— Hren, J. H., Ranganathan, S.: Field-Ion Microscopy. Plenum Press, New York 1968.
— Müller, E. W., Tsong, T. T.: Field Ion Microscopy. Elsevier, New York 1969.
— Gomer, R.: Field Emission and Field Ionization. Harvard University Press 1961.

Originalliteratur

[1] Schottky, W., Z. Physik **14** (1923) 63.
[2] Fowler, R. H., Nordheim, L., Proc. royal Soc. (London) **A 119** (1928) 173.
[3] Good jr., R. H., Müller, E. W., in: Handbuch der Physik (Hrsg.: S. Flügge), Bd. 21, Springer-Verlag, Berlin 1956, S. 176.
[4] Müller, E. W., Z. Physik **102** (1936) 734.
[5] Hesse, H., Phys. Status solidi 8 (1965) 695.
[6] Müller, E. W., Z. Physik **120** (1943) 270.
[7] Recknagel, A., Werner, D., Ann. Physik, 7. F. **10** (1963) 233.
[8] Dosse, J., Müller, H. O., Z. Physik **119** (1942) 415.
[9] Müller, E. W., Z. Naturforsch. **11a** (1956) 88.
[10] Niemeck, F. W., Ruppin, D., Z. angew. Physik **6** (1954) 1.
[11] Melmed, A. J., Gomer, R., J. chem. Phys. **34** (1961) 1802.
[12] Müller, E. W., Z. Physik **106** (1937) 541.

[13] Caspary, E. K., Krantz, E., Verh. 4. Internat. Kongr. Elektronenmikroskopie 1958, Bd. 1, S. 780.
[14] Stark, D., Z. Physik **172** (1963) 503.
[15] Drechsler, M., Z. Elektrochemie **61**(1957) 48.
[16] Buhl, O., Schüler, C., Z. Metallkunde **48** (1957) 116.
[17] Arthur, J. R., J. appl. Phys. **37** (1966) 3057.
[18] Neumann, H., Ann. Physik **23** (1969) 56.
[19] Plummer, E. W., Rhodin, T. N., Appl. Phys. Letters **11** (1967) 194.
[20] Swanson, L. W., J. Vac. Sci. & Technol. **6** (1969) 175.
[21] Swanson, L. W., Crouser, L. C., Phys. Rev. **163** (1967) 622.
[22] Drechsler, M., Z. Elektrochemie **58** (1954) 334.
[23] Gehrts, A., Z. techn. Physik **15** (1934) 456.
[24] Drechsler, M., Z. Elektrochemie **58** (1954) 340.
[25] Drechsler, M., Acta crystall. **7** (1954) 672.
[26] Recknagel, A., Zweiniger, J., Weigold, W., Wiss. Z. techn. Univ. Dresden **13** (1964) 1347.
[27] Recknagel, A., Zweiniger, J., Wiss. Z. techn. Hochsch. Dresden **10** (1961) 433.
[28] Sokolskaya, I. L., Mileshkina, N. V., Surf. Sci. **15** (1969) 109.
[29] Hilaire, L., Whalley, L., Surf. Sci. **32** (1972) 253.
[30] Ehrlich, G., Hudda, F. G., J. chem. Phys. **30** (1959) 493.
[31] Drechsler, M., Hess, E., Phys. Verh. **4** (1953) 211.
[32] Edelmann, Chr., Dissertation, Techn. Univ. Dresden 1963.
[33] Kirchner, F., Kirchner, H., Z. angew. Physik 8 (1956) 478.
[34] Kleint, Chr., Gasse, H.-J., Z. Naturforsch. **15a** (1960) 87.
[35] Kleint, Chr., Gasse, H.-J., Fortschr. Physik **13** (1965) 499.
[36] Kleint, Chr., Męclewski, R., Acta phys. polon. **36** (1968) 97.
[37] Becker, J. A., Hartman, C. D., J. Phys. Chem. **57** (1953) 153.
[38] Apker, L. R., Ind. Engng. Chem. **40** (1948) 846.
[39] Ermrich, W., Nuovo Cim. Suppl. **5** (1967) 582.
[40] Müller, E. W., Verh. 4. Internat. Kongr. Elektronenmikroskopie 1958, Bd. 1, S. 820.
[41] Brandon, D. G., Acta metall. **12** (1964) 813.
[42] Rendulic, K. D., Müller, E. W., J. appl. Phys. **38** (1967) 550.
[43] Müller, E. W., Naturwiss. **37** (1950) 333.
[44] Petroff, P., Washburn, J., Rev. Sci. Instr. **39** (1968) 317.
[45] Brenner, S. S., McKinney, J. T., Surf. Sci. **23** (1970) 88.

Ergänzung während der Drucklegung

Eine neue erfolgreiche Anwendung des Feldelektronenmikroskops betrifft die Untersuchung des Einflusses von Verdampfungs- und Korrosionsprozessen auf die Korngrenzenausbildung [51] und von Ionenstoßprozessen auf die Oberflächendiffusion [52].

Das Feldionenmikroskop wurde in letzter Zeit zunehmend für Untersuchungen zur Wechselwirkung korrosiver Gase mit Metallen (z. B. [53, 54]) und für metallurgische Probleme (z. B. [55, 56]) eingesetzt.

Die in Abb. 11.7 schematisch dargestellte, auf Müller et al. [46] zurückgehende Feldionen-Atomsonde (AS) wird seit einigen Jahren mit dem nach gleichen physikalischen Prinzipien arbeitenden Felddesorptionsmikroskop (FDM) [47] kombiniert, in welchem die Abbildung durch die desorbierten Ionen selbst erfolgt. Während bei der AS nur eine Analyse kleiner Flächen durchgeführt wird, erlaubt die FDM die gleichzeitige Analyse des gesamten Feldionenbildes. Ausgenutzt wird hierbei die Tatsache, daß bei Anwendung der Flugzeit-Massenspektrometrie unterschiedlich schwere Ionen zu unterschiedlichen Zeiten den Bildschirm erreichen. Durch geeignetes Anlegen eines pulsförmigen Potentials kann der Bildschirm im richtigen Zeitpunkt aktiviert werden. Unter Ausnutzung dieser Technik wurde z. B. von Wagner (s. z. B. [48]) die Morphologie und die Chemie spezieller Legierungen untersucht.

[46] Müller, E. W., Panitz, J. A., McLane, S. B., Rev. Sci. Instr. **39** (1968) 83.
[47] Müller, E. W., Walko, R. J., 19th Field Emission Symposium, Urbana/Ill. 1972.

[48] Wagner, R., Brenner, S. S., Acta Met. **26** (1978) 1971.
[49] Ng, Y. S., Tsong, T. T., McLane jr., S. B., Surf. Sci. **84** (1979) 1, 31.
[50] Cranstoun, G. K. L., Pyke, D. R., Appl. Surf. Sci. **2** (1979) 375.
[51] Bienh, V. Th., Moulin, Y., Uzan, R., Drechsler, H., Surf. Sci. **79** (1979) 133.
[52] Cavaille, J. Y., Drechsler, M., Surf. Sci. **75** (1978) 342.
[53] Cranstoun, G. K. L., Pyke, D. R., Appl. Surf. Sci. **2** (1979) 359.
[54] Faulian, K., Bauer, E., Surf. Sci. **70** (1978), 271.
[55] Walko, R. J., Surf. Sci. **70** (1978) 302.
[56] Brenner, S. S., Surf. Sci. **70** (1978) 427.

12. Energieverlust-Elektronenspektroskopie

(K. Breuer, H. Zscheile, Berlin)

12.1. Grundprinzip

Mit Elektronen ausreichend hoher Energie kann man Festkörperproben durchstrahlen. Ein Teil der Elektronen wird dabei einen Energieverlust erleiden und auch eine Richtungsänderung erfahren. Aus den Energie- und Impulsüberträgern erhält man Informationen über die Probe.

Ruthemann [1] gelang 1941 eine Energieanalyse des Elektronenstrahls hinter der Probe. Er fand, wie schon aus der Analyse reflektierter Elektronen von Rudberg [2] bekannt, daß einem Teil der Elektronen ein bestimmter Energiebetrag fehlte, beim Durchdringen von Al-Folien z. B. 15 eV, bei Al_2O_3 etwa 20—25 eV. Die Größe der Energieverluste hing nicht von der Anfangsenergie der Elektronen ab. Der Ursprung dieser materialcharakteristischen Verluste konnte lange nicht geklärt werden.

Die Energieverluste der Elektronen in der Probe sind ein Abbild aller dort möglichen Anregungen. Abbildung 12.1 symbolisiert dies für Elektronen von 50 keV Primärenergie: Der überwiegende Teil der Elektronen durchdringt den Festkörper ohne

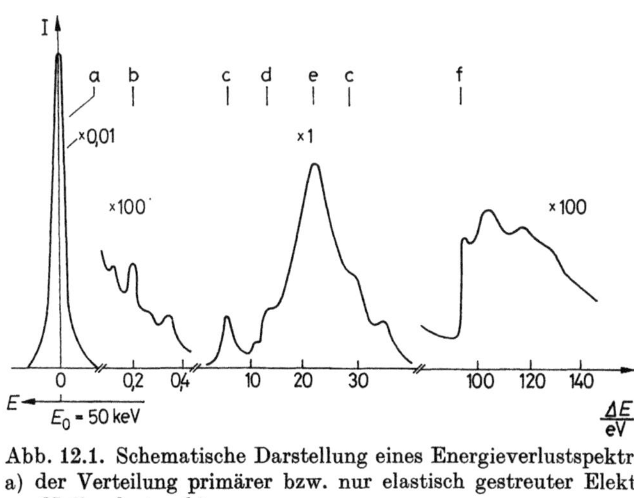

Abb. 12.1. Schematische Darstellung eines Energieverlustspektrums mit
a) der Verteilung primärer bzw. nur elastisch gestreuter Elektronen (Nullverlustpeak)
b) Phononenanregung
c) Bandübergängen
d, e) Oberflächen- bzw. Volumenplasmonen und
f) einer Absorptionskante für Ionisation innerer Schalen

Energieverlust und führt zu dem Maximum um $\Delta E = 0$ eV (a). Unterhalb $\Delta E \approx 1$ eV werden Phononen, Gitterschwingungen, angeregt (b). Es schließt sich das Gebiet der Übergänge zwischen den einzelnen, hier zu Bändern verbreiterten Energieniveaus der Atome an (c). In diesem Gebiet der Elektronensprünge innerhalb und zwischen den einzelnen Bändern (Intra- und Interbandübergänge) liegen auch die intensitätsstärksten Anregungen — Plasmaresonanzen des Kollektivs der freien Elektronen (d, e). Elektronenübergänge aus tiefliegenden (Core-) Niveaus führen zu mehr oder weniger strukturierten Absorptionskanten (f) analog denen aus der Röntgenspektroskopie. Aus der Lage der Core-Niveaus ist eine Elementanalyse möglich.

Aussagen über die Wechselwirkung benachbarter Atome erhält man aus dem Spektrum im Gebiet der Phononen, wo sich allerdings meist sehr viele Schwingungen und andere Anregungen überlagern, gegenseitig beeinflussen.

Der mittlere Bereich des Verlustspektrums wird durch den Verlauf der Leitungs- und Valenzbänder des Festkörpers bestimmt. Bei mehrkomponentigen Substanzen ist er charakteristisch für die chemische Verbindung und nicht für die einzelnen beteiligten Elemente. Die bei einem Streuprozeß übertragenen Energien entsprechen denen bei Anregung mit Lichtquanten vom nahen Infrarot bis zum Vakuumultraviolett, und es besteht ein enger Zusammenhang zwischen Energieverlustspektrum und optischen Eigenschaften. In diesem Gebiet liegen auch kollektive Anregungen, die Elektronenplasma-Resonanzschwingungen. Sie können in speziellen Fällen zu einer Materialanalyse, wie etwa dem Nachweis geringer Al-Beimengungen, dienen.

In der historischen Entwicklung wurden zuerst die intensitätsstarken Plasmaresonanzschwingungen, die Plasmonen, untersucht, dann die mit relativ einfachen Apparaturen zugänglichen Energieverluste zwischen einigen eV und einigen 10 eV. Mit höchstauflösenden Apparaturen erreichte man das Gebiet der Phononen bis herab zu etwa 10 meV. Andererseits konnte man zu den intensitätsschwächeren Anregungen von Elektronen innerer Schalen, zu den Röntgen-Absorptionskanten, vordringen. Parallel dazu entwickelte sich die Streuwinkel-Analyse, die auch den übertragenen Impuls bestimmt. Die Verbreitung der UHV-Technik erlaubte Oberflächenuntersuchungen mit langsamen Elektronen. Schließlich wurden durch die Kombination mit Elektronenmikroskopen auch Messungen bei hoher Ortsauflösung möglich.

12.2. Theoretische Grundlagen

Die Wechselwirkung eines eingeschossenen Elektrons mit dem Festkörper erfolgt über das elektrische Feld des Elektrons. Im klassischen Bild verschiebt dieses die geladenen Bausteine des Festkörpers, in dem dadurch ebenfalls ein (zeitabhängiges) elektrisches Feld entsteht, das auf das Elektron zurückwirkt [3]. Die quantenmechanische Behandlung des Problems liefert dazu die Aussage, daß das Elektron in einem Elementarprozeß einen endlichen Energiebetrag ΔE abgibt, während es eine Fourier-Komponente des elektrischen Feldes mit der Frequenz ω anregt, wobei die Beziehung $\Delta E = \hbar\omega$ ($\hbar = h/2\pi$, h Plancksches Wirkungsquantum) gilt. Gleichzeitig überträgt das Elektron auf den Festkörper einen Impuls $\boldsymbol{p}$, der mit dem Wellenzahlvektor $\boldsymbol{k}$ des elektrischen Feldes gemäß $\boldsymbol{p} = \hbar\boldsymbol{k}$ verknüpft ist. Die Theorie bestimmt die Wahrscheinlichkeitsverteilung der abgegebenen Energien und Impulse. Die Eigenschaften des Festkörpers werden für diesen Prozeß vollständig durch die komplexe dielektrische Funktion $\varepsilon(\omega, \boldsymbol{k})$ beschrieben, die in der Elektrodynamik den Zusammenhang zwischen Feldstärke und Verschiebung herstellt. Die gleiche Funktion bestimmt auch das Verhalten des Festkörpers gegenüber elektromagnetischen Wellen, also seine optischen Eigenschaften. Diese Betrachtungsweise ist rein phänomenologisch, problematisch ist die theoretische Herleitung von ε für einen realen Festkörper.

Für das qualitative Verständnis des Energieverlustspektrums kann man bestimmte besonders wahrscheinliche Anregungen gesondert betrachten: Phononen, Plasmonen, Exzitonen, Einelektronenübergänge. Solche Anregungszustände können im Volumen auftreten oder an die Oberfläche bzw. Grenzfläche gebunden sein.

Die Theorie betrachtet immer nur ein einzelnes mit der Probe wechselwirkendes Elektron. Auch bei hohen Strahlintensitäten ist diese Bedingung noch erfüllt. Nicht erfüllt ist in der Praxis dagegen die Annahme, daß jedes Elektron im Festkörper nur einmal wechselwirkt, nur *eine* Elementaranregung vermittelt. Aber die experimentellen Ergebnisse lassen sich auf diesen einfachen Fall korrigieren.

Die Trennung von Oberflächen- und Volumenanregungen dagegen ist durchaus problematisch. Sie ist möglich durch Subtraktion von bei verschiedenen Schichtdicken gewonnenen Spektren. Die Wahrscheinlichkeit für Oberflächenanregungen ist in der Regel unabhängig von der Schichtdicke D, wogegen Volumeneffekte proportional zu D sind. Eine andere Unterscheidungsmöglichkeit beruht auf der verschiedenen Streuwinkelabhängigkeit von Oberflächen- und Volumenanregungen.

Energieverlustwahrscheinlichkeit. Man kann den Energieverlust in einer Probe in einfacher Weise aus den Maxwellschen Gleichungen herleiten [3]. Unter der Voraussetzung, daß der Energieübertrag klein gegen die Primärenergie bleibt, ergibt sich für Anregungen im Volumen die Wahrscheinlichkeit, pro Weglängenelement dz eine Energie $\Delta E = \hbar\omega$ und einen Impuls $\hbar\boldsymbol{k}$ zu übertragen zu:

$$W_V(\hbar\omega, \boldsymbol{k})\, \mathrm{d}\hbar\omega\, \mathrm{d}\boldsymbol{k}\, \mathrm{d}z = \frac{2e^2}{\pi\hbar v_0{}^2} \frac{1}{\boldsymbol{k}} \operatorname{Im} \frac{-1}{\varepsilon(\omega, \boldsymbol{k})}\, \mathrm{d}\hbar\omega\, \mathrm{d}\boldsymbol{k}\, \mathrm{d}z \tag{1}$$

(v_0 Geschwindigkeit der Primärelektronen, e elektrische Elementarladung). Das ist nur der Energieverlust für longitudinale Anregungen, für transversale Anregungen steht statt Im $(-1/\varepsilon)$

$$\operatorname{Im} \frac{\boldsymbol{k}^2 v_0{}^2 - \omega^2}{c^2\boldsymbol{k}^2 - \omega^2\varepsilon(\omega, \boldsymbol{k})} \tag{2}$$

(c Lichtgeschwindigkeit). Eine quantenmechanische Berechnung in zeitabhängiger Störungstheorie führt zum gleichen Ergebnis [4].

Ersetzt man den Wellenvektor $\boldsymbol{k}$ durch den im Experiment zugänglichen Streuwinkel ϑ:

$$\boldsymbol{k}^2 = \boldsymbol{k}_0{}^2 \left(\vartheta^2 + \left(\frac{\hbar\omega}{2E_0}\right)^2\right) \tag{3}$$

($\hbar\boldsymbol{k}_0$ und $E_0 = mv_0{}^2/2$: Impuls und Energie der Primärelektronen), so ergibt sich als

Verteilungsfunktion der Verlustwahrscheinlichkeit (D durchstrahlte Dicke der Probe)

$$W_V(\hbar\omega, \vartheta) = \left(\frac{e}{\pi\hbar v_0}\right)^2 \cdot D \cdot \frac{1}{\vartheta^2 + \left(\frac{\hbar\omega}{2E_0}\right)^2} \cdot \operatorname{Im} \frac{-1}{\varepsilon(\omega, \boldsymbol{k})}. \tag{4}$$

Ein Strahlelektron kann mehrfach anregen. Die Wahrscheinlichkeit für n-fache Anregung ist durch die Poisson-Verteilung gegeben:

$$W_n = \frac{1}{n!}\left(\frac{D}{\lambda}\right)^n \mathrm{e}^{-\frac{D}{\lambda}} \tag{5}$$

(λ freie Weglänge, d. h. die Strecke, die das Elektron zwischen zwei Wechselwirkungen des betrachteten Typs im Mittel zurücklegt).

Bei allen intensitätsstärkeren Anregungen treten auch deren Vielfache auf. Man subtrahiert von den gemessenen Spektren alle Mehrfachanregungen ($n \geqq 2$), deren Intensitäten ja über die Poisson-Verteilung durch die relative Intensität der Einfachanregung W_1/W_0 gegeben sind.

Für Oberflächenanregungen gilt:

$$W_S(\hbar\omega, \vartheta) = \left(\frac{e}{\pi\hbar v_0}\right)^2 \frac{\hbar}{m v_0} \frac{2\vartheta}{\left(\vartheta^2 + \left(\frac{\hbar\omega}{2E_0}\right)^2\right)^2} \cdot \operatorname{Im}\left(\frac{(\varepsilon - 1)^2}{\varepsilon(\varepsilon + 1)}\right) \tag{6}$$

als Näherung für ausreichend dicke Schichten im Vakuum. Für dünnere Schichten sind die Anregungen an beiden Begrenzungen nicht mehr unabhängig voneinander; hat das angrenzende Medium ein von 1 verschiedenes ε, ist auch dieses noch zu berücksichtigen [5].

Die Größe der auftretenden Streuwinkel läßt sich einfach übersehen. Für $\vartheta = \hbar\omega/2E_0$ ist die Anregungswahrscheinlichkeit auf die Hälfte ihres maximalen Wertes bei $\vartheta = 0$ abgesunken. Dieser Winkel ist bei einer Primärenergie von einigen 10^4 eV nur etwa 10^{-3} rad.

Die Theorie der Energieverluste langsamer Elektronen ist schwieriger. Das hat zwei Ursachen: Einmal liegen die Energieverluste in der gleichen Größenordnung wie die Primärenergie; die Voraussetzung $\Delta E \ll E_0$ gilt nicht mehr. Zweitens kommt hinzu, daß solche Messungen wegen der geringen freien Weglänge nur in Reflexion möglich sind. Die Elektronen müssen also um große Winkel abgelenkt werden. Die unelastische Streuung erfolgt jedoch bevorzugt in Vorwärtsrichtung. Daher stammt der größte Teil der beobachteten Intensitäten aus Prozessen, bei denen mindestens eine elastische Streuung vor oder nach der unelastischen stattfand, wobei auch die Reihenfolge eine Rolle spielt. Bei kristallinen Objekten erfolgt die elastische Streuung durch Beugung am Gitter, man spricht von ILEED (inelastic low energy electron diffraction).

Die Theorie behandelt die Beugung in kinematischer [6, 7] oder dynamischer [8, 9] Weise. Die dynamischen Effekte beeinflussen vor allem die Winkelverteilung, während man für die Energien der charakteristischen Anregungen mit einfachen Überlegungen auskommt.

Das Wesentliche der Formel für den Energieverlust W_V besteht in der Abhängigkeit der Verlustwahrscheinlichkeit vom Imaginärteil der reziproken dielektrischen

Funktion

$$\mathrm{Im}\,\frac{-1}{\varepsilon} = \frac{\varepsilon_2}{\varepsilon_1^2 + \varepsilon_2^2}, \qquad \varepsilon = \varepsilon_1 + \mathrm{i}\varepsilon_2, \tag{7}$$

auch Energieverlustfunktion genannt.

Die Energieverlustfunktion eignet sich nicht gut zur direkten Interpretation [10]. Hierzu benötigt man schon Real- und Imaginärteil der dielektrischen Funktion selbst. Für einen ausreichend großen Energieverlustbereich ermöglicht eine Integraltransformation die Umrechnung auf $\mathrm{Re}\,\frac{1}{\varepsilon}$ und damit den Zugang zu ε_1 und ε_2 [11]:

$$\mathrm{Re}\,\frac{1}{\varepsilon(\omega)} - 1 = \frac{2}{\pi}\int_0^\infty \mathrm{Im}\,\frac{1}{\varepsilon(\omega')}\,\frac{\omega'}{\omega'^2 - \omega^2}\,\mathrm{d}\omega'. \tag{8}$$

Die Verknüpfung mit den aus optischen Messungen zugänglichen Größen Brechungsindex n und Absorptionskoeffizient $\varkappa$ ist gegeben durch:

$$\varepsilon = (n + \mathrm{i}\varkappa)^2 \tag{9}$$

$$\varepsilon_1 = n^2 - \varkappa^2; \qquad \varepsilon_2 = 2n\varkappa.$$

Maxima in ε_2 charakterisieren Einteilchenanregungen, wie Bandübergänge. $\varepsilon = 0$ ist die Bedingung für das Volumenplasmon. Sie ist für reale Festkörper nur für komplexe Frequenzen ω erfüllt, d. h., die Plasmaschwingung ist gedämpft. Bei schwacher Dämpfung (kleines ε_2) ergibt sich die Plasmonenergie $\hbar\omega_\mathrm{V}$ näherungsweise aus $\varepsilon_1(\omega_\mathrm{V}) = 0$, wobei $\mathrm{d}\varepsilon_1/\mathrm{d}\omega > 0$ sein muß. Für den Fall eines Gases freier Elektronen (Teilchendichte N) ist die Energie der Schwingung gleich

$$\hbar\omega_\mathrm{V} = \hbar\left(\frac{4\pi N e^2}{m}\right)^{1/2}. \tag{10}$$

Grenzflächen- oder Oberflächenplasmonen sind durch die Beziehung $\varepsilon^{(1)} = -\varepsilon^{(2)}$ zwischen den dielektrischen Funktionen beiderseits der Grenzfläche $\varepsilon^{(1)}$, $\varepsilon^{(2)}$ gegeben. Können beide Substanzen durch freie Elektronen beschrieben werden, ergibt sich die Energie des Grenzflächenplasmons $\hbar\omega_\mathrm{S}{}^{(1,2)}$ aus der der Volumenplasmonen $\hbar\omega_\mathrm{V}{}^{(1)}$ bzw. $\hbar\omega_\mathrm{V}{}^{(2)}$ zu

$$\hbar\omega_\mathrm{S}{}^{(1,2)} = \left(\frac{(\hbar\omega_\mathrm{V}{}^{(1)})^2 + (\hbar\omega_\mathrm{V}{}^{(2)})^2}{2}\right)^{1/2}. \tag{11}$$

Eine reine Oberfläche im Vakuum hat unter dieser Voraussetzung ein Oberflächenplasmon bei der Energie

$$\hbar\omega_\mathrm{S} = \frac{\hbar\omega_\mathrm{V}}{\sqrt{2}}. \tag{12}$$

Von besonderem Wert ist die Energieverlustanalyse in Abhängigkeit vom übertragenen Impuls, die Messung unter verschiedenen Streuwinkeln. Bei optischen Messungen, bei der Anregung mittels Photonen, wird ein vernachlässigbarer Impuls übertragen. Für die Interpretation im Bändermodell, der $\hbar\omega$-über-$\boldsymbol{k}$-Darstellung, spricht man von senkrechten Bandübergängen. Bei der Anregung mit Elektronen können große Impulse übertragen werden, die im Bändermodell nichtsenkrechten Übergängen entsprechen. Ein Vergleich von Daten aus optischen und Energieverlustmessungen kann deshalb auch nur für verschwindenden Impulsübertrag erfolgen. In diesem Falle ist theoretisch wie experimentell

$$\varepsilon^{\text{Verlust}}(\omega, \boldsymbol{k} = 0) = \varepsilon^{\text{opt.}}(\omega)\,. \tag{13}$$

Mißt man die Energieverteilung in ihrer $\boldsymbol{k}$-Abhängigkeit, kann man in bestimmten Fällen Bandstrukturen, den Verlauf von Energieniveaus als Funktion von $\boldsymbol{k}$, genau abtasten [12].

Ionisation innerer Schalen. Elementcharakteristisch und zur Materialanalyse geeignet sind die besonders bei der ESCA untersuchten Energieniveaus innerer Schalen. Leider äußern sie sich in der Verlustanalyse nur als Kanten und nicht als Peaks. Zudem sind die Absorptionskanten noch durch die Abhängigkeit der Verlustintensität von der Zustandsdichte oberhalb des Fermi-Niveaus strukturiert und oft nicht gut ausgeprägt. Der totale Wirkungsquerschnitt σ_S für die Ionisation von Elektronen innerer Schalen

$$\sigma_S \sim \frac{Z_S}{E_0 E_b}$$

ist proportional der Anzahl Z_S der Elektronen der jeweiligen Schale und umgekehrt proportional der Bindungsenergie E_b sowie der Strahlelektronenenergie E_0. Absolutwerte findet man bei C. Colliex u. a. [13]. Für Al mit $E_0 = 75$ keV betragen vergleichsweise die freien Weglängen von Volumenplasmonanregung λ_{PL} und L- bzw. K-Schalenanregung λ_L bzw. λ_K:

$$\lambda_{PL} \approx 10^{-7}\,\text{m}\,, \qquad \lambda_L \approx 8 \cdot 10^{-7}\,\text{m}\,, \qquad \lambda_K \approx 6 \cdot 10^{-5}\,\text{m}\,.$$

12.3. Experimentelle Technik

Die experimentelle Aufgabe der Energieverlustanalyse ist die Bestimmung der Energie- und Winkelverteilung der an einem Objekt gestreuten Elektronen. Mitunter interessiert darüber hinaus die Zuordnung zum Ort in einer inhomogenen Probe. Durch die Wahl der Primärenergie am Objekt lassen sich Oberflächen- und Volumenanregungen unterschiedlich betonen: Langsame Elektronen (E_0 einige 10 eV) dringen nur wenige Atomlagen tief ein. Mit ihnen wird bevorzugt die Oberfläche abgetastet. Man muß in Reflexion arbeiten, da so dünne freitragende Schichten nicht herstellbar sind. Mit schnellen Elektronen kann man Objektfolien durchstrahlen. Je höher die Energie ist, um so größere Dicken sind möglich und um so mehr überwiegen im Spektrum die Volumeneigenschaften gegenüber denen der Oberfläche.

Die bisher erreichte Energieauflösung liegt im meV-Bereich, sie ist unabhängig vom Wert der Primärenergie und des Energieverlusts. Die kinetische Energie der Elektronen wird bis auf vereinzelte Anwendungen von Laufzeitverfahren [14] dadurch bestimmt, daß man geeignete Kraftfelder auf die Teilchen einwirken läßt. Dabei kann man Gegenfeldanordnungen und dispersive Filter unterscheiden. Die

Gegenfeldmethode wird nur selten eingesetzt. Da bei ihr das Integral der Energieverteilung gemessen wird, hat sie grundsätzlich ein ungünstigeres Signal-/Rausch-Verhältnis als die dispersiven Energiefilter [15].

Dispersive Filter. In ihnen wirken Kräfte quer zur Geschwindigkeit auf die Elektronen. Dadurch werden Elektronen unterschiedlicher Energie räumlich getrennt, es besteht eine Energiedispersion. Bringt man in der Ebene des so entstandenen Energiespektrums einen schmalen Spalt an, so tritt durch ihn der Elektronenstrom eines definierten Energiebereichs. Um eine ausreichende Intensität durchzulassen, müssen die Filter außerdem die Eigenschaft der Richtungsfokussierung besitzen. Das heißt, Elektronen, die mit einheitlicher Energie, aber unterschiedlicher Anfangsrichtung von einem Punkt ausgehen, sollen, zumindest näherungsweise, in einem Bildpunkt gesammelt werden. Abbildung 12.2 zeigt diese Eigenschaft am Beispiel des homogenen Magnetfeldes, das senkrecht zur Bewegungsrichtung der Elektronen steht. Die Elektronen durchlaufen hier Kreisbahnen mit energieabhängigem Radius. In Ab-

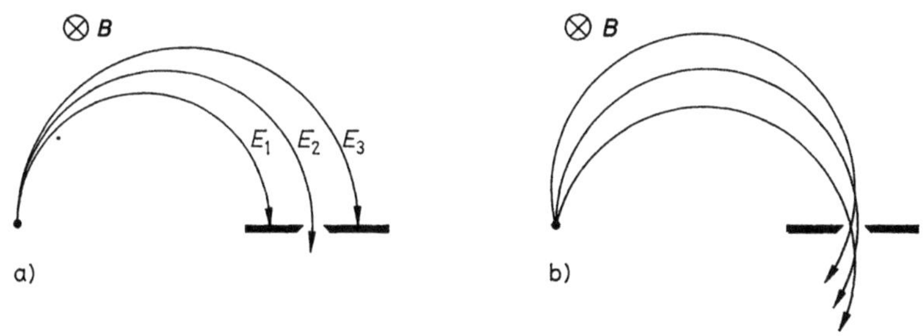

Abb. 12.2. Elektronenbahnen im homogenen Magnetfeld $\boldsymbol{B}$
a) für unterschiedliche Energien $E_1 < E_2 < E_3$
b) für einheitliche Energie, aber verschiedene Anfangsrichtungen

bildung 12.2a ist für Elektronen mit einheitlicher Anfangsrichtung dargestellt, wie die Energiedispersion zustande kommt. Abbildung 12.2b zeigt für Elektronen einheitlicher Energie die Richtungsfokussierung. Sie erfolgt nach dem Durchlauf eines Halbkreises. Die Bahnen mit verschiedener Anfangsrichtung schneiden sich nicht exakt in einem Punkt, sondern es entsteht ein engster Bündelquerschnitt, dessen Breite, der Öffnungsfehler, proportional zum Quadrat des Öffnungswinkels ist. Es gibt auch Filter, bei denen der engste Bündelquerschnitt proportional zur 3. Potenz des Öffnungswinkels ist, und solche, bei denen kein Öffnungsfehler auftritt. Ein Filter ist um so besser, je kleiner der Öffnungsfehler und je größer die Dispersion ist.

Eine große Anzahl elektrischer oder magnetischer Feldanordnungen ist als Energiefilter brauchbar. Hier sollen nur die am häufigsten benutzten aufgeführt werden.

Begrenzt man ein homogenes Magnetfeld in der Weise, daß die Elektronen in ihm um weniger als 180° abgelenkt werden, so erhält man ein sogenanntes Sektorfeld oder magnetisches Prisma, bei dem Objekt- und Bildpunkt im feldfreien Raum liegen können [16]. Durch geeignete Krümmung der Feldgrenzen kann man erreichen, daß der Öffnungsfehler verschwindet [17]. Ein Analogon zum homogenen Magnetfeld stellt das elektrische Feld zwischen zwei konzentrischen Metallzylindern dar. Elektronen passender Geschwindigkeit können sich in einem solchen Zylinderkondensator auf Kreisbahnen bewegen; eine Richtungsfokussierung in der Ebene senkrecht zur Zylinderachse erfolgt nach dem Durchlaufen eines Bogens von $\pi/\sqrt{2}$ $= 127°$ [18].

Bei den bisher genannten Anordnungen wirken die fokussierenden Kräfte nur in einer Ebene. Elektronen, die diese Ebene verlassen, kehren nicht zu ihr zurück. Ein Objektpunkt wird in eine Linie abgebildet. Eine stigmatische Abbildung, bei der jedem Objektpunkt ein Bildpunkt zugeordnet ist, erhält man, indem man die magnetischen Feldlinien [19] oder die elektrischen Potentialflächen geeignet krümmt. Stigmatisch abbildende elektrostatische Energiefilter sind der Kugelkondensator [20] und der Zylinderspiegel [21].

Läßt man auf einen Elektronenstrahl gleichzeitig ein elektrisches und ein magnetisches Feld einwirken, so daß sich die beiden Kräfte aufheben, erhält man das Wienfilter. Es hat den praktischen Vorteil, daß Elektronen der Sollenergie nicht abgelenkt werden. Mit homogenen Feldern fokussiert es nur in einer Ebene [22], mit inhomogenen elektrischen oder magnetischen Feldern kann es auch stigmatisch abbilden [23, 24]. Eine weitere Gruppe dispersiver Energiefilter, die ebenfalls den Strahlengang insgesamt nicht ablenken, leitet sich von Elektronenlinsen ab. Beim Möllenstedtschen Geschwindigkeitsfilter [25, 26] wird der Farbfehler einer Elektronenlinse für achsenferne Strahlen ausgenutzt. Die Filterlinse nach Hartl [27] beruht auf der chromatischen Längsaberration für Paraxialstrahlen.

Apparaturen zur Energieverlustanalyse werden für verschiedene Anwendungsgebiete gebaut. Einmal gibt es Geräte, die nach Art eines Spektrometers aufgebaut sind und dazu dienen, die Energie- und eventuell die Winkelverteilung der am Objekt gestreuten Elektronen zu messen. Eine hohe Ortsauflösung wird dabei nicht verlangt.

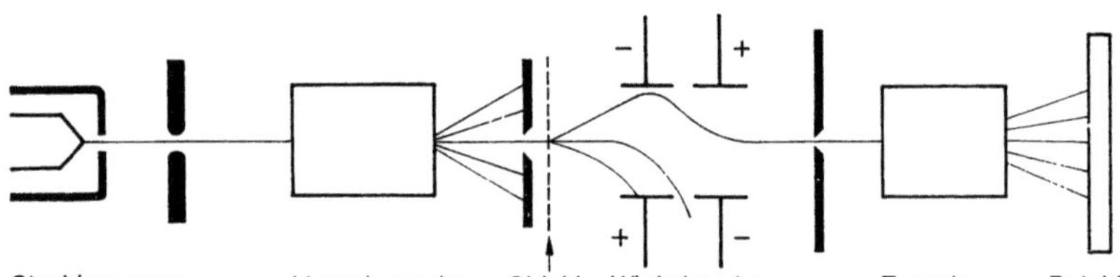

Abb. 12.3. Schema eines Energieverlustspektrometers

Das Schema eines solchen Spektrometers zeigt Abbildung 12.3. Die Elektronen werden im Strahlerzeuger auf die gewünschte Energie beschleunigt. Ihre Energieunschärfe wird nicht nur durch den Auslösevorgang (thermische oder Feldemission) bestimmt; sie kann auch durch Wechselwirkungsprozesse in Gebieten hoher Stromdichte (Boersch-Effekt) [28, 29] bis zu einer Halbwertsbreite von etwa 2 eV vergrößert werden. Will man eine bessere Energieauflösung erreichen, so muß man die Elektronen durch ein Energiefilter schicken, das als Monochromator wirkt. Der Elektronenstrahl einheitlicher Energie und Richtung trifft das Objekt, wird an ihm gestreut und anschließend nach Winkel- und Energieverteilung analysiert. Zur Winkelanalyse kann man entweder Teile der Apparatur gegeneinander schwenken, oder man führt durch Ablenkfelder die um den interessierenden Winkel gestreuten Elektronen in die optische Achse des Energieanalysators zurück.

Arbeitet man mit hoher Elektronenenergie, ist es vorteilhaft, die Elektronen beim Eintritt in den Monochromator und Analysator abzubremsen und beim Austritt wieder zu beschleunigen. Dann sind die Anforderungen an das relative Auflösungsvermögen der Filter geringer. Die Energieänderung erfolgt in Immersionslinsen, die gleichzeitig die Werte von Strahldurchmesser und -apertur zwischen dem Objekt und den Filtern in der erforderlichen Weise transformieren.

Das in der Bildebene des Analysators entstehende Spektrum kann man über einen Spalt hinwegbewegen, hinter dem sich ein Detektor befindet. Bei großen Strömen eignet sich dazu ein Faraday-Käfig mit Strommeßgerät, bei kleinen Strömen benutzt man Szintillatoren, offene Sekundärelektronenvervielfacher oder Halbleiterdetektoren, mit denen die Elektronen auch einzeln gezählt werden können. Kürzere Meßzeiten als mit einem einzelnen Detektor erreicht man, wenn man die Intensität an mehreren Punkten des Spektrums gleichzeitig bestimmt. In der Zahl der Bildpunkte ist die Photoplatte unübertroffen, aber die Auswertung der Intensität ist schwierig. Etwa hundert Energiewerte gleichzeitig kann man mit Kanal-SEV-Platten verarbeiten [30]. Für die Zukunft sind auch Vielfachanordnungen von Halbleiterdetektoren mit genügender Empfindlichkeit zu erwarten.

Nun zu einigen Beispielen für praktisch ausgeführte Energieverlustspektrometer. Oberflächenuntersuchungen mit langsamen Elektronen werden oft in LEED-Apparaturen mit der Gegenfeldmethode ausgeführt. Durch gleichzeitige Modulation der Primärenergie und der Gegenspannung kann man dabei zwischen Energieverlust- und Auger-Elektronenpeaks unterscheiden [31, 32]. Mit dispersiven Filtern, und zwar Zylinderkondensatoren, als Monochromator und Analysator arbeitet eine Apparatur von Froitzheim und Ibach [33]. Sie erreicht eine Energieauflösung von 8 meV. Der Streuwinkel wird durch Schwenken des Analysators eingestellt, die Winkelauflösung beträgt 0,7°.

Für Transmissionsmessungen wurde bisher meist mit Elektronenenergien von einigen 10 keV gearbeitet. Für dickere Objekte eignet sich ein Gerät mit 300-keV-Elektronen, das von Gibbons, Ritsko und Schnatterly [34] beschrieben wurde. Als Monochromator und Analysator dienen Kugelkondensatoren, eine Energieauflösung von 80 meV wurde nachgewiesen. Durch eine Zoomoptik kann die Winkelauflösung zwischen $6 \cdot 10^{-3}$ und $6 \cdot 10^{-5}$ geändert werden; entsprechend ändert sich der Durchmesser des bestrahlten Objektbereichs von 0,05 mm auf 5 mm. Die beste Energieauflösung wurde bisher mit einem Gerät von Boersch und Mitarbeitern erzielt [35, 36]. Sie erreichten eine Halbwertsbreite des Nullverlustpeaks von 1,7 meV bei einer Elektronenenergie von 25 keV am Objekt und 20 eV in den benutzten Wien-Filtern.

Neben den Spektrometern gibt es noch Apparaturen, bei denen auch die Ortsauflösung interessiert. Mit ihnen kann man die Frage untersuchen, wie sich das Energieverlustspektrum zwischen verschiedenen Stellen einer inhomogenen Probe ändert oder wie stark verschiedene Probenorte zu einem bestimmten Energieverlust beitragen. Sie stellen eine Kombination von Elektronenmikroskop und Energiefilter dar. Bisher wurden nur Geräte ohne Monochromator bekannt, so daß das Energieauflösungsvermögen nicht besser als etwa 1 eV ist.

Im einfachsten Fall bringt man im Endbildleuchtschirm eines Durchstrahlungselektronenmikroskops ein Loch an, durch das die Elektronen eines kleinen Objektbereichs zu einem Energieanalysator gelangen. Erzeugt man ein Beugungsbild des

Objekts auf dem Leuchtschirm, so kann man das Energieverlustspektrum in Abhängigkeit vom Streuwinkel untersuchen. Eine solche Apparatur wurde von CURTIS und SILCOX gebaut [37]. Als Analysator in ihrem 100-kV-Durchstrahlungsmikroskop dient ein Wienfilter. Der analysierte Objektbereich kann auf 100 Å Durchmesser begrenzt werden. Ein ähnliches Gerät, in dem als Analysator eine Möllenstedt-Linse benutzt wird, stammt von CUNDY, METHERELL und WHELAN [38]. Für Höchstspannungsmikroskope (1 und 3 MV) werden magnetische Sektorfelder zur Energieanalyse eingesetzt [39]. Wegen der technischen Schwierigkeiten verzichtet man darauf, die Elektronen im Filter abzubremsen, und legt dieses für eine relative Auflösung von 10^{-6} aus.

In ein Durchstrahlungs-Rasterelektronenmikroskop bauten CREWE, ISAACSON und JOHNSON [40] ein magnetisches Energiefilter ein. Die Energieauflösung ist durch die verwendete Feldemissionskatode zu 0,22 eV bestimmt, der Durchmesser der Elektronensonde beträgt 100 Å. Mit diesem Gerät können auch mit Elektronen, die einen ausgewählten Energieverlust erlitten haben, Rasterbilder gewonnen werden.

Schließlich gibt es Energiefilter, die man so in den Strahlengang eines konventionellen Elektronenmikroskopes einsetzen kann, daß sie wahlweise das Energieverlustspektrum eines kleinen Objektgebietes oder ein Bild des Objekts mit Elektronen eines ausgewählten Energieverlustbereichs erzeugen. Das erste derartige Filter wurde von CASTAING und HENRY angegeben [41]. In ihm durchlaufen die Elektronen zweimal ein magnetisches Prisma, dazwischen werden sie in einem Elektronenspiegel reflektiert. Ein damit ausgestattetes Mikroskop ist in [42] beschrieben. Eine andere Anordnung, die nur Magnetfelder benutzt und daher auch für Höchstspannungsmikroskope brauchbar ist, wurde von ZANCHI, PEREZ und SEVELY [43] vorgeschlagen.

12.4. Anwendungen

Hauptanwendungsgebiete der Elektronen-Energieverlustanalyse in der Festkörperphysik sind derzeit die Bestimmung der dielektrischen Funktion $\varepsilon(\omega, \boldsymbol{k})$ und die Untersuchung von einzelnen Elementaranregungen. Der Einsatz zur Materialanalyse ist nur in Spezialfällen zweckmäßig. Ein Vorteil ist die mit schnellen Elektronen erreichbare hohe Ortsauflösung. Im Energiebereich der Plasmonen ist die Methode wegen der hohen Intensität im Spektrum am empfindlichsten. Die Strukturen sind aber breit und erlauben nur dann eine Substanzidentifizierung, wenn man zwischen wenigen vorher bekannten Möglichkeiten zu entscheiden hat. So untersuchte COOK [44] Ausscheidungen in verschiedenen Gläsern, SILCOX und VINCENT [45] bestimmten Konzentrationsänderungen an Al-Legierungen in der Nähe von Korngrenzen.

Die Analyse mittels der Ionisation innerer Schalen ist weniger empfindlich, liefert aber Aussagen über die in der Probe enthaltenen Elemente. Sie ergänzt damit die Analyse mittels charakteristischer Röntgenstrahlung, Photoelektronen und Auger-Elektronen. Von leichten Elementen lassen sich mit der Verlustanalyse kleinere Substanzmengen nachweisen als mit den anderen Verfahren, da man einen größeren Teil der Streuprozesse zur Messung erfassen kann. Als Beispiel für diese Methode zeigt Abbildung 12.4 Energieverlustspektren im Gebiet der K-Schalen-Ionisation des Kohlenstoffs für die drei organischen Verbindungen Adenin (a), Uracil (b) und Thymin

(c) [46]. Der Anstieg der Absorption ab 284 eV (Absorptionskante) ist ein Nachweis für vorhandenen Kohlenstoff, die Struktur der Kanten ist entsprechend den verschiedenen chemischen Bindungen der C-Atome verschieden und charakterisiert diese eindeutig. Eine gute Übersicht über die Anwendung der Energieverlustspektroskopie schneller Elektronen zur Materialanalyse geben COLLIEX und Mitarbeiter [13].

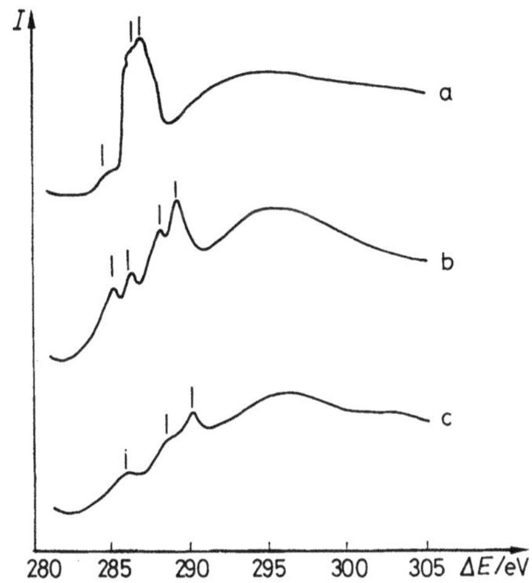

Abb. 12.4. Energieverlustspektren im Gebiet der K-Schalen-Ionisation des Kohlenstoffs nach ISAACSON [46]
a) Adenin ($C_5N_5H_5$), b) Uracil $C_4N_2O_2H_4$), c) Thymin ($C_5N_2O_2H_6$)

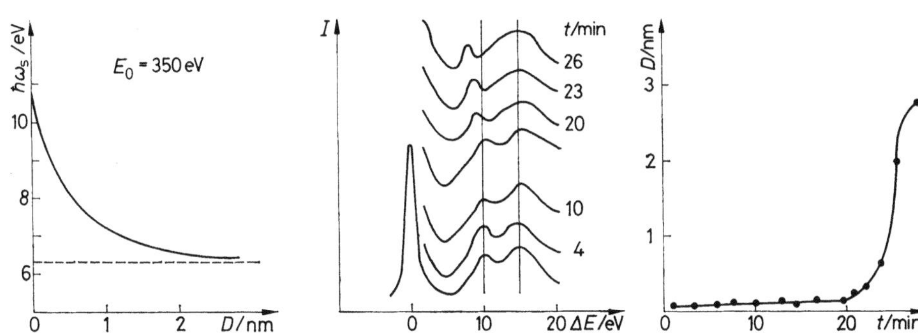

a) b) c)

Abb. 12.5. Oxydation einer Aluminium-Aufdampfschicht (nach [47])
a) Energie $\hbar\omega_S$ des Al-Oberflächenplasmons als Funktion der Oxidschichtdicke D
b) Energieverlustspektren einer Al-Schicht bei 10^{-6} Pa. Parameter ist die Zeit nach dem Aufdampfen des Al
c) Oxidschichtdicke als Funktion der Zeit

Ein Beispiel für die Untersuchung von Oberflächen mit langsamen Elektronen ist eine Arbeit von MURATA und OHTANI [47]. Es gelang ihnen, an frisch aufgedampftem Aluminium die sich in einem Vakuum von 10^{-6} Pa langsam bildende Al_2O_3-Oxidschichtdicke D als Funktion der Zeit zu bestimmen. Abbildung 12.5b zeigt die zu verschiedenen Zeiten gemessenen Energieverlustspektren. Während das Volumenplasmon des Al bei 15 eV seine Lage beibehält, verschiebt sich wegen der Oxidbedeckung die Energie $\hbar\omega_S$ des Oberflächenplasmons von 10,5 eV zu kleineren Energien. Der theoretische Zusammenhang $\hbar\omega_S(D)$ nach [48] ist in Abbildung 12.5a dargestellt. Daraus ergibt sich die Zeitabhängigkeit der Oxidschichtdicke in Abbildung 12.5c. Der auffällige Anstieg der Oxydationsgeschwindigkeit nach etwa 25 min konnte durch eine Restgasanalyse im Rezipienten bestätigt werden.

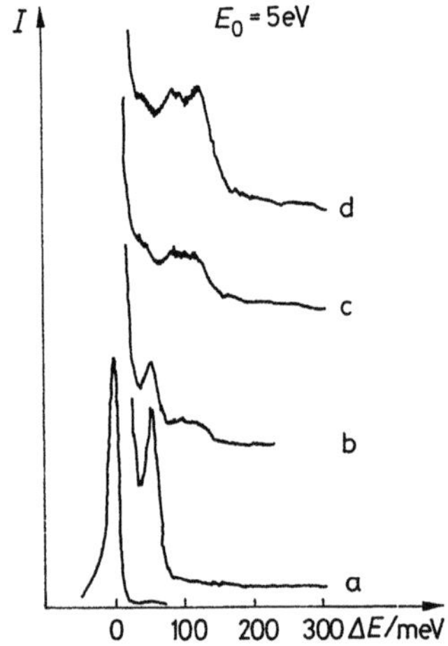

Abb. 12.6. Adsorption von Sauerstoff an einer Si-(111)-Spaltfläche (nach [49])
a) saubere Si-Oberfläche
b, c) nach O_2-Einwirkung von $8{,}4 \cdot 10^{-4}$ bzw. $4{,}5 \cdot 10^{-3}$ Pa · min
d) nach weiteren 10 min bei 100 °C im UHV (keine Desorption).
Die Ordinatenmaßstäbe der Teilkurven sind unterschiedlich.

Die Adsorption von Sauerstoff an Silicium wurde von Ibach [49] mit hoher Energieauflösung untersucht (Abb. 12.6). Während die reine Si-(111)-Fläche ein Oberflächenphonon bei 56 meV zeigt, sind für den adsorbierten Sauerstoff (Bedeckung etwa eine halbe Monoschicht) drei Schwingungsenergien von 48, 90 und 125 meV charakteristisch.

12.5. Zusammenfassung

Die Energieverlust-Elektronenspektroskopie bestimmt alle durch Elektronenstoß möglichen Anregungszustände einer Probe. Die mit der Probe wechselwirkenden Elektronen werden nach Energieverlust und Impulsübertrag analysiert. Man strahlt möglichst monochromatische Elektronen ein, da deren Halbwertsbreite im wesentlichen die Energieauflösung bestimmt. Eine große Anzahl elektrischer oder magnetischer Feldanordnungen, wie etwa Kugelkondensator oder Zylinderspiegel, sind als Monochromator und Analysator brauchbar. Die Auflösungsgrenze liegt derzeit bei ~ 1 meV.

Das Energieverlustspektrum ist in einfacher Weise mit der dielektrischen Funktion $\varepsilon(\omega, \boldsymbol{k})$ verknüpft. Die dielektrische Funktion beschreibt den Festkörper in seinen elektronischen Eigenschaften, wie sie auch durch optische Messungen der Absorption und Reflexion gewonnen werden. Optische Messungen liefern in der Regel nur ε-Werte für $k \to 0$. Mit der Verlustspektroskopie kann darüber hinaus auch die $\boldsymbol{k}$-Abhängigkeit von ε analysiert werden (nichtsenkrechte Bandübergänge).

Der Einsatz der Verlustspektroskopie zur Materialanalyse ist in Spezialfällen zweckmäßig. Ein Vorteil ist die mit schnellen Elektronen erreichbare hohe Ortsauflösung. Für einige Metalle, wie z. B. Al (aber auch Isolatoren und Halbleiter), ist die besonders effektiv anregbare Elektronenplasma-Resonanz, das Plasmon, materialcharakteristisch. Auch die Analyse mittels der Ionisation innerer Schalen ist möglich. Allerdings hat in der Regel hier wie für Detailaussagen zum chemischen Bindungszustand die Elektronenspektroskopie zur chemischen Analyse (ESCA) bessere Voraussetzungen.

12.6. Literatur

Übersichtsliteratur

- Geiger, J.: Elektronen und Festkörper. — Vieweg, Braunschweig 1968.
- Daniels, J., Festenberg, C. v., Raether, H., Zeppenfeld, K.: Optical Constants of Solids by Electron Spectroscopy. — Springer Tracts Mod. Phys. **54** (1970) 77.
- Wollnik, H.: Electrostatic Prisms, in: Focusing of Charged Particles, Herausgeber A. Septier. — Academic Press, New York and London 1967.
- Dahl, P.: Introduction to Electron and Ion Optics. — Academic Press, New York and London 1973.
- Klemperer, O.: Electron Beam Spectroscopy, Reports on Progress in Physics **28** (1965) 77.
- Eine Übersicht über neuere Entwicklungen, hauptsächlich zur Elementanalyse durch die Anregung von inneren Elektronen, findet man in einem Bericht über eine Tagung zur analytischen Elektronenmikroskopie (Ithaca/USA 1978):

  J. Silcox, Ultramicroscopy **3** (1978) 409;

  R. D. Leapman, l. c., S. 413;

  M. Inokuti, l. c., S. 423.

Originalliteratur

[1] Ruthemann, G., Naturwissenschaften **29** (1941) 648.
[2] Rudberg, E., Proc. Roy. Soc. **A 127** (1930) 111.
[3] Geiger, J., Elektronen u. Festkörper. — Vieweg, Braunschweig 1968.
[4] Nozières, P., Pines, D., Phys. Rev. **113** (1959) 1254.
[5] Raether, H., Springer Tracts Mod. Phys. **38** (1965) 84.
[6] Duke, C. B., Laramore, G. E., Phys. Rev. **B 3** (1971) 3183.
[7] Laramore, G. E., Duke, C. B., Phys. Rev. **B 3** (1971) 3198.
[8] Duke, C. B., Landman, U., Phys. Rev. **B 6** (1972) 2956.
[9] Duke, C. B., Landman, U., Phys. Rev. **B 6** (1972) 2968.
[10] Breuer, K., B-Dissertation, Humboldt-Universität, Berlin 1977.
[11] Daniels, J., Festenberg, C. v., Raether, H., Zeppenfeld, K., Springer Tracts Mod. Phys. **54** (1970) 77.
[12] Zeppenfeld, K., Z. Physik **243** (1971) 229.
[13] Colliex, C., Cosslett, V. E., Leapman, R. D., Trebbia, P., Ultramicroscopy **1** (1976) 301.
[14] Baldwin, G. C., Bryant, W. A., Gaerttner, M. R., in: Electron Spectroscopy, Hrsg.: D. A. Shirley. — North-Holland, Amsterdam 1972, S. 159.
[15] Bauer, E., Vacuum **22** (1972) 539.
[16] Herzog, R., Z. Physik **89** (1934) 447.
[17] Hintenberger, H., Z. Naturforschung **3a** (1948) 125.
[18] Hughes, A. L., Rojansky, V., Phys. Rev. **34** (1929) 284.
[19] Fadley, C. S., et al., J. appl. Physics **43** (1972) 1085.
[20] Purcell, E. M., Phys. Rev. **54** (1938) 818.
[21] Zaškvara, V. V., Korsunskii, M. I., Kosmačev, O. S., Ž. techn. Fiziki **36** (1966) 132.
[22] Henneberg, W., Ann. Physik (5) **19** (1934) 335.
[23] Legler, W., Z. Physik **171** (1963) 424.
[24] Collins, R. E., J. Vacuum Sci. Technol. **10** (1973) 1106.
[25] Möllenstedt, G., Optik **5** (1949) 499.
[26] Dietrich, W., Z. Physik **151** (1958) 519.
[27] Hartl, W. A. M., Z. Physik **191** (1966) 487.
[28] Boersch, H., Z. Physik **139** (1954) 115.

[29] Loeffler, K. H., Z. angew. Physik **27** (1969) 145.
[30] Fellner-Feldegg, H., et al., J. Electron Spectroscopy **5** (1974) 643.
[31] Gerlach, R. L., Houston, J. E., Park, R. L., Appl. Phys. Lett. **16** (1970) 179.
[32] Stadler, K., Vacuum **22** (1972) 553.
[33] Froitzheim, H., Ibach, H., Z. Physik **269** (1974) 17.
[34] Gibbons, P. C., Ritsko, J. J., Schnatterly, S. E., Rev. Sci. Instr. **46** (1975) 1546.
[35] Boersch, H., Geiger, J., Stickel, W., Z. Physik **180** (1964) 415.
[36] Geiger, J., Nolting, M., Schröder, B., 7. Congrès International de Microscopie Électronique, Grenoble 1972, S. 111.
[37] Curtis, G. H., Silcox, J., Rev. Sci. Instr. **42** (1971) 630.
[38] Cundy, S. L., Metherell, A. J. F., Whelan, M. J., J. Sci. Instr. **43** (1966) 712.
[39] Perez, J. Ph., et al., Optik **43** (1975) 487.
[40] Crewe, A. V., Isaacson, M., Johnson, D., Rev. Sci. Instr. **42** (1971) 411.
[41] Castaing, R., Henry, L., C. R. Acad. Sci. Paris **255** (1962) 76.
[42] Egerton, R. F., et al., J. Physics E **8** (1975) 1033.
[43] Zanchi, G., Perez, J. Ph., Sevely, J., Optik **43** (1975) 495.
[44] Cook, R. F., Phil. Mag. **24** (1971) 835.
[45] Silcox, J., Vincent, R., Proc. 5. Internat. Materials Symp. – Hrsg. G. Thomas. – Berkeley, Calif. 1971, S. 188.
[46] Isaacson, M., J. Chem. Phys. **56** (1972) 1813.
[47] Murata, Y., Ohtani, S., J. Vacuum Sci. Technol. **9** (1972) 789.
[48] Stern, E. A., Ferrell, R. A., Phys. Rev. **120** (1960) 130.
[49] Ibach, H., J. Vacuum Sci. Technol. **9** (1972) 713.

13. Auger-Elektronenspektroskopie

(M. Klaua, Halle, G. Oertel, Berlin)

13.1. Grundprinzip

Die Auger-Elektronenspektroskopie (AES) beruht auf der Deexzitation von in inneren Elektronenschalen ionisierten Atomen, wobei es zur Auslösung von Sekundärelektronen mit charakteristischen Energien kommt. Die beim Elektronenübergang in die primäre Lücke freiwerdende Energie wird in einem strahlungslosen Prozeß auf ein weiteres Elektron übertragen, das dann mit einer bestimmten kinetischen Energie das Atom verläßt. Pierre Auger [1] fand 1925 bei Wilson-Kammer-Aufnahmen der Ionisierung von Edelgasen durch Röntgenstrahlen solche Elektronen und gab für ihre Entstehung die richtige Erklärung. Im hier behandelten engeren Sinne wird die AES als analytische Methode zur Untersuchung von Festkörperoberflächen verstanden. Zur Anregung werden üblicherweise Elektronenstrahlen verwendet, die den Vorteil guter Fokussierbarkeit besitzen und deren Intensität leicht zu variieren ist. Die ausgelösten Auger-Elektronen werden im Energiebereich von 20—2000 eV analysiert, wobei die Abtrennung des starken Sekundärelektronenuntergrundes durch elektronische Differentiation vorgenommen wird. Wegen der durch inelastische Verluste begrenzten mittleren freien Weglänge der Auger-Elektronen im Festkörper tragen nur wenige Atomlagen an der Oberfläche zum Auger-Signal bei. Die hohe Oberflächenempfindlichkeit stellt den Hauptvorteil der AES dar, sie verlangt aber notwendigerweise ein Experimentieren unter Ultrahochvakuumbedingungen $< 10^{-7}$ Pa, um Kontaminationen während der Analyse zu vermeiden.

Die AES ermöglicht eine qualitative chemische Analyse aller Elemente mit Ausnahme von H und He. Nach Eichung durch andere unabhängige Verfahren gestattet die AES eine quantitative Analyse. Chemische Informationen über den Bindungszustand der nachgewiesenen Elemente sind nur in begrenztem Umfang mit AES zu gewinnen. Sowohl die hohe Oberflächenempfindlichkeit als auch das erreichbare laterale Auflösungsvermögen charakterisieren die AES als ein echtes mikroanalytisches Verfahren. Durch die Kombination mit Ionenätzung wird die Messung der räumlichen Elementverteilung ermöglicht. Die Anwendung des Rasterprinzips erlaubt die flächenhafte Auger-Abbildung von Elementverteilungen an Oberflächen.

13.2. Theoretische Grundlagen

Für ein in einer inneren Elektronenschale ionisiertes Atom bestehen zwei Möglichkeiten der Deexzitation des angeregten Zustandes: a) der strahlungslose Auger-Prozeß und b) die Emission eines Röntgenquantes.

Am Auger-Prozeß sind im allgemeinen 3 Energieniveaus WXY beteiligt. Durch Primäranregung wird die W-Schale ionisiert. Die beim darauf folgenden Elektronenübergang von X nach W freiwerdende Energie wird strahlungslos auf ein Elektron der Y-Schale übertragen, das mit einer charakteristischen kinetischen Energie das

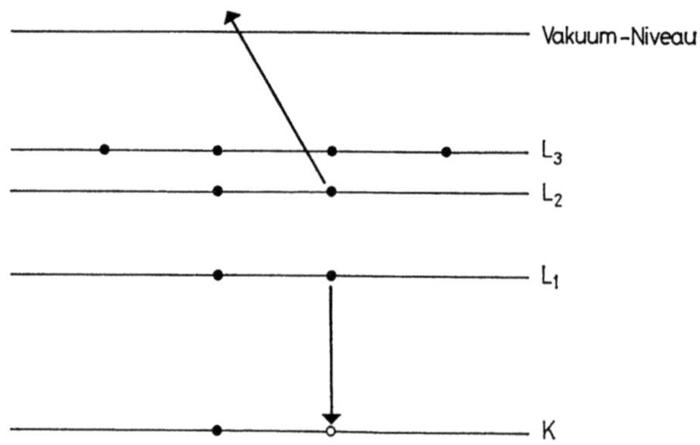

Abb. 13.1. Schema eines KL_1L_2-Auger-Überganges

Atom verläßt. Nach der Auger-Emission bleibt das Atom in der X- und Y-Schale zweifach ionisiert zurück. Da sich bei Vertauschung von X und Y der gleiche zweifach ionisierte Endzustand ergibt, sind WXY- und WYX-Auger-Übergänge prinzipiell nicht voneinander unterscheidbar. In Abbildung 13.1 ist schematisch ein spezieller KL_1L_2-Auger-Übergang dargestellt.

Die kinetische Energie der an freien Atomen ausgelösten Auger-Elektronen läßt sich für einen beliebigen WXY-Übergang eines Elementes der Ordnungszahl Z nach halbempirischen Verfahren [2] berechnen.

$$E_{WXY}(Z) = E_W(Z) - E_X(Z) - E_Y(Z + \Delta Z) \tag{1}$$

Die Differenz der Ionisierungsenergien $E_W(Z) - E_X(Z)$ der W- und X-Schale wird an ein Y-Elektron übertragen. Zur Ablösung dieses Elektrons muß die „Ionisierungsenergie" $E_Y(Z + \Delta Z)$ vom einfach ionisierten Atom geleistet werden, die sich von der Ionisierungsenergie der Y-Schale durch einen Relaxationsbeitrag unterscheidet. Die Relaxationsenergie wird näherungsweise durch Interpolation zum nächsthöheren Element im Periodensystem mit einem Wert von $1/2 \leqq Z \leqq 2/3$ berücksichtigt [3]. Die Nichtunterscheidbarkeit der Auger-Übergänge bei Vertauschung der X- und Y-Schale kann durch arithmetische Mittelung berücksichtigt werden [4] und ergibt eine weitere, symmetrische Näherungsformel

$$E_{WXY}(Z) = E_W(Z) - \frac{1}{2}\,[E_X(Z) + E_X(Z + 1) + E_Y(Z) + E_Y(Z + 1)]. \tag{1a}$$

Ionisierungsenergien bzw. berechnete Auger-Energien können Tabellenwerken [5, 6] entnommen werden.

Es existieren auch eine Reihe von quantenmechanischen Berechnungen von Auger-Energien [7, 8], wobei berücksichtigt wird, daß im interessierenden Energiebereich < 2 keV der Übergang vom einfach ionisierten zum zweifach ionisierten Atom durch die Coulomb-Wechselwirkung (Russel-Saunders-Kopplung) zwischen den Elektronen bestimmt wird. Daher ergeben sich gegenüber der aus der Röntgenspektroskopie entlehnten WXY-Notation (streng gültig bei j-j-Kopplung) Abweichungen in der Anzahl und Energielage der Übergänge, die durch eine WXY-spektroskopische Notation (z. B. $KL_1L_2\ ^1P_1$) vermieden werden [7].

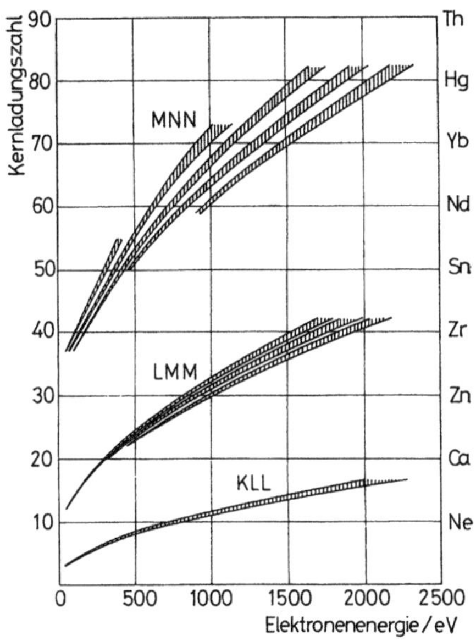

Abb. 13.2. Intensitätsstärkste beobachtete Auger-Übergänge der Elemente im Energiebereich < 2,2 keV (nach [9])

In Abbildung 13.2 sind die Energien der intensitätsstärksten gemessenen Auger-Übergänge vom Typ KLL, LMM und MNN für die verschiedenen Elemente aufgetragen. Bei der analytischen Anwendung der AES ist es zweckmäßig, gemessene Auger-Übergänge hinsichtlich Energielage und Linienform mit Standardspektren zu vergleichen [9].

Die natürliche Linienbreite der Auger-Linien ergibt sich aus der Lebensdauer des ionisierten Zustandes von 10^{-16} s nach der Heisenberg-Unbestimmtheitsrelation zu 2—10 eV. Da tiefer liegende Niveaus eine kürzere Lebensdauer haben, ist bei Coster-Kronig-(W_1W_2Y)-Prozessen mit Subschalen-Übergängen die Linienverbreiterung noch größer. Bei Valenzbandübergängen vom Typ WVV ist die Linienbreite gleich der zweifachen Valenzbandbreite und bei WXV-Übergängen gleich der einfachen Valenzbandbreite. Im Festkörper rühren weitere Beiträge zur Linienbreite von Verlustprozessen (Anregung von Interband- und Intraband-Übergängen, Elektron-Loch-Paarbildung und Multiphonon-Verlusten) der Auger-Elektronen her, die sich in einer asymmetrischen Intensitätsverteilung und der Feinstruktur auf der niederenergetischen Seite von Auger-Peaks äußern.

Die Kenntnis der Auger-Intensitäten und der sie bestimmenden Faktoren ist für die quantitativ analytische Anwendung der AES wichtig. Der mit einem Analysator gemessene Auger-Strom i_i(WXY) eines WXY-Übergangs kann symbolisch in folgender Näherung ausgedrückt werden [10, 11, 12, 13]

$$i_i(\mathrm{WXY}) = TAj_\mathrm{p}\varrho_i X_i \sigma_i(E_\mathrm{p}, E_\mathrm{W})\,(1 + r_i)\,\gamma_i(\mathrm{WXY})\,\lambda_i. \tag{2}$$

Auf die Schwierigkeiten einer absoluten Auger-Strommessung i_i (in A) wird im experimentellen Teil näher eingegangen. Die ersten 5 Faktoren der rechten Seite sind experimentelle Parameter mit folgender Bedeutung: T — Transmission des Energieanalysators, A (in cm^2) — vom Primärstrahl bestrahlte Fläche, j_p (in $\mathrm{A\,cm}^{-2}$) — Stromdichte des Primärstrahles, ϱ_i (in Atome · cm^{-3}) — Atomdichte des Elementes i, X_i — Atomkonzentration des Elementes i ($0 < X_i < 1 \triangleq 100\%$). Die nächsten 4 Faktoren sind komplizierte Funktionen verschiedener Variablen: $\sigma_i(E_\mathrm{p}, E_\mathrm{w})$ (in $\mathrm{cm}^2 \cdot \mathrm{Atom}^{-1}$) — Ionisierungsquerschnitt, r_i — Rückstreufaktor, γ_i(WXY) — Auger-Übergangswahrscheinlichkeit und λ_i (in cm) — Austrittstiefe. Sie sind mit der Auger-Emission bzw. der Auslösung der Auger-Elektronen aus dem Festkörper verbunden und werden im folgenden ausführlicher diskutiert. Zur Vereinfachung ist eine homogene Verteilung des i-ten Elementes im Volumen vorausgesetzt, und weitere Faktoren wie die $1/\cos\alpha$-Abhängigkeit der Intensität vom Einfallswinkel [14] und der Einfluß der Oberflächenrauhigkeit der Probe [11] sind vernachlässigt.

Für den Ionisierungsquerschnitt σ_i(WXY), der die Bildungsrate der primären Lücken in der W-Schale bestimmt, ergibt sich nach einer von Worthington und Tomlin [15] modifizierten Bornschen Näherung die folgende charakteristische Abhängigkeit vom Verhältnis der Primärenergie E_p der einfallenden Elektronen zur Ionisierungsenergie E_w der betreffenden W-Schale: Nach einem steilen Anstieg oberhalb der Ionisierungsschwelle folgt ein breites Maximum bei $E_\mathrm{p}/E_\mathrm{w} \approx 3$ und dann ein langsamer Abfall [16]. Messungen des Ionisierungsquerschnitts der K-Schale [17] und der L-Schale [18] für eine Reihe von Gasen bestätigen diesen Verlauf.

Im Festkörper können nicht nur die direkt einfallenden Primärelektronen Auger-Elektronen auslösen, sondern auch alle gestreuten Elektronen (elastische und inelastische mit Energien größer als die Ionisierungsenergie einer speziellen W-Schale) tragen zur Auger-Emission bei. Dieser mit einem Rückstreufaktor r_i beschriebene Effekt bewirkt eine absolute Zunahme des Ionisierungsquerschnittes und eine Verschiebung des Maximums zu $E_\mathrm{p}/E_\mathrm{w} = 5-6$. Eine ausführliche theoretische Untersuchung des Rückstreufaktors von Gallon [19] und experimentelle Messungen [19, 20] zeigten, daß der Rückstreufaktor zu einer Erhöhung der Auger-Signale um 10—25% führen kann.

Auger-Übergangswahrscheinlichkeiten (bzw. Fluoreszenzausbeuten für die komplementäre Röntgen-Emission) lassen sich nach dem gleichen quantenmechanischen Formalismus berechnen wie Auger-Energien [2]. Berechnungen für K-, L- und M-Übergänge ergaben, daß im Energiebereich < 2 keV die Summe der Übergangswahrscheinlichkeiten, die zu einer bestimmten Ionisierung gehören (z. B. $\mathrm{KL_1L_1}$, $\mathrm{KL_1L_2}$ usw.) gleich 1 ist, während die Wahrscheinlichkeiten der einzelnen Übergänge sehr unterschiedlich sein können [21, 22].

Im Festkörper ausgelöste Auger-Elektronen haben eine mittlere freie Weglänge λ_i (imfp — *i*nelastic *m*ean *f*ree *p*ath, Austrittstiefe), die durch inelastische Verluste bestimmt wird [23]. Die Intensität der Auger-Elektronen ohne Energieverlust ist nach Durchlaufen der Austrittstiefe auf $1/e$ gesunken. Die experimentelle Bestimmung von λ_i wird vorwiegend an Schichtsystemen durchgeführt, wobei ein exponentieller Anstieg des Kondensatsignals i_K

$$i_K/i_{K\infty} = 1 - \exp\left(-\frac{z}{\lambda \cos \alpha}\right) \tag{3}$$

bzw. ein exponentieller Abfall des Substratsignals i_S

$$i_S/i_{S\infty} = \exp\left(-\frac{z}{\lambda \cos \alpha}\right) \tag{4}$$

in Abhängigkeit von der Schichtdicke z gemessen wird. $i_{K\infty}$ bzw. $i_{S\infty}$ sind die Auger-Signale des massiven Kondensats bzw. Substrats. Der Term $\cos \alpha$ (α Austrittswinkel) tritt als geometrischer Korrekturfaktor für den verwendeten Analysator auf [24].

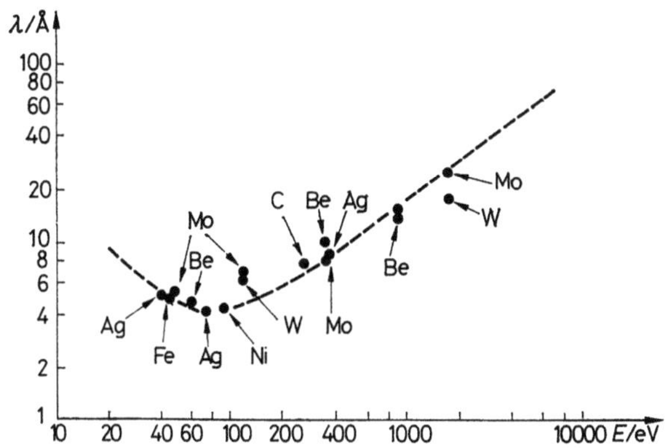

Abb. 13.3. Mittlere freie Weglänge der Auger-Elektronen als Funktion der Energie (nach [25])

Eine Zusammenstellung experimenteller λ_i-Werte in Abhängigkeit von der Energie der Auger-Elektronen für verschiedene Materialien in Abbildung 13.3 zeigt ein Minimum bei 50—200 eV und näherungsweise eine $\sqrt{E}$-Abhängigkeit zwischen 200—2000 eV [25]. Die nur schwach ausgeprägte Materialabhängigkeit ist verständlich, da der wesentliche Verlustmechanismus in Valenzbandanregungen zu suchen ist und die Elektronenzustandsdichte im Valenzband von Metallen keine starke Materialabhängigkeit besitzt. In Isolatoren können dagegen größere Abweichungen der Austrittstiefe von dem dargestellten Kurvenverlauf zu höheren Werten erwartet werden [13].

Da die eingehenden Faktoren als Funktionen verschiedener experimenteller Variablen kaum hinreichend genau berechnet werden können, hat Gl. (2) keine große praktische Bedeutung. Für die quantitative Analyse ist man daher auf empirische Verfahren angewiesen, die im Abschnitt 13.4. diskutiert werden.

Neben der analytischen Information gestattet die AES in der speziellen Version der winkelauflösenden AES, auch Strukturinformationen von Einkristalloberflächen zu erhalten [26]. Experimentelle Messungen der Auger-Intensitäten in Abhängigkeit vom Austrittswinkel bei konstantem Einfallswinkel zeigen an reinen Metalloberflächen bzw. geordneten Adsorptionsstrukturen eine deutliche Feinstruktur der Polardiagramme, die empfindlich von der Struktur der Oberfläche abhängt [26, 27]. Die dafür verwendeten Spektrometer gestatteten eine Winkelauflösung von 1,5—7°. Eingehende theoretische Untersuchungen ergaben, daß die in Analogie zu LEED (*l*ow *e*nergy *e*lectron *d*iffraction) behandelte Vielfachbeugung der Auger-Elektronen im Festkörper nicht zur vollständigen Deutung der Meßkurven ausreicht, sondern eine Anisotropie der Auger-Emission an den einzelnen Atomen berücksichtigt werden muß [28, 29].

13.3. Experimentelle Technik

Die hohe Oberflächenempfindlichkeit der AES macht das Verfahren naturgemäß stark abhängig von geringsten während der Analyse auftretenden Oberflächenkontaminationen. Zur Vermeidung von Restgasadsorption sind deshalb Ultrahochvakuumbedingungen im Druckbereich von $< 10^{-7}$ Pa notwendig, und andere Quellen von Verunreinigungen (Diffusion aus dem Volumen des Materials und von den Halterungen) müssen durch spezielle Wahl von Präparationsverfahren und Materialien ausgeschlossen werden. Übliche In-situ-Reinigungsverfahren sind: Aufheizen bis in die Nähe des Schmelzpunktes, Edelgas-Ionenätzung, Oxydations-Reduktions-Prozesse, Aufdampfmethoden, Spaltung bzw. Bruch. Grundsätzliche Einschränkungen hinsichtlich Probengeometrie und Oberflächenmorphologie bestehen nicht.

Die in der üblichen AES benutzte Art der Anregung ist der Elektronenbeschuß, dessen Vorteile in der Wahl der günstigsten Energie (1—10 keV) und der großen Variation der Stromstärke (0,1 μA—100 μA), der relativ leichten Fokussierbarkeit (0,2 μm—5 μm) und der Möglichkeit des Rasterbetriebes liegen. Als nachteilig erweist sich die unvermeidliche Auslösung eines starkes Sekundärelektronenuntergrundes und die in einigen Fällen durch den Primärstrahl induzierte Adsorption bzw. Desorption, die Dissoziation von Verbindungen, die Polymerisation, die Aufladung von Isolatoren und die mögliche Aufheizung der Proben. Zur Vermeidung von Aufladungen gibt es eine Reihe von experimentellen Lösungen [11], die allgemein darauf zielen, den Sekundärelektronen-Emissionskoeffizient des Materials auf einen Wert größer 1 zu stabilisieren.

Die Grundlage der experimentellen Beobachtung von Auger-Elektronen ist die Messung der Energieverteilung $N(E)$ der aus der Probe austretenden Elektronen. $N(E)$ ist die Anzahl der Elektronen mit Energien zwischen E und $E + \Delta E$, die pro sec in den Analysator gelangen.

Im Falle der Primäranregung durch Elektronenbeschuß ist der Nachweis der Auger-Peaks in der Energieverteilung schwierig wegen des im Vergleich zum Auger-Signal großen Sekundärelektronenuntergrundes. Durch elektronische Differentiation läßt sich aber der Untergrund abtrennen, da sein Verlauf gegenüber den scharfen Auger-Peaks relativ konstant ist. Die Differentiation wird mit der in spektroskopischen Verfahren verbreiteten Modulationstechnik durchgeführt, die für die AES zuerst von Harris [30] angewendet wurde.

Zunächst sollen die heute üblichen Analysatoren diskutiert werden, bevor auf Weiterentwicklungen und spezielle Varianten eingegangen wird. Als Energieanalysatoren haben sich von den in der Literatur beschriebenen Systemen der Verzögerungsfeldanalysator [31, 32] (RFA — *r*etarding *f*ield *a*nalyzer) und der Zylinderspiegelanalysator [33] (CMA — *c*ylinder *m*irror *a*nalyzer) durchgesetzt.

In Abbildung 13.4 ist links von der Probe schematisch der RFA, rechts von ihr der CMA und darüber die für die AES notwendige Elektronik dargestellt [34].

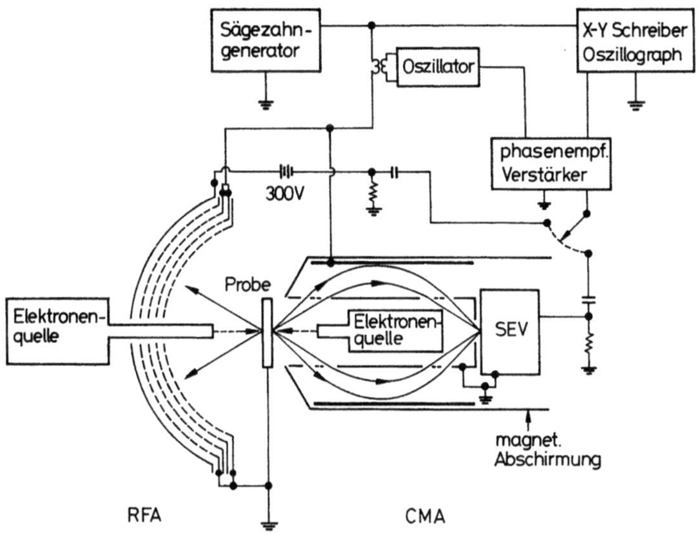

Abb. 13.4. Prinzipanordnung des RFA- und CMA-Analysators mit Blockschaltbild der Elektronik (nach [34])

Zunächst soll die Wirkungsweise des in Kombination mit dem LEED-Verfahren (*l*ow *e*nergy *e*lectron *d*iffraction) weit verbreiteten RFA besprochen werden. Als Elektronenquelle wird entweder eine axiale Kanone oder eine Zusatzkanone für schrägen Einfall verwendet. An die 2 inneren Gitter wird eine variable Gegenspannung angelegt, die äußeren Gitter liegen auf Erdpotential, und zwischen dem 4. Gitter und dem als Kollektor dienenden Fluoreszenzschirm liegt eine Saugspannung von 300 V. Zur Elektronik gehören ein Sägezahngenerator für die Gegenspannung, ein das Modulationssignal erzeugender Oszillator, ein Transformator zur Einkopplung des Modulationssignals, ein phasenempfindlicher Verstärker und ein Schreiber bzw. Oszillograph. Der RFA wirkt als Hochpaßfilter und der Kollektorstrom i_c ergibt sich als

$$i_c(\mathrm{E}) = \int_{\mathrm{E}}^{\infty} N(E')\,\mathrm{d}E'. \tag{5}$$

Bei Variation der Gegenspannung wird die in Abbildung 13.5a dargestellte Strom-Gegenspannungs-Kurve gemessen [35]. Eine Differentiation des Kollektorstromes nach der Energie ergibt die Energieverteilung $N(E)$.

Die elektronische Differentiation wird durch Überlagerung der Gegenspannung mit einer sinusförmigen Wechselspannung $\Delta E = k \sin \omega t$ und synchronem Nachweis des energiemodulierten Kollektorsignals $i_c(E + \Delta E)$ erreicht.

Aus der Taylor-Entwicklung des Kollektorstromes

$$i_c(E + \Delta E) = i(\mathrm{E}) + i'(\mathrm{E})\,(\Delta E) + \frac{i''}{2!}\,(\Delta E)^2 + \cdots \tag{6}$$

folgt durch Einsetzen von ΔE

$$i_c \approx i_0 + \frac{\mathrm{d}i(E)}{\mathrm{d}E} \cdot k \sin \omega t - \frac{\mathrm{d}^2 i(E)}{\mathrm{d}E^2} \cdot \frac{k^2}{4} \cos 2\omega t, \tag{7}$$

wenn Terme mit k^3 vernachlässigt werden können.

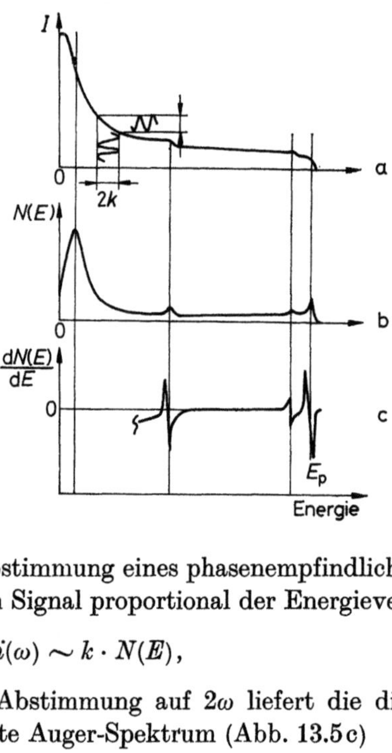

Abb. 13.5. a) Strom-Gegenspannungs-Kurve, b) Energieverteilung und c) differenzierte Energieverteilung (Auger-Spektrum) des RFA (nach [35])

Die Abstimmung eines phasenempfindlichen Verstärkers auf die Grundfrequenz ω liefert ein Signal proportional der Energieverteilung (Abb. 13.5b)

$$i(\omega) \sim k \cdot N(E), \tag{8}$$

und die Abstimmung auf 2ω liefert die differenzierte Energieverteilung oder das sogenannte Auger-Spektrum (Abb. 13.5c)

$$i(2\omega) \sim -\frac{k^2}{4} \cdot \frac{\mathrm{d}N(E)}{\mathrm{d}E}. \tag{9}$$

In der differenzierten Energieverteilung (Auger-Spektrum) ist der Sekundärelektronenuntergrund weitgehend unterdrückt. Dies ermöglicht eine höhere Verstärkung, ohne daß die Elektronik in den Bereich der Sättigung gerät. Die Auger-Peaks sind in der differenzierten Kurve gegenüber der Energieverteilung deutlich hervorgehoben. Als Auger-Energie definiert man im Auger-Spektrum vereinbarungsgemäß das scharfe höherenergetische Minimum, das dem steilsten Abfall des Auger-Peaks in der Energieverteilungskurve entspricht. Demgegenüber beziehen sich berechnete Auger-Energien in Tabellenwerken auf das Maximum des Auger-Peaks in der Energieverteilung. Die sich ergebende Differenz der Energiewerte hängt von der Linienbreite und der Spektrometerauflösung ab. Die Lage des Auger-Maximums läßt sich eindeutig in der zweifach differenzierten Energieverteilung $\mathrm{d}^2N/\mathrm{d}E^2$ als innerer der drei auftretenden Extremwerte definieren. Beim Vergleich von gemessenen und nach Gl. (1) berechneten kinetischen Energien der Auger-Elektronen muß folgender Zusammenhang beachtet werden:

$$eU_{\mathrm{RFA}} = E_{\mathrm{WXY}} - |\varphi_{\mathrm{A}}|, \tag{10}$$

wobei e die Elementarladung, U_{RFA} die angelegte Gegenspannung und φ_{A} die Austrittsarbeit der Analysatorgitter bedeuten. Eine ausführliche Diskussion der Potentialverhältnisse bei einer Energiemessung in Spektrometern wird in Kap. 14. gegeben.

Der CMA in Abbildung 13.4 besteht aus einem mit ringförmigen Eintritts- und Austrittsschlitzen versehenen geerdeten inneren Zylinder und einem koaxialen äußeren Zylinder, an dem eine Gegenspannung durchgefahren wird. Als Elektronenquellen werden eine koaxiale Innenquelle bzw. eine Zusatzkanone für schrägen Einfall verwendet. Ein offener Multiplier dient als Kollektor und rauscharmer Vorverstärker. Das Verhältnis der Energie E der durch den CMA durchgelassenen Elektronen zum angelegten Spiegelpotential $e \cdot U_{\mathrm{CMA}}$ ist durch die Geometrie des CMA bestimmt und hat für übliche kommerzielle Geräte einen Wert von $E/U_{\mathrm{CMA}} = 1{,}58-1{,}6$. Im Fall des CMA steht also in Gl. (10) auf der linken Seite $e \cdot U_{\mathrm{CMA}} \cdot 1{,}6$. Der als Bandfilter wirkende CMA läßt nur Elektronen eines begrenzten Energieintervalls ΔE hindurch, so daß für den Kollektorstrom

$$i_{\mathrm{c}}(E) \sim \Delta E \cdot N(E) = REN(E) \tag{11}$$

gilt, wobei $R = \Delta E/E$ die Spektrometerauflösung ist. Ohne Modulation der Gegenspannung wird also die Energieverteilung geschrieben. Bei Anwendung der Modulation und Abstimmung des phasenempfindlichen Verstärkers auf die Grundfrequenz ω erhält man ein der differenzierten Energieverteilung proportionales Signal

$$i(\omega) \sim Rk \left(N(E) + E \frac{\mathrm{d}N(E)}{\mathrm{d}E} \right). \tag{12}$$

Der Term $N(E)$ ist für Energien > 50 eV gegenüber $E \cdot \mathrm{d}N/\mathrm{d}E$ vernachlässigbar. Die für Elektronenenergien < 100 eV abnehmende Verstärkung des Multipliers und der zunehmende Beitrag des $N(E)$-Terms, der das entgegengesetzte Vorzeichen zum 2. Term hat, ergibt den Vorteil, daß ein gesamtes Auger-Spektrum ab Energien > 20 eV im gleichen Empfindlichkeitsbereich geschrieben werden kann. Demgegenüber muß beim RFA die Verstärkung im Bereich kleiner Energien ungefähr hundertfach herabgesetzt werden.

Für einen quantitativen Vergleich der Leistungsfähigkeit beider Spektrometer geht man vom Signal-/Rausch-Verhältnis (S/N) aus. Der wesentliche Rauschbeitrag ist durch das Schrotrauschen i_{N} der Elektronenquelle gegeben, für das

$$i_{\mathrm{N}} = \sqrt{2eBi} \tag{13}$$

gilt, wobei e die elektrische Ladung, i der Kollektorstrom, $B = 1/\tau$ die Bandbreite und τ die Zeitkonstante bedeuten [36]. Der als Bandfilter arbeitende CMA hat einen 10^4fach kleineren Kollektorstrom als der RFA. Aus Gl. (13) ergibt sich damit für den CMA ein um den Faktor 100 größeres S/N-Verhältnis. Die Schreibgeschwindigkeit für die Spektren, die durch die Bandbreite bzw. Zeitkonstante bestimmt wird, kann bei gleichem Signal und gleichem S/N-Verhältnis beim CMA 10^4mal schneller als beim RFA (typisch einige Minuten) gewählt werden. Dies ermöglicht einerseits Oszillographen- bzw. Auger-Raster-Betrieb beim CMA, oder andererseits kann der Primärstrom bei gleicher Schreibgeschwindigkeit um den Faktor 10^4 reduziert werden, um Probenschädigungen zu vermeiden. Die Transmission des RFA liegt bei 10% und die des CMA als doppelt fokussierendem Spektrometer bei etwa 5%. Die instrumentelle Energieauflösung des 4-Gitter-RFA wie auch des CMA liegt bei etwa 0,5%, was sich für die übliche Festkörper-AES als ausreichender Wert erwiesen hat [12]. Bei Energien < 50 eV wird die Energieauflösung beider Analysatoren durch inhomogene Magnetfelder begrenzt. Die praktische Auflösung hängt noch von der Modulationsamplitude ab. Als theoretische Nachweisempfindlichkeit des CMA wurde von CHANG [36, 11] auf Grund von S/N-Betrachtungen ein Wert von 10 ppm abgeschätzt. Durch spektrale Überlagerung mit kleinen Auger-Peaks und Verlust-Peaks von Kontaminationen wird die Nachweisempfindlichkeit praktisch auf etwa 1000 ppm begrenzt. Das entspricht einer Oberflächenempfindlichkeit von 10^{12} Atomen · cm^{-2} bzw. einer Volumenempfindlichkeit von 10^{19} Atomen · cm^{-3}.

Die bisher dargestellten experimentellen Techniken kann man als Standardverfahren ansprechen. Es gibt nun in der Literatur eine große Zahl von speziellen Varianten und Weiterentwicklungen sowohl apparativer Art wie auch der Signalverarbeitung und Datenverarbeitung.

Eine wichtige Erweiterung der analytischen Möglichkeiten der AES wurde mit dem von PALMBERG [37] eingeführten Verfahren der simultanen AES-Ionenätzung erzielt. In einer Edelgasatmosphäre (z. B. Argon) von 10^{-2}—10^{-3} Pa werden mit üblichen Ionenquellen Sputterraten von einigen Å pro s bei Ionenenergien von einigen keV erreicht. Simultan zur Ionenätzung werden in der Mitte des Ätzkraters in periodischer Zeitfolge AES-Punktanalysen durchgeführt und auf diese Weise Konzentrationstiefenprofile gemessen. Gemessene Tiefenprofile haben eine begrenzte Tiefenauflösung von etwa 3—10% der abgesputterten Schichtdicke (typisch einige 100—1000 Å), die durch Homogenisierung des Materials während des Sputterns, durch Ionenimplantation, die Aufrauhung der Grenzfläche, unterschiedliche Sputterraten für verschiedene Elemente und Sputterbeiträge vom Kraterrand bestimmt wird [38, 12].

Die Entwicklung von speziellen koaxialen Elektronenkanonen für den CMA mit Primärstrahldurchmessern von 0,1—5 μm bei 10—5 kV Beschleunigungsspannung und Ablenkeinheiten für den Rasterbetrieb führte zu kommerziellen Raster-Auger-Mikroskopen (SAM: scanning-Auger-microprobe) [39]. Durch das Raster-Prinzip wird hier eine Abbildung flächenhafter Elementverteilungen mit Auger-Elektronen realisiert, in dem das Signal des auf einen bestimmten Auger-Peak eingestellten Spektrometers die Intensität der Bildröhre steuert. Die Auger-Abbildung mit einer lateralen Auflösung im < 1 μm-Bereich und der für AES typischen Oberflächenempfindlichkeit von 10 Å ist vergleichbaren Element-Abbildungsverfahren mit Röntgenstrahlen in der Elektronenstrahl-Mikroanalyse oder mit Ionen in der Ionensonde überlegen.

Durch die Entwicklung spezieller UHV-Rasterelektronenmikroskope mit Feldemissionskatoden und Auger-Spektrometerausrüstung konnte die laterale Auflösung der Auger-Abbildung auf etwa 300 Å gesteigert werden [40].

Weiterentwicklungen auf der Spektrometerseite betreffen vor allem die Verbesserung der Energieauflösung. RFA vom Bandfiltertyp wurden entwickelt [41, 42]. Der einfache CMA wurde mit variablen Austrittsblenden ausgerüstet, die eine Variation der Energieauflösung zwischen 0,3—1% gestatten.

Durch zwei hintereinandergeschaltete CMA mit vorgeschalteten Verzögerungsgittern kann durch Einstellen einer Paß-Energie die Energieauflösung auf 1,2% der Paß-Energie erhöht werden, und durch Verwendung der Bremsgitter wird in bestimmten Grenzen die Energieskala von der Justierung unabhängig [43].

Eine Verbesserung des S/N-Verhältnisses um den Faktor 100 läßt sich mit einer Intensitätsmodulation des Primärstrahles im Vergleich zu der üblichen Energiemodulation erreichen [24, 44]. Dieser Vorteil kann durch Anwendung geringerer Primärströme im Bereich von 10^{-9}—10^{-10} A und der direkten Messung der Energieverteilung ausgenutzt werden.

Ein Hauptproblem der quantitativen Analyse besteht in der Bestimmung der Auger-Ströme. Der Auger-Strom ist als Integral eines Auger-Peaks in der Energieverteilung $N(E)$ nach Abzug des Sekundärelektronenuntergrundes zu definieren. Nach Weber und Johnson [45] besteht auch für den Peak-Peak-Abstand (Maximum-Minimum-Abstand) in der differenzierten Energieverteilung $\mathrm{d}N(E)/\mathrm{d}E$ strenge Proportionalität zum Auger-Strom, solange der Auger-Peak Gauß-Form hat. Im allgemeinen ist diese Forderung für an Festkörpern gemessene Auger-Peaks wegen der inelastischen Verluste nicht erfüllt. Mit Hilfe geeigneter Datenverarbeitungsverfahren ist es möglich, aus den üblicherweise gemessenen differenzierten Spektren $N_g'(E)$ nach Abzug des Sekundärelektronenuntergrundes [46, 47, 48, 49] durch Entfaltung mit der differenzierten Apparaturempfindlichkeitsfunktion $S'(E)$ die originäre Auger-Elektronen-Energieverteilung $N(E)$ und nach entsprechender Integration den Auger-Strom zu ermitteln.

$$N_g'(E) = \int_{-\infty}^{+\infty} N(E')\, S'(E - E')\, \mathrm{d}E' = N(E) * S'(E) \tag{14}$$

$S'(E)$ wird experimentell durch Messung der rückgestreuten Primärelektronen und seiner Satelliten (Plasmonen-Verluste) in der differenzierten Energieverteilung bei einer Primärenergie bestimmt, die der Auger-Energie des betreffenden Übergangs gleich ist [50]. Durch geeignete Fourier-Transformationen erhält man aus Gl. (14) die wahre Energieverteilung $N(E)$ und durch Integration den Auger-Strom. Im Falle von WVV-Valenzbandübergängen kann man durch Selbstentfaltung der Energieverteilung Aussagen über die Valenzbandstruktur erhalten [51].

Durch Einsatz von Kleinrechnern entwickelt sich die automatische Steuerung und die Datenverarbeitung bei der AES in analoger Weise wie z. B. bei der Mikroanalyse.

13.4. Anwendungen

Da die AES auf sehr verschiedenen Gebieten der Oberflächenphysik und Technik angewendet wird, ist es zweckmäßig, eine kurze Übersicht voranzustellen, in der die Informationsmöglichkeiten und Untersuchungsrichtungen zusammengestellt werden, um dann Einzelergebnisse und typische Beispiele zu diskutieren.

Die AES wird im wesentlichen zur qualitativen bzw. quantitativen chemischen Oberflächenanalyse eingesetzt. Die Information über die chemische Zusammensetzung kann im Prinzip durch Aussagen zur chemischen Bindung ergänzt werden. In methodischer Hinsicht ist die schon besprochene Kombination mit Ionenätzung und die Anwendung des Rasterprinzips für viele Untersuchungen notwendig. Von den in der Literatur bekannten Anwendungsgebieten der AES soll auf die folgenden eingegangen werden: Reinheitskontrolle an Oberflächen, Adsorption und Desorption von Gasen, Wachstum dünner Schichten, Oxydations- und Korrosionsvorgänge, katalytische Aktivität, Oberflächensegregation, Volumendiffusion, Korngrenzensegregation und Halbleitertechnologie.

Bei der qualitativen Analyse werden die Elemente (außer H und He) entsprechend der Energielage der stärksten Auger-Übergänge durch Vergleich mit Standardspektren [9] oder berechneten Energien [6] identifiziert.

Da für eine absolute quantitative Analyse zur Zeit noch keine hinreichend genaue Berechnung der Auger-Intensitäten möglich ist (s. Abschnitt 13.2), benutzt man nach entsprechender Eichung empirische Näherungen [11, 12].

Bei homogener Elementverteilung ergibt eine relative Messung von Auger-Signalen an der Probe bzw. externen Standards bekannter Zusammensetzung unter konstanten Versuchsbedingungen Resultate mit einer Fehlergrenze von einigen Prozent. Matrixeffekte können durch Berücksichtigung verschiedener Austrittstiefen und Rückstreufaktoren für Probe bzw. Standard korrigiert werden [13].

Eine zweite halbquantitative Methode benutzt matrixunabhängige relative Empfindlichkeitsfaktoren [9, 11, 13, 52] zur Bestimmung der Atomkonzentration C_i eines Elements i bei Anwesenheit anderer Elemente j.

$$C_i = \frac{I_i/S_i}{\sum\limits_j (I_j/S_j)} \tag{15}$$

Dabei bedeuten I_i bzw. I_j gemessene Auger-Intensitäten und S_i die gegenüber einem Bezugselement B gemessene relative Empfindlichkeit $S_i = I_i/I_B$. Die Summe im Nenner wird über alle vorhandenen Elemente genommen. Die Empfindlichkeitsfaktoren hängen vom Analysatortyp, der Meßgeometrie und der gewählten Primärelektronenenergie ab. Bei Einhaltung gleicher experimenteller Bedingungen können in 1. Näherung die von Palmberg et al. [9] gemessenen Empfindlichkeitsfaktoren verwendet werden. Auf Grund der Vernachlässigung von Matrixeffekten wird bei diesem Verfahren im allgemeinen eine Genauigkeit von 20—50% erwartet [13, 52].

Eine qualitative Information über eine schichtartige Verteilung der Elemente senkrecht zur Oberfläche erhält man mit AES durch Änderung des Einfallswinkels der Primärelektronen [53] oder durch Auswertung von Auger-Peaks unterschiedlicher Energie des gleichen Elementes [11]. Unter Verwendung von relativen Empfindlichkeitsfaktoren wurde von Chang [52] ein allgemeines Verfahren zur halbquantitativen Schichtanalyse angegeben. Inhomogene Elementverteilungen lateral und senkrecht zur Oberfläche sind einer allgemeinen quantitativen Analyse nicht zugänglich [54].

Neben der analytischen Information können Auger-Spektren auch chemische Informationen über den Bindungszustand der Oberflächenatome enthalten [11, 55]. Man unterteilt die durch chemische Effekte bedingten Änderungen der Spektren formal in 2 Beiträge:

1. Chemische Bindungen verursachen eine Verschiebung von Elektronenniveaus. Wegen der Beteiligung von 3 Energieniveaus ist die Interpretation der mit AES gemessenen chemischen Verschiebungen (chemical shifts) schwieriger als im Fall der Einelektronenmethode ESCA (s. Kap. 14.). Auch Valenzbandübergänge vom Typ WXV oder WVV können durch chemische Bindungen sowohl in der Energielage des wahrscheinlichsten Übergangs wie auch in der Linienform geändert werden. Verschiedene chemische Bindungszustände des gleichen Elementes können charak-

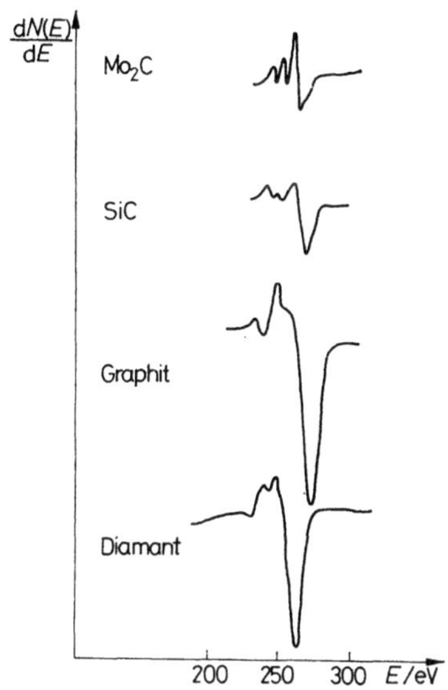

Abb. 13.6. KLL-Auger-Spektren von C in verschiedenen Verbindungen (nach [56])

teristisch voneinander abweichende Valenzspektren zeigen. Ein markantes Beispiel [56] für solche „Fingerprint"-Spektren sind die in Abbildung 13.6 für den KLL-Übergang des C in Diamant, Graphit, SiC und Mo_2C zusammengestellten Spektren. Chemische Bindungen können eine Änderung des Verlustmechanismus (z. B. der Plasmonen-Verluste) für die aus dem Festkörper austretenden Auger-Elektronen bewirken, was sich in der Änderung der Satellitenpeaks auf der niederenergetischen Seite der Auger-Peaks äußert.

2. Neben den bisher diskutierten intraatomaren Auger-Übergängen (Übergänge innerhalb eines Atoms) sind auch interatomare Übergänge (cross transitions) zwischen verschiedenen Atomen möglich [55]. Ihre Existenz wird zur Erklärung von sehr großen Energieverschiebungen in einigen Verbindungen postuliert, die theoretische Deutung ist aber noch umstritten [57].

Für viele Oberflächenuntersuchungen spielt die Reinheitsanalyse mit AES eine wichtige Rolle, wobei als typische Nachweisempfindlichkeit 1/1000 einer Monoschicht an Verunreinigungen erreicht wird. Ein Beispiel für die Reinheitskontrolle an Si-Oberflächen ist in Abbildung 13.7 dargestellt. Das CMA-Spektrum einer chemisch geätzten Si-Probe (Abb. 13.7a) zeigt nach dem Ausheizen der UHV-Anlage die für alle Materialien typischen Restgasverunreinigungen C (273 eV), N (387 eV) und O (510 eV). Neben dem Valenzübergang des Si (92 eV) tritt ein für SiO_2 charakteristischer Peak bei 76 eV auf [58]. Durch Aufheizen der Probe auf 1000 °C (Abb. 13.7b) wird C, N und O von der Oberfläche desorbiert bzw. im Volumen gelöst [59], so daß im vorliegenden Fall der Restverunreinigungsgehalt von C bzw. O auf etwa 1% einer Monoschicht herabgedrückt wird. In Abbildung 13.7c ist zum Vergleich das Spektrum einer in situ aufgewachsenen etwa 20 Å dicken SiO_2-Schicht auf Si gezeigt.

Zur Untersuchung der Adsorption bzw. Desorption von Gasen an bzw. von Festkörperoberflächen [60] und des Wachstums dünner Schichten [61] wird AES als eichbare quantitative Methode eingesetzt. Als von AES unabhängige Meßmethoden

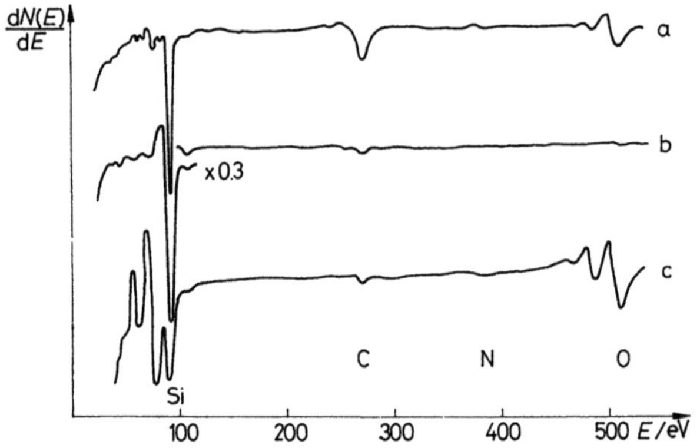

Abb. 13.7. CMA-Auger-Spektren von Si, a) nach chemischer Ätzung und Ausheizen der UHV-Anlage bei 250 °C, b) nach Aufheizen auf 1000 °C, c) nach Oxydation in 10^{-4} Pa O_2

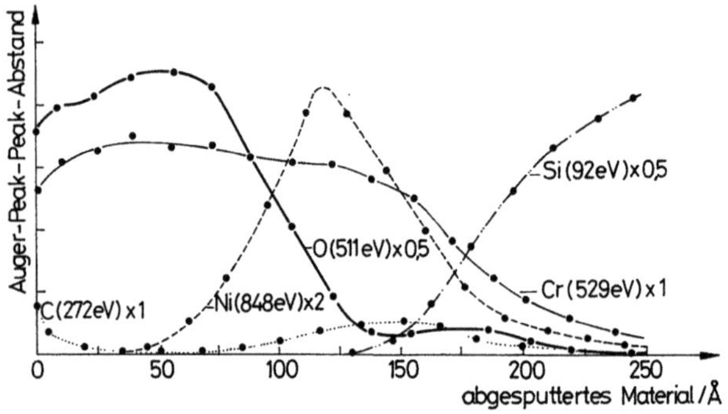

Abb. 13.8. Konzentrationstiefenprofil einer Cr-Ni-Schicht auf Si nach 30 s Temperung an Luft bei 450 °C (nach [68])

werden u. a. Ellipsometrie [62], die Schwingquarz-Methode [63] und LEED [64] angewendet. Bei Gasadsorptionsschichten ist in vielen Fällen eine elektronenstrahlinduzierte Desorption oder Dissoziation nicht vernachlässigbar, aber separierbar. Die elektronenstrahlinduzierte Ionen-Desorption wird durch den Frank-Condon-Mechanismus erklärt [65]. Kinetische Messungen der Chemisorption von Gasen an Metallen [66] ergaben Aussagen über einzelne Reaktionsschritte und auftretende Aktivierungsenergien.

Neben Grundlagenuntersuchungen zur Oberflächenchemie werden auch technische Probleme der Oxydation und Korrosion bearbeitet. Die Oxydation technischer

Stähle an Luft [67] ergab eine unterschiedliche Anreicherung von Fe bzw. Cr nahe der Oberfläche bzw. der Oxid-Legierungsgrenzfläche in Abhängigkeit von der Temperatur. Ein Beispiel für die Anwendung der simultanen AES und Ionenätzung zur Messung von Konzentrationstiefenprofilen bei Oxydationsprozessen zeigt Abbildung 13.8 [68]. Ein auf Si aufgedampfter Ni-Cr-Film wurde bei 450 °C für 30 s an Luft oxydiert. Auf der Ordinate sind die den Konzentrationen proportionalen Peak-Peak-Abstände in relativen Einheiten aufgetragen. Als Ergebnis der Oxydation reichert sich Ni in der Grenzfläche zwischen der Ni-Cr-Schicht und dem Si-Substrat an.

Der Einsatz der AES zur Untersuchung von Grundproblemen der katalytischen Aktivität wurde von Mc Carroll zusammenfassend dargestellt [69]. An technischen Katalysatoren wurden mit AES vor allem Probleme der Vergiftung durch Spurenverunreigungen bearbeitet. Der Verunreinigungsgehalt von C und S an Pt- bzw. Pt-Legierungs-Katalysatoren nach üblichen Reinigungsverfahren wurde untersucht [70], und es wurden geeignete Methoden zur Passivierung gegenüber normaler Luftkontamination entwickelt [71].

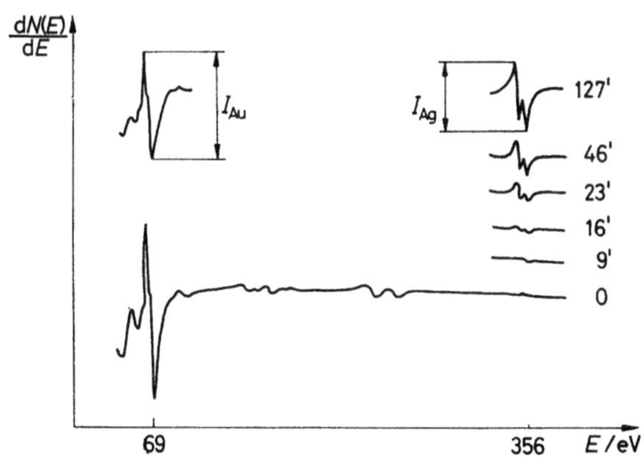

Abb. 13.9. CMA-Auger-Spektren der Herausdiffusion von Ag durch eine 66 Å dicke Au-Schicht bei 261 °C

Ein weit verbreitetes Phänomen bei der Reinigung von Oberflächen durch Aufheizen ist die Beobachtung von Oberflächensegregation von im Volumen vorhandenen Spurenverunreinigungen. Die Segregation von S wurde an einer Vielzahl von Metalloberflächen festgestellt [72]. Ein weiteres Beispiel ist die Oberflächensegregation von Cr und Sb in Stählen [72]. Durch Ionenätzung wurde gesichert, daß die Anreicherung nur auf die ersten Atomlagen an der Oberfläche beschränkt ist.

Wegen der hohen Oberflächenempfindlichkeit ist AES für Diffusionsmessungen in Schichtsystemen bei relativ niedrigen Temperaturen (einige 100 °C) besonders geeignet. Diffusionsparameter für das Eindiffundieren aufgedampfter Schichten oder das Herausdiffundieren durch aufgedampfte Schichten wurden durch Konzentrationsmessungen an der Oberfläche bzw. durch Tiefenprofilmessungen für Si in W [73], Cu in Al [74] und Ag in Au [75] gemessen. Eine Reihe typischer Auger-Spektren für die Herausdiffusion von Ag durch einen 66 Å dicken Au-Film bei 261 °C zeigt

Abbildung 13.9. Das unterste Spektrum entspricht der reinen Au-Oberfläche. Nach 16 min erscheint das Ag-Signal bei 356 eV und wächst weiter an, während das Au-Signal bei 69 eV abnimmt.

Die mit Korngrenzensegregationsprozessen verbundene Änderung mechanischer Eigenschaften wie Bruchverhalten, Versprödung und Spannungs-Rißkorrosion wurden mit AES in Kombination mit Ionenätzung und Rasterbetrieb in chemischer und morphologischer Hinsicht eingehend untersucht. Korngrenzensegregation an interkristallinen Bruchflächen in Stählen wurde für eine Reihe von Elementen wie Sb [76] und S [77] nachgewiesen und die Tiefenverteilung mit Ionenätzung bzw. die laterale Verteilung mit Raster-AES [78] bestimmt. Die Versprödung von Nicht-

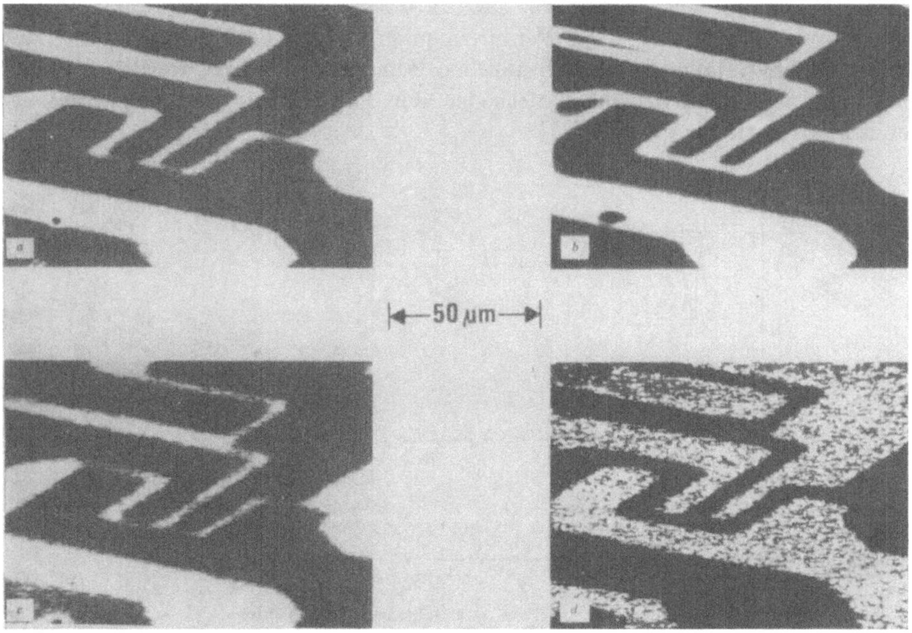

Abb. 13.10. Raster-AES-Abbildung eines Schaltkreistransistors mit a) Si-Signal, b) O-Signal, c) P-Signal und d) Au-Signal (Mac Donald [39], mit freundlicher Genehmigung von J. Wiley & Sons Inc.)

eisenmetallen durch Segregation wurde z. B. am System P in W [79] und S in Ni-Legierungen [80] untersucht. Den Einfluß verschiedener Spurenverunreinigungen auf interkristalline Korrosion bzw. Spannungs-Rißkorrosion ist ein weiteres noch wenig bearbeitetes Anwendungsgebiet für AES [81].

Die außerordentliche Bedeutung der AES für die Halbleitertechnologie wurde schon frühzeitig erkannt. Mit der Entwicklung der Tiefenprofil-Methode und der Raster-AES stehen nun Verfahren zur Verfügung, die in der Elementnachweisempfindlichkeit, der Tiefenauflösung und der lateralen Auflösung den mikroskopischen Dimensionen von Halbleiterschaltkreisen in idealer Weise entsprechen [12, 39]. Ein Beispiel für die Raster-AES-Technik zur Abbildung flächenhafter Elementverteilungen eines Transistor-Schaltkreises zeigt Abbildung 13.10 [39]. Weiße Flächenbereiche entsprechen hohen Elementkonzentrationen. In Abbildung 13.10a, b, c sind die P-dotierten SiO_2-Bereiche eines Transistors im Si-, O- bzw. P-Auger-Signal abgebildet. Abbildung 13.10d zeigt die aus Au-Mo-Schichten bestehenden Leiterbahnen im Au-Signal. Die verwendete integrale Elektronenquelle des CMA gestattete in diesem Beispiel eine laterale Auflösung von einigen μm. Neben der zweidimensionalen Elementanalyse ist durch Kombination mit Ionenätzung auch eine dreidimensionale bildmäßige Analyse der Elementverteilungen möglich [39]. Zur quantitativen Messung von Konzentrationstiefenprofilen bei der Ionenimplantation in Halbleitern wird AES vorwiegend zur Eichung des empfindlicheren SIMS-Verfahrens (Sekundär-Ionen-Massenspektrometrie) eingesetzt [82]. Beispiele für die Anwendung der AES bei der Prozeßüberwachung in der Schaltkreistechnologie sind die Verunreinigungsanalyse nach Wasch- und Diffusionsprozessen und die Fehleranalyse bei schlechtem Bondverhalten an elektrischen und mechanischen Kontakten [12].

13.5. Zusammenfassung

Die Auger-Elektronenspektroskopie (AES) wird zur im wesentlichen zerstörungsfreien qualitativen chemischen Analyse von Festkörperoberflächen mit einer typischen Nachweisempfindlichkeit von 0,1 At.-% eingesetzt. Charakterisiert wird die Methode durch eine hohe Oberflächenempfindlichkeit ($\approx$ 10 Å), hohe laterale Auflösung (0,1—100 μm), schnelle Analysegeschwindigkeit ($\leqq$ 10000 eV · s^{-1}), die Möglichkeit der quantitativen Analyse mit 5—50%iger Genauigkeit und der Raster-Auger-Abbildung. Methodische Grenzen der AES liegen in der relativ geringen absoluten Nachweisempfindlichkeit (0,1 At.-%), der nicht allgemein verfügbaren Information über chemische Bindungen und der in speziellen Fällen auftretenden elektronenstrahlinduzierten Veränderungen.

Die Messung räumlicher Elementverteilungen (Tiefenprofilanalyse) wird durch die Kombination der oberflächenempfindlichen AES, einschließlich SAM (scanning Auger microprobe), mit dem materialabtragenden Verfahren der Ionenätzung ermöglicht. Die erreichbare Tiefenauflösung liegt bei 50 Å. Hinsichtlich der absoluten Nachweisempfindlichkeit wird AES durch SIMS (Sekundär-Ionen-Massenspektroskopie) um 2—3 Größenordnungen übertroffen. In einer Kombination beider Verfahren ergänzt AES jedoch als orientierendes Eichverfahren zur quantitativen Analyse und wegen der hohen lateralen Auflösung das SIMS-Verfahren. Für die in der Oberflächenanalytik sehr wichtige Information über chemische Bindungen wird vorwiegend ESCA (electron spectroscopy for chemical analysis — Photoelektronenspektroskopie) eingesetzt. Hinsichtlich quantitativer Analyse und Nachweisempfindlichkeit sind AES und ESCA vergleichbar. Dagegen ist ESCA wegen der im allgemeinen höheren Energie der Photoelektronen weniger oberflächenempfindlich (20—50 Å), und die laterale Auflösung ist auf 1—20 mm^2 begrenzt. Für Untersuchungen zur Bandstruktur und Chemisorption ist das analoge UPS-Verfahren (Ultraviolett-Photoelektronenspektroskopie) besonders geeignet. AES-ESCA (UPS)-Spektrometer stellen daher eine wichtige Erweiterung der analytischen Möglichkeiten dar. In der Kombination mit LEED (low energy electron diffraction) und RHEED (reflected high energy electron diffraction) wird das oberflächenanalytische AES-Verfahren durch zwei ebenfalls oberflächenempfindliche Strukturverfahren ergänzt.

Allgemein zeichnet sich in der apparativen Entwicklung ein Trend in zwei Richtungen ab: 1. Für die Grundlagenforschung in der Oberflächenphysik die beschriebenen Kombinationen einander ergänzender Verfahren und 2. für Routineanalytik in der Werkstofforschung und Halbleitertechnologie der Einsatz automatisierter Raster-Auger-Anlagen in Kombination mit Tiefenprofilanalyse. — (Vgl. auch „Ergänzung“ S. 314.)

13.6. Literatur

Übersichtsliteratur

— Parilis, E. C.: Der Auger-Effekt, Acad. Sci. Uzbek. SSR, Taschkent 1969 (in Russ.).
— Taylor, N. J., in: Techniques of Metal Research (Ed. R. F. Bunshah) Vol. 7, Interscience Publ., New York 1971.
— Palmberg, P. W., in: Electron Spectroscopy (Ed.: D. A. Shirley), North Holland, Amsterdam 1972, S. 835ff.
— Sevier, K. D.: Low Energy Electron Spectrometry, Wiley-Interscience, New York 1972.
— Tracy, J. C, in: Electron Emission Spectroscopy (Eds.: W. Dekeyser et al.) Reidel Publ. Co., Dordrecht 1973, S. 295ff.
— Ertl, G., Küppers, J.: Low Energy Electrons and Surface Chemistry, Verlag Chemie, Weinheim 1974.
— Carlson, T. A.: Photoelectron and Auger Spectroscopy, Plenum Press, New York 1975.
— Chattarji, D.: The Theory of the Auger Transitions, Academic Press, London 1976.
— Haas, T. W., et al., in: Progress in Surface Science, Vol. 1 (2), Pergamon Press, Oxford 1971, S. 156ff.
— Kirschner, J., in: Electron Spectroscopy for Surface Analysis (Ed.: H. Ibach), Springer-Verlag, Berlin 1977, S. 92.

Originalliteratur

[1] Auger, P., J. Phys. Radium **6** (1925) 205.
[2] Burhop, E. H. S., The Auger Effect and Other Radiationless Transitions, Cambridge University Press, London 1952.
[3] Bergstrom, I., Nordling, C., Alpha, Beta, Gamma Ray Spectroscopy (Ed.: K. Siegbahn) Vol. 2, North Holland Publ. Co., Amsterdam 1965.
[4] Chung, F. F., Jenkins, L. H., Surface Sic. **22** (1970) 479.
[5] Bearden, J. A., Burr, A. F., Rev. Mod. Phys. **39** (1967) 125.
[6] Coghlan, W. A., Clausing, R. E., Atomic Data **5** (1973) 317.
[7] Asaad, W. N., Burhop, E. H., Proc. Phys. Soc. (London) **71** (1958) 369.
[8] Asaad, W. N., Nucl. Phys. **66** (1965) 494.
[9] Palmberg, P. W., et al.: Handbook of Auger Electron Spectroscopy, Physical Electronics Industr. Inc., Edina 1972.
[10] Bauer, E., Vacuum **22** (1973) 539.
[11] Chang, C. C., in: Characterization of Solid Surfaces (Eds.: P. F. Kane, G. R. Larrabee) Plenum Press, New York 1974, S. 509.
[12] Joshi, A., Davis, L. E., Palmberg, P. W., in: Methods of Surface Analysis (Ed.: A. W. Czanderna), Elsevier Sci. Publ. Co., Amsterdam 1975, S. 159.
[13] Palmberg, P. W., Anal. Chem. **45** (1973) 549A.
[14] Harris, L. A., Surface Sci. **15** (1969) 77.
[15] Worthington, C. R., Tomlin, S. G., Proc. Phys. Soc. **A 69** (1956) 401.
[16] Bishop, H. E., Riviere, J. C., J. Appl. Phys. **40** (1969) 1740.
[17] Glupe, G., Mehlhorn, W., Phys. Letters **25 A** (1967) 244.
[18] Vrakking, J. J., Meyer, F., Surface Sci. **47** (1975) 50.
[19] Gallon, T. E., J. Phys. **D 5** (1972) 822.
[20] Gerlach, R. L., DuCharme, A. R., Surface Sci. **32** (1972) 329.
[21] Asaad, W. N., Mehlhorn, W., Z. Phys. **217** (1968) 304.
[22] McGuire, E. J., Phys. Rev. **A 5** (1972) 1043, 1052.
[23] Ritchie, R. H., et al., Adv. in Radiation Biology **3** (1968) 1.
[24] Seah, M. P., Surface Sci. **32** (1972) 703.
[25] Brundle, C. R., J. Vac. Sci. Technol. **11** (1974) 212.
[26] McDonnell, L., Woodruff, D. P., Holland, B. W., Surface Sci. **51** (1975) 249.
[27] Aberdam, D., et al., Surface Sci. **57** (1976) 306.

[28] ALLIÉ, G., BLANC, E., DUFAYARD, D., Surface Sci. **57** (1976) 293.
[29] WEEKS, S. P., LIEBSCH, A., Surface Sci. **62** (1977) 197.
[30] HARRIS, L. A., J. Appl. Phys. **39** (1968) 1419, 1428.
[31] THARP, L. N., SCHEIBNER, E. J., J. Appl. Phys. **38** (1967) 3320.
[32] WEBER, R. E., PERIA, W. T., J. Appl. Phys. **38** (1967) 4355.
[33] PALMBERG, P. W., BOHN, G. K., TRACY, J. C., Appl. Phys. Letters **15** (1969) 254.
[34] IGNATIEV, A., RHODIN, T. N., Intern. Laboratory Jan./Feb. (1973) 18.
[35] TAYLOR, N., Varian Rep. **59** (1970).
[36] CHANG, C. C., Surface Sci. **25** (1971) 53.
[37] PALMBERG, P. W., J. Vac. Sci. Technol. **9** (1972) 160.
[38] WEHNER, G. K., in: Methods of Surface Analysis (Ed : A. W. CZANDERNA) Elsevier Sci. Publ. Co., Amsterdam 1975, S. 5.
[39] MAC DONALD, N. C., in: Electron Microscopy: Physical Aspects (Eds.: D. BEAMAN, B. SIEGEL) Wiley, New York 1974, S. 431.
[40] VENABLES, J. A., et al., Phil. Mag. **34** (1976) 495.
[41] STAIB, P., Vacuum **10** (1972) 481.
[42] HUCHITAL, D. A., RIDGES, J. D., in: Electron Spectroscopy (Ed.: D. A. SHIRLEY) North Holland Publ. Co., Amsterdam 1972, S. 79.
[43] PALMBERG, P. W., in: Electron Spectroscopy (Eds.: R. CAUDANO, J. VERBIST) Elsevier Sci. Publ. Co., Amsterdam 1974, S. 691.
[44] LE GRESSUS, C., MASSIGNON, D., SOPIZET, R., C. R. Acad. Sci. Paris **280 B** (1975) 439.
[45] WEBER, R. E., JOHNSON, A. L., J. Appl. Phys. **40** (1969) 314.
[46] FIERMANNS, L., VENNIK, J., Surface Sci. **38** (1973) 237.
[47] SICKAFUS, E. N., Rev. Sci. Instrum. **42** (1971) 933.
[48] STAIB, P., KIRSCHNER, J., Appl. Phys. **3** (1974) 421.
[49] HESSE, R., LITTMARK, U., STAIB, P., Appl. Phys. **11** (1976) 233.
[50] MULARIE, W. M., PERIA, W. T., Surface Sci. **26** (1971) 125.
[51] AMELIO, G. F., Surface Sci. **22** (1970) 301.
[52] CHANG, C. C., Surface Sci. **48** (1975) 9.
[53] ERTL, G., KÜPPERS, J., Surface Sci. **24** (1971) 104.
[54] BAUER, E., Z. Metallkunde **63** (1972) 437.
[55] SALMERON, M., BARO, A. M., Surface Sci. **49** (1975) 356.
[56] HAAS, T. W., GRANT, J. T., DOOLEY III, G. J., J. Appl. Phys. **43** (1972) 1853.
[57] MATTHEW, J. A., KOMNINOS, Y., Surface Sci. **53** (1975) 716.
[58] JOYCE, B. A., NEAVE, J. R., Surface Sci. **27** (1971) 499.
[59] CHARIG, J. M., SKINNER, D. K., Surface Sci. **15** (1969) 277.
[60] ERTL, G., KOCH, J., in: Adsorption-Desorption Phenomena (Ed.: F. RICCA) Academic Press, New York 1972, S. 345.
[61] THOMAS, S., HAAS, T. W., J. Vac. Sci. Technol. **9** (1972) 840.
[62] MEYER, F., VRAKKING, J. J., Surface Sci. **33** (1972) 271.
[63] BAUER, E., POPPA, H., Thin Solid Films **12** (1972) 167.
[64] PALMBERG, P. W., Surface Sci. **25** (1971) 598.
[65] MENZEL, D., Surface Sci. **47** (1975) 370.
[66] BONZEL, H. P., Surface Sci. **27** (1971) 387.
[67] BETZ, G., et al., J. Appl. Phys. **45** (1974) 5312.
[68] WEBER, R. E., J. Cryst. Growth **17** (1972) 342.
[69] MC CARROLL, J. J., Surface Sci. **53** (1975) 297.
[70] SOMORJAI, G. A., Catal. Rev. **7** (1972) 87.
[71] PIGNOT, T. P., SCHMIDT, L. D., JARVIS, N. L., J. Catal. **31** (1973) 145.
[72] HARRIS, L. A., J. Appl. Phys. **39** (1968) 1428.
[73] CHANG, C. C., QUINTANA, G., J. Electron Spectrosc. Relat. Phenom. **2** (1973) 363.
[74] WILDMAN, H. S., HOWARD, J. K., HO, P. S., J. Vac. Sci. Technol. **12** (1975) 75.
[75] MEINEL, K., KLAUA, M., BETHGE, H., Thin Solid Films **34** (1975) 157.
[76] MARCUS, H. L., PALMBERG, P. W., Trans. AIME **245** (1969) 1164.
[77] MARCUS, H. L., HACKETT, L. H., PALMBERG, P. W., ASTM-STP **499** (1972) 90.

[78] JOSHI, A., Scr. Met. **9** (1975) 251.
[79] JOSHI, A., STEIN, D. F., Met. Trans. **1** (1970) 2543.
[80] JOHNSON, W. C., et al., Scr. Met. **8** (1974) 971.
[81] JOSHI, A., STEIN, D. F., Corrosion **28** (1972) 321.
[82] MORABITO, J. M., LEWIS, R. K., in: Methods of Surface Analysis (Ed.: A. D. CZANDERNA), Elsevier Sci. Publ. Co., Amsterdam 1975, S. 326.

Ergänzung während der Drucklegung

In den letzten Jahren sind eine Reihe weiterer zusammenfassender Arbeiten zur AES erschienen [1, 2]. In apparativer Hinsicht gewinnt als Nachweismethode die Puls-Zählmethode (Nachweis einzelner Elektronen) bei Verwendung geringer Primärströme und Verzicht auf hohe Zeitauflösung zunehmend an Bedeutung [1]. Ihre Vorteile liegen in der möglichen gesteigerten Energieauflösung bei kleinen Zählraten und verbessertem Signal-Rausch-Verhältnis für normale Zählraten sowie der anschließenden digitalen Datenverarbeitung der gemessenen Energieverteilung. Zur automatischen Korrektur des Sekundärelektronenuntergrundes wird die Registrierung der außerhalb der optischen Achse eines CMA durchgelassenen BAUER [2] anhand der bereits realisierten Auger-Rastermikroskopie und der theoretisch Elektronen vorgeschlagen [3]. Das vor allem für die Mikroelektronik aktuelle Problem verbesserter lateraler Auflösung bei der Auger-Punktanalyse bzw. Auger-Abbildung wird von möglichen echt abbildenden Auger-Elektronenmikroskopie kritisch dargestellt.

[1] ROY, D., CARETTE, J. D., in: Electron Spectroscopy for Surface Analysis (Ed.: H. IBACH), Springer-Verlag, Berlin 1977, S. 13.
[2] BAUER, E., in: Symposiumsbericht „Physik und Chemie der Kristalloberfläche“, Nova Acta Leopoldina NF (im Druck).
[3] FRANK, L., VASINA, P., J. Phys. E: Sci. Instrum. **12** (1979) im Druck.

14. Photoelektronenspektroskopie

(U. Berg, Halle)

14.1. Grundprinzip

Als Photoelektronenspektroskopie (PES) wird im allgemeinen die Messung der Energieverteilungsspektren der mit monochromatischen Photonen angeregten Photoelektronen bezeichnet. Gemäß der benutzten Primärstrahlung unterscheidet man zwischen UV-angeregter PES (UPS) und röntgenstrahlangeregter PES (XPS oder ESCA). Während die röntgenstrahlangeregte PES (XPS — X-ray Photoelectron Spectroscopy, ESCA — Electron Spectroscopy for Chemical Analysis) im wesentlichen auf Siegbahn [1] zurückgeht, wurde die UV-angeregte PES (UPS — Ultraviolet Photoelectron Spectroscopy) von Turner [2] und Spicer [3] entwickelt.

Die Aufnahme der Photoelektronenspektren erfolgt in Photoelektronenspektrometern. Allen photoelektronenspektroskopischen Messungen an Festkörpern liegt die Gleichung

$$h\nu = E_{\text{kin}} + E_{\text{B}}^{\text{F}} + \varphi_{\text{Sp}} \tag{1}$$

zugrunde. Da in dieser Gleichung die Spektrometeraustrittsarbeit φ_{Sp} als Konstante ebenso wie die Energie der anregenden Strahlung $h\nu$ bekannt ist, kann man somit durch Messung der kinetischen Energie E_{kin} der Photoelektronen direkt die Bindungsenergie der Elektronen in der Probe E_{B}^{F} bestimmen. Die einzelnen Elektronenniveaus werden als deutliche Peaks gemessen, und zwar — wie Gleichung (1) zeigt — in Reihenfolge und Abstand, die genau den energetischen Verhältnissen in der Probe entsprechen. Da, bedingt durch den atomaren Aufbau, aber für jedes Element ganz bestimmte Core-Elektronenbindungsenergien charakteristisch sind, geben die gemessenen Photoelektronenspektren Auskunft über die Zusammensetzung der untersuchten Festkörper. Daß die qualitative und quantitative chemische Analyse aber nur ein sehr kleiner Anwendungsbereich sind, d. h., daß man aus den gemessenen Spektren vielfältigste Informationen über Aufbau und Eigenschaften der untersuchten Festkörper erhalten kann, soll in diesem Beitrag gezeigt werden.

Am Abschluß dieser einleitenden Bemerkungen muß noch erwähnt werden, daß die Anwendung der Photoelektronenspektroskopie keineswegs auf Festkörper beschränkt ist. Neben ihnen werden auch Gase und neuerdings sogar Flüssigkeiten untersucht. Auf diese Einsatzgebiete soll hier jedoch, entsprechend dem Charakter des Buches, nicht eingegangen werden.

14.2. Theoretische Grundlagen

Der direkte Phótoionisationsprozeß, d. h. die Erzeugung der sogenannten Photoelektronen infolge der Anregung eines Systems (hier soll es sich ausschließlich um Festkörper handeln) mit UV- oder Röntgenstrahlung, verläuft nach folgender einfacher Beziehung:

$$E^{\mathrm{i}} + h\nu = E^{\mathrm{f}}(k) + E_{\mathrm{kin}}. \tag{2}$$

Dabei ist $h\nu$ die Quantenenergie der anregenden Strahlung, E^{i} die Gesamtenergie des Systems im Ausgangszustand, $E^{\mathrm{f}}(k)$ die Energie des durch ein sich ursprünglich im Zustand $|k\rangle$ befindendes Elektron ionisierten Endzustandes und E_{kin} die kinetische Energie des Photoelektrons. Vernachlässigt ist dabei die Rückstoßenergie, was nach Abschätzungen bis auf die leichtesten Atome auch berechtigt ist.

Die Energiedifferenz

$$E_{\mathrm{B}}{}^{\mathrm{V}} = E^{\mathrm{f}}(k) - E^{\mathrm{i}} \tag{3}$$

bezeichnet man als Bindungsenergie (bezogen auf das Vakuumniveau) oder Ionisierungsenergie. Unter Berücksichtigung von (2) und (3) gilt

$$h\nu = E_{\mathrm{kin}} + E_{\mathrm{B}}{}^{\mathrm{V}}. \tag{4}$$

Die experimentelle Bestimmung von $E_{\mathrm{B}}{}^{\mathrm{V}}$ erfolgt durch Messung der kinetischen Energie der Photoelektronen im Photoelektronenspektrometer. Dabei ist zu beachten (siehe Abb. 14.1), daß bei Festkörpern die Austrittsarbeiten von Probe und Spektrometer φ_{Pr} und φ_{Sp} in der Regel nicht übereinstimmen, d. h. aber die kinetische

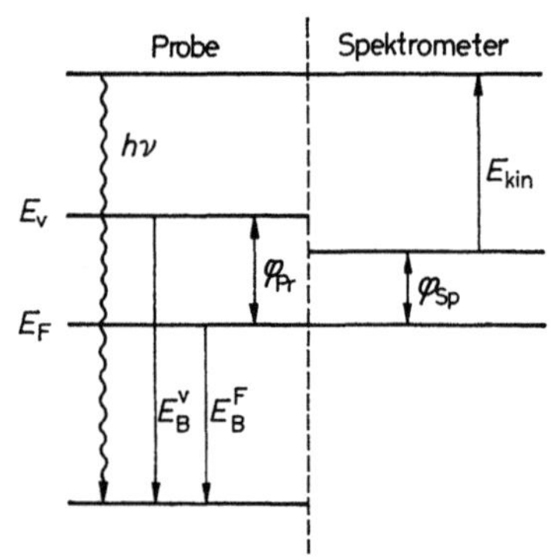

Abb. 14.1. Zusammenhang zwischen der Bindungsenergie der Elektronen in der Probe und der im Spektrometer gemessenen Energie. Die Bezeichnungen sind im Text erläutert.

Energie der die Probe verlassenden Photoelektronen nicht gleich der im Spektrometer gemessenen Energie ist. Bezeichnet E_{kin} diese im Spektrometer gemessene kinetische Energie der Elektronen, so hat man, wie Abbildung 14.1 zeigt, Gleichung (4) in folgender Weise zu erweitern:

$$h\nu = E_{\mathrm{kin}} + E_{\mathrm{B}}{}^{\mathrm{V}} - (\varphi_{\mathrm{Pr}} - \varphi_{\mathrm{Sp}}).$$

Bezieht man, bei Festkörpern allgemein üblich, die Bindungsenergie auf das Ferminiveau

$$E_{\mathrm{B}}{}^{\mathrm{F}} = E_{\mathrm{B}}{}^{\mathrm{V}} - \varphi_{\mathrm{Pr}},$$

so erhält man schließlich mit

$$h\nu = E_{\text{kin}} + E_{\text{B}}^{\text{F}} + \varphi_{\text{Sp}}$$

die bereits im Abschnitt 14.1. vorweggenommene Grundgleichung.

Im Photoelektronenspektrum wird die Intensität der emittierten Photoelektronen als Funktion ihrer Energie und in einigen Fällen auch als Funktion des Emissionswinkels gemessen. Welche Informationen man aus diesen Meßgrößen erhalten kann, soll im folgenden behandelt werden.

Wie die Gleichungen (1) und (3) gezeigt haben, hängt die *Energie der Photoelektronen* neben der Anregungsenergie sowohl von der Energie des Ausgangszustandes als auch von der Energie des ionisierten Endzustandes ab. Die Energie des Ausgangszustandes kann man wie folgt darstellen:

$$E^{\text{i}} = E^{\text{i}}_{\text{HF}} + E^{\text{i}}_{\text{Korr.}} + E^{\text{i}}_{\text{rel.}} \tag{5}$$

Dabei ist E^{i}_{HF} die beste im Einteilchenbild zu erhaltende Energie für den Ausgangszustand (Hartree-Fock-Energie), $E^{\text{i}}_{\text{Korr.}}$ die Korrelationsenergie, d. h. der Beitrag zur nichtrelativistischen Gesamtenergie, der im Einteilchenbild nicht erfaßt wird, und $E^{\text{i}}_{\text{rel.}}$ der durch relativistische Effekte bedingte Energieanteil. Ganz analog gilt für den ionisierten Zustand

$$E^{\text{f}}(k) = E^{\text{f}}_{\text{HF}} + E^{\text{f}}_{\text{Korr.}} + E^{\text{f}}_{\text{rel.}}. \tag{6}$$

Dieser ionisierte Zustand unterscheidet sich vom Ausgangszustand durch ein fehlendes Orbitalelektron, welches durch den Zustand $|k\rangle$ charakterisiert sein soll. Zur exakten Berechnung von E^{f}_{HF} kann man für die $(N-1)$ passiven Elektronen infolge der Relaxation nicht die gleiche räumliche Verteilung annehmen wie für die N Elektronen des Ausgangszustandes, die die Grundlage der Berechnung von E^{i}_{HF} bilden. Verwendet man zur Bestimmung von E^{f}_{HF} trotzdem die Einteilchenzustände, die auch zur Beschreibung von E^{i}_{HF} dienen (frozen orbital approximation), so hat man diese Werte ($\bar{E}^{\text{f}}_{\text{HF}}$) um einen Betrag E_{R}, den man als Relaxationsenergie bezeichnet, zu korrigieren:

$$E^{\text{f}}_{\text{HF}} = \bar{E}^{\text{f}}_{\text{HF}} + E_{\text{R}}. \tag{7}$$

Die Differenz zwischen der Frozen-orbital-Lochzustandsenergie $\bar{E}^{\text{f}}_{\text{HF}}$ und der Energie des Ausgangszustandes E^{i}_{HF} ist nach dem Theorem von KOOPMANS [12] gleich der negativen Orbitalenergie $-\varepsilon_{\text{k}}$:

$$\bar{E}^{\text{f}}_{\text{HF}} - E^{\text{i}}_{\text{HF}} = -\varepsilon_{\text{k}}. \tag{8}$$

Unter Berücksichtigung der Gleichungen (5) bis (8) erhält man für die Bindungsenergie (siehe Gleichung (3)) eines Orbitalelektrons den folgenden Ausdruck:

$$E_{\text{B}}^{\text{V}} = -\varepsilon_{\text{k}} + E_{\text{R}} + \Delta E_{\text{Korr.}} + \Delta E_{\text{rel.}}. \tag{9}$$

Eine Vorstellung über die Größe der einzelnen Terme in Gleichung (9) vermitteln die von MOSER [13] für Neon mitgeteilten Werte ($-\varepsilon_{1\text{s}} = 891{,}7$ eV, $E_{\text{R}} = -23{,}1$ eV, $\Delta E_{\text{Korr.}} = 0{,}6$ eV, $\Delta E_{\text{rel.}} = 0{,}8$ eV, $E_{\text{B}}^{\text{theor.}} = 870{,}2$ eV, $E_{\text{B}}^{\text{exp.}} = 870{,}1 - 870{,}2$ eV). Allgemein gilt, daß für die Ionisation innerer Schalen der Relaxationsbeitrag die Änderung der Korrelationsenergie um mehr als den Faktor 10 überwiegt, während für Valenzschalen-Ionisation die Beiträge E_{R} und $\Delta E_{\text{Korr.}}$ von gleicher Größenordnung sind.

Vergleicht man Bindungsenergien von Elektronen der gleichen Atomsorte in chemisch nicht äquivalenten Zuständen, so findet man Unterschiede bis zu einigen eV. Diese Änderung der Bindungsenergie, hervorgerufen durch den Bindungszustand, bezeichnet man als chemische Verschiebung (ΔE_B). Ausgehend von Gleichung (9) gilt dafür:

$$\Delta E_B = (E_B)_1 - (E_B)_2 = -\Delta\varepsilon_k + \Delta E_R + \Delta^2 E_{Korr.} + \Delta^2 E_{rel.}, \tag{10}$$

wenn die Indizes 1 und 2 verschiedenen Bindungszuständen entsprechen. Nimmt man an, daß neben den Korrelations- und relativistischen Einflüssen auch die Reorganisationsenergie sowohl bei der Ionisierung als auch bei der Änderung der chemischen Umgebung konstant bleiben, so kann man die chemische Verschiebung unmittelbar aus der Änderung der Orbitalenergie ε_k berechnen:

$$\Delta E_B \simeq -\Delta\varepsilon_k. \tag{11}$$

Basch [14] und Schwartz [15] konnten zeigen, daß ein quantitativer Zusammenhang zwischen den Orbitalenergien und dem Potential V besteht, welches von den Valenzelektronen her auf das innere Elektron wirkt. Damit war theoretisch abgesichert, daß man die Änderung der Orbitalenergie und damit die chemische Verschiebung durch die Änderung des Potentials beschreiben kann:

$$\Delta E_B \simeq -\Delta\varepsilon_k \simeq -\Delta V. \tag{12}$$

Alle Verfahren zur Interpretation der chemischen Verschiebung, die auf den Ansatz (12) zurückgehen, bezeichnet man als Potentialmodelle. Eine Vereinfachung des Potentialmodells ist das ursprünglich empirisch gefundene [17] Ladungsmodell:

$$\Delta E_B = kq_A + \sum_{A \neq B} q_B/r_{AB} + l_A. \tag{13}$$

q_A ist dabei die durch den Bindungszustand verursachte Ladung des betrachteten Atoms, q_B sind die Ladungen der zum System gehörenden Nachbaratome und r_{AB} ist der Abstand der Atome A und B. Die Größen k und l_A sind empirisch oder theoretisch zu bestimmende Konstanten. Dieser kurze Überblick kann die Problematik der chemischen Verschiebung nur andeuten. Eine ausführliche Diskussion der chemischen Verschiebung und ihres Zusammenhanges mit anderen Meßgrößen erfolgte in einem Übersichtsartikel von Gelius [34].

Bisher wurden nur solche Elektronenübergänge behandelt, die nach der „Frozen-orbital-Näherung" erlaubt sind. In Verbindung mit dem Photoemissionsprozeß können jedoch auch Übergänge stattfinden, bei denen angeregte Zustände des ionisierten Atoms geschaffen werden. Man kann solche Übergänge als Ionisierung eines Elektrons aus einem Orbital unter gleichzeitiger Anregung eines zweiten Elektrons in ein im Grundzustand des Systems unbesetztes Orbital verstehen. Dieser Vorgang wird als Shake-up-Prozeß bezeichnet. Führt die Anregung bis zu einem Kontinuumszustand, wodurch ein zweites Elektron frei wird, spricht man vom Shake-off-Prozeß.

Nicht alle Linienverschiebungen, die im Photoelektronenspektrum gemessen werden, sind mit den bisher behandelten Effekten zu erklären. Durch die sogenannte Multiplett-Aufspaltung werden Änderungen der Peaklagen hervorgerufen, die den chemischen Verschiebungen im Spektrum zwar ähnlich sind, deren physikalischer Ursprung aber ein völlig anderer ist. Es gibt Festkörper, deren Ausgangszustand durch nicht voll besetzte Orbitale und damit ungepaarte Spins charakterisiert ist. Durch die Emission von Core-Elektronen aus einer ursprünglich voll besetzten Schale (Gesamtspin $S = 0$) werden zusätzlich ungepaarte Elektronen erzeugt, die mit den schon vorhandenen ungepaarten Elektronen der im Ausgangszustand nicht voll besetzten Schale auf verschiedene Art in Wechselwirkung treten. Abbildung 14.2 zeigt als Beispiel die Emission eines 3s-Elektrons aus einem Mn^{2+}-Ion. Da die den Endzustand beeinflussende Austauschwechselwirkung nur zwischen Elektronen mit parallelem Spin stattfindet, sind die beiden Endzustandsenergien E^f und damit

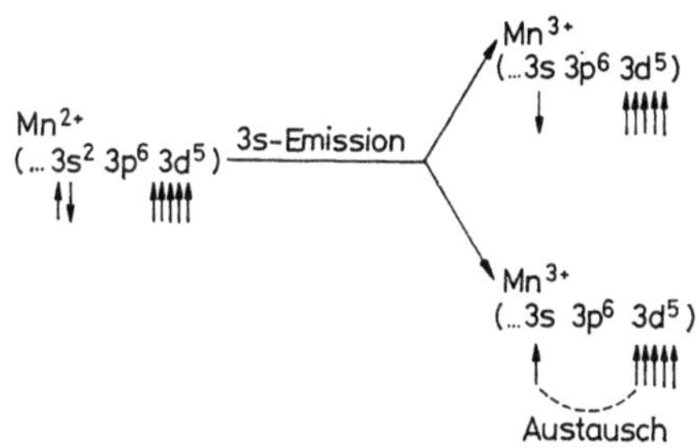

Abb. 14.2. Die durch 3s-Photoemission aus einem Mn^{2+}-Ion möglichen Endzustandsmultipletts

nach Gleichung (2) auch die abgebildeten Bindungsenergien E_B verschieden. Die Größe dieser Energieaufspaltung $\Delta E_B = \Delta E^f$ ist proportional dem 3s-3d-Austauschintegral. Ähnlich liegen die Verhältnisse auch für die Emission von p-Elektronen, allerdings wird die Interpretation dann schwieriger [19].

Im folgenden sollen die Beiträge zur *Intensität der Photoelektronenspektren* näher untersucht werden. Neben Faktoren, die rein experimentellen Charakter tragen (Intensität der anregenden Strahlung, Probenvolumen, Durchlässigkeit des Analysators, Empfindlichkeit des Detektors usw.) und die im wesentlichen im Abschnitt 14.3. behandelt werden, hängt die Intensität eines Photoelektronenpeaks vom photoelektrischen Wirkungsquerschnitt und der Dichte der besetzten Zustände ab. Bei UV-Anregung ist eine zusätzliche Abhängigkeit von der Dichte der (unbesetzten) Leitungsbandzustände gegeben. Das trifft vor allem auf Untersuchungen der Valenzbandstruktur zu. Zusätzliche Faktoren, die die Intensität der Core-Niveau-Linien beeinflussen, werden im Abschnitt 14.4. im Zusammenhang mit der quantitativen chemischen Analyse kurz dargestellt.

Der photoelektrische Wirkungsquerschnitt σ, der ein Maß für die Stärke des Photoionisationsprozesses ist, ist dem Quadrat des Dipolmatrixelementes zwischen der Wellenfunktion des Ausgangszustandes $\Psi(\boldsymbol{k})$ (Energie E) und der des ionisierten Endzustandes $\Psi(\boldsymbol{k}')$ (Energie E') proportional:

$$\sigma_k \propto |\langle \Psi(\boldsymbol{k})| \, \boldsymbol{r} \, |\Psi(\boldsymbol{k}')\rangle|^2. \tag{14}$$

Ausgehend von dem Ausdruck (14) kann der Wirkungsquerschnitt berechnet werden, in der Regel allerdings nur unter vereinfachenden Annahmen. Die Ergebnisse dieser Berechnungen lassen sich in einer Reihe von allgemein gültigen Aussagen zusammenfassen: 1. Der maximale photoelektrische Wirkungsquerschnitt liegt energetisch meist dicht über der Anregungsschwelle des betrachteten Orbitals. 2. Bei hohen Anregungsenergien sind die Wirkungsquerschnitte der Core-Niveaus wesentlich größer als die der Valenzbandniveaus. 3. Für eine bestimmte Anregungsenergie können sich die Wirkungsquerschnitte verschiedener atomarer Valenzorbitale stark unterscheiden. 4. Die Verhältnisse der Wirkungsquerschnitte entsprechender Valenzorbitale ändern sich mit der Anregungsenergie. Beim Übergang von UV- zu Röntgenanregung kehren sie sich in der Regel sogar um.

Wie bereits erwähnt wurde, ist der Wirkungsquerschnitt nur einer der Faktoren, die die Intensität der Valenzelektronenspektren bestimmen. Vollständig beschrieben wird diese durch den folgenden Ausdruck [19]:

$$I(E, h\nu) \propto \sum_{\text{alle Bänder}} \int \sigma_{\mathrm{k}} T(E', \boldsymbol{k}')\, \delta(E' - E - h\nu)\, \delta(\boldsymbol{k}' - \boldsymbol{k})\, \mathrm{d}^3 k. \qquad (15)$$

Darin bezeichnet $T(E', \boldsymbol{k}')$ eine Austrittsfunktion, d. h. die Wahrscheinlichkeit, daß ein angeregtes Elektron die Probenoberfläche erreicht und austritt. Jeder Übergang hat von einem besetzten $(E, \boldsymbol{k})$- zu einem unbesetzten $(E', \boldsymbol{k}')$-Zustand zu erfolgen. Nach (15) hängt also die Intensitätsverteilung über die beiden δ-Funktionen, die für die Energie- bzw. $\boldsymbol{k}$-Erhaltung stehen, außer von der Valenzbandzustandsdichte stark von den Zuständen im Leitungsband ab. Erst wenn die Anregungsenergie $h\nu$ so groß ist, daß die Endzustände genügend dicht liegen und dadurch die $\boldsymbol{k}$-Erhaltung immer gegeben ist, d. h. also bei Röntgenanregung, kann man annehmen, daß die Intensitätsverteilung eine mit entsprechenden Wirkungsquerschnitten gewichtete reine Valenzbandzustandsdichte wiedergibt. Für Anregung mit UV-Strahlung wird das Spektrum zusätzlich von der Struktur des Leitungsbandes beeinflußt, man mißt hier in der Regel eine kombinierte Zustandsdichte, deren Form von der Energie der anregenden Strahlung abhängt.

Bisher wurden die Energieverteilungsspektren als skalare Spektren betrachtet. Da besonders in der letzten Zeit die *Winkelabhängigkeit der Photoelektronenspektren* immer mehr an Bedeutung gewinnt, sollen auch hierzu noch die wesentlichsten Grundlagen mitgeteilt werden. Die einfachste Möglichkeit, winkelabhängige Photoelektronenspektren aufzunehmen, ist, daß man durch Drehung der Probe um eine Achse senkrecht zu der von Elektronen- und Photonenbahnen bestimmten Ebene den Winkel α zwischen der Probenoberflächennormale und der durch den Analysator fixierten Elektronenaustrittsrichtung ändert. Ist λ die maximale Tiefe ($\alpha = 0°$), aus der Elektronen ohne Energieverlust aus der Probe austreten können (siehe dazu auch Abschnitt 14.3), nimmt die im Experiment zu erfassende Schichtdicke mit zunehmendem Winkel α auf $\lambda \cdot \cos \alpha$ ab. Damit hat man die Möglichkeit, gezielte Oberflächenuntersuchungen durchzuführen [20]. Bei dieser Untersuchung von Oberflächeneigenschaften bezieht man sich auf Core-Niveau-Spektren. In jüngster Zeit sind aber auch vom Winkel α abhängige Röntgenphotoelektronenspektren von Valenzbändern aufgenommen und diskutiert worden [21, 37].

Vollständig winkelaufgelöste Energieverteilungsspektren erhält man, wenn zusätzlich zum Polarwinkel α auch der Azimutalwinkel Φ variiert wird (Abb. 14.3). Diese Messungen wurden bisher hauptsächlich mit UV-Anregung durchgeführt [22]. Nimmt man an, daß die Komponente des gemessenen Elektronenimpulses $\boldsymbol{p}$ parallel zur Oberfläche bis auf einen reziproken Gittervektor der Komponente $k_{||}$ des Wellenvektors $\boldsymbol{k}$ des Elektronenausgangszustandes entspricht, so lassen sich die besetzten Energiebänder des Kristalls durch

$$\begin{matrix} k_x \\ k_y \end{matrix} = (2mE/\hbar^2)^{1/2} \begin{cases} \sin \alpha \cos \Phi \\ \sin \alpha \sin \Phi \end{cases} \qquad (17)$$

beschreiben. Über die $\boldsymbol{k}$-Komponente senkrecht zur Oberfläche ist eine analoge Aussage nicht möglich. Wie oben schon erwähnt, ist der in den Gleichungen (17) gegebene Zusammenhang nur bei UV-Anregung nachzuweisen. Wegen des großen Übertragungsimpulses bei Röntgenanregung liegen die Schwankungen des Photoelektronenimpulses $\boldsymbol{p}$ in der Dimension der Brillouin-Zone, so daß immer nur ein Mittelwert über diese gemessen wird.

Zum Abschluß der Behandlung der Grundlagen der Photoelektronenspektroskopie soll zumindest noch darauf hingewiesen werden, daß man im Photoelektronenspektrum neben den Peaks, die den gemäß Gleichung (4) ohne Energieverlust aus der Probe austretenden Elektronen entsprechen, Strukturen im Spektrum beobachtet, die durch charakteristische Energieverluste der „heißen“ Elektronen in der Probe

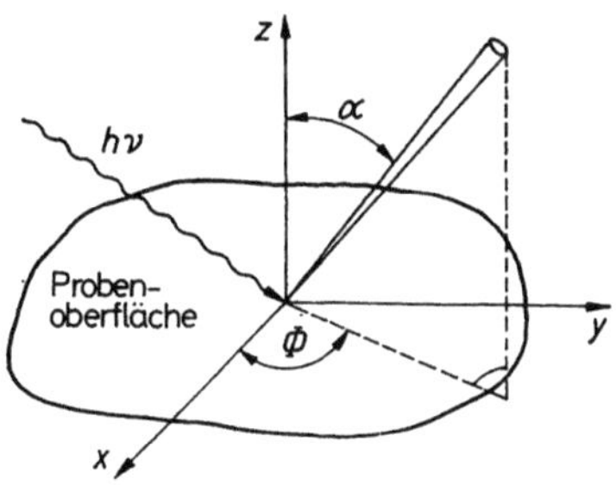

Abb. 14.3. Schematische Anordnung zur Messung der winkelaufgelösten Photoemissionsspektren

hervorgerufen werden. Da diese zusätzlichen Peaks einem Verlust an kinetischer Energie der Photoelektronen entsprechen, werden sie also von der eigentlichen Photoelektronenlinie nach der Seite höherer Bindungsenergie verschoben sein. Neben den schon genannten Shake-up- und Shake-off-Linien, die genau genommen auch zu den Verlusterscheinungen zu rechnen sind, werden Energieverluste vor allem durch unelastische Streuung der Photoelektronen und durch Anregung von Volumen- und Oberflächenplasmonen hervorgerufen. Auf die genauere Diskussion der beiden letztgenannten Effekte soll an dieser Stelle jedoch verzichtet werden. Weiter kompliziert wird die Interpretation des Spektrums auch noch durch das Auftreten von Auger-Peaks. Auger-Emission tritt als Nachfolgeprozeß der Photoemission auf, wenn das durch die Photoionisation entstandene Loch durch einen strahlungslosen Übergang unter Abgabe eines Auger-Elektrons aufgefüllt wird. Die Möglichkeiten, die eine Spektroskopie der hier nur als Nebenprodukt auftretenden Auger-Elektronen liefert, sind in Kapitel 13. ausführlich dargestellt.

14.3. Experimentelle Technik

Die Arbeitsweise eines Photoelektronenspektrometers kann folgendermaßen zusammengefaßt werden: Durch einen anregenden Photonenstrahl werden aus der zu untersuchenden Probe Photoelektronen ausgelöst. Die emittierten Elektronen werden in einem Elektronenspektrometer hinsichtlich ihrer kinetischen Energie analysiert. Über einen Elektronendetektor mit angeschlossener Registriereinrichtung werden die spektroskopierten Elektronen, d. h. die Intensität als Funktion der kinetischen Energie, gemessen und die Meßwerte bereitgestellt.

An ein modernes Photoelektronenspektrometer ergeben sich zwei wesentliche Anforderungen: 1. Hohe energetische Auflösung und 2. hohe Empfindlichkeit. Beide Parameter werden vorrangig von der Art der anregenden Strahlung und vom Spektrometer (Energieanalysator) bestimmt.

Ein Maß für die Auflösung ist die Linienbreite der gemessenen Photoelektronenpeaks. Die verschiedenen Größen, die einen Beitrag zur Linienbreite ΔE liefern, sind im folgenden Ausdruck zusammengefaßt:

$$(\Delta E)^2 = (\Delta E_{\mathrm{x}})^2 + (\Delta E_{\mathrm{Sp}})^2 + (\Delta E_{\mathrm{C}})^2 + (\Delta E_{\mathrm{Pr}})^2. \qquad (18)$$

Darin bedeuten ΔE_{x} — Halbwertsbreite der anregenden Strahlung, ΔE_{Sp} — Beitrag vom Spektrometer, ΔE_{C} — natürliche Breite der untersuchten Niveaus, ΔE_{Pr} — Beitrag von der Probe.

Ein Maß für die Empfindlichkeit des Spektrometers ist die Anzahl an Elektronen, die während einer bestimmten Zeit registriert wird. Neben den in Abschnitt 14.2 behandelten Einflüssen, d. h. jenen, über die das Experiment Auskunft geben soll, hängt die Elektronenanzahl vom Produkt aus den folgenden apparativ bedingten Faktoren ab: 1. Intensität der anregenden Strahlung am Ort der Probe, 2. Größe des Raumwinkels der vom Spektrometer erfaßten Elektronen, 3. wirksame Fläche des Spektrometer-Eingangsspaltes, 4. Zahl der Detektoren, die simultan benutzt werden.

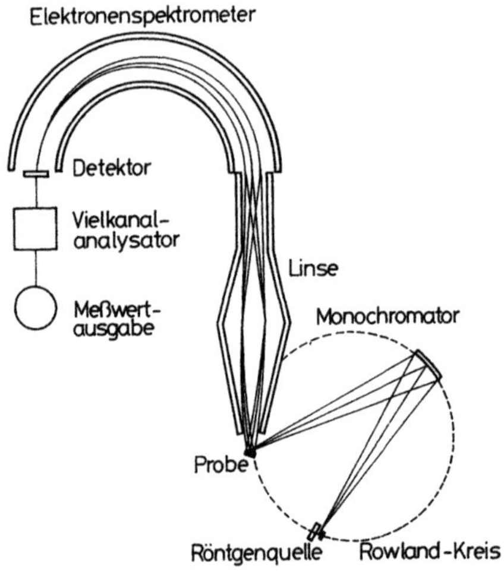

Abb. 14.4. Schemazeichnung eines kommerziellen Röntgenphotoelektronenspektrometers (HP 5950 A)

Entsprechend der Arbeitsweise kann man ein Photoelektronenspektrometer in 4 Hauptbestandteile

Strahlenquelle → Probe → Spektrometer → Detektor

gliedern, die den grundsätzlichen Aufbau aller Geräte bestimmen. Eine mögliche Anordnung dieser Hauptbestandteile zeigt die Abbildung 14.4. Im folgenden sollen die Einzelbestandteile genauer beschrieben werden.

Strahlenquelle. Allgemein hängt die Wahl der Strahlungsenergie von der Bindungsenergie der Elektronen ab, die untersucht werden sollen. Während mit UV-Strahlung nur die Valenzelektronen untersucht werden können, gestattet die Anregung mit

Röntgenstrahlen sowohl die Untersuchung der Core- als auch der Valenzelektronen. Ein zweiter wichtiger Gesichtspunkt bei der Wahl der Anregungsquelle ist das erreichbare Auflösungsvermögen, welches nach Gleichung (18) wesentlich durch die Halbwertsbreite der anregenden Strahlung bestimmt wird.

In der XPS sind die charakteristischen K_α-Linien von Al und Mg auf Grund ihrer relativ geringen Halbwertsbreite (siehe Tabelle 14.1) allgemein übliche Strahlenquellen. Für höhere Ordnungszahlen des Anodenmaterials ($Z > 13$) nimmt die natürliche Breite der K-Schale zu, was sich ungünstig auf die Halbwertsbreite der Röntgen-

Tabelle 14.1. In der Photoelektronenspektroskopie benutzte Röntgenquellen

Linie	Energie in eV	Natürliche Linienbreite in eV
Cu-K_{α_1}	8048	2,5
Ti-K_{α_1}	4511	2,0
Al-$K_{\alpha_{1,2}}$	1487	0,8
Mg-$K_{\alpha_{1,2}}$	1254	0,7
Zr-M_ζ	151,4	0,77
Y-M_ζ	132,3	0,45

linie und damit auch auf die Auflösung auswirkt. Für einige Spezialfälle, z. B. die Untersuchung der innersten Schalen schwerer Elemente, werden jedoch auch härtere Röntgenstrahlen mit größerer natürlicher Linienbreite eingesetzt. Zusätzlich zur charakteristischen K-Strahlung ist auch das Arbeiten mit L- und M-Strahlung möglich, wegen des Linienreichtums der Spektren aber relativ selten. Fellner-Feldegg u. Mitarbeiter [4] haben verschiedene Photonenquellen als Funktion ihrer Linienbreiten und Intensitäten diskutiert. In der Regel werden die charakteristischen AlK_α- und MgK_α-Linien ohne Monochromator benutzt. Es ist jedoch möglich, durch Einsatz eines Quarz-Kristall-Monochromators die Linienbreite der $AlK_{\alpha_{1,2}}$-Linie von 0,8 eV auf 0,2 eV zu reduzieren [4]. Gleichzeitig werden durch die Monochromatisierung der Bremsstrahlungsuntergrund und die $K_{\alpha_{3,4}}$-Satelliten unterdrückt. Allerdings geht der Gewinn an Auflösung auf Kosten der Empfindlichkeit.

Tabelle 14.2. In der Photoelektronenspektroskopie benutzte UV-Quellen

Quelle	Energie in eV
HeII	40,8
HeI	21,22
NeI	16,85
	16,67

Von den Linienbreiten der genannten Röntgenquellen unterscheiden sich die der UV-Anregungsquellen um Größenordnungen. Für alle gebräuchlichen UV-Lampen liegen die Linienbreiten im meV-Bereich. Tabelle 14.2 gibt eine Zusammenstellung der in der PES üblichen UV-Quellen. Die am häufigsten benutzten He-Resonanzlinien werden vorwiegend in Gasentladungslampen erzeugt. Der Entladungsdruck beträgt etwa 10^2 Pa. Da in der Meßkammer jedoch UHV-Bedingungen erforderlich sind, setzt der Einsatz von UV-Anregungsquellen ein kompliziertes differentielles Pumpsystem voraus. Prinzipiell werden in einer He-Resonanzlampe immer gleichzeitig HeI- und HeII-Strahlung erzeugt, wenn auch mit sehr unterschiedlichen Intensitäten ($I_{\mathrm{HeI}} \gg I_{\mathrm{HeII}}$). Man versucht jedoch die vorwiegende Erzeugung von HeI- oder HeII-Strahlung durch Variation des Katodenvolumens und des Entladungsdruckes zu steuern [5]. Eine genauere Diskussion von Vakuum-UV-Quellen erfolgte von SAMSON [6].

Neben UV- und Röntgenquellen wird in letzter Zeit auch Synchrotronstrahlung [7] zur Anregung der Spektren benutzt. Sie hat den Vorteil einer mit Hilfe eines Monochromators kontinuierlich durchstimmbaren Photonenquelle von 10 eV—10 keV. Ein Nachteil der monochromatisierten Synchrotronstrahlung ist die im Vergleich zur Röntgenstrahlung um einen Faktor 5—10 niedrigere Intensität. Die Tatsache, daß die Synchrotronstrahlung nahezu linearpolarisiert ist, läßt sich als zusätzliche Informationsquelle nutzen. Da der Einsatz der Synchrotronstrahlung jedoch an den Standort eines Speicherringes oder Elektronensynchrotrons gebunden ist, scheinen die oben diskutierten, herkömmlichen Anregungsmöglichkeiten auch in Zukunft die größere Bedeutung zu haben.

Probe. Um die kinetische Energie der aus der Probe emittierten Photoelektronen zu messen, müssen die Elektronen ohne Energieverlust ins Spektrometer gelangen. Daraus ergibt sich die Forderung, bei möglichst niedrigem Druck zu arbeiten, da die mittlere freie Weglänge der Elektronen dem Druck umgekehrt proportional ist.

Die Notwendigkeit des Arbeitens bei bestmöglichem Vakuum (also im UHV) ist aber zumindest bei der hier ausschließlich betrachteten Untersuchung von Festkörpern noch aus einem anderen Grund gegeben. In der Regel will man die Photoelektronen untersuchen, die die Probe ohne Energieverlust infolge unelastischer Streuung verlassen. Die durch diese Forderung bestimmte mittlere freie Weglänge oder Austrittstiefe der Elektronen ist viel kleiner als die Eindringtiefe der Röntgenstrahlung, die also in diesem Zusammenhang bedeutungslos ist. Elektronenaustrittstiefen bzw. mittlere freie Weglängen wurden sowohl berechnet als auch experimentell bestimmt (siehe Abb. 13.3). Sie hängen im wesentlichen von der kinetischen Energie der Elektronen ab. Die Abbildung macht deutlich, daß sowohl mit UV- als auch mit Röntgenanregung hauptsächlich oberflächennahe Bereiche untersucht werden. Deren Kontamination kann aber nur im UHV (10^{-6} bis 10^{-12} Torr) vermieden werden. Um Restkontaminationen zu beseitigen, müssen die meisten Proben in situ gereinigt werden. Möglichkeiten dafür sind der Beschuß mit Argon-Ionen (Sputtern), das Aufheizen der Probe oder mechanisches Abtragen dünner Oberflächenschichten.

Ein weiteres Problem ergibt sich, wenn man Substanzen mit geringer elektrischer Leitfähigkeit untersucht. Die Grundgleichung der Photoemission geht davon aus, daß sich Probe und Spektrometer im elektrischen Kontakt, d. h. auf gleichem Potential, befinden. Bei schlechten Leitern und Isolatoren kommt es durch die Photoemission zu einer Aufladung der Probe gegenüber dem Spektrometer. Folge von Probenaufladungen sind Verbreiterung des Photoelektronenpeaks und Linienverschiebungen. Durch Aufdampfen von Metallfilmen oder Messung mit innerem Standard [8] versucht man, diese Effekte auszuschalten.

Spektrometer. Die Diskriminierung der Photoelektronen nach ihrer kinetischen Energie erfolgt in Analysatoren, den eigentlichen Elektronenspektrometern. Die verwendbaren Typen sind in [10] zusammengestellt. In der PES benutzt man heute fast ausschließlich dispersive elektrostatische Analysatoren. Mit einem solchen Analysator werden Auflösungen von $\Delta E/E \approx 10^{-4}$ erreicht. Für Elektronen der kinetischen Energie $E = 1$ keV bedeutet das in Gleichung (18) einen Beitrag $(\Delta E)_{\text{Sp}} = 0{,}1$ eV zur Gesamtauflösung des Photoelektronenspektrometers. Da speziell für die Röntgenanregung dieser Wert deutlich unter der Linienbreite der anregenden Strahlenquelle $(\Delta E)_{\text{X}}$ liegt (siehe Tabelle 14.2), wird das Auflösungsvermögen eines Photoelektronenspektrometers nicht vom Analysator, sondern von der Anregungsquelle bestimmt. Bei einigen Spektrometern werden die Elektronen vor dem Eintritt in den eigentlichen Analysator elektrostatisch verzögert (Retardierung) [11], wodurch die Auflösung zusätzlich verbessert werden kann. Auch die Lichtstärke (Luminosität) des Analysators, neben dem Auflösungsvermögen die zweite wesentliche Kenngröße, wird durch die Retardierung der Elektronen erhöht [4]. Bezeichnet man mit T die Durchlässigkeit des Analysators, d. h. den Anteil an monoenergetischen Elektronen, die den Detektor erreichen, und mit S die Fläche der Strahlungsquelle, dann bestimmt das Produkt $L = T \cdot S$ die Lichtstärke des Analysators. Durch die zum Erreichen des Auflösungsvermögens notwendigen Spalte wird die Lichtstärke in den meisten Fällen reduziert. Da Auflösungsvermögen und Lichtstärke sich also gegenseitig beeinflussen, ist es allgemein üblich, das Verhältnis von Lichtstärke zu Auflösungsvermögen als Maß für die elektronenoptische Qualität des Spektrometers anzugeben.

Detektor. Zum Nachweis der Elektronen benutzt man beim Ablenkanalysator die sogenannten Channel-Multiplier. Es sind Bleiglasröhrchen, deren Innenwand mit einem sehr hochohmigen Material bedeckt ist. Bei Beschleunigungsspannungen von einigen kV erreicht man mit ihnen Verstärkungen von 10^7–10^8. Da diese Multiplier wesentlich kleiner hergestellt werden können als die herkömmlichen Typen mit Dynoden, ist es auch möglich, eine Vielzahl von ihnen in zweidimensionalen lageempfindlichen „Multi-Channel-Plates" zusammenzufassen.

Die an den Detektor angeschlossene Nachweiselektronik besteht aus Vorverstärker, Impulsdichtemesser und Schreiber oder Impulszähler und Vielkanalanalysator mit Datenspeicherung. Die Datenspeicherung besitzt den Vorteil, daß die Meßwerte direkt weiter verarbeitet werden können (Kurvenfittung, Untergrundkorrektur usw.).

14.4. Anwendungen

Die Gebiete, auf denen die PES heute zur Anwendung kommt, reichen von der analytischen Chemie bis zur Festkörperphysik. Da es nicht möglich ist, auf wenigen Seiten einen Überblick über alle Einsatzgebiete zu geben, sollen entsprechend dem Charakter des vorliegenden Buches einige Anwendungsmöglichkeiten der PES zur Analyse des Festkörpers vorgestellt werden.

Aus der Intensitätsmessung der energieanalysierten Elektronen erhält man nach Gleichung (4) eine eindeutige Zuordnung zwischen der kinetischen Energie der

Photoelektronen und der Bindungsenergie der Elektronen im Festkörper. Da die Bindungsenergien der Core-Elektronen für jedes Element charakteristisch sind, ist also auf Grund des relativ hohen energetischen Auflösungsvermögens der Methode eine qualitative Analyse der Zusammensetzung der Festkörper möglich. Nutzt man als Informationsquelle nicht nur die Linienlage, sondern auch die Intensität der Photoelektronenpeaks, so kann man zusätzlich die quantitative Zusammensetzung der Probe bestimmen. Besonders vorteilhaft ist dabei, daß Elementanalysen (qualitativ und quantitativ) auch für leichte Elemente ($Z > 2$) möglich sind und daß nur geringe Substanzmengen benötigt werden. Aus der chemischen Verschiebung der Core-Niveaulinien erhält man für jedes Element der untersuchten Probe Aussagen über den Oxydationszustand oder den Ionizitätsgrad. Zählt man zum Strukturbegriff auch die Klärung der Bindung zwischen den Atomen, so kann man die PES als wesentliches Hilfsmittel der Strukturanalyse ansehen. Besonders bei der Untersuchung von Übergangsmetallen, Seltenen Erden sowie Verbindungen dieser Elemente liefern die Multiplettaufspaltungen Informationen über die Valenzelektronenkonfiguration. Auch Rückschlüsse auf die magnetischen Eigenschaften der Festkörper scheinen aus den Multiplettaufspaltungen möglich. Die geringe Austrittstiefe der in Festkörpern erzeugten Photoelektronen bewirkt, daß im wesentlichen eine dünne Schicht an der Probenoberfläche gemessen wird. Diese zu erfassende Schichtdicke kann durch Variation des Elektronenaustrittswinkels innerhalb bestimmter Grenzen noch beeinflußt werden. Dadurch hat sich der Anwendungsbereich auf die technisch interessanten Gebiete der Katalyse, der Diffusion und der Korrosion ausgedehnt. Speziell die Anregung mit UV-Strahlung gestattet auch die Untersuchung der elektronischen Struktur der Oberfläche.

Die bisher genannten Anwendungsgebiete beruhen fast ausschließlich auf einer Messung der Core-Niveaulinien. Eine sehr interessante Anwendung der PES auf dem Gebiet der Festkörperphysik ist aber auch die Bestimmung der Zustandsdichten der Valenzelektronen. Im Bereich niedriger Anregungsenergien hängt die Form der Valenzbandspektren sehr stark von der Photonenenergie ab. Für höhere Anregungsenergien, bei denen diese Abhängigkeit nicht mehr vorhanden ist, kann man annehmen, daß die gemessenen Spektren den mit atomaren Wirkungsquerschnitten gewichteten Valenzbandzustandsdichten entsprechen. Die unterschiedlichen Wirkungsquerschnitte, die bei der Bestimmung der Zustandsdichten zwar ein Hindernis sind, können aber auch benutzt werden, um den atomaren Ursprung der Festkörperzustände zu untersuchen [43]. Handelt es sich bei der zu untersuchenden Probe um einen Festkörper mit Schichtstruktur, so ist es möglich, aus der Abhängigkeit der Energieverteilungsspektren von der Richtung der emittierten Photoelektronen die Energiebänder dieser zweidimensionalen Proben vollständig zu bestimmen.

Die bisher lediglich aufgezählten Möglichkeiten, die die PES zur Analyse der Festkörper bietet, sollen im folgenden an Hand einiger Beispiele noch näher erläutert werden.

Vor der Diskussion des Einsatzes einer neuen Methode auf analytischem Gebiet sollte die Frage nach der Empfindlichkeit stehen. Bei der PES sind dabei drei verschiedene Aspekte zu beachten: Die Empfindlichkeit hinsichtlich der Bulk-Zusammensetzung, die Empfindlichkeit in bezug auf die Oberflächenbedeckung und die relative Empfindlichkeit für verschiedene Elemente. Die Empfindlichkeit für die einzelnen Elemente nimmt zwar mit steigender Ordnungszahl zu, jedoch beträgt der Unterschied nicht mehr als eine Größenordnung. Die Bulk-Empfindlichkeit der PES ist mit etwa 0,1–1 Vol.-% [1] nicht sehr hoch. Dieser Mangel an Volumenempfindlichkeit ist darauf zurückzuführen, daß die PES hauptsächlich oberflächennahe Bereiche abbildet. Im Bereich der Oberfläche ist die Methode sehr empfindlich. Es wurden Signale von weniger als 0,2% einer Monolage von schweren Metallen [24] gemessen, was einer absoluten Empfindlichkeit im pg-Bereich entspricht.

Seit den ersten Arbeiten von Siegbahn [1] auf dem Gebiet der PES nimmt man an, daß die Anzahl der emittierten Photoelektronen der Anzahl der emittierenden Atome in der Probe proportional ist. Bezeichnet σ den photoelektrischen Wirkungsquerschnitt für ein bestimmtes Elektronenniveau eines bestimmten Elementes, n die Konzentration des Elementes in Atomen pro Einheitsvolumen, λ die von der kinetischen Energie der Photoelektronen abhängige mittlere freie Weglänge in der Probe und k eine von experimentellen Faktoren abhängige Konstante, dann ist die Intensität der auf Grund der Photoemission eines Elektrons aus einem bestimmten Elektronenniveau gemessenen Linie

$$I = k \cdot \sigma \cdot n \cdot \lambda. \qquad (19)$$

Ausgehend von dieser Gleichung haben Carter und Mitarbeiter [25] ein einfaches Modell für eine quantitative Analyse beschrieben, bei dem sie von der Annahme eines linearen Zusammenhanges zwischen der in Konzentrationsquotienten ausgedrückten Probenzusammensetzung und den experimentell bestimmten Zählratenquotienten ausgehen. Der relative Fehler des Ergebnisses der Analyse beträgt bei dieser Methode mindestens 10%, kann bei kleinen Konzentrationen aber bis auf 50% [26] ansteigen. In einer neueren Arbeit wird von Ebel und Kaiser [26] versucht, die quantitative Analyse mittels XPS ausgehend von theoretischen Ansätzen auf eine von Annahmen und Näherungen weitgehend befreite Basis zu stellen. Bei ihrem Verfahren finden diese Autoren in mittleren Konzentrationsbereichen relative Fehler von ± 2 Gew.-%, die jedoch bei Konzentrationen von weniger als 10 Gew.-% stark ansteigen.

Die größte Anwendung in der PES hat bisher die Bestimmung der chemischen Verschiebung gefunden, wenn auch wegen der einfacheren Interpretation meist Moleküle gemessen wurden. Daß man auch für Festkörper aus der chemischen Verschiebung der Core-Niveaulinien wichtige Informationen erhalten kann, sollen die folgenden Beispiele zeigen.

Ramquist und Mitarbeiter [23] haben die C1s-Niveaus von verschiedenen Übergangsmetallkarbiden vermessen und fanden jeweils 2 C1s-Linien (Abb. 14.5): Die Kohlenwasserstofflinie und eine zweite Linie, die dem im Carbid gebundenen Kohlenstoff entspricht. Die letztere Linie war gegenüber der ersten in allen Fällen in Richtung kleinerer Bindungsenergien verschoben. Aus dem Vergleich mit bekannten Korrelationen zwischen chemischer Verschiebung und Ladungsparametern für Kohlenstoff zeigen die Linienverschiebungen der Carbide, daß der Kohlenstoff in den Übergangsmetallkarbiden negativer geladen ist als im Kohlenwasserstoff. Daraus folgt aber, daß bei Bildung der Carbide ein Elektronenübergang vom Metall- zum Kohlenstoffatom stattfindet.

Zwischen der chemischen Verschiebung und der Ionizität einer Verbindung besteht ein unmittelbarer Zusammenhang. Davon ausgehend haben Vesely und Langer [36] die Änderung der Bindungsenergie der oberen d-Niveaus einer Reihe von halbleitenden Verbindungen gegenüber den entsprechenden Niveaus der reinen Elemente bestimmt. Indem sie die so erhaltenen Werte der chemischen Verschiebung sowohl mit den Phillipsschen als auch mit den von PAULING und von COULSON berechneten Ionizitäten verglichen, fanden die Autoren eine Bestätigung der Phillipsschen Ionizitätsskala. Diese Tatsache sollte jedoch nicht als absoluter Beweis für die Gültigkeit der einen oder anderen Ionizitätsskala gewertet werden.

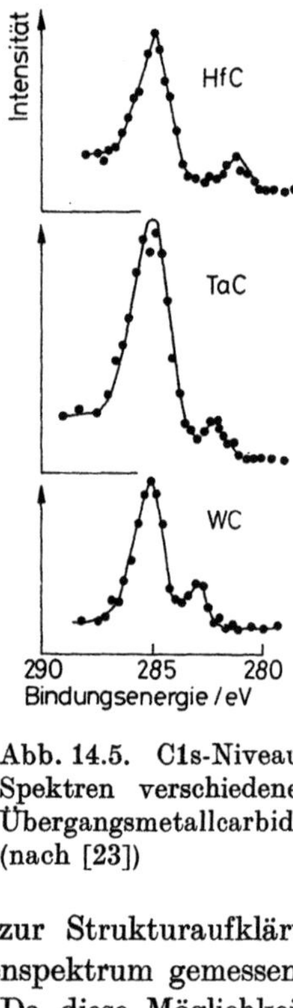

Abb. 14.5. C1s-Niveau-Spektren verschiedener Übergangsmetallcarbide (nach [23])

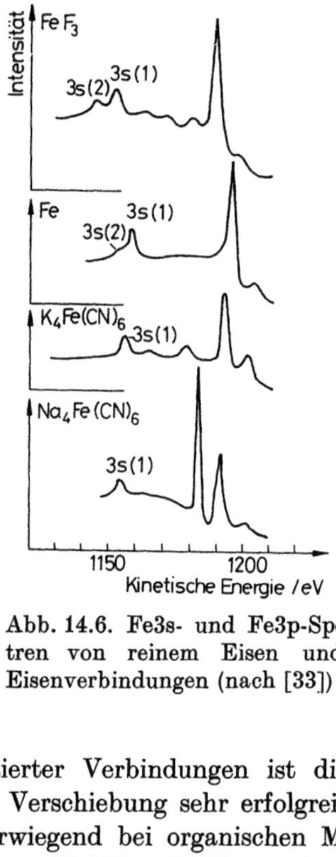

Abb. 14.6. Fe3s- und Fe3p-Spektren von reinem Eisen und 3 Eisenverbindungen (nach [33])

Auch zur Strukturaufklärung komplizierter Verbindungen ist die im Photoelektronenspektrum gemessene chemische Verschiebung sehr erfolgreich eingesetzt worden. Da diese Möglichkeit jedoch vorwiegend bei organischen Molekülen angewandt wird, sei hier nur auf die Literatur, z. B. [27 und 28], verwiesen.

Messungen der Multiplett-Aufspaltung wurden an einer Vielzahl von Festkörperverbindungen, die Atome mit ungefüllten Valenzschalen enthalten, durchgeführt. WERTHEIM und Mitarbeiter [29] haben die 3s-Aufspaltung in 3d-Metallverbindungen, CARVER und Mitarbeiter [30, 31] die s-Elektronenaufspaltung in verschiedenen 3d- und 4d-Metallverbindungen gemessen. In Seltenen Erden wurden ebenfalls Multiplett-Aufspaltungen beobachtet [32]. Abbildung 14.6 zeigt an Eisen und Eisenverbindungen aufgenommene Spektren [33]. Während für metallisches Eisen und FeF_3 auf Grund der vorhandenen ungepaarten Elektronen eine Aufspaltung des 3s-Peaks beobachtet werden konnte, weisen die diamagnetischen Verbindungen $K_4Fe(CN)_6$ und $Na_4Fe(CN)_6$ ($S = 0$) keine Aufspaltung der 3s-Linie auf. Eine Zusammenstellung aller für ungefüllte d- und f-Valenzschalen zu erwartenden Aufspaltungen in tabellarischer Form wurde in einer theoretischen Arbeit von COX [35] gegeben.

Auf die Oberflächenempfindlichkeit der PES wurde schon an verschiedenen Stellen dieses Beitrages hingewiesen. Gezielte Oberflächenuntersuchungen sind sowohl im

Core- als auch im Valenzelektronenbereich möglich. Da die freie Weglänge und damit die Austrittstiefe für Photoelektronen mit einer kinetischen Energie von etwa 50 eV den Minimalwert annimmt, ist für die Abbildung von Oberflächenvalenzzuständen die UV-Anregung (HeII-Strahlung) wesentlich geeigneter als die Röntgenanregung. Auf Grund der guten energetischen Auflösung kann man mittels UV-Anregung sowohl intrinsische als auch extrinsische Oberflächenzustände abbilden. Die Unterscheidung beider erfolgt am einfachsten, indem man von den Spektren, die an einer chemisorbierten Oberfläche gemessen wurden, das an der reinen Oberfläche gemessene Spektrum abzieht. Da mit zunehmender Bedeckung der Probe die

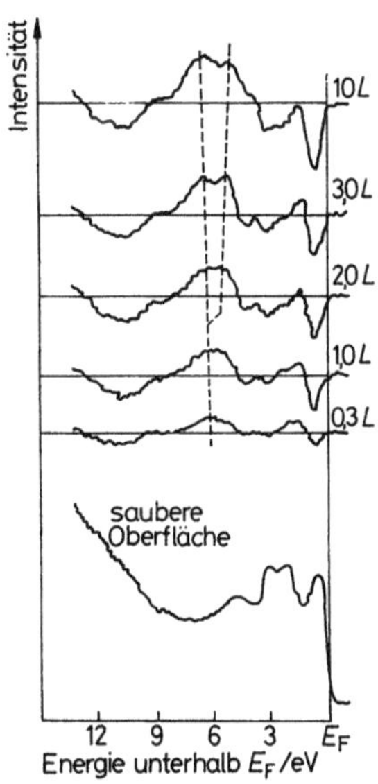

Abb. 14.7. UPS-Spektren (HeI) für Sauerstoffadsorption auf W(100) bei Raumtemperatur (nach [39])

Unteres Spektrum: Saubere Oberfläche, *Spektren darüber:* Differenzspektren für verschiedene Sauerstoffangebote (in L); 1 L (Langmuir) = 1,33 · 10^{-4} Pa · s als Einheit des Gasangebotes

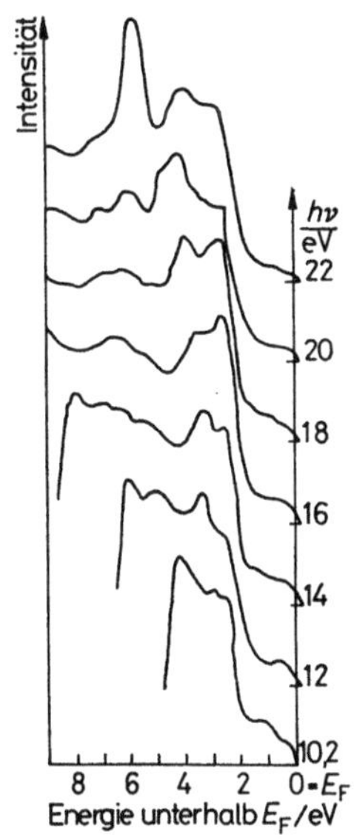

Abb. 14.8. UPS-Valenzbandspektren von Gold als Funktion der Anregungsenergie (nach [38])

intrinsischen Oberflächenzustände verschwinden und die den extrinsischen Oberflächenzuständen zuzuordnenden Maxima anwachsen, entsprechen in den Differenzspektren die negativen Peaks den intrinsischen und die positiven Peaks den extrinsischen Oberflächenzuständen. Abbildung 14.7 zeigt ein von Bradshaw und Menzel [39] mitgeteiltes Beispiel für derartige Messungen. Eine Zusammenstellung und Interpretation der Ergebnisse verschiedenster UPS-Arbeiten über Gasadsorption an Metalloberflächen haben Bradshaw und Mitarbeiter [40] publiziert. Resultierend daraus scheint die wichtigste Beobachtung, daß die durch Chemisorption induzierten Valenzniveaus lokalisiert sind und in den meisten Fällen aus den Molekülorbitalen ähnlicher Verbindungen abgeleitet werden können.

Die Anwendung der Core-Niveau-PES auf Probleme der Katalyse wurde in einem

Übersichtsartikel von Brinen [27] diskutiert. Untersuchungen von Katalysatoren mit Hilfe der PES sind deshalb besonders günstig, weil neben den chemischen Oberflächenveränderungen als Folge der katalytischen Reaktion auch charakteristische Änderungen an den Stoffen festgestellt werden können, die auf der Katalysatoroberfläche adsorbiert sind.

Einen Fortschritt auf dem Gebiet der Oberflächenuntersuchung brachte die Möglichkeit, Core-Niveauspektren in Abhängigkeit vom Elektronenemissionswinkel aufzunehmen. Ausführliche theoretische Betrachtungen dazu sowie eine Zusammenstellung verschiedener Meßergebnisse finden sich in einer Arbeit von Fadley [18]. Fraser und Mitarbeiter [41] haben durch Variation des Elektronenaustrittswinkels α (siehe Abschnitt 14.2.) bei Messungen von Mo-Proben, die mit Cs bedeckt waren, erreicht, daß 50% der Gesamtemission aus der obersten Atomlage stammen. Dadurch konnten sie weniger als 1/50 einer Monolage Cs nachweisen. Damit wird deutlich, daß durch Messung der Winkelabhängigkeit der Core-Niveaulinien von Festkörpern unmittelbar Oberflächenbelegungen meßbar werden. Außerdem kann man mittels dieser Methode die Dicke der Oberflächenschicht sowie freie Weglängen von Elektronen messen.

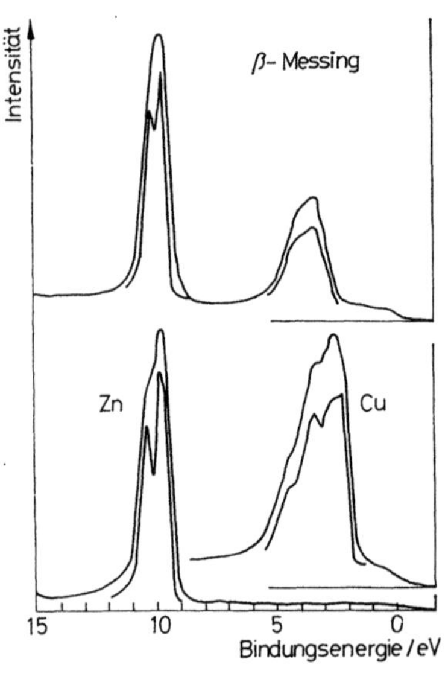

Abb. 14.9. Vergleich der mit XPS gemessenen Valenzbandspektren von β-Messing, Cu und Zn. In jedem Spektrum sind die entfalteten Kurven eingezeichnet (nach [9]).

Für den Festkörperphysiker ist die Kenntnis der Zustandsdichte der Valenzelektronen von großem Interesse. Nach Abschnitt 14.2. sollte die experimentelle Bestimmung dieser Funktion aus den Valenzbandspektren möglich sein. Seit langem ist, besonders durch die Arbeiten von Spicer [3] und Eastman [42], bekannt, daß im niederenergetischen Photonenbereich die Form der Spektren sehr stark von der Photonenenergie abhängt. Grund dafür sind die $\boldsymbol{k}$-Erhaltung und die für die niedrigen Anregungsenergien noch stark strukturierten Endzustände im Leitungsband. In Abbildung 14.8 ist diese Abhängigkeit der Spektrenform von der Anregungsenergie deutlich zu erkennen. Erst wenn die Anregungsenergie eine bestimmte Grenze überschreitet, wird die Form der Valenzbandspektren unabhängig von der Quantenenergie. Diese Grenze liegt je nach Probenmaterial zwischen 30 und 100 eV. Aus der Theorie (siehe Abschnitt 14.2.) ist dann zu erwarten, daß die mit genügend hohen Anregungsenergien (in der Regel mit Röntgenanregung) gemessenen Valenzbandspektren bis auf eine aus der atomaren Zusammensetzung stammende Energieabhängigkeit des Wirkungsquerschnittes ein Abbild der Valenzbandzustandsdichte darstellen [z. B. 16]. Diese Tatsache kann man beispielsweise bei der Untersuchung von Legierungen ausnutzen. Nach dem sogenannten Rigid-band-Modell sollten im Valenzband von Legierungen die verschiedenen atomaren Legierungspartner ihre Valenzelektronen zu einer gemeinsamen Bandstruktur vereinigen. Davon ausgehend haben WERTHEIM und Mitarbeiter [9] die Zustandsdichte von β-Messing aus dem Valenzbandspektrum bestimmt (Abb. 14.9). Wie die Abbildung zeigt, ist die Valenz-

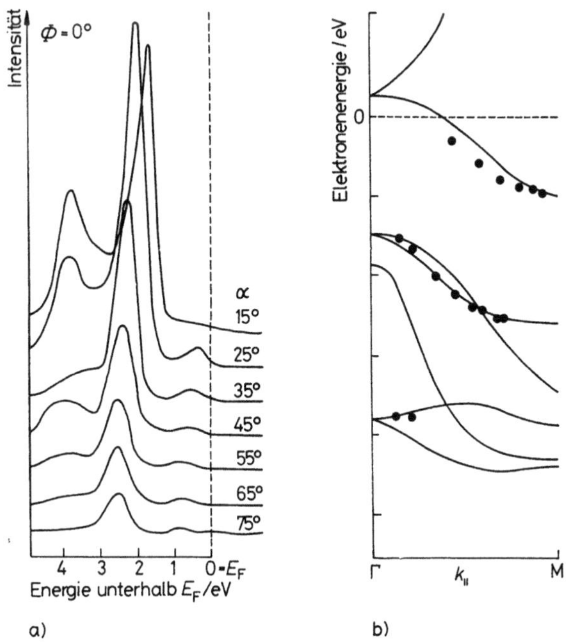

Abb. 14.10. a) UPS-Spektren ($h\nu = 10{,}2$ eV) von 1T-TaS_2, gemessen für verschiedene Polarwinkel; $\Phi = 0°$ (nach [22]). b) $E(k_{\parallel})$-Kurven für 1T-TaS_2. Die aus den Meßkurven nach Gleichung (14.17) berechneten Punkte folgen dem Verlauf einer in Richtung zu höheren Energien leicht verschobenen APW-Bandstrukturberechnung von MATTHEIS,

bandstruktur von β-Messing der Summe der Valenzbänder von Cu und Zn ähnlich, besonders im Bereich der Zn-Bänder. Die Cu-Bänder unterscheiden sich dadurch, daß dasjenige der Legierung bei größeren Bindungsenergien liegt und deutlich schmaler ist. Letztere Beobachtung kann als Folge der Tatsache erklärt werden, daß die d-d-Überlappung, auf die die Breite des Kupferbandes zurückzuführen ist, in der Legierung reduziert wird.

Eine sehr interessante Anwendung auf dem Gebiet der Valenzbandmessungen ist die in den Gleichungen (17) beschriebene Möglichkeit, mittels winkelabhängiger Messung an Schichtkristallen deren Bandstruktur zu bestimmen. Ein Beispiel dazu aus einer sehr ausführlichen Arbeit von SMITH und TRAUM [22] soll diesen Abschnitt abschließen. In Abbildung 14.10 sind sowohl die am 1T-TaS_2 gemessenen Spektren als auch die aus deren Maxima unter direkter Anwendung der Gleichungen (17) berechneten Energiebänder wiedergegeben. Leider ist diese unmittelbare Möglichkeit einer Messung der Bandstruktur aus den in Abschnitt 2 genannten Gründen nur für Kristalle mit Schichtstruktur möglich. Hier ist sie jedoch, wie Abbildung 14.10 zeigt, sehr erfolgversprechend.

14.5. Zusammenfassung

In dem vorliegenden Kapitel wurde versucht, einen Überblick über die Photoelektronenspektroskopie zu geben. Dem Inhalt des Buches entsprechend standen die Gebiete im Vordergrund, bei denen die PES zur Untersuchung von Festkörpern herangezogen wird. Ein Vorteil der Methode ist, daß bei Einsatz geeigneter Anregungsquellen Aussagen sowohl über die Core-Elektronen als auch über die Valenzelektronen möglich sind. Der derzeitige Entwicklungsstand der kommerziell verfügbaren Apparaturen wird hauptsächlich am Auflösungsvermögen und an der Empfindlichkeit gemessen. Beide Größen wurden in den Abschnitten 14.3. und 14.4. ausführlich diskutiert. Während die Bulk-Empfindlichkeit in der Größenordnung von 0,1—1 Vol.-% liegt, liegt die Oberflächenempfindlichkeit in günstigsten Fällen sogar im pg-Bereich. Das Auflösungsvermögen wird wesentlich durch die anregende Strahlung bestimmt. Für Röntgenanregung beträgt es einige Zehntel, für UV-Anregung Hundertstel eV. Dieser Entwicklungsstand hat dazu geführt, daß heute in vielen Arbeitsgruppen die PES als experimentelle Methode zum Einsatz kommt.

Wenn die PES auch ein eigenständiges Arbeitsgebiet ist, so ist es doch oftmals von Interesse, die Ergebnisse dieser Methode mit denen anderer herkömmlicher Methoden zu vergleichen. Unmittelbar bieten sich hierfür die Röntgenspektroskopie, die Auger-Elektronenspektroskopie und die Energieverlustspektroskopie an. Aber auch NMR- und Mößbauer-Experimente, die Informationen über die Änderungen der Elektronendichte in der Umgebung des Atomkerns oder Änderungen in der magnetischen Abschirmung des Atomkernes liefern, können die Ergebnisse der PES am Festkörper sinnvoll ergänzen. Diese Kombination der PES mit anderen Meßmethoden ist eines der Merkmale der Entwicklungstendenzen der PES. Darüber hinaus wird die Entwicklung auf dem Gebiet der PES aber auch durch eine ständige Vervollkommnung der Theorie der Photoemission mit dem Ziel der besseren Interpretation der experimentellen Ergebnisse, durch die Ausbildung von Routineverfahren zur Untersuchung bestimmter analytischer Fragestellungen und nicht zuletzt durch eine Verbesserung der Meßapparaturen charakterisiert.

14.6. Literatur

Übersichtsliteratur

— NEMOSHKALENKO, W. W., ALESHIN, B. G.: Elektronenspektroskopie der Kristalle. — Naukowa Dumka, Kiew 1976.

— CARLSON, T. A.: Photoelectron and Auger Spectroscopy. — Plenum Press, New York und London 1975.

— HAGSTRÖM, S. B. M., FADLEY, C. S.: X-Ray Photoelectron Spectroscopy. In: Azároff, L. V.: X-Ray Spectroscopy. — McGraw-Hill 1974.

— WATSON, R. E., PERLMAN, M. L.: X-Ray Photoelectron Spectroscopy Application to Metals and Alloys. In: Structure and Bonding Bd. 24, Hrsg.: J. D. DUNITZ und Mitarbeiter. — Springer Verlag, Berlin—Heidelberg—New York 1975.

— ELAND, J. H. D.: Photoelectron Spectroscopy. — Wiley-Halsted, New York 1974.

Originalliteratur

[1] SIEGBAHN, K., und Mitarbeiter: ESCA Atomic, Molecular and Solid Structure Studied by Means of Electron Spectroscopy. — Uppsala: Almquist and Wiksells 1967.
[2] TURNER, D. W., und Mitarbeiter: Molecular Photoelectron Spectroscopy. — New York: Wiley 1970.
[3] SPICER, W. E., in: Electronic Density of States, NBS-Publication 323, Washington 1971 (Herausgeber: L. H. BENNETT), S. 139.
[4] FELLNER-FELDEGG, H., und Mitarbeiter: J. Electron Spectrosc. **5** (1974) 643.
[5] POOLE, R. T., und Mitarbeiter: J. Electron Spectrosc. **5** (1974) 773.
[6] SAMSON, J. A. R.: Techniques of Vacuum Ultraviolet Spectroscopy. New York: Wiley 1967.
[7] GODWINN, R. P.: Springer tracts in modern physics **51** (1969) 1.
[8] JOHANSSON, G., und Mitarbeiter: J. Electron Spectrosc. **2** (1973) 295.
[9] WERTHEIM, G. K., und Mitarbeiter: Phys. cond. Matter **18** (1974) 133.
[10] SEVIER, K. D.: Low Energy Electron Spectrometry. — New York: Willey 1972.
[11] POLASCHEGG, H. D., J. appl. Phys. **4** (1974) 63.
[12] KOOPMANS, T., Physica **1** (1934) 104.
[13] MOSER, C. M., und Mitarbeiter: Chem. Phys. Letters **12** (1971) 230.
[14] BASCH, H., Chem. Phys. Letters **5** (1970) 337.
[15] SCHWARTZ, M. E., Chem. Phys. Letters **6** (1970) 631.
[16] HÖCHST, H., und Mitarbeiter: Phys. Letters A, im Druck (1976).
[17] GELIUS, U., und Mitarbeiter: Chem. Phys. Letters 4 (1970) 471.
[18] FADLEY, C. S., J. Electron Spectrosc. **5** (1974) 725.
[19] FADLEY, C. S., in: Electron Emission Spectroscopy, Hrsg.: W. DEKEYDER und Mitarbeiter. — D. Reidel Publ. Company, Dordrecht (Holland) 1973, S. 151.
[20] FADLEY, C. S., und Mitarbeiter: J. Electron Spectrosc. **4** (1974) 93.
[21] MCFEELY, F. R., und Mitarbeiter: Phys. Rev. **B 14** (1976) 3273.
[22] SMITH, N. V., TRAUM, M. M.: Phys. Rev. **B 11** (1975) 2087.
[23] RAMQUIST, L., und Mitarbeiter: J. Phys. Chem. Solids **30** (1969) 1835.
[24] BRUNDLE, C. R., ROBERTS, M. W., Chem. Phys. Letters **18** (1973) 380.
[25] CARTER, W. J., und Mitarbeiter: J. Electron Spectrosc. **5** (1974) 827.
[26] EBEL, H., KAISER, R., Wiss. Z. Karl-Marx-Univ. Leipzig, Math.-Naturwiss. R., 25. Jg. (1976) 415.
[27] BRINEN, J. S., J. Electron Spectrosc. **5** (1974) 377.
[28] EBEL, H., FALK, H., Z. anal. Chem. **273** (1975) 368.
[29] WERTHEIM, G. K., und Mitarbeiter, in: Electron Spectroscopy, Hrsg.: D. A. SHIRLEY. — North-Holland Publ. Company, Amsterdam 1972, S. 813.
[30] CARVER, J. C., und Mitarbeiter: J. Chem. Phys. **57** (1972) 973.
[31] CARVER, J. C., und Mitarbeiter: S. 803 in Ref. [29].
[32] BAER, Y., BUSCH, G., J. Electron Spectrosc. **5** (1974) 611.
[33] FADLEY, C. S., SHIRLEY, D. A., Phys. Rev. **A 2** (1970) 1109.
[34] GELIUS, U., Physica Scripta **9** (1974) 133.
[35] COX, P. A., in: Structure and Bonding, Bd. 24, Hsrg.: J. D. DUNITZ und Mitarbeiter. — Springer-Verlag, Berlin—Heidelberg—New York 1975, S. 59.
[36] VESELY, C. J., LANGER, D. W., Phys. Rev. **B 4** (1971) 451.
[37] BAIRD, R. J., und Mitarbeiter: Phys. Rev. Letters **37** (1976) 111.
[38] EASTMAN, D. E., GROBMAN, W. D., Phys. Rev. Letters **28** (1972) 1327.
[39] BRADSHAW, A. M., MENZEL, D., Ber. Bunsenges. Physik. Chem. **78** (1974) 1140.
[40] BRADSHAW, A. M., und Mitarbeiter: S. 133 in Ref. [35].
[41] FRASER, W. A., und Mitarbeiter: Surf. Sci. **36** (1973) 661.
[42] EASTMAN, D. E., S. 487 in Ref. [29].
[43] BERG, U., und Mitarbeiter: Phys. stat. sol. (b) **74** (1976) 341.

15. Ioneninduzierte Elektronenemission

(K. H. KREBS, Berlin)

15.1. Grundprinzip

Beschießt man im Vakuum eine Festkörperoberfläche mit Ionen hinreichender Energie, werden durch Stoßprozesse aus dem Festkörper oder aus adsorbierten Schichten auch Elektronen emittiert, deren Ausbeute, Energie- und Winkelverteilung meßbar sind. Betrachtet man eine typische Ausbeutekurve (Abb. 15.1), d. h. die mittlere Anzahl $\bar{\gamma}_{\mathrm{Ges.}}$ der pro auftreffendes Ion ins Vakuum gelangenden Elektronen als Funktion der kinetischen Energie E_{k} der Beschußionen, stellt man fest, daß sich die ioneninduzierte Elektronenemission aus zwei Beiträgen zusammensetzen kann: aus der ab einer bestimmten Schwellenenergie einsetzenden „kinetischen" Emission, hervorgerufen durch die Übertragung kinetischer Energie der stoßenden Ionen, und der „potentiellen" Emission, die E_{k}-unabhängig ist und durch die Übertragung potentieller Energie hervorgerufen wird.

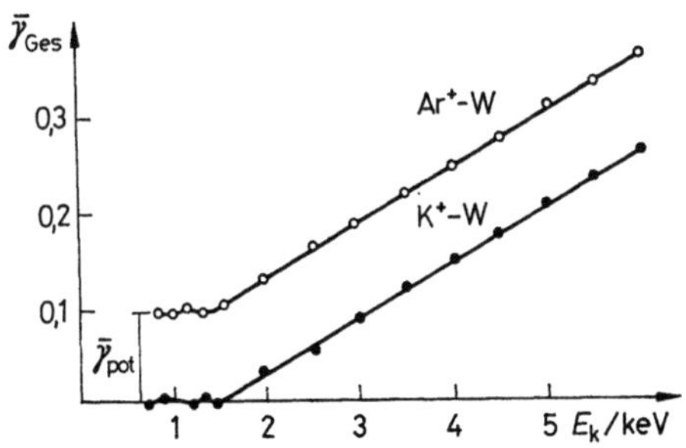

Abb. 15.1. Elektronenausbeute von Wolfram als Funktion der kinetischen Energie E_{k} der Beschußionen bei senkrechtem Einfall (nach PETROV [3])

Es ist einleuchtend, daß eine potentielle Emission nur auftritt, wenn die potentielle (Ionisierungs-) Energie E_{i} der Stoßionen größer ist als die Elektronenaustrittsarbeit Φ des Targetmaterials. Im Beispiel der Abbildung 15.1 ist beim Beschuß mit Argon Potentialemission möglich, weil $E_{\mathrm{i}}(\mathrm{Ar}^+) = 15{,}76\ \mathrm{eV} > \Phi(\mathrm{W}) = 4{,}52\ \mathrm{eV}$, beim Beschuß mit Kalium nicht, weil $E_{\mathrm{i}}(\mathrm{K}^+) = 4{,}34\ \mathrm{eV} < \Phi(\mathrm{W})$.

Überlegungen von HAGSTRUM [1, 2] haben zur Formulierung folgender Bedingungen für das Auftreten von Potentialemission geführt:

für Metalle: $$E_{\mathrm{i}} > 2\Phi \qquad (1)$$

für Halbleiter: $$E_{\mathrm{i}} > 2(E_{\mathrm{G}} + E_{\mathrm{A}}) \qquad (2)$$

mit E_{G} = Breite der verbotenen Zone, E_{A} = Elektronenaffinität.

Nach Untersuchungen von Kondrashev [4] und Petrov [5] ist wegen der Besonderheiten der elektronischen Bandstruktur von Isolatoren die Additivität von potentieller und kinetischer Emission nicht generell anzunehmen.

Sind die Bedingungen für das Auftreten potentieller Emission gegeben, ist es experimentell schwierig, die Anteile der kinetischen und der potentiellen Emission voneinander zu trennen, zumal es in jedem Fall notwendig ist, den Beschußionen eine — wenn auch geringe — kinetische Energie zu erteilen, damit sie auf das Target gerichtet werden können.

Reine Potentialemission tritt also nur unterhalb der für die jeweilige Ionen-Targetkombination gültigen Schwellenenergie auf; bei hohen kinetischen Energien der Beschußionen ($E_k > 10$ keV) überwiegt die kinetische Emission, so daß der Anteil der potentiellen Emission im allgemeinen vernachlässigt werden kann.

Jede der beiden Emissionsarten bildet die Grundlage für Applikationen im Zusammenhang mit der Festkörperanalyse: Während die kinetische Emission angewendet wird bei allen Verfahren zur Messung geringster Ionenströme ($< 10^{-17}$ A), bildet die potentielle Emission die Grundlage der Ionen-Neutralisations-Spektroskopie (INS), die von Hagstrum [6] erstmals vorgestellt wurde.

15.2. Theoretische Grundlagen

Beschränkt man sich bei der Betrachtung der Potentialemission auf den Beschuß mit einfach-positiv geladenen Ionen, sind nach [1] zwei Prozesse der Neutralisation des sich einer Metalloberfläche nähernden Ions möglich:
die Auger-Neutralisation

$$A^+ + N \cdot e_m \rightarrow A + e + (N - 2) \cdot e_m \tag{3}$$

die Resonanz-Neutralisation (Zwei-Stufen-Prozeß)

$$\begin{aligned} &A^+ + N \cdot e_m \rightarrow A^* + (N - 1) \cdot e_m \\ &A^* + (N - 1) \cdot e_m \rightarrow A + e + (N - 2) \cdot e_m . \end{aligned} \tag{4}$$

Letztere wird wegen ihrer geringen Wahrscheinlichkeit, bezogen auf die Auger-Neutralisation, nicht weiter in Betracht gezogen; die Auger-Neutralisation, ein strahlungsloser Übergang, ist in Abbildung 15.2 schematisch dargestellt.

Bei der Annäherung eines Ions mit der Neutralisierungs- (Ionisierungs-) Energie E_i an die Festkörperoberfläche bis zum Abstand r werden zwei Elektronen, die aus dem gefüllten Valenzband des Festkörpers (Metall) stammen, am Neutralisierungsprozeß beteiligt: Elektron 1 tunnelt durch die Barriere und fällt in das freie Niveau des Ions. Die freiwerdende Energie wird strahlungslos auf Elektron 2 übertragen, das mit einem äußeren Energiebetrag E ins Vakuum austritt. Aus der zu erkennenden Energiebilanz

$$E_i(r) - \Phi - \zeta_1 = E + \Phi + \zeta_2 \tag{5}$$

läßt sich die äußere Energie des befreiten Elektrons zu

$$E = E_i(r) - (\zeta_1 + \Phi) - (\zeta_2 + \Phi) \tag{6}$$

bestimmen. Die Verteilung der äußeren Energie potentiell emittierter Elektronen kann, z. B. durch Gegenfeldmessungen mit einem Kugelkollektor, gemessen werden und bildet den Ausgangspunkt der Ionen-Neutralisations-Spektroskopie.

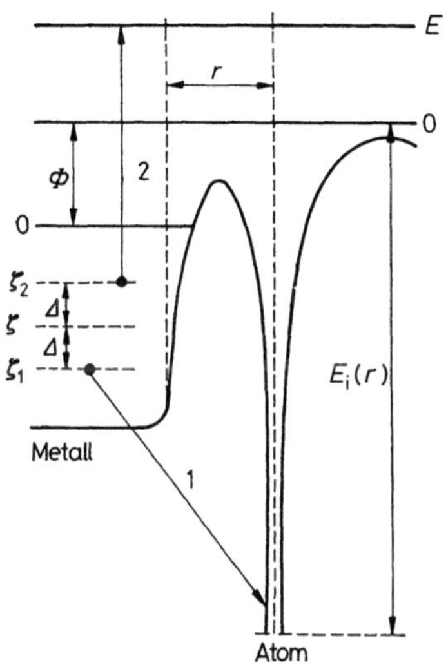

Abb. 15.2. Energieschema der Auger-Neutralisation (nach [6])

Es soll untersucht werden, welche Informationen über den die Elektronen emittierenden Festkörper aus der Form solcher Energieverteilungen gewonnen werden können. Dazu werden anfänglich eine Reihe von Annahmen eingeführt, von denen die einschneidendsten sind, daß

— die Barriere zwischen Festkörper und Ion sehr klein ist,
— alle Bandelektronen gleiche Symmetrie haben und
— beide Elektronen, die zu einem Auger-Prozeß gehören, aus der gleichen Oberflächenregion stammen.

Unter diesen Einschränkungen ist die Wahrscheinlichkeit dafür, daß ein Bandelektron aus dem Energieintervall ζ bis $\zeta + d\zeta$ an dem Prozeß beteiligt ist, ausschließlich abhängig von der Dichte $N_V(\zeta)$ der Ausgangszustände im Valenzband, dargestellt durch eine allgemeine Bandfunktion $U(\zeta)$ in Abbildung 15.3. Aus dieser Funktion soll auf die der Messung nicht zugängliche innere Energieverteilung $F(E)$ der im Neutralisationsprozeß angeregten Elektronen geschlossen werden, was wie folgt geschehen kann:

Die ausgelösten Elektronen, die eine äußere Energie besitzen, die in einem schmalen Energiebereich dE um E liegt, sollen aus einem Neutralisierungsprozeß stammen, für den die Ausgangszustände der beiden beteiligten Elektronen symmetrisch zu ζ (Abstand Δ) angeordnet sind, wobei zunächst angenommen wird, daß ζ selbst auf der Hälfte der Strecke $E - E_i(r)$ liege (Abb. 15.2).

Die Symmetrie von ζ_1 und ζ_2 zu ζ bedeutet $2\zeta = \zeta_1 + \zeta_2$; das in (6) eingesetzt ergibt

$$E = E_i(r) - 2(\zeta + \Phi). \tag{7}$$

Die Wahrscheinlichkeit für einen speziellen Neutralisierungsprozeß, an dem diese Zustände beteiligt sind, muß also proportional dem Produkt der Dichte der

Ausgangszustände

$$N_V(\zeta + \Delta)\, N_V(\zeta - \Delta)$$

sein. Die Gesamtwahrscheinlichkeit $F(\zeta)$ für die Erzeugung eines angeregten Elektrons in dE bei E ist dann das Integral dieses Produktes nach dΔ. Mit $U(\zeta)$ als Maß für die Zustandsdichten ist

$$F(\zeta) = \int_0^{\zeta} U(\zeta + \Delta)\, U(\zeta - \Delta)\, \mathrm{d}\Delta\,. \tag{8}$$

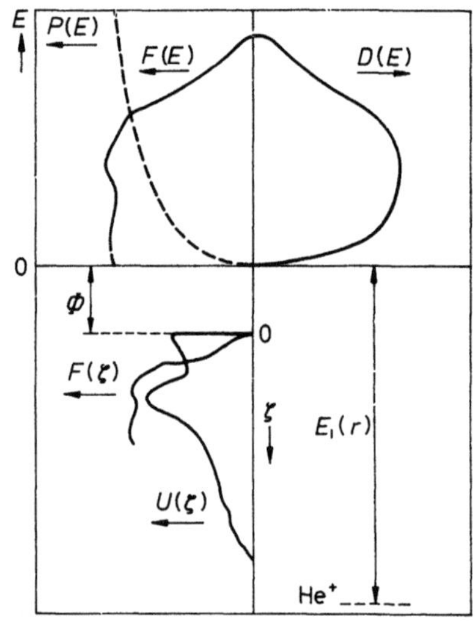

Abb. 15.3. Energieniveau-Diagramm zum Verständnis der Prozedur der INS (nach [6])

$F(\zeta)$ ist also eine Faltung der Funktion $U(\zeta)$ mit sich selbst, oder, wenn die Einschränkung fallen gelassen wird, daß $U(\zeta)$ die gleiche Funktion für das „obere" und das „untere" Elektron ist, eine Faltung der beiden Funktionen $U_1(\zeta + \Delta)$ und $U_2(\zeta - \Delta)$. $F(\zeta)$ kann somit als Paardichtefunktion aufgefaßt werden für alle Elektronenpaare im Ausgangsenergieband, die ein Auger-Elektron mit einer äußeren Energie nach Gl. 7 hervorrufen können.

Ändert man nun entsprechend Gl. (7) die Energievariable ζ, erhält man aus $F(\zeta)$ die gesuchte innere Energieverteilung $F(E)$, die dann noch normiert werden muß.

Die meßbare äußere Energieverteilung $D(E)$ erhält man nun, indem man die innere Energieverteilung $F(E)$ mit der Austrittswahrscheinlichkeit $P(E)$ aus dem Festkörper (Überwindung der Oberflächenbarriere) faltet:

$$D(E) = F(E)\, P(E)\,. \tag{9}$$

15.3. Experimentelle Technik

Messung von Ionenströmen $< 10^{-17}$ A

Aus experimentellen und theoretischen Untersuchungen der ioneninduzierten kinetischen Elektronenemission aus Festkörpern ist bekannt (Zusammenfassung siehe, z. B., [7]), daß die Elektronenausbeute $\bar{\gamma}$ oberhalb der Schwellenenergie stetig mit der kinetischen Energie E_K der Beschußionen bis zu etwa 100 keV zunimmt und Werte in der Größenordnung 10 erreichen kann. Beschleunigt man also ein zu messendes Ionenbündel auf eine Energie von einigen keV und fokussiert es auf eine Elektrode, so, daß dort $\bar{\gamma} > 1$ ist, erzielt man zwei Effekte: die Konversion eines Ionen- in einen Elektronenstrom und eine Verstärkung des Ladungsträgerstroms. Diese Konversionselektrode ist der Grundbestandteil aller Anordnungen zur Messung von Ionenströmen $< 10^{-17}$ A.

Die älteste, heute noch überwiegend benutzte Anordnung wurde von ALLEN [8] erstmalig beschrieben. Hier wird ein „offener" Multiplier verwendet, wobei das Attribut „offen" hervorheben soll, daß es sich hierbei um einen Sekundärelektronen-Vervielfacher handelt, der keine Photokatode besitzt. Die erste Elektrode dieses Multipliers wird als Konversionselektrode benutzt. Gelangt in dieser Anordnung ein Ionenstrom i^+ auf die Konversionselektrode, wobei jedes Ion im Mittel $\bar{\gamma}$ Elektronen auslöst, erhält man an der Anode des Multipliers einen Elektronenstrom

$$i_R = i^+ \cdot \bar{\gamma} \cdot \bar{\delta}^n, \tag{10}$$

wenn an jeder der n Dynoden des Systems eine mittlere Sekundärelektronen-Ausbeute $\bar{\delta}$ erzielt wird. Erreichbare Verstärkungen liegen bei etwa 10^6. Dem Vorteil des einfachen Aufbaus dieser Anordnung steht ein entscheidender Nachteil gegenüber: Das Vervielfachersystem befindet sich im gleichen (evakuierten) Raum wie alle übrigen Teile der Apparatur, z. B. Elektronen- oder Ionenquelle. Bei Proben- oder Katodenwechsel muß belüftet werden, wobei die Vervielfachereigenschaften der Elektroden unkontrollierbar und nicht reproduzierbar verändert werden.

Dieser Nachteil wird vermieden bei Verwendung des Szintillationsdetektors, wie er erstmals von SCHÜTZE und BERNHARD [9] beschrieben wurde und der eine Kombination des Allen-Detektors und des Szintillations-Ionendetektors nach RICHARDS und HAYS [10] darstellt. Letztere ließen die zu messenden Ionen auf einen Szintillator fallen, der auf der Innenseite eines die Apparatur abschließenden Glasfensters angebracht war. Die durch die Ionen im Szintillator erzeugten Photonen trafen, durch das Glasfenster hindurchtretend, auf die Photokatode eines kommerziellen Photomultipliers, lösten dort Photoelektronen aus, die dann in einem Dynodensystem vervielfacht wurden. Der Vorteil dieses Systems besteht darin, daß sich die Elektroden des Vervielfachersystems in der abgeschlossenen, evakuierten Photomultiplier-Röhre befinden; Belüftungen der Meßapparatur wirken sich nicht aus. Ein wesentlicher Nachteil hat jedoch die Verbreitung dieses Detektors verhindert: Wegen ihrer großen Masse zerstören die aufprallenden Ionen den Szintillator in kurzer Zeit.

Dieser Nachteil wird beim Szintillationsdetektor dadurch ausgeschaltet, daß vor dem Szintillator eine Konversionselektrode angebracht wird, so daß eine den zu messenden Ionen äquivalente Zahl von Elektronen auf den Szintillator gelangt, die diesen nicht zerstören. Dieser Detektor ist in zwei Geometrien (Abb. 15.4) ausgeführt worden [11, 12], die sich durch die Anordnung der Konversionselektrode unterscheiden. Trotz der größeren Kompliziertheit bei der Überführung erreichen Szintillationsdetektoren die gleiche Verstärkung wie Allen-Detektoren.

In den letzten Jahren haben die auf dem Prinzip der Ionen-Elektronenkonversion beruhenden Nachweissysteme eine Weiterentwicklung erfahren, indem, wie das BLAUTH u. a. [13] erstmals beschrieben haben, an Stelle des Szintillator- und Vervielfachersystems ein Halbleiterdetektor angeordnet wird, auf den die hochbeschleunigten Konversionselektronen treffen, dort Ladungsimpulse hervorrufen, die mit einem ladungsempfindlichen Verstärker weiterverarbeitet werden.

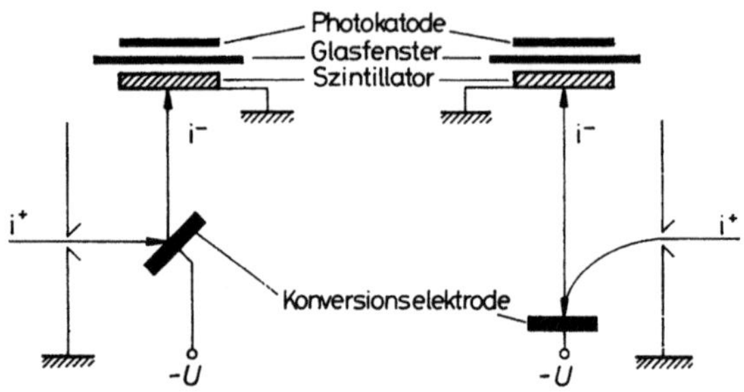

Abb. 15.4. Verschiedene Geometrien des Szintillationsdetektors; *links:* nach [11], *rechts:* nach [12]

Die aus den verschiedenen beschriebenen Anordnungen austretenden Signale können auf zwei verschiedene Arten verwertet werden: Bei der sog. „Gleichstrommethode" werden alle Elemente der Anordnung hinter der Konversionselektrode als rauscharmer Verstärker aufgefaßt. Man verwendet die herkömmliche Verstärkertechnik und registriert, z. B. mittels eines Kompensationsschreibers, die verstärkten Ströme. Bei dieser Methode besteht zwischen dem registrierten Strom i_R und dem zu messenden Ionenstrom i^+ der Zusammenhang

$$i_R = i^+ \cdot \bar{\gamma} \cdot V, \tag{11}$$

wobei V die Gesamtverstärkung der die Elektronen weiterverarbeitenden Anordnung (Szintillator, Vervielfacher, Halbleiterdetektor, u. ä.) einschließlich der Schaltungselektronik angibt. Der registrierte Strom hängt direkt von der Elektronenausbeute $\bar{\gamma}$ ab.

Ohne Komplikationen sind mit dieser Methode Ionenströme von 10^{-17} A meßbar; durch Verringerung des Eigenrauschens bei Verwendung gekühlter Systeme liegt die untere Nachweisgrenze bei etwa 10^{-18} A.

Bei der „Zählmethode" werden die am Detektor austretenden Impulse, die durch jeweils ein einzelnes Ion hervorgerufen werden, mit einer kommerziellen Impulselektronik gezählt. Hier ist die in der Zeiteinheit T registrierte Anzahl der Ladungsimpulse $N \cdot q$ (Zählrate) ein Maß für die in der gleichen Zeit auf die Konversionselektrode treffenden Ionen. Man kann somit einen mittleren Ionenstrom $\overline{i^+}$ definieren, der mit der Zählrate entsprechend

$$\overline{i^+} = \frac{N \cdot q}{T} \cdot \frac{1}{W} \tag{12}$$

zusammenhängt. Die hier eingeführte Nachweiswahrscheinlichkeit W berücksichtigt Zählverluste, deren Ursache im statistischen Charakter der kinetischen Elektronenemission zu suchen ist. Die Angabe eines $\bar{\gamma}$-Wertes bedeutet ja stets eine mittlere Anzahl von Elektronen pro auftreffendes Ion, so daß auch gewisse Wahrscheinlichkeit dafür besteht, daß im Einzeleffekt kein Elektron ausgelöst wird. Diese endliche

Nullwahrscheinlichkeit und die Unterdrückung eines geringen Teils der Impulshöhenverteilung durch die Diskriminatorschwelle der Zählelektronik sind in W berücksichtigt. Die exakte Bestimmung der Nachweiswahrscheinlichkeit ist außerordentlich aufwendig. Unter Zugrundelegung der negativen Binomialverteilung als den Auslösevorgang beschreibender Wahrscheinlichkeitsverteilung wurde in [14] eine Abschätzung für W entwickelt, die nur von der mittleren Zahl der pro Ion ausgelösten Elektronen abhängt.

Bei Nachweiswahrscheinlichkeiten über 90% können mit den beschriebenen Anordnungen im Zählbetrieb Ionenströme von etwa 10^{-21} A nachgewiesen werden.

Ionen-Neutralisations-Spektroskopie (INS)

Die Methode der INS besteht in der Umkehrung der in Abschnitt 15.2. grob skizzierten Prozedur, was in folgenden Schritten geschieht:

1. Experimentelle Aufnahme von Energieverteilungen der emittierten Elektronen für zwei oder mehrere kinetische Energien der Beschußionen ($E_k < 10$ eV).
2. Extrapolation der gemessenen Energieverteilungen auf eine unverbreiterte $D_0(E)$-Verteilung, d. h. Extrapolation auf eine Energieverteilung nur potentiell emittierter Elektronen.
3. Division von $D_0(E)$ durch eine bekannte, die Austrittswahrscheinlichkeit beschreibende Funktion $P(E)$, um auf $F(E)$, die innere Energieverteilung, zu schließen.
4. Änderung der Energievariablen entsprechend eines Gl. (7) analogen Ausdrucks, um auf die Paardichtefunktion $F(\zeta)$ zu kommen, und
5. Entfaltung von $F(\zeta)$, um die allgemeine Bandfunktion $U(\zeta)$ zu erhalten.

An einigen Stellen dieser Prozedur sind entsprechende Anpassungen vorzunehmen; die mathematischen Operationen sind nur in aufwendiger Maschinenarbeit durchzuführen. Ausgangsenergieverteilung $D_0(E)$ und entfaltete $U(\zeta)$-Funktion, d. h. Anfangs- und Endpunkt der INS, sind am Beispiel in der Abbildung 15.5 dargestellt.

Es bleibt die Frage zu klären, welche Aussagen die entfaltete $U(\zeta)$-Funktion erlaubt: Die eingangs gemachten Einschränkungen bedeuten die ausschließliche Abhängigkeit des zugrunde gelegten Auger-Prozesses von der Ausgangszustands-

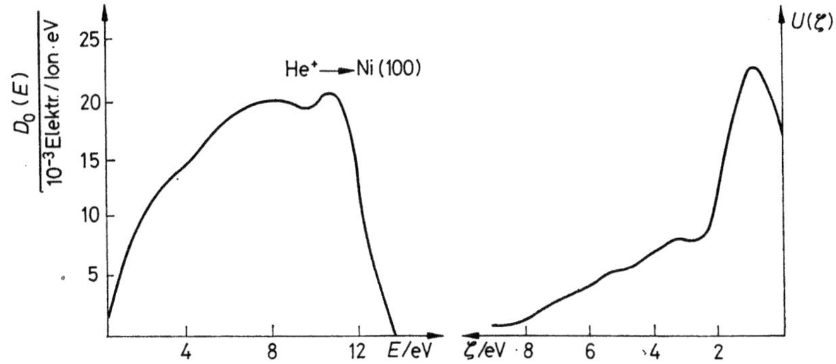

Abb. 15.5. *links:* extrapolierte $D_0(E)$-Verteilung für eine mit He^+ beschossene saubere Ni(100)-Oberfläche, *rechts:* entfaltete $U(\zeta)$-Funktion der linken $D_0(E)$-Verteilung (nach [6])

dichte $N_V(\zeta)$ im Valenzband mit gleicher Übergangswahrscheinlichkeit für beide beteiligten Elektronen. Geht man von letzterer Annahme ab, muß man unterschiedliche Übergangswahrscheinlichkeitsfaktoren q_1 und q_2 einführen, die abhängig sind von der Lage der Ausgangsenergie $(\zeta \pm \Delta)$, von der Amplitude $l_{1,2}$ der entsprechenden Wellenfunktion und vom Winkel $\Theta_{1,2}$ des $\boldsymbol{k}$-Vektors der Elektronen mit der Oberflächennormalen, so daß die Funktionen

$$U_1 = q_1\big((\zeta + \Delta), l_1, \Theta_1\big)\, N_V(\zeta + \Delta)$$

und

$$U_2 = q_2\big((\zeta - \Delta), l_2, \Theta_2\big)\, N_V(\zeta - \Delta)$$

Übergangsdichten darstellen.

Die INS wurde bisher nur im Laboratorium des Entwicklers praktiziert, es existieren keine kommerziellen Varianten. Der Laboraufbau [6] besteht aus einer Elektronenstoß-Ionenquelle mit nachfolgender Ionenoptik, in der ein energiehomogener, langsamer und paralleler Edelgas-Ionenstrahl erzeugt wird, der senkrecht auf das zu untersuchende Target fällt, welches von einem Kugelkollektor umgeben ist. Durch Veränderung der Spannung zwischen Target und Kollektor (Gegenfeldmethode) kann die äußere Energieverteilung der emittierten Elektronen gemessen werden.

Da die auftreffenden Ionen nur eine geringe ($E_k < 10$ eV) kinetische Energie besitzen, wechselwirken sie mit der obersten Atomlage des Festkörpers, d. h., die befreiten Elektronen kommen aus der Oberfläche. Sollen Aussagen über die Oberfläche und nicht aus (undefinierten) Adsorptionsschichten gewonnen werden, muß für die Dauer der Untersuchungen die Oberfläche sauber (definiert) bleiben. Deshalb wird im Ultrahochvakuum (Arbeitsdruck $< 10^{-8}$ Pa) gearbeitet, und es wird große Sorgfalt auf die Herstellung sauberer Oberflächen verwandt: Die Apparatur erlaubt die Ionenätzung der Oberfläche mit einer speziellen Ionenquelle, Ausheilen der Oberfläche durch Erwärmung und eine LEED-Beobachtung der Orientierung. Diese Operationen und die Aufnahme einer vollständigen Energieverteilungsserie sind beendet, bevor sich 2% einer Restgas-Monolage auf der Festkörper-Oberfläche bilden konnten, wie durch flash-filament-Messungen nachgewiesen wurde.

Um Vergleiche mit Ergebnissen anderer Oberflächenmessungen zu ermöglichen, wurden in einer vervollkommneteren Apparatur [15] zusätzlich die Methoden der Ultraviolett-Photoelektronen-Spektroskopie (UPS) und der Auger-Elektronenspektroskopie (AES) mit den bereits vorhandenen Möglichkeiten gekoppelt, wobei ein Arbeitsvakuum von 10^{-8} Pa erhalten wurde.

15.4. Anwendungen

Während die auf der Ionen-Elektronen-Konversion beruhenden Verfahren zur Messung kleinster Ionenströme in allen Analysenmethoden für Festkörper verwendet werden, wo solche geringen Ströme nachgewiesen werden müssen, z. B. Ionometrie [16], Ionen-Reflexions-Spektrometrie [17], Sekundärionen-Massenspektrometrie [18] oder auch elektronenstimulierte Ionendesorption [19], sind die bisherigen Untersuchungen mit der INS durchweg methodischer Art; es wurde gemessen an reinen Kupfer- und Nickeloberflächen [6, 20], an mit Sauerstoff, Schwefel und Selen bedecktem Nickel

[21], an mit Co und Hg bedecktem Nickel [22] sowie an reinem Silicium und Germanium [23, 24]. Mit der verbesserten Apparatur wurde die Chemisorption von atomarem Wasserstoff an einer Si(111)(7×7)-Struktur [25] untersucht.

15.5. Zusammenfassung

Ein Vergleich der Methode der INS ist nur mit solchen Oberflächen-Analysenmethoden zulässig, die auch Schlüsse über elektronische Zustände erlauben, wie die Photoelektronen-Spektroskopie [26], die Appearancepotential-Spektroskopie [27] und möglicherweise die vor einiger Zeit beschriebene Disappearancepotential-Spektroskopie [28].

Der apparative Aufwand der Meßapparaturen dieser vier Verfahren ist vergleichbar, alle setzen stabile Elektronik und UHV-Technik voraus. Es scheint jedoch, daß die Auswertung der erhaltenen Informationen der drei letztgenannten Methoden bei weitem nicht den rechnerischen Aufwand der INS erfordert.

Die Informationstiefe, d. h. der Bereich des Festkörpers normal zur Oberfläche, aus dem die emittierten Elektronen bzw. Photonen stammen, ist bei der INS zweifellos die geringste wegen der nahezu nicht vorhandenen Eindringtiefe der Beschußionen. Alle anderen genannten Methoden haben Informationstiefen von wenigen Atomlagen. Dieser Vorteil wird aber aufgewogen durch die wenigen zur Verfügung stehenden Primär- (Potential-) Energien der stoßenden Ionen (Edelgase), deren Absolutwerte zusätzlich sehr gering sind. Im Vergleich dazu erlauben Appearance- und Disappearancepotential-Spektroskopie eine kontinuierliche Änderung der Beschußenergie der stoßenden Elektronen; bei der Photoelektronenspektroskopie stehen genügend diskrete Bestrahlungsenergien zur Verfügung.

15.6. Literatur

[1] Hagstrum, H. D., Phys. Rev. **96** (1954) 336.
[2] Hagstrum, H. D., Phys. Rev. **122** (1961) 83.
[3] Petrov, N. N., IAN SSSR, Ser. Phys. **26** (1962) 1327.
[4] Kondrashev, A. I., Trudi Leningr. Polytechn. Inst. No. 311 (1970) 104.
[5] Petrov, N. N., Proc. 7th Summer School Phys. Ion. Gases, Rovinj, 1974, p. 533.
[6] Hagstrum, H. D., Phys. Rev. **150** (1966) 495.
[7] Krebs, K. H., Fortschr. Phys. **16** (1968) 419.
[8] Allen, J. S., Phys. Rev. **55** (1939) 966.
[9] Schütze, W., Bernhard, F., Z. Phys. **145** (1956) 44.
[10] Richards, P. J., Hays, E. E., Rev. Sci. Instr. **21** (1950) 99.
[11] Bernhard, F., Krebs, K. H., Rotter, I., Z. Phys. **161** (1961) 103.
[12] Daly, N. R., Rev. Sci. Instr. **31** (1961) 264.
[13] Blauth, E. W., Dräger, W. M., Kirschner, J., Liebl, H., Müller, N., Taglauer, E., J. Vac. Sci. Technol. **8** (1971) 384.
[14] Greupner, H., Krebs, K. H., Int. J. Mass. Spectr. Ion Phys. **13** (1974) 81.
[15] Hagstrum, H. D., Science **178** (1972) 275.
[16] Götz, G., Kap. 17. dieses Buches.
[17] Pech, P., Kap. 16. dieses Buches.
[18] Düsterhöft, H., Kap. 18. dieses Buches.
[19] Dworzak, G., Kap. 19. dieses Buches.
[20] Hagstrum, H. D. Becker, G. E., Phys. Rev. **159** (1967) 572.
[21] Becker, G. E., Hagstrum, H. D., Surf. Sci. **30** (1972) 505.
[22] Becker, G. E., Hagstrum, H. D., J. Vac Sci Technol. **10** (1973) 31.
[23] Hagstrum, H. D., Becker, G. E., Phys. Rev. **B 8** (1973) 1580.
[24] Hagstrum, H. D., Becker, G. E., Phys. Rev. **B 8** (1973) 1592.
[25] Sakurai, T., Hagstrum, H. D., Phys. Rev. **B 12** (1975) 5349.
[26] Berg, U., Kap. 14. dieses Buches.
[27] Dräger, G., Kap. 5. dieses Buches.
[28] Kirschner, J., Staib, P., Appl. Phys. **6** (1975) 99.

16. Ionenreflexionsspektroskopie

(P. Pech, Berlin)

16.1. Grundprinzip

Treffen Ionen mit Energien im Bereich von ≈ 0,1 bis 10 keV auf eine Festkörperoberfläche, so treten sie im allgemeinen nur mit den äußersten Atomlagen in Wechselwirkung. Daher sind solche niederenergetischen Ionen besonders für Untersuchungen geeignet, die eine hohe Oberflächenempfindlichkeit erfordern, wie z. B. die Analyse der atomaren Zusammensetzung und Struktur der Oberfläche eines Festkörpers.

Bei der Ionenreflexionsspektrometrie (Ion Scattering Spectroscopy — ISS) werden von einer Festkörperoberfläche gestreute Edelgasionen nach ihrem Verhältnis von Energie zu Ladung analysiert. Das Verfahren ist im Prinzip sehr einfach: Ein gut kollimierter Strahl einfach geladener, monoenergetischer Ionen wird auf die zu untersuchende Oberfläche geschossen und die Energieverteilung der gestreuten Ionen bei einem bestimmten Streuwinkel gemessen. Das Energiespektrum liefert aus der energetischen Lage und Größe der Peaks hauptsächlich Informationen über die atomare Zusammensetzung und die Anordnung der Atome der Festkörperoberfläche.

Eine quantitative Analyse der atomaren Zusammensetzung ist beim gegenwärtigen Stand der Methode nur durch Kalibrierung mittels Standards möglich. Der Grund liegt darin, daß die Ausbeute der gestreuten Ionen von zwei ungenügend bekannten Größen abhängt, dem Streuquerschnitt und der Neutralisierungswahrscheinlichkeit. Strukturelle Informationen über die Anordnung von Oberflächenatomen bei einkristallinen Targets werden aus „Abschattungseffekten" und aus der Untersuchung der Vielfachstreuung, d. h. der nacheinanderfolgenden Einzelstreuung an zwei oder mehreren Atomen, erhalten. Die Streuung niederenergetischer Ionen an Festkörperoberflächen wird nunmehr seit 20 Jahren untersucht ([1] bis [4]), wobei zunächst grundlegende Fragen des Streuvorganges (Gültigkeit des Modells elastischer binärer Stöße, Art des Wechselwirkungspotentials u. a.) im Vordergrund standen. Die Möglichkeit, die Ionenreflexionsspektrometrie als oberflächenanalytische Technik einzusetzen, wurde zuerst von Smith [5] demonstriert. Die Methode ist in einer Reihe von Arbeiten zusammenfassend dargestellt worden, besonders sei auf die Darstellungen von Buck [6] und von Taglauer und Heiland [7] verwiesen.

16.2. Theoretische Grundlagen

Kinematik binärer Stöße

Beim Stoß niederenergetischer Ionen treten eine Reihe von Prozessen auf, wie Reflexion der Primärionen als Ionen oder Neutrale, Einbau der Primärionen in das Gitter, Impulsübertragung von den Primärionen auf Targetatome und nachfolgender Platzwechsel oder Zerstäubung (Sputtering). In Abbildung 16.1 sind schematisch die Prozesse skizziert, die mehr oder weniger ausgeprägt auftreten und als Peaks

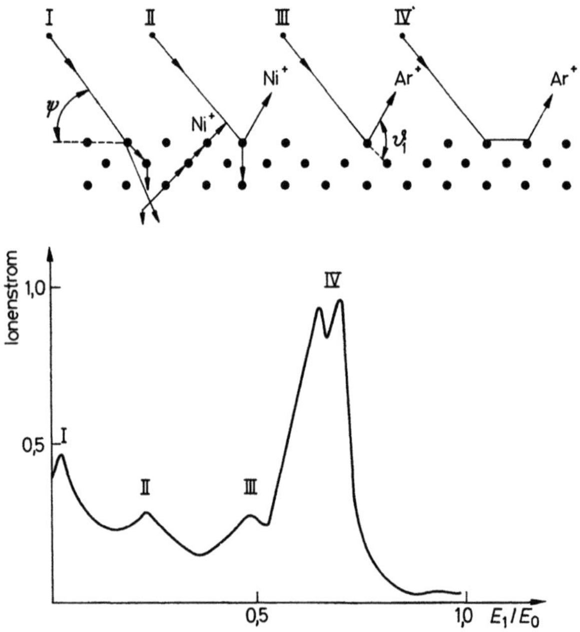

Abb. 16.1. Sekundärionenspektrum einer reinen Ni(110)-Oberfläche bei Ionenbeschuß mit 600 eV Ar^+-Ionen und schematische Darstellung der Prozesse, die zu diesem Spektrum führen (nach [8])

I zerstäubte Ni^+-Ionen aus Stoßkaskaden, *II* Ni^+-Ionen aus Einfachstößen (recoils), *III* gestreute Ar^+-Ionen aus Einfachstößen, *IV* gestreute Ar^+-Ionen aus Mehrfachstößen

im Energiespektrum der sekundären Ionen identifiziert werden können. Die energetische Lage der durch Einfachstoß reflektierten Primärionen und der durch Einfachstoß befreiten Targetatome (recoils) kann aus einem einfachen Modell für binäre Stöße berechnet werden (Abb. 16.2).

Aus dem Impuls- und Energieerhaltungssatz folgt für die Energie E_1 des unter einem Winkel ϑ_1 (Laborsystem) gestreuten Ions der Masse M_1 und der Primärenergie E_0 unabhängig vom Einfallswinkel ψ

$$E_1 = E_0 \cdot f_1(\vartheta_1, r) \tag{1}$$

mit $r = M_2/M_1$ und M_2 als Masse des Targetatoms. Für $f_1(\vartheta_1, r)$ erhält man

$$f_1(\vartheta_1, r) = \left(\frac{\cos\vartheta_1 \pm (r^2 - \sin^2\vartheta_1)^{1/2}}{1 + r}\right)^2. \tag{2}$$

Für $r > 1$ ist das positive, für $r \leqq 1$ sind beide Vorzeichen gültig. Für das vor dem Stoß ruhende Targetatom ergibt sich entsprechend

$$E_2 = E_0 \cdot f_2(\vartheta_2, r) \tag{3}$$

mit

$$f_2(\vartheta_2, r) = 4r\left(\frac{\cos\vartheta_2}{1 + r}\right)^2. \tag{4}$$

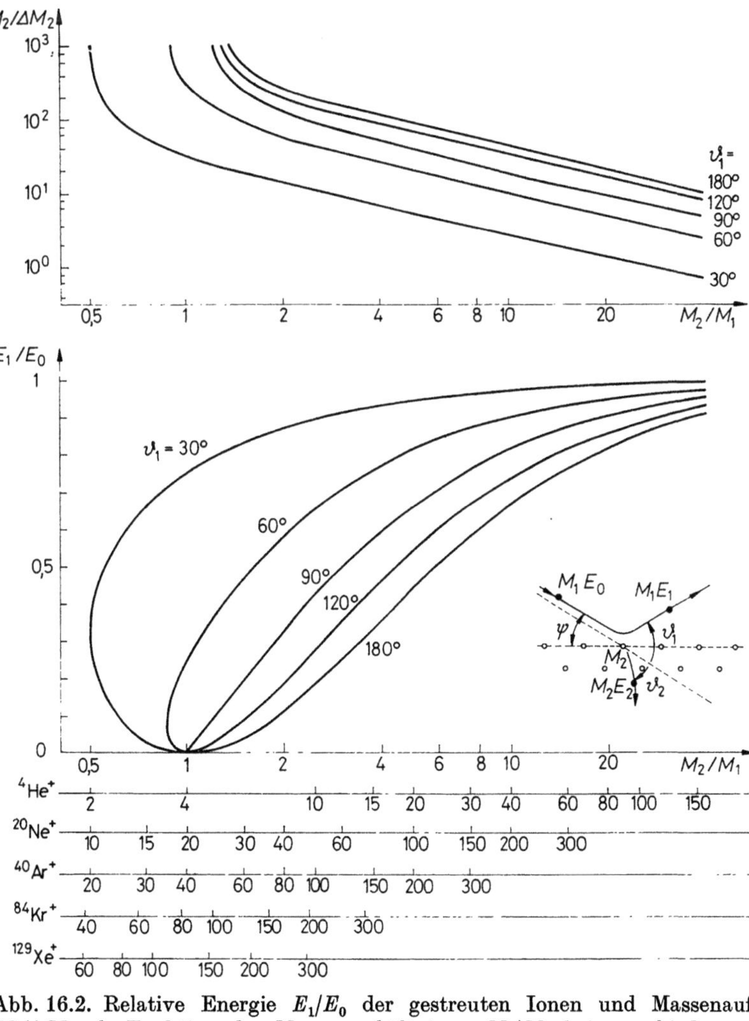

Abb. 16.2. Relative Energie E_1/E_0 der gestreuten Ionen und Massenauflösung $M_2/\Delta M_2$ als Funktion des Massenverhältnisses M_2/M_1 bei verschiedenen Streuwinkeln ϑ_1 (E_0 Energie der Primärionen, E_1 Energie der gestreuten Ionen, M_1 Masse der Primärionen, M_2 Masse der Targetatome)

Die relative Energie der gestreuten Ionen E_1/E_0 nach Gleichung (1) und (2) als Funktion des Massenverhältnisses $r = M_2/M_1$ ist in Abbildung 16.2 mit dem Streuwinkel ϑ_1 als Parameter dargestellt. Auf Grund dieser Beziehungen kann die Energieskala E_1/E_0 in eine Massenskala M_2/M_1 umgeschrieben werden, wobei die Massen auf der hochenergetischen Seite des Spektrums stark zusammengedrängt sind. Die Massenauflösung $M_2/\Delta M_2$ ergibt sich aus Gleichung (1) und (2) zu

$$M_2/\Delta M_2 = \frac{E_1}{\Delta E_1} \cdot \frac{2r}{1+r} \cdot \frac{r + \sin^2\vartheta_1 - \cos\vartheta_1(r^2 - \sin^2\vartheta_1)^{1/2}}{r^2 - \sin^2\vartheta_1 + \cos\vartheta_1(r^2 - \sin^2\vartheta_1)^{1/2}}. \tag{5}$$

In Abbildung 16.2 ist die Massenauflösung $M_2/\Delta M_2$ nach Gleichung (5) als Funktion des Massenverhältnisses $r = M_2/M_1$ bei verschiedenen Streuwinkeln ϑ_1 für eine Energieauflösung $E_1/\Delta E_1 = 100$ dargestellt. Die beste Massenauflösung wird dann erreicht, wenn die Targetmasse M_2 nicht wesentlich über der Ionenmasse M_1 liegt und die Streuwinkel nicht zu klein sind. Die in Abbildung 16.2 untergelegten Abszissen für die einzelnen Edelgase (M_1) ergeben eine direkte Zuordnung zur Targetmasse M_2. Für Streuwinkel $\vartheta_1 < 90°$ können auch Targetatome mit Massen $M_2 < M_1$ nachgewiesen werden (vgl. Abb. 16.2), die gestreuten Ionen erscheinen dabei an zwei Stellen des Energiespektrums. Die obenstehenden Beziehungen sind experimentell geprüft. Es zeigt sich, daß bei der Verwendung von niederenergetischen Edelgasionen Peaks an den vorausberechneten Stellen gefunden werden, daß jedoch bei reaktiven Primärionen (O_2, N_2, H_2) sowie bei höheren Primärenergien ($>$ 10 keV) eine starke Peakverbreiterung auftritt, so daß eine Massenzuordnung schwierig oder unmöglich wird.

Streuquerschnitt und Neutralisationswahrscheinlichkeit

Zur quantitativen Auswertung gemessener Streuspektren ist die Kenntnis des Zusammenhangs zwischen gemessener Peakhöhe (Intensität I) und Zahl der Streuzentren pro Flächeneinheit N notwendig. Es ergibt sich für die gemessene Peakhöhe der gestreuten Ionen

$$I = c \cdot I_0 \cdot N \cdot P \cdot \frac{d\sigma}{d\Omega} \cdot \Delta\Omega, \tag{6}$$

worin I_0 die Primärintensität, P die Wahrscheinlichkeit für eine Streuung ohne Neutralisation, $d\sigma/d\Omega$ der differentielle Streuquerschnitt, $\Delta\Omega$ der vom Spektrometer erfaßte Raumwinkel bedeutet und c die Transmission und Nachweisempfindlichkeit des Detektorsystems enthält.

Der Streuquerschnitt σ kann aus dem Streuintegral für ein in dem Energiebereich gültiges Wechselwirkungspotential (Bohr, Born-Mayer, Thomas-Fermi-Moliere) berechnet werden ([9, 11 bis 13]). Die Streuquerschnitte steigen mit abnehmendem Streuwinkel ϑ_1 und zunehmender Targetmasse M_2 an. Die Abweichungen des Streuquerschnitts für die einzelnen zugrunde gelegten Wechselwirkungspotentiale sind erheblich, so daß selbst eine relative Konzentrationsbestimmung innerhalb eines gemessenen Spektrums starke Unsicherheiten in sich birgt.

Neben dem Streuquerschnitt ist die Neutralisationswahrscheinlichkeit eine die Streuintensität stark beeinflussende Größe. Die bei der Neutralisierung der Primärionen wirkenden Mechanismen (Auger-Neutralisation, Resonanz-Neutralisation) sind im Zusammenhang mit der Sekundärelektronenauslösung bei Ionenbeschuß (vgl.

Kap. 15.) diskutiert worden und sind prinzipiell auch im Falle der Ionenstreuung wirksam. Die Rechnungen führen zu einem Ausdruck für die Wahrscheinlichkeit P einer Streuung ohne Neutralisation:

$$P \sim \exp\left(-v_0/v_\perp\right), \tag{7}$$

worin $v_\perp$ die Komponente der Ionengeschwindigkeit senkrecht zur Targetoberfläche und v_0 eine Konstante ist. Eine Berechnung von P ist wegen Unkenntnis des präexponentiellen Faktors zur Zeit nicht möglich, eine qualitative Übereinstimmung mit Gleichung (7) konnte SMITH [14] zeigen.

Ein oszillatorisches Verhalten der Streuintensität als Funktion der Primärenergie bei bestimmten Targetmaterialien haben ERICKSON und SMITH [15] beobachtet. Sie konnten diese Erscheinung als quasiresonanten Ladungsaustausch deuten, wie er von der Streuung von Ionen an Gasmolekülen bekannt ist. Diese Erscheinung hat einige interessante analytische Aspekte (z. B. Informationen über den chemischen Bindungszustand) und dürfte neue Erkenntnisse zum Mechanismus der Ionenneutralisation liefern.

Aus den vorstehenden Ausführungen geht hervor, daß eine quantitative Analyse ohne einen Vergleich mit Standards derzeit nicht möglich ist.

16.3. Experimentelle Technik

Der experimentelle Aufwand, den die Ionenreflexionsspektrometrie erfordert, kann relativ niedrig gehalten werden, wenn die Methode nur als Analysenverfahren bei

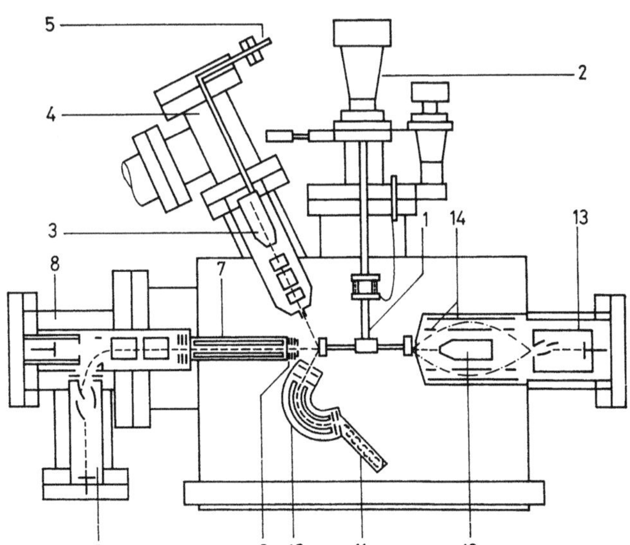

Abb. 16.3. UHV-Rezipient mit Spektrometern für Ionenreflexionsspektrometrie (ISS), SIMS und AES (nach [10] und [24])

1—2 Manipulator mit Probenhalter, *3—5* Primärionenquelle für SIMS und ISS mit Druckstufe und Gaseinlaß, *6* Cross-beam-Ionenquelle für Restgasanalyse, *7—9* Quadrupol-Massenspektrometer für SIMS und Restgasanalyse, *10—11* 127°-Energieanalysator mit SEV für ISS, *12—14* Zylinderspiegelanalysator (CMA) für AES festem Streuwinkel benutzt werden soll und man auf zusätzliche Präzisionsmanipulatoren zur Bewegung des Analysators, eine Vorselektion der Primärionen und ein kostspieliges rechnergestütztes Ansteuer- und Nachweissystem verzichtet. Unbedingt erforderlich sind Ionenquelle, Energieanalysator und Ionennachweissystem einschließlich eines UHV-Rezipienten. In Abbildung 16.3 ist dargestellt, wie die Ionenreflexionsspektrometrie mit anderen oberflächenanalytischen Verfahren, wie SIMS und AES, in einem UHV-Rezipienten gekoppelt werden kann.

Ionenquelle

Zur Erzeugung niederenergetischer Edelgasionen werden vorwiegend Elektronenstoßionenquellen mit typischen Primärströmen zwischen 1 nA und 10 μA, Energien zwischen 0,5 und 2 keV und Strahldurchmessern von 1 ··· 2 mm FWHM (am Target) verwendet. Die Energiebreite der Ionen liegt bei einigen eV. Die erzeugten Ionen sind bei geeigneter Einstellung der Elektronenenergie vorwiegend einfach geladen, so daß keine zusätzlichen Peaks im Energiespektrum bei teilweiser Neutralisation mehrfach geladener Ionen am Target auftreten. Bei Verzicht auf eine Isotopentrennung durch Vorselektion muß auf Isotopenreinheit des Beschußgases geachtet werden, wenn man zusätzliche Peaks vermeiden will. Die Verwendung von He oder Ar ist auf Grund der natürlichen Isotopenzusammensetzung sowie der erreichbaren Massenauflösung für die meisten Elemente vorteilhaft. Bei der Ionenstrommessung am Target muß auf Meßfehler infolge nicht vernachlässigbarer Sekundärelektronenströme geachtet werden, entweder durch Unterdrückung der Sekundärelektronenemission durch ein positives Targetpotential (≈ 100 V), durch eine negative Abschirmung oder eine Vergleichsmessung mit Hilfe eines Faraday-Kollektors.

Energieanalysator

Als Energieanalysatoren finden vorwiegend elektrostatische zylindrische oder sphärische Anordnungen Verwendung. Für eine gute Massenauflösung werden Energieauflösungen $\frac{\Delta E}{E} \approx 1\%$ benötigt ($\frac{\Delta E}{E} = \frac{2s}{\varrho}$, mit s Breite der Eintrittsapertur, ϱ mittlerer Radius). Die bei einem Zylinderkondensator benötigte Plattenspannung U_A zur Ausfilterung von Ionen der spezifischen Energie E_1/q erhält man aus $E_1/q = U_A \cdot \varrho/2d$ (d Plattenabstand), wobei die Platten symmetrisch gegen Erde (bzw. Targetpotential) gelegt werden. Für einen praktisch ausgeführten 127°-Analysator [10] mit $\varrho = 42$ mm, $s = 0{,}23$ mm und $d = 10{,}0$ mm ergab sich $\Delta E/E = 1{,}1\%$ und eine erforderliche maximale Plattenspannung $U_A = 476$ V zur Aufnahme eines Energiespektrums einfach geladener Ionen bei einer Primärenergie von 1 keV.

Eine besonders bei Vorhandensein eines Zylinderspiegelanalysators (CMA) für AES interessante Variante wurde von Niehus und Bauer [16] erprobt. Durch einfaches Umpolen der Plattenpotentiale kann der CMA für die Energieanalyse positiver Ionen verwendet werden, allerdings nur bei festen Streuwinkeln (z. B. 68° bzw. 152°), wobei die volle Öffnung des CMA infolge des nichtaxialen Beschusses nicht genutzt werden kann. Dabei kann die ohnehin meist am CMA angeordnete Sputterionenquelle als Primärionenquelle eingesetzt werden.

In einigen Fällen werden „Time-of-flight"(TOF)-Analysatoren benutzt [17], die auch die gestreuten Neutralteilchen zu analysieren gestatten, so daß Aussagen über die Neutralisationswahrscheinlichkeit möglich werden.

Ionennachweis

Als Detektoren für den Nachweis gestreuter niederenergetischer Ionen werden entweder offene Sekundärelektronenvervielfacher mit Cu-Be-Dynoden oder Kanalelektronenvervielfacher (Channeltrons) eingesetzt. Die Detektoren müssen UHV-kompatibel sein. Die Ionen-Elektronen-Wandlung erfolgt an der 1. Dynode (bzw. am Kanaleingang). Um eine von der Ionenenergie unabhängige Ausbeute zu erhalten, wird der SEV-Eingang auf —2 bis —3 kV gehalten, so daß niederenergetischere Ionen nachbeschleunigt werden. Durch eine Einzelionenzählung mit Hilfe einer an den SEV angeschlossenen Zähllinie (Verstärker, Diskriminator, Zähler, Impulsdichtemesser) wird die Messung weitgehend unabhängig vom Verstärkerfaktor des SEV. Die Zähltechnik erlaubt in einfacher Weise einen Rechneranschluß, ebenso ist die Ansteuerung des Spektrometers ohne besonderen Aufwand mit Hilfe eines Rechners möglich. Zum „Durchfahren" der Plattenspannung U_A des Analysators mit Hilfe eines Rechners sind lediglich ein Digital-Analog-Konverter (10 bis 12 bit) und ein geeigneter Operationsverstärker erforderlich.

16.4. Anwendungen

Die Streuung langsamer Ionen an Festkörperoberflächen ist nicht nur wegen des interessanten physikalischen Phänomens Gegenstand größeren Interesses, sondern besonders attraktiv für die Lösung analytischer Probleme, die eine sehr oberflächenselektive, im Bereich einer Monolage liegende Untersuchung erfordern. Hierbei ist die Ionenreflexionsspektrometrie besonders für qualitative und halbquantitative Bestimmungen der atomaren Zusammensetzung der Oberfläche eines Festkörpers sowie für Strukturuntersuchungen geeignet.

Informationstiefe

Die hohe Oberflächenempfindlichkeit der Ionenreflexionsspektrometrie liegt darin begründet, daß die Ionen bevorzugt von der obersten Atomlage gestreut werden. Das wurde bei Untersuchungen an Oberflächen von polaren Kristallen, wie ZnTe [18], CdS [19], GaP [20], CdSe [21] und ZnS [22] demonstriert, deren Streuspektren je nach Polarität vorzugsweise die eine oder andere Komponente enthielten. Abbildung 16.4 zeigt die Spektren der (111)- sowie der $(\bar{1}\bar{1}\bar{1})$-Fläche eines ZnS-Kristalls, in denen nur diejenigen Peaks auftreten, die sich durch Einfach- und Zweifachstreuung der jeweils an der Oberfläche liegenden Atome ergeben. Dieser direkte Nachweis ist nur mit der Ionenreflexionsspektrometrie möglich, das Auftreten unterschiedlicher Ätzfiguren gestattet keine Aussage, ob die Zn- oder S-Atome an der Oberfläche liegen.

Einen weiteren Hinweis auf die Informationstiefe erhält man aus Sorptionsuntersuchungen. Die Sorption von O und S auf Ni im Submonolagenbereich liefert ein proportional mit steigender Bedeckung abfallendes Ni-Signal bei der ISS, während simultane AES-Messungen einen konstanten Ni-Peak zeigen, begründet durch die größere Informationstiefe der AES [23]. Ähnliche Experimente mit Br

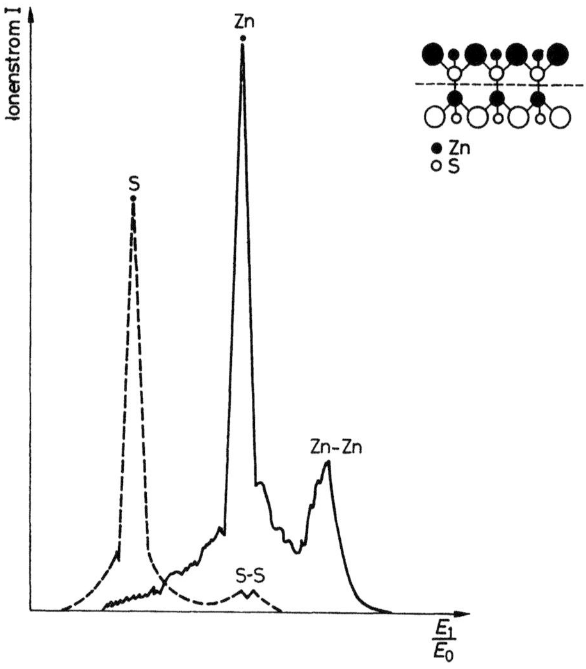

Abb. 16.4. Intensität gestreuter Ne^+-Ionen I als Funktion der Ionenenergie E_1/E_0 für die (111)- bzw. $(\bar{1}\bar{1}\bar{1})$-Flächen eines ZnS-Kristalls. Die Spektren zeigen auch Peaks, die von Zweifachstößen herrühren

- - - - $(\bar{1}\bar{1}\bar{1})$-Fläche (nur S-Atome)

—— (111)-Fläche (nur Zn-Atome)

Die gestrichelte Linie in der schematischen Strukturdarstellung entspricht dem Verlauf der (111)-Fläche (nach [22])

auf Si [20] zeigen, daß eine monomolekulare Bedeckung das Si-Signal zum Verschwinden bringt. Aus diesen und anderen Untersuchungen folgt, daß die Informationstiefe der ISS bei einer Monolage ($\approx$ 3 Å) liegt.

Kalibrierung und Nachweisempfindlichkeit

Die Intensität I_i der gestreuten Ionen, die von Streuzentren der Sorte i herrühren, ist der Flächendichte n_i dieser Streuzentren im Bereich der Informationstiefe d proportional ($n_i = d \cdot N_i$, N_i Dichte der Atome der Sorte i) und kann in Analogie zu Gleichung (6) geschrieben werden:

$$I_i = c \cdot I_0 \cdot P_i \cdot n_i \cdot \frac{d\sigma_i}{d\Omega} \Delta\Omega. \tag{8}$$

Auf Grund der Unkenntnis sowohl des Streuquerschnitts σ_i als auch der Neutralisationswahrscheinlichkeit P_i ist im allgemeinen eine Kalibrierung notwendig. Die durch Gleichung (8) ausgedrückte lineare Abhängigkeit der Intensität von der Target-Atomdichte ist in vielen Fällen nachgewiesen worden, indem mit unabhängigen Methoden verglichen wurde. So wurde für eine Reihe von Au-Ni-Legierungen eine gute Proportionalität von I_i zu den Konzentrationen N_i durch Kalibrierung mit einer Elektronenstrahl-Mikrosonde festgestellt [14]. Durch Vergleich mit AES und LEED konnte für die Systeme O und S auf Ni-Einkristallen Linearität des Ionenstreusignals mit der Oberflächenkonzentration nachgewiesen werden [9].

Dagegen wurden für andere Systeme, wie z. B. Be auf W, ein nichtlineares Verhalten beobachtet [16]. In einigen Fällen wurde die Nachweisempfindlichkeit der Methode bestimmt. Für Au auf Si ergaben sich $5 \cdot 10^{-4}$ Monolagen bei He^+- und $1 \cdot 10^{-4}$ bei Ar^+-Streuung [2]. Für O auf Ni ergab sich eine Nachweisgrenze von 0,1, für S auf Ni 10^{-4} ([9, 23]) und für Br auf Si $5 \cdot 10^{-3}$ Monolagen [20]. Allgemein kann man sagen, daß die Nachweisempfindlichkeit für leichte Elemente auf schweren Substraten etwa 10^{-2} Monolagen und für Metalle auf leichtem Substrat etwa 10^{-4} Monolagen beträgt [7].

Technologische Anwendungen

Die meisten technologischen Anwendungen sind qualitativer oder halbquantitativer Art und nutzen hauptsächlich die gute Oberflächenselektivität. Als Beispiel für die Untersuchung eines Oberflächenprozesses sei die Aktivierung einer W-Dispenserkatode angeführt [25]. Ein bei Raumtemperatur aufgenommenes Streuspektrum zeigt nur den W-Peak, während nach der Aktivierung Bestandteile der im W

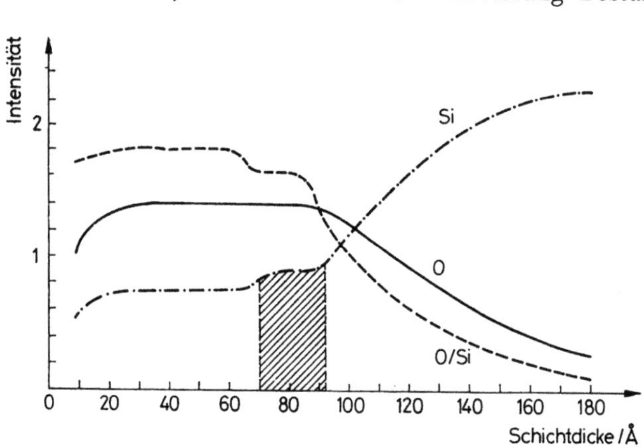

Abb. 16.5. Tiefenprofil eines 96-Å-Oxids auf (100)-Si, aufgenommen mittels Ionenreflexionsspektrometrie. In einer Grenzschicht von ca. 20 Å Dicke (gestrichelt) ist ein Überschuß von $1{,}4 \cdot 10^{14}$ Überschußatomen Si pro cm^2 und Monolage nachweisbar (nach [26]).

imprägnierten Oxide (Al_2O_3, BaO, CaO), im wesentlichen jedoch Ba, im Streuspektrum auftreten.

Untersuchungen zur Stöchiometrie der SiO_2/Si-Grenzschicht mittels Tiefenprofilanalyse ergaben mit Hilfe der Ionenreflexionsspektrometrie einen klaren Nachweis eines Si-Überschusses in einem 15···20 Å dicken Grenzbereich (Abb. 16.5) und den Nachweis der Stöchiometrie von thermischem SiO_2 von nur 15 Å Dicke [26]. Diese Ergebnisse demonstrieren die gute Tiefenauflösung der Methode. Weitere technologische Anwendungen liegen auf dem Gebiet der Analyse passivierender Schichten und elektroplattierter Metalle [6].

Strukturuntersuchungen

Bei der Ionenreflexionsspektrometrie erhält man einmal strukturelle Informationen aus dem „Abschattungseffekt" wie im Falle der besprochenen polaren Kristalle und der Sorption von Gasen ([22, 9]), zum anderen aber insbesondere aus Untersuchungen der mehrfach gestreuten Ionen.

Bei der Mehrfachstreuung tritt ein Ion mit zwei oder mehreren Atomen einer Reihe in Wechselwirkung, ehe es unter einem Gesamtstreuwinkel ϑ zurückgestreut wird. Die Energie E_1 der rückgestreuten Ionen ist größer als bei einem Einfachstoß um den gleichen Streuwinkel, so daß entweder neue Peaks (bei Einkristallen) oder „Schultern" (bei Polykristallen) auf der hochenergetischen Seite der durch Einfachstreuung entstehenden Peaks auftreten. Ein analytischer Ausdruck für E_1 ist nicht angebbar, jedoch sind numerische Modellrechnungen durchgeführt worden ([12, 27 bis 31]). Vielfachstreuung tritt besonders dann auf, wenn der Stoßparameter P vergleichbar ist mit den Atomabständen, d. h. bei großen Ionenmassen M_1, kleinen Einfallswinkeln ψ, kleinen Streuwinkeln ϑ und kleinen Primärenergien E_0. Be-

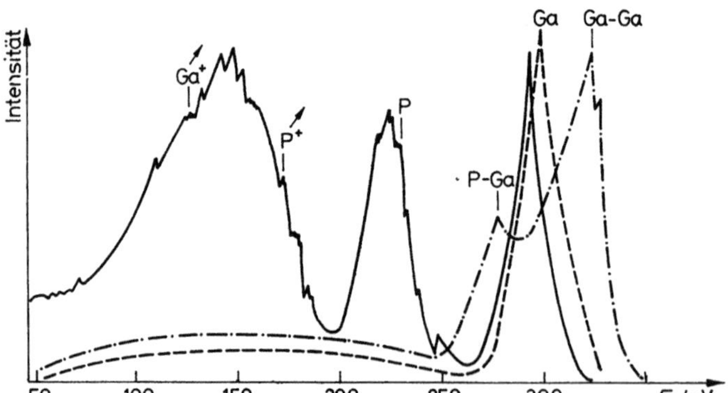

Abb. 16.6. Intensität gestreuter Ne^+-Ionen als Funktion der Ionenenergie E_1 (Primärenergie $E_0 = 350$ eV) für eine (111)-Fläche von GaP ($\vartheta_1 = 45°$). Nach Temperung bei 450 °C treten Peaks aus Zweierstößen auf (P-Ga, Ga-Ga), die auf eine geordnete Struktur schließen lassen (nach [20])

——— (111)-Fläche, 25 °C

—·—· (111)-Fläche, 450 °C

— — — ($\bar{1}\bar{1}\bar{1}$)-Fläche, 450 °C

sonders interessante Effekte treten bei Einkristallen auf, wenn die Einfalls- und Reflexionsebene mit niedrig indizierten Atomreihen koinzidieren („chain effect"). An dieser Stelle sei jedoch auf die Originalliteratur verwiesen ([32, 12]). Die Vielfachstreuung wurde bei GaP-(111) zur Untersuchung der Temperung sowie zur Bestimmung des Bindungswinkels zwischen Ga und P erfolgreich eingesetzt [20]. In Abbildung 16.6 sind die Streuspektren einer GaP-(111)-Fläche dargestellt, die bei Beschuß mit 350-eV-Ne^+-Ionen erhalten wurden. Während vor der Temperung (25 °C) keine Peaks aus Mehrfachstößen beobachtet wurden, ergibt sich nach einer Wärmebehandlung bei 450 °C eine geordnete Struktur, wie aus dem Auftreten von Peaks geschlossen wurde, die von Zweifachstößen (Ga-P und Ga-Ga) herrühren. Bei Ni-Einkristallen konnte mit Hilfe der Vielfachstreuung die Ätzung durch Ar^+-Ionen untersucht werden [33]. Bei Cu wurden Oberflächendefekte (Stufen) bei sehr kleinen Streuwinkeln beobachtet [13].

Weitere Anwendungen ergeben sich besonders im Zusammenwirken mit LEED, wobei Aussagen der Ionenreflexionsspektrometrie über die atomare Zusammensetzung die LEED-Aussagen über die Symmetrie der Oberfläche sinnvoll ergänzen können (O auf Ni, Ag und W [11, 34, 16]).

16.5. Zusammenfassung

Die Ionenreflexionsspektrometrie langsamer Ionen stellt für analytische Anwendungen eine relativ einfache Methode mit vergleichbar guter Empfindlichkeit (10^{-2} bis 10^{-4} Monolagen) dar. Besonders vorteilhaft können Probleme untersucht werden, die eine hohe Oberflächenselektivität erfordern ($\approx$ 1 Monolage). Eine qualitative Analyse der atomaren Zusammensetzung der obersten Atomlagen ist über eine einfache Interpretation der Rückstreuspektren möglich, jedoch ist die Massenauflösung bei vergleichsweise großen Massen ($M_{\text{atom}} \gg M_{\text{ion}}$) gering. Durch unerwünschte Streueffekte (unelastische Stöße, Vielfachstreuung) können die Peaks verbreitert werden, wodurch eine weitere Reduzierung der Massenauflösung eintritt. Oberflächenschäden und Desorptionen von der Oberfläche infolge des Ionenbeschusses können klein gehalten werden, da nur geringe Ionenstromdichten (einige nA/cm^2) erforderlich sind. Ein gutes Vakuum bezüglich der reaktiven Restgase ($< 10^{-7}$ Pa) ist jedoch unerläßlich, um unerwünschte Sorptionseffekte zu vermeiden.

Die ungelösten Fragen der Ionenneutralisierung und der Streuquerschnitte erlauben zur Zeit eine quantitative Analyse nur nach Kalibrierung mittels Standards, wie es auch bei den meisten anderen analytischen Verfahren der Fall ist. Eine Klärung struktureller Fragen ist sowohl über den einfachen Abschattungseffekt als auch über eine detailliertere Analyse der Mehrfachstreuprozesse möglich. Die Ausnutzung des oszillatorischen Verhaltens der Neutralisationswahrscheinlichkeit bei Variation der Primärenergie eröffnet weitere analytische Möglichkeiten, insbesondere hinsichtlich des chemischen Bindungszustandes der Atome. Die Ionenreflexionsspektrometrie ist kompatibel mit anderen oberflächenanalytischen Methoden, wie AES, SIMS und LEED, so daß durch Kombination mehrerer Methoden in einer UHV-Apparatur die Aussagekraft der Einzelmethoden wesentlich erhöht werden kann.

16.6. Literatur

[1] Brunnee, C., Z. Phys. **147** (1957) 101.
[2] Panin, B. V., Shurnal eksp. teor. fiz. **42** (1962) 313.
[3] Mashkova, E. S., Molchanov, V. A., Dokl. Akad. Nauk **7** (1963) 829. Radiat. Eff. **16** (1972) 143.

[4] SNOEK, C., KISTEMAKER, J., Advances Electron. Electron Phys. **21** (1965) 67.
[5] SMITH, D. P., J. appl. Phys. **38** (1967) 340.
[6] BUCK, T. M.: Low-Energy Ion Scattering Spectrometry. In: Methods of Surface Analysis. Hrsg.: A. W. CZANDERA. – Elsevier Scientific Publishing Company, Amsterdam—Oxford—New York 1975, S. 75—102.
[7] TAGLAUER, E., HEILAND, W., Appl. Phys. **9** (1976) 261.
[8] HEILAND, W., Electrón Fisc. Apli. **17** (1974) 151.
[9] TAGLAUER, E., HEILAND, W., Appl. Phys. Lett. **24** (1974) 437.
[10] PURSCH, H.: Aufbau u. Erprobung einer Apparatur zur Energieanalyse elastisch zurückgestreuter Edelgasionen, Dipl.-Arb. 1976, Zentralinstitut für Elektronenphysik der AdW der DDR.
[11] HEILAND, W., TAGLAUER, E., J. Vac. Sci. Technol. **9** (1972) 620.
[12] TAGLAUER, E., HEILAND, W., Surf. Sci. **33** (1972) 27.
[13] BEGEMANN, S. H. A., BOERS, A. L., Surf. Sci. **30** (1972) 134.
[14] SMITH, D. P., Surf. Sci. **25** (1971) 171.
[15] ERICKSON, R. L., SMITH, D. P., Phys. Rev. Lett. **34** (1975) 297.
[16] NIEHUS, H., BAUER, E., Surf. Sci. **47** (1975) 222.
[17] BUCK, T. M., VAN DER WEG, W. F., CHEN, Y. S., WHEATLEY, G. H., Surf. Sci. **47** (1975) 244.
[18] STEHLOW, W. H., SMITH, D. P., Appl. Phys. Lett. **13** (1968) 34.
[19] BRONGERSMA, H. H., MUL, P. M., Chem. Phys. Lett. **14** (1972) 380.
[20] BRONGERSMA, H. H., MUL, P. M., Surf. Sci. **35** (1973) 355.
[21] HONIG, R. E., HARRINGTON, W. L., Thin Solid Films **19** (1973) 43.
[22] BRONGERSMA, H. H., MEYER, F., WERNER, H. W., Philips techn. Rev. **34** (1974) 357.
[23] TAGLAUER, E., HEILAND, W., Surf. Sci. **47** (1975) 234.
[24] PECH, P., ALTRICHTER, B., ACHTERT, J., JÜTTNER, B., WOLFF, H., Proc. 6. Int. Conf. on Electronics and Vacuum Physics, August 76, Bratislava, ČSSR.
[25] BRONGERSMA, H. H., SCHOUTEN, W. J., Acta Electronica **18** (1975) 47.
[26] HARRINGTON, W. L., HONIG, R. E., GOODMAN, A. M., WILLIAMS, R., Appl. Phys. Lett. **27** (1975) 644.
[27] PARILIS, E. S., TURAJEV, N. Y., KIVILIS, V. M., 8th Int. Conf. on Ion. Phenom. in Gases, Belgrad 1967, S. 47.
[28] MASHKOVA, E. S., MOLCHANOV, V. A., Fiz. Tverd. Tela 8 (1966) 1206.
[29] YURASOVA, V. E., SHULGA, V. I., KARPAZOV, D. S., Canad. J. Phys. **46** (1968) 759.
[30] ARMOUR, D. G., CARTER, G., SMITH, A. G., Rad. Effects **3** (1970) 175.
[31] BOERS, A. L., 2. Int. Summer School on Vacuum Physics 1974, Fonyód, Hungary.
[32] KIVILIS, V. M., PARILIS, E. S., TURAJEV, N. Y., Dokl. Akad. Nauk **12** (1967) 328.
[33] HEILAND, W., TAGLAUER, E., Rad. Effects **19** (1973) 1.
[34] HEILAND, W., IBERL, F., TAGLAUER, E., MENZEL, D., Surf. Sci. **53** (1975) 383.

17. Ionometrie

(G. GÖTZ, Jena)

17.1. Grundprinzip

Ionometrische Verfahren beruhen auf der Wechselwirkung energiereicher Ionen mit den Atomen von Festkörpern. Dabei können sowohl aus der Veränderung der Energie, der Anzahl und der Richtung der eingeschossenen Ionen nach dem Wechselwirkungsprozeß als auch aus den Kenngrößen der Sekundärstrahlung, die bei der Wechselwirkung erzeugt wird (Teilchenstrahlung oder elektromagnetische Strahlung), Rückschlüsse auf physikalische Eigenschaften der Festkörper gezogen werden. Für die Untersuchung kristalliner Festkörper ergaben sich prinzipiell neue Möglichkeiten durch die Entdeckung des Kanalisierungs- und Blockierungseffekts [1—5].

17.2. Theoretische Grundlagen

Kanalisierung und Blockierung von Ionenbahnen

Die Bewegung von Ionen in Einkristallen wird durch Anisotropieeffekte beeinflußt. Trifft ein Ionenstrahl unter einem Winkel ψ, der kleiner als ein kritischer Winkel ψ_k ist, gegen eine Kristallachse oder -ebene, so erfahren die Ionen an den Gitteratomen korrelierte Kleinwinkelablenkungen. Die Ionen laufen auf geführten Bahnen innerhalb der durch Ketten oder Ebenen dicht gepackter Atome eingegrenzten „Kanäle" (Kanalisierung von Ionenbahnen; Abbildung 17.1.). Hierbei können sich

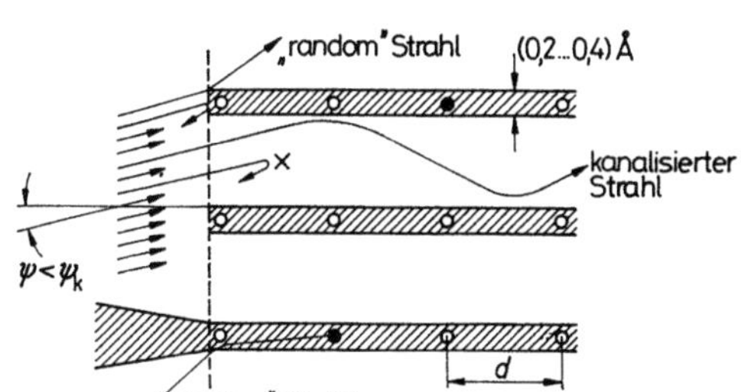

Abb. 17.1. Prinzip der Kanalisierung und Blockierung von Ionenbahnen in Einkristallen
(○ reguläres Gitteratom, ● Fremdatom auf Gitterplatz, × Fremdatom auf Zwischengitterplatz)

die Ionen den Kristallatomen nur bis zu einer Entfernung nähern, die durch den Abschirmradius a ($\approx 0{,}1 \cdots 0{,}2$ Å) des Potentials gegeben ist. Damit sind im Idealfall alle Wechselwirkungsprozesse mit Stoßparametern $p < a$ ausgeschlossen. Zu diesen Wechselwirkungsprozessen gehören die Kernbremsung, die Rutherford-Weitwinkelstreuung (Rückstreuung), Kernreaktionen und die Anregung charakteristischer Röntgenstrahlen (K-, L-Strahlung).

Der zur Kanalisierung von Ionenbahnen inverse Effekt ist die Blockierung von Ionenbahnen. Wird z. B. vom Atomkern eines Kristallatoms ein Teilchen emittiert, so kann es infolge der Streuung an den benachbarten Atomen den Kristallverband nicht in Richtung von Achsen oder Ebenen verlassen. Die Ionenbahn ist für Richtungen mit $\psi < \psi_k$ blockiert.

Die kritischen Winkel ψ_k können nach LINDHARD [2] folgendermaßen berechnet werden:

Für Achsen

$$\psi_{ka} = C_1 \psi_1 \qquad \text{für} \qquad \psi_1 < a/d \tag{1}$$

$$\psi_{ka} = C_2 \left(\psi_1 \frac{a}{d\sqrt{2}}\right)^{1/2} \qquad \text{für} \qquad \psi_1 > a/d \tag{2}$$

mit

$$\psi_1 = \left(\frac{2 Z_1 Z_2 e^2}{E_1 d}\right)^{1/2}.$$

Hierbei sind d der Atomabstand längs der Achse, Z_1 und Z_2 die Ordnungszahlen der Ionen und der Kristallatome, e die Elementarladung und E_1 die Energie der Ionen. C_1 und C_2 sind von der Temperatur und Kristallart abhängige Parameter in der Größenordnung von eins [6, 7].

Für Ebenen

$$\psi_{kp} = C_3 \left(\frac{Z_1 Z_2 e^2 N_0 d_p a}{E_1}\right)^{1/2} \tag{3}$$

Hierbei sind N_0 die atomare Dichte des Kristalls und d_p der Ebenenabstand. C_3 hat einen Wert zwischen 1,5 und 2,0 [8].

An der Oberfläche des Kristalls sind Wechselwirkungsprozesse mit $p < a$ nicht unterdrückt (siehe Abbildung 17.1). Im Kanalisierungsfall wird der eingeschossene Ionenstrahl an der Oberfläche in zwei Anteile aufgeteilt, den „Random"-Strahl und den kanalisierten Strahl. Die Bezeichnung „random" charakterisiert dabei solche Verhältnisse, wie sie beim Durchgang der Ionen durch amorphe Substanzen bzw. beim Einschuß der Ionen weitab kristallographischer Vorzugsrichtungen bestehen. Die Ionen des „Random"-Strahles wechselwirken mit den Atomen des Kristalles normal, d. h., es gibt keine einschränkenden Bedingungen für die Stoßparameter p. Die dem „Random"-Anteil entsprechende Minimalausbeute χ_1 von Wechselwirkungsprozessen berechnet sich aus folgenden Beziehungen [2]:

Für Achsen

$$\chi_{1a} = \pi N_0 d (a^2 + \varrho^2) \tag{4}$$

(ϱ ist die Amplitude der thermischen Schwingungen der Kristallatome) *für Ebenen*

$$\chi_{1p} = \frac{2a + \varrho}{d_p}. \tag{5}$$

Mit χ wird die normierte Ausbeute, d. h. die Ausbeute bei kanalisiertem Einschuß dividiert durch die Ausbeute bei „Random"-Einschuß, bezeichnet. Zur Unterscheidung wird für nicht normierte Ausbeuten das Symbol Y verwendet.

Dekanalisierung

Messungen der normierten Minimalausbeute χ_1 in Abhängigkeit von der Eindringtiefe des Ionenstrahles in den Kristall ergeben, daß χ_1 mit größer werdender Tiefe ansteigt. Das bedeutet, daß die Wahrscheinlichkeit für Wechselwirkungsprozesse mit $p < a$ sich im Innern des Kristalls mit der Länge des Ionenweges ändert, d. h., es finden Prozesse statt, durch die die Ionen aus dem kanalisierten Strahl in den „Random"-Strahl überführt werden. Diese Dekanalisierungsprozesse können nur durch eine detaillierte Beschreibung der Wechselwirkungen zwischen den eingeschossenen Ionen und dem Kristall erklärt werden. Insbesondere müssen thermische Gitterschwingungen und die im Kristall vorhandenen Elektronen in die Betrachtung einbezogen werden [2, 9, 10, 11, 12].

Die thermischen Gitterschwingungen zerstören die Korrelation zwischen aufeinanderfolgenden Stoßprozessen der eingeschossenen Ionen. Stoßprozesse zwischen den Ionen und Elektronen führen zu wesentlichen Änderungen des Impulses der Ionen.

In nicht perfekten Kristallen kommt ein dritter Beitrag hinzu, der durch Stoßprozesse zwischen Ionen und fehlgeordneten (sich außerhalb der Atomreihen und -ebenen befindlichen) Atomen bewirkt wird (siehe auch Abbildung 17.1).

Rutherford-Weitwinkelstreuung

Das Prinzip ionometrischer Untersuchungen unter Ausnutzung der Rutherford-Weitwinkelstreuung ist in Abbildung 17.2 dargestellt.

Ein Ionenstrahl (Masse M_1, Ordnungszahl Z_1) trifft mit der Energie E_1 auf einen Kristall (M_2, Z_2). Der Kristall enthalte außerdem noch Fremdatome (M_3, Z_3; $M_3 > M_2$). Mit einem Detektor werden in einem bestimmten Raumwinkelbereich $\Delta\Omega$ die um den Winkel Θ (Laborsystem) gestreuten Ionen registriert und anschließend mit Hilfe eines Vielkanalanalysators einer Energieanalyse unterzogen. Charakteristische Energiespektren für „Random"- und kanalisierten Einschuß sind im unteren Teil der Abbildung 17.2 dargestellt. Durch den Kanalisierungseffekt wird die Ausbeute bei kanalisiertem Einschuß entsprechend Gleichung (4) bzw. (5) auf etwa 1···5% der „Random"-Ausbeute verringert. Das den Fremdatomen zugeordnete Spektrum wird in dem Maße reduziert, wie ein Einbau der Atome auf Gitterplätze längs der entsprechenden Kanalrichtung erfolgt. Die Aufnahme von Energiespektren bei Einschuß der Ionen längs verschiedener Achsen und Ebenen ermöglicht damit, Aussagen über den Einbau der Fremdatome in den Gitterverband zu treffen.

Die Energie $E(0)$ der direkt an der Oberfläche des Kristalls gestreuten Ionen ist um den elastischen Energieverlust vermindert, der beim Streuprozeß auf das Kristall- bzw. Fremdatom übertragen wird. Aus der Kinematik des Streuprozesses erhält man für $E(0)$ im Laborsystem

$$E(0) = kE_1 = \left(\frac{M_1 \cos\Theta + \sqrt{M^2 - M_1^2 \sin^2\Theta}}{M_1 + M}\right)^2 E_1. \tag{6}$$

Sind E_1, M_1 und Θ konstant, so wächst $E(0)$ mit M (M Masse des Streuzentrums, also M_2 bzw. M_3). Da $M_3 > M_2$ vorausgesetzt war, haben die an den Fremdatomen gestreuten Ionen eine größere Energie als die an den Kristallatomen gestreuten

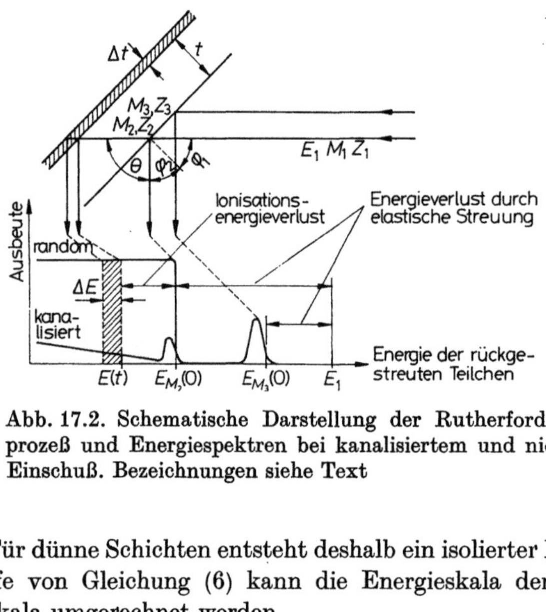

Abb. 17.2. Schematische Darstellung der Rutherford-Weitwinkelstreuung; Streuprozeß und Energiespektren bei kanalisiertem und nichtkanalisiertem („random") Einschuß. Bezeichnungen siehe Text

Ionen. Für dünne Schichten entsteht deshalb ein isolierter Peak im Energiespektrum. Mit Hilfe von Gleichung (6) kann die Energieskala der Spektren direkt in eine Massenskala umgerechnet werden.

Für Ionen, die im Inneren des Kristalls gestreut werden, kommt zum elastischen noch ein unelastischer Energieverlust hinzu, der bei der Abbremsung der Ionen entsteht (Ionisationsenergieverlust). Die Energie eines in der Tiefe t gestreuten Ions beträgt im Laborsystem

$$E(t) = k\left[E_1 - \int_0^{t/\cos\varphi_1} (\mathrm{d}E/\mathrm{d}t)\,\mathrm{d}t\right] - \int_0^{t/\cos\varphi_2} (\mathrm{d}E/\mathrm{d}t)\,\mathrm{d}t, \tag{7}$$

wobei φ_1 und φ_2 die Winkel zwischen Eintritts- bzw. Austrittsrichtung und Oberflächennormale des Kristalls sind (siehe Abbildung 17.2). Gleichung (7) ermöglicht bei genauer Kenntnis des spezifischen Energieverlustes ($\mathrm{d}E/\mathrm{d}t$) die Umrechnung der Energieskala der Spektren in eine Tiefenskala. Damit ist es möglich, aus den Energiespektren der rückgestreuten Ionen Aussagen über die Tiefenprofile der Konzentration der Streuzentren zu erhalten. In Abbildung 17.2 entspricht dem Energieintervall ΔE das Tiefenintervall Δt.

Aus der Anzahl Y_r der bei „Random“-Einschuß vom Detektor registrierten Teilchen kann die Flächendichte n_M der Streuzentren (Masse M) bestimmt werden:

$$n_M = \frac{Y_r}{n_i \, \Delta\Omega \, (\mathrm{d}\sigma/\mathrm{d}\Omega)_{E_1,\Theta}}. \tag{8}$$

Dabei sind n_i die Anzahl der eingeschossenen Ionen, $\Delta\Omega$ der vom Detektor erfaßte Raumwinkel und $(\mathrm{d}\sigma/\mathrm{d}\Omega)_{E_1,\Theta}$ der differentielle Wirkungsquerschnitt für die Rutherfordstreuung, für die im Laborsystem gilt:

$$\left(\frac{\mathrm{d}\sigma}{\mathrm{d}\Omega}\right)_{E_1,\Theta} = \frac{Z_1^2 Z^2 e^4}{4M^2 E_1^2} \frac{(M_1 + M)^2 \left[\frac{M_1}{M}\cos\Theta + \sqrt{1 - \left(\frac{M_1}{M}\sin\Theta\right)^2}\right]^2}{\left[1 + \frac{M_1}{M}\sin^2\Theta - \cos\Theta\sqrt{1 - \left(\frac{M_1}{M}\sin\Theta\right)^2}\right]\sqrt{1 - \left(\frac{M}{M_1}\sin\Theta\right)^2}}. \tag{9}$$

Für M und Z sind die Werte des entsprechenden Streuzentrums einzusetzen (M_2 bzw. M_3 und Z_2 bzw. Z_3). Der Wirkungsquerschnitt vergrößert sich mit Z_1^2 und Z^2. Die Empfindlichkeit des Verfahrens erhöht sich somit für den Nachweis schwerer Atome; auch die Verwendung schwerer Ionen gibt eine Verbesserung der Nachweisempfindlichkeit. Letzteres ist jedoch nur beschränkt ausnutzbar, da schwere Ionen geringe Eindringtiefen haben und beträchtliche Strahlenschäden im Kristall hervorrufen.

Bei kanalisiertem Einschuß verringert sich die vom Detektor registrierte Ausbeute auf

$$Y_1 = \chi_1 Y_r. \tag{10}$$

Die Methode der Rutherford-Weitwinkelstreuung wird vorteilhaft bei der Untersuchung schwererer Atome in Kristallen aus leichten Atomen angewandt, da hierfür die Empfindlichkeit besonders groß ist und die Energiespektren, die Streuprozessen an den Atomen des Kristalls und an den Fremdatomen zuzuordnen sind, klar getrennt sind. Hinsichtlich des Wechselwirkungsprozesses selbst gibt es keine einschränkenden Bedingungen bezüglich des Energiebereiches und der Kombination der am Streuprozeß beteiligten Atomarten.

Kernreaktionen

Zur Einleitung einer Kernreaktion ist erforderlich, daß das Geschoßteilchen in den Kern eindringt. Im betrachteten Energiebereich (~ 50 keV$\cdots$3 MeV) ist das für geladene Teilchen nur für leichte Kerne ($Z < 15$) möglich.

Die Einschußenergie und die Kombination der reagierenden Kerne müssen aufeinander abgestimmt werden. In Tabelle 17.1 sind für die wichtigsten Nuklide die verwendeten Kernreaktionen und die dafür bestehenden Anforderungen zusammengestellt.

In den meisten Fällen können wegen der großen positiven Q-Werte der Kernreaktionen die emittierten Teilchen energetisch getrennt werden, so daß untergrundfreie Energiespektren registriert werden, die eine einfache Auswertung ermöglichen. Störende Kernreaktionen sind nur bei Substraten aus leichten Atomen

Tabelle 17.1. In der Ionometrie genutzte Kernreaktionen

Kern	Reaktion	Beschuß-energie E_1/MeV	Energie der emittierten Teilchen E_2/MeV
^{1}H	$^{1}H(^{11}B, \alpha)^{8}Be$	1,6–2,3	1–4
^{2}H (D)	$D(^{3}He, p)^{4}He$	0,7–1,0	14,7 17,6 γ
^{2}H (D)	D(d, p)T	0,55	2,45
^{3}H (T)	$T(p, n)^{3}He$	2,5	~1 n
^{3}He	$^{3}He(d, p)^{4}He$	0,5 0,4–3,0	2–4 α 12–14 p
^{6}Li	$^{6}Li(d, \alpha)^{4}He$	1,56	9,25
^{7}Li	$^{7}Li(p, \alpha)^{4}He$	1,00	7,84
^{10}B	$^{10}B(n, \alpha)^{7}Li$	thermische Neutronen	1,47 1,78
^{11}B	$^{11}B(p, \alpha)^{8}Be$	0,70	4,07
^{12}C	$^{12}C(d, p)^{13}C$	1,00	3,01
^{14}N	$^{14}N(d, \alpha_1)^{12}C$ ¹)	1,30	6,76
^{16}O	$^{16}O(d, p_1)^{17}O$ ¹)	0,83	1,52
^{18}O	$^{18}O(p, \alpha)^{15}N$	0,73	3,58
^{19}F	$^{19}F(p, \alpha)^{16}O$ $^{19}F(p, \alpha\gamma)^{16}O$	1,26 1,34 0,87	6,93 6,97 7,12 γ 6,92 γ 6,13 γ

¹) führt zum ersten angeregten Niveau des Restkernes

($Z < 15$) zu erwarten. Allerdings müssen die elastisch gestreuten Ionen durch eine dünne Folie vor dem Detektor absorbiert werden, da sonst das Nachweissystem überlastet würde.

Die Flächendichte der nachzuweisenden Kerne (z. B. Fremdatome) wird wieder mit Gleichung (8) berechnet, wobei jetzt Y_r die vom Detektor registrierte Anzahl der Reaktionsprodukte und $(d\sigma/d\Omega)_{E_1,\Theta}$ der differentielle Wirkungsquerschnitt der Kernreaktion sind.

Zur Bestimmung von Konzentrationsprofilen gibt es zwei Verfahren. In den Fällen, in denen der differentielle Wirkungsquerschnitt über einen entsprechenden Energiebereich konstant oder nahezu konstant ist, kann das Energiespektrum in ein Konzentrationsprofil umgerechnet werden. Die Information über die Tiefe, in der die Kernreaktion stattgefunden hat, erhält man wiederum aus dem Ionisationsenergieverlust, der beim Abbremsprozeß des bei der Kernreaktion emittierten Teilchens entsteht.

In speziellen Fällen, wo der differentielle Wirkungsquerschnitt eine sehr schmale Resonanz aufweist, ermöglicht die Messung der Ausbeute Y_r als Funktion der Energie E_1 in der Nähe der Resonanz die Bestimmung des Konzentrationsprofils.

Aussagen über den Einbau von Fremdatomen in das Kristallgitter werden auch hier durch die Aufnahme von Energiespektren bei Einschuß längs bestimmter Kristallachsen und -ebenen erhalten.

In Ergänzung zur Rutherford-Weitwinkelstreuung finden Kernreaktionen vorteilhaft in den Fällen Anwendung, in denen leichte Atome in Kristallen aus schwereren Atomen untersucht werden [13, 14, 15, 16].

17.3. Experimentelle Technik

Ionometrische Untersuchungen werden vorwiegend mittels kleinerer Beschleunigungsanlagen, hauptsächlich Van-de-Graaff-Generatoren und Kaskaden-Beschleuniger des Energiebereiches 0,1 bis 5 MeV, durchgeführt.

Eine entsprechende Beschleunigungsanlage ist in Abbildung 17.3 schematisch dargestellt [17]. Die von einer Hochfrequenz-Ionenquelle emittierten Ionen werden im Beschleunigungsrohr beschleunigt. Der Strahl wird durch ein elektrostatisches Quadrupolsystem fokussiert und im Magnetanalysator hinsichtlich seiner Massen-

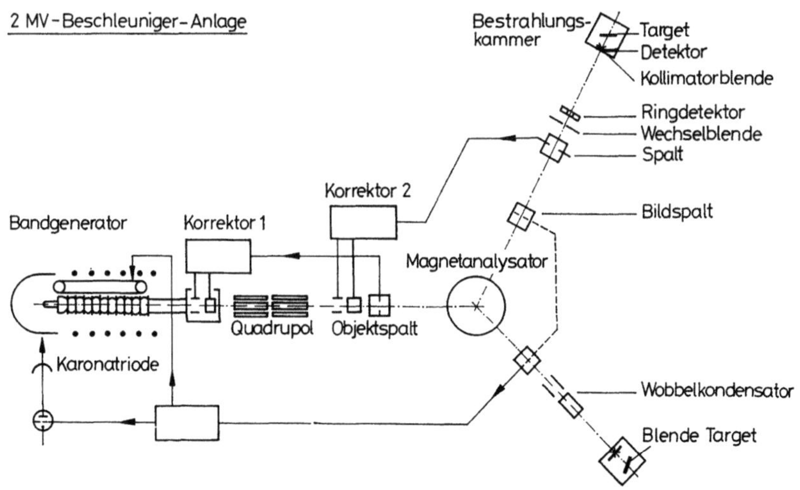

Abb. 17.3. Schematische Darstellung einer 2-MV-Beschleunigungsanlage für ionometrische Untersuchungen

zusammensetzung analysiert. Der ausgesonderte, isotopenreine Strahl wird kollimiert und auf das Target geschossen. Die Energiestabilisierung des Ionenstrahles erfolgt über den Magnetanalysator, dessen Magnetfeld mittels Kernresonanz stabilisiert wird. Damit wird eine Energiestabilität besser als $1^0/_{00}$ erreicht. Der Durchmesser des Ionenstrahles beträgt etwa 1 mm. Der Strahl kann bis auf eine Winkeldivergenz von 0,03° kollimiert werden.

Die experimentelle Anordnung in der Targetkammer zeigt Abbildung 17.4. Ein zweiachsiges Goniometer ermöglicht die Orientierung der Kristalle im Winkelbereich $0^\circ \leqq \varphi \leqq 360^\circ$ und $-10^\circ \leqq \vartheta \leqq 10^\circ$. Zur Registrierung der rückgestreuten Teilchen ($\Theta = 163^\circ$) finden Oberflächenbarrieren-Detektoren Verwendung. Die Energieanalyse wird mit einem Vielkanal-Analysator vorgenommen. Zur Unterdrückung der Sekundärelektronen, die durch die Ionen aus dem Kristall herausgeschlagen werden, ist vor dem Target eine Blende angebracht, die auf ein Potential von -200 Volt gelegt wird. Die Strommessung erfolgt direkt am Target.

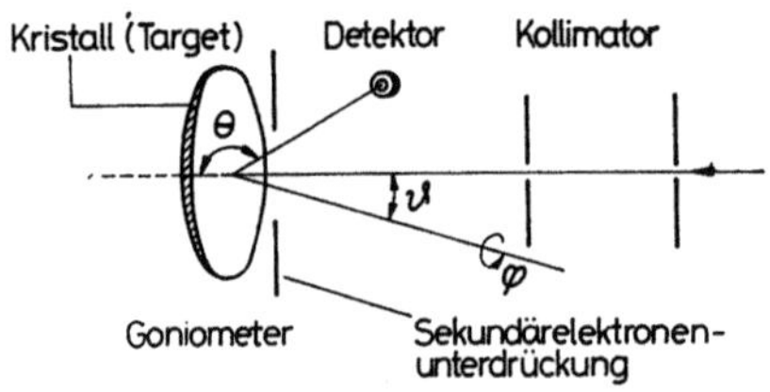

Abb. 17.4. Schema der experimentellen Anordnung in der Targetkammer

Die Energieauflösung der Detektoren liegt für 1,5 MeV He-Ionen bei 12 keV. Damit wird bei Kristallen kleinerer Ordnungszahl (z. B. Silicium) ein Tiefenauflösungsvermögen von etwa 300 Å erreicht.

Die Registrierung von Teilchen, die durch Kernreaktionen ausgelöst werden, erfolgt mit Detektoren, die eine möglichst große empfindliche Fläche ($\sim 300\ mm^2$) besitzen. Hierfür bieten sich Ringdetektoren an, die unmittelbar vor dem Target angeordnet werden.

17.4. Anwendungen

Aus der Vielfalt der Anwendungen seien einige typische Beispiele ausgewählt. Ein umfassenderer Überblick ist aus den Berichten der internationalen Konferenzen über „Ion Beam Analysis" zu entnehmen.

Chemische Zusammensetzungen von Oberflächen

Abbildung 17.5 zeigt Energiespektren rückgestreuter 1,4 MeV He-Ionen, die an einem chemisch geätzten Siliciumeinkristall aufgenommen wurden [18]. Der Kristall war mit Flußsäure geätzt, nachfolgend in destilliertem Wasser gespült und anschließend in Luft getrocknet worden. Bei Einschuß parallel zur $\langle 111 \rangle$-Richtung waren fünf Peaks vorhanden, die nach Auswertung mittels Gleichung (6) den Elementen Kohlenstoff, Stickstoff, Sauerstoff, Fluor und Silicium zuzuordnen sind. Eine detaillierte Analyse mittels Gleichung (8) und (9) ergab, daß sich auf dem Siliciumkristall eine 60 Å dicke SiO_2-Schicht befindet und außerdem Verunreinigungen mit folgenden Konzentrationen vorhanden sind: $4 \cdot 10^{16}$ Kohlenstoffatome/cm², $1 \cdot 10^{16}$ Stickstoffatome/cm² und $5 \cdot 10^{15}$ Fluoratome/cm².

Eine wesentliche Erhöhung der Nachweisempfindlichkeit ist durch den Einsatz elektromagnetischer bzw. elektrostatischer Analysatoren als Detektionssysteme zu erreichen (z. B. 10^{13} Goldatome/cm^2, das entspricht ca. 10^{-2} Atomlagen [19]).

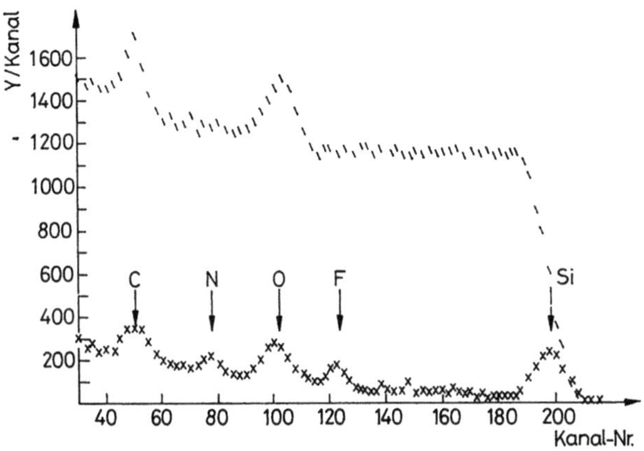

Abb. 17.5. Energiespektren („random" und kanalisiert längs ⟨111⟩) an einem geätzten Siliciumkristall rückgestreuter 1,4 MeV He-Ionen

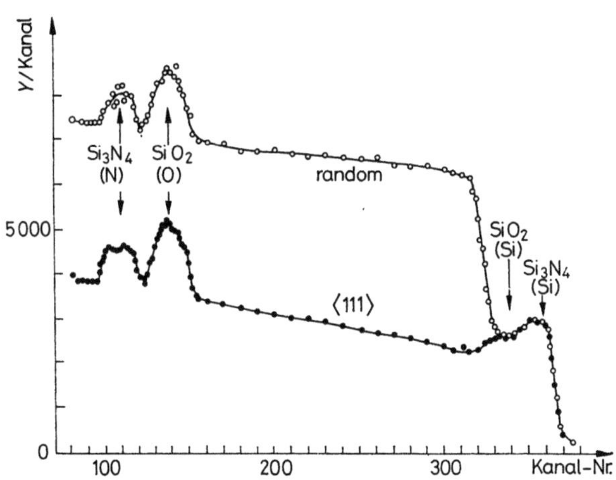

Abb. 17.6. Energiespektren („random" und kanalisiert längs ⟨111⟩) an einem Si-SiO_2-Si_3N_4-Schichtensystem rückgestreuter 2,19 MeV He-Ionen [20]

Oberflächenschichten

Für viele technische Anwendungen müssen Ein- oder Mehrfachschichten auf kristallinen Substraten hergestellt werden (z. B. Metallschichten auf Isolatoren, Isolationsschichten auf Halbleitern). Die Funktion der auf diese Weise produzierten Elemente hängt ganz wesentlich von den Eigenschaften dieser Schichten ab, so daß ihre Untersuchung eine oft gestellte Aufgabe ist. Die Ionometrie ermöglicht Aussagen über die Zusammensetzung von Schichten und die Änderung dieser Zusammensetzung mit der Tiefe. Als Beispiel sei ein Si-SiO_2-Si_3N_4-Schichtensystem gewählt [20]. Die gemessenen Energiespektren sind in Abbildung 17.6 dargestellt. Aus der Energieabhängigkeit der Ausbeuten in ausgewählten Energiebereichen, die Streuprozessen an Si- bzw. N- und O-Atomen in der SiO_2- bzw. Si_3N_4-Schicht entsprechen, kann die Änderung der Zusammensetzung der Schichten mit dem

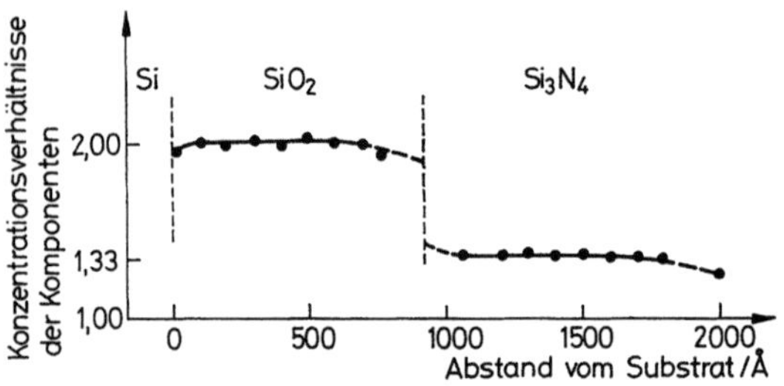

Abb. 17.7. Änderungen der Zusammensetzung eines SiO_2-Si_3N_4-Schichtensystems in Abhängigkeit vom Abstand zum Substrat [20]

Abstand vom Siliciumsubstrat berechnet werden (Gleichungen (6) bis (9)). Die Ergebnisse sind in Abbildung 17.7 dargestellt. Es ist ersichtlich, daß nahezu homogene Schichten durch die verwendeten Verfahren (SiO_2-Schicht: thermische Oxydation bei 1200 °C, Si_3N_4-Schicht: Reaktion $SiCl_4 + N_2O + NH_3$ bei 750 °C) hergestellt wurden.

Strahlenschäden in ionenimplantierten Schichten

Unregelmäßigkeiten im Kristallaufbau, die entweder bei der Herstellung der Kristalle oder durch nachfolgende Prozesse wie Temperung, Implantation von Ionen, Bestrahlung mit Neutronen und Elektronen entstehen, führen zur Fehlordnung von Gitteratomen. Mit ionometrischen Verfahren werden alle fehlgeordneten Atome nachgewiesen, die sich von ihrem Gitterplatz um eine größere Distanz, als dem Abschirmradius entspricht, entfernt haben (siehe Abschnitt 17.2.).

Bei der Implantation von Ionen in Kristalle wird die Fehlordnung von Gitteratomen nicht nur durch die Verlagerung von Gitteratomen auf Zwischengitterplätze bewirkt, sondern auch durch lokale Störungen des Gitters in der Umgebung von Defekten (z. B. Leerstellen [21]). Der Begriff Strahlenschäden ist hier in diesem allgemeinen Sinne zu verstehen.

Abbildung 17.8 zeigt Energiespektren von 1,4 MeV He-Ionen, die von einem strahlengeschädigten Kristall (Implantation von 150 keV B-Ionen bei −196 °C) erhalten wurden. Die einzelnen Kurven entsprechen dabei verschiedenen Dosiswerten.

Nach der Implantation von $5 \cdot 10^{13}$ Ionen/cm² sind noch keine Strahlenschäden nachweisbar — das Spektrum ist innerhalb der Fehlergrenzen mit dem eines nichtimplantierten Kristalls identisch. Mit steigender Dosis wachsen die Spektren an und bei $7 \cdot 10^{14}$ Ionen/cm² ist die implantierte Schicht vollständig amorph (als Kriterium wird hierfür in erster Näherung das Erreichen des Niveaus des „Random"-Spektrums angesehen). Eine weitere Erhöhung der Dosis führt zur Verbreiterung der amorphen Schicht.

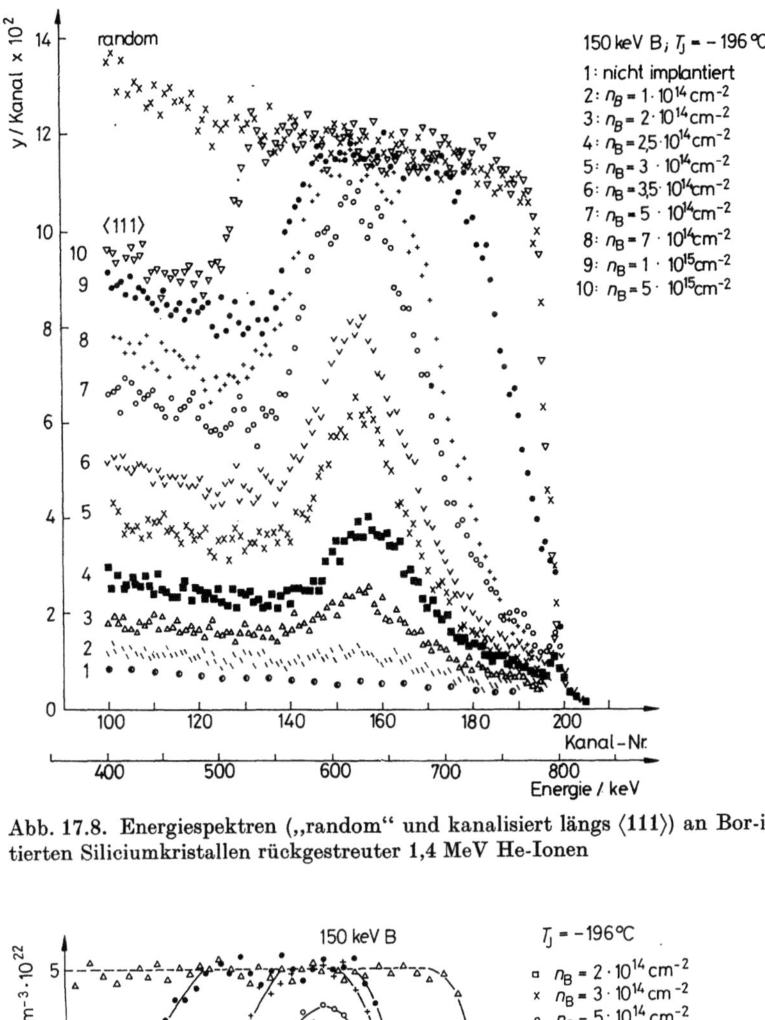

Abb. 17.8. Energiespektren („random" und kanalisiert längs ⟨111⟩) an Bor-implantierten Siliciumkristallen rückgestreuter 1,4 MeV He-Ionen

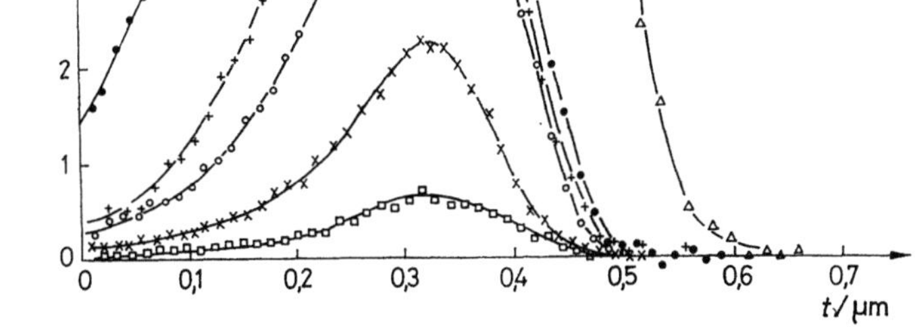

Abb. 17.9. Tiefenverteilung der Strahlenschädenkonzentration in Bor-implantierten Siliciumkristallen

Aus den Spektren können mit einem in [22] angegebenen Verfahren die Tiefenprofile der Strahlenschädenkonzentration berechnet werden. Die Ergebnisse für die in Abbildung 17.8 darstellten Spektren zeigt Abbildung 17.9.

Die Integration der Tiefenprofile ergibt Aussagen über die Gesamtmenge der Strahlenschäden. Mit Hilfe der Ionometrie war es möglich, die Erzeugung und Ausheilung von Strahlenschäden in Abhängigkeit von wesentlichen Implantationsparametern wie Ionenart, Kristallart, Dosis, Dosisrate, Implantationstemperatur und Ausheiltemperatur sehr detailliert zu untersuchen (siehe z. B. [23, 24, 25]). Ein charakteristisches Ergebnis — die Ausheilung der Strahlenschäden nach Wärmebehandlungen der Kristalle — zeigt Abbildung 17.10. Es ist deutlich zu erkennen, daß Siliciumkristalle, die unter gleichen Bedingungen (Implantationstemperatur

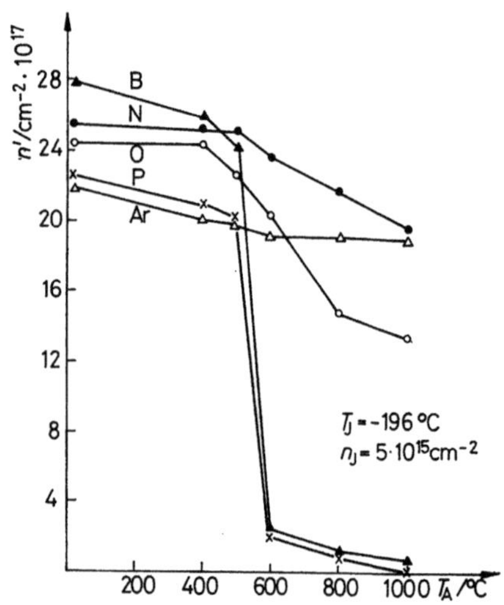

Abb. 17.10. Ausheilung von Strahlenschäden in ionenimplantierten Siliciumkristallen nach Wärmebehandlung der Kristalle (Abhängigkeit der Flächendichte fehlgeordneter Kristallatome von der Ausheiltemperatur)

— 196 °C, Implantationsdosis $5 \cdot 10^{15}/\mathrm{cm}^2$), aber mit verschiedenen Ionenarten implantiert wurden, sehr unterschiedliches Verhalten zeigen. In Bor- und Phosphorimplantierten Kristallen heilen die Strahlenschäden bei 600 °C im wesentlichen aus. Für andere Ionenarten (Stickstoff, Sauerstoff, Argon) liegen auch nach einer Behandlung bei 1000 °C noch sehr starke Strahlenschäden vor. Die Ursache liegt im unterschiedlichen Einbauverhalten der implantierten Atome in das Siliciumgitter.

Lokalisierung von Fremdatomen und Defekten

Wie bereits im Abschnitt 17.2. angedeutet wurde, ermöglicht die Ionometrie Aussagen über den Platz, den die Atome im Gitter einnehmen (Lokalisierung). Das Verfahren sei an einem einfachen Beispiel erläutert. Abbildung 17.11 zeigt im oberen Teil zwei ausgezeichnete Zwischengitterplätze im bcc-Gitter, den oktahedralen Platz (links) und den tetrahedralen Platz (rechts). Der untere Teil der Abbildung 17.11 stellt die Lage dieser Plätze aus der Blickrichtung längs ausgezeichneter Kristallachsen (⟨111⟩, ⟨100⟩, ⟨110⟩) dar. Schießt man Ionen längs dieser Achsen in den Kristall ein, so werden Wechselwirkungsprozesse mit $p < a$ an den Atomen unterdrückt, die in der Atomreihe liegen. Nicht unterdrückt (und infolge des „flux peaking" Effektes [26] sogar überhöht dargestellt) sind Wechselwirkungsprozesse an Atomen außerhalb dieser Reihen. Liegt z. B. ein oktahedraler Gitterplatz vor, so erwartet man bei Einschuß längs ⟨111⟩ ein Ausbeutemaximum. Bei Einschluß längs ⟨100⟩ und ⟨110⟩ muß ebenfalls ein Maximum der Ausbeute in der Mitte der Winkelverteilung auftreten, aber zusätzlich ist eine deutliche Reduzierung der Gesamtausbeute zu erwarten, da jeweils 1/3 der Anzahl der Atome in die Atomreihen eingeordnet ist.

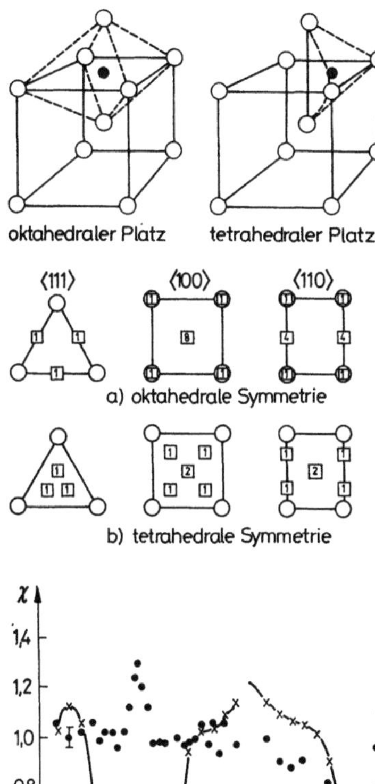

Abb. 17.11. *oben:* Lage des oktahedralen und tetrahedralen Platzes im bcc-Gitter, *unten:* Darstellung der oktahedralen und tetrahedralen Plätze im bcc-Gitter bei Blickrichtungen längs der ⟨111⟩-, ⟨100⟩- und ⟨110⟩-Achse. Die Zahlen [1], [2] usw. geben die relative Wahrscheinlichkeit an, mit der die betreffende Position eingenommen wird.

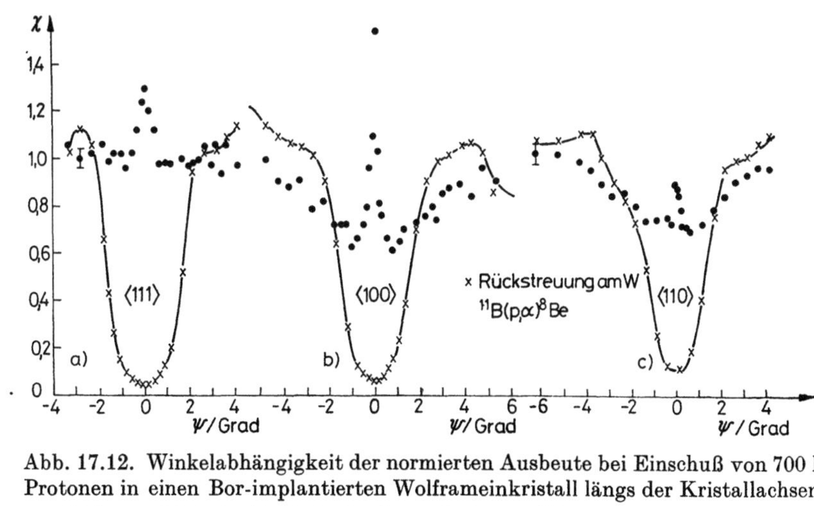

Abb. 17.12. Winkelabhängigkeit der normierten Ausbeute bei Einschuß von 700 keV Protonen in einen Bor-implantierten Wolframeinkristall längs der Kristallachsen: (a) ⟨111⟩, (b) ⟨100⟩, (c) ⟨110⟩ (in der Legende *lies*: • $^{11}B(p,\alpha)^8Be$)

Die Ergebnisse für die Lokalisierung implantierter B-Atome in Wolframeinkristallen [27] zeigt Abbildung 17.12. Der Nachweis der B-Atome erfolgte mittels der Kernreaktion $^{11}B(p, \alpha)^8Be$ bei 700 keV. Aus Abbildung 17.12 ist klar ersichtlich, daß nur der Einbau auf oktahedrale Plätze mit den Messungen konsistent ist.

In ähnlicher Weise können Eigenzwischengitteratome lokalisiert werden. Untersuchungen an B-implantiertem Silicium ergaben, daß unter bestimmten Bedingungen (Implantationstemperatur: $-196\,°C$, Dosis: $2 \times 10^{14}/cm^2$) die Siliciumzwischengitteratome bevorzugt ⟨110⟩-Splitplätze einnehmen [28].

17.5. Zusammenfassung

Der Vorteil der ionometrischen Methoden besteht darin, daß aus dem Energiespektrum direkt Aussagen über Tiefenprofile erhalten werden können; AES und SIMS ermöglichen das nur über Schichtabtragung, wobei die relative Genauigkeit oft größer ist als die der ionometrischen Methoden, aber Schwierigkeiten bei der Absolutbestimmung, insbesondere beim SIMS-Verfahren, infolge der sehr starken Matrixeffekte bestehen. Die Empfindlichkeit ist beim SIMS-Verfahren am höchsten.

Welche Methoden mit welchem Erfolg angewendet werden können, muß für jede vorliegende Aufgabe konkret analysiert werden. So sind die in Tabelle E.2 angegebenen Werte zwar typisch für die einzelnen Verfahren, können jedoch nicht immer alle gleichzeitig erreicht werden. Bei der Rutherford-Weitwinkelstreuung hängen z. B. das Tiefenauflösungsvermögen und der analysierbare Tiefenbereich eng voneinander ab. Ähnliches gilt für andere Parameter.

17.6. Literatur

Weiterführende Literatur

- Ion Beam Surface Layer Analysis. Hrsg.: Mayer, J. W., Ziegler, J. F. — Elsevier Sequeia, Lausanne 1974.
- Ion Beam Surface Layer Analysis. Hrsg.: Meyer, O., Linker, G., Käppeler, F. — Plenum Press; New York, London 1976.
- Ion Beam Analysis. Hrsg.: Wolicki, E. A., Butler, J. W., Treado, P. A. — North-Holland Publ. Comp.: Amsterdam, Oxford, New York 1978.

Originalliteratur

[1] Robinsin, M. R., Oen, O. S., Phys. Rev. **132** (1963) 2385.
[2] Lindhard, J., Mat. Fys. Medd. Dan. Vid. Selsk. **34** (1965) Nr. 14.
[3] Tulinov, A. F., Usp. Fiz. Nauk **87** (1965) 585.
[4] Gemmel, D. S., Holland, R. E., Phys. Rev. Lett. **14** (1965) 945.
[5] Bøgh, E., Uggerhøj, E., Nucl. Instr. Meth. **38** (1965) 216.
[6] Andersen, J. U., Math. Fys. Medd. Dan. Vid. Selsk. **36** (1967) 7.
[7] Andersen, J. U., Laegsgaard, E., Rad. eff. **12** (1972) 3.
[8] Picraux, S. T., Andersen, J. U., Phys. Rev. **186** (1969) 267.
[9] Grasso, F.: Dechanneling, In: Channeling, Hrsg.: Morgan, D. V. — John Wiley and Sons: London, New York, Sydney, Toronto; 1973, S. 181–224.
[10] Bonderup, E., Erbensen, H., Andersen, J. U., Schiøtt, H. E., Rad. eff. **12** (1972) 261.
[11] Campisano, S. U., Grasso, F., Rimini, E., Rad. eff. **9** (1971) 153.
[12] Hehl, K., Dissertation zur Promotion B; FSU Jena 1975.
[13] Amsel, G., Samuel, D., Anal. Chem. **39** (1967) 1689.
[14] Amsel, G., Béranger, B., de Gelas, B., Lacombe, P., J. Appl. Phys. **39** (1968) 2246.
[15] Picraux, S. T., Amsel, G., Feldman, L. C., in: Catania Working Data for Ion Beam Analysis, NSF and CNR, Catania 1974.

[16] Wolicki, E. A.: New Uses of Low Energy Accelerators. Hrsg.: Ziegler, J. F., Plenum Press: New York 1975.
[17] Götz, G., Schwabe, F., Treff, H., J. Radioanal. Chem. **28** (1975) 43.
[18] Götz, G., Schwabe, F., J. Radioanal. Chem. **28** (1975) 29.
[19] Bøgh, E., Application to Surface Studies. In: Channeling, Hrsg.: Morgan, D. V. – John Wiley and Sons: London, New York, Sydney, Toronto; 1973, S. 435–451.
[20] Gyulai, J., Acta Phys. et. Chem. Univ. Szeged **XVI** (1970) 119.
[21] Damask, A. C., Dienes, G. J., Point Defects in Metals – Gordon and Breach: New York 1963.
[22] Westmoreland, J. E., Mayer, J. W., Eisen, F. H., Welch, B., Rad. eff. **6** (1970) 161.
[23] Feldman, L. C., Rodgers, J. W., J. appl. Phys. **41** (1970) 3776.
[24] Glaser, E., Dissertation zur Promotion A; FSU Jena 1977.
[25] Götz, G., Dissertation zur Promotion B; FSU Jena 1974.
[26] Andersen, J. U., Andreasen, O., Davies, J. A., Uggerhøj, E., Rad. eff. **7** (1971) 25.
[27] Andersen, J. U., Laegsgard, E., Feldman, L. C., Rad. eff. **12** (1972) 219.
[28] Götz, G., Sommer, G., Phys. stat. sol. (b) **32** (1975) K 151.

18. Sekundärionen-Massenspektroskopie

(H. Düsterhöft, Berlin)

18.1. Grundprinzip

Die bei der Wechselwirkung von i. allg. positiven Ionen entsprechender kinetischer Energie mit Festkörpern emittierten Sekundärionen können zur Analyse des Festkörpers herangezogen werden. Dabei wird durch verschiedene massenspektrometrische Systeme eine Massenanalyse der Sekundärionen vorgenommen.

Die Entwicklung der analytischen Anwendung der Sekundärionenemission hat verständlicherweise zunächst mit der massenspektrometrischen Untersuchung der positiven Ionen begonnen. Durch die Einbeziehung der negativen Ionen und die Entwicklung geeigneter kommerzieller und leistungsfähiger Geräte eröffnete die SIMS neue geeignete Möglichkeiten zur Festkörperanalyse. Dabei haben sich im wesentlichen drei Anwendungsgebiete herausgeschält:

1. Analyse von *Tiefenverteilungen*, z. B. von Diffusionsprofilen, im Festkörper durch Abtragung senkrecht zur Oberfläche mit großen Primärionenstromdichten (*Volumenanalyse*
2. Analyse von Oberflächen, Grenzflächen und dünnen Schichten mit Hilfe der langsamen Abtragung weniger Monolagen (*Oberflächenanalyse*)
3. *Mikroanalyse* der Verteilung von Elementen und Verbindungen im Festkörper.

Darüber hinaus wurden auch Methoden entwickelt, um die in weit größerem Umfang entstehenden Neutralteilchen in die Untersuchungen einzubeziehen. Eine wirksame Nachionisierung gelingt durch die von Oechsner u. a. [1, 2] eingeführte Niederdruckplasmaentladung vor dem Massenspektrometer. Diese sogenannte SNMS (Sputtered Neutral Mass Spectroscopy) ist erfolgreich für die Analyse der chemischen Zusammensetzung von Festkörpern und auch zu Profilmessungen verwendet worden [3, 4, 5]. Nach einem Vorschlag von Werner [8] können vier sich einander ergänzende Methodengruppen unterschieden werden:

1. Statische Sekundär-Ionen-Massen-Spektrometrie (SSIMS). Die Entwicklung geht auf die Arbeiten von Benninghoven [9, 10] zurück.
2. Dynamische Sekundär-Ionen-Massen-Spektrometrie (DSIMS). Diese Konzeption bildete den Anfang der SIMS und ist schon in frühen Arbeiten von Fogel [11, 12, 13] angegeben. Sie ist die Grundlage für die zwei weiteren Entwicklungen.
3. Das Sekundär-Ionen-Mikroproben-Massenspektrometer (SIMMS), nach einem Vorschlag von Liebl [14, 15] auch IMMA (Ionen-Mikroproben-Massen-Analyse) genannt.

4. Das Sekundär-Ionen Mikroskop, auch nach dem englischen Secundary Ion Imaging Mass Spectrometry SIIMS genannt und auf die Entwicklung von CASTAING und SLODZIAN [16, 17] zurückgehend.

Als neuere Entwicklung müßte dann

5. die Sputtered Neutral Mass Spectrometry (SNMS) aufgeführt werden, die schon weiter oben genannt wurde.

Bei der SSIMS wird unter UHV-Bedingungen mit sehr geringen Stromdichten (10^{-9} A/cm²) und relativ großem Beschußfleck (0,1 cm²) gearbeitet. Dabei werden während der Analyse nur wenige Prozent der obersten Monolage abgetragen. Das Signal ist jedoch bei empfindlichen Anordnungen groß genug, um 1 ppm einer Monolage noch nachweisen zu können. Die Nachweisempfindlichkeit ist natürlich stark vom Element abhängig. Bei dieser Methode wird die Oberfläche nur geringfügig zerstört und wenig Material abgetragen.

Bei der DSIMS wird die Probe mit hoher Primärionenstromdichte beschossen ($\sim$ 1 mA/cm²), und es kann gleichzeitig Gas in den Probenraum eingelassen werden, so daß dynamische Prozesse unter Hochvakuumbedingungen bei der Sekundärionenemission wirksam werden.

18.2. Theoretische Grundlagen

Zur Beschreibung der Sekundärionenemission wurden eine Reihe von Modellen vorgeschlagen, von denen sich die der Impulsübertragung in der Matrix durch Stoßkaskaden [18, 19, 20] gegenüber den älteren der thermischen Emission [21—25, 26, 27] durchgesetzt haben.

Dieser Emissionsprozeß stellt einen komplizierten Gesamtvorgang dar, der in eine Anzahl verschiedener Einzelprozesse zerlegt werden kann, die in Abbildung 18.1 skizziert sind:

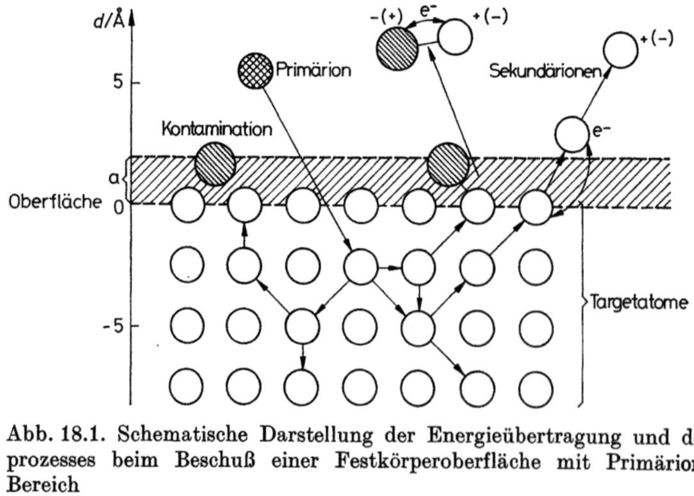

Abb. 18.1. Schematische Darstellung der Energieübertragung und des Emissionsprozesses beim Beschuß einer Festkörperoberfläche mit Primärionen im keV-Bereich

Impulsübertragung in der Matrix

Das auftreffende Primärion dringt bei Energien von einigen keV nur wenige Atomlagen tief in das Gitter des Festkörpers ein. Dabei gibt es durch Stöße mit den Atomen seine Energie ab. Es bilden sich Stoßkaskaden im Gitter aus, die zum Teil durch Umlenkung wieder an die Festkörperoberfläche zurückgelangen können. An der Oberfläche und den darunterliegenden Atomlagen kann es dabei sowohl zur Rückstreuung der Primärionen als auch zum Herausschlagen von Sekundärteilchen kommen.

Ablösen aus der Oberfläche

Genügt die durch Stoßkaskaden auf die Oberflächenatome übertragene Energie, um die Bindungskräfte (Oberflächenbindungsenergie B) zu überwinden, so können Festkörperatome emittiert werden. Dieser Prozeß wird auch als Katodenzerstäubung oder Sputtering bezeichnet.

Es besteht eine gewisse Wahrscheinlichkeit für die Ionisierung der zerstäubten Atome durch Abgabe eines oder (seltener) mehrerer Elektronen an das Leitungsband des Festkörpers oder durch eine Elektronenanlagerung. Hier spielt die Ionisierungsenergie des Einzelatoms I und die Elektronenaustrittsarbeit der Oberfläche Φ sowie die Elektronenaffinität A eine entscheidende Rolle. Nach erfolgter Ionisierung entfernen sich die Ionen mit einer mittleren Geschwindigkeit $\bar{v}_{SI}$ von der Oberfläche. Dabei kommt es in geringem Umfang zu Rückneutralisation bzw. Abgabe der Anregungsenergie in Form von Lichtquanten (Ionolumineszenz).

Eine Möglichkeit der Ionisierung ist auch die Aufspaltung von chemischen Bindungen bei Bedeckung der Oberfläche mit Fremdatomen, die bei einer Reihe von Elementen ebenfalls eine Rolle spielt (z. B. [28, 29]).

Bei der Untersuchung dieser Emissionen sind die folgenden Größen von grundlegender Bedeutung:

— *Primärionenenergie* E_0

— *Sekundärionenausbeute* oder *Ionisierungsrate*

$$S^{+(-)} = \frac{\text{Zahl der positiven (negativen) Sekundärionen } N_{SI}^{+(-)}}{\text{Zahl der auftreffenden Primärionen } N_{PI}}$$

— *Zerstäubungsausbeute* oder *Zerstäubungsrate*

$$S = \frac{\text{Zahl der zerstäubten Atome } N_0}{\text{Zahl der auftreffenden Primärionen } N_{PI}}$$

— *Ionisierungsgrad* oder *Ionisierungswahrscheinlichkeit*

$$R^{+(-)} = \frac{\text{Zahl der positiven (negativen) Sekundärionen}}{\text{Zahl der zerstäubten Atome}} \frac{N_{SI}^{+(-)}}{N_0} = \frac{S^{+(-)}}{S}$$

Es existieren gegenwärtig eine Reihe von Modellen für den Ionisationsvorgang zur Bildung positiver Sekundärionen, die auf mehr oder weniger starken Näherungen beruhen. Allen Versuchen ist gemeinsam, daß sie Anpassungsparameter für den

Vergleich der theoretischen Werte mit dem Experiment benötigen. Die Darstellung der einzelnen Modelle zeigt, welche Prozesse für die Ionisierung der Neutralteilchen nach einem Verlassen des Targetverbandes möglich sind. Die Zusammenfassung dieser Vielzahl von Ionisierungsmöglichkeiten und ihre Beeinflussung durch die verschiedensten Parameter in einer geschlossenen Theorie ist für die nächste Zeit nicht zu erwarten, da auch noch zu wenig experimentelles Material zur Verfügung steht.

Die bisherigen theoretischen Ansätze kann man unterteilen in die thermodynamischen und die quantenmechanischen Modelle.

Die thermodynamischen Modelle

Die Modelle von Dobrezow [26] sowie Andersen und Hinthorne [21—25] gehen von einem Plasma im thermodynamischen Gleichgewicht aus.

Im Gegensatz dazu beschreiben Jurela [27] und Lototzki (u. a. [30]) den Emissionsvorgang durch ein sich nicht im Gleichgewicht befindendes Plasma.

Für die Emission negativer Sekundärionen gibt es gegenwärtig nur wenige theoretische Ansätze. In den Arbeiten von Jurela [27, 31] wird die Proportionalität der negativen Sekundärionenausbeute S^- zur reziproken Differenz von Elektronenaustrittsarbeiten der Oberfläche und Elektronenaffinität des Atoms $S^- \sim (\Phi - A)^{-1}$ angenommen.

Auf der Grundlage der Saha-Langmuir-Gleichung mit dieser Proportionalität vorgenommene Berechnungen der Plasmatemperatur aus Messungen der negativen und positiven Sekundärionenausbeute ergeben zu große Werte.

Für die Proportionalität der positiven Sekundärionenausbeute S^+ gibt Jurela [27, 31] den Zusammenhang

$$S^+ \sim (I - \Phi)^{-1} \quad \text{an.} \tag{2}$$

Damit wird das Verhältnis

$$\frac{S^+}{S^-} = \frac{R^+}{R^-} \sim \frac{\Phi - A}{I - \Phi}. \tag{3}$$

Alle diese Modelle gehen davon aus, daß die Probe beim Beschuß mit energiereichen Ionen lokal erhitzt wird. Das führt zur Verdampfung von Atomen aus der Targetoberfläche, von denen ein Bruchteil ionisiert ist. Dieser Vorgang wird durch die Saha-Langmuir- bzw. Saha-Eggert-Gleichung beschrieben.

Alle Messungen von R^+ zeigten, daß zur Interpretation eine höhere Temperatur notwendig ist als tatsächlich gefunden wurde, eine Korrektur, die physikalisch nicht sinnvoll erscheint. Außerdem wird die von Schroeer [32] angegebene Temperaturabhängigkeit der Ionisierungswahrscheinlichkeit ebenfalls nicht wiedergegeben.

Berechnungen mit einer angepaßten Plasmatemperatur zeigen teilweise jedoch sehr gute Übereinstimmungen zwischen den aus SIMS-Messungen und nach anderen Verfahren ermittelten Konzentrationen der Elemente. Insbesondere das von Andersen und Hinthorne [21—25] entwickelte Verfahren (LTE-Modell) ist hier von Bedeutung und soll darum auch näher behandelt werden.

Eine Wertung der thermodynamischen Verfahren und die physikalischen Grenzen der Modelle wird in einer Arbeit von KROHN [33] gegeben.

Die quantenmechanischen Modelle

Diese Modelle erklären die Emission von Sekundärionen durch quantenmechanische Übergänge der Elektronen beim Ionisierungsprozeß. Dabei wird in Modellen von V. D. WEG und BIERMANN [34], BENNINGHOVEN [35] und JOYES [36, 92] die Emission von Ionen und ihre anschließende Neutralisation durch Auger-Prozesse bzw. Resonanzneutralisation angenommen.

Dem quantenmechanischen Ansatz von ŠROUBEK [28, 93] liegt die Aufspaltung von Molekularorbitalen zugrunde, während CINI [37] gemischte Zustände annimmt.

Die Oberflächenionisation von Neutralteilchen durch quantenmechanische Übergänge wird in den Modellen von BLAIS u. a. [38, 39, 40], SCHROEER u. a. [41, 42] und ANTAL [43] als Ionisierungsprozeß vorgeschlagen.

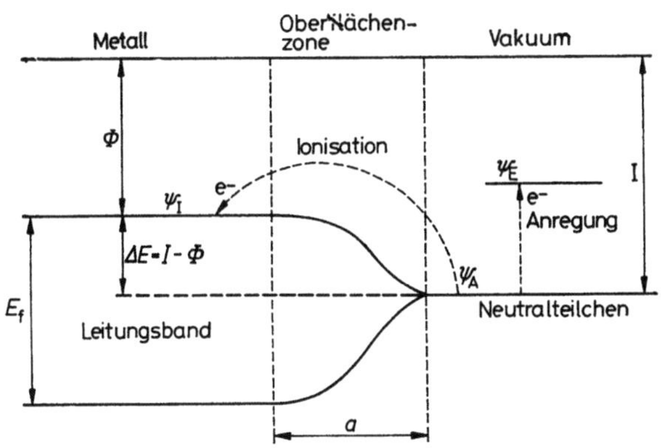

Abb. 18.2. Adiabatische Oberflächenionisation durch Übergang eines Elektrons ins Leitungsband nach SCHROEER [41]

In der Abbildung 18.2 ist ein adiabatischer Oberflächenionisationsprozeß nach SCHROEER [41] dargestellt, der zum Ausgangspunkt für eine eingehende spätere Behandlung der Sekundärionenemission gemacht werden soll.

Die relativ abgeschlossene Theorie der Emission von Neutralteilchen, die SIGMUND [18, 19, 20] entwickelte, wird in den Arbeiten von GRIES und RÜDENAUER [44, 45] mit der quantenmechanischen Theorie von SCHROEER [41] kombiniert. Die hierbei erhaltenen analytischen Ausdrücke für die Energieverteilung der positiven Sekundärionen und die Sekundärionenausbeute lassen eine näherungsweise quantitative Berechnung der durch das „Energiefenster" eines SIMS-Gerätes selektierten Ionenströme zu [44].

Das Andersen-Modell (LTE-Modell)

Das von ANDERSEN und HINTHORNE [21—25] entwickelte sogenannte LTE-Modell (Local Thermodynamic Equilibrium) geht davon aus, daß der Zustand einer schmalen Zone (einige Å) nahe der Targetoberfläche dem eines lokalen Plasmas im thermodynamischen Gleichgewicht ähnlich ist. Die Konzentration von Teilchen in zwei aufeinanderfolgenden Ionisierungsstufen n_i und n_{i+1} läßt sich dann durch die Saha-Eggert-Gleichung ausdrücken:

$$\frac{n_{i+1} \cdot n_e}{P_i} = \frac{2P_{i+1}(T)}{P_i(T)} \cdot \frac{(2\pi m_e kT)^{3/2}}{h^3} \cdot \exp\left[-\frac{(I_{i+1} - \Delta E_i)}{kT}\right], \tag{4}$$

d. h. für die einfache Ionisierungswahrscheinlichkeit

$$R^+ = \frac{n^+}{n_0} = \frac{2P^+(T)}{P^0} \frac{(2 \cdot \pi \cdot m_e kT)^{3/2}}{n_e \cdot h^3} \cdot \exp\left[-\frac{(I - \Delta E)}{kT}\right] \tag{5}$$

bzw.

$$R^+ = \frac{n^+}{n_0} = \frac{P^+}{P^0} \cdot \frac{(2\pi m_e kT)^{3/2}}{n_e \cdot h^3} \exp\left(\frac{\Delta E - I}{kT}\right),$$

wobei

n_e = Elektronenkonzentration in der Oberflächenzone
P_{i+1}, P_i = Zustandssummen der Ionisierungsstufen $i + 1$, i
m_e = Elektronenmasse
I_{i+1} = Ionisierungsenergie der $(i + 1)$ten Ionisierungsstufe
ΔE_i = Verringerung der Ionisierungsenergie durch die anderen Teilchen im Plasma (Coulomb-Depression)

$$\Delta E = [1731 \cdot 10^{-7}(i + 1)/\varrho_D]\ \text{eV} \tag{6}$$

$$\varrho_D = 6895 \left(\frac{T}{n_e(1 + Z)}\right)^{1/2} \tag{7}$$

$\bar{Z}$ = mittlere Ladungszahl des Plasmas.

Wendet man die Saha-Eggert-Gleichung auf einfach geladene positive Ionen und die Neutralteilchen an, so erhält man für das Verhältnis der Ionenkonzentration zweier Elemente A und B in der Plasmazone

$$\frac{n_A{}^+}{n_B{}^+} = \frac{n_A{}^0}{n_B{}^0} \cdot \frac{P_A{}^+(T) \cdot P_B{}^0(T)}{P_A{}^0(T) \cdot P_B{}^+(T)} \cdot \exp\left(\frac{I_B - I_A}{kT}\right). \tag{8}$$

Sind für die Elemente A und B die Konzentrationen durch andere Messungen oder Standards bekannt, so kann man für die meistens erfüllte Bedingung für die Konzentration der Neutralteilchen und der positiven Ionen $n^0 \gg n^+$ die Plasmatemperatur berechnen, indem man die Peakhöhenverhältnisse der Ionen $n_A{}^+/n_B{}^+$ aus dem Massenspektrum bestimmt. Mit dieser Plasmatemperatur lassen sich dann aus der Formel (8) alle übrigen Konzentrationen von Elementen sukzessive berechnen.

Ohne interne Standardwerte kommt man zur Plasmatemperatur, wenn man entweder von zwei Elementen A und B die Verhältnisse der Peakhöhen der ein- und zweifach geladenen nach der Beziehung

$$\frac{n_A{}^{2+}}{n_A{}^+} \bigg/ \frac{n_B{}^{2+}}{n_B{}^+} = f_{A,B}(T)\ e^{(I_{A^+} - I_{A^{2+}} - I_{B^+} + I_{B^{2+}})/kT} \tag{9}$$

oder von einem einzigen Element A die Peakhöhen der ein- bis dreifach geladenen Ionen mißt. Die Saha-Eggert-Gleichung ergibt dann:

$$\frac{n_A^{2+}}{n_A^{+}} \Bigg/ \frac{n_A^{3+}}{n_A^{2+}} = f_A(T)\, e^{(I_{A^+} - 2I_{A^{2+}} + I_{A^{3+}})/kT}, \qquad (10)$$

wobei die Funktion $f_{A,B}(T)$ die Zustandssummen enthält und I^+, I^{2+}, I^{3+} die entsprechenden Ionisierungspotentiale sind.

Ist die Bedingung $n^0 \gg n^+$ nicht erfüllt, müssen mindestens drei interne Standards bzw. höher geladene Peaks von mindestens zwei Elementen gemessen werden, da dann auch die Elektronenkonzentration n_e bekannt sein muß.

Tabelle 18.1. *Vergleich einer mit dem LTE-Modell* [25] *ausgewerteten SIMS-Analyse an einem Eisenstandard mit anderen Messungen*

Element	Konzentration in % (nach LTE-Modell)	Konzentration in % (Stahlstandard NBS 462)
B	0,013	0,0025
C	1,83	1,83
Si	0,60	0,55
P	0,012	0,08
Ti	0,034	0,042
V	0,031	0,063
Cr	0,95	0,78
Mn	1,44	0,94
Fe	93,73	94,43
Co	0,10	0,10
Ni	0,63	0,65
Cu	0,20	0,17
Zr	0,032	0,038
Nb	0,042	0,057
Sn	0,017	0,031
Pb	0,0010	0,0016

In der Tabelle 18.1 sind die von ANDERSEN [25] aus SIMS-Messungen mit zwei internen Standards berechneten Konzentrationen für die Beimengungen einer Stahlprobe (NBS 462) mit anders ermittelten Werten verglichen. Die Übereinstimmung ist für viele Verunreinigungselemente sehr gut. Durch die Entwicklung des speziellen Computerprogramms CARISMA (*C*orrections to *A*pplied *R*esearch Laboratories *I*on *S*puttering *M*ass *A*nalyser) [25] zur Berechnung der verschiedensten Proben sind bisher sehr gute quantitative Ergebnisse bei der Spurenanalyse in amorphen Proben erzielt worden. Die Anpassungsparameter sind hier n_e und die Plasmatemperatur T, die zwischen $n_e \approx 10^{18}$ bis 10^{22} cm^{-3} und $T \approx 5000$ bis 15000 K schwanken.

Die Anwendbarkeit dieses Modells, auch beim Beschuß von Festkörperproben mit Ar^+-Ionen, ist an zwei unterschiedlichen SIMS-Geräten von RÜDENAUER, STEIGER und WERNER [46] getestet worden. Es wurde ebenfalls eine gute Übereinstimmung zwischen den berechneten Konzentrationen und aus anderen Messungen für die benutzten Standards stammenden Werten festgestellt.

Das adiabatische Oberflächenionisationsmodell (AOI-Modell)

Mit diesem Modell läßt sich unter physikalisch sinnvollen Voraussetzungen die positive Sekundärionenausbeute von Reinelementen und in speziellen Fällen auch von Spuren berechnen. Das Modell der adiabatischen Oberflächenionisation (AOI-Modell) wurde von SCHROEER u. a. [41] mit Hilfe einer quantenmechanischen Näherung aufgestellt. Vor dem Verlassen des Festkörpers ist das Atom quasineutral, und sein Valenzelektron gehört dem Leitungsband an. In genügend großer Entfernung von der Oberfläche gilt das Energieniveauschema des Einzelatoms, und das Valenzelektron befindet sich im Grundzustand. Während des Durchganges durch eine Oberflächenzone der Dicke a muß sich dann die quantenmechanische Wellenfunktion der Elektronen im Leitungsband (Ψ_I) in die des Grundzustandes des freien Atoms (Ψ_A) ändern. Damit ergibt sich die Möglichkeit, daß während der Durchquerung der Dicke a eine endliche Übergangswahrscheinlichkeit in einen vom Grundzustand verschiedenen angeregten Zustand (Ψ_E) für das Valenzelektron des freien Atoms besteht. Der angeregte Zustand im Einzelatom führt zu einer diskreten Photonenemission vor der Oberfläche der Probe. Außerdem kann das Elektron direkt in einen Zustand am oberen Rand des Leitungsbandes zurückkehren. Dadurch entsteht ein positives Ion (vgl. Abb. 18.2).

Für die Zeitdauer des Durchfliegens der Oberflächenzone der Dicke a ergibt sich mit der mittleren Geschwindigkeit $\bar{v}$ der Neutralteilchen

$$t = \frac{a}{\bar{v}}. \tag{11}$$

Ist diese Zeitdauer groß gegenüber der charakteristischen Übergangszeit

$$\tau = \frac{\hbar}{\Delta E}, \tag{12}$$

so läßt sich die Übergangswahrscheinlichkeit quantenmechanisch nach der adiabatischen Näherung berechnen. Die Energiedifferenz zwischen Anfangs- und Endzustand ΔE ist unter bestimmten Bedingungen angenähert der Differenz aus der Ionisierungsenergie des Einzelatoms I und der Elektronenaustrittsarbeit der beschossenen Oberfläche Φ. Für eine mittlere Geschwindigkeit $\bar{v} = 1 \cdot 10^4$ m/s ist diese Forderung stets erfüllt.

Mit diesen Voraussetzungen ergibt sich für den Ionisierungsgrad

$$R^+ = \frac{S^+}{S} = \left[\frac{B}{(I - \Phi)}\right]^2 \cdot \left[\frac{\hbar \cdot \bar{v}}{a(I - \Phi)}\right]^n. \tag{13}$$

In dieser Beziehung sind die Größen B (Bindungsenergie der Oberflächenatome) und Φ (Austrittsarbeit an der beschossenen Stelle) vom Zustand der Oberfläche stark abhängig. Die Veränderung von B und Φ, z. B. durch Sauerstoff, ist ausschlaggebend für die starke Streuung des Ionisierungsgrades, z. B. als Funktion des Vakuums oder der Primärionen(PI)stromdichte.

Im Rahmen der Bestimmung der Anpassungsparameter n und a in Gleichung (13) wurden bisher unter Verwendung der Meßergebnisse verschiedener Autoren für S^+ und S sowie den Werten für $\bar{v}$ aus [47] Werte für n zwischen 0,8 und 2,5 und für a

zwischen 1,4 Å und 2156 Å ermittelt [48]. Der Versuch, die Dicke a der Oberflächenzone, in der die Ionisierung stattfindet, durch die Näherung $a \approx d$ (d Gitterkonstante des Probenmaterials) einzuführen, zeigt leichte Verbesserungen [44, 45, 48]. Untersuchungen auf der Grundlage der Messungen von S und S^+ haben für $n = 1{,}6 \pm 0{,}3$ und $a = 0{,}6$ Å ergeben [49].

Von Rüdenauer u. a. durchgeführte Berechnungen von R^+ für reine Metalltargets unter Verwendung von $n = 2{,}42$ und $a = 1{,}48$ Å ergeben Übereinstimmung bis auf einen Faktor 2 mit den Meßergebnissen [48].

Für den Ionisierungsgrad einer Verunreinigung V gibt Schroeer ebenfalls eine aus (13) abgeleitete Beziehung an [42]. Die Bindungsenergie wird in diesem Fall gleich dem arithmetischen Mittel aus den Bindungsenergien der reinen Matrixelemente B_M gesetzt. Die mittlere Geschwindigkeit der emittierten Neutralteilchen aus der Verunreinigung $\bar{v}_V$ wird aus der Theorie der binären Harte-Kugel-Stöße zu

$$\bar{v}_V = \bar{v}_M \cdot \left(\frac{2m_M}{m_V + m_M}\right) \tag{14}$$

(mit m_M Matrixatommasse und m_V Masse der Verunreinigungsatome) berechnet.

Für die Oberflächenaustrittsarbeit Φ wird die des reinen Targets gesetzt. Mit diesen Näherungen erhält man aus (13):

$$R_{V^+} = \left[\frac{B_V + B_M}{2(I_V - \Phi_M)}\right]^2 \cdot \left[\frac{2\hbar \cdot \bar{v}_M \cdot m_M}{a(m_V + m_M)\,(I_V - \Phi_M)}\right]^n \tag{15}$$

Diese Beziehung ist nicht abhängig von der Konzentration der Verunreinigung c_V. Rüdenauer u. a. [48] modifizieren die Beziehung durch die einfachen Ansätze für die konzentrationsabhängigen Größen

$$S_V(c_V) = (1 - c_V)\, S_M + c_V S_V \tag{16}$$

$$B_V(c_V) = (1 - c_V)\, B_M + (1 + c_V)\, B_V/2 \tag{17}$$

$$\Phi(c_V) = (1 - c_V)\, M + c_V \cdot \Phi_V \tag{18}$$

$$\bar{v}_V(c_V) = 2(1 - c_V)\, \bar{v}_M \cdot m_M/(m_M + m_V) + c_V \cdot \bar{v}_V \tag{19}$$

die Gleichung (13) und erhalten

$$R_{V^+}(c_V) = \frac{S^+(c_V)}{S(c_V)} = \left[\frac{B_V(c_V)}{\big(I_V - \Phi(c_V)\big)}\right]^2 \cdot \left[\frac{\hbar \bar{v}_V(c_V)}{\big(a(I_V - \Phi(c_V)\big)}\right]^n \tag{20}$$

Dieser Ansatz geht für $c_V \to 0$ bzw. $c_V \to 1$ in (13) über.

Die Unterschiede in den Ionisierungsausbeuten eines Elements V als Spurenverunreinigung und als Reinmetall M können aus Gleichung (20) bis auf einen Faktor 3 genau berechnet werden.

Der gegenwärtige Stand der AOI-Theorie ergibt ohne Verwendung von Standards für eine absolute Spurenanalyse in vielen Fällen befriedigende Werte bei polykristallinen Metallproben. Eine Verbesserung wird durch Einführung der Oxidbindungsenergie für einige Elemente in die Rechnung erreicht [49, 50].

Eine Weiterentwicklung der Methode ist weitgehend von der Verbesserung der Kenntnisse über S^+, S und $\bar{v}$ als Funktion der Meßbedingungen wie Oberflächenzustand, PI-Energie, Beschußwinkel, Stromdichte der PI, Masse der Primärionen und Masse der Targetatome sowie der Größen B und Φ und des Einflusses der verschiedensten Parameter darauf abhängig.

Z_1-, Z_2-*Abhängigkeit*

Von entscheidender Bedeutung für die Festkörperanalyse ist die Kenntnis der Abhängigkeiten

$$S^{+(-)}, S = f(Z_1, Z_2). \tag{21}$$

Für die Sekundärionen (SI) ausbeute S^+ sind bisher keine systematischen Untersuchungen in Abhängigkeit von der Masse der Primärionen (Z_1-Abhängigkeit) durchgeführt worden. Die wenigen Untersuchungen mit verschiedenen Edelgasionen lassen die Vermutung zu, daß die Sekundärionenausbeute S^+ mit steigender Beschußionenmasse leicht abfällt [54, 55].

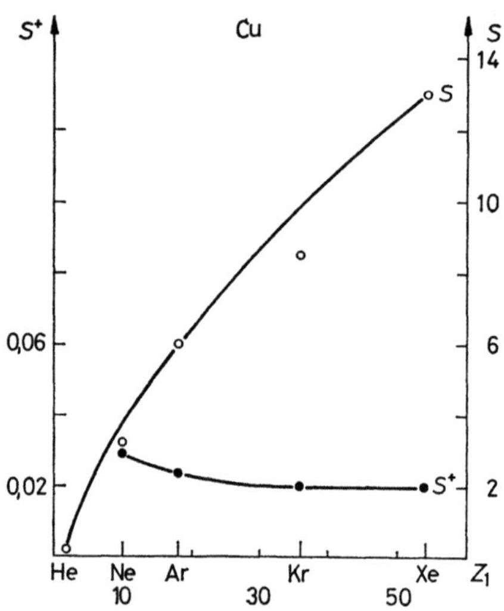

Abb. 18.3. S und $S^+ = f(Z_1)$ beim Beschuß von Cu mit 12 keV-Edelgasionen

Die Abhängigkeit der Zerstäubungsrate S von der Ordnungszahl Z_1 der Beschußionen wurde experimentell (z. B. [57]) und theoretisch [19, 20] schon recht umfangreich untersucht. Im Laboratorium des Verfassers wurden bei 12 keV mit den Primärionen He^+, Ne^+, Ar^+, Kr^+ und Xe^+ Messungen der positiven Sekundärionenausbeute S^+ [49, 51, 52] durchgeführt. Zusammen mit S-Werten von Manns [53, 57] ist zur Charakterisierung des Verlaufes der einzelnen Abhängigkeiten in Abbildung 18.3 S und S^+ als Funktion der Ordnungszahl der Primärionen ($E_0 = 12$ keV) für den senkrechten Beschuß von Cu dargestellt.

Es ist ein deutlicher Abfall der Sekundärionenausbeute S^+ mit zunehmender Beschußionenmasse festzustellen. Demgegenüber steigt die Zerstäubungsausbeute S mit zunehmender Beschußionenmasse stark an, so daß der Ionisierungsgrad $R^+ = S^+/S$ mit zunehmender Beschußionenmasse stark abfällt.

Untersuchungen der Abhängigkeit von S^+ als Funktion der Masse des beschossenen Elements (Z_2-Abhängigkeit) bei einer Beschußionensorte und festen Beschußbedingungen sind bereits mehrmals veröffentlicht worden [29, 49, 51, 52, 54, 55, 56].

In Abbildung 18.4a sind die Werte für S^+ aus [51, 54] und [56] als Funktion der Ordnungszahl der beschossenen Elemente dargestellt. Es ist in allen Perioden ein tpyischer Verlauf zu erkennen. Wir finden etwa gleich hohe Ausbeuten in den Hauptgruppen Ia, IIa, IIIa und IVa sowie den Nebengruppen IIIb und IVb des periodischen Systems und dann stark abfallende Sekundärionenausbeuten in der

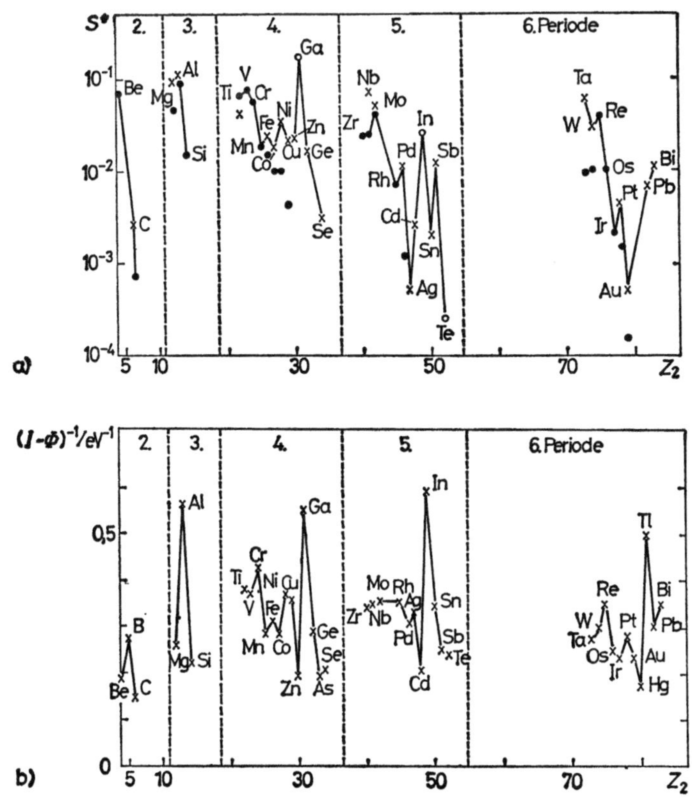

Abb. 18.4. a) $S^+ = f(Z_2)$ für 12 keV Ar^+-Ionen (• • • [54], ○ ○ ○ [56], × × × [51])
b) verglichen mit $(I - \Phi)^{-1} = f(Z_2)$

Reihenfolge der Gruppen Vb, VIb, VIIb, VIIIb, Ib, IIb, Va, VIa, VIIa. Die Abhängigkeit der SI-Ausbeute S^+ von der Ordnungszahl läßt sich beschreiben durch die Proportionalität $S^+ \sim (I - \Phi)^{-1}$ (vgl. Formel (2)). Deshalb wurden in Abbildung 18.4b die reziproken Differenzen zwischen der Ionisierungsenergie der Elemente I und der Austrittsarbeit Φ als Funktion der Ordnungszahl zum Vergleich dargestellt. Es ergibt sich der gleiche qualitative Zusammenhang wie in Abbildung 18.4a. Die Zerstäubungsrate ist ebenfalls, wenn auch nicht in so starkem Maße, von der Ordnungszahl Z_2 abhängig [53, 57]. Den gleichen qualitativen Verlauf erhält man bei

Darstellung der Proportionalität

$$S \sim \frac{1}{B} \tag{22}$$

(B Oberflächenbindungsenergie) als Funktion der Ordnungszahl Z_2 der beschossenen Elemente.

Der Vergleich zwischen den positiven SI-Ausbeuten S^+ und den Zerstäubungsausbeuten S der einzelnen Elemente zeigt, daß hier gegenläufiges Verhalten vorliegt. Hohe SI-Ausbeuten S^+ treten immer bei geringen Zerstäubungsraten auf. Für den Ionisierungsgrad $R^+ = S^+/S$ ergibt sich danach der qualitative Zusammenhang

$$R^+ \sim \frac{B}{I - \Phi}. \tag{23}$$

Für eine gesicherte Bestimmung von $R^+ = f(Z_1, Z_2)$ stehen bisher jedoch noch zu wenig Messungen zur Verfügung.

Die negative Sekundärionenausbeute S^- für einige Elemente wurde von Jurela [31, 55] bestimmt. Mit der Proportionalität $S^- \sim (\Phi - A)^{-1}$ ergibt sich für den negativen Ionisierungsgrad

$$R^- \sim \frac{B}{\Phi - A}. \tag{24}$$

Umfangreiche Angaben über die Ausbeute negativer Molekülionen findet man bei Benninghoven [29]. Da der Entstehungsmechanismus weitgehend ungeklärt ist und zum großen Teil von chemischen Verbindungen an der Oberfläche beeinflußt wird, können zu den Z_1-, Z_2-Abhängigkeiten noch keine Angaben gemacht werden.

Energie- und Winkelverteilung der emittierten Sekundärionen

Während die Abhängigkeiten der Sekundärionenausbeuten von der Energie E_0 der Primärionen und vom Einschußwinkel für die Sekundärionen-Massenspektrometrie nicht sehr relevant sind, da diese Parameter i. allg. konstant gehalten werden, sind die Energie- und die Winkelverteilungen der emittierten Sekundärionen von großem Interesse.

Die Zusammenfassung der Ergebnisse bisheriger Untersuchungen der Energieverteilungen positiver Sekundärionen ergibt folgende Informationen:

- Die wahrscheinliche Energie E_w aller Sekundärionen liegt um 10 eV und ist wenig verschieden für Atom- bzw. Molekülionen [58].
- Atomionen haben einen hochenergetischen Anteil, der bis 3000 eV gehen kann [55].
- Zur Ermittlung der mittleren Energie $\bar{E}^+$ muß der hochenergetische Anteil berücksichtigt werden [55].
- Die relativen Sekundärionenausbeutemessungen mittels massenspektrometrischer Anordnungen müssen um den Anteil der durch das Energiefenster diskriminierten Ionen korrigiert werden [55].
- Die wahrscheinliche Energie E_w^+ der Matrixionen steigt mit zunehmender Primärionenenergie an [28].
- Die mittlere Energie der positiven Sekundärionen $\bar{E}^+$ ist kleiner als die der Neutralteilchen $\bar{E}_0$ [52].

- Die hochenergetischen Anteile bei den molekularen Ionen (Clusterionen) fallen schneller als die der einfachen positiven Atomionen [59, 60]. Der Abfall verstärkt sich mit steigender Anzahl von Atomen im Molekül. Dieser Effekt kann zur Selektion benutzt werden [45].
- Ionen aus Oberflächenkontaminationen, z. B. Alkaliionen, haben besonders kleine und von der Beschußionenenergie unabhängige wahrscheinliche Energien E_w [28].
- Die wahrscheinliche Energie E_w^+ und die Sekundärionenausbeute S^+ ist bei einigen Elementen (Nb, Au) stark von der Stromdichte bei gleicher Stromstärke der Primärionen abhängig [60].

Untersuchungen der Energieverteilung negativer Sekundärionen sind in geringerem Umfang ebenfalls ausgeführt worden [55, 61]. Die bisherigen Ergebnisse lassen folgende allgemeine Schlußfolgerungen zu:

- Die mittlere Energie $\bar{E}^-$ ist kleiner als die der positiven Ionen. Das gilt sowohl für atomare als auch für molekulare Ionen [55].
- Die mittlere Energie der negativen Ionen aus Oberflächenverunreinigungen ist kleiner als die der Targetionen. Molekulare negative Ionen aus Oberflächenverunreinigungen haben noch kleinere mittlere Energien [55].
- Die mittlere Energie von negativen Oxidionen aus Adsorptionsschichten ist größer als die von Ionen aus Metalloxidschichten [61].

Die Winkelverteilung des abgetragenen Materials wurde bereits in einer Vielzahl von Ion-Target-Kombinationen untersucht. Besonders bei einkristallinen Proben sind die sog. „Wehner-Flecke" Ausdruck einer bevorzugten Emission in bestimmten kristallographischen Richtungen. Beschränken wir die Betrachtungen auf polykristalline Proben, so ist die Winkelverteilung der Sekundärionen mit der von Neutralteilchen vergleichbar [62, 63].

Weitere Parameter der Oberfläche und des Volumens

Weitere Einflüsse auf die Ionenemission sind von Bedeutung, insbesondere die Ausbildung einer Oberflächentopographie bei längerem Ionenbeschuß [64, 65], die unterschiedliche Abtragung der verschiedenen Komponenten und die Strukturierung der Targets kann die Ergebnisse der Analyse der Sekundärionen beeinflussen [64, 65, 66].

Besonders die Tiefenverteilungsmessungen werden durch die sich entwickelnde Topographie beeinflußt [67]. Auch die Temperatur der Targets ist in bestimmten Fällen von Einfluß, wobei jedoch im allgemeinen keine starke Veränderung von $S^{+(-)}$ gefunden wird [66]. Auch die Sättigung der Probe mit Primärionen kann die Sekundärionenemission beeinflussen [68].

Die „kinetische" und die „chemische" Sekundärionenemission

Nur bei extrem guten Vakuumbedingungen ($\sim 10^{-8}$ Pa) und durch Ionenätzen hergestellten „sauberen" Oberflächen entstehen die Sekundärionen durch sogenannte „kinetische" Emission. Durch den Einfluß einer Oberflächenkontamination ist dieser relativ geringen Ionenemission die „chemische Emission" überlagert.

Bereits 1959 fanden FOGEL und Mitarbeiter [12], daß die Adsorption von Gas an der Oberfläche die Sekundärionenentstehung und die -ausbeute verändert. Damit wurde die „dynamische Untersuchungsmethode“ begründet, bei der während des Zerstäubungsprozesses das Gas in den Targersaum eingelassen wird. Die Ergebnisse sind dann von den dynamischen Gleichgewichtsbedingungen zwischen dem Gasdruck, der Zerstäubungsausbeute und der Primärionenstromdichte abhängig.

Bei der von BENNINGHOVEN entwickelten „statischen Methode“ [9, 10] wird ein im UHV durch Ionenätzen gesäubertes Target bestimmter Gasdosen ausgesetzt und die entstandenen Adsorptionsschichten danach mit entsprechend geringen Stromdichten abgetragen. Tabelle 18.2 zeigt die so gemessenen Sekundärionenausbeuten für reine und bedeckte Oberflächen [29].

Tabelle 18.2. S^+ beim Beschuß sauberer und sauerstoffbedeckter Oberflächen mit 2,5-keV-Ar^+-*Ionen nach* BENNINGHOVEN [19]

Target	Z_2	S^+ saubere Oberfläche	S^+ oxidbedeckte Oberfläche
Mg	12	0,01	0,9
Al	13	0,007	0,7
Si	14	0,0084	0,58
Ti	22	0,0013	0,4
V	23	0,001	0,3
Cr	24	0,0012	1,2
Mn	25	0,0006	0,3
Fe	26	0,0015	0,35
Ni	28	0,0006	0,045
Cu	29	0,0003	0,07
Ge	32	0,0044	0,02
Sr	38	0,0002	0,16
Nb	41	0,0006	0,05
Mo	42	0,00065	0,4
Ba	56	0,0002	0,03
Ta	73	0,00007	0,02
W	74	0,00009	0,035

Die chemische Ionenemission kann aber auch angeregt werden, wenn man die Proben mit Sauerstoffionen, z. B. $^{16}O_2^-$- oder $^{16}O^+$-Ionen beschießt [21—25]. Die damit gemessenen positiven SI-Ausbeuten liegen etwa in der Größenordnung der mit den beiden anderen Methoden bei Einfluß von Sauerstoff erzielten Werten.

Für die analytische Beschreibung der „kinetischen“ und der „chemischen“ Ionenemission gibt BLAIS und BERNHEIM [69] eine Möglichkeit an, die durch dynamische Messungen der Abhängigkeit von $S^+ = f(P_{O_2})$ belegt wird.

Die völlige Aufklärung der Zusammenhänge ist nur mit Hilfe umfangreicher Untersuchungen, die die Veränderung der Oberflächenbindungsenergie B, der Austrittsarbeit Φ und des dynamischen und statischen Haftkoeffizienten Θ bei der Messung der ioneninduzierten Emissionseffekte einschließen, möglich. Hierbei sind ebenfalls die Veränderungen der Energieverteilungen der Sekundärionen unter dem Einfluß einer Sauerstoffkontamination und der Vergleich mit den Verteilungen der Neutralteilchen von Interesse [52].

18.3. Experimentelle Technik

Die für die Erforschung der Wechselwirkung von Ionen mit Festkörpern verwendeten Gerätekonzeptionen basieren im wesentlichen auf den folgenden Baugruppen:

Primärionenquelle, Fokussierungsoptik;
Primärionenseparation (nicht in allen Anordnungen vorhanden);
Probenraum mit Manipulation;
Sekundärionenmassenspektrometer;
Energieanalysator;
Sekundärionennachweissystem;
Vakuumsystem.

Eine Zusammenfassung des gegenwärtigen Standes der für die einzelnen Baugruppen verwendeten speziellen Anordnungen gibt Hurley [6] oder Liebl [7]. Mit der Vielzahl physikalischer Prinzipien zur Lösung der einzelnen Fragen hat sich auch die Zahl der unterschiedlichen Anlagen stark erhöht. Die zur Erzeugung des notwendigen Vakuums entwickelte Technik ist in den letzten Jahren stark verbessert worden, so daß in vielen Anlagen im Probenraum Ultrahochvakuumbedingungen von 10^{-7} bis 10^{-8} Pa bestehen.

Bei den verschiedenen Verfahren zur Messung der SI-Emission muß insbesondere der Erzeugung monoenergetischer massereiner Primärionen entsprechender Stromdichte, der SI-Analyse mit genügender Energie- und Massenauflösung und der Präparation sauberer polierter Oberflächen Beobachtung geschenkt werden. Auch der Nachweis geringster Ionenströme ist für diese Messungen notwendige Voraussetzung (siehe Kap. 15.).

Mit der Entwicklung der SIMS sind eine Reihe von Geräten aufgebaut worden, die zur Untersuchung spezieller Probleme in den verschiedenen Arbeitsgruppen herangezogen werden. Als Beispiel für diese individuell entwickelten Geräte sollen die Anordnungen von Beske [54], Werner und de Grefte [70], Benninghoven [9], Jurela und Perovič [71], Yurasova u. a. [63], Šroubek [72] sowie Wittmaack u. a. [73] genannt werden.

Die bisher sicher universellste Anordnung ist der von Liebl [74] aufgebaute Universal-Mikroproben-Analysator UMPA. Hier wurden die Vorzüge eines Ionenmikroanalysators mit denen eines Elektronenmikroanalysators kombiniert. Die Vakuumbedingungen dieses Gerätes liegen im UHV-Bereich.

Kommerziell hergestellte Sekundärionen-Massenspektrometer lassen sich in drei Gruppen einteilen:

Sekundärionen-Mikroanalysatoren

Auf der Grundlage der Arbeiten von Herzog und Liebl [75] wurde z. B. das in Abbildung 18.5 schematisch wiedergegebene Sekundärionen-Mikroproben-Massenspektrometer entwickelt [14]. Bei diesem Gerät wird durch einen massenseparierten Primärionenstrahl mit einer Fokussierung bis zu 1 μm eine Fläche von 300 × 300 μm abgerastert. Nach einer Massenanalyse mit einem doppelfokussierenden Massenspektrometer wird das Signal über einen Ionen-Elektronen-Wandler auf einem Bildschirm synchron zur Anzeige gebracht. Damit kann z. B. die Lateralverteilung von Elementen an der Oberfläche einer Probe mit einer Auflösung bis zu 1 μm aufgenommen werden. Aber auch Tiefenverteilungen, Proben- und Schichtzusammensetzungen lassen sich bei hohen Stromdichten und geringem Strahldurchmesser ermitteln [7, 24]. Eine spezielle Datenerfassung und Computerprogramme für dieses Gerät [25] ermöglichen eine schnelle und sehr empfindliche Analyse (vgl. Kapitel 20.).

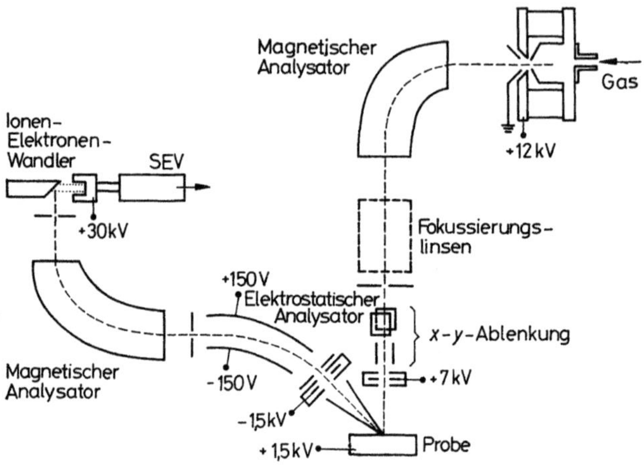

Abb. 18.5. Prinzip des Aufbaus des Ionen-Mikroproben-Massen-Analysators (IMMA) von ARL [14]

Der japanische Ionen-Mikroanalysator IMA 2 [76] kann mit der ARL-Sonde verglichen werden. Das Vakuum ist infolge eines Ganzmetallsystems etwas besser, und es existiert die Möglichkeit der Neutralisation von Oberflächenladungen durch eine Elektronenquelle bei der Messung an isolierenden Proben [77]. Das Gerät läßt auch Energieanalysen und die Variation des O_2-Druckes im Probenraum zu [78].

Sekundärionen-Mikroskope

Eine andere Gerätekonzeption wurde von Castaing und Slodzian [16, 17] bei der Entwicklung des in Abbildung 18.6 schematisch dargestellten Sekundärionenmikroskops angewendet. Die Primärionen treffen durch ein Linsensystem fokussiert, ohne Massenseparation mit einem Durchmesser von 50—300 μm auf die Probe. Die entstehenden Sekundärionen werden mit einer Immersionslinse in ein stigmatisch fokussierendes, magnetisches Sektorfeld überführt und treffen nach Impulsfilterung auf einen elektrostatischen Spiegel, der zur Selektion der hochenergetischen Energieausläufer der Sekundärionen, zur Erhöhung des Auflösungsvermögens und Verminderung der chromatischen Felder dient [79]. Aber auch die Messung des Kontaktpotentials zwischen der Probenoberfläche und dem Spiegelmaterial ist damit möglich. Dadurch läßt sich die Austrittsarbeitsänderung im Ionenfleck bestimmen [39]. Im zweiten symmetrischen Teil des magnetischen Sektorfeldes wird zusammen mit dem Spiegel eine Energiefokussierung und damit eine Verbesserung der Transmission auf 5 ··· 10% erreicht. Am Ausgang dieses energie- und impulsfokussierenden

Systems entsteht ein Zwischenbild einer Massenverteilung auf der mit Primärionen beschossenen Fläche, das über einen Ionen-Elektronen-Wandler auf einen Fluoreszenzschirm oder einen Film mit einer Auflösung von 1 μm abgebildet wird. Als integrales Signal für das entsprechende Element kann die Registrierung über einen SEV durch Teilchenzählung in einer digitalen Speicheranordnung oder aber die Registrierung des analogen Signals erfolgen.

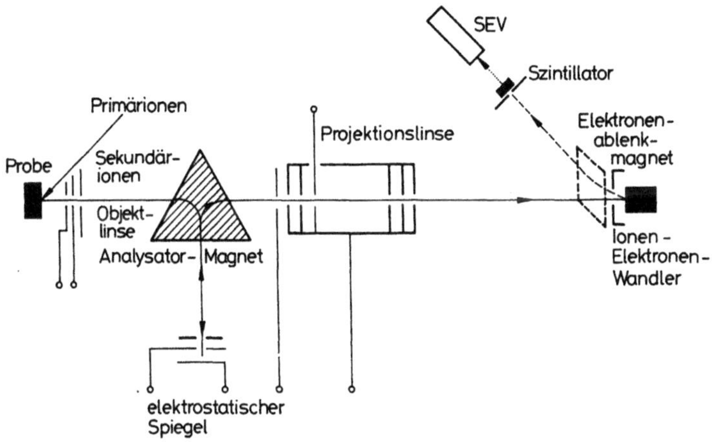

Abb. 18.6. Prinzip des Aufbaus des CAMECA-Ionenmikroskops [16, 17]

Quadrupol-Sekundärionen-Massenspektrometer

Grundsätzlich andere Bedingungen liegen bei den statischen Sekundärionensonden vor, die weitgehend aus UHV-Standardbauteilen bestehen, z. B. [80]. Das Vakuum beträgt $\sim 10^{-8}$ Pa. Die Massenseparation der Sekundärionen erfolgt mit Quadrupolmassenspektrometern hoher Transmission und genügender Auflösung. Der Einsatz von Quadrupolmassenspektrometern bei der SIMS eröffnet wegen der hohen Transmission und der relativ geringen Abmessungen dieser Geräte neue Möglichkeiten für verschiedene Probleme [81]. Da der Durchmesser des Ionenflecks noch etwa 1 mm beträgt, kann man bei geringen Primärionenstromstärken im statischen Bereich sehr empfindlich messen [29]. Die Registrierung der Ionenströme erfolgt durch einen offenen SEV und anschließender Impulselektronik. Darum sind diese Geräte besonders für Oberflächenuntersuchungen geeignet. Hinzu kommt die Kombinationsmöglichkeit mit LEED und Auger-Spektrometern, die zusätzliche Möglichkeiten der Anwendung eröffnen [82, 83].

18.4. Anwendungen

Aufnahme von Massenspektren

Die Untersuchungen der Sekundärionenmassenspektren von einer Festkörperoberfläche zur Aufnahme einer Lateralverteilung, eines Tiefenprofils oder zur Mikroanalyse von Verunreinigungen ist grundsätzlich für alle Elemente des periodischen Systems möglich. Darum sollen zunächst an einigen Beispielen die Möglichkeiten und Probleme bei der Aufnahme von Sekundärionenmassenspektren diskutiert werden.

Natürlich müssen die Proben vor der Messung sorgfältig poliert und durch Ionenbeschuß von Verunreinigungen und Kontamination an der Oberfläche gereinigt werden.

Unter bestimmten Bedingungen ist die Analyse von isolierenden Proben und Schichten möglich. Dazu wird entweder bei sehr kleinen Stromdichten oder mit einer Kompensation der Oberflächenladungen durch Elektronen gearbeitet.

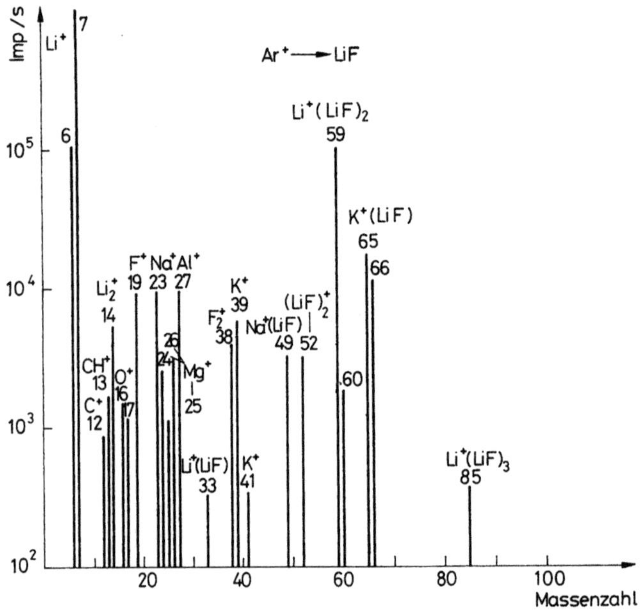

Abb. 18.7. Strichspektrum der positiven Sekundärionen von (001)-LiF beim Beschuß mit 12 keV Ar^+-Ionen (0,08 mA/cm², $\sim 10^{-4}$ Pa) [52]

Als Beispiel können an 001-Spaltflächen von Alkalihalogeniden durchgeführte SIMS-Untersuchungen angeführt werden [52].

Abbildung 18.7 zeigt ein SI-Strichspektrum einer an Luft gespaltenen (001)-LiF-Oberfläche bei $\sim 10^{-4}$ Pa Restgasdruck und 0,08 mA/cm² Ar^+-Ionenstromdichte, 12 keV Energie und 45° Beschußwinkel. Dominierend sind die Signale, welche für den Kristall charakteristisch sind, sowie Verunreinigungen von Natrium und Kalium. Wir finden Linien des Typs Li^+ $(LiF)_n$ ($n = 0, 1, 2, 3$) und ähnliche für $K^+(LiF)_n$ und $Na^+(LiF)_n$ sowie schwache Signale für O^+ und OH^+ und einfache Kohlenwasserstoffbruchstücke. Es gibt keinen Anhaltspunkt für Wasser im Massenspektrum. Auch bei frisch eingesetzten Proben oder nach längerer Pause im Vorvakuum gelagerten LiF-Kristallen ist kein Hinweis auf Wasseradsorption zu finden. Die (001)-Spaltflächen von Alkalihalogenidkristallen werden wegen ihrer einfachen Struktur und ihrer guten Spaltbarkeit häufig zu Experimenten der Oberflächenphysik, z. B. beim Studium des epitaktischen Wachstums dünner Metallfilme, verwendet. Das Verhalten der Oberflächenschichten gegenüber Wasserdampf und die damit zusammenhängende Zusammensetzung der ersten Monolage ist dabei von großem Interesse. Die bisherigen Untersuchungen mit anderen Methoden haben keinen eindeutigen Hinweis auf vorhandene Wasseradsorptionsschichten gegeben. Erst unterhalb der Zimmertemperatur findet eine nachweisbare Wasseradsorption an LiF und NaCl statt [84].

Untersuchungen der Spektren von Halbleitern und Verbindungen wie Si und SiO_2 sind mehrfach veröffentlicht worden [58, 85]. Dabei kann sowohl mit Sauerstoff- als auch mit Edelgasionen beschossen werden. Im allgemeinen ist bei Beschuß mit Sauerstoffionen das positive und negative Spektrum sehr viel linienreicher als beim Beschuß mit Edelgasen. Natürlich ist die Sekundärionenausbeute dabei ebenfalls viel größer. Hier muß je nach Fragestellung und Element die Beschußionenart aus-

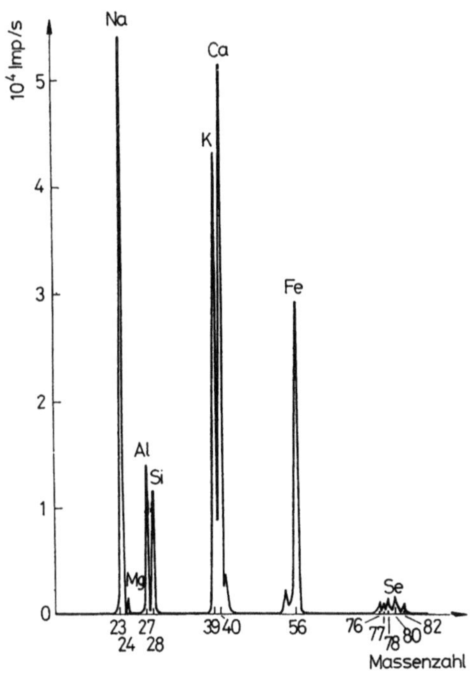

Abb. 18.8. Massenspektrum der positiven Sekundärionen von Se beim Beschuß mit 12 keV Ar^+-Ionen (0,75 mA/cm^2, 10^{-4} Pa) [52]

gewählt werden und bei sehr starker Beeinflussung durch Matrixionen, z. B. bei einer Spurenanalyse, auf günstige Oxid-Dioxid- oder Kombinationsmassen zurückgegriffen werden.

Schwierigkeiten bereitet die Analyse von Elementen mit geringer Sekundärionenausbeute, wie z. B. Se, Te und Au. Liegen außerdem, wie bei Se und Te, noch sehr viele Isotope vor, so ist eine Spurenanalyse in einer Matrix mit hoher Sekundärionenausbeute für diese Elemente kaum möglich. Abbildung 18.8 zeigt ein Spektrum von einer Se-Probe [52]. Wegen der hohen verwendeten Nachweisempfindlichkeit wurden dabei natürlich eine Reihe von anderen Elementen und Verbindungen mit großer Sekundärionenausbeute, wie K, Ca, Na, Mg, Al und Ti, mitregistriert, die aus Verunreinigungen und Kontaminationen sehr geringer Konzentration stammen.

Volumenuntersuchungen

Die SIMS kann zur qualitativen und halbquantitativen Bestimmung von Volumenzusammensetzungen verwendet werden, wenn sichergestellt ist, daß die Zusammensetzung der abgetragenen Oberflächenteilchen mit der des Festkörpers im Volumen übereinstimmt, z. B. [8, 46].

Ein Beispiel für die Leistungsfähigkeit ist die in der Tabelle 18.1 dargestellte quantitative Spurenanalyse mit dem von ANDERSEN u. a. [25] entwickelten Verfahren. Wie die eingangs angegebenen Werte für die SI-Ausbeuten zeigen, ist bei quantitativen Analysen bestimmter Elemente eine Eichung mit entsprechenden Normalen

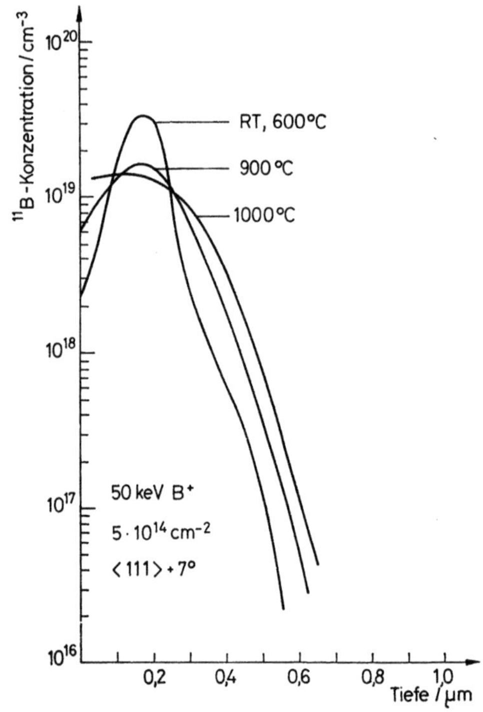

Abb. 18.9. Bor-Implantationsprofile in Si, bei verschiedenen Temperaturen ausgeheilt [85]

notwendig. Die schrittweise Abtragung der Oberfläche ermöglicht die Messung der Tiefenverteilung von Elementen und Verbindungen, z. B. von Konzentrationsprofilen [67, 74, 83, 85].

Die Empfindlichkeit des Nachweises ist bestimmt durch die Stromdichte j, die Sekundärionenausbeute S^+ und die Empfindlichkeit der SIMS-Anlage. Sie kann bis 10^{-4} ppm betragen [86].

Um bei kompaktem Material die Tiefe der Ionenflecke zu ermitteln, ist es notwendig, die Zerstäubungsrate der untersuchten Materialien zu messen. Dazu stehen eine Reihe von Methoden zur Verfügung, wie z. B. die Wägung, die interferometrische Tiefenmessung oder die Messung der Tiefe mit einer elektromechanischen Sonde.

Die Tiefenauflösung, d. h. die Genauigkeit, mit der eine bestimmte Stelle im Festkörper ausgemessen werden kann, bestimmt die Genauigkeit der Profilmessung [74].

Zur exakten Messung von Tiefenprofilen muß mit den Primärionen ein Krater erzeugt werden, der einen sehr ebenen Boden besitzt. Dies kann durch Rastern des Primärstrahls erreicht werden. Bei einer relativ hohen Abtragungsrate von 1 ··· 10 Å/s und einigen mm² Fläche, die mit Ionen beschossen wird, ist die Tiefenauflösung etwa 5%.

Abbildung 18.9 zeigt implantierte Borprofile in Silicium, die zum Teil anschließend bei unterschiedlichen Temperaturen ausgeheilt wurden [85], aufgenommen mit einer CAMECA-Sonde.

Analoge Messungen wie an Bor sind auch an anderen wichtigen Dotierungselementen, wie Phosphor und Arsen in Silicium, durchgeführt worden. In diesen Fällen liegen die unteren Nachweisgrenzen für Profilanalysen bei 10^{17} cm^{-3}.

Die Bestimmung von sehr oberflächennahen Profilen, wie z. B. eines Implantationsprofils, ist ein besonders günstiges Anwendungsgebiet. Überdies liefert das Verfahren der Ionenimplantation eine ziemlich universelle Möglichkeit, Eichproben herzustellen. Verfügt man über eine präzise Dosismessung bei der Implantation, so kann man durch Integration der gemessenen Profilkurve und Bestimmung der Zerstäubungsgeschwindigkeit die Zuordnung von Sekundärionenstrom und Elementkonzentration vornehmen.

Oberflächenuntersuchung

Neben den Volumenuntersuchungen hat die SIMS bei der Erforschung der Reaktionen von Festkörperoberflächen in der letzten Zeit an Bedeutung gewonnen. Bei den allgemein üblichen hohen PI-Stromdichten erfolgt der Abbau einer Monolage in Zeiten unter 1 s. Dadurch ist die Analyse individueller Monoschichten und die Veränderung der chemischen Zusammensetzung sehr dünner Oberflächenbedeckungen nicht möglich. Die Analyse von Oberflächenreaktionen mit der umgebenden Gasphase kann man jedoch bei genügend hohem Druck des Reaktionsgases im Targetraum durchführen. Nach dieser „dynamischen Methode" der SIMS hat Fogel [13, 87] die Oxydationsprozesse und die katalytische Reaktion verschiedener Metalloberflächen untersucht. Die Wirkung von Sauerstoff auf die Sekundärionenemission von Einkristallen wird z. B. von Bernheim und Slozian [88, 89] untersucht, und Cherepin u. a. geben Ergebnisse zur Passivierung von Metalloberflächen durch Edelgasbeschuß an [68].

Die nahezu störungsfreie Beobachtung einer individuellen Monolage, insbesondere der ursprünglichen obersten Schicht eines Festkörpers, ermöglicht die „statische Methode" der SIMS. Damit wurde in Arbeiten von Benninghoven [9, 10, 29, 90] eine Vielzahl von Metallen und ihre Reaktionskinetik mit Oberflächenschichten, z. B. Sauerstoff, untersucht. Durch einen Sputtervorgang werden die Oberflächenschichten abgebaut. Bei Herabsetzung der PI-Stromdichte auf $1 \cdot 10^{-9}$ A/cm² liegt die Abbauzeit einer Monoschicht bei mehreren Stunden, und die Zerstörung wird vernachlässigbar klein. Da die SI-Ausbeute jedoch ebenfalls entsprechend kleiner wird, ist eine extrem hohe Empfindlichkeit des Massenspektrometers notwendig. Außerdem sind UHV-Bedingungen erforderlich, um die Wechselwirkung mit dem

Restgas auszuschließen. Als Beispiel soll eine Untersuchung, die von Benninghoven [90] durchgeführt wurde, dienen. In der Abbildung 18.10 ist der zeitliche Verlauf der SI-Emission von O^-, Cl^-, AlO^- und MoO_3^- an einer 2500 Å starken Al-Schicht auf Mo dargestellt. Für den Fall einer ungereinigten Mo-Unterlage (A)

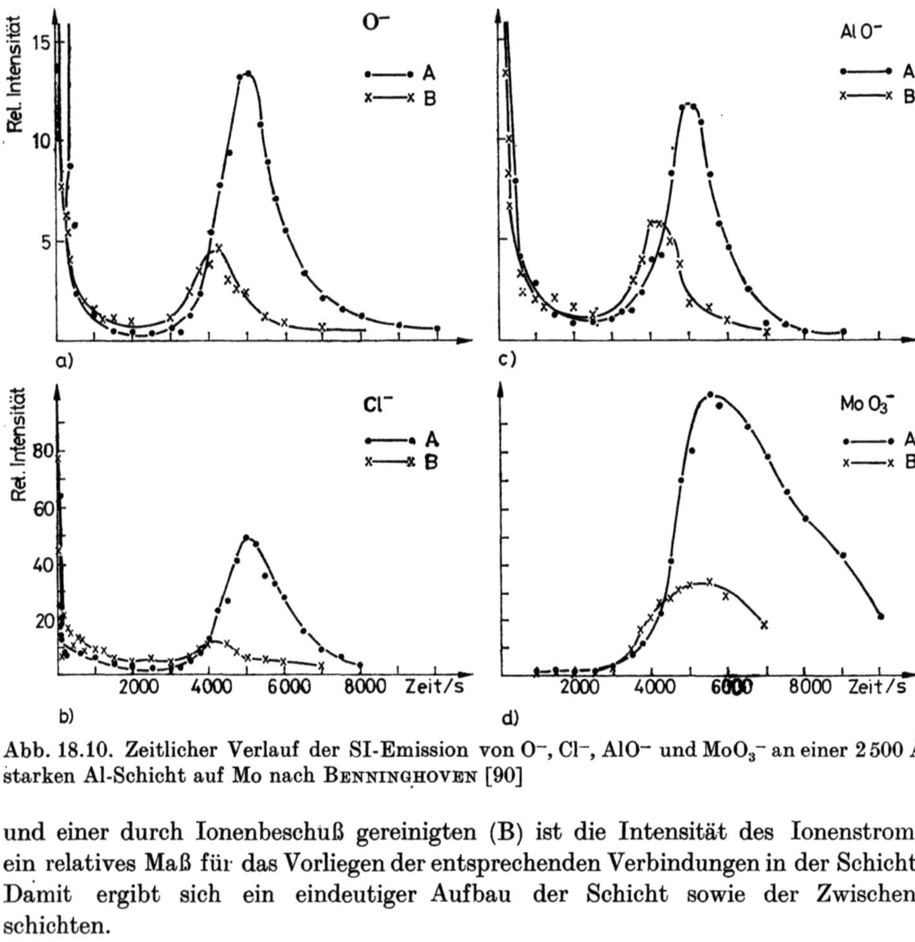

Abb. 18.10. Zeitlicher Verlauf der SI-Emission von O^-, Cl^-, AlO^- und MoO_3^- an einer 2500 Å starken Al-Schicht auf Mo nach Benninghoven [90]

und einer durch Ionenbeschuß gereinigten (B) ist die Intensität des Ionenstroms ein relatives Maß für das Vorliegen der entsprechenden Verbindungen in der Schicht. Damit ergibt sich ein eindeutiger Aufbau der Schicht sowie der Zwischenschichten.

Die Durchführung von Messungen dieser Art macht es notwendig, die PI-Stromdichte in weiten Grenzen zu variieren. Während im Bereich der inneren und äußeren Grenzfläche Stromdichten von 10^{-9} A/cm² eine statische Untersuchung zulassen, wird innerhalb der Aluminiumschicht mit einer Stromdichte von 10^{-5} A/cm² ein rascher Abbau erzielt. Bei verschiedenen Abbaustufen ermöglicht ein statisches Spektrum einen wesentlich besseren Einblick in den komplexen Aufbau der dünnen Schicht, als das bei der Verfolgung der einzelnen Massenlinien während des raschen Abbaus möglich ist.

Da mit Hilfe der SIMS nicht nur Aussagen über die vorhandenen Elemente, sondern auch über Verbindungen, in denen sie vorliegen, gemacht werden können, eröffnet diese Methode die Möglichkeit zum Studium von Festkörper-Festkörper-Reaktionen. Die Nachweisgrenze bei dem geschilderten Beispiel lag für Oxide und

Sulfatkomplexe bei ~ 1 ppm (10^{-6}) einer Monolage. Nimmt man als Größenordnung der Masse einer monomolekularen Schicht 10^{-7} g/cm², so ergeben sich bei einer Beschußfläche von 0,1 cm² Nachweisgrenzen von ~ 10^{-14} g für die Metalloxide. Bei Kohlenwasserstoffverbindungen liegt die Nachweisgrenze noch niedriger [86].

Mikroanalyse

Die Herstellung der serienmäßigen Geräte hat gezeigt, daß eine Bildanalyse der Verteilung von Elementen mit einer Auflösung von ~ 1 µm möglich ist. Die erfaßten Bilder können am Beispiel der Abbildung 18.11 näher erläutert werden. Hier wurde

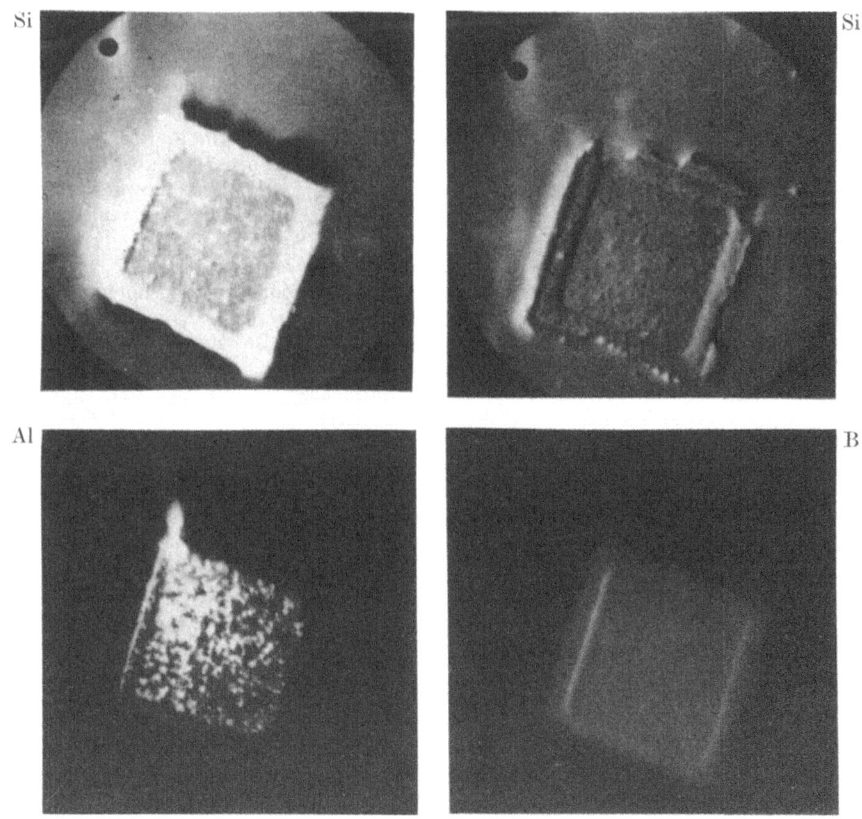

Abb. 18.11. Sekundärionenbilder von einem Si-Bauelement, mit der CAMECA-Sonde aufgenommen; nach RICHTER u. a. [91]

die CAMECA-Sonde als Ionenmikroskop zur Untersuchung eines Siliciumbauelementes eingesetzt [91]. Der Bildfelddurchmesser bei den Teilbildern beträgt ca. 250 µm, das darin sichtbare Bauelement hat eine Kantenlänge von ca 125 µm. Das erste Teilbild ist eine Aufnahme mit Silicium, Masse 28. Der hellere Rand entsteht durch die höhere Sekundärionenausbeute einer dort befindlichen, dünnen Oxidschicht. Bei der zweiten Aufnahme ist die Oxidschicht bereits abgetragen, die auftretende Struktur wird durch die Oberflächentopographie der Probe hervorgerufen. Diese Topographie stammt nicht vom Sputterprozeß während der Analyse, sondern von der vorhergehenden chemischen Ätzung der Probe zur Entfernung der Kontakte. Die nächste Aufnahme zeigt punktförmige Aluminiumreste auf der Struktur. Als letzte Aufnahme sehen wir ein Borbild der gleichen Stelle.

18.5. Zusammenfassung

Die Sekundärionenemission und ihre Anwendung in der SIMS bietet viele, teilweise neue Möglichkeiten der Festkörperanalyse. Es muß beachtet werden, daß die Entwicklung auf diesem Gebiet sehr rasch verläuft und durch starke Impulse aus verschiedenen Gebieten der Anwendung dieser Prozesse und Ergebnisse gekennzeichnet ist.

Die Darstellung zeigt, daß sowohl die experimentelle Erarbeitung von ausreichenden und gesicherten Ergebnissen als auch die theoretische Durchdringung einen hohen Aufwand erfordert. Trotz des hohen Standes auf der Basis ioneninduzierter Emission entwickelter verschiedenster technischer und analytischer Verfahren steht die Aufklärung der physikalischen Prozesse noch am Anfang, die große praktische Bedeutung aber führt zur immer intensiveren Erforschung dieses Gebietes unter Einbeziehung sehr komplexer experimenteller Anordnungen, wodurch die verschiedenen Anwendungsmöglichkeiten wiederum stark befruchtet werden.

An einigen Beispielen aus der analytischen Anwendung der SIMS zur Volumen-, Oberflächen- und Mikroanalyse wurde versucht, die bisher erreichte Leistungsfähigkeit darzustellen. Das Verfahren kann sehr wertvolle Informationen in der Halbleiteranalytik liefern. Die quantitative Analyse ist noch nicht so weit entwickelt wie zum Beispiel bei der Elektronenstrahl-Mikroanalyse. Das Problem der Eichproben ist kritischer als bei diesem Verfahren. Es sind jedoch Möglichkeiten sichtbar, einen Konzentrationsbereich von ppb bzw. ppm bis 100% quantitativ erfassen zu können. Weitere Fortschritte auf dem Gebiet der Theorie des Verfahrens sind mit zunehmender Gerätezahl zu erwarten.

18.6. Literatur

Weiterführende Literatur

— Cherepin, V. T., Vassilyev, M. A.: Anwendung der ioneninduzierten Ionenemission bei Metallen und Legierungen (russ.). Kiew 1975.
— Krebs, K. H.: Proc. 4. Int. Symp. „Reinststoffe in Wissenschaft und Technik", Dresden, 1975. Akademie-Verlag, Berlin 1977, S. 453.

Originalliteratur

[1] Oechsner, H., Z. Phys. **261** (1973) 37.
[2] Oechsner, H., and Stumpe, E., Appl. Phys. **14** (1977) 43.
[3] Coburn, J. W., Taglauer, E., and Key, E., J. Appl. Phys. **45** (1973) 1779.
[4] Können, G. P., et al., Rad. Effects **21** (1974) 171 und 269.
[5] Oechsner, H., Plasma Physics **16** (1974) 835.
[6] Hurley, R. E., J. Phys. E Sci. Instr. **5** (1972) 1025.
[7] Liebl, H., Analyt. Chem. **46** (1974) 22.

[8] WERNER, H. W., Surface Sci. **35** (1973) 458.
[9] BENNINGHOVEN, A., and LOEBACH, E., Rev. Sci. Instr. **42** (1971) 49.
[10] BENNINGHOVEN, A., Surface Sci. **28** (1971) 541.
[11] HERZOG, R. F. K., and VIEBÖK, F. P., Phys. Rev. **76** (1949) 855.
[12] FOGEL, J. M., RYBALKO, V. F., KOLOT, V. JA., Sov. Phys. — Solid State **11** (1959) 1142.
[13] FOGEL, J. M., SLABOSPITSKII, R. P., KARMANKOV, J. M., Sov. Phys. — Techn. Phys. **5** (1961) 777.
[14] LIEBL, H., J. Appl. Phys. **38** (1967) 5271.
[15] LIEBL, H., Int. J. Mass. Spectr. **6** (1971) 401.
[16] CASTAING, R., and SLODZIAN, G., J. de Microscopie **1** (1962) 395.
[17] CASTAING, R., and SLODZIAN, G., Compt. Rendus **255** (1962) 1893.
[18] BÖTTIGER, J., DAVIES, G. H., SIGMUND, P., and WINTERBOM, B., Rad. Effects **11** (1971) 69.
[19] SIGMUND, P., Phys. Rev. **184** (1969) 383.
[20] SIGMUND, P., Rev. Roum. Phys. **17** (1972) 823, 969 u. 1079.
[21] ANDERSEN, C. A., in „Microprobe Analysis" J. Wiley Publ., New York 1973.
[22] ANDERSEN, C. A., Int. J. Mass Spectr. Ion Phys. **2** (1969) 61.
[23] ANDERSEN, C. A., Int. J. Mass Spectr. Ion Phys. **3** (1970) 413.
[24] ANDERSEN, C. A., and HINTHORNE, J. R., Science **175** (1972) 853.
[25] ANDERSEN, C. A., and HINTHORNE, J. R., Anal. Chem. **45** (1973) 1421.
[26] DOBREZOW, L. N., und GOMOJUNOVA: Emissionselektronik (russ.). Moskau 1966.
[27] JURELA, Z., Int. J. Mass. Spectr. Ion Phys. **12** (1973) 33.
[28] ŠROUBEK, Z., Surface Sci. **44** (1974) 47.
[29] BENNINGHOVEN, A., Surface Sci. **53** (1975) 596.
[30] LOTOTZKII, A. G., GIMELFARB, F. A., J. Anal. Chem. (russ.). **31** (1976) 433.
[31] JURELA, Z., in „Atomic Collisions Phenomena in Solids". North-Holland Publ. Co., Amsterdam 1975.
[32] SCHROEER, J. M., Bull. Am. Phys. Soc. **10** (1965) 41.
[33] KROHN, V. E., Int. J. Mass. Spectr. Ion Phys. **22** (1976) 43.
[34] WEG, W. F. v. D., and BIERMANN, D. J., Physica **144** (1969) 177.
[35] BENNINGHOVEN, A., Z. Phys. **220** (1969) 159; bzw. **230** (1970) 403.
[36] JOYES, D., Rad. Effects **19** (1973) 235.
[37] CINI, M., Surface Sci. **54** (1976) 71.
[38] BLAIS, G., and SLODZIAN, G., J. Phys. (Paris) **31** (1970) 43.
[39] BLAIS, G., and SLODZIAN, G., Rev. Phys. Appl. (Paris) **8** (1973) 105.
[40] BLAIS, G., Rad. Effects **18** (1973) 235.
[41] SCHROEER, J. M., RHODIN, T., and BRADLEY, R., Surface Sci. **34** (1973) 571.
[42] SCHROEER, J. M., Surface Sci. **35** (1973) 485.
[43] ANTAL, J., Phys. Lett. **55 A** (1976) 493.
[44] GRIES, W. H., Int. J. Mass. Spectr. Ion Phys. **17** (1975) 77.
[45] GRIES, W. H., and RÜDENAUER, F. G., Int. J. Mass. Spectr. Ion Phys. **18** (1975) 111.
[46] RÜDENAUER, F. G., STEIGER, W., and WERNER, H. W., Surface Sci. **54** (1976) 553.
[47] KOPITZKI, K., und STIER, H. E., Z. Naturforsch. **17a** (1962) 346.
[48] RÜDENAUER, F. G., STEIGER, W., und PORTENSCHLAG, R., Microchimica Acta **5** (1974) 421.
[49] DÜSTERHÖFT, H., MANNS, R,. and HILDEBRAND, D., Phys. Stat. Sol. **36(a)** (1976) K 93.
[50] SCHROEER, J. M., J. Vac. Sci. Technol. **14** (1977) 343.
[51] DÜSTERHÖFT, H., MANNS, R., und ROGASCHEWSKI, S., Exp. Techn. Phys. **25** (1977) 117.
[52] DÜSTERHÖFT, H., B-Dissertationsschrift, Humboldt-Universität Berlin 1977.
[53] MANNS, R., Symp. „Ionenzerstäubung", Karl-Marx-Stadt 1973, S. 63.
[54] BESKE, H. E., Z. ang. Phys. **14** (1961) 30; bzw. Z. Naturforsch. **22a** (1967) 459.
[55] JURELA, Z., Int. J. Mass. Spectr. Ion. Phys. **18** (1975) 101.
[56] GITTINS, R. P., MORGAN, D. V., and DEARNALEY, J., J. Phys. D **5** (1972) 1654.
[57] ALMÉN, O., and BRUCE, G., Nucl. Instr. Methods **11** (1961) 277.
[58] HONIG, R. E., Advan. Mass. Spectrom. **6** (1974) 337.
[59] WITTMAACK, K., and STAUDENMAIER, G., Appl. Phys. Lett. **27** (1975) 318.
[60] WITTMAACK, K., Surface Sci. **53** (1975) 626.
[61] PALETO, S., PERDRIX, M., GOUTTE, R., and GAILAND, C., Surface Sci. **35** (1973) 473.

[62] KERKOW, H., TRAPP, M., Int. J. Mass. Spectr. Ion Phys. **13** (1974) 113.
[63] YURASOVA, V. E., et al., Rad. Effects **20** (1973) 99.
[64] SHIMIZU, R., Jap. J. Appl. Phys. **132** (1974) 228.
[65] WILSON, J. H., Rad. Effects **18** (1973) 95.
[66] BEHRISCH, R., in „Ion Surfaces Interaction, Sputtering and Related Phenomena". Gordon and Breach, London 1973.
[67] McHUGH, J. A., Rad. Effects **21** (1974) 209.
[68] CHEREPIN, V. T., KOSYACHKOV, A. A., and VASSILYEV, M. A., Surface Sci. **58** (1976) 609.
[69] BLAIS, G., and BERNHEIM, M., Surface Sci. **47** (1975) 324.
[70] WERNER, H. W., und DE GREFTE, H. A., Vakuum Techn. **17** (1967) 37.
[71] JURELA, Z., and PEROVIČ, B., Can. J. Phys. **46** (1968) 773.
[72] ŠROUBEK, Z., Rev. Sci. Instr. **44** (1973) 1403.
[73] WITTMAACK, K., MAUL, J., and SCHULZ, F., Int. J. Mass. Spectr. Ion Phys. **11** (1973) 23.
[74] LIEBL, H., J. Vac. Sci. Technol. **12** (1975) 385.
[75] HERZOG, R. F. K., and LIEBL, H., J. Appl. Phys. **34** (1963) 2893.
[76] TAMURA, H., KONDO, T., and HIRANO, I., Proc. 6th. Conf. „X-Ray Optics and Microanalysis".
[77] NAKUMURA, K., AOKI, S., NAKAJIMA, Y., DOI, H., and TAMURA, H., Mass. Spectroscopy **20** (1972) 1.
[78] ISHITANI, T., TAMURA, A., and SHIUMIYO, T., Surface Sci. **55** (1976) 179.
[79] HENNEQUIN, J. F., Int. J. Mass. Spectr. Ion Phys. **19** (1976) 419.
[80] HUBER, W. K., SELHOFER, H., and BENNINGHOVEN, A., J. Vac. Sci. Techn. **9** (1972) 482.
[81] DAWSON, P. H., Int. J. Mass. Spectr. Ion Phys. **17** (1975) 447.
[82] HEILAND, W., and TAGLAUER, E., J. Vac. Sci. Technol. **12** (1975) 352.
[83] HOLM, R., und STORP, S., Vakuum-Techn. **25** (1976) 41.
[84] ESTEL, G., HEINKES, H., KAARMANN, H., and WILSCH, H., Surface Sci. **54** (1976) 393.
[85] SCHWARZ, S., TRAPP, M., SCHIMKO, R., BUTZKE, G., and ROGGE, K., Phys. Stat. Sol. **17a** (1973) 653.
[86] WERNER, H. W., Surface Sci. **47** (1975) 301.
[87] FOGEL, J. M., Int. J. Mass. Spectr. Ion Phys. **9** (1972) 109.
[88] BERNHEIM, M., and SLODZIAN, G., Int. J. Mass. Spectr. Ion Phys. **12** (1973) 93.
[89] BERNHEIM, M., and SLODZIAN, G., Int. J. Mass. Spectr. Ion Phys. **20** (1976) 295.
[90] BENNINGHOVEN, A., and STORP, S., Z. ang. Phys. **31** (1971) 31.
[91] RICHTER, C. E., TRAPP, M., und BUTZKE, G., in: Tagungsband der Arbeitstagung „Ionenimplantation in Halbleitern" (russ.) Rossendorf 1972.
[92] JOYES, P., Compt. Rendus **288** (1979) 155.
[93] ŠROUBEK, Z., ŽAVADIL, J., KUBEČ, F., and ŽDANSKY, K., Surface Sci. **77** (1978) 603.

19. Elektronenstimulierte Ionendesorption

(G. Dworzak, Halle)

19.1. Grundprinzip

Wenn Festkörper mit Elektronen beschossen werden, so kann es beim Vorhandensein von noch näher zu präzisierenden Bedingungen neben der Aussendung von Röntgenquanten und der Emission von Elektronen verschiedener Herkunft sowie von sichtbarem Licht auch zur Ablösung von Atomen, Ionen und Molekülen aus dem oberflächennahen Bereich des Probenkörpers kommen. Rein phänomenologisch kommt es unter der Einwirkung von Elektronenstrahlen auf den Festkörper zu einem mehr oder weniger ausgeprägten Materialabtrag von der Probe. Der Vollständigkeit halber sollte angemerkt werden, daß zwar auch ohne Bestrahlung eine Materialabwanderung eintritt — es handelt sich dann um die Ausbildung eines materialspezifischen Dampfdruckes —, jedoch ist die Abtragungsrate bei Beschuß mit Elektronen i. allg. um Größenordnungen höher als bei der Einstellung des Dampfdruckes über einem Festkörper. Erscheinungen des Materialabtrags und der Emission von Ionen oder Neutralteilchen spielen sowohl in sehr verschiedenen Gebieten der physikalischen Untersuchungsmethodik als auch bei einigen technischen Anwendungen eine Rolle. Zur erstgenannten Gruppe gehört die Desorption von Gasmolekülen, die auf Festkörperoberflächen physikalisch oder chemisch adsorbiert sind, mittels Elektronenstrahlen. Bei der Untersuchung von Dünnschichtobjekten, speziell von organischen Präparaten, im Elektronenmikroskop oder mit der Elektronenstrahlmikrosonde tritt als störender Nebeneffekt ein Masseverlust auf. Hierdurch kann die Größe der Energiebelastung der zu analysierenden Bereiche begrenzt werden. Während zur Desorption von Gasadsorbaten bereits recht geringe Elektronenenergien ausreichen, größenordnungsmäßig 100 eV, sind zur eigentlichen Festkörperanalyse mit Hilfe von Elektronenstrahlen Energien von mindestens 1 bis 5 keV notwendig.

Die Untersuchung von Adsorbatschichten mit Hilfe langsamer Elektronen [1, 2, 3] und [4] wird als ESD-Technik bezeichnet (Elektronen-stimulierte **D**esorption). Zur formalen Unterscheidung der Untersuchungsmethode von oberflächennahen Festkörperschichten mittels energiereicherer Elektronenstrahlen wird die Bezeichnung ESID (Elektronen-stimulierte **I**onen**d**esorption) gewählt, da hierbei fast ausschließlich die vom Festkörper emittierten Ionen zur analytischen Aussage benutzt werden [5, 6 und 7]. Selbstverständlich sind alle genannten Verfahren stark temperaturabhängig, weshalb der Temperaturbestimmung durch Messung oder Rechnung besonderes Gewicht zukommt. Für die ESID-Untersuchungsmethode ist ein möglichst geringer Materialabtrag von oberflächennahen Bereichen des Probenfestkörpers charakteristisch; diese Methode ist somit nicht zerstörungsfrei. Steigert man den

Energiefluß im Strahlspot auf Werte über 10^7 W · cm^{-2}, so erfolgt ein sehr schneller Materialabtrag in einem dichten Plasma hoher Temperatur. Elektronenstrahlgeräte dieser Art werden in steigendem Maße zur Materialbearbeitung (Bohren, Fräsen, Schneiden) und in der Fügetechnik (Schweißen) industriell eingesetzt. Die Gruppe dieser technischen Anwendungsfälle der elektronenstimulierten Ionen- und Neutralteilchenemission soll hier nicht näher betrachtet werden.

19.2. Theoretische Grundlagen

Die Desorption geladener und ungeladener Teilchen von Festkörpertargets, die mit Elektronen niedriger Energie beschossen werden, kann mit Hilfe einer einfachen theoretischen Grundvorstellung beschrieben werden [1 und 2]. Nimmt man an, daß ein Ion zum Verlassen einer — zunächst als eben angenommenen — Oberfläche des Festkörpers angeregt wird, so läßt sich die Wahrscheinlichkeit w^+ für die Emission dieses Ions angeben:

$$w^+ = \exp\left(-\int_{x_0}^{\infty} \frac{R(x)}{v(x)}\,\mathrm{d}x\right), \tag{1}$$

wobei wir unter x_0 die Startentfernung von der Oberfläche verstehen. $R(x)$ wird als Neutralisierungsrate bezeichnet, und $v(x)$ beschreibt die Geschwindigkeit des abfliegenden Ions. Für die Neutralisierungsrate, die z. B. durch Tunnelelektronen aus der Targetprobe beeinflußt wird, kann als erste Näherung ein exponentieller Ansatz gemacht werden:

$$R(x) = A\,\mathrm{e}^{-ax} \qquad (A, a \text{ Konstanten}). \tag{2}$$

Eine Kosinus-Verteilung der emittierten Ionen anzunehmen, wie das bei einfacher thermischer Verdampfung mit gewissen Einschränkungen für die emittierten Partikeln (hierbei allerdings meist Neutralteilchen) möglich ist, führt zu sehr unvollkommener Übereinstimmung mit dem Experiment. Läßt man die Annahme einer ebenen Fläche fallen, so läßt sich durch Berücksichtigung der realen Oberfläche und durch Erweiterung der Theorie mittels dreidimensionaler Näherung insbesondere die Winkelabhängigkeit der emittierten Ionen besser verstehen [4]. Die Desorptionswahrscheinlichkeit w^+ ist noch mit dem Wirkungsquerschnitt Q^+ und der oberflächennahen Belegungsdichte N an Adsorbat- oder Targetteilchen gemäß Gleichung (3) verbunden:

$$w^+ = Q^+ N. \tag{3}$$

N liegt in der Größenordnung 10^{14} bis 10^{15} Atome/cm^2, und für Q^+ sind Werte zwischen 10^{-18} und 10^{-23} cm^2 bekannt [9 und 22]. Bei der Emission von Oberflächenteilchen überwiegen die Neutralen, nur etwa 1 bis 2% desorbieren als Ionen.

Für die praktische Messung der Desorptionsrate ist der Begriff der Ausbeute S des Ionendesorptionsprozesses besser geeignet. Wir verstehen darunter das Verhältnis des gesamten, im Halbraum über der Probe erzeugten Ionenstromes $I^+_{\text{tot.}}$, bezogen auf den Erzeugerelektronenstrom I_e:

$$S = \frac{\int_0^{2\pi} I^+_{\text{tot.}}(\Theta_i)\,\mathrm{d}\Theta}{I_e}, \tag{4}$$

wobei $I^+_{\text{tot.}}(\Theta_i)$ den gesamten Ionenstrom bezeichnen soll, der unter dem Winkel Θ_i gegen die Normale zur Oberfläche meßbar ist. Durch die meisten der angeschlossenen Detektoren wird nur ein Bruchteil η $(0 < \eta \leqq 1)$ registriert. Benutzt man Massenspektrometer als Nachweisgeräte, so ist noch der Isotopenfaktor K_i zu berücksichtigen:

$$K_i = \frac{[I_i]}{\sum [I_r]} \tag{5}$$

mit dem benutzten Isotop $[I_i]$ und der Summe aller Isotope $\sum [I_r]$. Dann bezieht sich die gemessene Ausbeute S' auf das betreffende Element, und wir erhalten:

$$S' = \frac{I^+_{a,i}}{K_i I_e}, \qquad S' = \eta S, \tag{6a), (6b}$$

wobei $I^+_{a.i}$ den Ionenstrom auf den Auffänger bezeichnet.

19.3. Experimentelle Technik

Die grundsätzliche Anordnung bei Untersuchungen zu ESD bzw. ESID ist Abbildung 19.1 zu entnehmen. Selbstverständlich gibt es eine große Zahl von Varianten, die im Laufe der letzten Jahre realisiert wurden; die minimale Ausrüstung besteht aber aus Elektronenquelle, Probe und Detektor. Neuere Arbeiten benutzen bereits zur

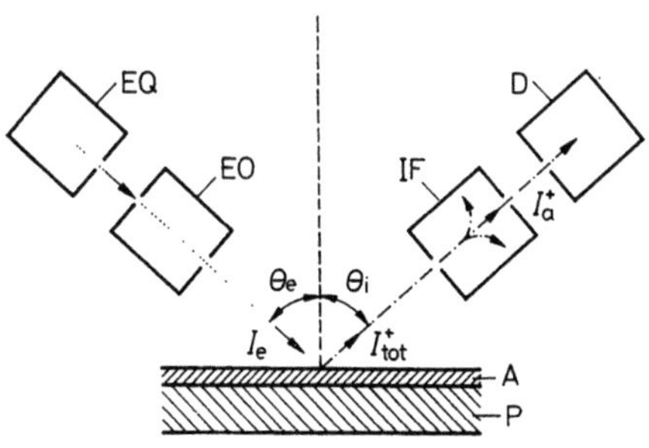

Abb. 19.1. Prinzip der Meßanordnung zu ESD bzw. ESID.
EQ Elektronenquelle, *EO* Elektronenoptik, *P* Probe, *A* Adsorbatschicht, *IF* Ionenfilter (selektiv bez. Masse oder bzw. und Energie), *D* Detektor, Θ_e Einfallswinkel der Elektronen, Θ_i Detektionswinkel für Ionen, I_e Elektronenstrom, $I^+_{\text{tot.}}$ totaler Ionenstrom in Richtung Θ_i, $I_a{}^+$ Auffängerionenstrom

Formung des Elektronenstrahls eine Elektronenoptik [3 bis 8], zur Identifizierung der emittierten Ionen sind magnetische Massenspektrometer, siehe z. B. [3, 5 bis 9], oder Quadrupolmassenfilter [10 und 11] in Gebrauch. Zur Untersuchung der

Energieverteilung der Ionen werden Gegenfeldanordnungen eingesetzt [1, 10 und 12]. Der Detektor besteht im einfachsten Fall aus einem Faraday-Auffänger [6 bis 8], in einigen Untersuchungen wurden Bildschirme, meist in Kombination mit Feldemissionsmikroskopen [13], aber auch zur Beobachtung der winkelabhängigen Ionenemission benutzt [4, 26]; im letztgenannten Beispiel gelangten auch Mikrochannelplatten als Bildverstärker zum Einsatz. Die Benutzung von Fotoplatten [5] oder Channeltrons [14] ist ebenfalls üblich.

Die verwendeten Elektronenströme bei ESD liegen in der Größenordnung von 10^{-10} bis 10^{-5} A, die Energien zwischen einigen Volt und etwa 600 eV. Die emittierten Ionenströme sind um 4 bis 9 Größenordnungen kleiner. Beim ESID-Verfahren sind Ströme von 1 bis etwa 200 μA und Spannungen von 1 bis 6 keV üblich; für die Ionenströme gilt aber sinngemäß dasselbe.

Als Target wurden die Kombinationen Sauerstoff auf Wolfram (polykrist. und W(100)) [15 und 16], H_2 auf W(100) [11], CO auf Wolfram [9] sowie GaAs [17] und einige Metalle und Mineralien untersucht [5 bis 8]. Für die Untersuchung von Adsorbatschichten ist naturgemäß die Auslegung der Apparatur für Ultrahochvakuum erforderlich, während bei Anwendung der ESID-Technik wegen der wesentlich größeren Strahlstromdichten geringere Anforderungen an das Vakuum zu stellen sind.

19.4. Anwendungen

Mit Elektronen beschossene Adsorbatschichten verändern sich mit zunehmender Beschußzeit. Das Ionenstromsignal bleibt nur etwa konstant, wenn die Elektronenstromdichte niedrig gewählt wird, größenordnungsmäßig 10^{13} Elektronen cm^{-2} s^{-1} [18]. Erhöht man die Stromdichte auf den 100fachen Wert, so ist ein Abbau der Adsorbatschicht die Folge, erkennbar an dem exponentiell abfallenden Ionenstrom. Untersuchungen der darunterliegenden Festkörperoberfläche sind erst nach Abbau dieser Oberflächenschichten möglich. Einfache Abschätzungen zeigen, daß bei Strahlströmen von 50 μA und Strahldurchmessern von 50 μm eine Wiederverunreinigung durch Restgasmoleküle, bei Drücken von $< 10^{-4}$ Pa über der Probe, vernachlässigbar ist. Die „Reinigung" der Proben dauert mit den o. g. Bedingungen einige Minuten bis zum Erscheinen konstanter Ionenströme des Festkörperprobenmaterials.

Energieverteilung der desorbierten Ionen

Zahlreiche Messungen an verschiedenen Kombinationen Adsorbat-Substrat ergaben in guter Übereinstimmung für O^+-Ionen eine wahrscheinlichste Energie von etwa 8 eV mit einer Halbwertsbreite von ca. 3 eV [3, 12 und 4], wobei hier über alle Emissionswinkel integriert wurde. Bei H^+-Ionen beträgt die Halbwertsbreite 1,7 eV. Die mit ESID erzeugten Targetionen müssen eine ähnliche Energieverteilung aufweisen, worauf bereits in [5 und 7] hingewiesen wurde, da sonst keine ausreichende massenspektrometrische Massenauflösung erreicht werden kann, sofern einfach fokussierende Massenspektrometer zum Einsatz kommen.

Es ist interessant anzumerken, daß auch die Halbwertsbreite der Ionen, die durch Laserimpulse an Festkörpertargetoberflächen erzeugt worden sind, etwa die gleiche Größenordnung aufweisen [19].

Temperatureffekte

Eine Erhöhung der Substrattemperatur bewirkt eine verstärkte Desorption, vergleichbar intensivem Elektronenbeschuß. Betreffs der Vielzahl der auftretenden Oberflächenzustände und der zugehörigen Wechselwirkungsquerschnitte sei auf die Originalliteratur verwiesen [9, 18 und 20]. Auch Form und Intensität der Leuchtschirmfiguren, bei der Beobachtung der winkelabhängigen Ionendesorption von einer Wolfram-(100)-Fläche, ändern sich in charakteristischer Weise mit der Temperatur [4]. Während die Bestimmung der Temperatur bei relativ großflächigen Substraten keine prinzipiellen Schwierigkeiten bereitet, ist die Temperaturbestim-

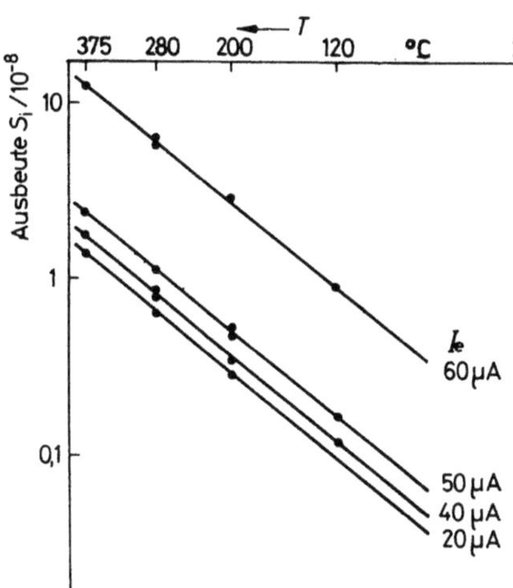

Abb. 19.2. Temperaturverhalten der Ionenströme.
$S_i' = I_a^+/I_e$ Ausbeute, T Substrattemperatur, Parameter: I_e; Zink-64-Isotop, $U_e = 4$ keV, nach [22]

mung problematisch, wenn fokussierte Elektronenstrahlen benutzt werden; eine zusammenfassende Darstellung wird in [21] gegeben. Der charakteristische, exponentielle Anstieg der Ionenströme bei steigender Temperatur wird in Abbildung 19.2 an der Modellsubstanz Zink dargestellt [22].

Isotopieeffekte

Nach der Theorie der elektronenstimulierten Desorption [1 und 2] sollte die Emission von isotopen Ionen von der Wurzel aus der Masse exponentiell abhängen [23], z. B. ergibt sich für die Wirkungsquerschnitte der Sauerstoffionen $Q_{16}^{+}/Q_{18}^{+} = 1{,}5$. Dagegen erhält man für das Verhältnis der Wirkungsquerschnitte für die totale Desorption den Wert $Q_{16}^{tot}/Q_{18}^{tot} = 1{,}06 \pm 0{,}06$. Das Verhältnis der Desorptionsraten von Ionen zu Neutralteilchen beträgt etwa 1…4 zu 100. Eine signifikante Bevorzugung der leichten Elemente ist beim ESID-Verfahren nicht zu bemerken [5 bis 7]. Desgleichen konnte kein Isotopieeffekt bei der Beobachtung der Winkelverteilung der desorbierten Ionen, nach [4], registriert werden.

Winkelverteilung

Die Winkelverteilung der emittierten Ionen von einer W(100)-Fläche wurde bei unterschiedlichen Bedeckungsgraden, z. B. mit Sauerstoff, in einer UHV-Apparatur untersucht [4]. Die auf dem Bildschirm gegenüber der W-Einkristallemissionsfläche sichtbar werdenden Figuren lassen sich auf die Art der Kristallklasse des verwendeten Targets zurückführen und hängen in charakteristischer Weise von der Vorgeschichte bzw. letztlich von der Art der Bindung und vor allem vom Ort der Bindung der Sauerstoffatome an der äußersten Gitterebene ab. Es läßt sich zeigen, daß bei Erscheinen eines einfachen, ungegliederten Leuchtflecks der Adsorptionszustand β_2 vorliegt, charakterisiert durch geringen Oberflächenbedeckungsgrad ($\leqq 8 \cdot 10^{14}$ Atome/cm^2) und eine schwache Ausbeute bzw. sehr kleine O^+-Ionenströme. Leuchtbilder mit einer 4fachen Symmetrie entsprechen dem Adsorptionszustand β_1; beim Vorliegen einer dichten Oberflächenbelegung mit Sauerstoffatomen ($> 10^{15}$ Atome/cm^2) werden dann um 2 bis 3 Größenordnungen stärkere Ionenströme registriert. Die hierbei desorbierenden Ionen entstammen schwachgebundenen Oberflächenzuständen. Der Kegelwinkel für diese Emissionsart ($2\Theta_i$) wird mit etwa 60 bis 70° abgeschätzt. Ionen, die aus relativ tief liegenden Gebieten der Oberflächenpotentialfläche starten, können offensichtlich nur innerhalb wesentlich engerer Konen entweichen; dies entspricht dem stärker gebundenen Zustand β_2.

Beim Beschuß von NaJ mit 1 keV-Elektronen wurde gefunden, daß eine deutliche Bevorzugung von Winkeln Θ_e um 50° auftritt. Hierbei wurde nicht die Adsorbatschicht, sondern die Abtragungsrate des Substrats untersucht [24]. Ähnliches ist von der SIMS-Technik bekannt.

Ausbeuten

Die Ausbeute S des Ionendesorptionsprozesses kann, gemäß Gleichung (4), durch das Verhältnis des gesamten im Halbraum über der Probe erzeugten Ionenstromes $I^+_{\text{tot.}}$, bezogen auf dem Erzeugerelektronenstrom I_e definiert werden:

$$S = \frac{\int_0^{2\pi} J^+_{\text{tot.}}(\Theta_i)\,\mathrm{d}\Theta}{J_e}, \qquad S' = \eta S. \qquad (4),\ (6\text{b})$$

Es wird klar, daß die numerischen Werte für S' stark von der Wahl der Absaugbedingungen für $I^+_{\text{tot.}}$ bzw. von der Größe der Transmission η, z. B. der angeschlossenen Nachweisgeräte, abhängt. Natürlich hat die Vorbehandlung der empfindlichen Adsorbatschichten einen ebenfalls sehr starken Einfluß, so daß die stark streuenden Literaturwerte für S erklärlich erscheinen. Werden nur einfach geladene Partikel berücksichtigt, so läßt sich (4) durch die Angabe der sog. Desorptionswahrscheinlichkeit w ersetzen, wobei unter w das Verhältnis der desorbierten Ionen zur Anzahl der erzeugenden Elektronen verstanden werden soll. In älteren Arbeiten, siehe z. B. [25], findet man für die Desorption von O^+ an Molybdän 10^{-6} Ionen/Elektron (bei 1100 K) und 10^{-8} Ionen/Elektron bei etwa Zimmertemperatur, während von [10] über 10^{-5} Ionen/Elektron (90 eV-Elektronen, O^+ von Mo) berichtet wird. Eine von [3] abgeschätzte Ionenausbeute wird mit 10^{-9} Ionen/Elektron oder größer angegeben; allerdings handelt es sich hierbei um O^+-Ionen, desorbiert von einer mit CO belegten Wolframfläche. Ebenfalls für das System CO/W werden Desorptionswahrscheinlichkeiten zwischen 10^{-5} und $2 \cdot 10^{-8}$ Ionen/Elektron mitgeteilt [9]. Der Darstellung nach Abbildung 19.2 entnimmt man für einen Elektronenstrom von 40 µA und eine Targettemperatur von z. B. 120 °C einen S'-Wert von etwa $1{,}03 \cdot 10^{-9}$ Ionen/Elektron, wobei sich unter Berücksichtigung der massenspektrometrischen Transmission von ca. 10% eine totale Ausbeute von angenähert 10^{-8} Zink-64-Ionen pro Stoßelektron ergibt. Dieser Wert ordnet sich in befriedigender Weise in das Gesamtbild ein.

Bindungsenergie

Die unterschiedlichen Bindungsarten bei physikalischer und chemischer Adsorption werden auch durch unterschiedliche Bindungsenergien gekennzeichnet. Während bei physikalischer Adsorption eine Energie von einigen Zehntel bis etwa 0,5 eV zur Desorption von der Oberfläche aufgebracht werden muß, so sind bei Chemisorption bereits rund 1 bis 2 eV zur Desorption notwendig, siehe auch [9]. Naturgemäß müssen beim ESID-Verfahren noch etwas größere Energiebeträge aufgebracht werden, um targettypische Ionenströme zu erhalten, da die Bindungsenergien der Kristallatome im Gitter, z. B. bei Zink mit 1,35 eV und schließlich bei Wolfram mit 8,66 eV, deutlich höher liegen. Es muß daran erinnert werden, daß der Stoßvorgang von Elektronen auf die Adsorbat- bzw. Gitteratome ein sehr komplexes Geschehen beinhaltet. Die maximal übertragbare Energie ΔE ist nach den Stoßgesetzen nur von den Massen der Stoßpartner und der Anfangsenergie E_e der Elektronen abhängig, wenn die gestoßenen Teilchen in erster Näherung als in Ruhe befindlich angenommen werden:

$$\Delta E = \frac{4m_t/m_e}{(1 + m_t/m_e)^2} E_e, \tag{7}$$

mit m_t: Targetatommasse, m_e: Elektronenmasse. Die relativ kleinen Werte für ΔE (z. B. etwa 0,1 eV für O^+ bei $E_e = 300$ eV bzw. 0,13 eV für Zn^+ bei $E_e = 4000$ eV) machen es wahrscheinlich, daß die Desorption über angeregte Zwischenzustände erfolgt.

19.5. Zusammenfassung

Mit Hilfe der elektronenstimulierten Desorption ist es möglich, Aussagen über die an einer Oberfläche vorliegenden Adsorbatschichten zu machen; Bindungszustand, Art des Adsorbatteilchens und Ort der Adsorption sind bestimmbar. Die Ausbeute wird von der Größe der Bindungsenergie beeinflußt. Sowohl bei ESD als auch beim ESID-Verfahren ermöglicht eine

Messung mit breitem Elektronenstrahl integrale Aussagen, während die Abtastung der Oberfläche mit feinfokussierten Elektronenstrahlen lokale Unterschiede aufzufinden gestattet. Da stets nur oberste Atomlagen zur Desorption angeregt werden, ist diese Methode in ihrer Aussagekraft den Verfahren AES und LEED vergleichbar. Infolge des beim Beschuß auftretenden Materialabtrags, besonders bei ESID, ist dieses Verfahren auch mit allen SIMS-Methoden verwandt und ermöglicht Tiefenprofilanalysen.

19.6. Literatur

[1] REDHEAD, P. A., Canad. J. Phys. **42** (1964) 886.
[2] MENZEL, D., GOMER, R., J. Chem. Phys. **41** (1964) 3311, 3329.
[3] NISHIJIMA, M., PROBST, F. M., J. Vac. Sci. Technol. **7** (1970) 410.
[4] MADEY, TH. E., CZYZEWSKI, I. I., YATES, JR., J. T., Surf. Sci. **49** (1975) 465.
[5] STÄRK, M., Optik **36** (1972) 139.
[6] BRÜMMER, O., DWORZAK, G., II. Arb.-Tgg. Mikrosonde, Berlin 1973, S. 247.
[7] BRÜMMER, O., DWORZAK, G., III. Arb.-Tgg. Mikrosonde, Berlin 1975, S. 199.
[8] KUSMIN, A. F., RAFALSON, A. E., KHOLIN, N. A., ZIGLMAN, G. E., Zh. tekh. Fiz. **40** (1970) 1531.
[9] MENZEL, D., Ber. Bunsenges. Phys. Chem. **72** (1968) 591.
[10] REDHEAD, P. A., Vacuum **13** (1963) 253.
[11] TAMM, P. W., SCHMIDT, L. D., J. Chem. Phys. **51** (1969) 5352, J. Chem. Phys. **52** (1970) 1150.
[12] MADEY, T., YATES, JR., I. T., Surf. Sci. **11** (1968) 327.
[13] MENZEL, D., GOMER, R., J. Chem. Phys. **41** (1964) 3311, 3329.
[14] BOKHAREY, S. Z., HOLME, A. E., LECK, I. H., THATCHER, W. T., Vacuum **22** (1972) 599.
[15] KING, D. A., MADEY, T. E., YATES, Jr., J. T., J. Chem. Phys. **55** (1971) 3236, 3247.
[16] MADEY, T. E., Surf. Sci. **33** (1972) 355.
[17] MADEY, T. E., YATES, Jr., J. T., J. Vac. Sci. Technol. 8 (1971) 39.
[18] MENZEL, D., Z. Naturf. **23a** (1968) 330.
[19] GAUTHIER, R., PINARD, P., phys. stat. sol.(a) **38** (1976) 85, 477.
[20] MADEY, T. E., YATES, Jr., J. T., J. Chem. Phys. **51** (1969) 1264.
[21] Autorenkoll.: Mikroanalyse mit Elektronen- und Ionensonden. VEB Dt. Verlag f. Grundstoffindustrie, Leipzig 1978, Abschnitt 2.6. Probenerwärmung.
[22] SCHIMMEIER, V., DWORZAK, G., 1975, unveröffentlicht.
[23] MADEY, T. E., YATES, Jr., I. T., KING, D. A., UHLANER, C. I., J. Chem. Phys. **52** (1970) 5215.
[24] TOWSEND, P. D., ELLIOT, D., in: Atomic Collision Phenomena in Solids, Hrsg.: PALMER D. N., THOMPSON, M. W., TOWSEND, P. D., North-Holland Publ. Comp., Amsterdam/London, 1970, S. 328.
[25] PLUMLEE, R. H., SMITH, L. P., J. Appl. Phys. **21** (1950) 811.
[26] MADEY, T. E., YATES, Jr., J. T., Proc. 7th Internat. Vac. Congr. and 3rd Internat. Conf. Solid Surfaces, Vienna 1977, p. 1183.

20. Rechnersteuerung, Datenerfassung und Auswertung

(H. Mai, Dresden)

20.1. Grundprinzip des rechnerintegrierten Analysensystems

Ein Anwachsen der Zahl rechnergesteuerter Geräte beweist gerade in den letzten Jahren, daß die Meß- und Analysentechnik zu den idealen Einsatzgebieten der Automatisierung zählt. Speziell die Festkörper-Mikroanalyse mit ihren komplizierten Apparaturen und umfangreichen Meßprogrammen fordert den umfassenden Einsatz der vielfältigen Möglichkeiten, die der Rechner bietet, geradezu heraus.

Ausschlaggebend für den Grad der Automatisierung ist, welche Anteile des ursprünglichen Wechselspiels von Mensch und Analysengerät und der nachfolgenden Auswertearbeiten vom Rechner übernommen werden. Den schrittweisen Übergang vom Rechnereinsatz für die reine Auswertung der Meßergebnisse bis zur vollautomatischen Datensammlung und Interpretation soll Abbildung 20.1 verdeut-

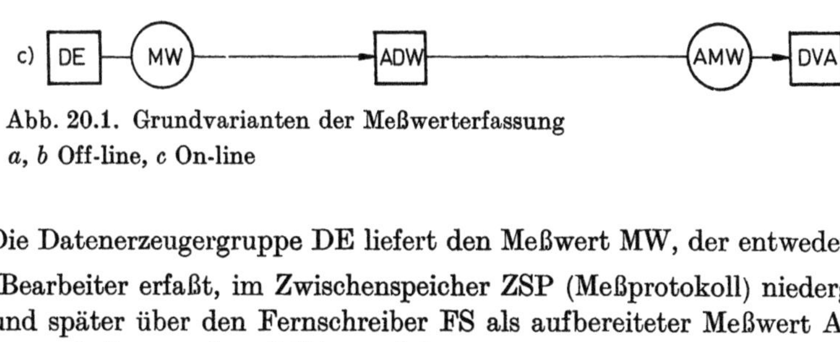

Abb. 20.1. Grundvarianten der Meßwerterfassung
a, *b* Off-line, *c* On-line

lichen. Die Datenerzeugergruppe DE liefert den Meßwert MW, der entweder

a) vom Bearbeiter erfaßt, im Zwischenspeicher ZSP (Meßprotokoll) niedergeschrieben und später über den Fernschreiber FS als aufbereiteter Meßwert AMW der Datenverarbeitungsanlage DVA zugeführt
oder

b) vom Meßwertlochersystem (mit Analog-Digital-Wandlung ADW, Parallel-Serien-Umsetzung PSU, Codierung COD und Speicherung ZSP) als AMW in den Lochstreifen gespeichert und von dort in die DVA eingelesen
oder

c) durch direkte Kopplung (mit Analog-Digital-Wandlung) als AMW in die DVA überführt wird.

Während der sogenannte Off-line-Betrieb (Batch Processing) durch die Varianten a (nicht automatisiert) und b (halbautomatisiert) gekennzeichnet ist, gibt die automatische Variante c (Real Time Processing, Time sharing) den On-line-Betrieb wieder.

Hauptkriterien für eine Wichtung zwischen diesen sind der wesentlich geringere Leistungsumfang (Datendurchsatz) der Varianten a und b gegenüber der Variante c mit ihrem allerdings um ein Mehrfaches höheren Kostenaufwand für Hardware und ggf. auch Software.

Das Zusammenspiel der verschiedenen Komplexe der automatischen oder rechnergekoppelten Apparatur gibt Abbildung 20.2 im Grundprinzip wieder. Das Analysen-

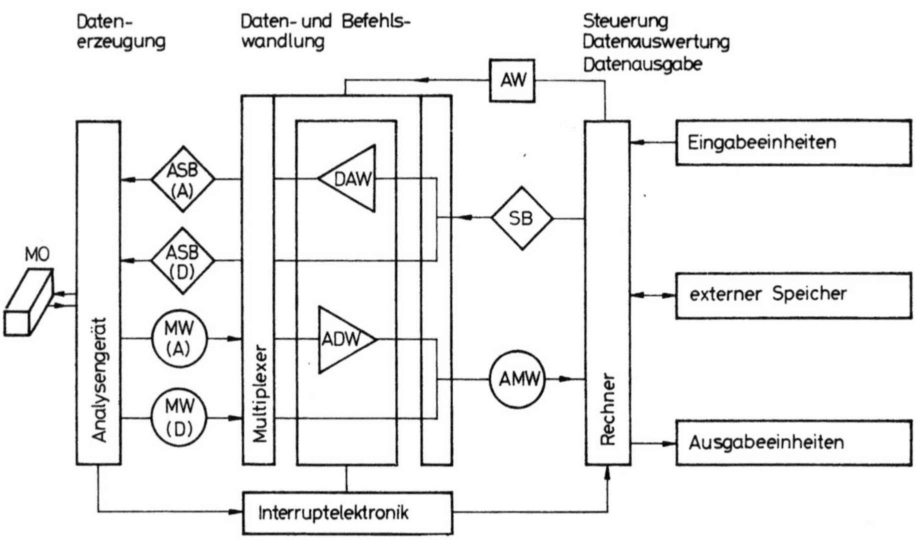

Abb. 20.2. Schema eines rechnergekoppelten Analysengerätes

MO Meßobjekt, *ASB* angepaßter Steuerbefehl, *MW* Meßwert, *AW* Adressenwahl, *SB* Steuerbefehl, *AMW* aufbereiteter Meßwert, *DAW* Digital-Analog-Wandler, *ADW* Analog-Digital-Wandler, (*A*) Analog, (*D*) Digital

gerät wirkt auf das Meßobjekt MO ein, übernimmt und analysiert das als Antwort erhaltene Analysensignal. Dieser Komplex der Datenerzeugung wird durch entsprechende Steuerbefehle ASB gelenkt. Im Interface, dem Daten- und Befehlswandler, wurden diese vorher entsprechend angepaßt, während die Meßwerte MW übernommen und in eine für den Rechner akzeptable Form gebracht werden. Das Interface wirkt praktisch als Übersetzungseinheit zwischen Analysengerät und dem Rechner, der, vom Rechenprogramm gelenkt, die Steuerung sowie die Datenauswertung und -ausgabe veranlaßt. Durch eine Bewertung der Analysenresultate wird darüber hinaus eine Rückkopplung auf das ursprüngliche Steuerprogramm möglich. Während die Schaltung der Informationskanäle durch Adressenauswahl über den bzw. die Multiplexer erfolgt, gestattet die Interruptelektronik, eine dem Analysenablauf gerechte Arbeit des Rechners zu realisieren. So können z. B. während der rechnerunabhängigen Meßwertakkumulation im Analysengerät vom Rechner parallel dazu bis zum Erscheinen des Interruptsignals Auswerte- oder Ausgabearbeiten ausgeführt, also faktisch ein interner Time-sharing-Betrieb praktiziert werden.

Während die in Abbildung 20.2 dargestellte Variante selbst für komplizierte Analysengeräte mittels eines eigenen gerätegebundenen Kleinrechners (Dedicated Computer) von ca. 16 bis 32 k Kernspeicher betreibbar ist, kann die komplexe Automatisierung umfangreicherer Analysenlabors oftmals besser durch Schaffung eines direkten Zugangs der einzelnen Geräte zu einem Großrechner, der für einen effektiven Timesharing-Betrieb ausgerüstet ist, gelöst werden [1]. Damit sind sowohl die oben beschriebenen Funktionen als auch die sofortige Applikation der umfangreichsten Auswerteprogramme möglich. Für die einzelne, mit eigenem Kleinrechner versehene Analysenanlage empfiehlt es sich selbst bei genügend großer externer Speicherkapazität, ebenfalls den Zugriff zur Datenverarbeitungsanlage verfügbar zu haben. Der Kleinrechner kann dann verdichtete Datenpakete für umfangreiche Auswertungen im Großrechner im On- oder Off-line-Verfahren zuliefern, währenddessen sicher in jedem Fall vielfältigere Datenausgabe-Möglichkeiten eine noch raschere Protokollerstellung erlauben. Eine Variante des rechnerintegrierten Analysenlabors soll Abbildung 20.3 veranschaulichen. Die mit elektrometrischer Spektrenregistrierung

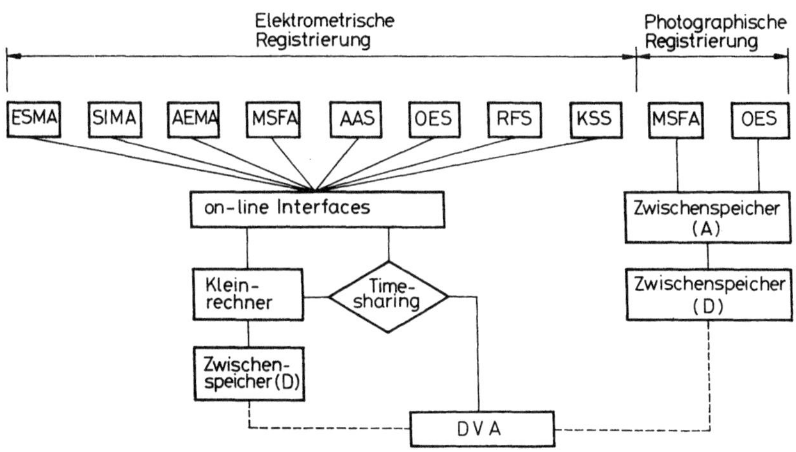

Abb. 20.3. Rechnerintegriertes Laborsystem

arbeitenden Verfahren der Mikroanalyse (ESMA — Elektronenstrahl, SIMA — Sekundärionen, AEMA — Auger-Elektronen), der massenspektroskopischen Festkörperanalyse MSFA, der Atomabsorptions- AAS, der optischen Emissions- OES, der Röntgenfluoreszenz- RFS und der Kernstrahlungsspektroskopie KSS können entweder über ihr On-line-Interface von der DVA direkt oder mit zwischengeschaltetem, gerätegebundenem Kleinrechner (Datenreduzierung, Steuerung) im Timesharing-Betrieb angesprochen werden. Ferner kann der Kleinrechner aber auch die verdichteten Meßdaten in einen digitalen Zwischenspeicher eingeben, der durch Stapelverarbeitung im Großrechner weiterbehandelt wird.

Der Informationsgehalt der Photoplatte — analoger Zwischenspeicher — bei den photographischen Nachweissystemen [2] muß erst mittels automatischen Photometers digitalisiert und dann im Lochstreifen (Abbildung 20.1b) oder auf Magnetband zur Auswertung an die DVA gegeben werden.

20.2. Grundkomponenten der Rechnerkopplung

Alle Meß- und Steuersysteme (Hardware) lassen sich auf ähnliche Grundkomponenten zurückführen [3, 4]. Mittels des Programmsystems (Software) wird ihr Zusammenspiel vom Rechner — als einer der Grundkomponenten — geregelt. Seiner zentralen Stellung entspricht die Untergliederung des Komplexes in folgende Hauptkomponenten:

- Rechner (Zentraleinheit)
- Interface
- Prozeßperipherie
- Benutzerperipherie
- Speicherperipherie
- Übertragungsperipherie

Programme und Programmiersprachen bilden den notwendigen „Betriebsstoff", um die Anlage in „Bewegung" zu setzen.

Programmiersprachen und Übersetzer

Für den Dialog zwischen Mensch und Maschine stehen mittlerweile eine Vielzahl von Programmiersprachen zur Verfügung. Die Sprachen bestehen aus einer Anzahl von Befehlen, die nach bestimmten Regeln verknüpft werden können.

Sie lassen sich einteilen in problemorientierte Sprachen (z. B. Fortran IV, Basic), rechnerorientierte Sprachen (z. B. Assembler 320) und die Maschinensprache.

Der Rechner kann nur mit Programmen, die in Maschinensprache (Folge von Einzelbefehlen mit numerischen Adressen) vorliegen, arbeiten. Alle anderen in problem- oder rechnerorientierten Sprachen geschriebenen Programme (Quellenprogramme) müssen erst durch Compiler oder Assembler übersetzt werden. Der Compiler, dessen Aufgabe in der Übertragung aus der problemorientierten in die Maschinensprache besteht, ersetzt die symbolischen Adressen des Quellenprogramms durch numerische und löst die Anweisungen der Quellensprache in Einzelbefehle auf.

Der Assembler hat als Hauptaufgabe die symbolischen Adressen der rechnerorientierten Sprache durch numerische zu ersetzen.

Programmsystem

Nutzerprogramme und Systemprogramme bilden zusammen das Programmsystem. Für unterschiedliche Analysenaufgaben machen sich unterschiedliche Nutzerprogramme erforderlich. Sie automatisieren den Analysenablauf. Damit der Gerätenutzer in die Lage versetzt wird, rasch und effektiv die Anlage zu beherrschen, wurden die problemorientierten Sprachen erarbeitet. Diese haben die Vorteile, daß sie leicht erlernbar und in gewissen Grenzen rechnerunabhängig sind. Sie gestatten faktisch, sich selbst erläuternde, leicht abänderbare Programme zu erarbeiten. In Kombination mit maschinenprogrammierten Standardprozeduren gestatten sie den meßtechnisch und zeitlich optimierten Betrieb selbst komplizierter Analysenanlagen.

Die Systemprogramme werden vom Betriebssystem BS und den Dienstprogrammen DP gebildet. Das BS mit Steuer-, Bearbeitungs- und Verwaltungsprogrammen wickelt die interne Rechnerorganisation (Start, Unterbrechung und Beendigung von Nutzerprogrammen, Steuerung und Verwaltung der Betriebsmittel, Daten und Programme, Umgruppierung von Programmen und Daten) ab.

Für die DP ergeben sich zwei Aufgaben:

a) Vorbereitung des Rechnerbetriebes
b) Lenkung des Rechnerbetriebes.

Zu den vorbereitenden DP gehören die Übersetzer (Assembler, Compiler), die Systembau-Programme (Loader, Binder) sowie Test-, Simulations- und Anfahrprogramme.

Die letzteren ermöglichen den Übergang vom vorbereitenden zum Lenkungsbetrieb. Für diesen sind das Bedienungssystem (Kommunikation zwischen Rechner und Nutzer), die Treiber (Datenübertragung), die Standard-Funktionen (sin, cos usw.), Fehlersuch- und Wartungsprogramme erforderlich.

Aufbau und Wirkungsweise des Rechners

Der eigentliche Rechner — auch Zentraleinheit ZE genannt — setzt sich aus den Funktionsgruppen

Hauptspeicher,
Rechenwerk und
Steuerwerk

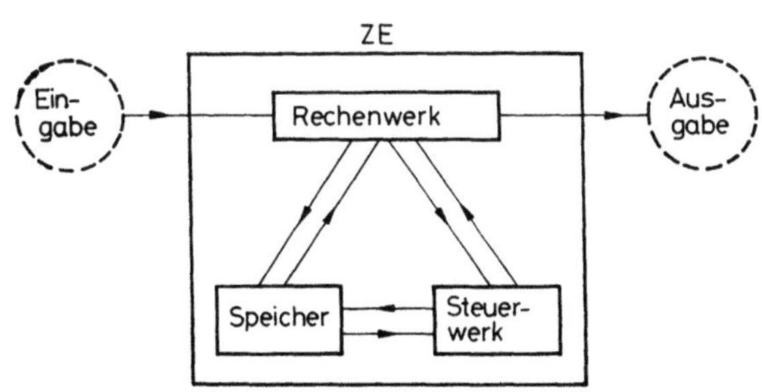

Abb. 20.4. Schematische Darstellung der Zentraleinheit (ZE)

zusammen (Abb. 20.4). Im Hauptspeicher werden sowohl zu Beginn die erforderlichen Programme als auch später die Meßdaten gespeichert. Die Informationsübergabe an diesen kann vom Rechenwerk wie auch von den verschiedenen peripheren Gruppen erfolgen. Ebenso ist es dem Hauptspeicher möglich, an diese Informationen abzugeben.

Der Hauptspeicher unterteilt sich in adressierbare Speicherzellen, deren Aufnahmekapazität einem Wort definierter Bit-Zahl entspricht. Eine entsprechende Bit-Kapazität wird auch als Byte bezeichnet (z. B. 16-Bit-Wort = zwei 8-Bit-Bytes, unterschieden als Low- und High-Byte [5]). Die Gesamtkapazität des Hauptspeichers wird i. allg. in Kilo-Bytes oder Kilo-Worten angegeben. Als weitere wichtige Kenngröße ist die Zugriffszeit zu nennen (Zeit zwischen Aufruf der Adresse und dem Lesen des gefragten Speicherzelleninhaltes). Sie bestimmt wesentlich die Arbeitsgeschwindigkeit des Rechners.

Das Rechenwerk führt die logischen und arithmetischen Operationen aus. Es besteht aus mehreren Registern (Akkumulator, Befehlszähler, Operationsregister und logische Verknüpfungsnetzwerke). Da die Kapazität der Register nur für einen Schritt ausreicht, muß eine enge Zusammenarbeit zwischen Rechner und Hauptspeicher bestehen.

Die Steuerung des Informationsflusses im Rechner erfolgt durch das Steuerwerk. Seine Taktzentrale sowie die logischen Netzwerke schalten die für den Informationsfluß erforderlichen Wege. Ferner muß hier die Synchronisation des Hauptspeichers mit allen peripheren Einheiten erfolgen.

Informationsein- und -ausgabe für das Gesamtsystem

Die Eingabe von Programmen, Befehlen und Daten in den Rechner sowie die Informationsausgabe geschieht über die mit ihm gekoppelten Geräte der Benutzer- und Speicherperipherie sowie, falls eine Kopplung zu anderen Datenverarbeitungsanlagen oder Fernwerkeinrichtungen besteht, über die Übertragungsperipherie.

Die gebräuchlichsten Einheiten der Benutzerperipherie sind der Fernschreiber oder Mosaikdrucker als Bedienungskonsole, die Lochstreifen-Lese- bzw. -Stanzeinheit und der Lochkarten-Leser für die Behandlung im digitalen Zwischenspeicher vorliegender Informationen sowie Katodenstrahl-Oszilloskope und Ziffernsichtgeräte für den visuellen Display.

Zur Speicher-Peripherie zählt man i. allg. Geräte mit so kurzen Zugriffszeiten, daß der Informationsaustausch mit dem Rechner auch während des eigentlichen Arbeitsprozesses erfolgen kann. In erster Linie sind hier die Magnet-Platte und die Magnet-Trommel zu nennen, während Magnet-Band und Magnet-Band-Kassette eine gewisse Zwischenstellung zwischen diesen und den zur Benutzer-Peripherie gezählten digitalen Zwischenspeichern (Lochstreifen, Lochkarte) einnehmen.

Informationsvermittlung Analysengerät—Rechner

Das Analysengerät, die eigentliche Prozeßperipherie, ist wie jede der vorgenannten Peripherie-Einheiten über eine entsprechende Koppelelektronik (Interface) mit dem Rechner verbunden. Erst dieses Interface ermöglicht, den automatischen Analysenablauf zu realisieren. Die wichtigsten dabei ablaufenden Informationsflüsse sowie die dafür erforderlichen Baueinheiten sind in Abbildung 20.2 angedeutet. Da die Zentraleinheit nur in der Lage ist, digitale Informationen auszugeben bzw. zu übernehmen, müssen für den Verkehr mit Analoggebern oder -empfängern entsprechende Wandler zur Verfügung stehen.

Analog-Digital-Wandler (ADW). Der ADW muß als der eigentliche „Meßfühler" der ZE betrachtet werden. Er setzt die am Ausgang der Meßgeräte vorliegenden Analogsignale um. Der Prozeß der AD-Wandlung kann durch Spannungs-Zeit-Umsetzung, durch Spannungs-Frequenz-Umsetzung oder nach dem Komparator-Prinzip erfolgen. Der ADW, an dessen Eingang eine zu messende Spannung anliegt, führt zwei Arbeitsgänge aus: die Quantisierung und die Codierung. Die Quantisierung bedeutet die Einteilung des Amplitudenbereiches des Signals in gleichgroße Teilbereiche, während die Codierung die Darstellung des quantisierten Wertes in einem definierten Zahlensystem umfaßt.

Bei der Spannungs-Zeit-Umsetzung (Abb. 20.5) wird die zu messende Spannungsdifferenz U mit einer zeitproportional wachsenden Sägezahnspannung durch zwei

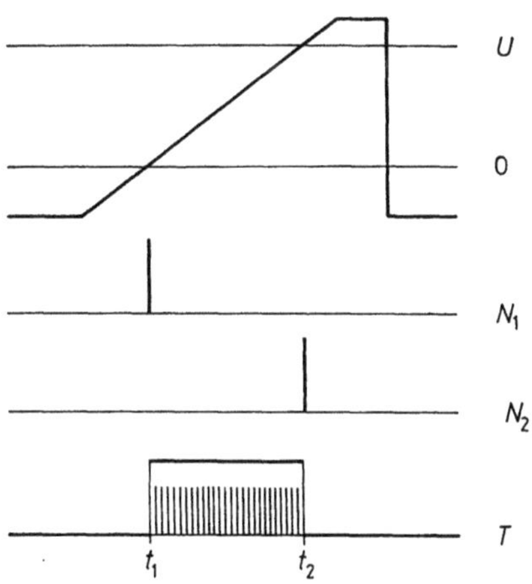

Abb. 20.5. Schematischer Ablauf im AD-Wandler
U zu messende Spannung, N_1 bzw. N_2 Spannungsverläufe in den Nullverstärkern, T Zeitmessung

Nullverstärker verglichen. Im Abgleich, d. h. beim Durchlaufen des Nullpunktes durch den Sägezahn ($t = t_1$), gibt der erste Nullverstärker einen Impuls ab, durch den eine Flip-Flop-Stufe den Zählvorgang im digitalen Zeitmesser startet. Zur Zeit $t = t_2$ hat die Sägezahnspannung den Wert U erreicht. Der zweite Nullverstärker stoppt den Zeitmesser, während er das Flip-Flop wieder in die Ruhelage kippt. Das Zeitintervall $\Delta t = t_2 - t_1$ bzw. die ihm entsprechende Impulszahl ist proportional der Eingangsspannung U. Die Impulszahl, die bei entsprechender Eichung den Wert U in Volt ergibt, wird dann im Datenregister in Dekaden binärer Codierung zur Abfrage bereitgestellt.

Digital-Analog-Wandler (DAW). Das wesentlichste Glied der Steuerung des Analysengerätes ist der DAW. Er setzt die digitalen Rechnersignale in Spannungswerte um, mittels derer entsprechende Verstärkerschaltungen gesteuert oder geregelt werden können. Die DA-Wandlung erfolgt im Prinzip durch unterschiedliche Schaltung von Widerständen in einem Spannungsteiler (spannungs- oder stromgesteuert). Schematisch sind beide Formen in Abbildung 20.6 wiedergegeben. Für die Umsetzung einer vierstelligen Binärzahl stehen vier Widerstände zur Verfügung, deren Wert durch $R_n = 2^{n-1} \cdot R$ gegeben ist. Der Ziffer mit der höchsten Ordnung entspricht der Widerstand R_1, der mit der niedrigsten Ordnung der Widerstand R_4. In der gezeigten Stellung der Schalterkontakte (in praxi sind dies elektronische Bauelemente, z. B. Dioden) wird die Binärziffer 0101 umgesetzt. Das analoge

Ausgangssignal der spannungsgesteuerten Form ergibt sich aus $U_a = U \cdot R_a/(R_a + R_b)$ mit $1/R_a = 1/R + 1/4R + 1/R_L$ und $1/R_b = 1/2R + 1/8R$ zu $U_a = U/3$ für $R_L \gg R$ (R_L — Lastwiderstand, R_a — Widerstand, an dem U_a abfällt, R_b — Widerstand, an dem $\Delta U = U - U_a$ abfällt). Bei der stromgesteuerten Form gilt $R_L \ll R$, und der durch R_L fließende Strom ist die analoge Darstellung der umzusetzenden Binärzahl.

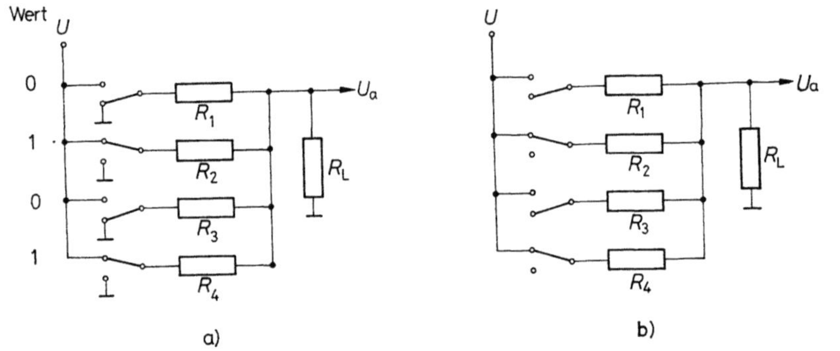

Abb. 20.6. DA-Wandler-Schemata
a) spannungsgesteuert, b) stromgesteuert

Für mehr Bit umfassende Zahlen lassen sich diese Stufen entsprechend erweitern oder durch geeignete Verknüpfung mehrerer Stufen (Doppel-Leiter-Netzwerk) als dekadische DA-Umsetzer ausbauen [6].

— Die Anpassung der digitalisierten oder zu digitalisierenden Werte durch Code-Umsetzung, Signal-Anpassung, Parallel-Serien- bzw. Serien-Parallel-Umsetzung und die Datenpufferung sind weitere Aufgaben, die die Koppelelektronik zu erfüllen hat.

— Die Regelung des Datentransportes übernehmen die Steuereinheiten der Koppelelektronik. Meßstellenwähler (input multiplexer) und Ausgabe-Verteiler (output multiplexer) werden vom Steuerwerk geschaltet, daß der Informationsaustausch übeı die so entstehenden Prozeßdatenkanäle ablaufen kann.

— Rückwirkungen des Analysengerätes und anderer Einheiten auf die in der ZE ablaufenden Programme sind mittels der Interruptelektronik möglich. Dazu gibt die Untereinheit (z. B. Impulszähler) eine Grenzwertmeldung o. ä. an den Rechner und veranlaßt bei entsprechendem Vorrang eine Programmunterbrechung und den Start eines neuen Unterprogramms (z. B. Datenübernahme).

Interruptsignale können ihre Ursprünge haben in:

a) Rechenwerk (z. B. bei Overflow, Data Error, Zerodivide etc.)
b) Koppelelektronik (z. B. Datenbereitmeldungen, Defektmeldungen)
c) Prozeßperipherie (z. B. Grenzwertmeldungen, Bereitschaftsmeldungen)
d) Umweltbedingungen (z. B. zu hohe Raumtemperatur).

Je nach Art des Interruptsignals kann im Rechner der Programmabbruch oder die Programmunterbrechung (mit und ohne Programmwechsel) ausgelöst werden.

Die Bedeutung des Interrupts vom Analysengerät aus für einen rationellen Analysenablauf wird schon kurze Zeit nach Inbetriebnahme einer automatisierten Anlage klar.

20.3. Beispiele von Automatisierungssystemen für Festkörperanalysengeräte

Die Apparaturen für Mikro-, Oberflächen- und Dünnschichtanalyse gehören zu den komplexesten Analysengeräten. AEMA, ESMA und SIMA sind die am häufigsten eingesetzten Verfahren. Die Lösung von Verteilungsanalysenaufgaben (per Def.: Bestimmung von Verteilungen chemischer Elemente im Festkörper) mit einem dieser Verfahren oder durch ihren kombinierten Einsatz erfordert i. allg. zeitlich und meßtechnisch aufwendige Analysenprogramme. Die Vielfalt und häufige Änderung der einzustellenden Meßparameter, der große Anfall von Meßdaten und die meist umfangreichen Auswertungsprogramme lassen die Möglichkeiten, die die Geräteautomatisierung bietet, voll zur Geltung kommen.

Die Steuerung und Regelung der Primärstrahlungsquellen, die Kontrolle des Primärstrahlsystems, die Steuerung von Probenbühne und Analysator, die Abwicklung des Meßregimes, die Übernahme der Meßdaten der analysierten Sekundärstrahlung, die Vorverdichtung dieser Daten und ihre Umrechnung in Konzentrationen, Verteilungsdarstellungen und Erfassungsgrenzen sind Aufgabenkomplexe, die bei allen drei Methoden durch den on-line-gekoppelten Rechenautomaten bei Vorliegen geeigneter Programmsysteme übernommen werden können. Damit ein effektiver Analysenablauf und die Verwertung des gesamten, vom Detektor angebotenen Informationsumfanges erfolgen kann, muß die Automatisierungseinheit (Hard- und Software) speziell auf das betreffende Analysengerät zugeschnitten sein.

Im folgenden sollen für die genannten Verfahren realisierte Systeme beschrieben werden. Ihrer Auswahl wurde zugrunde gelegt, daß möglichst viele typische Funktionen des Analysenbetriebes ausführbar sind; nicht jedoch soll es sich dabei um eine Wertung gegenüber anderen bekannten Systemen als beste der jeweiligen Geräteklasse handeln.

Elektronenstrahl-Mikroanalyse

Durch Steuerung, Regelung, Schaltprozesse oder Datenabfrage können die Hauptkomplexe des Mikroanalysators vom Rechner bedient werden:

- Elektronenquelle:
  Regelung des Emissionsstromes
  Steuerung der Elektronenbeschleunigungsspannung
- Elektronenstrahlfokussierung und -positionierung:
  Steuerung und Regelung des Erregerstromes der Elektronenlinsen
  Fokuskontrolle
  Auslenkung des Elektronenstrahles für Strahlabschaltung, Punkt-, Linien- oder Rasterabtastung der Probenoberfläche
- Primärsignal-Messungen:
  Abfrage der Momentan- oder Integralwerte für Strahlstrom, Probenstrom oder Rückstreuelektronenstrom

— Probenbühne:
  Steuerung der Probenbewegung in X-, Y- und Z-Richtung, der Probenrotation und -kippung sowie des Probenwechsels
— Spektrometer (energiedispersiv EDS und winkeldispersiv WDS):
  Kontinuierlicher Durchlauf oder Auswahl diskreter Werte der Position der Spektrometerkristalle
  Spektrometereichung
  Kristallwechsel
  Impulshöhenanalyse, Adressierung und Übernahme der Meßwerte, Datenreduzierung mit Untergrundkorrektur,
  Glättungs- und Strippingprozeduren.

Eine entsprechend ausgebaute Speicherperipherie (Floppy Disk) erlaubt ferner auch die Auswertung der Meßdaten mit umfangreichen Korrekturprogrammen (zum Beispiel Magic IV, Corr II).

Kommerziell angebotene Einheiten sind weitgehend auf die Art des verwendeten Röntgenstrahlspektrometers ausgerichtet. Zum Beispiel realisiert das ursprünglich von der Firma ARL (USA) zum SEMQ (Scanning Electron Microprobe Quantometer) entwickelte Computersystem die Belange der WDS und wird durch eine eigenständige EDS-Einheit (Kevex 5000 A) ergänzt. Das EDS kann mit dem gerätegebundenen Kleinrechner des Mikroanalysators gekoppelt werden.

Eine geschlossene Version für ED- und WD-Analyse wurde mit der Kombination

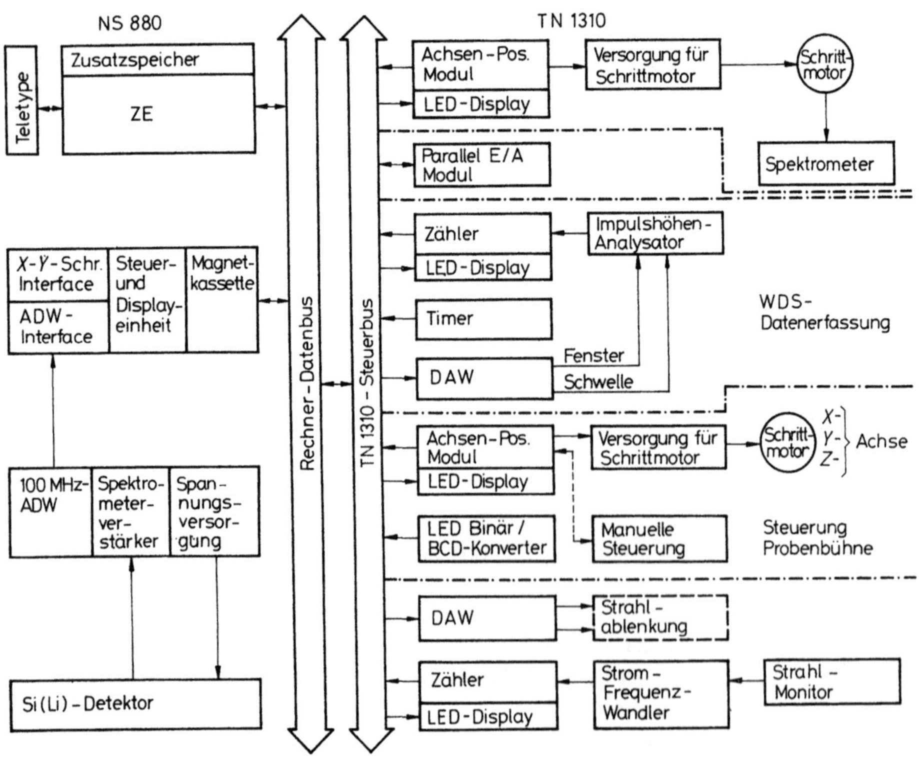

Abb. 20.7. Schema des NS-880/TN-1310-Systems (nach [7])

NS 880/TN 1310 (Abb. 20.7) von Tracor Northern (USA) entwickelt [7]. Hard- und Software lassen sich an die Mikroanalysatoren einer Reihe bekannter Hersteller anpassen.

Grundbaustein ist der Kleinrechner PDP 11/05 (DEC, USA) mit mindestens 24 k Kernspeicher. Davon benötigt die TN-1310-Software 16 k für den Betrieb der Elektronensäule (Strahlpositionierung und -abschaltung, Strahlstrommessung), der Kristallspektrometer, der Probenbühne und der Impulshöhenanalysatoren sowie einen entsprechenden Systemservice (Kassettenbetrieb, Datendisplay usw.). Weitere 8 k werden benötigt, wenn die Möglichkeit der gleichzeitigen energiedispersiven Analyse gefordert wird. Während die Einheiten des NS 880 (Steuer- und Display-Einheit, 100-MHz-ADW, Magnet-Kassette und Floppy Disk) direkt an den Unibus der PDP 11 angekoppelt sind, wirken alle Einheiten des TN-1310-Systems über den TN-1310-Steuerbus bzw. werden über diesen von der Zentraleinheit angesteuert.

NS-880-System. Neben dem Rechner mit Bedienschreibmaschine umfaßt diese Einheit die Datenein- und -ausgabe sowie den Komplex des energiedispersiven Spektrometers, das über das ADW-Interface mit dem Unibus gekoppelt ist. Eine Reihe von Steuertasten und das 16teilige Tastenfeld ermöglichen, die zusätzliche manuelle Informationseingabe sowie ganze Displayprozeduren durch Tastendruck aufzurufen. Die Darstellung der akkumulierten Daten geschieht mittels Katodenstrahloszilloskops. In die Standardausführung ist die Magnet-Kassette als Zusatzspeicher integriert. Die Erweiterung durch eine Floppy-Disk-Einheit (Wechselplatten-Speicher) sowie der Anschluß eines X-Y-Schreibers sind möglich.

TN-1310-System. Diese Einheit ist in Modulbauweise aufgebaut und umfaßt den Komplex zur Automatisierung der wellenlängendispersiven Spektrometer, der Probenbühne, der Detektoren (Nachweiselektronik) sowie Ergänzungseinheiten zur Strahlstrommessung.

Die Steuerung der Schrittmotoren für Spektrometerantrieb sowie der Bühnenbewegung in X-, Y- und Z-Richtung erfolgt durch Achsenpositionierungs-Module. Parallel dazu erfolgt die LED-Anzeige des jeweiligen Einstellwertes. Für die X- und Y-Achsenantriebe ist ferner auch die manuelle Steuerung (Joystick) über die beiden zugehörigen Positionierungsmodule möglich.

Die rechnergekoppelte Nachweiseinheit umfaßt den einstellbaren Timer, DAW zur Steuerung der Impulshöhenanalysatoren, die Zähler und die LED-Anzeige. Für die Digitalanzeige stehen Module mit zwei oder drei Feldern zur Verfügung.

Zur Strahlstrommessung wird ein Strom-Frequenz-Wandler mit Zähler eingesetzt.

Software. Das zugehörige Software-Paket umfaßt die problemorientierte Sprache Flextran, einen „Open-ended“-Satz von Maschinenprogrammen (Flex [7]) und die TN-1310-Software (Task).

Task [8] ist ein Flextran-Programm, das die Steuerung eines Mikroanalysators mit bis zu vier Spektrometern und von bis zu drei Probenbühnenachsen ermöglicht. Es gestattet u. a. den gleichzeitigen Betrieb verschiedener Untereinheiten des Systems, den gleichzeitigen EDS- und WDS-Betrieb, die automatische Matrix-Korrektur (ZAF oder Bence-Albee [9]) sowie die quantitative Analyse mit EDS und WDS.

Sekundärionen-Mikroanalyse

Die zweifellos vielfältigsten Aufgaben für die Automatisierung bietet der Sekundärionen-Mikroanalysator. Von der einfachen Datenabfrage bis zur geschlossenen Regelschleife kommen praktisch alle Wechselspiele zwischen Analysengerät und Rechner zur Geltung. Mögliche Aufgaben sind dabei:

- Ionenquelle:
  Kontrolle des Entladungsstromes
  Steuerung der Ionenbeschleunigungsspannung
- Ionenstrahlanalyse:
  Steuerung des Primärionen-Massenspektrometers
  Optimierung des PI-Stromes für die ausgewählte Ionenmasse
- Ionenstrahlfokussierung und -positionierung:
  Steuerung und Regelung der Linsenversorgungsspannungen
  Fokuskontrolle
  Auslenkung des Ionenstrahles für Strahlabschaltung, Punkt-, Linien- oder Rasterabtastung der Probenoberfläche
- Primärsignal-Messungen:
  Abfrage der Momentan- oder Integralwerte für Strahlstrom und Probenstrom
- Probenbühne:
  Steuerung der Probenbewegung in X-, Y- und Z-Richtung, der Probenrotation und des Probenwechsels
  Steuerung und Regelung der Probenspannung
- Analysator für Sekundärionen:
  Kontrolle der Ionenlinsenspannungen und Strahljustierfelder im Sekundär-Strahlengang
  Steuerung und Regelung der Versorgungsspannung des elektrostatischen Feldes
  Steuerung und Regelung des Erregerstromes des Sekundärmagneten bei gleichzeitiger Abfrage der Magnetfeldstärke über Hallsonde
  Steuerung der elektrostatischen Strahlauslenkung zwischen Analysatorfeld und Austrittsspalt
  Messung des Gesamt-SI-Stromes (Monitorblende)
- Detektor:
  Kontrolle der Detektor-Versorgungsspannungen
  Übernahme der Meßwerte
  Datenreduzierung, Glättungsprozeduren
  Berechnung halbquantitativer Analysenergebnisse
- Display-Einheiten:
  Darstellung von Kontrollmessungen und Einzelsignal-Meßwerten auf Oszilloskop und X-Y-Schreiber
  Ausgabe von reduzierten Daten für die Berechnung quantitativer Analysenergebnisse im Großrechner.

Als eines der ersten geschlossenen Steuer-, Meß- und Auswertesysteme zum Sekundärionen-Mikroanalysator wurde die Automatisierungseinheit zum IMMA (Ion Microprobe Mass Analyzer) von der Firma ARL entwickelt [11]. Das umfangreiche Interface erlaubt, eine Reihe der vorgenannten Möglichkeiten zu realisieren.

Das entsprechende Schema ist in Abbildung 20.8 dargestellt. Als Prozeßrechner dient ebenfalls die PDP 11/05 mit 16 k Kernspeicher. Zur Programm- und Datenein- bzw. -ausgabe stehen der Mosaikdrucker LA 36 und ein Schnell-Leser-Stanzer zur Verfügung.

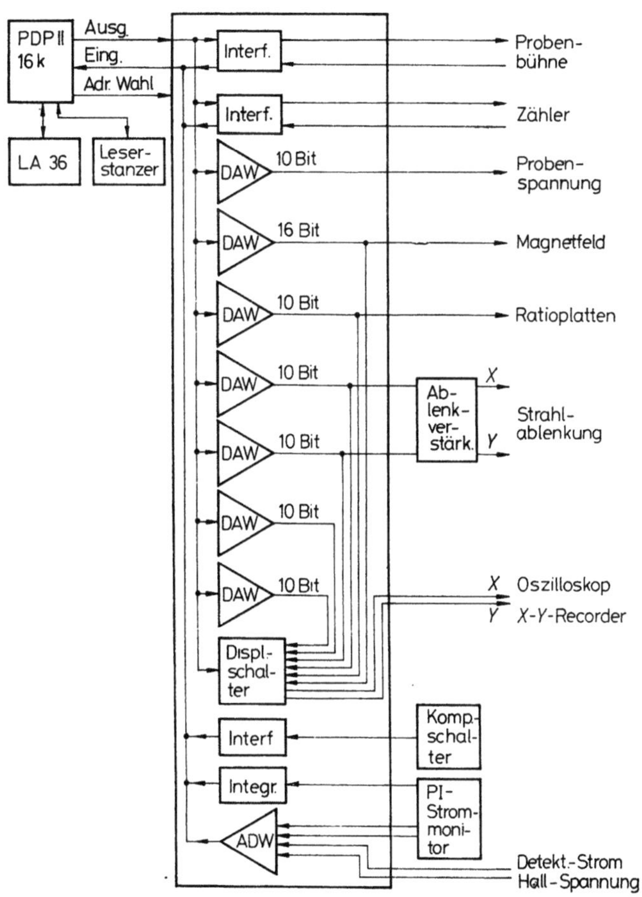

Abb. 20.8. Interface-Schema zum IMMA (nach [11])

Die Abgabe von digitalen Signalen zur Steuerung der Schrittmotoren der Probenbühne und zur Steuerung der Zähler/Timer-Einheit sowie die Abfrage der eingestellten Probenposition und der Zählerstände erfolgt über entsprechende Impulsanpassungs- und Codierstufen. Ein 16-bit-DAW übernimmt die Einstellung des Erregerstromes für das Sekundär-Magnetfeld. Weitere 6 Stück 10-Bit-DAW gestatten die Steuerung der elektrostatischen Ablenkplatten zwischen Magnetfeld und Austrittsspalt des SI-Analysators, der Probenspannung, der X- und Y-Achsenauslenkung des PI-Strahles und der Display-Einheiten (Oszilloskop, Schreiber).

Die Eingabe digitaler Parameter zur Programmsteuerung kann über die sogenannte Joystick-Vorrichtung geschehen.

Ein 12-Bit-ADW mit Kanalwähler erlaubt die Abfrage analoger Signale wie Probenstrom und -spannung, PI-Strahlstrom und SI-Gesamtstrom, SI-Detektorstrom sowie der Hall-Sondenspannung.

Die fehlende Möglichkeit des Interruptbetriebes reduziert in speziellen Fällen die Arbeitsgeschwindigkeit.

Dem Betreiber stehen für den Dialog mit der Anlage das Software-System BLISS (Basic Language Integrated Software System) Teil I und II zur Verfügung. BLISS I ist eine angepaßte BASIC-Variante [10], die eine rasche Erarbeitung von Nutzerprogrammen ermöglicht. Zeitaufwendige Steuerfunktionen, einige Datenreduzierungsprozeduren sowie eine komplette MCS-Routine (Multi-Channel-Scaler) sind als Maschinenprogramme (Externe Funktionen) im BLISS II zusammengefaßt. Die spezielle Struktur bzw. Verkettung dieses Programm-Systems erlaubt es dem Betreiber, eigene externe Funktionen in Maschinensprache zu erarbeiten und einzufügen.

Auger-Elektronen-Mikroanalyse

Weniger komplex als die vorher genannten Apparaturen sind derzeit die Auger-Elektronen-Spektrometer. Hier müssen weder aufwendige Magnetfeldsteuerungen noch komplizierte mechanische Spektrometerantriebe realisiert werden.

Als Schwerpunkte für die Automatisierung eines AE-Mikroanalysators sind folgende Einheiten zu nennen:

- Elektronenquelle:
  Regelung des Emissionsstromes
  Schaltung und Regelung der Elektronenbeschleunigungsspannung
- Elektronenstrahlfokussierung und -positionierung:
  Steuerung und Regelung der Versorgungseinheiten der Fokussierungsoptik
  Fokuskontrolle
  Auslenkung des Elektronenstrahles für Strahlabschaltung, Punkt-, Linien- oder Rasterabtastung der Probenoberfläche
- Primärsignal-Messung:
  Kontrolle des Primärelektronenstromes
- Probenhalterung:
  Positionierung der Probe
  Probenwechsel
- Spektrometer:
  Steuerung der Analysatorspannung
- Detektor und Datenreduzierung:
  Adressierung und Übernahme der Meßwerte
  Mittelwertbildung, Untergrundkorrektur, Doppel-Integration
- Ionenquelle:
  Steuerung des Schichtabtragungsprozesses durch Ionenstromkontrolle und Auswahl der Ionenbeschleunigungsspannung.

Für ein AES der Firma PHI (USA) haben N. J. Chou u. a. [12] eine Automatisierungskonzeption realisiert, die Teil eines ganzen rechnergekoppelten Laboratoriums ist. Die Hauptgruppen der Auger-Einheit (Abb. 20.9) sind das Spektrometer (AES), die verschiedenen Interface-Schaltungen, der gerätegebundene Prozeßrechner (S/7), das Display-Terminal (DISPL.-TERM.) und der im Time-sharing-Betrieb nutzbare Großrechner (IBM 370).

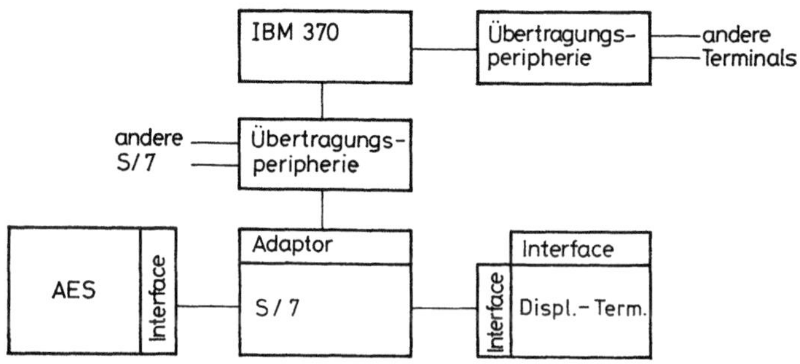

Abb. 20.9. Kopplungsschema für AE-Spektrometer (nach [12])

Der Kleinrechner S/7 gestattet, die Elektronenstrahl-Versorgungseinheit zu kontrollieren, die Analysatorspannung zu steuern und die Meßwerte zu übernehmen. Ferner kann er das gesamte Regime der Sputter-Einheit für Schichtabtragung vorgeben. Für die Ausführung eines Befehles benötigt er 0,4 bis 0,8 μs. Obwohl das problemorientierte Programmsystem IBM LABS/7 die Zeitauflösung auf 1 ms verschlechtert, kann die Meßdatenübernahme durch Prozeßinterrupt (externe Zeitbasis) in Intervallen kleiner 100 μs erfolgen.

Das Display-Terminal ist über das Parallel-Interface direkt an den S/7 gekoppelt und kann über diesen wie auch direkt über die entsprechende Übertragungsperipherie mit dem Großrechner korrespondieren. Die Wiedergabe und Identifizierung vorher aufgenommener Spektren (numerische oder graphische Wiedergabe) ist möglich, während andere Meßaufgaben ablaufen. Auch mittels graphischer Dateneingabe vom Display-Terminal aus können in den Programmablauf neue Parameter oder Entscheidungen eingefügt werden (Interactive Mode).

Vom IBM 370 werden alle umfangreicheren Auswerteaufgaben übernommen (Aufnahme gemittelter Spektren durch Mehrfach-Messungen, Signal/Rausch-Trennung durch Fourier-Transformation, Untergrundkorrektur, Doppelintegration, Korrekturrechnungen für quantitative Analyse). Die verfeinerten Datenauswerteverfahren, die für die AES wegen des geringen Signal-Rausch-Verhältnisses besonders wichtig sind, gestatten nicht zuletzt, die Meßwert-Rate um mindestens zwei Größenordnungen gegenüber den Standardtechniken zu erhöhen.

Die Steuer- und Meßwertübernahme-Programme bestehen aus Quellensprachenbefehlen, die durch eine Fortran-ähnliche Syntax verknüpft sind (LABS — Laboratory Application Based System). Ihre Übersetzung besorgt der IMB S/7 MACRO-Assembler. Sie können von Magnet-Kassette oder -Platte oder vom IBM 370 aus in den S/7 geladen werden. Nach dem Laden können Steuerprogramme für verschiedene Experimente gleichzeitig und unabhängig voneinander laufen. Real-time-Auswertungen und -Entscheidungen ermöglichen dem Betreiber eine optimale Versuchsführung.

20.4. Zusammenfassung und Ausblick

Wie fast alle Bereiche der Naturwissenschaften hat auch die Analysentechnik durch den Einsatz elektronischer Rechner in den beiden vorangegangenen Jahrzehnten enorme Veränderungen erfahren. Vom ursprünglichen Off-line-Betrieb des Computers zur Bewältigung mehr oder minder komplexer Auswertungsrechnungen über die On-line-Datenerfassung und -reduzierung reicht heute die Einsatzpalette bis zur kompletten Automatisierung des Analysengerätes durch Steuerung des Analysenablaufes, gleichzeitige Übernahme der Meßwerte in den Rechner sowie ihre unmittelbare oder anschließende Auswertung mit Rückkopplung in den Analysenablauf. Allein die Erhöhung der Meßgenauigkeit, die Reduzierung der Analysenzeit und die Realisierung von Meßprogrammen, die ohne Rechner auch bei erheblichem Zeitaufwand nicht möglich wären, lassen direkte Kosten-Nutzen-Rechnungen für den Automatisierungskomplex in den Hintergrund treten. Einige der für den Analytiker interessanten Möglichkeiten, die zu den genannten Vorteilen beitragen, bieten sich durch:

a) Eliminierung subjektiver Fehler bei der Einstellung der Meßparameter, der Meßwerteerfassung und -weiterverarbeitung
b) Beschleunigung der Steuer- und Meßprozesse
c) kontinuierliche Stabilitätskontrolle für kritische Geräte- und Analysenparameter
d) Erfassung großer Datenmengen
e) enorme Erhöhung der Rechengeschwindigkeit
f) Anwendung komplexer Meßregime zur Datengewinnung und verfeinerter Rechenmodelle zur Datenbewertung, -reduzierung und -auswertung
g) rationelle Speicherung und Wiederverwendung von beim Analysenprozeß anfallenden Verfahrenskenngrößen
h) Ausgabe fertiger Meß- bzw. Analysenprotokolle

Trotz aller dieser Vorteile ist dem Fachmann jedoch immer gegenwärtig, daß selbst das vollständig automatisierte Analysengerät nicht von „allein", d. h. selbständig ohne Kontrolle und ggf. Entscheidungen des Menschen, komplexe Aufgaben lösen kann. Der Rechner kann selbst mit dem besten Programm nur Routinearbeiten übernehmen, alle stochastischen Effekte und qualitativen Bewertungen während des Analysenprozesses fallen nach wie vor in den Zuständigkeitsbereich des erfahrenen Fachmannes. Je komplexer der Analysenautomat ist, desto mehr Erfahrungen erfordert seine Nutzung. In der Forschung darf weder das Grundgerät noch der Rechnerkomplex ein „schwarzer Kasten" bleiben, um ein effektives Arbeiten zu garantieren.

Die Automatisierung von Analysengroßgeräten hat erst in den letzten Jahren auf breiter Front begonnen. Die vielfach vom Gerätehersteller oder vom Anwender selbst entwickelten Steuer- und Erfassungseinheiten gestatten die aufwendigsten Arbeiten dem Rechner zu übertragen, der sie schneller und mit höherer Präzision ausführen kann. Die weitere Entwicklung wird zweifellos durch Abstimmung und Arbeitsteilung zwischen den Produzenten von Analysengeräten sowie Interface- und Software-Spezialisten gekennzeichnet sein. Erst dieser Weg wird auf der Basis einer zweckentsprechenden Modultechnik in Hard- und Software dem Analytiker gestatten, die vielfältigen Möglichkeiten voll zu nutzen, die die EDV für seine Belange bietet.

20.5. Literatur

[1] Rasberry, S. D., Margoshes, M., Scribner, B. F.: Applications of a Time-sharing Computer in a Spectrochemistry Laboratory, US Dept. of Commerce, Natl. Bureau of Standards, Washington 1968, Techn. Note 407.
[2] Mai, H., Stahlberg, U., Jenaer Rundschau **21** (1976) 316.
[3] Kussl, V.: Technik der Prozeßdatenverarbeitung, VEB Verlag Technik, Berlin 1974.
[4] Dawidczak, S.: Meßwertverarbeitung und Prozeßsteuerung mit Digitalrechnern, Inst. Datenverarb., Dresden 1966.

[5] Processor Handbook pdp 11. Digital Equipment Corp., Maynard 1973.
[6] Richards, R. K.: Elektronische Bauelemente und Schaltungen, Akademie-Verlag, Berlin 1972.
[7] NS-880-Prospekt. Tracor Northern, Middletown (USA) 1976.
[8] Automation Software Systems NS-892. Tracor Northern, Middletown (USA) 1976.
[9] Bence, A. E., Albee, A. L., J. of Geology **76** (1968) 382.
[10] PDP 11 BASIC Programming Manual. Digital Equipment Corp., Maynard 1973.
[11] – Techn. Unterlagen zu IMMA. ARL, Sunland (USA) 1975.
[12] Chou, N. J., Hammer, R., Bednowitz, A., Rev. Sci. Instrum. **47** (1976) 559.

Autorenverzeichnis

BEIER, DR. WILFRIED, Martin-Luther-Universität Halle/Saale, Sektion Physik
BERG, DR. UTA, Martin-Luther-Universität Halle/Saale, Sektion Physik
BREUER, DR. KLAUS, Akademie der Wissenschaften der DDR, Zentralinstitut für Elektronenphysik, Berlin
BRÜCKNER, DR. JÜRGEN, Technische Universität Dresden, Sektion Physik
BRÜMMER, PROF. DR. OTTO, Martin-Luther-Universität, Halle/Saale, Sektion Physik
DRÄGER, DR. GÜNTHER, Martin-Luther-Universität Halle/Saale, Sektion Physik
DÜSTERHÖFT, DR. HEINZ, Humboldt-Universität zu Berlin, Sektion Physik
DWORZAK, DR. GERO, Martin-Luther-Universität Halle/Saale, Sektion Physik
EDELMANN, DR. CHRISTIAN, Technische Universität Dresden, Sektion Physik
FÖRSTERLING, DR. GERD, Technische Universität Dresden, Sektion Physik
GÖTZ, PROF. DR. GERHARD, Friedrich-Schiller-Universität Jena, Sektion Physik
HEYDENREICH, PROF. DR. JOHANNES, Akademie der Wissenschaften der DDR, Institut für Festkörperphysik und Elektronenmikroskopie, Halle/Saale
HÖCHE, DR. HANS-REINER, Martin-Luther-Universität, Halle/Saale, Sektion Physik
HOHMUTH, PROF. DR. KARL, Akademie der Wissenschaften der DDR, Zentralinstitut für Kernforschung, Rossendorf bei Dresden
JOHANSEN, DR. HINRICH, Akademie der Wissenschaften der DDR, Institut für Festkörperphysik und Elektronenmikroskopie, Halle/Saale
KLAUA, DR. MANFRED, Akademie der Wissenschaften der DDR, Institut für Festkörperphysik und Elektronenmikroskopie, Halle/Saale
KLIMANEK, DR. PETER, Bergakademie Freiberg/Sachsen, Sektion Metallurgie und Werkstofftechnik
KLÖBER, DR. JÜRGEN, Bergakademie Freiberg/Sachsen, Sektion Physik
KREBS, PROF. DR. KARL HEINZ, Akademie der Wissenschaften der DDR, Zentralinstitut für Elektronenphysik, Berlin
MAI, DR. HERMANN, Akademie der Wissenschaften der DDR, Zentralinstitut für Festkörperphysik und Werkstofforschung, Dresden
OERTEL, DR. GÜNTER, Akademie der Wissenschaften der DDR, Zentralinstitut für Elektronenphysik, Berlin
PECH, DR. PETER, Akademie der Wissenschaften der DDR, Zentralinstitut für Elektronenphysik, Berlin
RÖDER, DR. ANDREAS, Martin-Luther-Universität, Halle/Saale, Sektion Physik
RUDOLPH, DR. WERNER, Akademie der Wissenschaften der DDR, Zentralinstitut für Kernforschung, Rossendorf bei Dresden
SCHNEIDER, PROF. DR. HELMUT GÜNTHER, Technische Hochschule Karl-Marx-Stadt, Sektion Physik/Elektronische Bauelemente
SCHNEIDER, PROF. DR. HERBERT A., Bergakademie Freiberg/Sachsen, Sektion Physik
ZSCHEILE, DR. HORST, Akademie der Wissenschaften der DDR, Zentralinstitut für Elektronenphysik, Berlin

Sachverzeichnis

GPSR Compliance

The European Union's (EU) General Product Safety Regulation (GPSR) is a set of rules that requires consumer products to be safe and our obligations to ensure this.

If you have any concerns about our products, you can contact us on ProductSafety@springernature.com

In case Publisher is established outside the EU, the EU authorized representative is:

Springer Nature Customer Service Center GmbH
Europaplatz 3
69115 Heidelberg, Germany

Batch number: 10584556

Printed by Printforce, the Netherlands